全国高等院校本科教材

COMPREHENSIVE SERICULTURAL SCIENCE

综合蚕丝学

时连根 主编

图书在版编目(CIP)数据

综合蚕丝学/时连根主编. —杭州:浙江大学出版社,2023.10

ISBN 978-7-308-24058-1

Ⅰ.①综… Ⅱ.①时… Ⅲ.①蚕桑生产 Ⅳ.①S88

中国国家版本馆 CIP 数据核字(2023)第 145937 号

综合蚕丝学

时连根 主编

责任编辑 季 峥

责任校对 冯其华

封面设计 BBL 品牌实验室

出版发行 浙江大学出版社

(杭州市天目山路 148 号 邮政编码 310007)

(网址:http://www.zjupress.com)

排　　版 杭州星云光电图文制作有限公司

印　　刷 浙江省邮电印刷股份有限公司

开　　本 889mm×1194mm 1/16

印　　张 25.25

字　　数 836 千

版 印 次 2023 年 10 月第 1 版 2023 年 10 月第 1 次印刷

书　　号 ISBN 978-7-308-24058-1

定　　价 128.00 元

浙江大学出版社市场运营中心联系方式:(0571)88925591;http://zjdxcbs.tmall.com

主编　时连根

编者　时连根　杨明英　叶志毅　屠振力

王　捷　帅亚俊　许宗溥　万　泉

前 言

中国是世界蚕丝业的发祥地，蚕丝业在我国已有5000多年的历史。我国的蚕丝业教学始于1897年杭州知府林启在杭州创办的蚕学馆，快速发展于1949年新中国成立后。进入21世纪，我国的高等教育快速向培养全面服务社会经济的高质量人才方向发展，蚕丝学相关的本科教学也同步进行宽口径、重基础的改革。随着教学改革的不断深入，原先独立的"桑树栽培学""桑树育种学""桑树病虫害防治学""家蚕遗传与育种学""家蚕良种繁育学""养蚕学""蚕病学""茧丝学"等课程合并成1门"综合蚕丝学"课程。在此背景下，编写出版适应当前我国高等院校蚕桑(丝)专业及其专业方向的培养方案、系统反映世界最新的蚕丝业生产实践经验与科研成果的《综合蚕丝学》本科教材，既有迫切性，又具有重大的现实意义。

本书分六篇十六章。第一篇概论，论述家蚕的生物学以及蚕丝业的起源、传播等简况，介绍中国蚕丝业和国外蚕丝业的发展。第二篇栽桑技术，系统阐述桑树品种及选育、桑苗繁育、桑园规划与建立、桑园管理，重点论述我国主要桑树病害和虫害的发生规律、防治措施。第三篇蚕种技术，着重介绍家蚕品种资源、育种与良种繁育技术。第四篇养蚕技术，在系统介绍养蚕的小气候环境、营养环境、计划与准备等的基础上，重点阐述催青、收蚁、稚蚕饲育、壮蚕饲育、夏秋蚕饲育、上蔟、采售茧等技术。第五篇蚕病防治，系统论述我国发生的主要蚕病的病原、病症、传染、病变、病程、发病因素、诊断及防治措施。第六篇茧丝技术，系统论述蚕茧性状与收购、蚕茧干燥与检验、生丝缫制与检验的技术和原理，并从纺织品、组织工程、药物载体、护肤品、食品、保健品、环保、光电材料等方面阐述蚕丝多元化利用的进展与前景。

本书第一篇、第四篇和第五篇由时连根、许宗溥编写，第二篇由叶志毅编写，第三篇由屠振力编写，第六篇和第十章第四节由杨明英、王捷、帅亚俊、万泉编写，全书由时连根主编负责审查和定稿。本书的出版得到了浙江大学本科生教材编写出版基金的资助，在此一并表示感谢。

本书内容丰富，资料充实，理论联系实际，从栽桑、蚕种、养蚕、蚕病到蚕茧收购、干燥、缫丝、生丝检验，覆盖了桑、种、蚕、丝的全过程，可作为高等院校蚕桑(丝)专业及其专业方向的本科教材，也可作为蚕桑(丝)科研、教学、生产、推广技术人员的参考书。

本书篇幅广，编写人员多，编写水平和能力有限，书中难免有疏漏、不足之处，敬请读者批评指正。

浙江大学

时连根

2022年8月18日于杭州

目　录

第四篇 养蚕技术

第五篇 蚕病防治

第六篇 茧丝技术

第一篇

概　论

第一章　蚕丝业简况

第一节　家蚕的生物学

一、分类学地位

生物在分类学上被划分为7个等级，分别为界(Kingdom)、门(Phylum)、纲(Class)、目(Order)、科(Family)、属(Genous)和种(Species)。预计地球上的生物有500万～5000万种，其中已被记载的生物约有200万种。昆虫是种类最多、数量最大、分布最广的动物种群，有许多昆虫的幼虫体内具有泌丝腺，能吐丝结茧而在其中安全变态。其丝具有经济价值的，有蚕蛾科的家蚕(*Bombyx mori*)以及大蚕蛾科的柞蚕(*Antheraea pernyi*)、蓖麻蚕(*Philosamia cynthiaricini*)、天蚕(*Antheraea yamamai*)、琥珀蚕(*Antheraea assama*)、樟蚕(*Eriogyna pyretorum*)、大乌桕蚕(*Attacus atlas*)、柳蚕(*Actias selene*)和栗蚕(*Dictyoploca japonica*)等，其中又以家蚕的经济价值最高、饲养量最大。

家蚕是一种以桑叶为食料的泌丝昆虫，又名桑蚕，其分类学位置为节肢动物门(Arthropoda)、昆虫纲(Insecta)、鳞翅目(Lepidoptera)、蛾亚目(Heterocera)、蚕蛾科(Bombycidae)、蚕蛾属(*Bombyx*)、桑蚕种(*mori*)。学名为*Bombyx mori* Linnaeus，由希腊文"bombos"(绢鸣之意)和桑树属名"*Morus*"组合而来。

二、生活史

家蚕属完全变态昆虫，在一个世代中经过卵、幼虫、蛹和成虫(蛾)四个形态及机能上完全不同的发育阶段，以卵繁殖。

(一)蚕卵

蚕卵呈椭圆形、略扁平，长1.1～1.5mm，宽1.0～1.2mm，厚0.5～0.6mm，一端稍钝，另一端稍尖，尖端有卵孔，为精子进入的受精孔道。刚产下的蚕卵面略隆起，后随着卵内胚胎发育而消耗营养物质以及水分不断蒸发，卵面中央区逐渐陷入而出现卵涡。

蚕卵有非滞育(不越年)卵和滞育(越年)卵之分。非滞育卵在产下后不停地向前发育并形成胚胎，经10d左右便形成幼虫而孵化。滞育卵在产下后经过7d左右的胚胎发育，便进入一个暂时停滞发育的滞育期。在此期间，胚胎细胞分裂停止于细胞周期的G_2期，外形变化很小，即使给予适宜的温度等条件，胚胎仍然不会向前发育，一般需要经过一定时间的低温接触或在卵产下后的适当时期内给予人为的物理、化学刺激，胚胎滞育被解除后才会继续发育，并形成幼虫而孵化。

蚕卵刚产下时为淡黄色，此后滞育卵的卵色逐渐变深，直至浓褐色，形成各品种的固有卵色，而非滞育卵的卵色(除极个别着色非滞育卵的多化性蚕品种外)不会变。

(二)蚕幼虫

蚕幼虫呈长圆筒形，由头、胸、腹3部分构成。

头部外包灰褐色骨质壳片，表面密生对称的刚毛，头上着生触角、单眼、口器等；触角左右各1对，由3个褐色骨质化小节组成，是蚕的重要感觉器官。单眼在左右颅侧板各有6个，隆起呈半球形，是蚕的感光器官，能感知光线的明与暗。口器为咀嚼式，由上唇、上颚、下唇和下颚4部分组成，是蚕感知选择、啮切桑叶及探索吐丝位置的器官。

胸部有前胸、中胸和后胸 3 个环节，每个环节腹面各有 1 对胸足。胸足在蚕食桑和结茧中起主要作用，并在蚕爬行中起辅助作用，在前胸两侧生有 1 对气门。

腹部有 10 个环节，在第 3～6 腹节腹面各生有 1 对腹足，在第 10 腹节腹面生有 1 对尾足，在第 1～8 腹节两侧各有 1 对气门，在第 8 腹节背面中央有 1 个圆锥状肉质突起的尾角。雄蚕在第 8 腹节腹面后缘中央有 1 个乳白色梨形囊状的赫氏腺。雌蚕在第 8 腹节和第 9 腹节腹面两侧各有 1 对乳白色点状的石渡氏腺。这赫氏腺和石渡氏腺分别是雄蚕和雌蚕的生殖芽，到 4 龄期才从体壁透视显现，以 5 龄第 2～3 日最为清晰，此时是肉眼鉴别蚕幼虫雌雄的最佳时期。

刚孵化幼虫的体色和形态类似蚂蚁，所以又称为蚁蚕。蚁蚕通过摄食桑叶而快速生长，体色由褐色(或赤褐色)逐渐变淡而呈青白色。幼虫生长到一定程度时，需要蜕去旧皮，生长出较为宽大的新皮，才能继续生长，这叫蜕皮。在蜕皮期间，幼虫吐出少量丝，将足固定于蚕座上，不食不动，但体内发生较大的生理变化，此过程称为眠，此时的蚕称为眠蚕。眠是划分蚕龄的界限，蚁蚕食桑后称第 1 龄蚕，第 1 次眠后称第 2 龄蚕，第 2 次眠后称第 3 龄蚕，第 3 次眠后称第 4 龄蚕，第 4 次眠后称第 5 龄蚕。通常第 1～3 龄蚕称为稚蚕，第 4～5 龄蚕称为壮蚕。刚蜕皮而尚未摄食桑叶的蚕称为起蚕。幼虫发育到最后龄的末期，逐渐停止食桑，蚕体收缩呈透明状，此时称为熟蚕。熟蚕开始吐丝结茧，经 2d 左右结茧完毕，此时体躯显著缩短呈纺锤形，经 2～3d 蜕去幼虫表皮而化蛹。

(三)蚕蛹

蚕蛹为被蛹，体呈纺锤形，刚蜕皮化蛹时呈乳白色，后逐渐转为深褐色。蛹体分头部、胸部、腹部 3 个体段，头部很小，两侧有 1 对弯曲的触角，触角基部的下方有 1 对复眼，触角和复眼的颜色随着蛹龄的发育而加深，这是肉眼预测化蛾的依据之一。胸部由前胸、中胸和后胸 3 个体节组成，每个胸节腹面各生有 1 对胸足，中胸和后胸两侧各有 1 对翅，前胸两侧有 1 对被翅遮盖的气门。腹部由 9 个体节组成，第 1～7 腹节的两侧各有 1 对气门，第 4～7 腹节间有节间膜而能转动。雌蛹腹部大而末端钝圆，第 8 腹节腹面的中央有 X 形线纹。雄蛹腹部小而末端尖，第 9 腹节腹面的中央有 1 个褐色小点。这些外部特征可用来鉴别蛹的性别。

蛹期是幼虫向成虫过渡的变态阶段，外观上虽然没有明显变化，但其体内发生着急剧的生理变化(如幼虫的组织器官解离与改造，成虫的组织器官发生和形成)，经 10～15d 羽化成成虫(蛾)。

(四)蚕蛾

蚕蛾(成虫)破茧而出，全身被白色鳞片，由头、胸、腹 3 个体段组成。

头部呈小球形，两侧有 1 对大型复眼，复眼呈半球形，每只复眼由约 3000 只小眼组成，是蚕蛾的视觉器官，能识别明暗变化和色彩，还能感知运动体及解析偏光面。在复眼前方有 1 对呈双栉状的触角，雄蛾的比雌蛾的大，具有触觉和嗅觉的作用，雄蛾就是依靠触角来感受雌蛾分泌的性外激素的。在左右复眼之间有口器，由上唇、上颚、下唇和下颚组成，但因不再取食而已经显著退化，只有下颚比较发达，发育成 1 对白色囊状体，能分泌溶茧酶，以溶解茧丝的丝胶而松解茧层，使蚕蛾羽化时借助胸足抓扒成羽化孔而从茧中钻出。

胸部分前胸、中胸、后胸 3 个胸节，每个胸节腹面各有 1 对胸足，中胸和后胸两侧各有 1 对翅。前翅较大，呈三角形；后翅较小，略呈圆形。

雄蛾腹部较小，外观上可识别 8 个腹节，第 9～10 腹节演化成外生殖器。雌蛾腹部较大，外观上可识别 7 个腹节，第 8～10 腹节演化成外生殖器。

雌蛾交配后产卵，一头雌蛾产卵 400～700 粒，产卵后经 7～10d 自然死亡。

家蚕完成一个生活世代见图 1-1。

家蚕在一个世代中所经历的 4 个发育阶段，各具有不同的意义，其经历时间也因品种、饲养条件等因素的不同而存在差异。卵是胚胎发生、发育并形成幼虫的阶段；幼虫是摄食、储存营养的阶段；蛹是幼虫向成虫发育变态的过渡阶段；成虫是交配、产卵、繁衍后代的生殖阶段。充分了解并利用这些生物学特征，是最大限度挖掘与利用家蚕经济性状的基础。

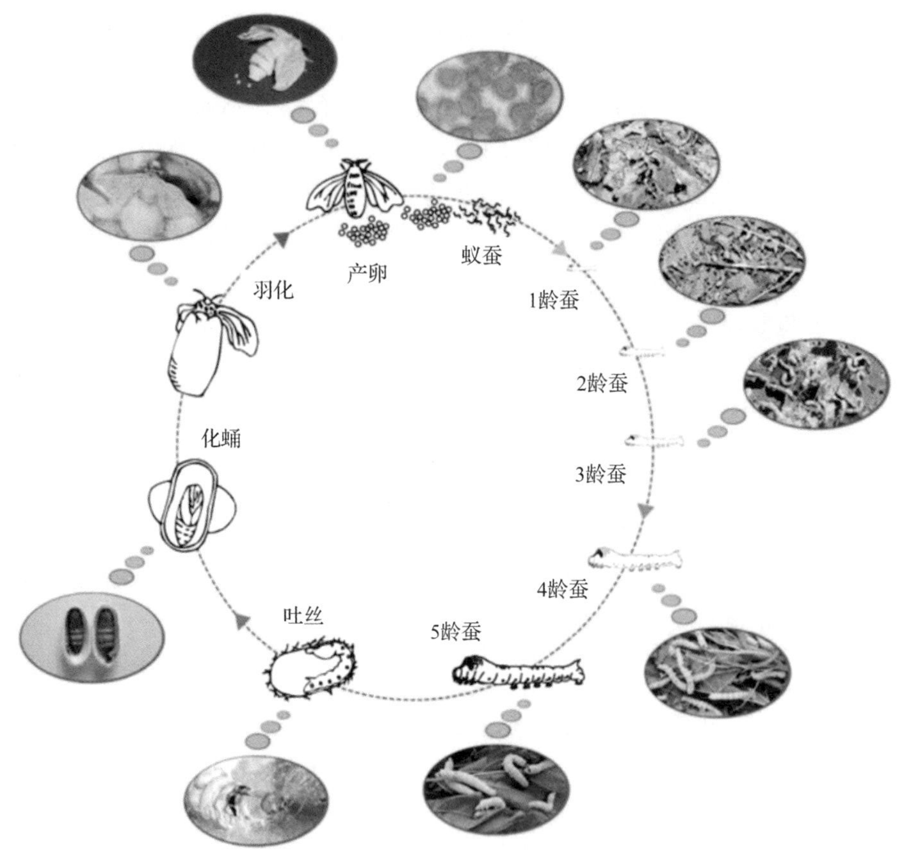

图 1-1　家蚕生活世代图

三、眠性与化性

眠性与化性是家蚕的两个重要生物学特征，是家蚕在长期进化过程中形成的遗传性状，是与蚕茧的产量和质量有着密切关系的生理现象。

(一)眠性

眠性是指家蚕幼虫期间眠的次数，一般为 3～4 眠。我国现在生产上饲养的家蚕品种普遍为 4 眠蚕。眠数多的品种蚕，其幼虫期经过较长，食桑量较多，茧形较大，丝量较多，丝纤度较粗；反之则相反。眠性是家蚕的遗传性状，除受位于第 6 染色体上的眠性主基因控制外，还会受温度、营养、光线等环境条件影响而发生变化。4 眠蚕变为 3 眠蚕的条件是：低温(约 20℃)、干燥和黑暗催青，小蚕期在 28～30℃ 高温、多湿、每天 12h 光照的环境下，用嫩桑叶或蛋白质含量高的桑叶饲养。4 眠蚕中出现 5 眠蚕的条件是：高温、多湿和长光照(每天 17～18h 光照)催青，小蚕期在低温、干燥的环境下，用老硬桑叶或营养价值低劣的桑叶饲养。

(二)化性

化性是指家蚕在自然条件下，一年内发生的世代数。一年内发生 1 代后产下滞育卵的叫一化性品种；一年内发生 2 代后产下滞育卵的叫二化性品种；一年内发生 3 代及以上后产下滞育卵的叫多化性品种。一般一化性品种蚕发育较缓慢，经过日数较多，食桑量较大，体质较弱，茧形较大，丝量较多；多化性品种蚕则相反；二化性品种蚕介于它们之间。

化性也是家蚕的遗传性状，除取决于遗传基因外，温度、营养、光线等因素也可导致其发生变化，其中温度在胚胎发育后期影响更显著。如二化性品种卵，25℃ 明催青，则产下滞育卵，表现出一化性蚕；15℃ 暗催青，则产下非滞育卵，表现出二化性蚕；以 20℃ 的中间温度催青，则滞育卵和非滞育卵混产，此时暗与干燥可促使多产非滞育卵；反之，每天有 17～18h 光照与多湿可促使多产滞育卵。除胚胎发育中温度等环境条件对化性产生影响外，在卵胚胎期尚未决定其化性的情况下，幼虫期和蛹期的温度、光线等对化性也有一定的影响。例如，小蚕期高温(25℃以上)明亮、大蚕期及蛹期低温(25℃以下)黑暗则多产滞育卵；反之，小蚕期低温(25℃以下)黑暗、大蚕期及蛹期高温(25℃以上)明亮则多产非滞育卵。

产下的蚕卵是否滞育，即当年能否孵化，主要取决于蛹期咽下神经节是否合成和分泌滞育激素及其作用。若合成和分泌滞育激素并作用于卵巢及发育中蚕卵，引起多种基因表达上调，从而改变蚕卵内的物质代谢，继而表现出呼吸耗氧量急剧下降、胚胎细胞分裂速度放慢并最终停止于细胞周期的 G_2 期，成为滞育卵；反之，蚕卵胚胎不停地发育，在产下后经 10d 左右便形成幼虫而孵化，成为非滞育卵。

第二节　蚕丝业的起源

一、家蚕的起源

人类最早从桑林中采收原始野蚕的茧，是为了取蚕蛹以食用及取茧丝以蔽体驱寒。随着人类开始定居生活和对蚕丝用途的进一步了解，人类试行将野蚕移至室内饲养。经过长期的培育和选择，野蚕被逐渐驯化成为如今具有经济性状的家蚕。为此，家蚕是由我国古代栖息于桑树的原始野蚕驯化而来的，其科学依据主要有以下几点。

(一)体态与习性相似

家蚕与野蚕的幼虫体态和体色、茧形和茧色、卵壳斑纹和胚胎形态等均非常相似，幼虫的食性、眠性、趋性及卵孵化等习性也相近。

(二)亲缘关系接近

将家蚕、野蚕等蚕蛾科昆虫的幼虫血液作为抗原分别制成兔抗血清，再相互进行免疫血清沉淀反应，结果家蚕与野蚕间的免疫血清沉淀反应速度最快，证明其血缘极为亲近。

家蚕与野蚕的丝素氨基酸组成、丝素 X 衍射图、丝素 mRNA 的分子大小与核苷酸顺序等相似，也从旁侧证实了家蚕与野蚕的近缘关系。

(三)杂交能产生正常子代

将家蚕雌蛾置于室外，能引来野蚕雄蛾进行交配，交配后的家蚕雌蛾能正常产卵并产生后代。同时，将家蚕雄蛾与野蚕雌蛾放在一起，也能进行正常交配、产卵，并产生后代。这在传统分类学上，可以定义家蚕与野蚕为高度近缘的物种。

(四)染色体数相同或接近

野蚕广泛分布于中国、日本、印度、韩国、越南等亚洲地区，被划分为中国野蚕和日本野蚕 2 个地域类型。根据细胞学检测结果，中国野蚕的染色体数是 28 对共 56 条($2n=56$)，与家蚕的染色体数 28 对($2n=56$)一致，但日本野蚕的染色体数是 27 对($2n=54$)。为此，从染色体水平来看，可以认为家蚕与中国野蚕同源，家蚕起源于中国野蚕而不是日本野蚕。

(五)其他

采用 AFLP(扩增片段长度多态性)等分子标记技术分析野蚕与家蚕的 DNA 多态性及其聚类等分子系统学，结果证实家蚕起源于中国野蚕，家蚕可能是由多种生态类型(包括一化、二化、多化)混杂的野蚕驯化而来。

对家蚕与野蚕的线粒体基因组序列进行进化分析，发现家蚕与中国野蚕亲缘最近，与日本野蚕无关，并且不同地理品种的家蚕与中国野蚕均各自形成独立的进化树，结果表明家蚕来源于中国野蚕。

对家蚕和野蚕的全基因组进行重测序，用获得的大量 SNP(单核苷酸多态性)变异位点进行群体遗传学分析，结果也证实家蚕起源于中国野蚕。

二、蚕丝业的起源

蚕丝业起源于我国，至今已有5000多年历史，可以从以下方面得到考证。

(一)考古分析

1. 河姆渡文化

河姆渡文化是我国长江流域下游地区古老的新石器时代文化，于1973年首次发现于浙江省余姚县(今余桃市)的河姆渡，因而命名。它主要分布在杭州湾南岸的宁绍平原及舟山岛，经科学方法测定，它的年代为公元前7000—公元前5000年。河姆渡是新石器时代母系氏族公社时期的氏族村落遗址，反映了约7000年前长江下游流域氏族的情况。1973—1977年，在浙江余姚发掘的河姆渡文化遗址中发现刻有蚕纹和织纹的牙质盅形器(图1-2)，反映了蚕与织的关系，结合同时发现的织机、缝纫用具，表明在约7000年前的河姆渡文化时期已经存在蚕丝产业。

2. 仰韶文化

仰韶文化是我国黄河中游地区重要的新石器时代文化，于1921年在河南省三门峡市渑池县仰韶村被发现，其名称由此而来。仰韶文化的持续时间在公元前5000—公元前3000年(持续时长2000年左右)，分布在整个黄河中游(从今天的甘肃省到河南省之间)。1926年，山西省夏县西阴村出土了经过人工切割的半个蚕茧，茧壳长约1.36cm，茧壳幅约1.04cm，茧壳的切割面平直(图1-3)。切割的原因可能是取蛹供食用，或是以茧壳作纺线原料。这半个蚕茧说明当时当地已经有蚕丝这一极其古老的自然资源，并与人类的生活建立了某种联系。

图1-2 浙江河姆渡文化遗址中刻有蚕纹的牙质盅形器
(引自中国农业科学院蚕业研究所，1991)

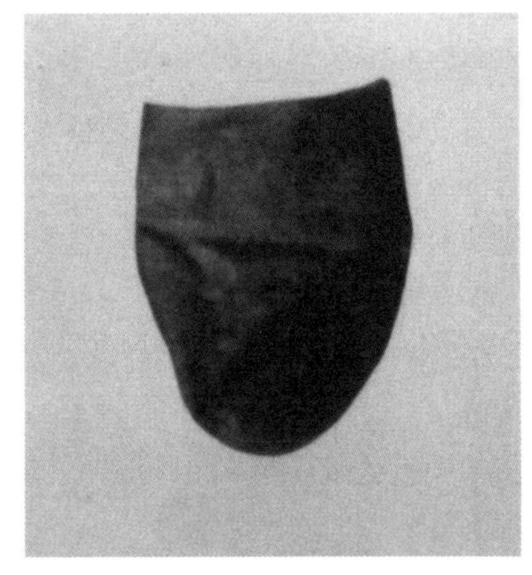

图1-3 山西夏县西阴村出土的半个蚕茧
(引自中国农业科学院蚕业研究所，1991)

3. 良渚文化

良渚文化是一种分布在我国东南地区太湖流域的新石器文化，代表遗址为中国良渚古城遗址(2019年7月6日获准列入世界遗产名录)，距今4500～5300年。良渚文化分布的中心地区在太湖流域，而遗址分布最密集的地区则在太湖流域的东北部、东部和东南部。1958年，在浙江省湖州市钱山漾新石器文化遗址中出土了绸片、丝带、丝线等丝织品，这是第一件出土的真正的史前丝绸品。出土的绸片没有碳化，但已经变质、黄褐化，长2.4cm，宽1.0cm，为长丝产品，可清晰地看到呈半透明状态的组成茧丝。出土的丝带已经完全碳化，揉成一团，显微镜下观察其用4根捻丝并捻成1根丝线，再用此丝线辫结而成。经^{14}C测定，此出土物年代为公元前2750年±100年，证明当时长江流域蚕丝业已经相当繁盛。

4. 甲骨文

甲骨文是商朝(公元前17世纪—公元前11世纪)的文化产物。自清末在河南省安阳县(1949年成立安阳市)殷墟发现有文字之甲骨，目前出土数量已达15万片之上，大多为盘庚迁殷至纣亡王室遗物。甲骨文目前出土的单字共有4500个，已识2000余字，公认千余字。在其中有关桑、蚕、丝、帛的记事(图1-4)，表明蚕丝在当时人们的物质生活与服饰文明方面已经占有重要地位。

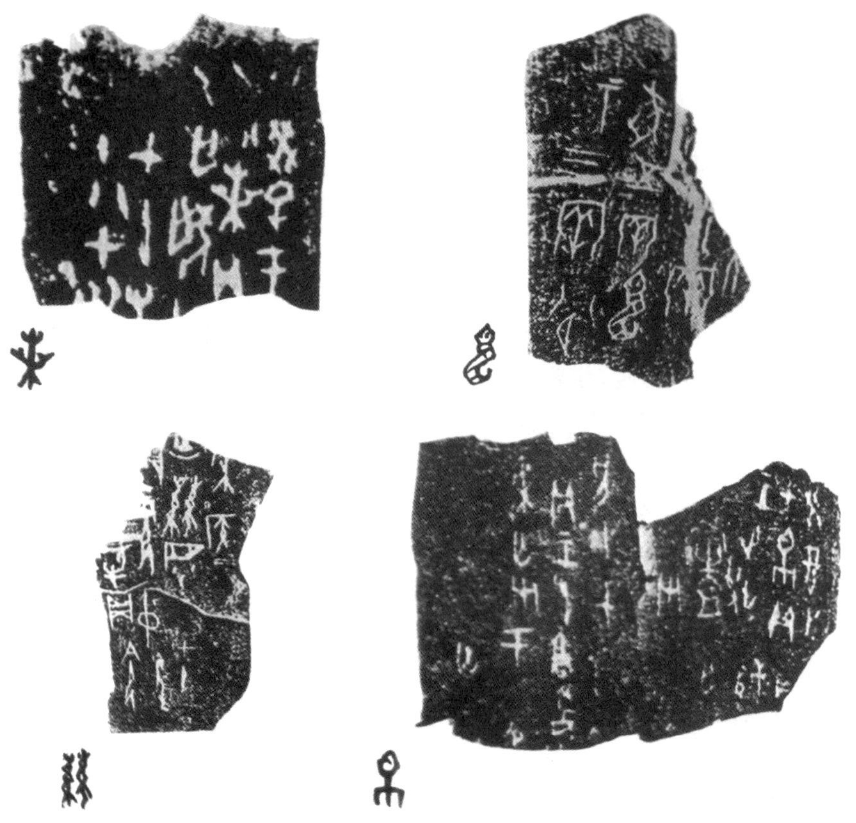

图 1-4　甲骨文中的桑、蚕、丝、帛记事(引自陆星恒,1987)

5. 战国时代

战国时代(公元前 475—公元前 221 年)是华夏历史上分裂对抗最严重且最持久的时代之一,距今 2200～2500 年。在河南省辉县和四川省成都市均出土了战国采桑纹铜壶,在湖北省陵县发掘的战国楚墓中出土了一批丝织品,其中绣、锦、绢、纱等的工艺水平很高,可见蚕丝业已成为当时人们社会生产与生活中不可缺少的组成部分,并且已经具有相当高的技术水平。

6. 河洛古国

河洛古国——双槐树遗址位于黄河南岸高台地上、伊洛汇流入黄河处的河南省巩义市河洛镇,是距今约 5300 年的古国时代的一处都邑遗址,因位于河洛中心区域而得名。2020 年 5 月 7 日,郑州市文物考古研究院发布,在河洛古国发现了我国最早的骨质蚕雕艺术品。骨质蚕雕艺术品长约6.4cm,宽不足 1cm,厚约0.1cm,用野猪獠牙雕刻而成,是一条正在吐丝的家蚕形象(图 1-5)。它的做工十分精致,腹足、胸足、头部组合明晰,与现代的家蚕极为相似,同时背部隆起,头昂尾翘,与蚕吐丝或即将吐丝时的造型高度契合。尽管1973—1977 年在浙江余姚发掘的河姆渡文化遗址中发现了刻有蚕纹的牙质盅形器,但雕刻成一整条蚕形的精美艺术品还是首次被发现。此骨质蚕雕艺术品与青台遗址等周边同时期遗址出土的迄今发现的最早的丝绸实物一起,证实了约 5300 年前黄河中游地区的先民们已经养蚕缫丝。

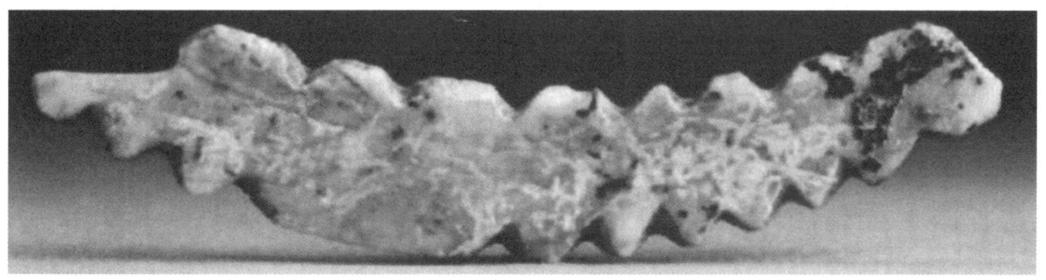

图 1-5　河洛古国的骨质蚕雕艺术品

(二)中国民间流传的神话

1. 伏羲化蚕

伏羲作为原始社会的化身,在史书上与女娲、神农一起被称作"三皇"。《皇图要览》中记载"伏羲化蚕,西陵氏始蚕"。《资治通鉴外纪》中有"太昊伏羲氏化蚕桑为穗帛,绠桑为三十六弦,又以蚕丝为二十七弦"的描述。所谓"伏羲化蚕",可能是伏羲氏征服了以"蚕"为图腾的氏族或本氏族开始利用蚕的资源,是他们当时的活动地——黄河下游蚕业的萌芽。

2. 嫘祖始蚕

《史记·五帝本纪》中记述"黄帝居轩辕之丘,而娶于西陵之女,是为嫘祖,嫘祖为黄帝正妃"。《资治通鉴外纪》中记有"西陵之女嫘祖为帝元妃,始教民育蚕,治丝茧以供衣服,而天下无皴瘃之患,后世祀为先蚕"。据民间传说,西平古时候叫西陵,住着西陵氏族,嫘祖是西陵氏的女儿。嫘祖把动物骨头放在石头上磨成针,再到山里寻找些野蚕结的茧,抽出丝,搓成细绳,把兽皮按照人体的模样连缀起来,这样穿在身上不仅合体、好看,而且解决了当时没有衣穿的问题。后来,嫘祖带领部落里的女人们在西陵南山上种植桑树养蚕,并将蚕茧采摘回来抽成丝,织成的片取名为布,又把布连缀成衣,给部落里的人们穿。黄帝在涿鹿打了胜仗,来到中原,听到嫘祖的贤能大德,便派人到西陵把嫘祖迎来,做了自己的妻子,养蚕织布这一技艺随着黄帝势力范围的扩大传遍五湖四海。后人为了纪念嫘祖的功绩,便尊称她为"蚕神"。

3. 马头娘佑蚕

马头娘佑蚕最早见于《山海经·海外北经》的"欧丝之野在大踵东,一女子跪据树欧丝",定型于《搜神记》。

相传帝喾高辛氏时,蜀中有一姑娘,其父被人掠去,只剩所骑白马返回。其母伤心之至,发誓道:"只要有人能将我的丈夫救回,我就把女儿嫁给他。"白马闻言仰天长啸,挣脱缰绳疾驰而去。几天后,白马载着其父返回家中。其母反悔,不再提及嫁女之事。从此,白马整日嘶鸣不止,不思饮食。其父见状,心中为女儿着急,取箭将马射杀,并把马皮剥下晾在院子里。但那马皮突然飞起并将姑娘卷走,不知去向。数日后,家人在一棵树上找到姑娘,但见那马皮还紧紧包裹着她,而姑娘的头已经变成马头的模样,正伏在树枝上吐丝缠绕自己。家人将其从树上取回饲养,后来人们称它为"蚕(缠)",将这种树叫"桑(丧)",养蚕、吐丝、结茧、缫丝的历史从此开始。后世人们为感激姑娘带来了丝绸锦衣,把她尊为"蚕神",也称为"马头娘"或"马头神"。在江南地区,人们还称她为"蚕花娘娘""马鸣王菩萨"。无论是在蜀中还是在江浙一带,新中国成立前都可见到塑有马头娘塑像的蚕神庙。

这个故事在《蜀图经》《太古蚕马记》《搜神记》《神女记》《太平广记》等古籍中都有大致相同的记述。它间接说明我国的养蚕缫丝大约是从黄帝之后裔帝喾高辛氏时期开始的,有将近5000年的历史。

第三节 蚕丝业的传播

在很长的一段历史时期内,蚕丝业仅限于在我国这块土地上发展,其后通过丝绸之路才从我国传播到世界其他国家与地区。"丝绸之路"此词最早来自德国地理学家费迪南·冯·李希霍芬(Ferdinand von Richthofen)于1877年出版的《中国——我的旅行成果》。此后,中外史学家都赞成此说,沿用至今。丝绸之路分为陆上丝绸之路和海上丝绸之路。

一、陆上丝绸之路

陆上丝绸之路(图1-6)是连接中国腹地与欧洲诸地的陆上商业贸易通道,形成于公元前2世纪与公元1世纪间,直至16世纪仍在使用,是一条东方与西方之间进行经济、政治、文化交流的主要道路。它是由西汉时张骞和东汉时班超出使西域时开辟,以长安、洛阳为起点,经河西走廊的甘肃、新疆,到中亚、西亚,并联结地中海各国的陆上东西通道,包括南道、中道、北道3条路线。

(一)南道

南道由葱岭西行,越兴都库什山至阿富汗喀布尔后分两路:一路西行至赫拉特,与经兰氏城而来的中道相

会，再西行穿巴格达、大马士革，抵地中海东岸西顿或贝鲁特，由海路转至罗马；另一路从白沙瓦南下抵南亚。

(二)中道

中道越葱岭至兰氏城西北行，一条与南道会，一条过德黑兰再与南道会。

(三)北道

北道也分两路：一路经钹汗(今费尔干纳)、康(今撒马尔罕)、安(今布哈拉)至木鹿与中道会西行；另一路经怛罗斯，沿锡尔河西北行，绕过咸海、里海北岸，至亚速海东岸的塔那，由水路转刻赤，抵君士坦丁堡(今伊斯坦布尔)。

图 1-6　陆上丝绸之路图(引自陆星恒，1987)

二、海上丝绸之路

海上丝绸之路是我国古代与外国交通贸易和文化交往的海上通道，该路主要以南海为中心，所以又称南海丝绸之路。海上丝绸之路形成于秦汉时期，发展于三国至隋朝时期，繁荣于唐宋时期，明中叶因海禁而衰落，是已知的最为古老的海上航线。

海上丝绸之路的重要起点有珠江口的广州、长江口的扬州、晋江口的泉州等，其中规模最大的港口是广州和泉州。广州从秦汉直到唐宋一直是我国最大的商港，明清实行海禁，所以广州又成为我国唯一对外开放的港口。泉州作为港口发端于唐，宋元时成为东方第一大港。海上丝绸之路可分三大航线。

(一)东洋航线

东洋航线由我国沿海港至朝鲜、日本。

《汉书·地理志》最早记载了我国养蚕技术传到朝鲜，述“殷道衰，箕子去之朝鲜，教民以礼义、田、蚕、织、作”。《通典》记载“辰韩耆老自言：秦之亡人避苦役来适韩，马韩割其地东界与之，知蚕桑，作缣布”。

我国蚕丝技术从朝鲜间接传入或从我国沿海各地直接传入日本。经朝鲜间接传入可能起始于云族人种与朝鲜人种发生关系时；从我国直接传入是先传到日本九州，再传到日本全国各地。

(二)南洋航线

南洋航线由我国沿海港至东南亚诸国。

我国养蚕织丝技术约在 10 世纪传入越南，在乐龙朝时，我国派到越南的官吏就已经将蚕丝业传给越南人民。

我国栽桑养蚕技术在三国时期由西南少数民族地区传入缅甸，后由云南等地的居民南下传入泰国，并经泰国传到柬埔寨等。

(三)西洋航线

西洋航线由我国沿海港至南亚、阿拉伯和东非沿海诸国。

第二章　蚕丝业发展

第一节　中国蚕丝业发展

一、古代蚕丝业发展

(一)夏朝(公元前2070—公元前1600年)时期蚕丝业

夏朝是我国历史上建立的第一个王朝。在记载夏朝物候实况的古籍《夏小正》中,记述了蚕在室内饲养的情况。

战国时代的《禹贡》中,提到兖州、青州、徐州、荆州、豫州和扬州为蚕丝产区及其丝织品用作赋税的珍贵产品,表明当时蚕丝区域已很广泛,其主要生产区位于黄河流域和长江中下流域,同时蚕丝利用的制绵、织造、染色等技术已有一定水平。

(二)殷商(公元前1600—公元前1046年)时期蚕丝业

殷商时期桑林遍野,郁郁葱葱。其宰相伊尹就出生在桑林中;商朝的第一个开国奴隶主汤为了求雨,曾在桑林祈祷。在河南安阳殷墟发掘出土的甲骨文中,有“桑、蚕、丝、帛”等象形文字,许多以“丝”为偏旁的文字,以及有关蚕事的甲骨卜辞。这表明殷商时期有了较发达的蚕丝业,并且织工技艺已达到一定水平。

(三)西周(公元前1046—公元前771年)时期蚕丝业

周是以擅长农业生产著称的部族,其始祖后稷被奉为农业的创始人。《诗经》的许多篇章中均有桑树生长、养蚕和制丝的记述,可见当时蚕丝业已相当发达。在《孟子》的《梁惠王上》篇中记述“五亩之宅,树之以桑,五十者可以衣帛矣”,《尽心》篇中记载“五亩之宅,树墙下以桑,匹妇蚕之,则老者足以衣帛矣,五十者非帛不暖”,从侧面说明当时已经有相当大的蚕丝生产量,不仅可以满足王室贵族的需要,而且民间高龄者也可以享用了。

(四)春秋战国(公元前770—公元前221年)时期蚕丝业

《史记》记载“楚平王以其边邑钟离与吴边邑卑梁氏俱蚕,两女子争桑相攻,乃大怒,至于两国举兵相伐,吴使公子光伐楚,拨其钟离居巢而归”,说明蚕丝业生产在楚平王(公元前529—公元前516年)时代已经十分重要。

1965年,在四川省成都市百花潭中学十号墓出土的一件战国时代的铜壶上,嵌刻有15人的采桑图,表明当时桑树生长繁茂,蚕业发达。

(五)秦朝(公元前221—公元前206年)时期蚕丝业

《中国历代食货典》农桑部中记述“汉承秦制设大司农及少府”,表明在秦朝已经设立“大司农”和“少府”等机构,开始对蚕丝业生产进行管理。

《吕氏春秋》的《上农》篇中记述“后妃率九嫔于郊,桑于公田。是以春、夏、秋、冬皆有麻台丝茧之功,以劝妇教也”。这说明蚕丝业在秦朝已有很高的地位。

《史记》记载“乌氏倮畜牧,及众,斥卖,求奇绘物,间献遗戎王。戎王十倍其偿,与之畜,畜至用谷量马牛。秦始皇令倮比封君,以时与列臣朝请”。乌氏倮从事丝马贸易有功,得到秦始皇的封诰,可以与大臣们一起上朝,说明丝绸贸易在秦朝时期得到很大发展。

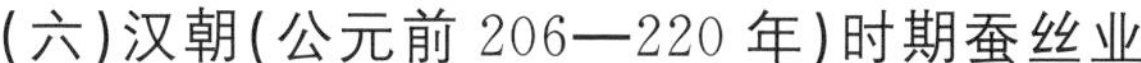

(六)汉朝(公元前 206—220 年)时期蚕丝业

汉高祖刘邦提倡食货并重,将蚕桑放在农业生产的第二位,并以农桑为衣食之本。栽桑养蚕、缫丝织绸已成为当时家庭妇女主要从事的手工业。

汉武帝元封元年(公元前 110 年)桑弘羊请令“民均输帛五百万匹”,足见当时蚕丝业相当兴旺。

蚕丝业在汉朝社会经济中占有重要地位,《汉书》记述丝织作坊为“方今作工各数千人,一岁数费巨万”。同时,汉朝的对外丝绸贸易也十分活跃,“丝绸之路”在此时开始形成。

(七)隋朝(581—618 年)时期蚕丝业

隋文帝夺取北周政权后,颁布了新令实行均田,降低租调标准,使很多荒地垦辟成桑田,蚕丝业得到发展。

隋炀帝即位(605 年)时,蚕丝生产极为兴盛,河北、山东一带的农民“其俗务在农桑,人多重农桑”,江浙赣一带“一年蚕四、五熟,勤于纺织”。

(八)唐朝(618—907 年)时期蚕丝业

唐高祖(618—626 年)劝课农桑、招徕难民,颁布均田令,可以交纳绢布等实物来代替力役,促进了蚕丝产业发展。唐天宝年间(742—756 年),绢绵在国家财政总收入中占到 1/6 之多,蚕丝产地几乎遍及全国。

(九)宋朝(960—1279 年)时期蚕丝业

960 年,北宋王朝建立,重新恢复了种桑、毁桑的奖惩办法,但由于契丹(辽)、西夏以及女真(金)的攻战,北方蚕丝业生产受到严重破坏。然而东南地区相对稳定,已经成为全国丝织业的中心之一,其中江浙一带成为朝廷丝织物的重要供应地。宋朝财政收入的秋税中包含丝税,表明当时民间丝织技术已经相当发达,政府可以直接从农民处征收高级丝织品。

同时,宋朝的丝织手工业也相当兴旺,除了传统的家庭作坊外,还有许多较大规模的民营工场。宋朝出口商品以金银、丝织品和瓷器为主,港口均集中在广州和泉州 2 个港口,丝织品是其重要出口物品之一。

(十)元朝(1271—1368 年)时期蚕丝业

元世祖即位(1260 年)就颁布了《农桑辑要》,这是我国第一部由政府组织编写的推广农业科技的书籍,其中蚕丝业占有很重要的篇幅。至元七年(1270 年),政府又颁布了农桑之制 17 条,内容涉及桑耕作与蚕饲养技术。1315 年、1329 年和 1342 年,政府大量颁发《农桑辑要》,推广栽桑养蚕。

(十一)明朝(1368—1644 年)时期蚕丝业

朱元璋即位(1368 年)后即下令“天下凡民有田五亩到十亩者,须栽桑半亩,十亩以上倍之,田多者按此比例增加”。洪武二十五年(1392 年)下令“天下卫所屯田军士人树桑百根”。洪武二十七年(1394 年)又下令“天下百姓务要多栽桑树,每一户初年二百株,次年四百株,三年六百株,栽种数目造册回奏,违者发云南”。

明朝时,浙江尤其是湖州地区的蚕丝业已经相当发达,蚕丝产量急增,成为全国丝织原料的供应地。江苏的苏松常地区当时也是全国的重点丝绸产区,吴江县(今吴江区)震泽镇也成为当时的丝绸集散和丝织重镇。为此,当时形成以太湖流域为中心的蚕丝商业经济中心,手工织造业出现资本主义的萌芽,桑苗和湖丝成为远销国内外的知名商品。

(十二)清朝(1644—1911 年)时期蚕丝业

在清朝早期,政府积极鼓励与扶持蚕丝业的发展。鸦片战争后,广州、厦门、福州、宁波和上海五港被迫开放,使以前被限制出口的“头等湖丝”等生丝可以自由对外出口,从而促进了生丝出口贸易的快速发展。广东、江苏、浙江的农民大规模“弃田筑塘”“废稻种桑”,使“桑基鱼塘”这种生态蚕业的经营模式得到大发展,该三地的蚕茧产量跃到全国前三位。

甲午战争后,受到日本蚕丝业发展的启发,我国蚕丝业教育开始起步。1897 年,林启在杭州创办“杭州蚕学馆”,这是我国现代蚕丝教育之先河。之后于 1900 年在重庆成立“四川蚕桑公社”,1901 年在南京成立“江南蚕桑学堂”,1902 年在武汉“武昌农务学堂”设立养蚕科及在北京“直隶高等农业学堂”设立蚕科,1903

年在上海成立“上海女子蚕桑学堂”，1904 年在“云南农业学堂”设立蚕科，1906 年在“山东高等农业学堂”设立蚕业科及在安徽成立“蚕桑学堂”，1907 年在“湖北襄阳农业学堂”中开设蚕科，1908 年在陕西成立“凤翔蚕桑学堂”，1911 年在北京成立“蚕业讲习所”及在杭州成立“浙江农事试验场”。

清朝时期，我国传统手工缫丝生产得到很大进步，其中以浙江湖州为中心的江南地区最为发达，以手工缫丝生产的“辑里湖丝”闻名世界。清光绪年间（1875—1908 年），将“辑里湖丝”经再缫复摇加工而成的“辑里干经”，取代“辑里湖丝”成为主要产品。

（十三）民国（1912—1948 年）时期蚕丝业

孙中山先生十分重视蚕丝业的发展，要求每一养蚕县设立科学局所，以指导农民栽桑养蚕及供给无病蚕卵，同时在适当地方设缫丝所和制绸工厂，并采用新式设备与技术，以满足国内外之需求，这些科学局所和缫丝所、制绸工厂均应当受到中央相关部门的监管。1931 年，全国蚕茧年产量 22.0837 万 t，达到历史最高水平，其中浙江、广东、江苏、四川分别占 30.8%、27.0%、14.9%、12.7%。

此后，国内各地军阀争权夺利，混战不断，加上日本发动的侵华战争，使我国蚕丝业遭受空前的浩劫。到 1949 年，全国蚕茧年产量下降至 3.09 万 t，丝绸出口额占全国商品出口总额的比例也从 1931 年的13.8%下降至 1.6%。

二、新中国蚕丝业的发展

新中国成立以来的 70 多年里，我国蚕丝业的发展经历了以下 8 个时期。

（一）恢复期（1949—1958 年）

新中国成立后，随着社会的安定、经济的恢复，蚕丝业发展的社会经济环境得到改善，同时政府出台一系列方针政策及优惠措施，使蚕丝业生产得到恢复与发展。全国蚕茧年产量从 1949 年的 3.09 万 t，到 1958 年达到 7.35 万 t，增长了 238%。

（二）下降期（1959—1963 年）

1959 年，蚕丝业也随大流，盲目提出不切实际的“大跃进”，破坏了蚕桑生产的恢复性发展势头。同时加上 1959 年开始的三年困难时期，粮桑争地，导致桑园面积减少。全国蚕茧年产量由 1959 年的 7.04 万 t，到 1963 年减少至 4.10 万 t，减少了 42%。

（三）稳定增长期（1964—1974 年）

针对 1959—1963 年蚕桑生产的下降，中央和地方政府采取一系列政策措施，使我国蚕桑生产进入稳定增长。尽管“文化大革命”对蚕桑生产造成一定的冲击，主要表现是过度强调“以粮为纲”而造成毁桑，使蚕桑生产量短期下滑。但以 1971 年中美《联合公报》发布为标志，我国丝绸外贸出口环境日益改善，带动蚕桑生产的发展，同时蚕桑生产技术和管理水平的进步与提高，也促进了蚕桑生产的发展。全国蚕茧年产量由 1964 年的 5.29 万 t，到 1974 年增加到 16.35 万 t，增长了 309%。其中，1970 年我国蚕茧年产量12.15万 t，超过日本同年的 11.17 万 t，成为世界第一大蚕茧生产国。

（四）徘徊期（1975—1977 年）

受“文化大革命”影响，蚕桑生产徘徊不前，全国桑园面积 27 万～31 万 km^2，年发蚕种量 700 万～750 万盒，蚕茧年产量 14.0 万～14.5 万 t。

（五）高速发展期（1978—1994 年）

1978 年 12 月，党的十一届三中全会决定将全党的工作重心转移到社会主义现代化建设上来，蚕桑生产得到高速发展。1979 年，蚕茧收购价格提高 25.5%；1983 年全面推广实行家庭联产承包责任制，1988 年和 1989 年又相应提高蚕茧收购价格。1977 年大学恢复考试招生后，源源不断地向社会输送各类蚕业人才，推动现代蚕业科技进步，同时国家加大了对蚕业生产的投入和支持力度，从而激发了蚕桑生产的高速发展。1994 年，全国蚕茧年产量达到 73.09 万 t，为 1978 年蚕茧年产量 17.21 万 t 的 4.25 倍，创下历史最高纪录。

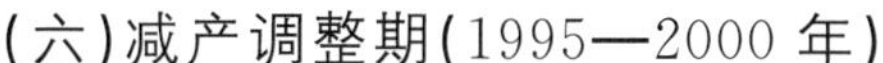

(六)减产调整期(1995—2000年)

1995年,全国发生“蚕茧收购大战”,导致蚕茧流通秩序混乱。1995年,日本泡沫经济破灭,1997年,东南亚金融危机爆发,使世界经济低迷,导致丝绸消费萎缩,我国丝绸出口受阻,丝绸行业连年亏损。我国经济体制由社会主义计划经济向市场经济转型,政府对栽桑养蚕、缫丝、织绸、丝绸后加工、贸易等各环节分割管理的蚕丝业的支持能力有限,使蚕茧可比价格下降;再加上蚕茧收购中普遍存在压级压价和“打白条”的现象,严重伤害了蚕农的生产积极性。1995年底,我国出现大范围的毁桑,从而使蚕桑生产出现减产调整。

(七)快速增长期(2001—2007年)

2001年6月13日,国务院办公厅发布了《国务院办公厅转发国家经贸委关于深化蚕茧流通体制改革的意见》(国办发〔2001〕44号),其主要举措有:打破地区封锁和部门分割,按社会主义市场经济体制的要求,推动蚕茧资源顺畅流通;培育和发展茧丝绸市场,建立在政府调控下主要由市场形成蚕茧价格的机制并加强监督,维护农民和经营者的利益;推行并完善茧丝绸贸工农一体化经营方式,形成相对稳定的蚕茧产销关系;推动蚕桑生产规模化、产业化、专业化,提高茧丝绸产品的科技含量和加工水平,扩大生产企业的出口经营权,增加出口创汇。通过深化改革,提高了蚕农与经营企业的积极性,从而促进了蚕桑产业的快速发展,全国蚕茧年产量从2001年的56.8万t快速增长到2007年的82.3万t,提高了44.9%。

(八)回落稳定期(2008—2021年)

2008年国际金融危机爆发,茧丝绸出口受阻,处于源头的蚕桑产业受到沉重打击,全国蚕茧年产量从2007年的82.3万t快速回落至2009年的58.6万t,2010年回升至66.1万t,此后处于稳定状态,2012年为64.8万t,2014年为65.1万t,2016年为62.3万t,2018年为67.9万t,2020年为68.7万t,2021年为71.7万t。

(九)未来发展方向

党的二十大明确提出我国全面建设社会主义现代化国家、全面推进中华民族伟大复兴的首要任务是高质量发展,蚕丝产业也应融入国家的战略安排,从传统产业向现代产业转换,实行高质量发展。当前我国蚕丝产业的高质量发展,主要有如下三大方向。

1. 推进蚕丝产业的规模化集约化生产,提高生产效率

一是通过土地流转,培育栽桑养蚕专业大户+龙头企业的新型经营主体;二是通过蚕桑良种选育、省力蚕桑机械开发等,提高科技创新水平;三是通过人工饲料工厂化养蚕和桑叶机械省力化养蚕的有机协同,建立蚕茧的标准化生产新模式;四是通过茧、丝、绸产品的绿色、智能、数字化制造以及大中小企业融通集群,建立现代茧丝绸产业体系。

2. 拓展蚕丝产业的应用领域,提高竞争力

一是推动桑、蚕、茧、丝资源向新型食品、医药保健品、新材料等高新技术领域拓展,实现资源的高效利用;二是打造蚕茧、生丝、面料、服装、家纺、礼品等丝绸精品,优化升级丝绸产业上下游产品;三是培育丝绸品牌,扩大中国丝绸产品的国际影响力。

3. 优化蚕丝产业的国内外布局,提升产业地位

一是加强政府对蚕丝产业的研究、指导,规范蚕丝产业市场秩序,协调东部、中部、西部地区蚕丝产业的分工与合作,实现国内蚕丝产业合理布局;二是推动蚕丝国际产能合作,面向国际市场和全球产业链、供应链搭建开放式、国际化的蚕丝产业平台,实现国内蚕丝标准的国际化。

三、中国蚕业区划

(一)中国蚕区分布的变化

中国蚕区分布随着经济重心的移动而变化。在夏朝至隋朝,我国蚕业重点在黄河流域。在唐朝至宋朝,长江流域的蚕业逐渐发达起来,蚕业重点在浙江省和四川省,其生产中心向太湖流域的浙江省集中。在元朝至民国,太湖流域和珠江流域发展成为我国两大蚕丝生产地,长江流域上游的四川省的蚕业也得到进

一步发展，形成浙江、广东、江苏、四川等四大蚕业区域。

新中国成立后，我国蚕丝业得到快速恢复与发展，其蚕茧年产量和生丝年产量分别在1970年和1980年超过日本，使我国重回世界第一大蚕茧、生丝生产国，并且至今一直保持世界蚕茧、生丝生产与贸易第一的地位。新中国成立以来，我国蚕区分布可划分为两大区段。

第一大区段为1949—1999年。这是我国蚕丝业快速发展的时期，也是我国蚕区分布最为广泛的时期。其中，浙江、江苏、四川、广东、山东、安徽6省为全国蚕桑主产区，1985年共计蚕茧年产量30.49万t，占全国总蚕茧年产量32.87万t的92.76%；1994年共计蚕茧年产量62.15万t，占全国总蚕茧年产量73.09万t的85.03%；1949—1978年，浙江省为全国第一大蚕区；1979—1994年，四川省为全国第一大蚕区；1995—2004年，江苏省为全国第一大蚕区。陕西、广西、湖北、山西、湖南、云南6省为全国蚕桑次产区，1985年共计蚕茧年产量1.47万t，占全国总蚕茧年产量的4.49%；1994年共计蚕茧年产量6.81万t，占全国总蚕茧年产量的9.76%。新疆、江西、河北、河南、贵州、福建、北京、上海、辽宁、吉林、黑龙江、内蒙古、甘肃等省份为全国分散蚕桑产区，1985年共计蚕茧年产量0.27万t，仅占全国总蚕茧年产量的0.80%。

第二大区段为2000年后。这是我国蚕丝产业布局大幅度调整的时期，蚕区分布出现“东桑西移”和“北蚕南移”的两大趋势。按照我国东、中、西三大经济带的划分方法，将蚕桑生产区域划分为东、中、西三大蚕区，江苏、浙江、山东和广东4个省份划为东部蚕区，山西、河南、湖北、江西、安徽和湖南6个省份划为中部蚕区，广西、四川、重庆、云南、陕西、甘肃、新疆、贵州8个省份划为西部蚕区。2000年，国家推出“东桑西移”战略，广西、云南等西部蚕区省份紧紧抓住国家政策机遇，大力发展蚕桑生产，并积极承接东部蚕区丝绸产业转移，蚕桑丝绸产业规模迅速扩大。而江苏、浙江、山东、广东等东部蚕区省份在工业化、城镇化导致蚕丝业劳动生产效率失去竞争力的背景下，蚕丝生产规模持续缩小，并顺势将丝绸产业的设备、技术等转移至西部蚕区省份。2001年，东部蚕区的蚕茧年产量占全国总蚕茧年产量的比例为53.10%，西部蚕区的蚕茧年产量占全国总蚕茧年产量的比例为35.49%。但10年后的2011年，东部蚕区与西部蚕区的蚕茧年产量出现倒转，东部蚕区的蚕茧年产量占全国总蚕茧年产量的比例下降至30.41%，西部蚕区的蚕茧年产量占全国总蚕茧年产量的比例上升至60.43%。8年后的2019年，东部蚕区的蚕茧年产量占全国总蚕茧年产量的比例进一步下降至15.50%，西部蚕区的蚕茧年产量占全国总蚕茧年产量的比例进一步上升至79.12%。由于中部蚕区的蚕茧产量、桑园面积和蚕种饲养量占全国总量的比例相对较小且稳定，所以“东桑西移”战略主要表现为从东部蚕区向西部蚕区的产业转移。

按照我国蚕桑生产的特点及蚕区气温、降雨、经济社会发展等情况，又将蚕区划分为五大区，自北向南，依序为北方干旱蚕区（Ⅰ区）、黄淮海流域蚕区（Ⅱ区）、长江流域蚕区（Ⅲ区）、南方中部山地丘陵红壤蚕区（Ⅳ区）和华南平原丘陵蚕区（Ⅴ区）。2000年，长江流域蚕区（Ⅲ区）蚕茧年产量占全国总蚕茧年产量的比例为72.08%，黄淮海流域蚕区（Ⅱ区）蚕茧年产量占全国总蚕茧年产量的比例为13.51%，两者合计占比超过85%，占据有绝对优势产区的地位；南方中部山地丘陵红壤蚕区（Ⅳ区）和华南平原丘陵蚕区（Ⅴ区）的蚕茧年产量占全国总蚕茧年产量的比例分别为4.10%和9.57%，两者合计占比仅为13.67%。但10年后的2010年，五大蚕区茧产量占全国总蚕茧年产量的比例发生了根本性变化，长江流域蚕区（Ⅲ区）蚕茧年产量占全国总蚕茧年产量的比例降为39.57%，黄淮海流域蚕区（Ⅱ区）蚕茧年产量占全国总蚕茧年产量的比例降为8.20%，两者合计占比为47.77%，与2000年相比，大幅度减少；华南平原丘陵蚕区（Ⅴ区）蚕茧年产量占全国总蚕茧年产量的比例升为45.20%，成为全国第一大主产区，南方中部山地丘陵红壤蚕区（Ⅳ区）蚕茧年产量占全国总蚕茧年产量的比例升为6.82%，两者合计占比上升为52.02%；北方干旱蚕区（Ⅰ区）蚕茧年产量占全国总蚕茧年产量的比例为0.06%，比2000年的0.68%大幅度下降。为此，2000年后，全国蚕桑产业分布出现了明显的由北方向南方转移的“北蚕南移”现象。

北方干旱蚕区（Ⅰ区）位于我国北部，包括黑龙江、吉林和新疆的全部，辽宁、内蒙古的绝大部分，以及河北、山西、陕西、甘肃的部分地区。该蚕区地域辽阔、资源丰富、人口稀少，为大陆性气候，日照充足，太阳辐射强，干旱少雨。该蚕区可划分为东北农林蚕桑亚区、北部牧业蚕桑亚区和南疆农牧蚕桑亚区等3个亚区，其中东北农林蚕桑亚区桑树生长期的降雨适宜，可以饲养多丝量蚕品种。

黄淮海流域蚕区(Ⅱ区)位于淮河以北、燕山以南,东临黄海,西连青海日月山,其中山东的鲁中南山区、胶东半岛的丘陵地区、江苏徐淮平原蚕区及山西晋东南丘陵地区为蚕桑主产区,陕西的渭水河谷、渭北高原和陇东地区的蚕桑数量极少,其他地区为蚕桑次产区。该蚕区地域宽广,东部属湿润、半湿润的暖温带,西部为干旱、半干旱的暖温带,可划分为山东丘陵蚕桑亚区、黄淮平原蚕桑亚区、冀鲁豫山麓低平田蚕桑亚区和黄土高原蚕桑亚区等 4 个亚区。

长江流域蚕区(Ⅲ区)西靠青藏、云贵高原,东临黄海,北以秦岭—淮河为界,南与江南丘陵相接,是我国人口稠密、经济发达、蚕桑生产历史悠久、蚕茧产量占比最高的地区。其中长江下游平原和四川盆地为蚕桑主产区,丝绸产品驰名海内外。该蚕区为北、中亚热带湿润气候,可划分为长江下游平原丘陵蚕桑亚区、江南丘陵山地蚕桑亚区、长江中游平原丘陵蚕桑亚区、秦巴大别山地蚕桑亚区和四川盆地蚕桑亚区等 5 个亚区。

南方中部山地丘陵红壤蚕区(Ⅳ区)是东起浙闽海岸沿线,天目山、皖南山区、鄱阳洞庭两湖平原及川中盆地一线以南至南岭以北的广大丘陵、山地和河谷平原地区。该蚕区地处中亚热带,热量丰富,雨量充沛,土壤多为酸性红壤土,可被划分为东部山地丘陵红壤蚕桑亚区和西部高原红壤蚕桑亚区等 2 个亚区。

华南平原丘陵蚕区(Ⅴ区)位于福州—大埔—英德—百色—元江—盈江一线以南,包括福建东南部、台湾、广东中部与南部、广西南部、云南南部,其中珠江三角洲曾是我国桑蚕茧的主要生产基地之一。该蚕区地处南亚热带及热带,高温多湿,桑树休眠仅 1 个多月,年可养蚕 8 次,可划分为华南沿海平原蚕桑亚区、华南山地丘陵蚕桑亚区、华南岛屿蚕桑亚区等 3 个亚区。

(二)中国的主要蚕区

1. 浙江蚕区

浙江蚕业历史悠久,从唐朝开始,全国蚕业向浙江转移;到宋朝,浙江已经发展成为全国蚕业的中心,到 1931 年,其蚕茧年产量占全国总蚕茧年产量的比例更是达到约 1/3。新中国成立后,浙江蚕业得到很大发展,1977 年前,其蚕茧年产量一直位于全国之首,1978 年被四川省赶超而位居第二位。1978 年后,浙江蚕业走出了增长、震荡、下降的发展态势。浙江的蚕茧年产量,1978 年为 4.68 万 t;1984 年超过 1931 年的历史最高水平,达 7.02 万 t;1988 年首次突破 10 万 t;1992 年创历史新高,达 14.07 万 t;1993—2007 年围绕 10 万 t 上下波动;2008 年后不断下降;2014 年下降至 4.71 万 t,与 2007 年相比,下降幅度超过 50%;2015 年继续下降至3.56万 t,占全国总蚕茧年产量的比例仅为 5.58%。浙江省除宁波地区、台州地区、舟山地区的少数县(市、区)外,其他县(市、区)均有蚕桑生产。蚕桑生产主要集中在杭嘉湖平原的杭州、嘉兴、湖州,其中以桐乡、淳安、湖州郊区、海宁、德清、嘉兴郊区、海盐最多,约占全省的 80%以上,桑园成批栽植,家家户户养蚕,素称丝绸之府。绍兴、金华、衢州、丽水等地区蚕桑有一定生产数量,但分布零星,难成规模。

浙江省蚕桑文化遗产达到新高度。“浙江湖州桑基鱼塘系统”于 2017 年 11 月 23 日通过联合国粮食及农业组织评审,被认定为全球重要农业文化遗产(GIASH)。“浙江湖州桑基鱼塘系统”形成始于春秋战国时期,是浙江湖州地区先民遵循早已有之的植桑、养蚕、蓄鱼生产规律,将桑林附近的洼地深挖为鱼塘,在垫高的塘基上种桑、桑叶养蚕、蚕沙喂鱼、鱼粪肥塘、塘泥壅桑(图 2-1),发明和发展了可持续多层次复合生态农业循环系统,确保了南太湖区水稻、桑蚕和鱼塘的收获,其科学的物质循环利用链和能量多级利用堪称世界奇迹。1992 年,被联合国教育、科学及文化组织誉为“世间少有美景、良性循环典范”。

浙江省蚕丝文化丰富多彩,在湖州市南浔区含山和德清县新市均有蚕花节。含山位于湖州南浔区善琏镇含山村,向来被称为蚕花胜地。相传蚕花娘娘于清明节化作村姑走遍含山,留下蚕花喜气,这时谁上含山,谁就可以把蚕花喜气带回去。千百年来,每年清明时节含山“轧蚕花”时,方圆百里的数十万蚕农纷纷前来踏含山,希望把蚕花喜气带回去。含山蚕花节的主要活动有祭蚕神、踏青、轧蚕花、摇快船、吃蚕花饭、评蚕花姑娘等。1998 年,湖州含山蚕花节被国家旅游局定为国家级重点节庆活动之一。

德清县新市蚕花节在新市民间又称为“轧蚕花”,与含山蚕花节相仿,是融民间艺术、宗教信仰、物资交流、文化娱乐于一体的民俗文化活动。每年清明节这天,蚕农们祈求“蚕神”为蚕宝宝清病祛灾,赐个丰产年。新市邻近地区的蚕农都会涌到古刹觉海寺、司前街、寺前弄、胭脂弄、北街一带,祈祷“五谷丰登”。农村

图 2-1 浙江湖州桑基鱼塘系统图

妇女怀装蚕种，头插各式蚕花，引得人们前来观看，你轧我轧，故称“轧蚕花”。蚕花节期间，由德清县各地评选的“蚕花娘娘”在新市镇上大巡游，沿途向人们抛撒蚕花。届时新市镇上人山人海，争相目睹“蚕花娘娘”的风采。同时，带有地方特色的铜管队、腰鼓队、武术队、唢呐队、舞龙队等纷纷闪亮登场，到觉海寺举办祭祀活动，以求风调雨顺。晚上还有蚕花庙会灯会，当夜幕降临时，各类造型别致的景灯、花灯交相辉映，栩栩如生，反映出蚕丝文化的丰厚底蕴。

2. 江苏蚕区

江苏在 20 世纪是我国四大蚕区之一，新中国成立后，其蚕桑生产也得到快速发展，1995 年蚕茧年产量为 17.57 万 t，达到鼎盛，并跃升为全国第一，其后至 2004 年的 10 年间，蚕茧年产量一直保持着全国第一。2005 年后，随着社会工业化、城镇化步伐的加快，江苏蚕桑生产规模持续下降，2015 年蚕茧年产量跌至4.91 万 t，仅为鼎盛期 1995 年的约 1/4，占全国总蚕茧年产量的比例仅为 7.7%。

江苏省蚕桑生产在 20 世纪 60 年代主要集中在以苏州为中心的苏南地区，后苏北平原快速发展，以南通地区为主的苏北地区的蚕茧年产量在 1981 年超过苏南地区，占全省的 70%左右。目前，苏北的海安市蚕茧年产量排第一，无锡排第二。江苏蚕区也是成批栽桑，有“日出万绸，衣被天下”之美誉，苏州的“苏绣”为世界著名，而盛泽丝行及印染发达，但造成的污染也很严重。

3. 四川蚕区

四川蚕区在蜀国时就以“蜀锦”远扬其名，山谦之《丹阳记》中载有“江东历代尚未有锦，而成都独称妙”，清朝所需贡缎出自成都。

四川省在 20 世纪也是我国四大蚕区之一，新中国成立后，其蚕桑生产得到快速发展。蚕区农村因地制宜，在田边、地边、路边、沟边的四边栽桑，不占用良田，使蚕桑生产规模大幅度扩大。1978 年蚕茧年产量 5.2 万 t，超越浙江，位居全国第一；其后至 1994 年，一直保持着蚕茧年产量全国第一。1984 年，蚕茧年产量最高达10.45万 t。1995 年后，蚕桑生产进入调整期，加上 1997 年四川省行政区划调整，以及蚕茧价格下跌，蚕业跌入低谷，蚕茧年产量为 8.53 万 t。2000 年开始，四川蚕业出现恢复性增长，蚕茧年产量上升至 8.73 万 t。2008 年，受汶川地震影响，蚕茧年产量下降至 6.9 万 t。2010 年后，四川蚕茧产量、质量、效益不断提高，2018 年全省有养蚕农户 40 万户，蚕茧年产量 8.4 万 t，桑果年产量 13 万 t 为全国第一。

四川省蚕桑生产主要集中在南充地区，其次为绵阳、内江、宜宾等地区。四川处于我国西部的中心地位，属中亚热带地区，雨热资源充沛，自然条件和社会经济条件宜栽桑、宜养蚕。四川蚕丝产业发展具有蚕丝文化深厚、劳动力资源丰富、蚕业生产成本低廉等优势，能在“东桑西移”过程中增强竞争力。

4. 广东蚕区

广东栽桑养蚕已 2000 多年历史，在 20 世纪是我国四大蚕区之一，也是我国丝绸出口的主要口岸。20

世纪20年代是广东蚕桑生产的“黄金时期”，1922年全省有桑地12.48万hm^2；蚕茧年产量7.5万t，仅次于浙江省，居全国第二位；生丝出口量占全国生丝出口总量的40%以上。抗日战争爆发后，广东的蚕桑生产遭受严重破坏，至1949年，蚕茧年产量只剩下0.52万t。新中国成立后，广东的蚕桑业得到恢复和发展，1978年全省蚕茧年产量2.28万t。此前的广东蚕区以珠江三角洲的佛山市、中山市为主，其蚕茧产量占全省总蚕茧产量的93%。

1978年，党的十一届三中全会确定改革开放的方针，在此推动下，广东省的产业结构发生大规模调整，珠江三角洲工业化快速发展，造成工业废气、废水污染严重，以及农业生产效益降低，使蚕桑生产开始走下坡路，特别是珠江三角洲老蚕区的蚕桑产量急剧下降，其占全省总产量的比重从93%下降至6.6%。为了扭转这一被动局面，广东省于1983年9月提出了“加快发展新区”的蚕桑生产方针，并于1984年调高了蚕茧收购价格，从财力、物力和技术等方面扶持新蚕区。新举措有效地调动了蚕农种桑养蚕的积极性，1984年当年就扭转了由珠江三角洲老蚕区蚕茧年产量大幅度下降而造成连续2年减产的被动局面，蚕茧获得大幅度的增产，蚕茧年产量比1983年增长37%，其中以化州、廉江、翁源和遂溪等县(市、区)为主的新蚕区蚕茧年产量1.2631万t，占全省总蚕茧年产量的54.1%，超过珠江三角洲老蚕区的蚕茧年产量。从此以后，新蚕区的蚕茧产量直线上升，1990年新蚕区蚕茧年产量2.2285万t，占全省总蚕茧年产量的96.1%，已经跃居广东蚕茧的主产区，成功实现广东蚕桑生产基地从珠江三角洲老蚕区转移到粤西、粤北、西江流域等新蚕区的战略目标。

广东蚕桑生产从1993年开始，因受到国际丝绸市场不景气影响而快速下降，1996年蚕茧年产量2.25万t，比1992年蚕茧年产量4.61万t减少了51.2%。2000年后因蚕茧收购价格回升、蚕桑生产相比其他农业生产的效益提高等，连片发展的新蚕区和规模经营的专业户不断涌现，蚕茧年产量连年大幅提高。2007年蚕茧年产量8.11万t，创历史新高。此后，广东蚕茧年产量回落，当前维持在每年3万t左右，全国排名第十位。

广东属亚热带地区，桑、蚕种质资源丰富，桑树以无干桑为主，全年多次养蚕(7～8造)，饲养的蚕品种在1988年以前为多化性，1988年以后实现了全年饲养优质二化性蚕品种，使蚕茧质量大幅度提高，并达到国内先进水平。广东独特的蚕桑技术体系，在历史上也形成了“桑基鱼塘”良性循环的经营方式，曾经受到联合国生态学专家的称赞。当前，广东的蚕桑生产从传统的“产茧抽丝织绸”，向新型的“产药保健养人”的新蚕桑生产模式转型，开启了蚕桑产业的高价值、多元化发展新征程。

5.广西蚕区

广西蚕业至今已有2000多年发展历史，1931年蚕茧年产量3265t，创历史最高水平。广西蚕茧年产量在1949年新中国成立时只有95t，此后得到恢复性发展，1984年蚕茧年产量达到3660t，首次超过1931的历史最高水平。但广西蚕业真正飞速发展，始于2000年国家提出“东桑西移”产业结构调整战略时。广西紧紧抓住国家“西部大开发”和“东桑西移”的战略契机，充分发挥资源与区位的优势，科学规划，创新发展，重点攻关，规模化生产，大力推进蚕桑产业快速发展，取得显著成效。2000年广西蚕茧年产量2.95万t，全国排名第六位。2004年广西蚕种年饲养量311万张，排名全国第一。2005年广西蚕茧年产量14.85万t，跃居全国第一。2006年广西桑园面积12万hm^2，登上全国榜首。2010年广西生丝年产量超过1.8万t，跃居全国第一。2012年广西桑园面积17.51万hm^2(占全国总面积的20.81%)、蚕茧年产量31.57万t(占全国总蚕茧年产量的45%)、蚕种年饲养量665万张(占全国总蚕种年饲养量的39.75%)、1hm^2桑园产茧量1812kg(是全国平均1hm^2桑园产茧量的2.17倍)、生丝年产量2.88万t、桑枝食用菌年产量约4万t、蚕农售茧年收入113亿元，这七大指标均位居全国第一，创历史新高。为了做优做强广西蚕桑产业，根据《广西蚕桑产业提升行动方案(2015—2020)》，实施“公司＋合作社＋基地＋农户”及“公司＋村集体经济＋养殖能手＋贫困户”股份制等新型蚕桑种养分离模式，积极探索具有广西特色的蚕桑转型发展之路，使蚕桑产业继续保持良好的发展。2017年广西桑园面积20.79万hm^2，占全国总面积的25%，连续12年位居全国第一；蚕茧年产量39.59万t，占全国总蚕茧年产量的50%，连续13年位居全国第一；生丝年产量达5万t，超过全国总生丝年产量的35%，连续8年位居全国第一。

广西蚕桑主要集中在河池、南宁、来宾、柳州、贵港、百色等6市。2012年，该6市的桑园面积合计16.167万hm^2，蚕茧年产量合计30.04万t，分别占全区总桑园面积、总蚕茧年产量的92.30%、95.14%。现已建成16个年产鲜茧5000t以上的优质原料茧基地县(市、区)，133个年产鲜茧500t以上的乡镇(街道)，6771个年产鲜茧50t以上的示范村(社区)，涌现出全国蚕桑生产第一大县(市、区)——宜州区，全国蚕桑生产第一大乡镇(街道)——横县云表镇。在全国蚕茧产量10强县(市、区)中，广西占据8席。广西蚕业有力支撑了农业农村发展，帮助了农民脱贫致富。2018年，蚕农约380万人，蚕农售茧年收入约195亿元，蚕农户均蚕桑年收入2.22万元，人均蚕桑年收入5548元。蚕桑产业成为广西贫困地区脱贫致富的首选项目。

6.云南蚕区

云南栽桑养蚕已有1700多年历史。历史上，大理凤仪一带的“赵州丝”、保山的“永昌绸”及昆明的“滇缎”都曾享有较高的声誉。1942年全省蚕茧年产量423t，达历史最高水平。云南蚕茧年产量在新中国成立的1949年仅为62.5t，后蚕桑生产得到恢复与发展，但发展缓慢。至1979年，蚕茧年产量徘徊在500～600t，在全国排第15位。1980—1984年，云南省贯彻“大力发展蚕桑生产”方针并制订相关经济扶持政策和技术措施，使蚕桑生产得到了快速发展；1982年蚕茧年产量1189t首次突破1000t；1984年蚕茧年产量达到1700t，全国排名上升到第12位。此后，云南省也紧紧抓住国家“西部大开发”和“东桑西移”的战略契机，将蚕桑产业作为重点产业来发展，使蚕桑生产得到飞跃式发展。2002年蚕茧年产量1.1万t，首次突破1万t。2010年云南桑园面积0.933万hm^2，年饲养蚕种量100万张，蚕茧年产量达到3.6万t，实现蚕桑年产值10亿元以上，桑园面积、蚕茧年产量分别居全国第3位和第6位。2015年云南桑园面积1.101万hm^2，年饲养蚕种量156万张，蚕茧年产量达到6.24万t，蚕茧年产量居全国第3位。

目前，云南省共有蚕桑基地县(市、区)45个，其中1万亩(1亩≈667m^2)以上基地县(市、区)20个，涉及蚕桑管理和技术服务从业人员7000余人，养蚕农户50万户200万人。发展蚕桑已经成为云南省很多地区调整产业结构、增加农民收入的重要途径，栽桑养蚕逐步成为农民增收致富的主要经济来源。据调查，在云南省大部分蚕桑产区，每户蚕农养蚕平均年收入7000多元，占农民年收入的53%，高的超过90%。蚕桑产业不仅比较效益突出，而且是绿化荒山、恢复植被和保持水土的绿色产业，已成为云南省农业产业化主导产业之一。

7.山东蚕区

山东位于黄河下游，唐代以前为我国蚕业最为发达的地区。1949年新中国成立时，山东蚕茧年产量仅为1090t，后通过田间和田边栽桑养蚕、建立专用桑园等措施而得到快速发展。1980年蚕茧年产量1.05万t。1981年成立山东丝绸公司，在全国首先确立农工贸一体化体制，此模式成为当时全国学习的样板，也促进了蚕桑产业的发展。1995年蚕茧年产量4.27万t，突破历史最高纪录，之后快速下降。2000年开始恢复性增长，2002年蚕茧年产量6.91万t，创下新的历史最高水平。之后又呈现快速下降的走势，2016年蚕茧年产量下降至1.89万t。

山东多为梯田边和农田边间作栽桑，也有少量成批栽植的专用桑园，全省形成以下3个主要蚕区。

(1)鲁中南蚕区

该区以沂蒙山区为中心，由临朐、沂源、蒙阴、益都、临沂、莱芜、淄川、博山等县(市、区)组成，多为山地与丘陵，是山东的蚕桑主产区。

(2)鲁西南蚕区

该区由鲁西和泰莱平原的宁阳、兖州、曲阜、泰安、肥城等地组成，为黄河冲积平原。

(3)胶东蚕区

该区集中在胶东半岛东部的文登、栖霞、海阳、莱西、莱州等地，属于海洋性湿润地区，适宜桑树的生长发育。

8.安徽蚕区

安徽位于长江下游、淮河中游，气候温和，适宜栽桑养蚕，是我国蚕茧主产区之一。新中国成立前，安徽蚕茧年产量最高是1918年的8535t。1949年新中国成立时，蚕茧年产量仅为460t。新中国成立后，蚕桑生产得到较快恢复和发展，1979 年蚕茧年产量增加到 2980t。改革开放及农村实行家庭联产承包责任制，极大地调动了蚕农的生产积极性，安徽省蚕桑生产快速发展，1995 年蚕茧年产量达到 4.25 万 t，创历史最高水平。从 1996 年开始，安徽省蚕桑生产进入调整期，到 2005 年，蚕茧年产量 2.93 万 t。从 2006 年开始，安徽省承接国家“东桑西移”工程，政府加强对蚕桑产业的支持力度，加上科技进步和市场需求的推动，蚕桑生产实现稳步发展，2018 年全省蚕茧年产量 1.57 万 t，蚕农户均蚕茧年收入 7853 元。

安徽省蚕桑生产主要分布在皖西的大别山区、皖南山区以及阜阳市，金寨、霍山、绩溪、泾县、歙县、黟县、青阳、潜山、岳西、金安、裕安、宣州、广德、旌德、肥西等 15 个县(市、区)的桑园面积、蚕种饲养量、蚕茧产量均占全省总量的 90%以上，其中金寨、霍山、绩溪、泾县、歙县、黟县、青阳、潜山、岳西等 9 个县(市、区)的又占全省总量的近 70%。15 个蚕桑重点县(市、区)的蚕农蚕茧年收入占家庭农业总年收入的 30%～50%，蚕茧生产已经成为农民增加收入的主要渠道。

9.陕西蚕区

陕西蚕桑生产历史悠久，是我国蚕丝业发源地之一。作为丝绸之路起点的古长安，在汉朝、唐朝时已是我国最大的丝织品集散地与贸易中心。陕西蚕桑生产有 5000 多年历史，1918 年蚕茧年产量 1.407 万 t，占全国总蚕茧年产量的约 12%，处于历史鼎盛期。此后蚕桑生产规模不断萎缩，1931 年蚕茧年产量下降至 0.165 万 t，1949 年新中国成立时蚕茧年产量仅为 325t。

新中国成立后，陕西蚕桑生产得到恢复和发展，1957 年蚕茧年产量突破 1000t，达到 1035t；1975 年蚕茧年产量突破 2000t，达到 2005t。1978 年改革开放后，陕西蚕桑生产快速发展，2002 年蚕茧年产量 1.7 万 t，超过 1918 年的历史最高水平。2007 年蚕茧年产量 2.65 万 t，创新的历史最高水平。2008 年后，陕西省蚕桑生产步入衰减期，2018 年蚕茧年产量下降至 1.2 万 t。

陕西蚕桑主产区在安康市和汉中市，其中安康市蚕茧产量占全省总蚕茧产量的约 80%。根据气象地理条件和生产结构，陕西省蚕区划分为以下 3 个大区。

(1)陕南秦巴山地丘陵蚕区

该区包括汉中、安康、南洛 3 个市以及宝鸡市的凤县、太白等共 30 个县(市、区)，蚕茧产量约占全省总蚕茧产量的 90%。该蚕区属于长江流域的亚热带气候，蚕桑主要分布在江河川谷及秦巴山区丘陵浅山地带。

(2)关中平川蚕区

该区包括宝鸡、咸阳、渭南、铜川和西安 5 个市共 51 个县(市、区)。该蚕区为黄河流域的半湿润、半干旱气候，土质好，冬季无严寒，夏季少酷热，适宜栽桑养蚕，一年养蚕 2～3 次。

(3)陕北黄土高原蚕区

该区包括延安、榆林 2 个市共 25 个县(市、区)。该蚕区气候条件较差，但土层厚，光照充足，降雨虽少，但集中在桑树生长期，所以当地积极发展蚕桑生产，一年养蚕 1～2 次。

10.重庆蚕区

重庆栽桑养蚕历史悠久，一直是农业增效、农民增收的致富产业之一。重庆蚕桑生产于 1994 年创下蚕茧年产量 5.1 万 t 的最好成绩，在全国排名第 4 位。1997 年重庆市成为直辖市，当时全市有蚕桑生产的县(市、区)计 38 个，蚕茧年产量 2.13 万 t。此后重庆蚕桑生产呈现下降态势，1999 年蚕茧年产量 1.36 万 t。2000 年在国家“东桑西移”战略的促进下，政府投入大量资金和物力稳定蚕桑生产，蚕茧年产量回升至 1.72 万 t；2008 年蚕茧年产量进一步回升至 2.253 万 t。此后，蚕茧年产量呈小幅波动的下滑趋势，2010 年蚕茧年产量 1.72 万 t，2016 年蚕茧年产量 1.60 万 t，2019 年蚕茧年产量 1.36 万 t，排名徘徊在全国的第 9～10位。

重庆蚕桑生产可划分为以下 4 个大区。

(1)渝西丘陵蚕区

该区位于长寿—巴南—綦江—万盛一线以西，主要包括永川、大足、潼南、铜梁、璧山、江津、荣昌、北碚、渝北、巴南、长寿、綦江、万盛、双桥及重庆主城区等，内有嘉陵江、涪江和綦江等河流经过。它为重庆第一大蚕桑产区，蚕茧产量约占全市的 43%。

(2)渝东平行岭谷蚕区

该区位于长寿—巴南—綦江—万盛一线以东的长江两岸,主要包括涪陵、垫江、南川、丰都、石柱、梁平、万州、开州和忠县等。它为重庆第二大蚕桑产区,蚕茧产量约占全市的42%。

(3)渝东北大巴山蚕区

该区包括云阳、城口、巫溪、巫山和奉节5个县(市、区),长江三峡穿境而过,另有大宁河、汤溪河、梅溪河等长江支流及任河(属汉江支流),蚕茧产量约占全市的11%。

(4)渝东南山地红壤蚕区

该区位于乌江流域,主要包括武隆、彭水、黔江、酉阳和秀山等,境内有芙蓉江、酉水和郁江等河流,蚕茧产量约占全市的4%。

第二节　国外蚕丝业发展

19世纪末20世纪初,世界蚕丝生产主要集中在以日本和中国为中心的东亚地区,以及以意大利和法国为中心的地中海北部沿岸地区,其生丝出口量分别占世界生丝贸易量的约59%和约33%。20世纪30年代,世界蚕丝生产逐渐向以日本和中国为中心的东亚地区发展,日本和中国的生丝出口量占世界生丝贸易量的86.8%,而意大利和法国的生丝出口量下降至6.3%。20世纪50年代,以乌兹别克斯坦为主产区的苏联和印度蚕丝业快速崛起,生丝产量世界排名分别为第三位和第四位,意大利蚕丝业萎缩至排名第5。20世纪60年代,韩国蚕丝业快速发展,超过意大利,成为世界第五蚕茧生产国。20世纪70年代,中国蚕茧产量和生丝产量均超过日本,成为世界最大的茧丝生产国;印度和韩国分别超过苏联,成为世界第三和第四茧丝生产国。20世纪80年代,日本、韩国的蚕丝业衰退,而巴西、泰国、越南的蚕丝业快速发展,世界排名依次为中国、印度、日本、苏联、巴西、韩国、泰国、朝鲜、伊朗、保加利亚、土耳其和越南。20世纪90年代,日本、韩国、保加利亚和土耳其等国的蚕丝业急剧萎缩,而泰国和越南等新兴蚕丝生产国的蚕丝业快速发展。2000年世界蚕茧年产量排序为:中国(73.4%)、印度(18.3%)、乌兹别克斯坦(2.8%)、巴西(1.5%)、泰国、越南、朝鲜、伊朗和日本。

一、日本

日本养蚕业于199年从中国传入,迄今已有1800多年历史。由中国移民带来的养蚕技术,因作为纳税品和交易的媒介商品而受到日本当局的奖励和保护,逐渐在日本各地发展起来,并成为日本农家传统的生产事业。另外,因日本人民爱穿以丝绸为原料的和服,所以使日本蚕丝业具有其民族特色。

1868—1937年,是日本蚕丝业的历史辉煌时期。明治维新以后,日本蚕茧产量和生丝产量迅速增长,到1900年蚕茧年产量达10.3万t,生丝年产量达7080t;1930年桑园面积占总耕地面积的26.3%,有39.6%农户栽桑养蚕,蚕茧年产量39.9万t,生丝年产量4.26万t,居当年世界总蚕茧年产量、总生丝年产量的首位,创历史最高水平。1865—1935年,生丝和丝织品输出值占日本总输出值的30%以上;1929年生丝年出口量3.4857万t,占世界生丝年出口量的66.1%。可见,蚕丝业对日本社会经济的发展起了很大作用。

第二次世界大战结束后,日本经济遭受危机,蚕丝业也处于低谷,日本依靠发展蚕丝业来换取恢复国内经济所需要的外汇,并帮助日本经济渡过难关。1968年蚕茧年产量12.1014万t,达到峰值,此后处于不断下降趋势中,但在1970年前,其蚕茧年产量一直为世界第一;1969年生丝年产量2.1486万t,达到峰值,此后也处于不断下降趋势中,但在1980年前,其生丝年产量一直为世界第一。

进入20世纪80年代,日本蚕丝业快速衰退,到20世纪90年代后期已经趋向消亡,到1998年,蚕丝业在日本已经不是一个产业部门。目前仅少量地方(群马、福岛)有供参观的养蚕业,但丝加工业及消费市场仍很大,并且将蚕丝业作为"功勋产业",在日本国民中广泛宣传教育。

日本是蚕丝的最大消费国,1963年以后,日本生丝输入大于输出。1979年日本生丝年消费量达2.64万t,占世界总生丝年消费量的51%,平均每人生丝年消费量239g,是世界人均生丝年消费量的17倍。

日本除北海道外的各地都有养蚕。20世纪80年代，主要产地是东山、关东的内陆地带及东北地区的南半部，群马、福岛、埼玉、山梨、长野等5个县的蚕茧产量占全国总蚕茧产量的67%。养蚕期大体上在5—10月，1年中养蚕次数1～7次，以4～5次的为多，占50%以上，夏秋蚕多于春蚕。桑树栽植形式有普通桑园、间作桑园以及速成密植桑园等，以无干（占73%）和中干（占24%）养成为主。大蚕用桑园占96%，其中70%春秋蚕兼用，20%夏秋蚕专用，6%春蚕专用。树龄多在3～20年。蚕种采取原原种、原种、普通种3级生产，杂交种（普通种）由民间蚕种公司（场）生产，20世纪80年代年生产蚕种为200万盒左右。

20世纪以来，日本蚕业科学和技术发展迅速，生产水平显著提高。60年代以前主要反映在提高单位面积生产效率方面，60年代以后主要是提高劳动生产效率。具体有：优良蚕品种不断育成和推广；出丝率不断提高；蚕病害率控制在2%以下；普及小蚕人工饲料育、大蚕条桑育的省力化饲育体系；改进桑园管理（用拖拉机或小卡车运输桑叶）；每生产100kg蚕茧所需的劳动时间从60年代的535h减少到80年代的200h左右。

二、印度

印度是世界上唯一同时生产桑蚕丝、柞蚕丝、蓖麻蚕丝和琥珀蚕丝等4种商品蚕丝的国家。4世纪，蚕丝业已在印度确立。19世纪末，国家为发展蚕桑业实行奖励，促进了蚕丝业的发展。1906年蚕茧年产量1.5万t，生丝年产量1000t。1938年蚕茧年产量9404t，生丝年产量691t。20世纪50—60年代，生丝年产量在1011～1758t。70年代后半期开始，蚕丝业发展迅速，蚕茧年产量在1977年超过苏联，在1982年超过日本，成为世界第二蚕茧生产国；生丝年产量在1978年超过苏联和韩国，在1987年超过日本，成为世界第二蚕丝生产国。2001年印度蚕茧年产量13.97万t，生丝年产量1.58万t，分别占世界总蚕茧年产量和总生丝年产量的17.5%和18.8%。

印度地处热带和亚热带，终年温暖，夏季高温多雨，冬季凉爽干旱，适合栽桑养蚕。印度的桑蚕丝业遍及全国各地，但主产区以南方的卡纳塔克、安得拉、泰米尔纳德等3个邦为中心，加上西孟加拉邦，这4个邦的蚕茧产量占印度总蚕茧产量的98%左右，其中卡纳塔克邦的蚕茧产量和生丝产量均分别占印度总蚕茧年产量和总生丝年产量的50%以上。印度养蚕从8月开始到次年6月结束，全年共养蚕6次。但印度蚕发病率高，蚕丝质量差，生产的蚕丝90%供国内消费，10%供出口。

印度除生产桑蚕丝外，还生产柞蚕丝、蓖麻蚕丝和印度独有的琥珀蚕丝，其产区分布于比哈尔邦、中央邦、奥里萨邦、西孟加拉邦、阿萨姆邦以及东北部的一些邦。

三、原苏联地区

蚕丝业于4世纪通过土耳其从中国传入费尔干纳流域，后扩展到中亚细亚地区。俄国沙皇时代，彼得一世曾颁布法令并制定计划发展蚕丝业，叶卡捷琳娜二世也曾提倡栽桑养蚕、建立丝厂，使当时在中亚细亚一带的蚕业和丝织业一度兴盛。但19世纪前后，由于战争的破坏以及蚕病流行，蚕业经历复兴和衰落的时期。1922年苏联成立后，政府采取各种扶持蚕业发展的措施，使蚕桑生产不断恢复，蚕茧年产量逐年上升。1940年蚕茧年产量2万t；1960年蚕茧年产量3万t；1970年蚕茧年产量3.4万t；1980年蚕茧年产量4.9万t，生丝年产量4410t，约占世界总生丝年产量的8%，居世界第三位；1983年蚕茧年产量5.3万t，约占世界总蚕茧年产量的10%，居世界第四位。1991年苏联解体，蚕丝业发展停滞并不断萎缩。目前，原苏联地区蚕茧年产量2.7万t左右，约占世界总蚕茧年产量的4%，居世界第三位。

原苏联地区的15个国家中有11个有养蚕业，主要集中在古丝绸之路沿线的乌兹别克斯坦、阿塞拜疆、土库曼斯坦、塔吉克斯坦等中亚细亚及外高加索地区，如1980年乌兹别克斯坦蚕茧年产量占苏联总蚕茧年产量的62%，阿塞拜疆和土库曼斯坦各占10%左右，塔吉克斯坦占8%。原苏联地区气候干燥，长期以来是农户分散养蚕，每年只养春蚕1次。从20世纪70年代开始，苏联政府推出共同催青、小蚕专业饲养、建造标准蚕室、加强温湿度控制、供应蚕具和蔟具等举措，使养蚕技术水平逐年提高，在乌克兰、摩尔达维亚、外高加索等地区也饲养了夏秋蚕。同时，为了提高养蚕业的劳动生产率，在国营农场和集体农庄推广养蚕作业组，实行集约养蚕；为了提高蚕种繁育系数，新育蚕品种大多以三元和四元杂交种在生产上应用；为了提高蚕茧质量，推行国家标准局制订的按茧层率和出丝率来评定茧质。

四、巴西

巴西蚕丝业自1920年随着意大利和日本的移民而发展起来，至1928年蚕茧年产量为192t，1938年蚕茧年产量增至403t。第二次世界大战期间，由于生丝出口顺利，其蚕业得到迅速发展，到1946年，蚕茧年产量达到6000t，生丝年产量超过600t。此后，由于丝价暴跌，大量蚕农毁桑，丝厂倒闭，到1948年蚕茧年产量不到500t。后因日本生丝从出口转为进口，一些日本侨民和日本蚕丝企业又开始在巴西投资发展蚕业，到1953年蚕茧年产量回升到2501t。此后的十几年，其蚕茧年产量在1023～1500t。进入20世纪70年代，巴西蚕丝业又得到快速发展，1970年蚕茧年产量为2650t，生丝年产量为342t；1979年蚕茧年产量提高至8700t，生丝年产量提高至1146t；1981年蚕茧年产量略下降为8547t，生丝年产量1330t。目前巴西蚕茧年产量约1万t，占世界总蚕茧年产量的约1.2%；生丝年产量约1554t，占世界总生丝年产量的约1.8%，均位列世界第四位。

巴西蚕区主要在圣保罗州、巴拉那州，马托格罗索州、米纳斯吉拉斯州、戈亚斯州、直辖联邦区等地也有蚕桑生产。巴西蚕区为亚热带季风性湿润气候和热带草原气候，全年温暖，1月平均气温为20～25℃，7月平均气温也在20℃左右，年均降雨量为1000～2000mm。每年从9月至次年6月，共养蚕7～8次。巴西的桑树采用插条繁殖，插条后1个月发芽，3个月可长高1m左右。小蚕进行共育，大蚕实行条桑育，每天给桑3～4次。巴西蚕丝质量好，出口强劲；户均桑园面积、户均养蚕量、户均产茧量均为世界第一；张种产茧量次于日本，为世界第二。

五、朝鲜与韩国

朝鲜与韩国的养蚕技术约在公元前12世纪从中国东北部传入。李氏王朝时代（1392—1910年），政府对蚕丝业实施奖励。1900—1930年，蚕丝业开始正规发展，20世纪30年代为发展盛期，蚕茧年产量最高曾达22.986t。第二次世界大战等使其蚕丝生产遭受严重破坏。

朝鲜民主主义人民共和国成立后，政府重视蚕业发展，把养蚕列为农村四大生产任务之一。1967—1969年蚕茧年产量为2100～2300t，生丝年产量为252～276t。1971—1974年蚕茧年产量增至5400～6000t。1975—1981年，蚕茧年产量保持在6500t左右。1990年蚕茧年产量1.7万t，生丝年产量0.168万t，并几乎全部用于出口。朝鲜蚕区主要分布在平安南道、平安北道、江原道和咸镜南道等地。养蚕采用箱饲育、防干纸育、塑料薄膜育和条桑育等，蚕种分3级繁育。朝鲜除饲养桑蚕外，还少量饲养柞蚕、蓖麻蚕和樗蚕。

韩国蚕丝业在20世纪40—50年代期间处于停顿状态，蚕茧年产量为4500～7000t。1960—1971年韩国实施蚕丝业振兴计划，桑园面积从2.0408万hm^2扩大到8.1356万hm^2，蚕茧年产量由4599t增至2.4692万t，生丝年产量由470t增至3041t。1976年蚕茧年产量增至4.1704万t，生丝年产量达5493t，均为历史最高水平。1977年以后，由于生丝出口受到日本抵制，政府取消了奖励，蚕农收益减少，桑园面积剧减，蚕茧产量大大减少。1981年蚕茧年产量为1.5万t，生丝年产量为2520t。目前蚕茧年产量约0.7万t，生丝年产量约500t。韩国蚕区主要分布在庆尚北道、江源道、全罗北道、忠清北道、庆尚南道、全罗南道和京畿道等地。一般蚕农经营桑园面积在0.2hm^2之内。蚕种分3级繁育。

六、泰国

泰国蚕丝业于253年由中国传入，有1700余年历史。进入20世纪后，泰国政府开始重视蚕丝业，并接受日本蚕丝技术指导，使蚕丝业得到较快的发展，至1920年年丝绸出口量达到历史最高的82906匹。此后，由于蚕病危害等，泰国蚕丝业开始萎缩。泰国丝绸于20世纪50年代进入美国市场，同时日本国际协力事业团（JICA）于1969—1980年帮助泰国实施蚕丝业研究与发展计划，使泰国蚕丝业得到较大发展。1977年蚕茧年产量达7705.5t；1984年蚕茧年产量7960.5t；1989年蚕茧年产量9779t；1991年蚕茧年产量1.1284万t，

达最高水平；此后呈下降态势。

泰国为热带季风气候，11 月至次年 4 月为旱季，5—10 月为雨季，年均降雨量 1000～2000mm，月均气温 22～28℃，桑树无休眠期，终年不落叶，年养蚕 4～7 次。泰国 72 个行政府中 42 个行政府有蚕丝生产，其东北部呵叻高原为主产区，其中素林府、马哈沙拉堪府、孔敬府、黎逸府、武里南府、猜也蓬府、呵叻府、四色菊府、乌隆府和北碧差汶府是泰国的十大蚕茧产地，其蚕茧产量占全国总蚕茧产量的 95%以上。

七、越南

越南蚕丝业已有近 2000 年历史，最鼎盛时期的 1931 年有桑园面积 1.2 万 hm^2，生丝年产量 282t。第二次世界大战等使其蚕丝业遭到严重破坏。1976 年 7 月越南统一后，蚕丝业逐步得到恢复和发展，1980 年桑园面积约 1 万 hm^2，生丝年产量 220t，主要出口至苏联及东欧地区用于抵债。20 世纪 80 年代，前期越南步入经济困难时期，部分桑园改成农田，蚕丝业萎缩，1987 年蚕茧年产量 1680t 和生丝年产量 120t。1988 年越南实行经济开放政策，蚕丝业得到快速发展，1989 年蚕茧年产量 3882t 和生丝年产量 334t。1994 年蚕丝业再上新台阶，蚕茧年产量 1.1539 万 t，生丝年产量 1446t，成为世界第六茧丝生产国。此后，越南蚕丝业走下坡路，1998 年蚕茧年产量降至 6900t，生丝年产量降至 862t。此后，随着国际茧丝市场的逐步恢复，越南茧丝生产向产品多样化发展，2002 年蚕茧年产量 1.2124 万 t，2004 年蚕茧年产量 1.2323 万 t。此后，蚕茧年产量在 1 万 t 上下波动。

越南地处热带、亚热带，气候环境高温多湿，每年 5—10 月为雨季，11 月至次年 4 月为旱季，年均气温 22～27℃、年均降雨量 1500～2000mm，自然条件非常适宜桑树生长。桑树生长期长，一年中可多次采叶养蚕。越南适合种桑的土地面积达 492.6 万 hm^2，并且农村劳动力丰富，现在全国有 1370 万农户，其中有 13.5 万农户种桑养蚕。目前越南全国有 6 个生产蚕种的企业，年产量达 60 万盒，只能满足养蚕生产要求的 30%，其余均从国外进口。越南 7 个大区均有蚕丝生产，其中中央高原地区、红河三角洲和南部沿海地区这 3 个大区的蚕丝业最发达。这 3 大区中又以中央高原地区的蚕丝业规模最大。这 3 个大区的桑园面积占全国总桑园面积的 87.2%，中央高原地区的桑园面积占全国总桑园面积的 58.7%。

第二篇

裁桑技术

第三章　桑树品种与桑苗繁育

第一节　桑树分类与品种

一、桑树分类概述

(一)桑树分类的基本方法

桑树分类主要以形态特征为依据，尤其是花的形态结构。首先是根据桑树雌花的形态结构，即按照有无花柱、柱头内侧具毛或突起，以及叶(形状、叶基、叶尖、叶缘、茸毛有无与多少、叶脉、叶柄)、花序、聚花果的形态和性状等来进行分类。此外还利用若干数量上的指标(即叶、叶柄、花序、聚花果的大小)以及发条特性、皮色等作为分类的补充依据，这是经典的自然分类法。

近年来发展的实验分类法，主要是以染色体数目、DNA 分子聚类特点、蛋白质的种类和特性、化学成分的种类和特点等为依据。

但桑种是按自然分布区形成的，又是异花授粉植物，种与种特别是品种与品种之间很容易杂交，从而形成许多过渡型，其中有些类型一时难以被列为某些种和变种。因此，桑属目前尚无比较满意的分类方法。探讨得出一个符合自然发展规律的桑树分类系统是多学科一项长期的共同任务。

(二)种、品种、品系的基本概念

1. 种(Species)

种是植物分类上的基本单位。同种植物的个体起源于共同的祖先，有极近似的形态特征，且能进行自然交配而产生正常的后代，既有相对稳定的形态特征，又是在不断地发展演化。种内某些植物个体如果相互之间有显著差异，可视差异的大小分为亚种(Subspecies)、变种(Varietas)、变型(Forma)等。其中，变种最常用，如鬼桑(*Morus monglica* var. *diabolica* Koidz.)就是一个变种。

2. 品种(Cultivated variety)

品种是人类在一定的生态和社会经济条件下，根据自己的需要而创造的某种作物的一个群体。它具有相对稳定的遗传特性，在一定的栽培环境条件下，个体间在形态、生物学和经济性状上保持相对一致性。品种在产量、品质和适应性等方面符合一定时期内生产的需要，是一种重要的农业生产资料。在野生植物中没有品种，只有当人类把野生植物引入栽培，通过长期的栽培驯化和选择等一系列的劳动时，才能创造出栽培的品种。因此，品种属于经济学上的类别，而不是植物分类学上的类别。就桑树而言，一代杂交种的优良植株和通过新技术选育的优良植株，经过无性繁殖，保持其优良特性的群体称为桑树品种。

3. 品系(Line)

品系实际上有两种含义：一是指品种内的不同类型；二是指在育种过程中，表现较好但还没有成为品种前的变异类型，也叫单株或优系。

(三)桑属植物的形态特征

桑属(*Morus*)植物为多年生落叶木本植物，乔木多，灌木少。树体韧皮部内分布着乳管，内有白色乳汁。冬芽具 3～6 片芽鳞，呈覆瓦状包被排列。叶片互生，基生叶脉 3～5 条，侧脉羽状，全叶或裂叶，叶缘有锯齿。托叶侧生，具早落性。单性花，偶尔出现两性花，雌雄同株或异株，雌、雄花均为穗状花序。果实肥厚多肉，相集而成为聚花果(即桑椹，俗称桑果)。

桑属植物经济价值很高。叶为家蚕的主要饲料，也可作为牲畜的添加饲料；木材纹理细致，色泽美观，可供工艺用，也可作为食用菌的主要培养基；果实可以鲜食或酿酒或制造饮料；茎及树皮可以提取桑色素，亦可造纸；根、茎、叶及果实还含有一些生物活性物质，如黄酮、生物碱、东莨菪素等，可药用。

（四）桑属植物的自然分布

桑树的自生地或原产地大致为以下 3 个大洲：①亚洲大陆的东部（中国、朝鲜、日本）、东南部（印度半岛、泰国、喜马拉雅地区）、西南部（阿富汗、伊朗、阿曼、高加索、亚美尼亚地区）。②非洲的西南部（尼日利亚、喀麦隆、刚果）、苏丹南部、马达加斯加岛。③美洲大陆的北美洲南部、中美洲、南美洲西部（哥伦比亚、秘鲁等地）。

桑属植物的自然分布是极其广泛的，除欧洲外的其他各大洲都有自生的野桑，从北纬 50°到南纬 10°的寒带、温带与热带地区都有桑树分布。原产地为温带的桑树，其年生活周期大体是利用上一年积蓄的储藏物质在春季回暖时发芽开叶，通过光合作用继续生长，秋天迎来休眠期而落叶越冬。然而，这种生活周期与生态环境密切相关。例如，我国广东栽培的广东荆桑无明显的休眠期，冬季自然落叶，遇温暖天气随时都可发芽。

桑属植物的自然分布表明，欧洲大陆没有自生的野桑，然而欧洲各国特别是意大利、法国曾有着辉煌的养蚕业时代。经考证，没有野桑的欧洲的桑树是从其他地区传入的，传入的桑树主要是白桑、黑桑和赤桑。

二、桑树的分类

（一）桑树在植物分类学上的位置

桑树属于桑科植物中的桑属，桑属中有许多种和变种，种和变种中又有众多的品种。桑树在植物分类学上的位置是：植物界（Regrum vegetabile），种子植物门（Spermatophyta），被子植物亚门（Angiospermae），双子叶植物纲（Dicotyledoneae），荨麻目（Urticales），桑科（Moraceae），桑属（*Morus*），桑（*Morus alba*）。

桑科植物中，与桑属同科的远缘植物还有楮属（*Broussonelia*）、柘属（*Cudrania*）、榕属（*Ficus*）、赤杨属（*Artocarpus*）、大麻属（*Cannadis*）、桑草属（*Fatoua*）、无花果属（*Ficus*）、天仙果属（*Malaisia*）、唐花草属（*Humulus*）、美洲橡树属（*Castilloa*）。在这些桑树的近缘植物中，除一种拓树（*Cudrania tricuspidata*）外，其余的对家蚕都无实用的饲料价值，但具有桑树缺少的某些有用性状，如抗病性，今后可通过转基因等生物技术，利用其对桑树品种进行改良。

（二）桑树分类的历史

桑树在自然分布情况下，形成了许多种和变种。对桑属植物最初分类的是瑞典植物分类学家林奈（Linne C），他于 1753 年在所著的《植物种志》中把桑属植物分为 5 个种。其后，意大利学者毛利奇（Moretti G）于 1842 年将桑属植物分为 10 个种，法国学者施林奇（Seringe N C）于 1855 年将桑属植物分为 8 个种 19 个变种，法国学者布油劳（Bureau E）于 1873 年将桑属植物分为 6 个种 10 个变种 12 个亚变种，德国学者舒奈德（Schneider C K）于 1916 年将桑属植物分为 3 个种 7 个变种。日本学者小泉源一在前人工作的基础上，结合日本东京桑树种资源圃及自己考察的资料，主要根据雌花的形态结构以及叶的形态结构，于 1917 年将桑属植物分为 24 个种 1 个变种，1931 年他又改分为 30 个种 10 个变种；后来，日本学者堀田祯吉又按小泉源一的分类方法续分为 35 个种。我国学者陈嵘于 1937 年将中国桑属植物分为 5 个种 7 个变种；后来，胡先啸又将中国桑属植物分为 8 个种。张秀实根据雌花有无花柱、花柱长短、柱头内侧形状、毛被、叶形状和毛被、果实颜色等特征，于 1984 年将中国桑属植物分为 16 个种 5 个变种。1985 年，中国农业科学院蚕业研究所所著《中国桑树栽培学》中将中国桑属植物分为 14 个种 1 个变种。1989 年，林寿康等所著《实用桑树育种学》中将中国桑属植物分为 15 个种 4 个变种。

桑树的分类大多是依据性状观察而做出的，可以说是纯形态的经典自然分类。桑树分类研究经历了很多阶段，有的学者把桑种的数目扩大，有的学者则把桑种的数目大大地缩减，产生差异的原因一是做出这种分类的原始材料的特性不同，二是对种和变种的概念具有不同的见解。

(三)桑属植物的分类

在桑属植物的形态性状分类中,日本学者小泉源一的研究较为全面。小泉源一首先按雌蕊花柱的有无将其分为 2 个大类(长花柱类和无花柱类),又按柱头形态分为柱头内侧具毛和柱头内侧具突起两类(共 4 个小类),还有 1 个长花穗类,共 5 个小类;其次按叶形、叶底、叶尖、叶缘、茸毛的有无以及花序、桑椹的形态,于 1930 年将桑属植物分为 30 个种 10 个变种。这是被多数学者接受的 1 个桑属植物分类方案。现根据小泉源一的分类,将其种名、变种名和原产地(自然分布)归纳介绍如下(表 3-1)。

表 3-1　桑属植物的分类

名称			学名(拉丁名)	原产地(自然分布)
第一区　长花柱			Dolichostylae	
	第 1 亚区	柱头内侧具毛	Pubescentes	
		阿拉伯桑	*M. arabica* (Bur.) Koidz.	阿拉伯、阿曼
	第 2 亚区	柱头内侧具突起	Papillosae	
		蒙桑	*M. mongolica* C. K. Schn.	中国、朝鲜北部
		鬼桑	*M. mongolica* var. *diabolica* Koidz.	朝鲜北部
		唐鬼桑	*M. nigriformis* (Bur.) Koidz.	中国南部
		川桑	*M. notabilis* C. K. Schn.	中国西部(四川省)
		山桑	*M. bombycis* Koidz.	库页岛、日本、中国、朝鲜
			M. bombycis var. *longistyla* (Diels) Koidz.	中国西部
			M. bombycis var. *bifida* Koidz.	中国西部(四川省、湖北省)
			M. bombycis var. *tiliaefolia* Koidz.	中国(湖北省)
			M. bombycis var. *angustifolia* Koidz.	中国(四川省)
			M. bombycis var. *caudatifolia* Koidz.	日本的栽培变种
			M. bombycis var. *humilis* Koidz.	日本的栽培变种
		暹罗桑	*M. rotunbiloba* Koidz.	泰国
		鸡桑	*M. australis* Poir.	中国南部、喜马拉雅地区
		(岛桑)	(*M. acidosa* Griff.)	中国(台湾省)
		八丈桑	*M. kagayamae* Koidz.	日本八丈岛、三宅岛、青克岛
第二区　无花柱			Macromorus	
	第 3 亚区	柱头内侧具毛	Pubescentes	
		细齿桑	*M. serrata* Roxb.	喜马拉雅地区
		黑桑	*M. nigra* Linn.	亚美利亚、伊朗
		毛桑	*M. tiliaefolia* Makino.	日本南部
		华桑	*M. cathayana* Hemsl.	中国中部(四川、湖北、浙江、安徽省)
	第 4 亚区	柱头内侧具突起	Papillosae	
		非洲桑	*M. mesozygia* Stapf.	非洲西部
		赤桑	*M. rubra* Linn.	北美
		柔桑	*M. mollis* Rusby.	墨西哥
		朴桑	*M. celtidifotia* Kunth.	北美、中美、南美
		姬桑	*M. microphylla* Buckl.	北美
		秘鲁桑	*M. perubiana* Planchon.	南美
		滇桑	*M. yunnanensis* Koidz.	中国(云南省)
		美洲桑	*M. insignis* Bur.	南美
		小笠原桑	*M. boninensis* Koidz.	日本小笠原列岛
		鲁桑	*M. lhou* (Ser.) Koidz. (*M. multicaulis* Perr., *M. latifolia* Poir.)	中国
		白桑	*M. alba* Linn.	中国北部、朝鲜
		鞑靼桑	*M. alba* var. *tatarica* M. A. Bieb.	中国北部
		垂枝桑	*M. alba* var. *pendula* Dippel.	枝条变异
		广东桑	*M. atropurpurea* Roxb.	中国南部
		马陆桑	*M. mallotifolia* Koidz.	泰国高原
	第 5 亚区	长穗花类	Longispica	
		长果桑	*M. laevigata* Wall.	中国西南部、喜马拉雅地区
		马来桑	*M. macroura* Miq.	马来群岛
		绿桑	*M. viridis* Hamilton.	越南、老挝、柬埔寨
		长穗桑	*M. wittorum* Handel-Mazett.	中国(云南省)
			M. wittorum var. *mawa* Koidz.	泰国
		华里桑	*M. wallichiana* Koidz.	中国(云南省)、印度北部、尼泊尔、缅甸

注:引自余茂德,楼程富,1999。

日本学者掘田祯吉继小泉源一之后发表了日本及其近邦的5个新桑种，即赤材桑(*M. yoshimurai* Hotta.)、台湾桑(*M. formosensis* Hotta.)、山边桑(*M. cordatifolia* Hotta.)、瑞穗桑(*M. mizuho* Hotta.)、天草桑(*M. miyabeana* Hotta.)。我国学者张秀实发表了中国的4个新种4个新变种，即德钦桑(*M. deqinensis* X. S. Zhang)、荔波桑(*M. liboensis* X. S. Zhang)、锦屏桑(*M. jinpingensis* X. S. Zhang)、马尔康桑(*M. barkamensis* X. S. Zhang)和三裂叶鸡桑(*M. australis* Poir. var. *trilobata* X. S. Zhang)、细裂叶鸡桑(*M. australis* Poir. var. *incisa* C. Y. Wu)、习见鸡桑[*M. australis* Poir. var. *inustata* (H. Lev.) C. Y. Wu]、河北蒙桑(*M. monglica* C. K. Schn. var. *hopeiensis* X. S. Zhang)。

随着科学技术的发展以及各国植物科学工作者和蚕桑科技工作者对桑属植物的发掘研究，将会不断发现新桑种和新变种，丰富桑属植物的分类。

现按照花柱、柱头内侧的特点，以及叶、花序、聚花果的形态性状等，列出我国桑属植物中的主要桑种检索表(表3-2)。

表3-2 我国桑属植物中主要桑种检索表

1. 雌花有明显花柱。
  2. 柱头内侧有突起。
    3. 叶缘齿尖具长刺芒。
      4. 叶表面平滑无毛，叶背面绿色，稍生柔毛，常不分裂 ………………………………… 蒙桑(*M. mongolica* C. K. Schn.)
      4. 叶表面毛糙，叶背面灰白色，密生柔毛，常为裂叶 ………………………… 鬼桑(*M. mongolica* var. *diabolica* Koidz.)
    3. 叶缘齿尖无刺芒。
      5. 叶表面光滑。
        6. 叶表面无缩皱，叶缘齿尖有短突起。花柱与柱头等长。聚花果球状 …………… 唐鬼桑(*M. nigriformis* Koidz.)
        6. 叶表面有缩皱，叶缘齿尖无突起。花柱比柱头短。聚花果椭圆形 …………………… 瑞穗桑(*M. mizuho* Hotta.)
      5. 叶表面粗糙。
        7. 叶圆形或广卵圆形，背面无毛。聚花果圆筒形，长3～3.5cm，成熟时玉白色 …… 川桑(*M. notabilis* C. K. Schn.)
  2. 柱头内侧有毛。
        7. 叶心形或卵圆形，背面有稀短毛。聚花果椭圆形，长约2cm，成熟时紫黑色 ………… 山桑(*M. bombycis* Koidz.)
          8. 叶卵圆形或斜卵形，常分裂，边缘锯齿细而密。花柱长于柱头。聚花果长1～2cm，成熟时暗紫色……………………………………………………………………………………………………… 鸡桑(*M. australis* Poir.)
          8. 叶心形或广心形，常不分裂，边缘锯齿三角形，齿尖具短尖。花柱比柱头短。聚花果长4～6cm，成熟时红色 ………………………………………………………………………………………………… 滇桑(*M. yunnanensis* Koidz.)
1. 雌花无明显花柱。
  9. 柱头内侧有突起。
    10. 叶无毛或幼时被微柔毛。聚花果窄圆筒形，长4～16cm。
      11. 叶长椭圆形，全缘或于上部边缘具疏浅锯齿，侧脉3～4对。聚花果成熟时紫红色 ……………………………………………………………………………………………… 长穗桑(*M. wittiforum* Hand-Mazz.)
      11. 叶广卵形，边缘具细锯齿，侧脉4～6对。聚花果成熟时黄绿色或紫红色 …………… 长果桑(*M. laevigata* Wall.)
    10. 叶背叶脉簇生柔毛。聚花果椭圆形，长1～2.5cm。
      12. 叶形大，常不分裂，表面有水泡状或缩皱。聚花果成熟时紫黑色 ………………… 鲁桑(*M. multicaulis* Perr.)
      12. 叶形较小，常分裂，表面平滑。聚花果成熟时紫黑色或玉白色，亦有粉红色 ………………… 白桑(*M. alba* Linn.)
  9. 柱头内侧有毛。
    13. 叶背面被柔毛，叶柄短。聚花果成熟时紫黑色或紫红色。
      14. 叶表面粗糙，叶柄无槽。聚花果椭圆形，长1.5～3cm，成熟时紫黑色 ………………… 黑桑(*M. nigra* Linn.)
      14. 叶表面被柔毛，叶柄有浅槽。聚花果圆筒形，长2～3cm，成熟时紫黑色或紫红色 … 华桑(*M. cathayana* Hemsl.)
    13. 叶背面无毛，叶表面通常平，少光泽。聚花果窄圆锥形，先端钝，长2～4cm，成熟时紫黑色 ……………………………………………………………………………………………… 广东桑(*M. atropurpurea* Roxb.)

注：引自柯益富，1997。

(四)我国主要桑种的性状

我国桑种资源丰富，是世界上大多数桑种的原产地。目前栽培和野生的主要桑种有鲁桑、白桑、山桑、广东桑、蒙桑、鬼桑、黑桑、鸡桑、华桑、滇桑、瑞穗桑、长果桑、长穗桑、川桑、唐鬼桑、细齿桑等15个种1个变种。现将栽培较多的四大桑种性状分述如下。

1. 鲁桑[*Morus lhou* Koidz.(*Morus multicaulis* Perr.)]

鲁桑原产于我国，分布于全国各地，以浙江、江苏、山东等省栽培最多。其形态如图 3-1 所示。

雄花

雌花

图 3-1　鲁桑(*Morus lhou* Koidz.)

主要性状是：乔木或大灌木。树冠开展，树皮平滑，发条数中等，枝条粗长而稍弯曲，有的粗短、直立，皮青灰色或灰褐色，节间微曲，新梢长而少。冬芽三角形，也有的为卵圆形。叶形大，一般全叶，叶面有凹凸不平的水泡状或缩皱，叶肉厚，叶色较深，光泽强，叶尖锐头或钝头，叶缘乳头或钝头锯齿状，叶基心形，叶脉显著。雌雄同株或异株，花轴密生白毛，雌花无花柱，柱头内侧有乳头状突起，初生时有细毛。聚花果椭圆形，成熟时紫黑色。与白桑之间亲和力强。叶片水分多，硬化迟。发芽较迟，发芽率偏低，多属于中、晚熟品种。山东的大鸡冠、小鸡冠、黄鲁头等，江浙一带的荷叶白、桐乡青等湖桑，以及重庆的小官桑，均属鲁桑种系，是我国主要的栽培桑种。

2. 白桑(*Morus alba* Linn.)

白桑原产于我国及朝鲜、日本，分布很广，我国东北、西北、西南等地区栽培较多。其形态如图 3-2 所示。

图 3-2　白桑(*Morus alba* Linn.)

主要性状是：乔木或灌木。一般枝条直立，细而长，皮青灰色或赤褐色，节间短。冬芽小，三角形或卵圆形。全叶或裂叶，亦有全叶和裂叶混生，叶面平滑，有光泽，叶尖锐头，亦有钝头，叶缘一般钝锯齿状，叶基浅心形或截形，叶色深，叶柄较长，有细槽。雌雄异株多，同株少，雌花柱无或很短，柱头内侧密生乳头状突起。聚花果成熟时紫黑色或玉白色，少数粉红色。耐寒性和耐旱性较强，多属于中、晚熟品种。我国新疆的白桑以及日本的改良鼠返、一之濑、新一之濑等，均属于白桑种系，是我国主要的栽培桑种。

3. 山桑(*Morus bombycis* Koidz.)

山桑原产于我国山地及日本、朝鲜，我国栽培甚少。其形态如图 3-3 所示。

主要性状是：乔木。发条数多，枝条直立，皮层多皱纹，较粗糙，皮黄褐色或赤褐色。冬芽卵圆形，先端尖，多为赤褐色。叶片卵圆形，多为裂叶，亦有全叶和裂叶混生，叶面稍粗糙，叶尖尾状，叶缘锐锯齿或钝锯齿状，叶基心形或截形，叶色浓绿，叶柄无毛或生柔毛。雌雄异株或同株，雌花柱长1～2.5mm，柱头长1.5～2mm，柱头内侧密生小毛。聚花果成熟时紫黑色。耐寒性强，易发生黄花型萎缩病。一般是早熟品种。日本的剑持以及我国的西农6071等，属于山桑种系，日本的栽培品种中有很多属于山桑种系。

图3-3　山桑(*Morus bombycis* Koidz.)

4. 广东桑(*Morus atropurpurea* Roxb.)

广东桑原产于我国广东省，分布于广东、广西、福建等省份，以广东省的珠江三角洲栽培最多。其形态如图3-4所示。

图3-4　广东桑(*Morus atropurpurea* Roxb.)

主要性状是：乔木或灌木。发条数多，枝条细长、直立，皮以灰褐色和青灰色两种居多，表皮光滑。芽为卵形，副芽大而多。叶形小，多为全叶，叶肉薄，叶色淡，叶面平滑或稍粗糙，光泽弱，叶尖长锐头或尾状，叶缘锐锯齿状，幼叶的叶脉有白毛。雌雄异株或同株，雌花无花柱，柱头内侧密生小白毛，雄花序长。聚花果窄圆锥形，先端钝，成熟时紫黑色。发芽早，发芽率高，成熟快。发根力强，可扦插繁殖。抗寒性弱，亦不耐旱。树性强，适合于亚热带栽植，一年中可多次采伐。广东省的伦教40号、沙二、伦教109号等，均属于广东桑种系，是我国南方主要的栽培桑种。

(五)栽培桑原种四系的性状比较

我国的栽培桑品种有1000多个，但这些品种主要来源于鲁桑(*M. lhou* Koidz.)、白桑(*M. alba* Linn.)、山桑(*M. bombycis* Koidz.)和广东桑(*M. atropurpurea* Roxb.)。因此，把它们称作栽培桑原种四系。现将栽培桑原种四系的主要性状归纳成表3-3。

表3-3　栽培桑原种四系主要性状比较

项目	鲁桑系	白桑系	山桑系	广东桑系
发条数	较少	多	较多	最多
侧枝	较少	较多	较少	多
枝条粗细	粗	细	较粗	细
枝条长	长(少数短)	长	较短	长

续表

项目	鲁桑系	白桑系	山桑系	广东桑系
条色	褐色为主	灰褐色为主	紫褐色为主	青灰色或棕褐色
枝条表皮	平滑	平滑	粗糙	平滑
节间曲直	稍曲	直	微曲	直
叶形	全叶	全叶或裂叶	裂叶或全叶	全叶间有裂叶
叶面	光滑	平滑	粗糙	平滑
叶色	深绿色为主	浅绿色	深绿色	浅绿色
叶缘	乳头或钝头锯齿状	钝锯齿状	钝或锐锯齿状	锐锯齿状
叶尖	锐头或钝头	锐头或钝头	尾状	长锐头或尾状
雌花	无花柱	无花柱	长花柱	无花柱
发芽期	中、晚生	中、晚生	早生	早生
硬化期	迟	迟	早	早
耐寒性	较弱	较弱	强	弱

(六)桑树的实用分类

在蚕桑生产中,往往根据桑树生长特点及用途,有两种实用型的分类。

1.不同发芽期的分类

桑树按照发芽的迟早和成熟的快慢,可分为早生品种、中生品种和晚生品种三种。

(1)早生品种

发芽早,叶片成熟快,适作为稚蚕用叶。长江流域蚕区一般在3月下旬至4月初开始发芽,成熟期在5月上旬。火桑、早青桑、乌皮桑、育151号、小官桑、嘉陵20号、湘7920等品种均属此类。

(2)中生品种

发芽期适中,比早熟品种迟4d以上,即4月上旬发芽,5月中旬成熟,适作为壮蚕用叶。桐乡青、嘉陵16号等品种均属此类。

(3)晚生品种

发芽迟,一般比中熟品种迟3～5d,成熟期亦迟3～6d,适作为春期壮蚕和秋蚕用叶。荷叶白、苍溪49号、红皮花桑、黄鲁桑等品种均属此类。

一般情况下,桑树的发芽迟早与叶片成熟快慢是成正相关的,即发芽早的成熟快,发芽迟的成熟慢。但也有例外,如剑持、金龙等品种,其发芽迟而成熟快,是早熟品种,仍可提早养蚕,作为稚蚕用叶;又如发芽早的育2号和发芽迟的湖桑197号等品种,其成熟期适中,均属中熟品种;又如发芽期适中而成熟迟的花桑品种,应属晚熟品种。

2.不同用途的分类

栽桑的目的主要是养蚕,但亦可有多种其他用途,一般可分为三类。

(1)叶用桑

以采叶养蚕为主的,称叶用桑。它的叶具有丰产、优质的特点。各地栽培品种,如荷叶白、盛东1号、农桑14号等均属此类。

(2)条用桑

以枝条作为编织材料为主,同时采摘少量桑叶养蚕的,称条用桑。它具有条细、条多、条长、韧性强等优点,养成地桑形式,根刈收获。河北、山东的条墩桑等属此类。

(3)果用桑

以采摘桑果为主的,称果用桑。它具有椹多味甜的特点。有的结白桑椹,如白玉皇、珍珠白等;也有的结紫黑色桑椹,如大10、红果2号等。

(4)材用桑

以培养木材为主,同时采摘适量桑叶养蚕的,称材用桑。它具有材质坚硬、生长快的特点,一般是采用野生桑或实生桑养成的乔木。

三、我国主要栽培桑品种特征性状与栽培要点

桑树是重要的蚕业生产资料，选用优良品种可以显著提高桑叶产量和质量。我国幅员辽阔，生态各异，栽桑历史悠久，桑树品种资源十分丰富。广大蚕农和蚕桑科技工作者在长期的蚕桑生产实践和桑树品种选育研究中，不断选拔培育出许多优良的桑树新品种。尤其是新中国成立以来，蚕桑科研、教育、生产单位的科技人员在广泛调查收集桑树品种资源的基础上，开展了地方品种选拔、杂交育种、诱变育种、多倍体育种、杂交优势利用等研究，培育出了一批桑树新品种，在蚕桑生产上推广应用，取得了巨大的经济效益，现将我国主要蚕区桑树品种的特征性状与栽培要点介绍如下。

(一)浙江、江苏的桑树品种

浙江、江苏两省位于长江下游，气候温和，雨量充沛，桑树一般在 3 月下旬或 4 月上、中旬发芽，4 月中旬开叶，11 月落叶，生长期达 220～240d。

该地区桑树品种极为丰富，其中以浙江的杭、嘉、湖一带的地方品种最多。这些品种可归纳为两大类型，即湖桑和火桑。

1. 湖桑

湖桑以原产于湖州而得名，经长期的自然选择和人工选择，已形成了许多栽培品种。因此，湖桑是许多品种的总称，而不是一个具体品种。其共同特征是：树冠开展，枝条粗长，稍弯曲，亦有直立，有卧伏枝，侧枝少，节间微曲，皮黄褐色较多；叶形大，全叶，叶尖多为锐头，叶缘具乳头状锯齿，叶基心形；花果少。

湖桑类型品种性状是：以中、晚熟居多，发芽率较低，一般在 60%～75%；枝条下部有休眠芽、止芯芽多，着叶数少；春叶成熟期适中，水分含量较大，秋叶硬化迟，是春蚕和秋蚕的优良饲料；大多数品种历来采用嫁接繁殖；适应性广，全国各主要蚕区均有栽培。

2. 火桑

火桑是浙江省的早熟品种，遍布全省各地，多分散种植。发芽期比湖桑类型品种提早 5～7d，适作为稚蚕用叶。多以乔木式或高干养成，对桑萎缩病抵抗力弱。本类型有许多品种，如红皮火桑、白皮火桑、裂叶火桑等。

浙江、江苏两省选育出的桑树品种和地方品种列于表 3-4、图 3-5。

表 3-4　浙江、江苏的桑树品种

省份	品种名
浙江	桐乡青、荷叶白、湖桑 197 号、农桑 14 号、盛东 1 号、丰田 2 号、团头荷叶白、大墨斗、大种桑、白条桑、睦州桑、菱湖大种、温岭真桑、火桑、早青桑、早火桑、璜桑 14 号、农桑 8 号、农桑 10 号、农桑 12 号、大中华、红沧桑、红顶桑、望海桑、嵊县青、乌桑、吴兴大种、红皮大种、荷叶大种、剪刀桑、富阳桑、红头桑、真肚子桑、强桑
江苏	育 711、丰驰桑、湖桑 13 号、育 2 号、育 237 号、育 151 号、育 82 号、7307、凤尾芽变、湖桑 35 号、湖桑 38 号、湖桑 39 号、金 10、中桑 5801

图 3-5　浙江的桑树品种盛东 1 号(左)和农桑 14 号(右)

(二)四川、重庆的桑树品种

四川省位于长江上游，北部、东北部有秦岭和大巴山，阻挡寒潮南下，终年气温较高，雨量充沛而均匀，气候温暖湿润，适宜桑树生长。

川南土地肥沃，年均降雨量达1300mm左右，云量较多，无霜期240～330d，生长期长，少霜冻。经长期选择培育出许多地方品种，形成了独特的嘉定桑类型。

嘉定桑也和湖桑一样，是一大类型，是许多品种的总称，如黑油桑、大花桑、大红皮等品种属此类型。这一类型的特征、性状是：枝条长而较细，枝态直立，皮棕褐色的较多，发条数少，节间长；叶形大，多为全叶，心形，叶面平滑有光泽，叶尖锐头，叶基近心形或截形；雌雄同株或异株，雌株花穗多，花柱很短或无；发芽期与湖桑类型品种相仿，叶片成熟和硬化较迟，叶质优良，适作春期壮蚕和秋蚕用叶；有些品种发根力较强，当地采用插条繁殖；生长势旺，产叶量高；抗旱和耐寒力弱，耐湿性强，对真菌病抵抗力强，适宜于长江流域栽培。

川北多为山区、丘陵，土质瘠薄，气候较川南干燥、寒冷，昼夜温差大，无霜期较短，在这种自然条件下，形成了一些叶形较小的桑树品种。川北的桑树品种比川南的少，分布面不广，性状不一，树性强健，适宜于山区、丘陵栽培。

重庆市地处长江上游，三峡库区横贯东西，年均气温19.0℃，年均降雨量1000～1350mm，西部为四川盆地，北部和东北部有秦岭和大巴山，阻挡寒潮南下，终年气温较高，雨量充沛而均匀，气候温暖湿润，无霜期290d，适宜桑树生长，宜桑宜蚕，是我国蚕桑主产区之一。

四川和重庆选育出的桑树品种和地方品种列于表3-5。

表3-5　四川、重庆的桑树品种

省份	品种名
四川	7681、南1号、黑油桑、大花桑、大红皮、白皮花桑、峨眉花桑、川桑6031、转阁楼、甜桑、葵桑、雅周桑、插桑、冕宁桑、塔桑、实钴11－6、窝窝桑、保坎61号、摘桑、椭桑
重庆	西农6071、嘉陵16号、嘉陵20号、嘉陵30号、小官桑、北场一号、嘉陵9号、嘉陵新9号、巴县药桑、榨桑、白荆2号、铜溪桑、皂角4号

(三)广东的桑树品种

广东省位于我国南方，是热带季风湿润气候，终年温暖，年均气温在20℃左右，夏季多雨，年均降雨量为1500～2000mm，为全国降雨量最大地区。高温多雨，冬季暖和，生长期长。在这种自然条件下，形成了适于广东地区栽培的独特的广东桑类型。

该地区栽培的桑树一般采用种子繁殖，称为广东桑，其性状十分复杂。近年来，已从中选育出一些优良品种和实生直栽的组合。

广东桑的特征、性状：发芽早，发芽率高，生长芽多，发条力强，枝条细长；成叶多为全叶，叶形小，叶肉薄；开花期长，一年开花两次，雌花无花柱，柱头长，花果多，结实性强；由于雨多湿重，形成主根不明显、侧根发达、细根多而分布浅的根系，表现出耐湿性强、不耐旱、抗寒性弱的特点。

广东省选育出的桑树品种和地方品种列于表3-6。

表3-6　广东的桑树品种

省份	品种名
广东	伦教40号、大10、伦教109号、沙二、北区1号、试11号、塘十、伦教408号、伦教540号、广东桑、广东荆桑、抗青10号、沙2号×伦教109号、塘10号×伦教109号

(四)广西的桑树品种

广西地势由西北向东南倾斜，四周山地环绕，呈盆地状，中部和南部多为平地。广西处于亚热带季风气候区，夏长、气温较高、降雨多，冬短、天气干暖。年均气温21.1℃，年均日照时数1800h，年均降雨量1835mm。桂南、桂东北为多雨中心，年均降雨量均在1900mm以上。桂西是主要旱区，年均降雨量为1100～1200mm。

广西的自然条件适宜种桑养蚕，种桑投产快，当年种桑，当年就可养蚕。桑树生长期长，亩桑产叶量高，一年可养蚕7～10批，比长江流域地区多3～4批，养蚕效益显著。蚕茧上市比长江流域地区早1～2个月，收市迟1个月，对全国蚕茧市场起到一个很好的调剂作用。桑树生长旺盛，宜饲养多化性品种蚕，目前是全国第一大蚕桑主产区。

该地区栽培的桑树一般采用种子繁殖，其性状十分复杂，也属于广东桑。近年来，从中选育出了一些优良品种和实生直栽的组合，如桂桑优12、桂桑优62等，此外还有青茎牛、红茎牛、钦二、长滩6号、常乐桑、沙油桑、围竹桑、恭同桑、花叶白、7625、青干牛等。

（五）山东、河北的桑树品种

山东、河北两省地处黄河下游，栽桑历史悠久，是我国北方主要蚕区，桑树品种资源极为丰富。山东是鲁桑的发源地。据调查，河北的栽培品种与鲁桑有共同的性状，故属于鲁桑种系。

该地区的桑树品种以鲁中南一带最多，其次是豫中平原和胶东地区。这些品种长期生长在气候干燥寒冷、昼夜温差较大、无霜期短、春暖迟、秋凉早、风多风大等自然环境下，经过自然选择和人工培育，形成了适应当地环境条件和栽培技术的鲁桑种系。其特征、性状是：枝条粗短，枝态直立，节间短，卧伏枝少，皮色以棕褐色居多；全叶多，裂叶少，叶肉厚，硬化早；具有抗寒、抗风、耐旱的优良性状，适于北方栽培。

山东、河北两省选育出的桑树品种和地方品种列于表3-7。

表3-7　山东、河北省的桑树品种

省份	品种名
山东	大鸡冠、黑鲁采桑、7946、选792、小鸡冠、黄鲁头、蒙阴黑鲁、黑鲁采桑、梧桐桑、劈桑、大白桑、小白桑、梨叶大桑、临朐黑鲁、黑鲁接桑、黄芯采桑、杨善黑鲁、大红袍、珍珠白、大白椹、三岔黄鲁、胶东油桑、花桑、铁叶黄鲁、明桑、红桑、鲁桑1号
河北	牛筋桑、桲椤桑、径井鲁桑、铁靶桑、易县黑鲁、黄鲁桑、小碗桑、大碗桑、江米桔子、大黑桑、东光大白、大自鹅、老牛筋、红皮花桑、葫芦桑

（六）安徽、湖北、湖南的桑树品种

安徽、湖北、湖南三省位于长江中游，是暖温带季风湿润气候，年均气温为15～20℃，冬寒夏热，四季分明，春秋季较长，年均降雨量多为1000～1500mm，春雨多，秋雨少。桑树长期生长在这种环境条件下，形成与其他地区不同的栽桑类型。

该地区处在江苏和四川2个主要蚕区之间，其品种从这2个省引进较多，品种复杂。根据地方品种调查和资料收集，属于该地区的桑树品种一般枝条粗直，侧枝和卧伏枝极少，皮色以黄褐色和灰棕色两种为主，皮孔较多，发条数少；叶片大，全叶，心形居多，叶面泡状细皱，叶肉稍薄，秋叶硬化迟；雌雄同株多，异株少，花穗较小；多为乔木式养成。该地区的栽桑养蚕历史悠久，地方品种资源较丰富。

安徽、湖北、湖南三省的桑树品种名称列于表3-8。

表3-8　安徽、湖北、湖南的桑树品种

省份	品种名
安徽	大叶瓣、皖桑1号、小叶瓣、竹叶青、橙桑、青桑、麻桑、大叶早生、小叶早生、裂叶皮桑、圆叶皮桑、压桑、佛堂瓦桑、华明桑、7707、皖桑2号
湖北	红皮瓦桑、青皮瓦桑、青皮藤桑、红皮藤桑、马蹄桑、南漳黄桑、早叶桑、圆叶瓦桑、裂叶瓦桑、青皮黄桑、白皮黄桑、白皮桑、远安11号
湖南	湘桑7920、湘桑6号、牛耳桑、澧桑24号、澧州3号、澧州7号、大叶桑、小叶桑、一叶桑、葫芦桑、瓢叶桑、压桑、果桑、花叶桑、湖杂1号

（七）山西、陕西的桑树品种

山西、陕西两省位于黄河中游，地处黄土高原，春季干旱，冬季较冷，年均降雨量为400～700mm，降雨多

集中于夏季，昼夜温差大。桑树生长在这种环境下，形成了格鲁桑类型。

格鲁桑类型的特征、性状是：树冠扩展面小，枝条细直而长，皮多为灰褐色，皮孔小；叶片较小，卵圆形，全叶多，裂叶很少，叶色深绿色，叶面平滑、有光泽；发芽率高，发条力强；雌雄异株多，花果小；枝条根原体发达，易发根，可压条、根接或扦插繁殖，成活率高；耐旱、抗寒力较强。

山西和陕西的主要蚕区在山西东南部和陕西南部，桑树品种多集中在这些地区，两省北部的桑树品种少，多为实生桑。

山西、陕西两省选育出的桑树品种和地方品种列于表 3-9。

表 3-9　山西、陕西的桑树品种

省份	品种名
陕西	黑格鲁、陕桑 707、陕桑 305 号、红果 1 号、胡桑、秦巴桑、关中白桑、藤桑、流水 1 号、甜叶桑、子长甜桑、吴堡桑、汉中桑、板桑、陕桑 402、红果 2 号、红果 3 号、白玉王
山西	白格鲁、黄格鲁、阳桑 1 号、黄克桑、红头格鲁、梨叶桑、端氏青、白皮窝桑、红皮窝桑、大荆桑、晋城摘桑

(八)新疆的桑树品种

新疆位于我国西北，四周被高山包围，中间有许多盆地，形成大陆性气候。春夏多大风，气温多变，昼夜温差大，夏热冬寒，春秋季很短，日照长，无霜期短，降雨量很小，气候特别干燥。土质大多是砂土或砂质壤土，部分地区为盐碱地，当地的桑树品种在轻度盐分的土壤中生长良好。

新疆的桑树多分布于和田、莎车、喀什、伊宁、乌鲁木齐、库尔勒、阿克苏等地，以和田地区栽培最多。

新疆的主要桑树品种有白桑、雄桑、粉桑、药桑等。这些品种的特征、性状与其他地区的桑树品种不同：其枝条细长而直，韧性强，皮孔小而少，树干围度比湖桑类型品种和嘉定桑类型品种的小；发芽较迟，开叶后成熟快，发芽率高达 90%左右，生长芽多；叶形小，硬化早；抗寒、抗旱力强，易感染桑污叶病和桑里白粉病。

新疆桑品种有和田白桑、药桑、珞玉 1 号、洛山 1 号、雄桑、粉桑、疏勒白桑、吐鲁番白桑、伊宁白桑、9204 等。

(九)云南、贵州的桑树品种

云南桑品种有云桑 1 号、云桑 798 号、水桑、马桑、云桑 2 号、云桑 3 号等。

贵州桑品种有道真桑、大叶早生、庄条桑等。

(十)其他省份的桑树品种

除上述介绍外，我国的其他省份还有不少桑树品种。据初步调查，其名称列举于表 3-10。

表 3-10　其他省份的桑树品种

省份	品种名
海南	科考 1 号、科考 2 号
台湾	青皮台湾桑、红皮台湾桑
江西	黄马青皮、油皮桑、青皮油桑、太和毛桑、糖桑
河南	勺桑、槐桑、葫芦桑、林县鲁桑、铁橛桑、云阳一号
辽宁	凤桑 1 号、辽桑 1 号、旅桑 5 号、接桑、家桑、大明桑、山桑、鲁 11、辽家桑
吉林	吉湖 4 号、延边秋雨、赤鲁桑、延边鲁桑、小北鲁桑、延农 55 号
黑龙江	秋选 1 号、依兰桑、双城桑、镜泊湖桑、龙桑一号、宁中桑

(十一)国外引进的桑树品种

国外引进的桑树品种主要是从日本引进的，如新一之濑、一之濑、鹤田、改良鼠返、剑持等，还有从朝鲜引进的，如秋雨等。

第二节　桑树育种与生物工程

一、桑树育种目标

桑树育种目标就是对育成桑品种的要求，也就是在一定的自然、生产和经济条件下栽培时应该具备的一系列优良性状指标。育种目标的确定对提高育种效率是十分重要的，是育种工作成功的关键。

桑树育种目标一般是根据叶用桑、果用桑、条用桑、材用桑以及其他特殊用途桑的生产要求提出的，并在特定地区、特定时期各有侧重，大致有以下几方面。

（一）选育高产、优质的新品种

高产是指单位面积桑园的桑树全年净叶产量高，它是优良品种应具备的最基本条件。优质是指桑叶营养价值高，满足家蚕生长发育需要，并能获得高的产茧量和出丝率。特别是多丝量蚕品种，对桑叶品质要求比较高。

（二）选育抗逆性强的品种

桑品种的抗逆性主要是指抗病虫害或者抗不良环境的能力。栽培抗逆性强的桑品种是防治桑树病虫害或抵抗不良环境最有效、经济、安全的方法。

（三）选育早熟桑品种

选用早熟桑品种，可以提早饲养春蚕，合理调配劳动力与安排茬口，同时可以提前夏伐，增加桑树生长期。

（四）选育适合机械化及条桑育的品种

随着农村经济发展环境的变迁，采用条桑育和机械化收获是将来的发展方向。因此，育种目标还必须考虑选育适合条桑机械收获的桑品种。

（五）选育果桑品种

现我国已开发利用桑果制作桑果饮料、桑果酒等产品，经济效益明显。因此，选育优质高产的果桑品种或果叶兼用品种也是桑树育种的目标之一。

（六）选育优良杂交桑

桑树一代杂交种的直接利用，具有投产快、成本低、桑叶收获简便、更新快、抵御市场风险能力强等优点。目前我国两广地区栽植杂交桑较多，江南等其他地区也有增加的趋势。

综上所述，选育优质、高产、抗逆性强的品种是桑树育种的基本目标，并在此基础上向早生、适合条桑育、果桑、杂交桑等更高目标发展。我们相信，随着蚕桑生产的发展、育种成果的不断涌现以及育种手段的不断改进，将会对桑树育种目标提出更新、更高的要求。

二、选择育种

选择指从自然变异群体中选优汰劣。它是选择育种的中心环节，是育种和良种繁育中不可缺少的手段。群体的遗传变异是选择作用的基础，遗传是选择的保证。

无论是自然选择还是人工选择，都能使群体内入选个体产生后代，淘汰不能产生或较少产生后代的个体。因此，选择的实质是造成有差别的生殖率，从而定向地改变群体的遗传组成。

利用选择手段，从植物现有种类、品种的自然变异群体中选取符合育种目标的类型，经过比较、鉴定，培育出新品种的方法叫作选择育种，简称选种。远在人类开展杂交育种以前，所有作物的品种都是通过选种途径创造出来的。即使是杂交育种普遍开展以后，选择育种仍然提供了大量新的品种。

根据选样的对象不同，桑树选择育种有地方品种选拔、实生桑选种、芽变选种等。

(一)地方品种选拔

1.地方品种选拔的意义

地方品种选拔是指从各地栽培桑品种(或品系)中选拔出优良变异单株并培育成新品种的方法。

我国是蚕桑生产的发源地，有悠久的栽桑历史。桑树经长期的自然选择和人工选择，在广大蚕区蕴藏着许多优良的地方品种。这些地方品种经过长期栽培，对当地环境具有较大的适应性，广大蚕农对各品种的习性及栽培特点也都比较熟悉。因此，地方品种选拔可广泛发动群众进行，选拔出的优良单株可在当地繁殖并推广应用，短期内即可收到显著成效，是一种快速、简便、有效的选种方法。此外，在地方品种的选拔过程中，还可将各地古老的特殊桑树调查整理出来，以丰富桑树的种质资源。20 世纪 80 年代前，我国各蚕区栽培的当家桑品种多为选拔的地方品种，荷叶白、桐乡青、湖桑 197 号等选拔桑品种在当时的推广面积曾达到了全国桑园总面积的 50%左右。桑树地方品种的选拔与推广，对促进我国蚕桑生产的发展做出了重大的贡献。

2.地方品种的调查整理

我国桑树地方品种分布面广，数量多，栽培情况十分复杂，必须先加以调查整理。调查时，首先应该依靠群众、发动群众，说明目的、要求、选拔标准及调查方法，筛选出当地推荐品种。然后进行实地调查，选拔调查应在冬、春、秋三季分阶段进行。对各品种性状做全面了解，掌握第一手材料，以待进一步试验。

我国各地有些桑树地方品种存在着同名异种或同种异名现象，在调查整理过程中需进行统一命名，并注明各地原名。

(二)实生桑选种

1.实生桑选种的意义

桑树用种子繁殖，称为实生繁殖。对实生繁殖产生的群体进行选择，从中选出优良单株，培育成新品种，称为桑树实生选择育种，简称实生桑选种。桑树在实生繁殖下常产生复杂多样的变异，这对生产来说是不利的，对育种来说却是一个选拔优良变异单株的源泉。

实生桑选种范围广，我国珠江流域的广东、广西两省份栽培的桑树一般采用种子繁殖；山西、陕西两省份北部以及四川不少地方也都栽植实生桑；我国大部分蚕区嫁接育苗必须先培育实生苗，这为实生桑选种提供了广泛的园地。

我国在实生桑选种中选育出不少优良品种，至今仍在推广应用。如广东省选出的有伦教 40 号、伦教 408 号等品种，四川省选出的有转阁楼等品种。这些品种的选出和推广，对促进当地蚕桑生产的发展发挥了积极的作用。

2.实生桑选种的注意事项

针对实生桑的特点，在选择时应注意如下事项：①在桑叶方面，选择叶形大、叶肉厚、叶色深、叶质柔软而富有光泽的。②在枝条方面，选择发条数多、生长势旺盛、枝条长、侧枝少、节间密的。③在花果方面，选择花果少或无花果的。④在适应性方面，选择耐旱、耐涝或抗病虫能力强的。

(三)芽变选种

1.芽变选种的意义

芽变是体细胞突变的一种。突变发生在芽的分生组织细胞中，当芽萌发而成的枝条的性状表现出与原类型的不同时，即为芽变，也称枝变。用无性繁殖将变异的芽条的变异性状保持下来，按选择育种的方法培育成新品种，叫芽变选种。

芽变的原理与诱变是一致的，但芽变是在自然条件下引发的变异，诱变是人为诱发的变异。从植物的生理和代谢来说，芽变表现为生物体生长发育系统的紊乱，因此大部分芽变对植物本身是不利的。但有些芽变仅表现于植株的某些次要性状和功能方面，并不影响它的生命活动，只要有经济价值就可利用，如叶形变大变厚、发芽期变早等。有些芽变如增强抗逆性等，对植物本身和人类都有利，因此人们可利用芽变进行

选种。

芽变选种一般在栽培品种中选择，发现有利芽变，短期内即可培育成更优良的新品种。因此，芽变选种方法简便，收效较快。持续深入地开展芽变选种工作能不断地选出更多更好的新品种。例如芽变凤尾桑、黄芽大叶早生、707、红沧桑等都是通过芽变选种育成的新品种。

2. 芽变选种的方法

植物产生芽变是一个普遍现象，无论是有性繁殖的植物、无性繁殖的植物，还是一年生的植物、多年生的植物，都可能产生芽变。尤其是无性繁殖的多年生植物，其芽变既容易产生，又极容易被发现，原因是无性系各分株在形态特征及经济性状上比较一致，一旦某器官出现芽变就与众不同，因而极易被发现，加之芽变器官本身就是繁殖材料，一经发现随即可采取无性繁殖方法加以保存利用。

发现变异的客观规律是：明显而鲜艳的性状比不明显、不鲜艳的性状容易被发现；被注意的选择性状比不被注意的选择性状容易被发现；无性繁殖次数多、繁殖周期短的比无性繁殖次数少且周期长的容易被发现；有性繁殖的植物，凡生命周期长的比生命周期短的容易被发现；质量性状比数量性状容易被发现。

(1)芽变选种的时期

芽变在桑树整个生长发育期间均可产生，但比较容易发现的是形态特征。桑树形态特征变异表现最明显的时期是在夏、秋季和冬季，因此芽变选种主要在夏、秋季及冬季进行。夏、秋季着重在叶形态特征的变异，冬季着重在枝条及冬芽的变异。至于抗逆性芽变，应在剧烈的自然灾害之后抓住时机选择抗自然灾害能力特别强的变异类型。

(2)对变异的分析

发现芽变不困难，困难的在于如何正确区别芽变是否遗传。当前对芽变材料的分析主要采取如下两种方法。

1)直接检查法：取茎尖制片镜检，进行细胞染色体倍数、数量的观察比较，直接判别，最后做出评定。

2)移植鉴定法：将变异类型与对照移植在相同的环境条件下，消除环境差异，使芽变的本质充分显示出来。

(3)芽变选种的程序和步骤

芽变选种首先是在桑园里观察，重点是生产桑园和品种桑园，发现芽条变异后，尽快使它与原植株分离，用无性繁殖法育成单独苗木，并对变异进行比较分析，确定是遗传变异，将其变异的性状巩固保存下来；然后按“选择育种的操作方法与程序”进行繁殖、试验，如果通过鉴定，即定名为新品种。

(四)选择育种的操作方法与程序

地方品种选拔、实生桑选种和芽变选种的操作方法与程序是相似的，具体如下。

1. 优良单株的选拔

根据育种目标与要求，在当地品种桑园或实生桑园内，对实生苗或散栽桑树进行个体选拔。将初选出的单株或已发现的芽变株做上记号，以便继续进行观察。观测项目主要包括树态、生长势、发芽期、各种抗逆性(如抗旱、抗风、抗病虫等)、芽叶性状、单株产量等，选择对象主要是成年桑树。实生苗圃中的小苗由于树龄小，有些性状还未充分表现，可靠性差，需慎重。

2. 初步繁殖

单株选拔一般是在桑树生长期，到第二年的早春将入选的优良单株分别剪取穗条，进行无性繁殖，培育出一定数量的苗木，以供株系比较试验用。在繁殖的一年苗期中，调查其成苗率、平均株高、主茎粗、分枝数、叶数、桑苗整齐度及抗逆性等，对繁殖力差的应予淘汰。

3. 株系比较试验

将入选单株的无性繁殖后代(通称株系，也可称品系)与同龄的无性繁殖系标准品种(即对照品种)进行比较试验。试验区采用密集排列法，这样可以同时进行产叶量调查和饲料试验(养蚕叶质鉴定)。比较试验期中的调查方法和内容，与桑树品种性状调查的类同。由于桑树是多年生的木本植物，所以一般在种植后第3年开始调查，延续2～3年(包括饲料试验)，才能获得比较可靠的结果。在比较试验的同时，还应照常加强对母树的培育，并继续观察，以作为正在比较试验中的各株系是否选用的参考。

4.品种区域性试验

为了鉴定新品种的适应范围和推广地区，必须进行品种区域性试验。为了加速育种进程，缩短育种年限，尽可能与株系比较试验同时进行且多点试验，以便能及早鉴定出新品种。区域性试验的调查内容与株系比较试验的类同。

5.进行省或全国桑品种鉴定

通过株系比较试验和品种区域性试验，选拔出显著优于对照和亲本的或某些方面有突出优点的株系，就可正式命名，并进行省或全国桑品种鉴定。同时，可在当地或有代表性的单位先行繁殖推广，一旦鉴定合格，就可有足够的接穗大量繁殖。

三、杂交育种

(一)杂交育种的意义

杂交是指两个遗传组成不同的亲本之间的交配，所产生的后代称为杂种。杂交育种是指通过杂交取得杂种，并对杂种进行鉴定、选择，最终获得优良品种的过程。

杂种优势是一种普遍的生物学现象，杂种优势的利用已在生产实践中发挥巨大作用。杂种优势的遗传学基础问题是近百年来几代科学家辛勤求索的重大科学问题。关于杂种优势的遗传解释和形成原因的理论探讨，许多学者从不同的研究结果提出了各种假说，主要是显性假说和超显性假说，以后又提出各种补充性假说，但对它们的实质及规律还没有十分明确的结论，还有许多地方尚待深入探讨。

杂交育种与选择育种的最大区别在于：前者是根据育种目标，正确选择亲本，有意识地创造人们所需要的变异；后者仅仅是从自然界现存的变异中去进行选择。桑树通过杂交育种，已育成一批优良新品种，且正在生产中推广应用。如目前生产上普遍应用的育 711 号、农桑 14、盛东 1 号等，都是有性杂交育成的桑品种。

(二)杂交亲本的选择和选配

正确地选择亲本，是育种成败的关键。

1.杂交亲本的选择

根据育种目标的要求，从育种资源中挑选最适合作亲本的类型。选择的范围不能局限于生产中推广的少数几个品种，还应当包括那些经过广泛搜集和深入研究的育种资源与人工创造的杂种资源。通常是针对育种目标，选择优点最多、缺点最少的品种作亲本。具体进行选择时还应当考虑以下几点。

(1)以重要性状为主。

(2)以多基因控制的综合性状为主。

(3)选择育种值较大的性状。

(4)优先考虑一些少见的有利性状和可贵的类型。

2.杂交亲本的选配

从大量育种资源中，选拔出适合作亲本的品种类型后，并不是随意地把它们两两交配就能得到符合育种目标的杂种类型，这里有一个合理搭配即杂交亲本的选配问题。亲本选配的原则如下。

(1)亲本优点多，缺点少，尽可能使亲本间优缺点互补。

(2)考虑主要经济性状的遗传规律。

(3)选配在生态地理起源上相距远的双亲。

(4)选用当地品种作为亲本之一。

(5)考虑亲本的花性、能育性和交配亲和性。

(6)两亲本的配合力应好。

3.杂交亲本的培育

杂交亲本的培育对杂种后代有一定的影响。如果杂交亲本树势强健并给予适当的培育，能使育种者希望的特性在后代得到加强。例如要选育丰产优质品种，必须在最优良的环境条件下培育亲本；要选育抗旱

性品种，除了选用抗旱力强的亲本并对杂种后代进行定向培育外，若在干旱条件下培育杂交亲本，效果就可能更好。

此外，杂交亲本的培育对亲本的开花结果以及杂交效果都有较大影响。因此，杂交亲本的施肥、修剪等管理措施都应有利于亲本的生殖生长。据研究，提高桑树枝条的碳氮比(C/N)，可促进花芽的分化。对用作杂交亲本的桑树，在栽培管理上，减少氮肥施用，增施磷、钾肥和有机肥，适当轻修剪或不修剪，使用生长调节剂(如B9、赤霉素等)，能促进花芽分化，提高开花结果率，提高杂交效果。对幼龄树采取连续摘芯分枝等措施，可增加单株开花次数。

(三)有性杂交的方式与技术

1.有性杂交的方式

影响杂交育种成效的一个重要因素是杂交方式，就是在一个杂交组合里要用几个亲本以及各亲本杂交的先后次序。杂交方式根据育种目标和亲本的特点确定，一般有以下几种。

(1)简单杂交

2个品种间的杂交，称为简单杂交。简单杂交只进行一次杂交，简便易行，遗传性状易于稳定，需时短，见效快。但由于只受2个亲本基因型的影响，因而分离的变异类型相对较少，选择的可能性会受到一定限制。

(2)回交

由2个亲本产生的杂种再与亲本之一进行杂交，称为回交。用作回交的亲本为轮回亲本，非回交的亲本为非轮回亲本。例如湖桑39号×广东桑的F_1代(杂种第一代)，再与湖桑39号杂交，就是回交，湖桑39号称为轮回亲本，广东桑则称为非轮回亲本。

回交是为了加强回交亲本优良性状的传递，从而获得育种上期望的类型。回交的次数要根据轮回亲本的优良性状是否已在杂种中充分表现出来而定，可以回交一次，也可回交多次。

(3)复合杂交

复合杂交是指用两个以上的品种，经过两次以上的杂交。它的目的是把几个亲本的优良性状集中于杂种个体中，以选出具有综合性状的优良品种。复合杂交要进行两次以上杂交，这样育种规模比简单杂交大，时间较长。根据杂交亲本数目的不同，有三元杂交、四元杂交等。

(4)多父本杂交

用两个以上桑品种的花粉混合后授予一个母本上，称多父本杂交。这种杂交方式是利用母本的受精选择性，对提高后代的生活力可能有利。由于混合授粉，其后代实际上是多个杂交组合的混合群体，个体间差异增大，因而有利于选择。

2.有性杂交的方法与技术

(1)杂交前的准备

1)制订杂交育种计划：计划应包括育种目标、杂交亲本选配、杂种后代估计、杂交任务(包括组合数与杂交花数)、杂交进程(如花粉采集和杂交日期)、操作规程(杂交用枝、套袋、去雄、花粉采集与处理、授粉与采种技术规范)、记载表格等。

2)了解花性。

3)准备杂交用具：确定杂交组合后，选择健壮植株作亲本并挂上标签，同时准备杂交用具(如纸袋、尖嘴镊子、培养皿、干燥器、毛笔或花粉枪、塑料牌、放大镜、铅笔、线绳、桑剪等)。

(2)杂交的方法与技术

1)树上授粉法：它是桑树有性杂交常用的方法。其操作程序为：①选择母本树及花穗、套袋；②去雄；③花粉收集与储藏；④适时授粉；⑤受精后的管理与采种。

2)室内插条授粉法：当杂交亲本双方开花期不一致，或因杂交亲本相距遥远而树上授粉杂交有困难时，可采用室内插条授粉法来解决。即利用有花芽的休眠期枝条，在室内扦插培养，使它发芽开花，然后进行人工授粉，同样可收到杂交种子，从而达到杂交的目的。这一方法是利用越冬枝条本身储藏的养分，供给枝条发芽开花。桑花从开花授粉到桑椹成熟需 45～55d，较田间树上授粉杂交成熟期要长，但桑椹是能够成熟的。

3）桑树的夏、秋季杂交：根据杂交计划对杂交亲本采用剪伐技术，促使腋芽在夏、秋季萌发并开花，然后进行授粉，获得成熟种子。

（四）杂种的培育与选择

通过杂交获得杂种仅是杂交育种的开始，要达到杂交育种的目的，育成优良品种，还必须对杂种进行培育和选择。培育可使杂种性状充分发育，为选择创造条件，而选择可以使杂种性状向一定方向发展，再通过培育使性状发育更充分，以供再次选择。因此，培育和选择应紧密配合，在培育的基础上有更多的选择，在选择的作用下增强培育的效果，培育和选择必须贯穿于杂种生长发育的整个过程。

（五）杂种优势的利用

两个遗传基础不同的亲本杂交产生的杂种第一代（F_1 代）在生长势、生活力、抗逆性、产量和品质上优于其双亲的现象，叫杂种优势。杂种优势是一种普遍的生物学现象，在许多农作物以及动物育种中已取得丰硕成果，获得显著的经济效益。

桑树是多年生异花授粉的木本植物，习惯上均以无性繁殖来保持种性。对于基因型都是杂合的桑树，两个亲本杂交产生的杂种第一代有没有杂种优势，或其优势能否有超亲表现。研究和生产实践证明，只要两个亲本选配得当，桑树同样能获得群体性状较一致、经济性状优良的一代杂种，显示出杂种优势。我们通常把具有杂种优势的桑树一代杂种叫作杂交实生桑优良组合，简称杂交桑。将培育的杂交桑直接栽种建园，叫实生直栽。日本、苏联曾有关于桑树杂种优势研究的报道，但未用于生产。我国从 20 世纪 60 年代起，江苏、广东、广西等地就开始研究，在配制的近 500 个杂交组合中，已选出一批比亲本或比当地生产品种增产 10％以上的优良组合，并在生产上推广应用，如中桑 5801 号×育 82 号（定名丰驰桑）、塘 10 号×伦教 109 号、沙 2 号×伦教 109 号、北区 1 号×伦教 540 号、北区 1 号×伦教 109 号等。我国杂交桑已在部分蚕区广泛栽植，特别是桂优选系列杂交桑（如桂桑优 12、桂桑优 62 等）深受蚕农欢迎。

四、诱变育种

诱变育种就是人为地采用物理、化学诱变剂，诱发有机体产生遗传性的变异，并经过人工选择、鉴定，培育新的品种。

（一）诱变育种的特点

（1）提高突变率，扩大变异范围。

（2）适于进行个别性状的改良。

（3）育种程序简单，进程较快。

（4）变异的方向和性质难以掌握。

（5）与其他育种方法相结合，育种成效更大。

（二）诱变剂的种类及其诱变机制

1. 诱变的种类

在诱发突变中，常使用物理的和化学的诱变剂。物理诱变有紫外灯发出的紫外线（UV）照射、电磁（X 射线）辐射、放射性同位素 ^{60}Co 或 $^{137}C_S$ 发出的 γ 射线辐射、微粒（从核反应堆发出的热中子或慢中子）辐射、放射性同位素 ^{32}P 或 ^{35}S 发出的 β 射线辐射、激光辐射及离子注入等。化学诱变主要用于种子繁殖植物，较常用的化学诱变剂有叠氮化物、秋水仙碱、烷化剂、核酸碱基类似物等。

2. 诱变作用的机制

（1）电离辐射的效应

电离辐射作用过程可分为四个阶段。

1）物理阶段（10^{-8}～10^{-1}s）：辐射能量使生物体内各种分子发生电离和激发。

2)物理化学阶段($10^{-12}\sim1s$):发生电离和激发的分子通过一系列反应,产生许多化学性质很活泼的自由原子或自由基。

3)生物化学阶段($10^{-2}\sim10^{-1}min$):自由原子和自由基继续相互反应,并与它们周围的物质发生反应,特别是与重要的生物大分子核酸和蛋白质发生反应,引起分子结构的变化。

4)生物学阶段(几秒钟至若干年):细胞内生物化学过程发生改变,从而导致各种细胞器的结构及其组成发生深刻的变化,包括染色体的畸变和基因突变、遗传物质的某些损伤被错误修复、细胞死亡,从而产生遗传效应。

电离辐射的遗传效应,从细胞水平来说主要是引起染色体畸变,从分子水平来说是引起基因突变。

(2)化学诱变剂的作用

目前使用的烷化剂类的化学诱变剂,具有一个或多个活性烷基,这些烷基能置换DNA分子内的氢原子,在鸟嘌呤上最容易于N_7位上发生置换,而在腺嘌呤上则容易于N_3位上发生置换。碱基的置换使某些碱基类似物(如5-溴尿嘧啶等)渗入基因分子,并取代原碱基而导致突变;也可能通过丢失嘌呤或更长的断片,在DNA模板上留下一个缺位,在复制时错误地选择一个碱基而产生异构型,导致性状突变。

(三)诱变方法

1. 诱变材料的选择

从国内外诱变育种的成果来看,诱变材料的选择与杂交育种亲本的选择一样,关系到育种的成败。选择时应注意以下几点。

(1)选用综合性状优良的品种。

(2)选用杂交材料,以提高变异类型和诱变效果。

(3)选择材料避免单一化。

(4)选用单倍体。

2. 辐射诱变方法

辐射诱变分外照射和内照射两种,目前我国大多采用外照射。

(1)外照射

外照射是指放射性元素不进入植物体内,而是利用其射线(X射线、γ射线、中子)从外部照射植物各个器官的方法。根据照射时间的长短,其又可分为以下几种。

1)急性照射:即采用较高的剂量率进行短时间的照射。

2)慢性照射:即在田间辐射场,用低剂量率在植物的某一个生长期内进行长时间连续照射。

外照射常用于处理植物的种子、花粉和营养器官。其中,营养器官(如枝条、苗木)的照射是桑树辐射诱变最常用的方法。

(2)内照射

内照射是指将放射性同位素^{32}P、^{35}S、^{14}C、^{65}Zn的化合物配成溶液,利用浸种、使作物吸收、注射茎部等方式将它引入植物体内,由它放出的射线在体内进行照射。

内照射需要一定的设备和防护措施,以预防放射性同位素污染。同时,放射性同位素被吸收的剂量不易测定,效果不完全一致,目前在育种上应用较少。

(3)桑树辐射敏感性和诱变剂量

所谓辐射敏感性,就是在相同的辐射条件下,植物的各种生理过程破坏和组织损伤的程度。它是测定辐射对植物作用的重要指标。在诱变处理时,首先应了解植物对辐射的敏感性,通常用致死剂量(LD_{100},即辐射后引起全部死亡的剂量)、半数致死剂量(LD_{50},即辐射后成活率为50%的剂量)、临界剂量(即辐射后成活率约40%的剂量)来表示辐射敏感性。

桑树不同品种、不同材料的辐射敏感性不同,应选择不同的诱变剂量。用γ射线急性照射,接穗冬芽的辐射有效剂量为4～8kR,最适剂量为5～6kR,致死剂量为10kR。接穗在有效剂量范围内随剂量增加,嫁接成活率降低。桑种子用^{60}Co的γ射线急性照射,干种子的适宜剂量为15～20kR,湿种子的为10kR左右,催芽种子的以不超过 10kR 为宜。急性照射不同时期的桑苗，其辐射敏感性为生长期＞萌动期＞休眠期，适宜剂量分别为 3kR、5kR 和 7kR。

3.化学诱变方法

(1)处理方法

目前较常用的处理方法有种子浸泡、枝芽注射、枝芽浸泡或滴注，使诱变剂被吸收到组织内而产生诱变作用。

1)种子浸泡：第一步是在诱变处理前用水浸泡种子，浸泡程度以种子吸水后达到水合阶段为好，这可以提高其对诱变的敏感性。

第二步是诱变药剂处理。当种子进入水合阶段后便可进行药剂处理。由于诱变效果因药液温度的不同而不同，一般宜在低温下进行处理。pH 值也会影响药液的诱变作用，通常多选用磷酸缓冲液，其使用浓度不超过 0.1mol/L。最近一些实验表明，在室温条件下，预先将种子用水浸泡不同时间，然后在 25℃左右下给予短时间(0.5～2h)的高浓度药液处理，称为波动处理。这波动处理条件有利于种子对诱变剂的吸收，增强种子的代谢活动，提高诱变剂和“靶”之间的反应速度，显著增强 EMS(甲基磺酸乙酯)和 DES(硫酸二乙酯)的效应。

第三步是种子处理后的漂洗与播种。药剂处理后的种子必须用清水漂洗，使诱变剂残留量降低到不显著水平，并立即播种。

2)枝芽注射：将实验桑株春伐。在四月下旬或五月上旬选取生长旺盛的处理芽，余者疏去。用注射器将 0.1mL 药液注入膨芽内或生长点。观察，一般会出现三种情况并分别进行相应处理：①若出现生长点正常或稍有机械损伤的情况，则重新注射；②若出现生长点死亡的情况，则待新生侧芽尚未开叶前，留取 1～2 芽重新注射，余者疏去；③若出现生长点变形、叶序紊乱、叶间变密、叶片扭曲弯小、生长缓慢、下部叶片变大变厚等情况，则待桑梢恢复正常后再注射 2～3 次。继续观察，一般会产生 5 种结果：①顶端死亡侧芽萌发；②产生 10～30cm 长的畸形叶枝段后恢复正常；③畸形叶枝段至顶部；④顶部成为 $4x$(4 倍体，下同)；⑤侧枝出现 $4x$。大部分处理枝都能从处理部位发出侧枝，留下变异枝，去掉正常枝。第二年，对于未变异的枝条，留下畸形叶枝段 5～10cm 后剪下，剪下部分进行嫁接，观察 $4x$ 发生情况。留树部分待发芽后观察，将变异芽(如叶片变厚变宽、节间变密、叶片变毛等)留下，余者疏去。变异芽进行染色体观察，确认是否是 $4x$。

3)枝芽滴注：将新梢拨开嫩叶，把吸足试液的脱脂棉放置于生长点上，套袋保湿遮阴，其后每天用吸管向棉球滴药液至饱和，连续 2d，其他处理如 2)。

无论哪种方法，桑芽或生长点被处理后，由于药液的毒害作用，均产生不同程度的生长抑制、滞缓甚至死亡，而其他未处理的正常芽生长较快。为了防止被处理芽的生长抑制以及未处理芽可能产生的二倍体竞争优势，就要对处理植株加强管理，不断抹去正常芽，促使处理芽或生长点萌发成生长枝。其生长枝往往出现节间缩短、芽序紊乱、枝叶畸形等，但随时间的推移，枝叶形态及生长逐渐恢复常态。在被处理的当代(M_1 代)枝上，可能见到多倍体枝叶的外部特征，但也可能见不到当代加倍的迹象。次年早春发芽前，将 M_1 代枝在离枝条基部约 2cm 处剪下，将剪下的枝条单芽嫁接，同时母树上 M_1 代枝留下的基部也要让其萌发成新梢。在次代(M_2 代)，依据多倍体的外形特征做初步选择，再进一步做染色体检查，确定其是否是多倍体以及是几倍体(除了四倍体外，还有可能是 $4x$-$2x$-$4x$、$2x$-$4x$-$2x$ 的嵌合体或混倍体、八倍体，甚至还有少量三倍体)。

(2)诱变剂量

化学诱变剂的使用剂量与处理的持续时间和处理时的温度密切相关。此外，溶液的 pH 值、处理材料的组织结构和生理生化特性、处理后种子冲洗时间等也明显影响诱变效果。

桑树的化学诱变育种研究多用秋水仙碱处理，其他的几种化学诱变剂使用得不多。几种诱变剂处理种子所用浓度：甲基磺酸乙酯(EMS)为 0.3%～1.5%，乙烯亚胺(EI)为 0.05%～0.15%，亚硝基乙基脲(NEH)和 *N*-亚硝基-*N*-乙基脲烷(NEU)均为 0.01%～0.03%。印度学者用 0.1%～0.45%EMS 水溶液处理桑种子 6～24h，获得了产量、质量均提高的突变体 S54。用在桑树上，秋水仙碱所用浓度为 0.1%～0.4%，以 0.2%为中心。用秋水仙碱溶液处理无性繁殖苗木或幼树刚萌动的冬芽、新梢生长点，以及有性繁

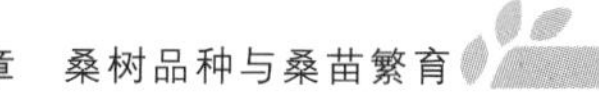

殖种子或实生幼苗的生长点，均能诱导出多倍体植株。

（四）突变体的鉴定、培育和选择

自然突变的频率很低，使用诱变剂可以大大增加突变频率。但在诱变育种工作中，并不是把材料处理一下就算完事。为了提高诱变效果，对突变体进行科学的鉴定、特殊的培育和精心的选择是十分重要的。

1. 诱变材料的鉴定

诱变材料的鉴定可以从桑的生长发育损伤、细胞学效应和性状改变等几方面进行。诱变后材料最初表现为生长发育受损伤，其中典型的损伤表现为嫁接成活率降低、成长迟缓、分叉苗、冬条具凹陷沟、扁平带化等。

诱变处理引起一系列生物学效应。细胞学效应明显的变异是染色体突变。染色体突变比较容易鉴定的是染色体的倍数、结构变化。桑树染色体倍数变化可直接鉴定，也可以通过桑形态特征的变化（如气孔大小数量、保卫细胞叶绿体数等）间接鉴定。此外，通过同工酶酶谱的变化分析可以鉴定突变的发生。

突变的性状鉴定是最直接而常用的方法。对桑树而言，有价值的突变是经济性状变异，而易于识别的是形态性状变异。因此，突变鉴定首先应从形态变异着手，鉴定方法与常规育种的相同。

2. 突变体的培育和选择

诱变育种中的最大困难是如何发现有价值的突变体，并通过培育和选择将其有价值的性状保持下来。变异体多以嵌合体出现，且突变体生活力、生长势都较弱。因此，要使诱发突变性状能充分显现出来，必须根据不同处理材料进行相应的培育和选择。

（1）接穗

接穗在休眠期剪取，照射后随即嫁接或数日后嫁接均可。据报道，以照射后 7～10d 嫁接为好。嫁接体的生长（即 M_1 代）从发芽开始，须观察发芽迟早、畸变频率、长势快慢、形态变化及成活率等。观察初生枝是否变异（其典型症状为三段枝），着重调查生长点分裂情况、分叉苗的百分比，这些是突变类型选择时的重要依据之一。当年秋期选出突变类型，编号，做好标记。第二年春将选出的突变苗木的苗干剪下，进行嫁接，繁殖苗木（即 M_2 代）。M_1 代枝条各段都存在着突变的可能，但以无叶带段突变率高，应尽量注意将这一段用于繁殖，以获得较高突变频率。M_2 代以后观察突变是否巩固及今后突变发展情况，应根据育种目标进行多次比较观察，从中选出优良单株，通过无性繁殖，将变异性状巩固下来。

（2）种子

种子经处理后，发芽迟缓，初期生长受到抑制，变异也不稳定，前期只做一般观察，到秋期变异逐渐明显，可进行初步选择。进行抽样调查，并与群体比较，采用个体选择法对单株进行选优，凡是叶形大、叶肉厚、叶色深、侧枝少、节间密、条长长的详细记载，逐一编号，做好标记，以便进一步观察选择。选出后进行无性繁殖，将变异性状巩固下来，通过品种鉴定，确认优良者即可推广。

（3）苗木

苗木照射后突变类型的选择方法与处理接穗的基本相同。在处理的苗木发芽后即调查其成活率，并观察初生枝是否变异。据报道，突变大多发生在初生枝基部 5～10 个芽内，在嫁接时应从距新枝基部 12～15cm 处、无叶带中下部剪下作为接穗，单芽嫁接进入 M_2 代。在秋期，这些突变逐渐加深和巩固，这是选择突变类型的关键时期。从发芽开始，对枝条及叶片形态变化都要分期观察调查，详细记载。若发现优变，即行选出，分别编号，经连续观察选择，最后将优良的突变类型选择出来。

诱变育种已成为一种重要的育种手段，并逐渐受到人们的重视。诱变育种，特别是辐射诱变克服了常规育种单项性状表现优良、综合性状难以达到育种目标的缺陷，但诱变育种目前还存在诱发变异不能进行定向控制、有利突变率不高、必须通过大量选择等问题。因此，诱变育种应和杂交育种、单倍体育种、远缘杂交、细胞工程、染色体工程等方法结合起来，以提高育种效率。

五、桑树组织培养

桑树组织培养是指分离桑树的器官或组织的一部分接种到无菌培养瓶中的培养基上，在人工控制的条件下进行培养，使其生长发育，并再生成完整植株的过程。

自从日本大山于1970年首次报道桑根离体培养以来，桑树组织培养技术发展很快，研究内容日趋广泛。尤其是近些年，研究人员在桑树组织培养实用化方面，如大规模试管苗繁育、丰富育种素材、种质资源保存等方面做了许多有益的探索性研究。经过近几十年的研究，目前已较好地建立起了桑树组织培养技术体系，已能对桑冬芽、腋芽、茎尖、胚轴、子叶、花药、子房、胚、叶片等器官或组织进行离体培养，并获得了完整植株。

(一)组织培养的四个阶段

要把桑树的组织或器官培养成植株(指无性系的繁殖)，大体要经过以下四个阶段。

1. 第一阶段

获得无菌外植体(如茎尖、芽、胚、花药、根、叶片等)，并在无菌条件下培养，促使外植体生长，获得具有分生能力的愈伤组织或器官。这是整个桑树组织培养过程中最重要的一步。

2. 第二阶段

使培养的材料不断增殖、不断分化，或者直接产生不定芽或形成胚状体，以形成新的植株(茎叶)；根据需要，还可以不断反复地进行继代培养，以达到大量繁殖的目的。

3. 第三阶段

将已形成苗梢的植株转入生根培养基，促使其形成新根，再生成完整的植株(试管苗)。

4. 第四阶段

对形成的试管苗进行驯化，以提高植株适应自然环境的能力，为移栽大田做准备。

(二)培养基

1. 培养基的组成成分

培养基是桑树组织培养最重要的外界条件，其组成成分与其他作物的组织培养基大体相同，但根据桑树的特性及外植体等的不同，在植物激素、糖类等的用量方面有一定差别。培养基的组成成分主要有以下几类。

(1)常量元素

N、P、K、C、H、O、Ca、Mg、S等。

(2)微量元素

Fe、Mn、Cu、Zn、Mo、B等。其中Fe的浓度若低于3×10^{-6}mol/L，胚生长受阻碍。一般培养基中的Fe，常使用$FeSO_4\cdot7H_2O$与Na_2-EDTA螯合成有机态的乙二胺四乙酸二钠铁盐(Na_2-Fe-EDTA)。

(3)糖类

组织培养中的外植体在初期大多缺乏光合作用能力，因此在培养基中必须添加糖作为碳源。但因植物种类和外植体的不同，添加的糖类和糖浓度有较大差别。如小麦、玉米、水稻和棉花等以蔗糖作碳源最好；而桑树的组织培养，如桑芽(冬芽、腋芽和顶芽)和叶片等的培养，则以添加2%～3%果糖时发育状态良好。

(4)维生素类

VB_1、VB_5、肌醇、VB_6、VB_9等。

(5)植物激素类

生长素有吲哚乙酸(IAA)、吲哚丁酸(IBA)、萘乙酸(NAA)和2,4-二氯苯氧乙酸(2,4-D)等。细胞分裂素有激动素(KIN)、6-苄基腺嘌呤(6-BA)和玉米素(ZT)等。在桑组织或器官的不同培养阶段，对这两类植物激素的浓度及配比有不同的要求。如桑芽离体培养时，6-BA浓度0.1～1mg/L的效果较好；而叶片培养诱导不定芽分化时，则需要有较高浓度的6-BA(2～5mg/L)。生长素能促进培养体不定根的形成，因此在生根培养基中添加IAA浓度以0.1～1mg/L为好，能在较短时间内获得完整的植株。

(6)琼脂

琼脂为培养材料的支持物，其用量一般在0.5%～1%。如用量过多，配制的培养基过硬，不能使培养材料很好地固定和适度接触，外植体容易干枯、死亡。但如用量过少，则培养基过软，会使接种材料固定不牢，甚至下沉。

(7)pH 值

不同的培养基和植物组织在培养时要求有不同的 pH 值，这是因为 pH 值的高低直接影响培养基的凝固程度和接种材料对营养物质的吸收程度。桑芽在 pH＞7 的培养基上培养，生长受抑制；而在 pH5～6 范围内的培养基上培养，则生长良好，故认为 pH 偏小的培养基适合桑芽的培养。一般桑组织培养时的培养基 pH 为 5.6～5.8。

2.培养基的种类

(1)MS 培养基

MS 培养基是木本植物组织培养中应用最广的培养基。其无机盐成分对许多木本植物都是较适宜的。

(2)SH 培养基

SH 培养基是矿盐浓度较高的一种培养基。吉林省蚕业研究所以桑幼苗茎尖为接种材料，用 SH 培养基培养，获得了完整的植株。

(3)N_6 培养基

在我国广泛采用 N_6 培养基进行禾谷类作物的花药培养。它在木本植物的组织培养中也常被采用，如柑橘的花药培养、楸树的组织培养等。

以上介绍的三种培养基的配方，根据不同培养材料各成分用量可变动。

(三)组织培养技术

植物组织培养技术的基本要点：一是要创造无菌条件，即采用消毒灭菌和隔离防菌等方法，使桑树组织材料在无菌条件下培养；二是培养材料的选择、培养基的组成、激素的应用、培养方法和培养条件的选择等。其主要操作过程如下。

1.培养前器皿的准备与灭菌

培养用的所有玻璃器皿和工具都要消毒灭菌。器皿先用清水冲洗干净，再放入含洗衣粉或清洁剂的水中洗刷，直至器皿上冲水后不沾水珠，经清水反复冲洗的玻璃器皿晾干或烘干后，用报纸等将其和金属用具分别包裹好，在 121～132℃下灭菌 30～60min，即可达到彻底灭菌的效果。金属用具也可浸在 70%～80% 酒精中，使用前及使用过程中再用酒精灯等进行燃烧灭菌。

2.培养基的配制

培养基的配制流程如图 3-6 所示。配制培养基时，为便于取样和低温储藏，一般先将化学药品配制成比所需浓度高 10～100 倍的母液，用时再取一定量按比例稀释。配制时，依次取所需的母液体积，放入大量筒或烧杯中，然后加入糖类、植物激素和琼脂，再加蒸馏水定容至所需体积，加热后不断搅拌，直至琼脂完全溶解，最后用稀碱(1mol/L NaOH 或 KOH 溶液)或稀酸(1mol/L HCl 溶液)调整 pH 至所需数值。

调整 pH 后，趁热将培养基用漏斗或虹吸法(也可直接分注)分注到试管或培养瓶内，注入的培养基量占试管或培养瓶体积的 1/4～1/3，随即塞上瓶口。

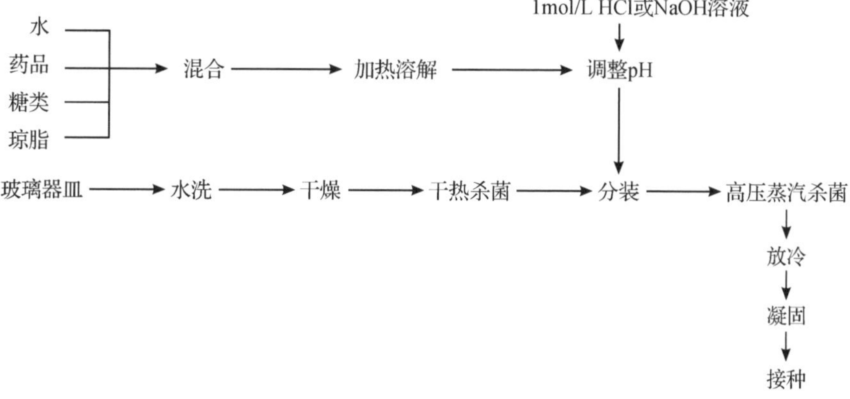

图 3-6　培养基的配制流程

3. 培养基的消毒灭菌

培养基的灭菌采用高压蒸汽灭菌锅，一般在压强 0.8～1.1kg/cm^2 下保持 20min 左右，即可达到消毒灭菌的效果。如消毒的温度太高、时间过长，会使某些植物激素、维生素及糖类分解，影响培养基的有效性。灭菌后的培养基尽快取出，待其凝固后，放在培养室进行预培养 3d，若无污染反应，即可使用。如暂时不使用，应将培养基贮藏于低温(10℃左右)条件下备用。

4. 培养材料的消毒与接种

培养材料在接种前需进行消毒，以防止接种时夹带微生物到培养基上，引起污染。使用的消毒药剂应既能杀死材料表面附着的菌类，又不会损伤材料。田间采集的材料经预处理后，先在流水中漂洗 1～2h，然后用 70%～75%酒精浸泡 30s，再在 0.1%升汞($HgCl_2$)中浸泡 8～10min，或者在 10%漂白粉上清液中浸泡 10～15min，最后用无菌蒸馏水冲洗 5 遍以上，以除净残留的药液。酒精浸泡消毒后的材料，也可用 2%次氯酸钠溶液浸泡 10～20min，再用无菌水清洗 3 次，灭菌效果也较好。

接种工作一般要求在超净工作台或接种箱中进行。其方法是先铺上灭过菌的纱布，将接种器具和材料放在纱布上，按无菌操作要求，用镊子或接种钩等将灭菌过的材料直接接种到试管或培养瓶中的培养基上(图 3-7)。

5. 接种后的培养

接种后的试管或培养瓶放在光照和温湿度能调控的组织培养室(简称组培室)或光照培养箱内进行培养，并定期观察和调查培养材料的生长发育情况(图 3-7)。

6. 组织培养操作中的注意事项

(1)无菌室必须清洁整齐，经常擦洗。

(2)无菌室要安装空气循环过滤装置，使空气净化，或用高锰酸钾＋福尔马林进行熏蒸灭菌，使用前用紫外灯照射 20min。

(3)操作人员需穿灭过菌的白色工作服，戴口罩，双手用肥皂洗净，操作前再用 70%酒精药棉擦过。

(4)工具用完后及时消毒，避免交叉污染。

(5)切取材料时，伤口要尽量小，不要压伤材料，以免影响生长。

(6)继代培养时，材料可不用消毒，但也要谨慎操作，以防污染。

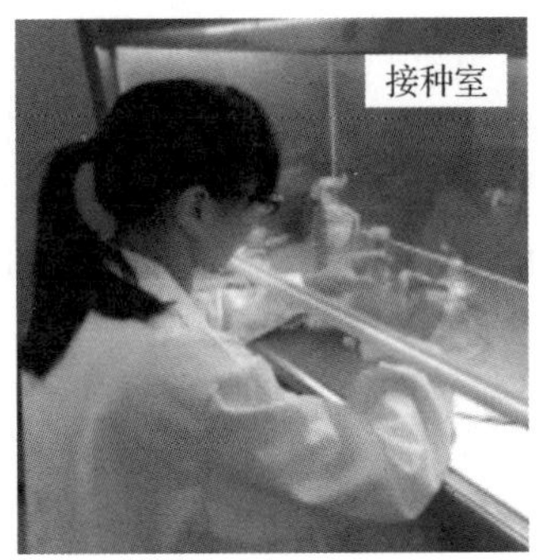

图 3-7　桑组织培养的操作

六、原生质体培养

植物原生质体是指通过质壁分离或酶法将细胞壁全部除去后的那部分物质，或是一个为质膜所包围的“裸露细胞”。植物原生质体能进行细胞的各种基本活动，如蛋白质和核酸的合成、光合作用、呼吸作用、通过质膜的物质交换等。同时，植物原生质体还可用于诱导细胞融合、导入细胞器或外源的遗传物质等。因此，原生质体是研究细胞工程和基因工程很好的起始材料和受体，是分子生物学基础研究极好的实验材料。而且，植物原生质体仍具有细胞的“全能性”，即在适宜的培养条件下，可再生细胞壁，并诱导分化，培养成完整的再生植株。

国内外在桑树原生质体的分离培养和诱导分化等方面也做了不少探索性研究，积累了一定的基础性资

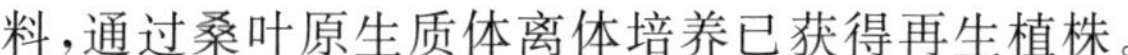

料，通过桑叶原生质体离体培养已获得再生植株。

(一)原生质体分离

1. 植物材料

植物的根、茎、叶、花、果实、愈伤组织和悬浮细胞等都可作为分离原生质体的材料，但在实验室常用并在短时间内能提供大量原生质体的主要是叶肉细胞和由各组织器官培养后形成的愈伤组织或悬浮细胞。桑树原生质体分离和培养时，使用较多的材料是无菌苗培养的苗叶、悬浮细胞和愈伤组织。

2. 分离方法

分离原生质体的方法有机械法和酶法两种，目前主要采用酶降解细胞壁以获得原生质体的酶法。

构成植物细胞壁的主要成分是纤维素、半纤维素和果胶等，因此用于分离原生质体的酶主要是纤维素酶、半纤维素酶和果胶酶。为使酶解过程中原生质体既不会涨破，又不过分收缩，在分离原生质体的酶液中需加入一定量的渗透压稳定剂，以维持一定的渗透压。常用的渗透压稳定剂有糖醇系统和盐溶液系统，如甘露醇、山梨醇、葡萄糖、蔗糖和氯化钙等，其中以甘露醇、葡萄糖、氯化钙最为普遍。

3. 分离程序

桑树原生质体的分离流程如图 3-8 所示。原生质体的产量及活力受材料、酶液、酶解时间、纯化处理及分离技术等因素的影响，一般 1g 新鲜桑叶酶解后可获得 $2\times10^7\sim3\times10^7$ 个原生质体。

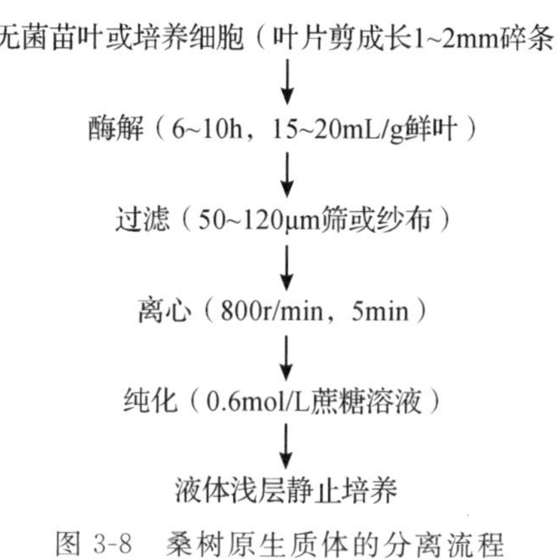

图 3-8　桑树原生质体的分离流程

(二)原生质体培养

将有生活力的原生质体在适当的培养基和培养条件下培养，不久，原生质体即开始再生细胞壁，并进行细胞分裂，1～2 个月后形成肉眼可见的细胞团。如果将细胞团转移到分化培养基上继续培养，则可进一步诱导出不定芽和不定根，最终长成完整的植株。

1. 培养基

从有活力的原生质体到培养形成再生植株，一般需更换数次培养基，即大致可区分为促使原生质体恢复形成细胞壁并维持细胞分裂的培养基、诱导愈伤组织发生的培养基及诱导器官形成的培养基。大多数木本植物在原生质体培养阶段所采用的是 MS 培养基或 K8p 培养基，只是在不同培养阶段或不同材料对无机盐、糖类和激素等的种类及浓度的选择有所不同。近些年的有关研究认为，使用 K8p 培养基对桑树原生质体的培养效果优于使用 MS 培养基的。

2. 培养方法和条件

原生质体的培养方法很多，有液体浅层静止培养法、固体平板培养法、双层培养法和混合培养法等。但目前木本植物大多采用液体浅层静止培养法，桑树原生质体培养采用的也是此法。

桑树原生质体培养时的温度一般为 25℃±1℃，培养前期需保持在黑暗条件下，一般培养 10d 后可移至弱光下培养。原生质体的接种密度一般为 $5\times10^4\sim5\times10^5$ 个/mL。

(三)细胞杂交

细胞杂交是指 2 个细胞或原生质体融合成 1 个细胞并形成杂种细胞的过程。自 1972 年卡尔森

(Carlson)首次报道粉兰烟草和郎氏烟草原生质体融合后培养成体细胞杂种以来，植物体细胞杂交研究进展很快。尤其是1978年梅歇尔斯(Melchers)等报道的番茄和马铃薯属间体细胞杂交成功，并获得再生植株(Pomato)，使植物细胞育种工程进入了一个新的发展阶段。至1989年，约有100个组合的细胞杂种见诸报道。

在桑树体细胞杂交的研究方面，日本学者大西等于1987年和1989年对不同桑品种以及桑和楮的原生质体融合方法、条件、融合液等做了探索性试验。在融合液温度27℃、pH6.5、75mmol/L $CaCl_2$ 和35% PEG(聚乙二醇)条件下，桑与楮这两种不同属的原生质体混合30min后，即完全融合，且融合率很高。

除聚乙二醇可诱导原生质体融合外，利用一些物理手段，如采用电场处理也能促使植物原生质体融合。大西等于1989年将分离好的桑和楮叶肉细胞原生质体悬浮于0.6mmol/L山梨醇和1.0mmol/L氯化钙缓冲液中，利用电融合装置，以1.0MHz频率给予160V/cm电压，90s后可使2种不同属的原生质体紧密接触，并排列成串球状，其串球状形成率高达81%，20～60min后，排列成串球状的2种不同原生质体完全融合。

七、桑树基因工程

(一)植物转基因研究概况

植物基因工程是指将某些基因从生物体中提取出，通过特定的方法转移到植物中并使其表达的一项高新生物技术。它不但可以从理论上研究植物生长发育过程中的基因表达调控等，而且还可以培育出具有优良品质或特殊性状的新品种。自1983年美国首次获得转基因烟草和1991年转基因西红柿商业化种植以来，至2019年，共有71个国家应用了转基因作物，已有29个国家种植了近2亿 hm^2 转基因作物，还有42个国家进口转基因产品。主要转基因作物有大豆、玉米、棉花、油菜、马铃薯和西红柿等，其中48%的大豆是转基因大豆。

木本植物基因工程起步较晚，但研究发展迅速，自1988年首例转基因杨树在比利时进入田间实验以来，已有100多种转基因植物研究成功，并陆续释放到自然环境种植进行试验。

(二)桑树基因研究

生物技术和分子生物学研究的快速发展也促进了桑树基因研究工作的开展。与其他作物相比，桑树基因研究起步较晚，但国内已有不少学者对桑树基因进行了初步探讨。

赵卫国等(2001)对桑树叶绿体基因组DNA进行了分析研究，经酶切鉴定，克隆到5个片段，并进行了序列分析。

焦锋等(2003)利用cDNA-AFLP技术对桑树叶片形态变异株系和野生型的mRNA差异表达进行了分析，在所得的15个基因片段中，有2个与已知基因有同源性，即脯氨酰4-羟化酶α亚基基因和羟甲基转移酶基因。

沈国新等(2005)利用RT-PCR技术从桑芽cDNA中克隆了桑树中编码植物细胞液泡膜上 Na^+/H^+ 逆向运输的拟南芥同源基因 *mNHX1*，并对其功能进行了研究。

陆小平等(2006)以蒙古桑的幼茎为材料，利用RT-PCR技术克隆了桑树的泛素基因。陆小平(2007)从同一材料中还克隆了低温诱导基因 *Wap25*，并构建了工程菌株LBA4404/PIG121/Wap25，利用植物遗传转化技术对矮牵牛的叶盘和桑苗的组织细胞进行了遗传转化，经分子生物学技术检测，发现有阳性信号。

潘刚等(2007)利用保守引物方法和RACE技术得到了桑树ACC氧化酶基因序列，其序列与其他植物ACC氧化酶有很高的同源性，基因命名为 *MaACO1*，并登录于Gene Bank(基因库)中；同时对该基因的发育调控和环境胁迫应答等方面功能进行了较为系统的研究。

李军等(2011)成功地从桑树中克隆出两个肌动蛋白基因 *MaACT2* 和 *MaACT3*，采用RT-PCR方法分析了 *MaACT1*、*MaACT2* 和 *MaACT3* 基因在桑树叶、茎、果、根等组织的表达情况以及在茎、叶、托叶的生长过程中的变化。

赵爱春等(2015)将含目的基因重组载体的农杆菌工程菌转化液直接微量注射至将要萌发的桑树冬芽中，通过农杆菌侵染冬芽顶端分生组织分生细胞和冬芽腋芽分生细胞，成功转化得到了芽分生细胞。此技

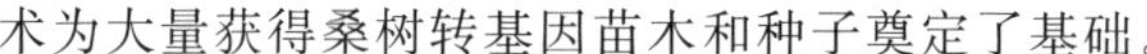

术为大量获得桑树转基因苗木和种子奠定了基础。

赵卫国等(2017)通过在特异性引物中引入 *Xba* Ⅰ酶切位点和 *Bam*H Ⅰ酶切位点,并采用烟草脆裂病毒 TRV 构建的桑树 *MmPDS* 基因沉默体系,在桑树植株内进行系统扩散传播,所述沉默体系能够有效降低桑树 *MmPDS* 基因的表达水平,使叶绿素被漂白。

林天宝等(2018)通过注射冬芽的方法,将携带 β-葡萄糖苷酸酶(GUS)和卡那霉素(Kan)报告基因的重组根癌农杆菌接种转化 72C002 果桑冬芽,通过 GUS 染色结果、特异性片段的 PCR 检测和卡那霉素抗性筛选的培养,初步证明了外源报告基因 *GUS* 可能已转入桑树。

西南大学等开展的桑树基因组学的研究,已经完成了川桑(*Morus notabilis* C. K. Schn.)的基因测序。这些研究将大大推动我国桑树基因工程的快速发展。

第三节 桑树有性繁殖

繁殖和培育优良桑苗是发展蚕业生产的前提,也是桑叶高产优质的基础。桑苗的繁育分有性繁殖和无性繁殖两大类。用桑种子播种,使其发芽生长培育成苗的方法叫有性繁殖,所得苗木称实生苗。将桑树营养器官或生殖器官的一部分与母体分离后,通过特殊处理并放置于适宜的环境条件下,使其形成独立的新个体的方法叫无性繁殖。桑树的有性繁殖过程十分复杂,因其雌雄异株或异花,风媒传粉,故多为自然杂交类型。用种子繁育的实生苗,与无性繁殖的苗木相比,具有适应力较强、可塑性较强、根系发达、耐瘠耐旱、木质坚韧等优点。但实生苗个体之间往往性状不一,大多数表现出叶形小、叶肉薄、花椹和侧枝较多、单株产叶量低等特点。

一、桑种子的采集贮藏

(一)桑种子的采集

为了确保桑种子的质量,在采集过程中必须注意以下事项。

1. 认真选择母株

播种用的桑种子应采自生长健壮、无病虫害的优良母株。如培育定植苗的,应选择叶形大、叶肉厚的母株采种,最好用优良杂交组合生产的杂交桑种子。如作为嫁接砧木用的,则应选择对当地环境条件适应性强的母株。实生苗对环境的适应能力取决于母株的遗传特性。例如,采自低纬度地区的桑种子培育出的苗木对冬季低温的抵抗力弱;采自高纬度地区的桑种子培育出的苗木对低温的抵抗力强;采自多湿地区的桑种子培育出的苗木抗旱性弱;采自干旱地区的桑种子得到的苗木抗旱性强。因此,应尽量采用当地种子播种。若当地种子不足,必须采用外地种子时,应在气候条件相近的地区采种。

2. 适时采种

桑椹的色泽是内部桑种子成熟程度的标志。当一般桑椹呈紫黑色,白桑椹呈玉白色或怡黄色时,表明内部种子已发育成熟,即可采种。桑椹的成熟时期因各地气候不同而有所差异,广东、广西的桑椹一般在三月中、下旬成熟,四川、重庆的桑椹在五月上旬成熟,华东地区的桑椹在五月中、下旬成熟,北方地区的桑椹要迟至六月才能成熟。同一株桑树上的桑椹成熟期也不一致,因此要随熟随采,分批进行。

3. 及时淘洗种子

采收的桑椹要及时淘洗,如因量大来不及,应把桑椹薄薄地摊在阴凉的室内,厚度以不超过 3cm 为宜,严防堆积发热而降低种子的生命力。

淘洗前,先将桑椹放在木盆或缸内搓揉,使果肉与种子分离,再用水漂洗,除去果肉、果梗和杂物。未受过蒸热的桑椹,洗出的桑种子呈黄褐色;受过蒸热的桑椹,洗净的桑种子为灰黄色。刚淘洗出来的种子应立即摊晾在阴凉通风处,经常翻动,充分阴干。也有用葡萄轧碎机来处理桑椹的,使桑种子和果肉压碎分离后再行淘洗,取出种子。每 50kg 新鲜桑椹可得干种子 1.5～2kg。若大量淘洗桑种子,可进行综合利用,例如桑椹汁可酿酒、熬膏,剩下的残渣可作为饲料等。

(二)桑种子的贮藏

刚淘洗出来的桑种子的发芽率最高。桑种子在多湿环境条件下，放置3～5个月就会完全丧失发芽率，所以桑种子属于短寿命种子。因此，不立即播种的新鲜桑种子必须合理贮藏。要贮藏的桑种子，在贮藏前一定要测定其干燥程度。一般用定时取样称量法进行检测，当最后几次称重相差不超过1%～2%时，说明种子已基本干燥。此时的种子含水率为4%～6%，为结合态水，可贮藏。

桑种子贮藏期间，其呼吸作用的强弱直接受到环境中温湿度高低的影响。如环境温度高、湿度大，种子含水量多，呼吸作用旺盛，种子内贮存的养分消耗量大，种子的生命力即随之降低。若能把贮藏的温湿度保持在适当范围之内，就可抑制种子的呼吸作用，减少贮存物质的消耗，使种子维持较高的发芽能力。实验得知，当贮存器内的相对湿度为49%～62%、待贮藏的桑种子含水量在4%～6%时，则贮存8年之后仍有84%的发芽率。目前贮藏桑种子多采用干燥贮藏法和低温贮藏法两种。

1. 干燥贮藏法

通常是用生石灰或焦糠或晒干的3龄蚕粪等作为干燥材料，将它们和待贮藏的桑种子同放在一个密闭的容器内，并置于低温环境下，抑制桑种子的呼吸作用，以保持桑种子的发芽力。具体做法是：先将干燥材料放在容器底部，上面放一层隔离材料，如竹片、草纸等；再放入盛有桑种子的布袋，扎好袋口，容器内不能装满，干燥材料、桑种子和空间各占1/3；最后将容器密封，放在阴凉干燥处即可。

2. 低温贮藏法

将充分阴干的桑种子装入不漏气的塑料袋内，不要装满，留有一定的空间，扎紧袋口，放入竹篓中，上盖塑料薄膜，搁置在冷库木架子上，温度控制在0～5℃。如用贮藏蚕种的冷库，可按蚕种冷藏温度贮存。

二、桑种子的品质检验

待贮藏桑种子及播种前的桑种子都应当进行检查鉴定，确定其实用价值，避免生产中的盲目性。桑种子鉴定项目主要有下列几种。

(一)种子的形状、色泽

桑种子呈扁卵形，一头大一头小，下端有脐状突起，长约2mm。优良桑种子为鲜明的黄褐色，气味清爽。实生桑的种子色泽稍深，湖桑类型品种的种子颜色稍淡并较饱满。受过蒸热、淘洗后不及时阴干或贮藏不当的桑种子，色泽暗污或带有霉味，属不良种子。

(二)种子的重量和内容物

桑种子的重量常以1000粒种子的重量来表示，称千粒重。千粒重因品种和气候条件而异。湖桑类型品种的种子每克约有700粒，千粒重1.43g左右；广东桑类型品种的种子每克在659粒上下，千粒重为1.52g左右；实生桑的种子每克约有675粒，千粒重1.48g左右。正常情况下，每500g桑种子数有30万～35万粒，但未成熟的、瘦小的或陈旧的桑种子较轻。因此，千粒重可作为鉴定桑种子质量的依据之一。

桑种子胚乳中含大量脂肪，含油率高达30%。如果种子不成熟，脂肪含量较少；或虽是优良种子，由于贮藏不当，内容物消耗过多而收缩干瘪，含油量减少。因此，压破种子，观察油分多少，便可初步鉴定种子的优劣。

(三)种子的清洁率

清洁率就是调查种子中含有多少果肉、果梗、泥沙等杂物。调查方法是：先称欲测种子的总重量，把杂物除去后再称重量，即可计算出清洁率。

$$清洁率(\%)=\frac{净桑种子重量(g)}{调查种子总重量(g)}\times 100\%$$

(四)发芽率和发芽势

发芽率是指有发芽能力的种子数占供试种子总数的百分比。发芽势是指催芽后3d内，发芽的种子数占供试种子总数的百分比。

种子品质好坏的主要标志是发芽率和发芽势。优良的桑种子发芽率应在85%以上，且发芽整齐一致。在生产上，为了正确掌握播种量，桑种子在播种前必须进行发芽率的测定。常用的方法有两种。

1.种胚染色测定

任何植物的活细胞原生质膜都具有选择透性，即可让有些物质通过而进入细胞内，有些物质（如染色剂等）则不能通过。失去生命力的细胞原生质膜没有这种选择透性，能让染色剂等物质自由进入。根据这一原理，取经温水（水温20℃）浸泡24h的桑种子40粒，等分成4组，每组10粒，用镊子轻剥种壳，取出完好的种胚；将种胚浸于红墨水中20～30min，取出，以水洗净，直接或借助放大镜观察，种胚未被染色者为有生命力的桑种子，种胚全部被染成红色者是没有生命力的桑种子。统计种胚被染色的种子数，便可计算出发芽率。用此法测定种子发芽率，花费时间短，操作简单，但准确度低于催芽测定。

2.催芽测定

先在洗净的二重皿底部铺几层吸水纸或3～4层纱布，然后用冷开水浸湿铺垫物至饱和状态；随机取待测桑种子400粒，放在4个二重皿内，每皿100粒，排成10行，加盖，放入28～32℃的恒温箱内催芽（在此期间注意保持铺垫物湿润，但不能使桑种子浸在水里）。每天记录各皿中的发芽种子，取平均值后，算出桑种子发芽率。

$$发芽率(\%)=\frac{发芽种子数}{测定种子总数}\times 100\%$$

在调查发芽率的过程中，也可以看出发芽势。一般认为，第5天前的发芽率在70%以上、第5天发芽基本结束的，即为发芽势好。

(五)桑种子的国家标准

国家标准《桑树种子和苗木》(GB 19173—2010)规定了实生桑和杂交桑种子的质量指标，达到以下指标的为合格种子。

1.种子发芽率

实生桑种子发芽率≥80%，杂交桑种子发芽率≥85%。

2.种子含水率

实生桑和杂交桑种子含水率均应≤12%。

3.种子净度

种子净度是指样品种子去掉杂质、坏种子后的好种子重量占样品种子总重量的百分比。实生桑种子净度≥95%，杂交桑种子净度≥98%。

4.品种纯度

品种纯度是指桑树品种种性的一致性程度。杂交桑种子纯度≥95%。

三、苗圃地的建立

(一)苗圃地的选择

苗圃地的选择是否适当直接影响出苗、苗木质量及今后的管理工作。因此，必须根据苗木对环境的要求认真选择苗圃地。具体要求是：

1.位置适当

应选择阳光充足、通风良好、靠近水源的地方，也要远离排放煤烟、废气和污水的工厂区，以满足桑苗对环境的要求，使苗木健壮成长。

2.土壤良好

苗圃地的土壤最好是耕作层深而肥沃、结构良好的壤土。砂土水分和养分均易流失，黏土容易板结，令桑种子发芽出土困难，故均不宜作为苗圃地。盐渍化地区应选用含盐量在0.2%以下的地块。

3.无病虫为害

桑萎缩病、紫纹羽病、根结线虫病等均属防疫对象，在有这些病害的地区不能建立苗圃地；即使在发病较轻的地区，也要避免在发病桑园附近育苗。有蝼蛄、小地老虎或蛴螬等为害的地方，用毒饵诱杀后方可育苗。

4. 避免连作

若在同一苗圃地连作桑苗，会使苗木质量下降，且连作愈久，生长愈差。究其原因，一般有以下几点。由于同一作物的根系连年生长在同样深度的土层中，摄取同样的养分，致使土地中逐渐缺乏连作物所需的营养而变得相对瘠薄；同一种作物的根系所分泌的有毒物质常年积累，毒性加剧，产生不良影响；危害同一种作物的杂草和病虫容易滋生和蔓延。生产中，一般应隔 2～3 年培苗 1 次，至少也要间隔 1 年，以避免上述弊端，提高土壤肥力。

轮作形式可因地制宜，灵活掌握，但应注意育苗当年前作物的收获期，一定不能影响育苗季节。根据浙江省经验，桑苗圃地的前、后作物以水稻最好。这种水、旱轮作不仅可杀灭地下害虫，断根的腐烂和分解迅速，而且增加了稻根等有机质肥料(简称有机肥)。

(二)苗圃地的整理

1. 适时深耕

深耕可改良土壤，对保水、保肥、促进有机物质分解、释放一些矿质元素、抑制杂草和害虫等都有很好的作用，有利于苗木的生长。耕翻的深度因地制宜，黏土可适当深些，砂土稍浅，一般在 20cm 左右。耕地的时间要根据育苗季节而定。凡春季育苗的土地，不能种植冬季作物，以便在秋末冬初进行耕翻。如果是夏季育苗，应在前作物收获后立即耕翻苗圃地，愈早愈好，争取提早播苗。

2. 施足基肥

为保证桑苗生长良好和节约追肥用工，一般在苗圃地翻耕时施足有机质肥料作为基肥。有机质肥料不仅可改良土壤结构，而且可较长时间地释放肥力，使苗木持续旺盛生长。$1hm^2$ 施用基肥的数量以腐熟的堆厩肥 75000kg 和过磷酸钙 150kg 为宜。整地做畦后，最好于播种前在条播沟内施些稀薄粪尿，$1hm^2$ 施用 15000kg，播种后进行泼浇也可，以增加水肥，这对桑种子的发芽出土和苗木初期生长皆有良好的效果。

3. 精整苗床

苗圃地已经冬耕的，在早春解冻后再浅耕一次，有利于保持土壤水分和消灭杂草、害虫等。若是随耕随播，应先行深耕后再耙碎土块。

苗圃地的整地要求是：地平土细，做畦前先将已深耕过的苗圃地浅耕 2 次，耙匀基肥，打碎土块。苗床一般宽 100～130cm，高 20cm，长度视地形而定，沟宽 40cm。在气候干旱地区，宜采用低畦，畦宽 100cm，畦面基本与地面相平，畦与畦之间筑埂，以利保墒。如在黏土或多雨地区，须筑高畦，方便排水。生产中不论采用何种形式的畦面，整地时都必须做好周围的排灌沟，以保证排灌通畅。

四、播种时期和方法

(一)播种时期

桑种子多在春季或夏季播种，个别地区采用秋播。

1. 春播

在开春以后，气温稳定在 16℃以上或地面下 4.5cm 处的地温在 20℃左右时，即是春播时期。就全国而言，珠江流域常在 3 月下旬进行春播，长江流域在 4 月上、中旬，黄河流域在 5 月上、中旬，东北地区在 5 月中、下旬。春播苗生长期长，苗木健壮，出圃率高。

2. 夏播

在当年桑椹成熟后，采收种子播种。由于种子新鲜，发芽率高，出苗快，所以单位面积用种量较少。夏播苗生长期短，要争取尽早播种，使苗木在高温伏旱到来之前通过缓慢生长期，以保证当年出圃。

3. 秋播

广东、广西气候终年温暖，桑椹一年两熟，在 8—9 月第二次采种后进行秋播。其他地区的秋播主要是为了弥补夏播的不足，或因为错过了夏播期。一般采用当年新收桑种子，于 8 月下旬前播种。秋播苗生长期更

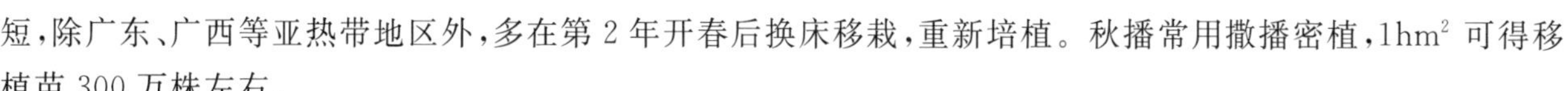

短，除广东、广西等亚热带地区外，多在第2年开春后换床移栽，重新培植。秋播常用撒播密植，1hm² 可得移植苗300万株左右。

(二)播种方法

1.播种量

播种量应根据桑种子发芽率的高低、播种方法及苗圃地的具体情况而定。若桑种子发芽率在80%左右，且土壤较疏松，点播和条播时 1hm² 播种 6.0～7.5kg，撒播时 1hm² 播种 10.5kg。若桑种子发芽率较低，苗圃地土壤质地黏重，则要适当增加播种量。

2.种子预处理

播种的桑种子一般不做任何处理。在有些地方，为了使种子发芽整齐，加速苗木生长，播种前进行浸种催芽。实践证明，经过催芽处理的桑种子在播种后出苗齐，出苗率高。

(1)具体方法

将桑种子放入清水中浸渍一昼夜，滤干后铺在平底盆或箔中，厚度不超过3cm，上盖湿布，放在比较暖和(23～30℃)的地方催芽，每天洒水翻动1～2次，经常保持湿润状态但不能积水，待种子露白时，用细沙拌和后播种。

(2)注意事项

①苗床要预先做好，以便种子露白后即行播种。②播种沟必须湿润，否则幼根接触干土后易失水枯萎。③如遇阴雨天气，不能及时播种，可将种子摊开，放置于阴凉处，并经常淋以冷水，抑制种子发育。

3.播种方法

在生产实践中，播种育苗以条播为主，撒播次之，也有少数地区采用桑椹直播的。

(1)条播

该法操作简单，管理方便，苗木均匀，但产苗数较撒播的少。条播又分普通条播、宽窄行条播和宽幅条播。根据播种行和畦的走向不同，又可分为直条播和横条播(图3-9a)两种。

a.横条播

b.撒播

图3-9　横条播桑苗和撒播桑苗

普通条播的行距相等，播种时先在苗床上开宽5～6cm、深2cm的播种沟，行距为30cm，再将种子与5倍量的细沙或细土拌匀播下。

(2)撒播

将种子与细沙或细土均匀拌和后，均匀撒在已整好的苗床上(畦面上)，再轻轻拍压，使桑种子和土壤密接(图3-9b)。在黏土或多雨地区，不要拍压。

(3)桑椹直播

此法可省去淘洗桑种子等工序，并可争取早播。播前先将成熟的桑椹充分揉烂，再加等量的草木灰搓揉，最后用干细沙或干细土拌和进行条播或撒播。1hm² 苗床用新鲜桑椹225kg左右。

无论在什么季节、采用何种方法进行播种，桑种子播下后，都要用稻草、麦壳、砻糠、麦秆、细沙等物覆盖畦面，以防太阳暴晒和大雨冲刷，确保种子湿润，出苗齐全。盖草厚度以略见畦面泥土为度。如果用稻草，1hm² 需2250kg左右；若是用砻糠、麦壳等，1hm² 需1500kg。在多风的地区，盖草上还要拉2条绳子，并用木桩加以固定。草盖好后，全面浇水，使土壤湿润。

4.防治地下虫害和杂草的措施

为防地下虫害，苗圃地浅耕后用1%种子量的40%乐果拌土撒入圃地，然后整地做畦；也可在播种时，用1%种子量的50%辛硫磷乳剂拌种，效果皆好。为了防治杂草，夏播苗圃地可以用氟乐灵进行土壤封闭处理。播种前每亩用48%氟乐灵乳油100～150mL，加水50～60kg，均匀喷于土表，随即用钉齿耙混土（氟乐灵见光易分解，必须混土），混土深度3～5cm，第二天即可播种。氟乐灵的防除对象以禾本科杂草为主，它对种子比较细小的双子叶杂草也有一定的防治功效。

五、苗木的生长和管理

桑种子播下后，桑苗在当年的生长可分为四个时期，即出苗期、缓慢生长期、旺盛生长期和成苗期。根据桑苗的这种生长规律，结合土壤和气候情况，适时进行灌溉、排水、松土、除草、施肥和间苗等管理工作，以达全苗壮苗之目的。

（一）播种桑苗的生长规律

1.出苗期

从桑种子播入土到长出2片子叶的过程叫出苗期（图3-10）。此过程的长短与种子质量、土壤温度和水分的关系很大。春播时的地温低，出苗期长；夏播时的地温在适温范围内，为25℃左右，出苗期是7～8d。出苗期的种子完全靠转化自身胚乳贮藏的营养物质，供应幼苗出土。要求外界环境中有充足的水分，16℃以上的适温，空气流畅。具体过程是：桑种子播入土壤后很快吸水膨胀，种壳破裂，在适宜的温度和水分下，各种酶开始活动，胚根先伸出种壳入土，然后胚轴伸长，破土出苗，子叶展开、转绿（图3-10）。

2.缓慢生长期

子叶出土、转绿到出现4～5片真叶为止，幼苗生长缓慢，这个过程称为缓慢生长期。此期过程的长短主要受温度高低、水分充足与否的影响。在平均温度27℃、土壤水分适宜的条件下，历时约25d。这时期的特点是根系生长速度快，地上部生长慢。一级侧根和二级侧根虽然陆续形成，但从外观上看，苗木仍很矮小（图3-10）。

图3-10　播种苗的出苗期和缓慢生长期（引自柯益富，1997）

1.出苗期；2.缓慢生长期；(1)桑种子；(2)发根；(3)出土；(4)子叶展开前；(5)子叶展开；(6)子叶脱落，真叶生长；(7)缓慢生长期末。

3. 旺盛生长期

随着根系的不断伸展、增多，吸收机能逐渐增强，地上部迅速生长，每天长高 2～3cm，这个过程称为旺盛生长期。此期生长量占全年生长量的 90%左右，根系生长也较前加快，主根和侧根向土壤的深广处伸展，苗木对不良环境的抵抗力加强。

4. 成苗期

入秋以后，气温逐渐下降，顶芽生长停止，苗高不再增加，叶片不再增多，生长量占全年生长量的 5%，这个过程称为成苗期。此期特点是叶面积大，光合能力强，光合产物多，呼吸消耗少，有机物大量向干、根输送贮藏。这时的苗木组织结构完善，木质充实，腋芽显露，具备了苗木的一切特征。

(二)苗圃管理

1. 灌溉、排水

桑种子播种后，注意灌溉，保持土壤湿润状态，是保证全苗的关键之一。在出苗期，如果水分不足，会影响种子发芽，甚至导致死亡。到缓慢生长期，小苗根少而浅，经不起土壤干旱的影响，仍需注意灌水。苗木进入旺盛生长期后，需水更多，必须及时浇灌，否则就会抑制生长。

在幼苗阶段，浇水时要防止将苗根冲起。苗木较大时，需水量多，要灌透，有条件的可以进行喷灌。苗圃地也不能积水，否则会妨碍苗木根系的呼吸作用和吸收作用，使苗木生长受阻，因此，每次灌水或大雨后，要尽快将积水排出。生产中除结合筑苗床时做好排水系统外，播种后还应经常疏通排水沟渠。

2. 揭草

当大部分幼苗的 2 片子叶展开时，就要揭去盖草，否则小苗缺少光照，生长瘦弱。揭草宜在阴天或晴天傍晚进行，若天旱日烈，要分次揭草，以防幼苗晒死。如用砻糠或麦壳等材料覆盖的，不必除去。盐碱地育苗时，揭起的草放在播种沟的行间，以减缓因土壤水分蒸发而产生的返盐现象。

3. 间苗、定苗、补缺

为了保证一定面积内存留一定量的健壮苗木，必须及时进行间苗、定苗、补缺。间苗一般进行 2～3 次。当幼苗长出 2 片真叶时，实行第一次间苗，疏去细小苗和弱苗，保持苗距 3～4cm；长出 4 片真叶时，开始第二次间苗，若劳动力紧张，此次即可按定苗要求留苗。$1hm^2$ 定苗数视培苗目的、播种季节、播种方法和肥水管理情况而定。作嫁接砧木用的，$1hm^2$ 留 30 万株左右；作定植用的实生苗，$1hm^2$ 留 15 万～18 万株。广东省的撒播苗和浙江省的广秧苗，$1hm^2$ 留苗较多，达到 150 万～225 万株。如遇缺株、断垄，可结合间苗进行带土移栽，补齐缺株，以保证全苗。

4. 松土、除草

苗圃地因常灌水而比较湿润，杂草极易生长，尤其是苗木处在缓慢生长期间，稍不注意，则草多于苗，草高于苗，严重妨碍苗木生长。前期除草多结合间苗、定苗进行，后期则视杂草情况灵活掌握。去除杂草的同时，土壤得以疏松，有利于透气和土壤中有益微生物的活动，对保持土壤水分也有积极的作用。

5. 施追肥

在培苗前期虽然已经施过基肥，但为使苗木快速生长，仍应适时追施 N、P、K 等各种营养元素。生产上常以腐熟的粪肥为主，化肥为辅，由淡到浓，分次追施。一般每隔 20d 左右进行一次，直至八月底为止。前期施肥以氮肥为主，后期应增施磷钾肥。

6. 防治病虫害

为了预防桑苗病虫害的传播和蔓延，在生长期间如发现萎缩病、细菌病、紫纹羽病、根结线虫病，应及时将病苗拔除烧毁；如发现桑螟、桑蟥、野蚕等，应尽早药杀和捕捉害虫。

对于用作嫁接砧木的实生苗，在中、晚秋蚕期可适当采摘部分桑叶或剪梢养蚕；倘若是用作实生直栽的苗木，要酌情控制用叶量。

(三)挖苗分级

实生苗落叶后到次年树液流动前，除土壤封冻外，均可挖苗。如用作就地袋接的砧木，$1hm^2$ 留苗约 22.5 万株，将过密过细的苗木挖出。若供起接用，可在起接时挖苗。挖苗时尽量保持根系完整。挖出的苗木，凡根颈部围粗在 2cm 以上，可作为袋接砧木，细小的可用来撕皮根接、劈接等，也可移栽培养一年后再行袋接。

分级的目的是将不同规格的苗木分开，使栽植后的植株生长均匀，便于管理和利用，同时也是苗木出售和购入时计价的依据。2003 年国家标准 GB 19173—2003 制定的实生桑苗和杂交桑苗的质量指标见表 3-11 和表 3-12。

表 3-11　实生桑苗质量指标

级别	苗径 φ/mm	根系	危险性病虫害
一级	$\varphi \geqslant 5.0$	主根完整，根长≥100mm	未检出法定检疫对象
二级	$5.0 > \varphi \geqslant 3.5$	主根完整，根长≥100mm	未检出法定检疫对象

注：φ：表示实生桑苗根茎交接处直径。

表 3-12　杂交桑苗质量指标

级别	苗径 φ/mm	品种纯度/%	根系	危险性病虫害
一级	$\varphi \geqslant 7.0$	≥95.0	主根完整，根长≥100mm	未检出法定检疫对象
二级	$7.0 > \varphi \geqslant 5.0$	≥95.0	主根完整，根长≥100mm	未检出法定检疫对象
三级	$5.0 > \varphi \geqslant 3.0$	≥95.0	主根完整，根长≥100mm	未检出法定检疫对象

注：φ：表示杂交桑苗根茎交接处直径。

根据我国各类桑苗在市场交易中的现状，对原国家标准 GB 19173—2003 的桑苗等级进行了简化，仅规定了最低指标。新修订的 GB 19173—2010 桑苗质量指标中，实生苗苗径从原来的 2 个等级简化为最低 3.5mm，杂交苗苗径从原来的 3 个等级简化为最低 2.5mm。苗木根系、外观、苗径中任意一项指标达不到规定要求的，即为不合格苗木。不合格苗木的比例高于 5.0%，或苗木品种纯度达不到规定要求的，该批苗木不合格。

第四节　桑树无性繁殖

将桑树营养器官或生殖器官的一部分与母体分离后，通过特殊处理，并放置于适宜的环境条件下，使其形成独立的新个体的方法，称为无性繁殖。桑树无性繁殖有嫁接、扦插、压条、组织培养等多种方法。

一、嫁接育苗

桑树嫁接就是把一株桑树上的枝或芽移接到另一株桑树的枝、干或根上，使其相互愈合形成一株新个体。这种方法育成的苗木叫嫁接苗，取下嫁接用的枝或芽叫接穗，被嫁接的枝干或根称砧木。生产上均以优良品种桑的枝或芽做接穗，以实生苗做砧木来繁育桑苗。该嫁接方法也常被用于更新老桑、改换桑品种等。

（一）嫁接成活的机制

当桑树的枝、芽、根等组织受创伤而出现伤口时，受伤部细胞不再按原有程序分化，而是产生和形成新的细胞组织以愈合伤口，并重新分化形成受伤时所失去的部分，这就是嫁接成活的机制。

接穗和砧木双方形成层的再生能力的强弱是嫁接成活与否的关键所在。嫁接后，接穗和砧木伤口处因受创伤刺激，随即分泌出愈伤激素，形成一层淡褐色薄膜，覆盖伤口表面，以减少伤流和保护伤口不受外界病原微生物感染。接着，伤口处的形成层和附近的薄壁细胞在愈伤激素的作用下迅速分裂，以形成层细胞分裂最为活跃，产生愈伤组织。接穗和砧木接合后，愈伤组织不断增多，逐渐靠拢，紧密相接，通过胞间联丝，彼此交流细胞物质，使双方的愈伤组织融合，并进一步分化形成新的保护组织和输导组织，这样接穗和砧木便成为一个活的整体。

嫁接亲和力强是嫁接成活的基本条件。无论是哪种植物、哪种嫁接方法，要想嫁接成活，砧木和接穗之间都要有一定的亲和力。一般植物亲缘关系越近，彼此之间的亲和力就越强，故同品种间嫁接最易成活，同种间次之，同属同科间更差，不同科的则很难接活。

(二)接穗质量与嫁接成活的关系

接穗内贮藏养分的多少是衡量其优劣的主要标志,直接影响嫁接成活率的高低。贮藏养分充足的,嫁接成活率高。一般接穗内的养分含量大体如下:可溶性碳水化合物为 18.0%,粗脂肪为 3.6%,粗蛋白质为 4.15%。它们之间所占比例的大小除与桑园肥水管理有关外,主要取决于上一年夏、秋季的采叶程度。调查表明,夏、秋期在枝条顶端仅留 2 片叶子的重采区的桑树与留 7～8 片叶子的一般采区的桑树相比较,可溶性碳水化合物、粗蛋白质、粗脂肪等含量分别减少 17%、16%、24%,嫁接成活率相对降低 15%以上。因此,供作接穗的桑树在上一年夏、秋期应尽量少采桑叶,以利养分的贮藏和积累。

嫁接时接穗含水率的高低也是影响嫁接成活的重要因素。正常情况下,每年 2—3 月采集的接穗含水率在 50%左右。试验表明,以此接穗立即进行袋接,成活率在 73%以下;若将采取的接穗适当加以贮藏,使其含水率在 40%～44%,袋接成活率高达 80%以上;如果接穗贮藏不当,含水率仅为 33%,则袋接成活率降低至 40%以下。生产上常根据削面树液渗出的情况判断接穗含水率是否适中。含水率在 50%以上时,削面树液渗出很快并呈块状。接穗含水率在 40%左右时,削面树液渗出稍慢,呈一粒粒汗珠状,这种接穗袋接成活率高。接穗含水率在 35%以下时,削面树液渗出很慢很少,甚至不见树液流出,此种接穗不宜使用。

(三)接穗和砧木的准备

1. 接穗的采集和贮藏

接穗一定要从好的母树上选取。好的母树表现为品种优良纯正,树势强健,生长旺盛,无病虫害,贮藏营养物质丰富,枝条充实。选取时,要剪直立、冬芽饱满无损、表皮完好的一年生枝条。若有多个品种,则要分别采集,分类管理,每 20 根为 1 捆,挂上标签,注明品种名称、采集地点和日期,以免混淆。

如进行袋接,一般每 1 万株砧木需准备接穗 75～100kg;进行芽接,则每 1 万株砧木需准备接穗 50～70kg。枝条粗的,适当增加一些。若采用其他嫁接方法,应根据接穗的利用程度,灵活增减。

生产中除在专用母本桑园内剪取接穗外,还可利用春伐桑园的枝条、新拓桑园嫁接苗定干时剪下的枝条、成年桑园中抽剪的枝条、冬季重剪梢的枝条等作为接穗。

采集的接穗,一定要妥善保管,不能经日晒、风吹、雨淋,应防止干枯、霉烂或发芽。为了达到上述目的,贮藏保管场所必须既能密封,又能换气,温度尽可能保持在 10℃以下,以 5℃为最好,湿度要在 60%～70%范围内。常用的贮藏方法有室内、室外和冷库贮藏等几种,但无论哪种贮藏法,在贮藏期间都要有专人管理,经常检查接穗水分和室内外温湿度变化情况,以便及早采取措施,保证接穗质量。调查接穗含水量时,可削看接穗伤口处树液渗出的快慢情况,也可固定 10kg 接穗,贮藏后每隔几天称重一次,即可了解其含水率的变化。有鼠害的地方,还应防治老鼠食害接穗芽。

2. 砧木的准备

用实生苗做砧木的,要求其根系强大、完整,苗木粗壮。根颈部围粗 2cm 以上的可进行袋接,根颈部围粗不足 2cm 的可撕皮根接。若留苗圃就地嫁接,$1hm^2$ 约留 22.5 万株。如用作起接,可提早至年前挖苗实行冬接。

(四)嫁接时期

一般桑树一年四季均可嫁接,而生产上多以春接和冬接为主。因为早春树液刚开始流动,砧木皮层容易分开,接穗尚未萌发,所以春嫁接成活率高,生长期长。采用当年生枝条上形成的冬芽进行冬接,其优点有省时间,劳动力充裕,接芽边取边用而不要贮藏等,还有接芽和砧木接触早,开春后两方同时分裂生长,愈合好,成活率高,生长期长。近年来,在幼、壮树的品种更换上广泛运用冬接,在四川、重庆等西部蚕区,冬季芽接基本上取代了过去常用的腹接、袋接。

(五)嫁接方法

嫁接的方法很多,常用的有袋接、撕皮根接、腹接、嫁接体育苗、芽接等。

1. 袋接

袋接又可分为三种:①在实生苗圃地中就地袋接的,称就地袋接(又称广接);②把可作袋接砧木的实生苗于冬春挖起，移植至另外的苗圃地里，然后再行嫁接的，称移植嫁接（又称火焙接）；③将一年生大的实生苗挖出，袋接后再移栽于苗圃地的，称起接。这三种袋接法均具有操作简便、效率高、成苗快、苗木质量好等优点，生产中多用袋接法繁育桑苗。以就地袋接为例，嫁接的顺序大体分为削、剪、插、壅四步（图 3-11）。

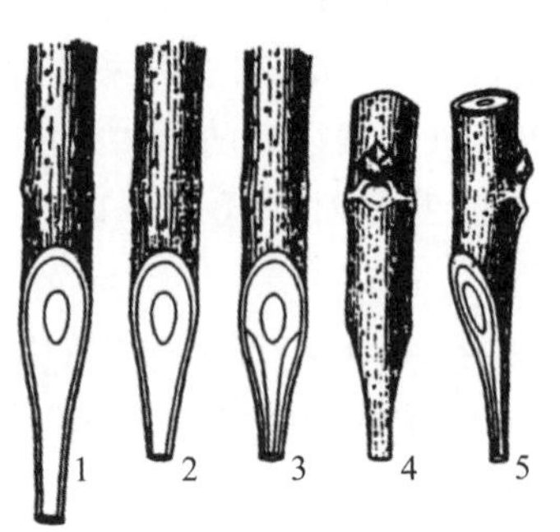

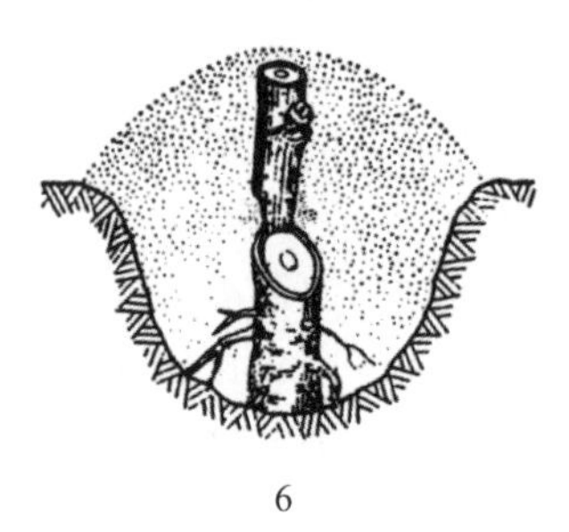

图 3-11　袋接

1. 第一刀削成的接穗；2. 第二刀削成的接穗；3. 第三、四刀削成的接穗；4. 接穗背面；5. 接穗侧面；6. 插接穗和壅土；7. 起接的砧木和接穗。

（1）削接穗

选取优良的用作接穗的枝条，然后四刀削成一个接穗。第一刀在芽的反面下方 0.8cm 处起削，削成 3～4cm 长的马耳形斜面。第二刀将削面前端过长的部分削去。第三、四刀分别在斜面左、右两侧向下削，使削面两侧和先端露出形成层。最后在接穗芽的上端 0.5～0.8cm 处剪下穗头。

（2）剪砧木

扒开砧木周围的泥土，深 7～8cm，在根颈部的下方无侧根处下剪，剪成约 45°的斜面。砧木较小的，斜面应剪大些。若斜面不平或皮层破裂，均须重剪。

（3）插接穗

捏开砧木剪口处的皮层，使其与木质部分离，形成口袋状，然后将接穗头斜面向外对着砧木皮层缓缓插入袋内。要插紧，但不能用力过大过猛，以防插破皮层。如发现破裂，一定要重新剪插，否则嫁接苗很难成活。

（4）壅土

接穗插好后，立即壅土。壅土时，必须使用干湿适度的细土壅紧嫁接部位，两手用力要均匀，切莫推动或碰歪穗头。再用细土覆没穗头，高出穗头约 1cm，呈馒头状。壅土要做到底脚大、中间紧、上部松，既防穗头受干，又防壅土散塌。壅土厚度要因地制宜，大风、干旱、砂土地区的要适当加厚，多雨、黏土及低温地区的以稍薄为好。在盐碱地区，用壤土壅包嫁接部位，成活率可明显提高。

其他袋接法和上述方法基本相同，只是在个别环节上有些差异。移植嫁接的砧木是经过移栽的，春季发芽较迟，可在就地袋接结束后再行移植嫁接。起接也称室内袋接，多在早春进行，挖起的实生苗要及时嫁接，力争当天接的当天栽完。冬季室内袋接解决了春接与农忙争劳动力的矛盾，是一创举。为了克服冬接砧木皮层不易捏开的缺点，可将挖出来的砧木放在 20℃左右的塑料棚内或地窖里，5～7d 后取出嫁接，效果很好。如因土地封冻或雨天泥泞不能马上栽植的，应尽快把嫁接体按 10～20 株捆在一起，按行密排，放在棚式薄膜温床内，行与行之间留 3cm 左右的空隙，填放细土，覆土要高出穗头 2～3cm；同时要控制温床温度在 20～25℃范围内，并保持覆土潮润适当，如发现盖土发白，需立即补湿。此期间必须经常观察大田土壤状况，准备随时移栽。

2. 撕皮根接

撕皮根接又称装根接或皮根接。此法可利用不适于袋接的过粗接穗和较细的桑根在室内袋接，再移栽培育成苗，具有技术操作简单、细根得到利用、成活率高等优点，生产上也常采用。撕皮根接时，先把接穗剪成 15cm 长，注意最上端一个芽必须饱满完好；接着，在顶芽正下方 7～8cm 处用桑刀切断皮层，使之呈弧形，随即向上揭起长 2cm 左右、宽约 0.8cm 的皮部，揭皮时不能带木质部，以免影响愈合。砧根用带有须根的一年生根为最好，围度小于 1cm，长约 10cm。将砧根上端正、反两面各削成 2～2.5cm 长的斜面，以略长于接穗上揭起的皮部为准。将砧根斜面略长的那面向上，全部插入接穗上揭开的皮部和木质部之间，最后用塑料薄膜或稻草等包扎嫁接部位，视气候和土壤情况，及早栽入大田之中(图 3-12)。

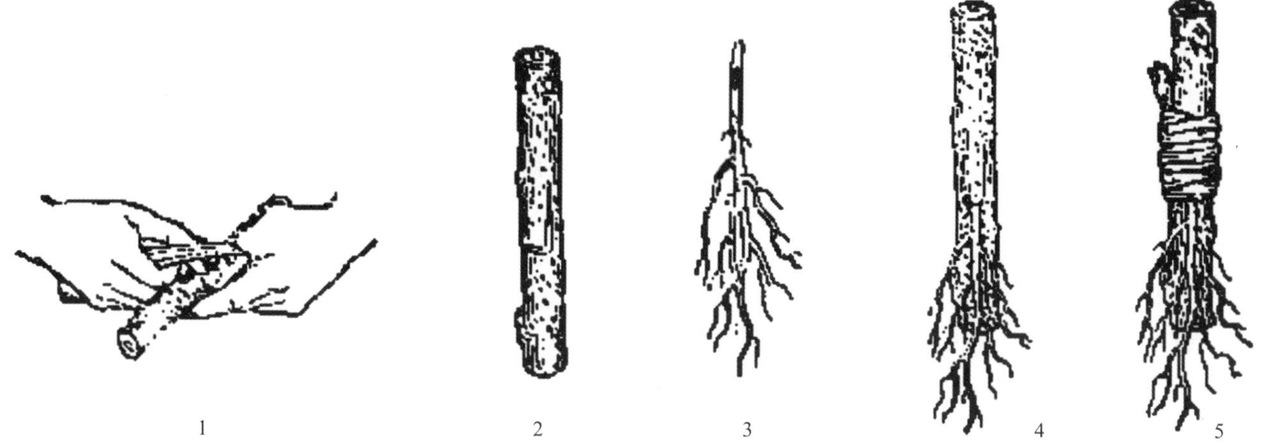

图 3-12　撕皮根接(引自柯益富，1997)

1. 撕皮；2. 撕皮后的接穗；3. 削成的接根；4. 插接根；5. 扎缚。

不论是冬季袋接还是撕皮根接的嫁接体，若因特殊情况不能及时栽植而需较长时间贮藏的，必须把嫁接体 10～20 个扎成 1 捆，每 2 捆接穗头相对，接根向外，排列在事先铺于室内的潮湿砂土上。排列 1 层，覆盖 1 层 5cm 厚的潮湿砂土，以 4～5 层为限。贮藏过程中，要控制温度在 5～8℃，相对湿度在 75%左右，并应经常检查，防止干枯、发霉和发芽。一旦条件允许，马上取出栽植。

3. 腹接

腹接又称抱娘接、高接，多用于已定植 2～3 年的实生桑改造和老树更新。由于砧木的生长年份长，根系发达，嫁接后保留原有的树干，所以嫁接成活后的桑树树性强、树势旺。

腹接用接穗的采集、贮藏方法与袋接法相同。嫁接时间因地而异，江苏、浙江等地常在 4 月上、中旬进行。嫁接的部位应灵活掌握。在常刮大风和干旱地区，所接部位宜低；在溪边、河滩等地，所接部位要稍高一些；一般 2～3 年生的实生桑嫁接部位在离地 20～30cm 的树干上(图 3-13)。

图 3-13　腹接(引自柯益富，1997)

1. 砧木切口正面；2. 砧木切口反面；3. 嫁接；4. 嫁接成活后的接穗；5. 锯断砧木的部位。

腹接的操作步骤大致如下。

(1)削接穗

接穗需选择冬芽饱满、粗细适中的接穗枝条,在节间向下削成平滑斜削面,斜面长4～5cm,使削面两侧和先端露出形成层。接着,在削面反面轻轻刮去表皮,留2～3芽剪下接穗。接穗头顶芽一定要健壮、饱满,位置最好在削面的两侧或同一方向。

(2)划接口、插接穗

在适当的嫁接高度,选择树皮光滑处,用刀划成"八"字形切口,深达木质部。切口两边的长度和角度要视接穗的粗细而定。切口划好后,再用光滑的竹片轻轻撬开砧木切口皮层边,将接穗削面接口朝外慢慢插入砧木切口中,以削面全部插入为度,严防用力过猛而插破切口皮部,影响成活率。

(3)涂泥包扎

接穗插好后,立即用湿黏土涂在切口上,再用塑料薄膜包扎嫁接处,以保持湿度,防止外界雨水、病虫侵入。包扎时注意将接穗芽露在外面。

(4)接后管理

嫁接后,在接口上方约30cm处将砧木锯断,作为支桩,把所发新芽结缚于支桩上,防风吹折,晚秋落叶后再把支桩锯除。需要培育支干的,可摘心分枝,培养树形。

4.嫁接体育苗

在浙江桑苗主产区,苗木繁育数量较大,若集中在3月中旬至4月上旬嫁接,时间紧、劳动力缺。利用嫁接体育苗可提早10～20d嫁接,即在2月下旬开始嫁接,可缓解时间和劳动力的紧张,延长了桑苗生长期,有利于繁育粗壮苗木。与普通袋接法相比,嫁接体育苗主要有以下不同的技术环节。

(1)促使砧木提早萌动

在向阳的走廊,最好是阳光充足的楼廊,把整理好的实生苗假植在潮湿的砂土中,用湿稻草覆盖在上面,再用薄膜覆盖,四周压实,保持膜内湿润。膜内因光热积累而升温,实生苗在适宜的温湿度下,树液提早流动,提早萌芽。

当实生苗数量较大时,可集中叠放在室内,用薄膜覆盖;数量较少时,假植在潮湿的砂土或壤土中,再用薄膜覆盖,也可促使实生苗提早萌动。利用广东桑早生的遗传特性,采用广东杂交桑作砧木,常温下可使嫁接时间提早15d左右;若再结合上述方法,利用薄膜催芽,则嫁接时间可以提早1个月左右,即春节前即可实施嫁接。

(2)砧木的准备

将已萌动的实生苗或杂交苗,先把桑树根上的泥土洗掉,然后用桑剪剪取根颈部至茎长3cm的带根、根颈部和茎的一段,其余苗干弃掉,将带根的根颈部上端剪成斜面。

(3)接穗的制作

2月上旬剪取接穗,进行贮藏,至接穗含水率达到40%时即可嫁接。此法所需接穗的枝条要特别小,一般采用枝条先端部分和良桑细小的侧枝。枝条的大小不超过筷子的粗度,每2个芽剪成一段成为接穗,然后把接穗的下部切削成斜面,犹如袋接的接穗。

(4)嫁接体的制作

左手拿砧木,用手指把其斜面处捏成一个袋口,右手拿接穗,插入砧木袋口,这样就做成一个嫁接体。

(5)嫁接体贮藏

嫁接后,除直接栽植在苗地并用地膜进行覆盖外,也可将嫁接体放在铺有薄膜的塑料板箱或纸板箱内,最后将塑料薄膜扎紧,盖好箱盖进行贮藏。一般在温度20～25℃、湿度70%～75%下,经过15～20d就能愈合嫁接口而进行栽植。据调查,室温下存放10d,嫁接成活率最高;存放25d,成活率受到影响;存放40d后,成活率低于50%。移栽前,若发现接穗脱落,应淘汰处理。如贮藏时间较长,砧木上已有砧芽长出,应随即剥去砧芽;如接穗芽已胀大,要防止碰伤碰落芽苞。若在砂质壤土上栽种,栽植要稍深些,以在接穗头顶部盖没1～1.5cm厚泥土为宜;若栽种于黏土上,则接穗头顶部盖没0.5cm左右厚的松泥即可。

5. 芽接

从枝条上切取一个芽，嫁接在砧木上，称芽接。其优点是节省接穗，砧木伤口小，愈合容易，一次嫁接不活可再行补接，春、夏、秋、冬季皆可进行。因此，芽接在我国四川、重庆、云南、贵州、山东、河南、山西、新疆等地被广泛采用。

冬季芽接在1月上旬至2月上旬进行，春季芽接在3月中旬至4月中旬进行，均用冬芽作接芽。夏、秋季芽接从5月下旬至8月上旬皆可，用当年生枝条上的腋芽作接芽。

砧木可用一年生的实生苗。而成林的桑树则以一年生枝条为砧木，嫁接后既能保持原有树形，又可避免桑叶产量骤减。桑树芽接的方法很多，这里简要介绍几种。

(1)春季简易芽接

1)划袋口：简易芽接的部位视砧木不同而定。实生苗接在距地面10～15cm处的苗干上；小树常接在距地面30cm左右的主干上；壮树接在距枝条基部4～6cm处；老树则锯断主干，接在切面四周。嫁接时，根据预定的部位，选择树皮光滑的一面，用芽接刀切一弧形切口，以切断皮层为度。幼、壮树切口应切断砧木周围皮部的2/3以上，实生苗则在根颈部青黄交界处斜向剪断苗干，捏开皮层，形成袋口。

2)取芽片：在接穗枝条上选一饱满、健壮的冬芽，第一刀削去芽下叶痕粗糙、突起的部分，第二刀从芽的上方1mm处横切，第三刀从第二刀处斜削到第一刀处，取下芽片。削成的芽片要求削面平滑，芽轴(芽心)完整，不带木质部，长短、宽窄要与砧木切口大小相适应。

3)插芽片：取下的芽片放在芽接刀的先端，接着把划好的砧木挑开袋口，以芽片腹面(切削面)朝向袋口皮部，深插砧木袋口内，以芽片全被包埋为度，只露出芽尖。插好后，如袋口完好无损，则无需捆扎；若袋口破裂，可用塑料薄膜扎缚，以包紧芽片为目的。幼、壮树嫁接后，在接合部上方4～6cm处剪去砧木(图3-14)。

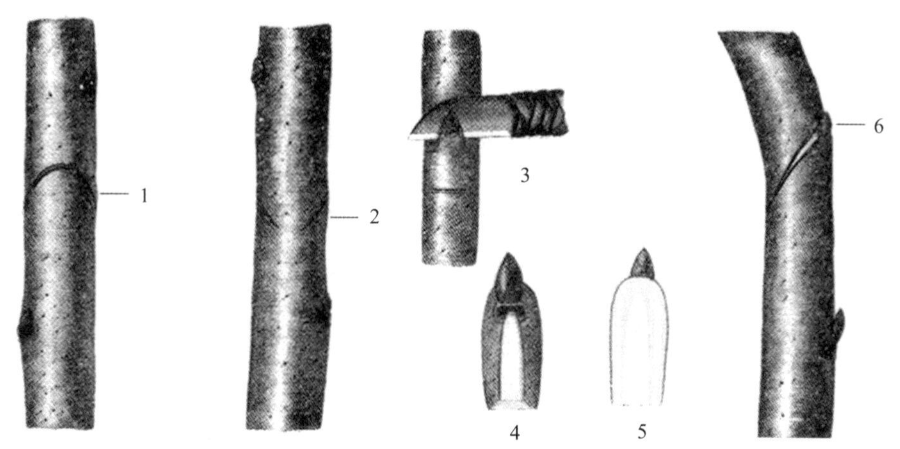

图3-14　春季简易芽接(引自余茂德，楼程富，2016)

1. 砧木切弧形口；2. 弧形口背面；3. 切穗芽；4. 穗芽背面；5. 穗芽正面；6. 插穗芽。

(2)“T”字形芽接法

此法又叫盾形芽接，多用于夏秋季。嫁接前先从已经木栓化的枝条上选择健壮的接芽，摘叶留柄，然后在芽尖上方0.3cm处横切一刀，深达木质部，接着在芽基下方0.3cm处向上切削，直至与芽尖上横切的刀口相交为止，即得盾状芽片。在砧木上选择当年生或两年生枝条，于光滑部位横切一刀，再在横切线的下方垂直切一刀，呈“T”字形切口的皮部拨开，把芽片的芽向外轻轻插入，使芽片上端与横切口相接，用薄膜扎缚，松紧适度，注意接芽和叶柄要露在外面。嫁接后要经常剥除砧芽，并仔细观察接芽成活情况，7～10d若接芽的叶柄自然脱落或轻触即掉，证明已经接活；若接芽和叶柄干枯，表示未成活，应补接(图3-15)。

所有的芽接，都要注意防治病虫害，摘除砧芽，及时排灌、施肥，促使新梢迅速生长；除实生苗芽接培苗外，其他芽接的待新梢长到一定长度时，行摘心分枝，以利树形培养。

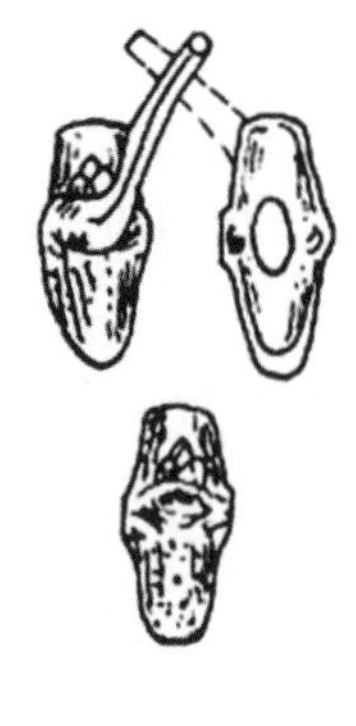
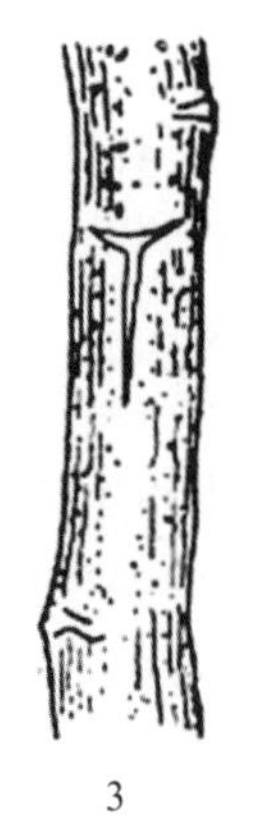

1　　2　　3　　4　　5

图 3-15　“T”字形芽接(引自柯益富,1997)

1.取芽;2.芽片;3.“T”字形口;4.芽片嵌入“T”字形口;5.扎缚。

二、扦插育苗

扦插育苗是利用桑树的再生机能,把其营养器官(枝条)的一部分与母体分离,插植在苗床上,在适宜的环境中使其发芽生根,成为一株能独立生活的新个体。

桑树扦插育苗具有取材容易、方法简便、成苗快、能很好地保持母体优良性状等优点;缺点是有些品种在常规条件下难以插活。

(一)桑树扦插发根的机制

桑树扦插发根主要在于枝条根原体和愈伤组织的形成与分化。在众多的桑树品种中,有的有根原体,有的则没有根原体。在有根原体的桑品种中,同一根枝条的基部和上部也有差异,如基部根原体已经成熟,而上部的根原体尚未分化。根原体在枝条节部的芽左右和下方,源于枝条髓射线与形成层交界的地方,为一团原生质浓厚的薄壁细胞,排列紧密,具有分裂分化能力。扦插时,新根即从根原体部位生出。硬枝扦插时,插穗上的新根首先由根原体分化形成。

根原体分化不成熟或不具根原体的枝条,扦插时基部切面周围产生愈伤组织,保护伤口,在适宜的条件下,这些愈伤组织便分化形成新根。绿枝扦插时,主要由愈伤组织生发新根(图 3-16)。

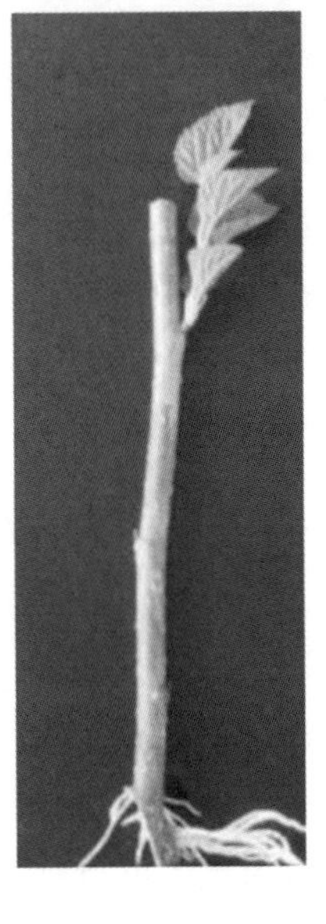

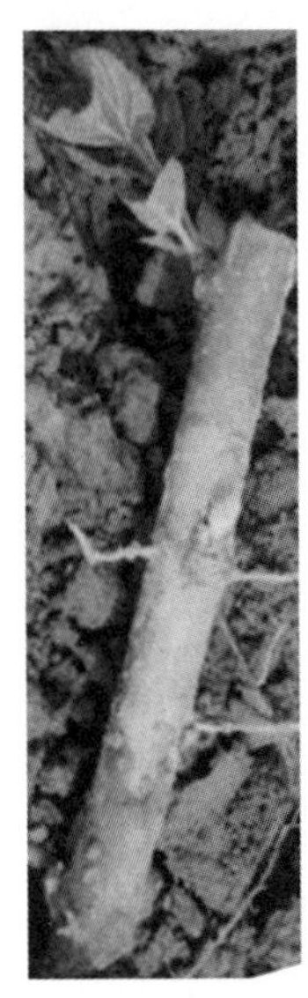

1　　2

图 3-16　插条苗的发根情况

1.不定根(愈伤组织发根);2.定位根(根原体发根)。

(二)影响扦插发根的因素

1. 内在因素

(1)品种

桑品种不同，根原体的数目和分化程度不尽相同，插条发根力差异很大。一般山桑、广东桑、嘉定桑等的根原体较多，发根力强；鲁桑系的湖桑类型诸品种的根原体较少，扦插后发根力弱；四川的鸡桑，枝条上有较多的薄壁细胞，也易扦插成活。

(2)贮藏养分

硬枝扦插后的插条生长初期，主要依赖于枝条中贮藏的养分，贮藏养分多且碳氮比高的，有利于发根。因此，应对插穗桑园进行良好的肥水管理，增施磷钾肥，防止夏秋季过度采叶，促使枝条生长健壮。

(3)母树年龄

年龄幼小的母树枝条，扦插后发根率高，可达 90%以上。随着母树年龄的增长，插条发根率有明显下降的趋势。20 年生以上的母树，插条发根率仅在 5%左右。在同一株母树上，由根颈部萌发生长出的枝条的发根率为 56.5%，而树冠上部枝条的发根率仅有 19.3%。

(4)枝条部位

有根原体的桑品种，根原体随枝条的生长而逐渐成熟。因此，枝条的中、下部分根原体多而成熟，发根力强，枝条的上部根原体相对较少，发根力弱。

2. 外在因素

温度、水分、空气和光照等环境因素对插条发根也有明显的影响。具备了发根能力的插条，若缺少适宜的温度、水分、空气等协调配合，其发根能力就无法表现出来。

(1)温度

桑树扦插发根的最低温度为 10℃，最适温度为 28～32℃。在适宜的温度范围内，若地温高于气温，则生根快、发芽慢，有利于插条的成活；反之，则不利于成活。如湖桑 32 号扦插在地温 27℃、气温 19℃的环境中，插条的发根率为 100%；当扦插到地温、气温均为 19℃的环境中，插条的发根率仅为 40%。

(2)水分

插条的水分含量对发根影响很大，含水率因水分蒸发和消耗而逐渐降低。插条只能通过基部切口和皮孔少量吸收土壤水分，在扦插后发根前，如不能维持水分平衡，插条极易枯死。若苗圃地水分过多，土壤中空气很少，则易引起插条霉烂。最适于插条生根的土壤含水量是土壤最大持水量的 70%～75%，即以手握土成团、撒手轻丢土团散开为宜。

(3)土壤

插条的不定根形成是细胞分裂和不断分化并产生愈伤组织的连续过程，此过程中必须通过呼吸作用供给能量，只有当土壤中有足够的空气时，才有利于插条的呼吸作用。因此，应选择结构良好、透气、排水好的砂质壤土作为苗圃地。

(4)光照

光照是插条进行光合作用以制造有机物和生长素的重要条件，特别是带叶绿枝扦插时，光照更不可少，因为根原体和愈伤组织的产生与分化必须在内源激素的刺激下才能顺利进行，若光照不足，则发根困难。但日光也不宜直射插条，以防插条干枯和高温灼伤。如果在日光直射的地方插条育苗，要经常喷雾或用芦帘遮盖。

(三)促进插条生根的措施

1. 环状切割

在母树生长期间，用刀环割枝条基部皮层，以阻止切口处上部同化养分下运，使其养分得以聚集。扦插时，从环割处剪下枝条扦插，新根有增多的趋向。

2. 温床扦插

据试验，湖桑类型的许多品种采用常规法扦插，很难发根成活。而当苗床土壤温度为 28～32℃、气温为 10～15℃时，再有适宜的湿度相配合，扦插成活率高达 70%以上。

3. 插条预处理

建立温床，进行插条预处理，待生根后移栽。具体做法是：将插条剪成 15～16cm 长，100 根为一捆埋在砂床内，并用塑料薄膜覆盖床面，使其温度保持在 22～24℃；约经 2 周，插条开始发根，再移至苗圃地培育。

4. 药剂处理

植物激素和一些药剂有促进插条伤口处细胞分裂的作用，有利于生发新根。生产上用 10～150mg/L 的 α-萘乙酸、吲哚乙酸、吲哚丁酸、ABT 生根粉等溶液浸泡插条 4～24h，可使不容易发根的插条生根，明显地提高插条成活率。用药液处理插条时，应注意掌握浸渍时间。药液浓度低，则浸渍时间可稍长；药液浓度高，则浸渍时间宜短，以防止药害产生。浸过药的插条，要用清水冲洗干净。

（四）扦插繁殖的种类和方法

桑树扦插繁殖的种类和方法很多，依扦插时期不同，分为春插和夏插两类；按插条状况不同，可分为硬枝扦插和绿枝扦插等。现将生产上常用且简单易行的几种桑树扦插繁殖方法介绍如下。

1. 桑硬枝简易扦插

（1）苗床准备

在春季进行，选用杂草少、排水好、肥沃疏松的砂质壤土为好。施足基肥，平整畦面，做成高 20cm 的畦，然后覆盖幅宽 100cm 的地膜，在畦边两侧用剖开的桑条做成‖形的鞘钉，把薄膜钉在地面上，使薄膜平整地紧贴畦面。

（2）插条的剪取储存

插条的采集与接穗的相同，以年轻、粗壮、充实的一年生枝条为好，母树不要偏施氮肥，适当多施些钾肥和有机肥，尽量少采秋叶，以确保插条质量优良。采集时间以早春发芽前 20d 为好。若采集过早，储存期长，插条易霉烂或干枯；若采集过迟，桑芽已经萌发，消耗养分，不利于发根。插条要妥善储存，温度尽量控制在 5～8℃，相对湿度保持在 70%左右。

（3）插穗段的剪取和药剂浸渍处理

插穗应从插条基部开始剪取，剪取段数视插条的质量和长度而定。粗壮、充实的插条，尤其是春伐插条，可多剪两段，每段插穗长 15～17cm，插条基部的插穗段可稍短些。每一插穗段底芽对面下方剪成马耳形斜面，剪口要平滑，每一插穗段上端以离顶芽上方 1～1.5cm 为宜。如发现插条较干，可浸水数小时至一昼夜，让其回润后再用。

插穗剪好后，成捆理齐，将基部斜面一端 3～4cm 浸泡于事先配好的药液中，处理时间根据药液种类和浓度而定。若是常用的吲哚乙酸或吲哚丁酸，浓度为 50～100mg/L，浸 6～12h 即可。取出后用清水冲去残留药液，在荫处晾干，尽快插入苗圃地。

（4）扦插与管理

畦面上盖的地膜（可降解地膜）用桑条或竹片按畦打孔，孔的直径为 2cm，每畦 4 行，行距 20cm，株距 12cm，这样 1hm^2 打孔 31.5 万～33 万个。扦插时，使插穗与地面成 45°～60°角，每孔插 1 条，深度为 6～8cm，约为插穗长的 1/2，外露 2 个芽。插后在膜孔与插穗周围浇少量泥浆，封住膜孔，以便保温保湿，也可避免大量雨水浸入和烈日高温灼伤插穗。

扦插后 1 个月内，内畦沟不能积水，还要防止地膜被风吹起。扦插后半个月内，发根剂对芽一直保持着抑制作用，无需特殊管理。待插穗开始萌芽开叶时，尽可能留上部 1 个壮芽。发现插穗直接接触地膜时，要及时敷泥，膜孔周围的杂草要尽量拔去，膜内的杂草可用泥块压倒，不让其顶膜。随着气温和地温不断升高，插穗已大量发根，如遇连续高温，应在地膜上撒些稻草、麦草等，烈日高温期过后，将盖草除去，以保证适宜的地温。由于地膜有保温、保湿和保肥的作用，若苗圃地内杂草稀少、基肥足、苗长势好，可以将地膜一直保持到起苗，待地膜自然降解。其他除虫等管理方法皆按常规培苗实施。扦插苗粗壮，根系也较发达，挖苗时要尽量保持其完好无损。

2. 绿枝扦插

绿枝扦插指在春蚕五龄期以伐条桑的新梢或秋期枝条的新梢作为插穗，繁育桑苗的一种方法。

(1)苗床整理

苗圃地要求与硬枝扦插的相同。扦插前苗圃地要深耕，施足基肥，然后做宽1m、长10m左右的畦。畦面要进行一次细耙，上面覆盖6～7cm厚的细沙。

(2)苗床搭棚

内层棚架底宽1m左右，顶高0.5m，上盖薄膜。外层棚架底脚比内层的约宽10cm，顶高0.9m，上盖草帘。两棚架之间高差要在0.4m以上，做到棚内保湿好、阳光不直射、易通风散热。

(3)扦插时期

5月下旬，9月中、下旬。

(4)扦插

在阴天、早晨或傍晚进行，剪取无病、粗壮并未采过叶的新梢，防止叶片凋萎。新梢要从基部剪取，注意带有膨大的踵状部分，以利愈合和生根。新梢剪取后，立即运至室内，然后自新梢下端向上剪取将木栓化或未木栓化的插穗，每段长10～12cm，以有3片叶为好。剪去中、下部叶片，留上端1片叶，并将所留叶片从先端剪去1/2～2/3。一个新梢以剪取一段插穗为好，如穗源不足，粗壮的新梢也可剪取两段。插前，将插穗基部两侧各削一刀，长1.5cm，宽0.4～0.5cm，深达木质部。把削好的插穗下端基部5cm浸入盛有400～500倍多菌灵液中，消毒5～10min，清晨再行扦插，或把插穗下端基部5cm浸入植物激素一昼夜，取出后洗净扦插。苗床和周围环境事先用漂白粉液消毒1次，然后再扦插为好。扦插时按行距10～12cm、株距6～7cm的标准进行，扦插深度5cm左右，不宜过深过浅。扦插后，将插穗基部用砂土塞紧，并使保留的叶子朝一个方向，不要互相重叠遮阴。边扦插边喷水，立即用薄膜覆盖，并用石块和泥土将其四周压紧封严。

(5)扦插后管理

扦插第1～3天，如天晴，则每天早晨或傍晚喷清水1次，每千株喷水7.5～10kg，喷400～500倍多菌灵液或0.2%有效氯含量的漂白粉液1次，以后每隔3～5d喷药1次，喷2～3次药即可。注意每次都应先喷清水，再喷药液，喷后立即覆盖塑料薄膜。棚内湿度以相对湿度95%～100%为宜。苗床浇水不宜过多，应根据插穗的生长期和气候灵活掌握。一般而言，前期、晴天、砂土多喷，后期、阴天、黏土少喷。如扦插当时喷足水，薄膜密封性能又好，可隔3～5d喷1次，以经常可见水滴为好。扦插3周后，插条可能开始发根，40d左右新根长约5cm，插条上端的腋芽已萌发并开放1～4叶。此时，晚上可揭膜练苗，白天覆盖。3d后，薄膜可全揭开，每天喷水2次。再过2d揭去一面帘子，继而将帘子全部揭开，继续练苗。此后如遇干旱，仍应适当喷水。如需快速建园，则可于练苗5d后进行移栽，并采用密植形式以提高桑叶产量。苗床内密度不超过45株/m^2，以不移栽为宜，直接培养成大苗。为了加速扦插苗的生长，当幼根长出后，可用0.5%尿素进行根外追肥。练苗3周内，结合抗旱施3次薄肥。7月下旬至9月上旬，苗木处于旺盛生长期，再重施2次肥，每亩每次施20kg尿素。

3.全光照喷雾扦插

全光照喷雾扦插的主要做法如下。

(1)扦插苗圃地的选择与苗床制作

苗圃地最好能符合三个条件：一是选择洪水淹不到的滩地；二是制作苗圃地的河沙能就地提供；三是有水源、电源和民房，以降低基本费用。苗床必须先用营养土(壤土)垫底，苗床宽1m、长10m，床面上再铺10～20cm厚的河沙。这样既能保证苗床不积水，又能使插穗的根系穿过沙层进入营养土，提高扦插成活率和苗木合格率。如有较多稻壳，可用碳化稻壳替代细沙，其扦插发根时间比以细沙为基质的要早，且根系发达。若把碳化稻壳层加厚到10～20cm，插条所发的根大多分布在稻壳层内，有利于练苗，提高移栽成活率。铺放碳化稻壳，应在喷雾装置调试完毕后进行，边铺边喷水。苗床做好后，还要有防停电、防风等措施。使用常用的小型柴油喷灌机即可满足要求，所配水泵的大小视苗床多少而定。若苗床为2～4只，水泵出水口直径为25mm；若苗床为5～12只，水泵出水口直径以40mm为好。全光照喷雾装置靠水的冲力旋转双长悬臂喷雾。当遇强风时，悬臂转速慢，甚至停转，而使苗圃局部受旱。因此，有条件的地方可砌围墙，或用竹片、树枝、密植桑及其他灌木做成篱笆，防止大风带来不良影响。

(2)插穗的准备与扦插

一般以一年扦插两批为宜。第一批选用夏伐梢条,第二批选用早秋新梢条,但其生长期应是 40d 以上。也可用春伐桑的中上部梢条,若急需繁育品种苗或大量育苗,稚蚕期可隔叶采摘,这样可较多地利用插穗。插穗以就近取材为主,如需到远处剪取,一定要注意消毒和保鲜,运输途中要经常淋水,并防止蒸热。插穗以现剪现插为最佳,若需贮存,事先应对贮存室进行清洗和消毒。贮存插穗应竖排并留有间隔,适当淋水保湿,贮存时间不得超过 3d,不可使叶片脱落。

插穗在扦插前以 50～100mg/L 吲哚乙酸或吲哚丁酸药液浸渍 6～12h,清水冲洗残留药液后,扦插入圃。扦插方法与绿枝扦插的相似,插穗上端同样只留一叶,并将这片叶的 2/3 剪去,以减少叶面蒸腾。

(3)扦插后的管理

扦插后喷水量的控制与防腐技术的好坏是全光照喷雾扦插育苗成败的关键。扦插前一定要把基质喷湿透;扦插中如遇高温、干燥、有风天气,必须中途喷雾;扦插后至愈伤组织形成这段时间也需多喷雾,使叶面上经常有一层水膜。愈伤组织形成至发根阶段,可待叶面水膜蒸发到 1/3 时喷雾。根系形成后,应待叶片水膜蒸发干时喷雾。喷水量可通过调节叶面水分控制仪的数值加以控制。为防止插穗腐烂,扦插后喷 800 倍多菌灵液 1 次,以后每隔 3～5d 喷 1 次,雨后要补喷,喷 2～3 次为宜。为提高移栽苗的抗逆性和成活率,当扦插苗发根后,要适当减少喷水量,增喷 0.5%磷酸二氢钾液,少喷或不喷尿素液,促使苗木矮壮。对于裸根移栽的苗木,必须抓好练苗这一环节,练苗时间从扦插苗侧根形成开始,初期逐日减少喷水量,以后停止喷水,直至碳化稻壳晒白、苗根变黄为止。

(4)移栽

移栽宜在阴天或下雨前进行。移栽圃地的畦宽 1m,便于覆盖,栽植沟宽 30cm。沟内土要打碎,并保持湿润,将挖起的裸根苗按 15cm 的间距插入栽植沟,再轻覆细土,扶正苗木,立即浇足定根水。尽快搭架覆盖,防止阳光直射。即在畦的两头中心线处各打一粗桩,结一牢固的绳子,畦中间可埋等距离的小竹木桩,与绳打结固定,沿绳两边搭盖上用麦秸秆、芦苇或其他杂草做成的草帘,形成一个"八"字形的覆盖物。刚覆盖的一个星期内,要经常在草帘上淋水,晚间或雨天可揭去草帘,一个星期后即可不盖草帘并停止浇水。对于练苗充分、根系发达且不徒长的扦插苗,移栽后可不覆盖,但在晴朗的中午前后必须经常浇水。

在大批的扦插苗中,由于插穗个体和环境不尽相同,移栽时常有 3%左右的无根苗或稀根苗,若将其直接移栽,则很难成活。生产上多把它们集中起来,与第二批扦插一起进行再次扦插利用,其生长势一般好于第二批扦插苗。

年扦插两批的苗床,第一批苗可全部移入大田,第二批应在移栽时保留 1/4 苗继续留苗床生长,充分利用苗圃地,提高效益。具体的移、留办法是:将原扦插密度为 5cm×5cm 的扦插苗移 3 排留 1 排,即成密度为 20cm×5cm 的留床苗。留床苗仍应加强肥水管理,加速苗木生长,提高出圃苗的规格。

三、压条育苗

把母树上的枝条压入土中,待枝条生根和新梢长成后,切断与母树连接的部分,使其成为独立的桑苗,称为压条育苗法。压下的枝条由于极性发生了变化,又能得到母树水、养分的不断供应,容易生根成活。扦插不易生根的桑品种,改用压条育苗,效果很好。压条育苗具有操作方便、一根枝条压下可以培育成数株苗木、能当年成苗、能很好地保持母体优良性状等优点,但其缺点是只适于低干桑和无干桑、根系远不如嫁接苗发达等。

(一)"丁"字形压条法

具体操作方法是:春季发芽前,将枝条横伏,尽量靠近地面,用绳结扎在木桩上,使枝条和地面保持平行,促使其多生新梢,并分布均匀;至春蚕 5 龄期,结合养蚕采叶,疏去止心芽,并采去新梢基部 3～4 片叶,然后开沟压条;压条沟的宽、深均为 15cm,沟内施足有机肥,其上盖一层细土,接着把横伏枝条埋入沟内,扶正新梢,培土踏实;经 1 个月左右,枝条和新梢基部生发新根,进行施肥、除草等管理工作;冬季挖苗时,除母树周围的少数新梢不剪断以留至明春进行补压外,将其余的新梢连同土中的老条从母树上剪断挖出,分段剪成独立的苗木(图 3-17)。

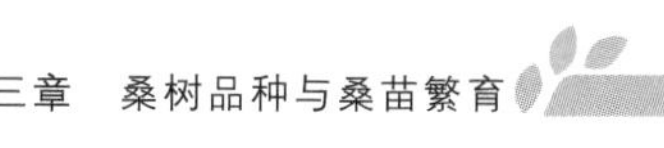

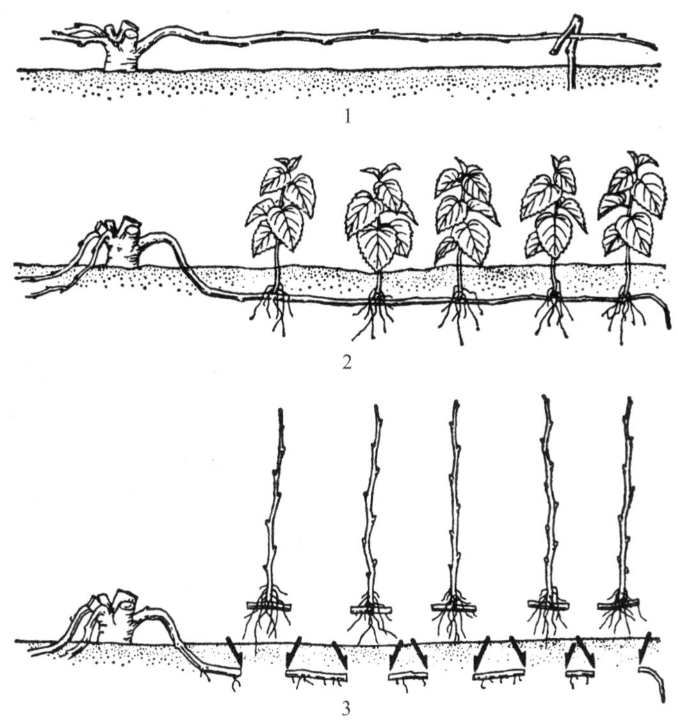

图 3-17 "丁"字形压条法(引自柯益富,1997)

1.压条前的伏条;2.压条后的生长情况;3.起苗。

(二)稀植新桑园绿枝水平压条

1.压条操作方法

每亩栽500～750株,新苗定植后,深翻15～20cm,以利压条后发根生长。3月上旬,离地4～6cm处剪去主干。5月中、下旬,当桑树新梢长至25～35cm时,先摘心1～5cm,新梢长势强的轻摘,长势弱的重摘。接着,用力均匀、缓慢地将新梢倾斜压下去,直至贴近地面,并用木、竹桩牢固拴好。为促进叶芽提早萌发,增加发芽数,将平伏枝条上的桑叶均匀地采去1/2。枝条前端继续伸长时,可将木、竹桩向前调整固定。6月上旬至7月上旬,待平伏枝条上的再生新梢长高至25～30cm时,拔去固定枝条的木桩,使枝条离开地面,接着沿平伏枝条方向开挖埋条沟,沟深15～20cm、宽10～15cm,长度视枝条而定。沟内施饼肥和厩肥(或粪尿)等,分别为每亩50kg和2000kg,上覆少量熟土。尔后,采去平伏枝条上新梢基部3～5片叶,同时疏去弱小的新梢,最后把枝条放入沟内,仍用木、竹桩结牢固定。扶正枝条的新梢,使新梢均匀地向沟的左右分开,并将挖出的泥土全部放回沟内,踏实,泥土壅至高出地面2～3cm。

2.埋条后的管理

将靠近母株的一半平伏枝条上的每一根新梢顶心摘去1～2cm;若发现一些新梢徒长,则再摘心1～2cm;8月初至9月初,有个别新梢长势仍很强时,再次摘芯1～2cm。这有利于平伏枝条上再增加新梢个数和促进新梢间的平衡生长,使新梢桑园当年就能形成丰产群体结构。要做好埋条沟上的培土工作,促进平伏枝条多发根、长好根。也要注意灌溉和排水,保持适宜的土壤湿度。7月上旬至8月中旬,每亩追施尿素25～35kg,以增强新梢生长后劲。11月下旬至次年新春这段时间,根据需要皆可切断被埋枝条与母株的联系,成为独立的苗本。

(三)以苗育苗压条法

将优良桑苗干压入土中,待桑苗干生根和新梢长成后,剪下带新根的苗,这种繁殖方法称为以苗育苗压条法,又称桑苗横伏压条法(图3-18)。按桑树实生育苗要求进行选地、施基肥、深耕,并做好苗床。春期树液流动前把桑苗定植好,随即把桑苗干按畦向的垂直方向离地面3～4cm高处弯曲压成水平状,在弯曲处用木、竹桩固定。将伏条埋入事先开好的沟内(沟宽10～15cm、沟深15～20cm),进行第一次壅土,厚3cm左右。当新梢长到30～35cm长时进行第二次壅土，使伏条埋入土中深15cm左右。再过4～5周，进行第三次壅土，但新加土不得超过3cm。结合壅土，追施稀释的速效性肥料1～2次。冬季树液停止流动后，可扒开壅土，露出新根和压入沟中的枝条，剪下带新根的苗。第二年春，可利用母株上长出的枝条继续进行压条育苗。

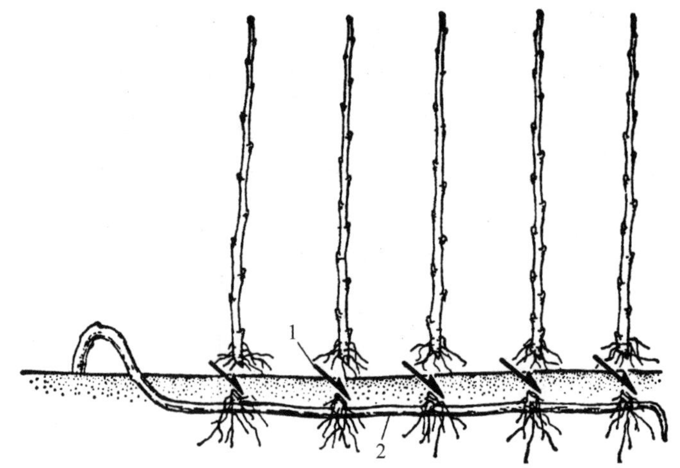

图3-18　以苗育苗压条法(引自余茂德，楼程富，2016)

1. 箭头示冬季切断苗木部位；2. 留在土中的老条。

第五节　苗木出圃

在苗圃里，不论是采用何种方法繁育的桑苗，出圃时都必须注意做好挖苗、分级、假植、检疫及包装运输等有关事宜，以确保苗木质量优良。

一、挖苗

桑苗育成后，除个别情况(如留部分苗木不挖，直接建立桑园)外，其余的必须出圃。以桑苗落叶后到第二年春季发芽前，都是挖苗适期，但土壤封冻期间则不宜挖苗。华东地区多在冬季挖苗栽植，华北一带以春挖春栽为主，四川、重庆则提倡秋挖秋栽。不论何时挖苗，均以随挖随栽的成活率最高。

挖出的苗木所带根系的多少对栽植后的成活及生长均有较大的影响。为此，挖苗必须在土壤疏松时进行。若过于干旱，土壤板结，事先要灌水润湿苗圃地，待土湿润后再挖。挖苗时深度不少于20cm，尽量少伤根系。挖出的苗木要避免风吹日晒，确保新鲜完好。

二、苗木的分级

分级的目的是将不同规格的苗木分开，使栽植后的植株生长均匀，便于管理和利用。2003年国家标准GB 19173—2003制定的嫁接苗、扦插苗质量指标见表3-13。

表3-13　嫁接苗、扦插苗质量指标

级别	苗径 φ/mm	品种纯度/%	根系	危险性病虫害
一级	$\varphi\geqslant12.0$	≥98.0	根系较完整，根长≥150mm	未检出法定检疫对象
二级	$12.0>\varphi\geqslant9.0$	≥98.0	根系较完整，根长≥150mm	未检出法定检疫对象
三级	$9.0>\varphi\geqslant7.0$	≥98.0	根系较完整，根长≥150mm	未检出法定检疫对象
四级	$7.0>\varphi\geqslant5.0$	≥98.0	根系较完整，根长≥150mm	未检出法定检疫对象

注：φ指嫁接苗、扦插苗苗干长出处上方10mm处的苗干直径。

新修订的国家标准GB 19173—2010也对原国家标准GB 19173—2003的嫁接苗、扦插苗等级进行了简化，仅规定了苗径≥5.0mm为合格苗木。

优良的苗木应该是新鲜、根系发达、苗干粗壮、无侧枝、冬芽饱满完好、品种纯正、无病虫害寄生等。

三、假植

挖起的苗木或从外地调来的苗木若不能及时栽植，应随即进行假植。假植的目的是防止根系干燥，保持苗木新鲜。

假植要选择在排水良好、背风的地方，与假植期间主风方向垂直的方向挖沟，沟的规格因苗木大小而异，一般沟深40～50cm，宽40～45cm。如是临时假植，可将苗木成捆排列在沟内，用潮土把根部埋上；若是越冬假植，预先要把迎风面的沟壁做成45°的斜壁，然后把苗木单株排列在斜壁上，苗木下部和根系用潮土填埋，并轻压覆土，使根系与土壤密接，最后用细碎泥土壅埋踏实。假植地四周开好排水沟，避免根部积水而腐烂。在寒冷地区，可用草类、秸秆等把苗木的地上部分加以覆盖。在南方冬季无大风的地区，为了少占土地，苗木可以直立于假植沟内，从沟两侧培土(图3-19)。

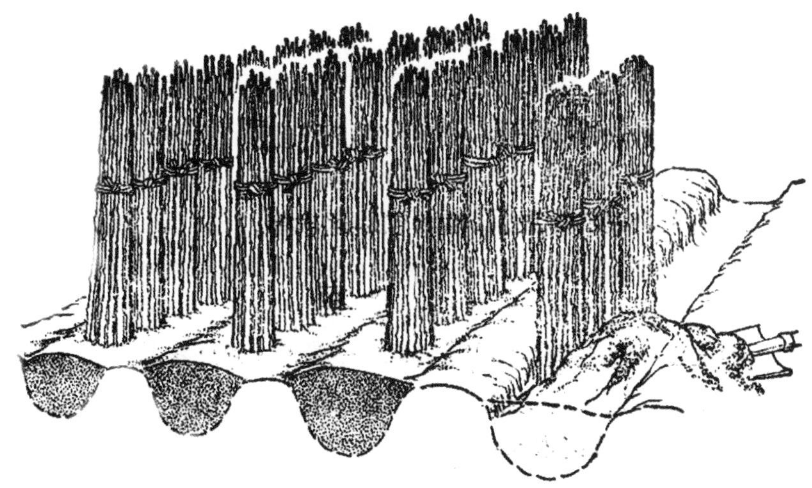

图3-19 苗木假植(引自余茂德，楼程富，2016)

假植地上要留出道路，便于春季起苗运输。苗木假植处要插标牌，写明品种、数量等。为了便于统计，假植时每隔几百株或几千株做一记号。

四、苗木的检疫和消毒

桑苗受到病虫为害后，生长缓慢，轻则苗木质量降低，重则死亡。如果将患病和有害虫的植株外运，会扩散蔓延。有些病虫潜伏期、隐症期长，或者初期病症轻微，不易察觉，但栽植后不久便暴发成灾，所以苗木检疫非常重要。国家和地区均设有检疫机构，明确规定了检疫对象、程序。凡经检查合格发给许可证的，方可外运和使用。列为检疫对象的桑树病虫，全国性的有桑(黄化、萎缩、花叶型)萎缩病、桑螨、美国白蛾和谷斑皮蠹等。如今，桑紫纹羽病、桑根结线虫病、桑青枯病、桑疫病、桑白蚧、桑瘿蚊、桑木虱、桑粉虱等病虫害在许多省份都有传染扩散的趋势，必须引起高度重视。作为生产单位，应该把防治病虫害贯彻始终，从引种、播种、无性繁殖、管理等各个环节都要有防治措施。

苗木生长期或出圃时，如发现有根结线虫病、紫纹羽病为害，除将病株销毁外，对于尚未发病但可能被感染的苗木，应立即采取措施，防患于未然。对于根结线虫病的未感苗，在55℃的温水中浸根10min，即可达到消毒目的。对于紫纹羽病的未感苗，将根部放在45℃的温水中浸10min，或1%硫酸铜溶液中浸1h，均可达到消毒目的。在消毒过程中，应严格掌握药液温度、药液浓度及浸渍时间，以免造成不应有的损失。

五、苗木的包装和运输

桑苗挖出后，如需长途运输，必须妥善包装，确保苗木质量不受影响。方法是先按桑苗大小分50或100或200株为一捆，苗梢和苗根各半对放，两端都用整齐的稻草包裹，先将稻草一头夹入，并用绳子扎住，然后把稻草的另一头翻过来包住桑苗，再用绳子扎缚即成。

若调运路途很远或中转频繁，每捆苗的外面再用薄膜或草席包扎，根部放上湿稻草，以防干枯。包装好后，逐捆挂上标签，注明桑品种、等级、数量、运送地点和单位。尽量做到快装快运，避免重压和日晒雨淋。到达目的地后要立即解包检查，及时栽植或假植。

第四章　桑园规划、建立和管理

第一节　桑园规划与栽植

一、桑树栽植的主要形式

（一）成批栽植

成批栽植即利用耕地或开垦荒地，按一定面积大小、一定株行距，成批种植桑树，建立桑园，以生产桑叶为主。这类桑园按用途分，又可分为稚蚕专用桑园、壮蚕专用桑园、春蚕专用桑园、夏秋蚕专用桑园、春秋兼用桑园、密植桑园、机耕桑园、室外育桑园等，主要区别在于栽植品种、剪伐采收方式、株行距宽窄的不同。在我国的主产蚕区，大多以集中连片建造桑园的方式栽植桑树。

成批栽植形式的特点，一是土地生产率高，单位面积土地上生产的桑叶多，产品的经济价值一般比多数农作物高20%左右，甚至有高1倍以上的；二是劳动生产率较高，一个农业劳动力管理桑园的面积比种其他农作物的大1～2倍；三是现代科学技术应用于桑园培护管理较方便，如机械化耕作、采收、除草及病虫害防治等，便于实现区域化、规模化生产。但是集中连片栽植需要占用耕地，桑园基本建设投资较大，要求较高水平的水肥供应和技术管理水平。

（二）四边栽植

利用田、地、路、渠四边和房前屋后、荒坡荒坪等不便种植粮食及其他经济作物的非耕地带种植桑树，叫四边栽植。四边栽植是四川、重庆等西部地区特有的一种栽桑形式，其他省份的丘陵、山地的部分桑树也有零星分散栽植的。

四边栽植形式的特点是不占耕地、栽桑量大、环境条件中的光照较好、便于通风透气、桑叶成本较低等。但是四边栽植地势、土壤条件复杂，立地条件普遍较差，水肥供应困难，现代培护管理技术运用不便，桑叶产量较低、质量较差，桑树毁损较严重。

（三）间作栽植

间作栽植是合理利用耕地，既种粮食或其他作物，又栽种桑树，但以生产粮食或其他作物为主，生产桑叶为辅。另外，类似的还有混作桑园，这种桑园行间大，把间作作为重点。间作栽植形式以前在山东、辽宁、四川、重庆较普遍，山东多成片间作，辽宁多带状间作。近年来，在桑园中混栽蔬菜、茶及中药材的间作栽植形式也较为普遍。

间作栽植形式能提高土地的复种指数，分层利用立体空间，光能利用率高，如桑树与间作物能配合适当，从生态学角度来看，也是一种能量和物质生产的良性循环。但是，间作栽植的很大困难就是两者的协调配合，往往容易顾此失彼；其次，间作栽植的培护管理不便，农药污染严重，单位面积上桑叶产量不高。

（四）塘基栽植

这是长江、珠江三角洲在沼泽地带的改造利用上，经过多年不断发展形成的一种特有的栽桑形式，也叫桑基鱼塘。这些地方挖塘集水，堆土垒基，既降低了地下水位，又扩大和增厚了塘基土层，在塘基上栽桑，塘内养鱼，以桑叶养蚕，蚕沙喂鱼，鱼粪肥桑，避免了鱼、蚕的粪便等废弃物对环境的污染，形成能量的良性循环，保持了生态平衡。这种栽植形式受到国际环境学家的高度重视。

此外，盐碱地、溪滩地、海涂、堤坝等加以整理改造，也可用来栽植桑树。采用何种形式栽植桑树，完全

取决于各地环境条件、社会经济发展状况、对经济效益的追求及生产习惯。随着社会经济的发展，专用桑园已成为主要趋势。

二、桑树栽植的规划要点

桑树是多年生木本经济作物，一经栽植，多年受益。为使其充分发挥作用，避免中途变动，招致不必要的损失，栽植前必须做好规划设计，以便按计划有步骤地实施。

（一）选择适宜的地区

桑树对自然环境条件的适应性较强，很多地区都能栽桑。但是年均气温过低的地方，桑树生长期较短；降雨量过少的地方，需设置人工灌溉；地势过高、土层浅薄瘠瘦的地方，桑树生长不良。这些地方栽桑是不经济的，或者投入成本将增大。

栽桑养蚕生产环节较复杂，从苗木转变为桑叶，从桑叶转变为蚕茧，基本上都是手工操作，耗用劳动力较多，属于劳动密集型行业。在环境适宜的前提下，要考虑劳动力问题，要求在农忙高峰期仍有足够的劳动力投入栽桑养蚕中。

一个地区农业经济结构较复杂，多种经营、乡镇企业较多，栽桑养蚕的经济效益要在当地具有相当的竞争力，才能立足并可持续发展。

所以，那些自然环境条件不适宜、劳动力不足、其他经济成分比重大、栽桑养蚕没有竞争力的地方，不应勉强规划栽桑。

（二）避免环境污染

许多工厂、矿山排出的煤烟废气，常含一氧化碳、二氧化硫、氟化氢等多种有毒物质和尘埃，严重时可使桑叶焦枯，影响桑树生长。有时桑叶被害不明显，却能引起蚕中毒，导致减收。所以栽桑要远离矿山、工厂1km以上，要远离炼铝厂10km以上。此外，还要注意烟草等作物的挥发性物质对桑叶、蚕的危害，栽桑要远离烟草地100m以上。

工厂、矿山排出的废水，常含有有毒的化学物质、油污等，一般不宜用于桑园灌溉。

（三）建立基地，集中发展

栽桑养蚕技术性较强，稍有疏忽，就将造成损失。同时，设备需要配套，物料消耗必需专门供应。根据多年来各地的栽桑经验，零星分散不利于发展。建立基地，集中发展，使栽桑养蚕在一个地区形成骨干产业，成为经济支柱，就便于组织领导，解决技术指导、设备条件、物资供应、经营管理等各方面的问题。集中连片栽桑，也有利于土地平整、机具作业、灌溉排水、道路系统的设置和专业化的培护管理，还可避免或减轻农田喷药对桑叶、蚕的污染。实践表明，集中产区的产量和效益均高于分散产区。

（四）栽桑的规模、数量和面积

按照实际经验，一个地区或单位栽桑养蚕的规模，应以其经济收益为依据，从现有水平来看，蚕桑经济收益应占本地区或单位农副业总收益的25%～30%。经济收益过小，比重太低，对生产者缺乏吸引力，不为人们所重视，生产就发展不起来，即使发展起来也不稳定。但是规模过大，数量过多，基本建设的配套设施将增加，劳动力、土地占用过多，经营管理水平跟不上，就容易引起与粮食和其他生产项目之间的矛盾，导致产品质量低、经济效益差的不良后果。要使蚕桑收益达到农副业总收益的25%～30%，按照现有蚕茧价格，桑园单位面积产桑量和产茧量即可计算出来。

根据江苏、浙江蚕桑生产的情况，种茧育春期饲养1000g蚁量需要设置桑园10～13hm^2；丝茧育饲养100盒蚕种需要设置基本桑园6～7hm^2。

决定栽桑规模和数量，还要参照栽桑占地面积、比例、人口、劳动力状况、粮食和其他作物自给程度及商品量等因素。蚕桑基地、重点村镇、专业大户的栽桑比例可大一些。

（五）品种选用和树龄组合

桑树品种性状除受遗传因素影响外，还与地区气候和栽培条件有密切关系。栽桑时，各地应因地制宜，选用适应本地条件的桑树品种。广西和广东地区气候温和、雨量充沛，多选用叶片大、叶肉厚、成熟快、生长势旺、耐水肥、具有高产性能的品种栽植，如桂桑优 12、桂桑优 62、粤桑 11 号、伦教 40 号等；江苏、浙江一带的气候温和、雨量适中、土质肥沃，应多栽高产、质优、抗病性强的品种，如农桑 14、育 711、荷叶白、盛东 1 号等。

桑叶的产量、质量固然与品种有关，但树形结构、栽植年限、树龄长短等对桑叶产量、质量也有重要影响。不同树形的高产年限各异，低干桑的盛产期 5～9 年，中干桑的盛产期 9～15 年，高干桑的盛产期可长达 20～30 年。栽植年限不同，进入盛产期自然有先后顺序，因此规划栽桑时，在计划栽桑总量的同时，还应分阶段、按比例逐渐完成，例如有待定型抚育的幼桑和等待复壮更新的老桑，种植比例不能太大，一般不能超过 20%，可以大量采收的青壮桑树要占 80%以上。只有这样，才能使桑树的补充、接替、轮换、淘汰有序地进行，避免桑叶产量大起大落、时升时降，做到均衡发展。

(六)现代技术的引用

规划设计栽桑时，从基本建设、桑树栽植、培护管理、桑叶采收等方面都要考虑引用现代技术，以提高科学栽桑和培养管理水平。例如机械化的改土、开沟、掘穴、伐条；优良品种的选用、搭配；绿肥间作、生草栽培、枝叶还田；免耕少耕、地面覆盖、除草剂的使用；喷灌、滴灌的安装；施肥、除虫的机械化和自动化；病虫的测报、生物和综合防治；土壤肥力和叶质成分的测试等。

三、桑树栽植的设计和基本建设

(一)栽桑位置、地势的选择、整理和改良

无论用何种土地栽植桑树，都要求地势平顺向阳、土层深厚、地下水位低、地块较集中等，要按照桑树生长发育的需要，对栽桑位置地势加以整理和改造。

栽桑的土壤土层深厚要求 60cm 以上，如过薄则通过深耕垒土、降低地下水位来增厚土层。在丘陵、山地的利用上，修筑梯田是传统而有效的措施。对于黏重土壤，通过掺沙子、翻沙压淤、施用膨化岩石类、施用有机肥及绿肥等方法改良。对于松砂土，通过掺入黏土、翻淤压沙、施用有机肥和翻压绿肥等方法改良。对于盐碱地，通过洗盐、平整土地、深耕深翻、施用有机肥和合理施用化肥等方法改良。对于酸性土壤，通过种植绿肥、增施有机肥、施用石灰等方法改良。土层过于浅薄、田块过于窄小、坡度过大、相对高度过高的地方，改造起来难度大，基本建设投资大，这些地方最好不要用来栽桑，勉强栽植则效果不好。

(二)土地面积、地形、地貌的测量、调查

建设大型桑园时，应测量其位置、面积、海拔、相对高度、地形、地貌、山脉、河流、沟谷走向、坡度大小等，绘制地形图。调查各块土壤类型、质地、结构、土壤层次、土层深度、地下水位、土壤酸碱度、水蚀、风蚀、水土流失情况、土壤有机质含量、地下病虫、杂草类型及繁殖速度等，绘制土壤图。根据测量、调查的情况，决定如何利用各类土地。对于面积不大的桑园，也要了解其位置、地形情况，以便合理利用。

(三)不同用途桑园的设置和分区

根据养蚕对桑叶叶质的要求和桑叶剪伐采收的方式，可分为稚蚕专用桑园、普通桑园或春秋兼用桑园、夏秋专用桑园等。

稚蚕专用桑园要求栽植发芽早、叶片成熟快且营养成分好的桑树品种，6000～10000 株/hm^2。这类桑树要求栽植在砂质壤土、地势较高、排水性良好、光照充足的地方，栽植密度不宜过大，养成中干树形，有利于叶片成熟。

普通桑园主要目的是追求桑叶优质高产，并兼顾尽可能地延长其盛产期、使用期，所以要求栽植高产品种，进行适度密植，养成中干、低干树形，施用大水大肥，注重培护管理。品种多采用当地产量高、叶质优的中、晚熟桑树品种。

由于栽植品种较多，剪伐采收方式不同，普通桑园应划分成若干作业区。大型桑园每一作业区以 1～2 个/hm^2为宜，规模不大的可因地制宜。作业区以长方形为好。

(四)道路和排灌系统的建设

大型桑园应设置宽度不同的道路运输系统，以方便桑叶、肥料的运送和管理工作。一般可由主路、支路、小路3级组成。主路贯通全园，与公路及养蚕地点相连。根据需要，在小区间设置小路，路面宽度1～2m，供人行走。丘陵、山地可按地形、田块、坡度和工作需要，因地制宜地设置。

无论平原、丘陵、山地，建造桑园时都应设置排灌系统，以便调节土壤水分，保持水土。平地桑园排灌系统由畦沟、作业区支沟和干沟连接而成，干沟末端为出水口，通向江河或塘堰。对于丘陵、山地桑园，结合水土保持，沿等高线设置排水沟，并将它们与总排水沟相连，通向水库或塘堰。丘陵、山地桑园的排灌系统建设应视地势地形而定，注意水土保持。地势低洼、地下水位高、排水困难的桑园，应有机电排水设备，以便及时排除积水，降低地下水位。

夏秋季节常遇伏旱高温，桑园还应设置灌溉设备，及时灌溉，保证桑树正常生长。一般采用明沟引水灌溉，也可修筑暗沟，节约土地。最好采用现代化的喷灌或滴灌，效果很好，也节约用水，还可结合使用，进行桑园喷药治虫和叶面施肥。灌溉的水源因地而异，江、河、湖、塘、堰、水库等均可利用，有的地方还抽取地下水灌溉桑园。

排灌系统还可与道路系统配合，可在道路两侧建造排灌沟渠，在一定地段设置涵洞，使全园排灌系统相连接。正确划分作业区和设置道路排灌系统，是桑园建设的重要工作。

(五)品种、树形、密度和行向的安排

桑树品种与产量、叶质有密切关系。桑树栽植时，除考虑选用稚蚕用桑外，壮蚕用桑尤应恰当安排。壮蚕用桑品种较多，常选用高产优质以及水分、蛋白质含量高的品种；但除高产优质外，还应注意其对环境的适应性和抗性。一个地区桑树栽植时不妨选用几个不同类型的品种，并根据不同地势、地块的情况，因地制宜地安排合适的品种，以充分发挥品种、环境和培护管理的潜力。

树形、栽植密度，也要在栽植时设计好。如前所述，稚蚕用桑宜养成中干偏高树形，栽植密度不宜过大，种茧育用桑也是如此。壮蚕用桑、丝茧育用桑可养成中干偏低或低干树形，栽植密度宜大，有利于实现高产。

桑树栽植行向，应根据地形、地势、风向、水土保持和作业方便等需要而定，若地形许可，行向一般以南北向为好，因为桑树生长季节东南风较多，有利于桑园通风换气。丘陵、山地可按等高线栽植成行，有利于水土保持，通风透光。滩地栽桑行向应与水流方向平行，以减少洪水对桑树的冲刷影响。河堤边栽桑行向，要有利于保护河岸与固堤防洪。间作桑园东西行向，可使行间光照充足，有利于间作物生长。平坝多雨地区栽桑行向，要有利于排水与机械耕作，行的长度应加长，以减少机具回转次数，提高耕作效率。

四、桑树栽植密度与行距、株距排列

(一)桑树密植增产的原因

1.单位面积的总条数、总条长增加

桑叶主要着生在枝条上，桑叶产量的高低主要取决于枝条长度及单位条长产叶量。枝条长度主要受单位面积株数及每株枝条长度的影响，单位条长产叶量主要受品种性能的影响。密植与树形也有关系，随着栽植密度的提高，树形也逐渐矮化。单株枝条数减少，平均条长增加，每亩总条长显著增加，所以产量增加。

2.叶面积增加，光能利用率高

叶面积在光合性能中与产量形成的关系最为密切，而叶面积随着枝条数量和长度增加而不断增加。随着栽植株数的增多，枝条长、枝条数增加，叶面积和产叶量也会提高。

3.光合产物分配有利于经济系数的提高

单位面积栽植株数不多时，树形多培养为中高干树形。这种树形支干多，所占比例大，同时单株条数多、条间密度大、平均条长短，这就使枝条间、叶层间的距离缩短，树冠内部光照穿透性差，容易造成树冠内部和枝条下部叶片受光不良、经常处于光补偿点以下，叶片即易硬化黄落，从而降低了经济产量；并且稀植时，株行间距离大，照射到植株群体上的光能易在大的株行间漏射损失，光能利用不充分。密植与此相反，

植株多培养成低干树形，支干比例很低，同时低干树形的单株条数少，条间密度稀，单株平均条长长，叶层间距离大，上层光照容易穿透到中下层叶片，整体受光状态可得到改善，则经济产量可以提高；并且密植时株行间距离小，照射到植株群体上的光能容易被截获利用，光能利用充分。

(二)桑树密植的范围

密植可以增产，这是公认的事实。但是对于桑树来说，不仅要考虑桑叶产量，而且要注重桑叶质量、树势及其盛产期，所以桑树栽植密度不是越密越好，应该要有个恰当的范围。不同栽植密度的单株产叶量见表 4-1。

表 4-1　栽植密度与桑叶增产量的关系　　单位：kg/亩

栽植密度/(株/亩)	第 1 年		第 2 年		第 3 年		第 4 年		第 5 年		5 年平均	
	实数	指数	实数	指数	实数	指数	实数	指数	实数	指数	实数	指数
600	147.0	100	765.0	100	1396.5	100	1512.5	100	1847.0	100	1133.5	100
800	155.0	105	831.5	109	1499.0	107	1766.0	117	1817.0	98	1213.5	107
1000	168.5	115	897.0	117	1506.5	108	1750.0	116	1691.5	92	1202.5	106
1500	296.5	202	1150.0	150	1761.0	126	1795.0	119	2026.5	110	1406.0	124
2000	273.5	186	1161.5	152	1862.5	133	1950.5	129	2206.0	119	1491.0	133
3000	315.5	232	1322.5	173	1772.0	127	1947.5	129	2094.0	113	1495.5	133

由表 4-1 可见，栽植后 5 年的年均亩产叶量，以 2000 株区和 3000 株区最高，其次分别为 1500 株、800 株、1000 株和 600 株区。1500 株及以上的株区的 5 年平均亩产叶量比 600 株区的高 24%～32%，800 株和 1000 株区的 5 年平均亩产叶量只比 600 株区的高 6%～7%，说明在 5 年内密植有明显的增产效果。

根据对不同密度桑树光合强度的调查，亩栽 600 株的增加干物重为 7.04mg/(100m^2 叶面积·1h)，而亩栽 1000～1500 株的为 6.32～6.24mg/(100m^2 叶面积·1h)，亩栽 2000 株的为 5.6～3.2mg/(100m^2 叶面积·1h)，说明栽植密度越高，其干物增重越少。再从细弱枝的比例来看，留条数增加，细弱枝比例增加。亩留条数为 10440 根的，平均条长 50cm 以下的细弱枝比例为 18.7%；亩留条数为 13300 根的，其细弱枝比例增加至 20.3%，亩留条数为 19700 根的，其细弱枝比例又进一步增加至 38%。

密植矮化能快速丰产，但树干过低，不仅单株根系少且分布浅，在缺水、少肥时容易受旱减产，而且下部叶片易遭泥沙污染，失去使用价值。

根据浙江省农科院蚕桑研究所于 1977 年的调查，就目前生产水平而言，若以 1m 条长年产桑叶 200g 左右来计算，亩产桑叶 2000kg 就需要 10000m 的总条长。密植低干桑由于单株条数少，一般平均条长可达 1.4m以上，在总条数 7000 条时就能达到总条长 10000m。而平均条长较短的，只有增加总条数，才能达到总条长的要求。

在实际生产中，基本桑园以 800～1000 株/亩、密植速成桑园以 1500 株/亩、珠江流域以 2000 株/亩的密度栽植较为普遍。

(三)影响桑树栽植密度的因素

1. 密植与品种

桑树品种不同，其叶形大小、叶片与枝条的着生状态、树冠伸展面积等有较大差异。因此，栽植密度要与品种性能相适应。一般叶形小且枝条直立、发条数少的品种宜密植一些，反之则稀植一些。

2. 密植与桑园用途

桑园有丝茧育用、种茧育用、稚蚕用、壮蚕用、夏秋专用、春秋兼用等不同用途。一般稚蚕用、种茧育用桑园，要求桑叶成熟快，叶质营养成分中碳水化合物、蛋白质、灰分含量较高，这就需要桑园光照充足、空气流通，以及土壤中有机肥、磷钾肥含量高。具备这些条件，才能利于叶质提高，所以这类桑园株行距要较大，不宜过度密植。而丝茧育用、壮蚕用桑园，要求桑叶硬化迟，叶质营养成分中蛋白质、水分含量高，这就需要大水大肥培护管理，单位面积产量高，所以这类桑园可以适当密植。间作桑园要顾及粮食或其他作物，栽植行距很大，单位面积桑树栽植株数较少。

3. 密植与水肥条件

密植能够增产，主要是枝叶数量增多，光合作用的效率提高，这就需要以水肥为基础，才能达到目的。密植桑园，首先要选择土层深厚、土质肥沃的地方，同时要加强水肥管理，才有高产基础。如土层浅薄、水肥缺

乏，光靠密植是不能达到高产的。施肥量与桑叶产量、增产幅度成正比，施肥量多，则产量高，增产幅度也大。

4. 密植与树形

一般树形高的栽植密度宜小些，树形低的栽植密度宜大些，这样可以较好地利用空间，有利于桑叶的生长。

(四)栽植的行距、株距的排列

行距、株距的排列，主要是为了恰当地安排单位面积上各个单株所应得的立地条件，使光热、气流、水肥等条件均匀地、恰当地分配给每个植株，让个体和群体都能够发育良好、生长繁茂。同时要注意桑园通风透光，便于中耕除草、培肥采伐等田间作业的顺利进行。对于使用畜力和机具的桑园，还要顾及交通循环的方便。桑园行距一般安排较宽，目的是有利于通风透光，便于田间作业或间作；株间一般安排较窄，目的是尽可能增加单位面积株数，增加总条长，提高单位面积产量。为此，一般采用宽行密株，以行距为株距的 3 倍左右排列的增产效果较好。

五、桑树栽植的时期和方法

(一)桑树栽植的时期

桑树栽植一般在桑苗落叶后至翌春发芽前进行，此时桑苗处于休眠状态，体内储藏的营养物质较多，水分蒸腾较少。冬季落叶休眠后栽植的叫冬栽，春季发芽前栽植的叫春栽。秋雨多的地方有进行秋栽的，但进行夏栽的很少。

1. 冬栽

在长江流域，以 12 月中、下旬栽桑最好，其根系与土壤接触时间长，开春后发芽早，成活率高。在滨海盐碱地区，初冬土壤湿润，盐分含量低，栽桑成活率较高。珠江流域大部分地区，冬季无霜冻，多进行冬栽，有利于劳动力的安排。

2. 春栽

我国北方寒冷地区，土壤封冻早，不便冬栽，常在土壤解冻后至桑树发芽前栽植。春栽宜早，过迟往往因气温升高，根系尚未与土壤密接就萌动桑芽，影响栽植成活。春栽所用苗木常需假植，应注意保护好根系，避其干枯、霉烂和冻伤，春旱地区春栽后应注意浇水灌溉，以利成活。

(二)栽桑前的准备

1. 土地深翻、施基肥

栽桑的土地，在栽植前必须深翻，施足基肥，以改善土壤结构，提高土壤肥力。

栽植前的深翻通常采用沟翻和穴翻 2 种方式。

(1)沟翻

行宽株密的桑园多采用沟翻，既节省劳动，又可达到局部深翻的目的。在丘陵、山地，沿等高线挖植沟还能起到保持水土的作用。沟翻的深度、宽度一般平均约为 60cm，挖沟时将表土与心土分开堆放于植沟两边，沟底土壤也应挖松。植沟挖好，将腐熟堆厩肥、垃圾等施于沟底，作为基肥。在基肥面上再薄盖一层细土，避免根系与肥料直接接触。

(2)穴翻

行距、株距较宽或零星分散栽桑时，常用挖穴的方法深翻，即穴翻。穴的大小一般深度、宽度平均为 60～70cm。心土和表土也应分别堆放，在穴底施入有机质肥料，并薄盖细土。

2. 苗木选择与处理

用来栽植的苗木要选用粗壮结实、根系发达、无病虫害的壮苗，最好选用适应于当地条件的优良品种，这样栽植后成活率高、生长快、便于树形养成和及早投产。

栽植前，应对苗木根系进行修剪整理，剪去过长根、卷曲根和绞结根，破损部分亦应予以切除，以避免伤口腐烂。但应以少剪多留为原则，尽量保持根系的完整。

(三)栽植方法

一般有沟栽、穴栽 2 种方法。

1. 沟栽

沟栽即挖沟栽植。挖好植沟、施足基肥，顺着植沟按预定株距将苗木放正位置，并与纵横行列对齐；先用细碎表土埋没根部，边回土边轻提苗干，使苗根伸展，根尖向下，土粒填满根系间隙；再将根部土壤踏实，使根系与土壤密接；最后用回土填满植沟。一般回土要填满并稍高于地面，干旱地区回土可略低于地面，以便接纳雨水；多雨地区回土稍高于地面、呈馒头状，以防积水。

栽植深浅一般以根颈部埋入深度为准，根颈部埋入土中深不足10cm的称浅栽，深10cm以上的称深栽。浅栽时根部接近地面，地温容易升高，透气性好，因此新根生长快，桑芽萌发早，生长迅速。栽植过深，地温较低，透气性差，新根生长慢。对于黏质土壤，桑树栽植过深，如遇多雨，根部容易积水，阻碍根系的呼吸和吸收，导致生长不良，严重时可导致死亡。但栽植过浅，尤其是沙地，桑根露出地面，易受旱害。栽植深浅应根据土质、气候条件适当调节，在同一片桑园中，必须做到栽植深浅一致。

2. 穴栽

穴栽即挖穴栽植。栽植距离较宽或分散栽植的桑树多采用穴栽，方法步骤及栽植深浅，与沟栽的相同。

(四)栽后管理

苗木栽好后，应将地面锄松、整平，清除杂草、废弃物，保持地面清洁干净；根据雨量情况，注意灌水或排水，促使苗木成活；要防止苗木动摇、歪斜及人畜践踏毁损。苗木栽好后，还应将苗梢剪去，以防枯枝的产生。苗干剪定最好在开春发芽前进行，不宜过早，以免剪口失水干涸，形成枯桩，影响留干养形。苗干剪定按预定树形高度进行，剪去苗干，培育主干。发芽开叶时，注意疏芽留条，施肥除草，进行养形和常规管理。

第二节　树形养成和桑叶采收

桑苗栽植后，根据其品种特性、环境条件和生产要求，运用伐条、疏芽、整枝、摘芯等剪伐技术，养成一定的树形，这一过程称为树形养成阶段。在树形养成阶段，以养树为主，严格控制采叶。树形养成后，正式投入生产是收获阶段。在桑树收获阶段，仍需运用合理的剪伐技术来维护丰产树形，并做到采养结合，保证桑树高产稳产和延长盛产年限。

一、树形养成的意义和作用

将栽培桑树养成一定的树形，才能够多产桑叶，提高桑叶的质量。

桑叶主要着生在一年生枝条上，植株上一年生枝条越多，桑叶的产量越高。产叶的枝条落叶休眠后，即成为老条，再由老条上的芽萌发抽枝，长出新的枝叶。不剪伐的桑树，年复一年，新枝不断转变为老条，植株上不产叶的老条逐渐增多，产叶的新枝距离根系越来越远，这就使植株体内光合产物的分配多积累于茎干，能量多消耗于远距离运输，其结果是削弱桑树抽枝展叶的能力，降低桑叶的产量及质量。所以，树形高大、茎干又多的植株，往往枝细叶小，产量不高。通过剪伐，切除过多的茎干老条，降低发芽抽枝的部位，缩短水分和养分运输的途径，节省物质和能量的消耗，对桑树的生长有利。

然而，茎干是发芽抽枝的基础，并且茎干控制着枝叶伸展的方向和位置，支配着枝叶的受光状态，与光能利用有密切关系。所以茎干是必不可少的，剪伐时不能把所有的茎干切除。

一方面茎干过多对产叶不利，另一方面又不能全部切除，由此可见，栽培桑树必须养成一定树形，使植株形成既能充分利用环境的骨架，又不致消耗过多养分，最大限度地提高桑叶的产量和质量。

实践证明，通过整形修剪，能够促进生长，减少花果，增产桑叶，消除病虫，便于管理。

二、树形的结构、种类和特点

(一)树形的基本结构

桑树各种树形都是由主干、各级支干、树冠3部分构成。根据主干高矮、支干级次多少、树冠位置固定与

否,形成了所谓低干、中干、高干、拳式和无拳式等多种树形。

1. 主干

根颈部以上至第1级支干分枝处一段,即为主干。它承受地上部的全部重量,抵抗风雨袭击,支持支干和树冠,是连接根系与地上部的骨架,并输送水分和养分,储藏一部分营养物质。各类树形都有主干,只是高矮不同而已,中干、高干树形均要求有强壮的主干。

2. 各级支干

自主干第1级分枝处至树冠基部的各级分支,即为支干。树形种类不同,支干级次多少也不同。低干树形支干级次少,仅1～2级;高干树形支干可有多级。支干级次的多少、每级支干的数量和长短、各级支干的分杈角度和大小,对树冠的高低、扩展的范围和枝叶的多少都起决定性作用。

3. 树冠

树冠着生于最上一级支干上,由枝、梢、叶组成,是桑树具有生产能力的主要部分。枝条的粗细、长短、多少、着生状态和稀密程度,对树冠内部的光照、气流状况、植株光合能力有直接影响。

因剪伐采收方式不同,植株上的树冠位置有固定不变和不断升高2种方式,前者称为拳式树形,后者称为无拳式树形。

(二)树形的种类和特点

桑树树形因主干高度和支干级次多少、树冠位置的不同,分为高干、中干、低干拳式树形,高干、中干、低干无拳式树形,乔木桑,地桑(无干桑)等。树干高度是指桑树主干和支干的总高度。一般树干高度在70cm以下的称低干桑,70～150cm的称中干桑,150cm以上的称高干桑。主干接近地面或埋没于土中的称地桑或无干桑,树形高大、只采叶或稍加修剪而不伐条的称为乔木桑。此外,还有适应各地环境条件的地区性树形养成法,以及不同栽培目的的特种树形养成法。

1. 高干桑

高干桑的树形主干高度一般1m以上,支干级次在4～5级(图4-1)。所以高干桑植株高大,树冠开展,根系深广,树势强健,枝叶繁茂,单株产叶量高,叶片成熟快,叶质成分中碳水化合物含量高,树龄和盛产期较长。但高干桑叶形小,花果多,培养树形所需时间较长,技术较复杂,采摘管理不方便,单株占地面积大。分散栽植时,可采用此种树形。

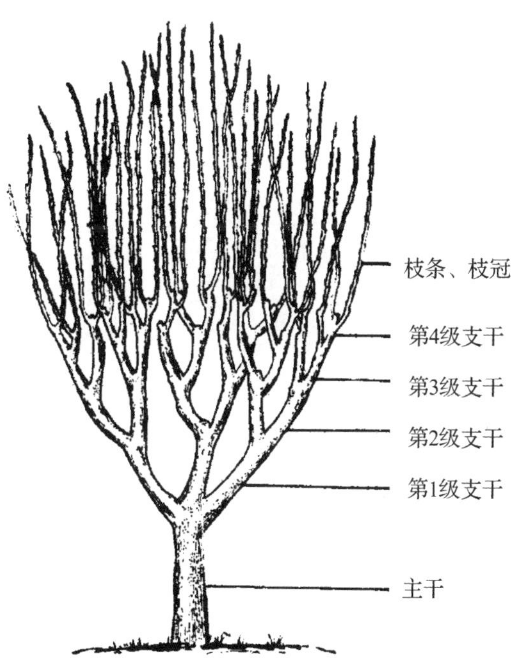

图4-1　树形基本结构(高干桑)(引自柯益富,1997)

2. 低干桑

低干桑的树形主干高度一般20cm以下，支干级次仅1～2级（图4-2）。所以，低干桑植株矮小，树冠紧凑，培养树形所需时间短，技术简单，花果少，叶质富含水分、蛋白质，采摘管理方便，适于密植，单位面积产量高。但低干桑根系短浅，树势易衰败，树龄和桑叶盛产期短，管理上水肥需要量大。土壤肥沃、成片种植时，可采用此种树形。

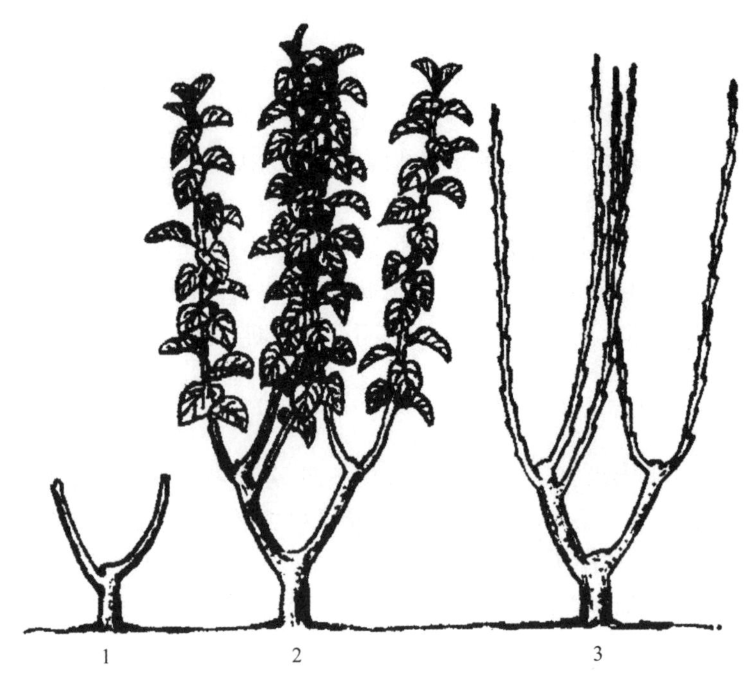

图4-2　低干桑树形培养（引自柯益富，1997）

1. 第二年春伐；2. 第二年生长情况；3. 第二年冬季。

3. 中干桑

中干桑的树形主干高度在45cm左右，支干级次3级左右（图4-3）。中干桑植株的高度介于高干桑和低干桑之间，无论分散栽植或成片栽植均适宜，为许多地方生产上采用。

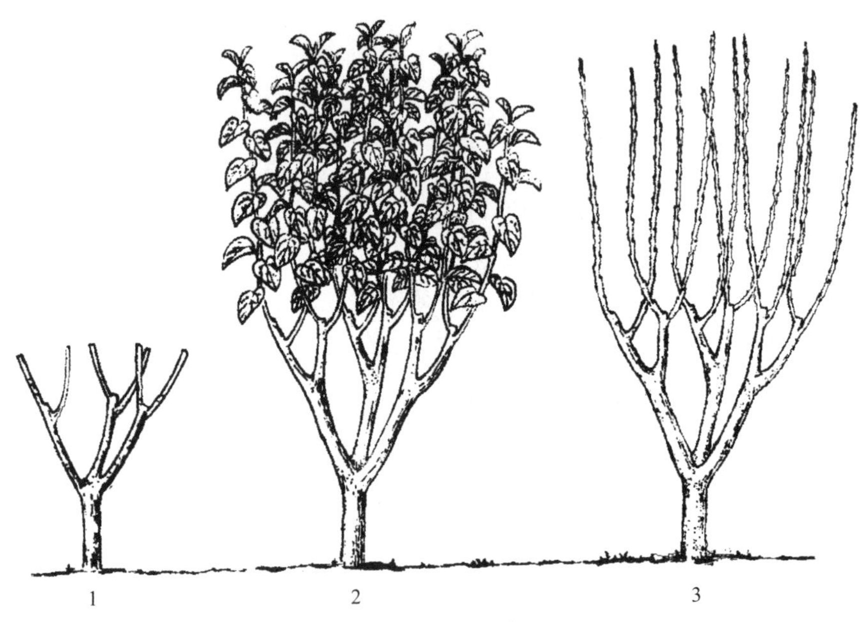

图4-3　中干桑树形培养（引自柯益富，1997）

1. 第三年春伐；2. 第三年生长情况；3. 第三年冬季。

4. 拳式和无拳式树形

拳式和无拳式树形既是树形种类，又是一种剪伐采收方式。拳式树形在基本树形养成后，每年剪伐采收时，在固定部位将树冠上的枝条全部剪去，伐条后利用潜伏芽生发新枝叶，年年如此，剪伐处逐渐膨大突出如拳头状，所以称拳式树形。

无拳式树形在基本树形养成后，每年剪伐采收时，不在固定部位剪伐，而是在枝条基部留一段后再剪去枝条，利用留下那一段枝条上的定芽萌发枝叶，年年如此，树冠位置逐渐升高，剪伐处不形成拳状，所以称无拳式树形。

5. 乔木桑和地桑

乔木桑比高干桑的主干还高，多在 2m 以上，支干级次也多。有些乔木桑大树可人工培育出高大笔直的中心主干，如江苏溧阳的叶材两用乔木桑，用宽大的行距、株距栽植于田、土、路、渠四边，以用材为主，兼顾采叶养蚕。乔木桑的特点与高干桑的大体相同。

地桑又称无干桑，主干高度一般在 10cm 以下，甚至随耕作管理而全部埋于土中，地面上不见主干，这种植株也无所谓支干，主干上甚至地面上直接长出枝条。广西、广东等地的栽桑，栽植密度高，一年多次采收，多采用地桑或无干密植桑。一般认为，无干密植只适用于气候温暖、雨量充沛、桑树生长期长的南方地区。

三、基本树形的养成方法

桑树的树形种类虽多，但常用的不过是高干、中干、低干和拳式、无拳式这几种基本树形。基本树形中，其树形结构也不外乎由主干、各级支干和树冠三者结合而成，所以只要注意三者的异同，就能培育出各种符合需要的树形。

桑苗栽植后，在早春桑树发芽前，按树形要求，在预定部位处剪去苗干，叫作定干；留下的一段苗干经培育，即成为主干。留干的高度，视树形要求而定。

定干以后，主干顶部留 2～3 个位置适当的侧芽，待其萌发抽枝，并控制其伸延方向，使其向四周均匀扩展。加强水肥管理，让主干和新枝生长良好，成为培育支干的基础。第 1 次分枝经 1 年的生长，冬季休眠落叶后，植株即形成 1 个主干，其上具有 2～3 根枝条。第 2 年春季发芽前，将这 2～3 根枝条，按树形需要的长度剪去枝梢，留下的 1 段即成为第 1 级支干。

第 3 年春季发芽前，将第 1 级支干上的枝条，按树形需要的长度剪去枝梢，留下的 1 段即成为第 2 级支干。以此类推，每生长 1 年，即可培育成 1 级支干。

支干培育完成，在最上 1 级支干上长出的枝条和叶片即构成各类树形的树冠。至此，树形养成即告完成，该植株即可大量采叶，投入生产。

拳式树形养成投产后，每年剪伐时从枝条基部下剪，由潜伏芽生发新枝，树冠位置固定不变，支干级次不增加，所以树形整齐，管理方便。无拳式树形养成投产后，每年剪伐时在枝条基部留 10～20cm 1 段，其余剪除，由所留侧芽（定芽）抽枝展叶，树冠位置会不断升高，支干级次实际上也在不断增多，如处理不好，树形容易紊乱。

除乔木桑和某些地方的特殊树形外，大多数桑树的树冠都居于植株顶部。

四、桑叶的采收

在成林投产的桑树上，将生长发育成熟、叶质营养成分丰富、适合蚕龄需要的桑叶采收下来，用以喂蚕，以生产优质高产的蚕茧。这就是栽桑的目的和要求。

历来沿用的桑叶采收方法有摘片叶法、采芽叶法和伐条法（又称剪桑条法）等。

（一）摘片叶法

摘片叶法即采摘叶片、保留叶柄、不伤枝皮、保护腋芽的采叶方法，又叫叶柄摘法。常用于稚蚕期采叶，夏秋期也采用摘片叶法采收。用这种方法采叶喂蚕，在养蚕方法上又称为片叶育，所采叶量称为片叶量，采叶功效很低。

(二)采芽叶法

新梢及其上所生的叶片,习惯上统称为芽叶。将新梢连同叶片一起采下的方法,称为采芽叶法。夏伐桑树在春蚕壮蚕期,常用采芽叶法采收。如将采芽叶采收的桑叶连同新梢一起放入蚕座喂蚕,养蚕方法上称为全芽育,所采叶量称为芽叶量,是新梢和叶片一起称重的合计重量。芽叶量中,叶片占75%~80%,新梢占20%~25%,其采收功效比摘片叶法的高。

(三)伐条法

将桑树植株上的枝条连同其上的新梢叶片一起剪下,称为伐条法。如将所采枝、梢、叶一起放入蚕座喂蚕,养蚕方法上称为条桑育,也有伐条后再采片叶或芽叶喂蚕的。伐条所采叶量如为与条梢叶一起称重的称为条桑量。在条桑量中,芽叶占55%~60%,枝条占40%~45%,其采收功效比摘片叶法和采芽叶法的都高。夏伐桑树在春蚕壮蚕期,多用伐条法采收。

五、桑叶采收与蚕期配合

桑叶采收并不只是采叶、伐条的单项技术,而是处理养蚕布局与桑树生长发育之间协调配合的一系列技术措施。根据各地的气候状况、桑树品种特性、桑园管理方式等特点,有下列几种采收方法。

(一)夏伐采收,春秋兼用

桑树在春蚕期或春蚕刚结束后,从枝条基部进行剪伐的采收方式称为夏伐。此种采收方式因以春蚕期采叶后要进行一次伐条为主要特点,故名夏伐采收。同时,这种采收方式主要用于春蚕和秋蚕采叶,故称为春秋兼用。长江流域中下游地区和北方部分地区,大都采用此采收法养蚕。

夏伐采收的桑树,其剪伐采收的过程和技术如下。

冬季休眠时对植株进行一次修剪整形,剪除树冠上的细、弱、病、虫等无效枝条,剪去枝条长度1/4~1/3的梢头。这些留下的枝条就是春蚕采叶的基础。

开春以后,枝条发芽抽枝,长出新叶,叫作生长芽;枝条中部发芽后,只生出3~5片叶子后就不再生长的,叫作止芯芽,或称三眼叶。春蚕采叶时先采三眼叶,后采新梢叶,常用采芽叶法采收,或在春蚕5龄期用伐条法采收。

春蚕采完叶,最迟于5月底6月初必须将树冠上的枝条全部剪除,进行夏伐。夏伐7~10d后,树冠基部的潜伏芽重新萌发,抽枝长叶,新枝叶长至20~30cm时进行疏芽,将树冠内过密的、生长不良的、位置不当的新枝删除,使树冠内部枝条分布均匀,长势一致,通风透光。疏下的芽叶可用以喂夏蚕,但疏芽不能过多,否则会影响秋蚕期桑叶的产量。

秋蚕期用摘片叶法采叶,自下而上,摘叶留柄,不伤枝皮,保护腋芽,每根枝条顶端必须留叶6~8片,直至晚秋。桑树依靠这些所留的叶片进行光合作用,为植株提供生长和储藏的营养物质。至秋末冬初,桑树即将休眠前,将枝条梢端的1/4~1/3剪除,防止梢枯,清除越冬病虫。

生产上并不是所有桑园都适宜夏伐采收。采用夏伐的桑树应该具备3个条件:①桑园的土壤条件好;②重施夏肥;③树势要强健。

(二)春伐采收,夏秋专用

在桑树春季发芽前的休眠期中进行伐条的称为春伐。这种采收方式以在早春桑树发芽前将桑树上的枝条全部剪完、发芽抽枝后从夏蚕期到晚秋蚕期以摘片叶法喂蚕而不再伐条为主要特点,故称为春伐采收、夏秋专用。

春伐采收的过程和技术如下。

冬季不太严寒的地区,可以在冬季与修剪整形一道进行伐条,即将树冠上的枝条全部剪除。

春季发芽开叶后,疏除过密、细弱、位置不当的新芽,每株保留适当数量的新芽抽枝长叶,一般中干树形留14~18个新芽,低干树形留6~8个新芽,使所发新芽分布均匀、位置适当。

春伐桑树春季发芽抽枝的速度较慢,春蚕期采枝条1/4~1/3的叶量较为适宜。到夏蚕期,用摘片叶法

采收桑叶，喂养夏蚕。采叶自下而上，摘叶留柄，不伤枝皮，保护腋芽，每株采叶数量不宜过多，顶端留叶8～12片，保护顶芽和所留叶片不受损伤。

秋蚕期或晚秋蚕期仍用摘片叶法采收，每枝顶端留叶6～8片，任其进行光合作用，制造、积累有机营养物质。晚秋蚕末，可采用剪梢收叶法喂蚕，这样能防止梢枯和消灭病虫害。

这种采收方式有如下特点。

(1)春伐时植株处于休眠状态，对外界刺激反应很小，树液流失少，生理损伤少。

(2)春伐自植株春季发芽抽枝开始，至秋末落叶休眠期止，植株上均有绿叶存在，能不断地进行光合作用，制造、积累有机营养物质，所以树体强健，树势稳定，枝条粗长，抗性很强。

(3)春伐植株春季新梢生长慢，桑叶产量低，对春季养蚕容易高产的大好时机未加以充分利用。而秋期叶龄老化快，叶片易硬化黄落，所以桑叶产量高而可用率低。由于叶质硬化，营养成分差，秋期养蚕也不易获得高产。

春伐以往多用以养树，恢复树势。长期夏伐的桑树，树势衰败以后，即停止夏伐，改用春伐。春伐后任其生长，春蚕不采叶，夏秋也尽量不采或少采，树势就能复壮，犹如耕地的轮作休耕，使地力得以恢复。春伐当年，桑树产叶较少，树势恢复后，产量即可大幅度提高。

(三)冬季重剪，全年春夏秋摘叶采收

这是川渝蚕区普遍推行的采收方式，它以冬季重剪、夏季不伐条、春夏秋多次摘叶采收为特点。其剪伐采收过程和技术如下。

冬季桑树休眠，在对植株进行修剪整形的同时，将树冠上留下的有效枝条基部留3～5个芽后剪伐，就叫冬季重剪。

开春桑树发芽抽枝后，用摘片叶法采收，喂养春蚕。摘叶自下而上，每枝顶端留叶6～8片，摘叶留柄，不伤枝皮，保护腋芽，也不能损伤顶芽和所留叶片。

春蚕采叶后不夏伐，对植株上长出的细弱枝加以修整去除，尽量保护原有枝条，使之继续向上生长。夏蚕期仍如春期采叶一样，自下而上，以摘片叶法采收。

夏蚕采叶以后，枝条再向上生长，长出新的叶片，秋蚕期采叶与春夏一样，摘叶留柄，每枝顶端留叶6～8片。如晚秋仍需养蚕，也在同一枝条上采叶。

这种采收方式的特点与春伐采收的完全相同，但采叶养蚕次数和采叶数量比春伐采收的稍多，所以按这种采收方式的春蚕也养得少，失去了春蚕好养的时机，其养树作用也不如春伐。

(四)两广蚕区桑叶的多次采收

广西、广东地处亚热带，气候温热，雨量充沛，桑树生长速度快，生长期长，而且广东荆桑分枝力强、长势旺、耐采伐，一年可采叶养蚕7～8次，形成具有两广特色的多次采收的采叶方法。

两广桑树普遍采用矮干密植及常用大量河塘泥覆盖地面，桑树主、支干经常被埋于土中，故又称为地桑。地桑收获法有冬伐(冬刈)、剪梢(留大树尾)春伐(春刈)、剪梢夏伐(夏根刈)、剪梢不伐(全年大树尾)等4种。

两广蚕区桑叶采收的主要特点，是利用气候环境优势和广东荆桑生长迅速、分枝力强的优势，将剪梢、伐条、采叶、摘芽、摘芯等措施在各个蚕期适当配合起来使用，一再促使新枝梢上的腋芽数次萌发，长出新枝叶，供多次养蚕采叶的需要。其基本原理与春伐、夏伐、冬重剪是一致的，对桑树生理的影响也相同。因此，加强桑树水肥管理，注意采叶与养树结合，减轻采叶剪伐对桑树生长发育的影响，仍然不可忽视，而且更为重要。

(五)全年条桑采收

桑叶采收多以手工方式进行，其工效低，劳动强度大，耗用劳动力多。为配合省力化养蚕的需要，在桑叶采收上又发展了全年条桑采收的方法。全年条桑采收是指每次采收桑叶都用剪伐枝条的方式进行，不再摘叶摘芽，所以在一定程度上可以减少劳动力消耗，提高劳动效率。此法于20世纪70年代在日本兴起，后

来在我国也有发展。尤其是近年来，江苏、浙江等沿海蚕区，为了降低生产成本，有些采用养蚕大棚、简易房全年条桑育蚕。

全年条桑采收以春伐或夏伐采收为基础，蚕期采叶用全条剪伐、疏条剪伐、切条剪伐 3 种方式轮流进行，大体操作如下。

1.夏伐式条桑采收

此种采收方式与夏伐采收、春秋兼用大体相同。

桑树在冬季留条，春蚕期不摘片叶或芽叶，而是在壮蚕期结合壮蚕用叶时全条剪伐，与历来夏伐完全相同，最迟在 6 月初伐完。

夏伐后新抽长出的枝梢，结合早秋蚕用叶，疏条剪伐植株上枝条总数的 1/3 或 2/5 喂蚕，留下大部分枝条。

晚秋蚕期结合壮蚕用叶，将留下的枝条自中部剪伐下梢部分喂蚕。留下的枝条剪口部位以下要有 4～5 片桑叶生长，以抑制枝条腋芽萌发。

这样全年春、早秋、晚秋剪伐 3 次，配合养蚕 3 次，比摘叶摘芽时的劳动力耗用少，第二年照此进行(图 4-4)。

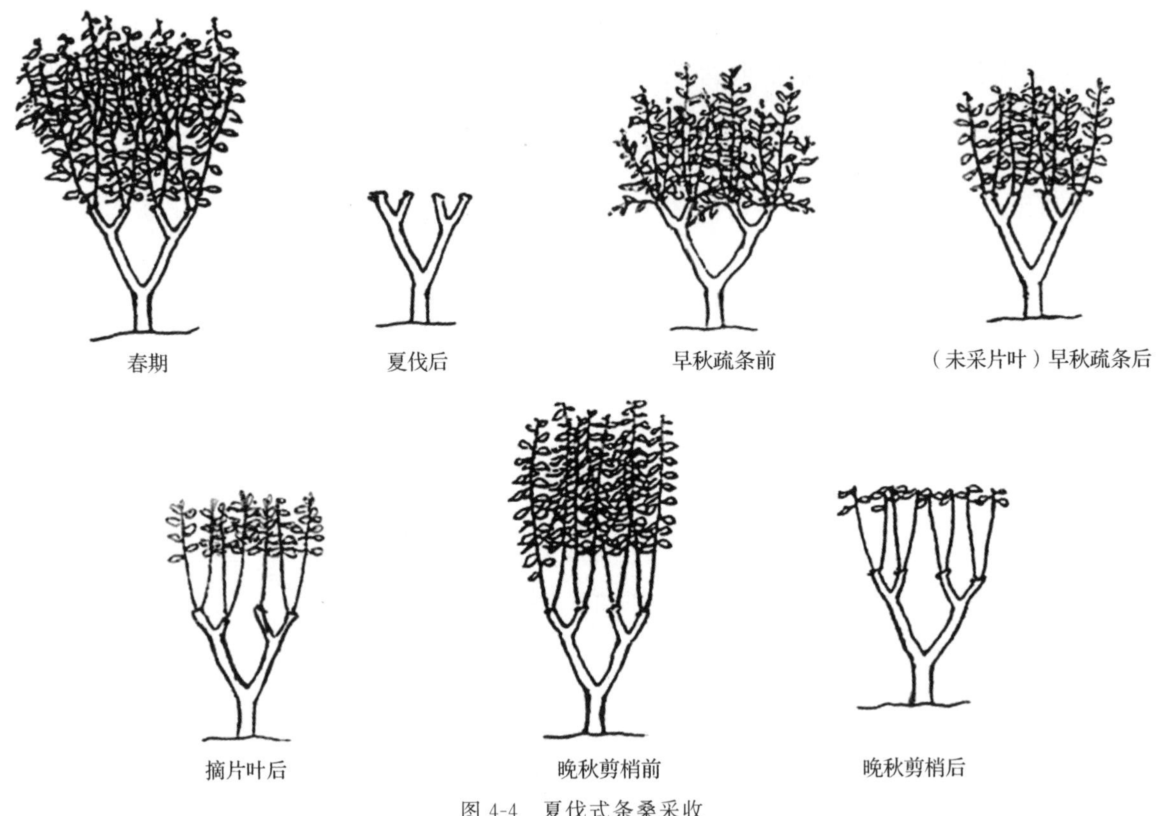

图 4-4　夏伐式条桑采收

2.春伐式条桑采收

与春伐一样，在春季桑树发芽前全条剪伐，新芽萌发后可疏条采伐一部分喂春蚕。

在夏蚕壮蚕期，将树冠上的枝条每枝留 50～100cm，切条剪伐，用以喂夏蚕。

留下的一截枝条长出的新枝，到晚秋蚕期又用切条剪伐的方式剪取条桑，用以喂晚秋蚕。切条后留下的老枝上端要留叶 4～5 片，以抑制腋芽在晚秋萌发。第二年又照此进行，开春后将老条全部切除。

3.全年多次条桑采收

为适应全年多次养蚕的需要，桑叶也要全年多次条桑采收，但应注意多次条桑采收不应在同一株上、同一块园地上进行。主要做法是将桑园划分为 2 部分：一部分进行夏伐式条桑采收，全年可采收 3 次；另一部分进行春伐式条桑采收，全年可采收 2 次。这样全年可进行条桑采收 4～5 次，养蚕 4～5 次，2 部分桑园还可交替进行春夏轮伐，这对采叶和养树都有好处。

第三节 桑树施肥

一、桑树施肥的意义

桑树是多年生叶用植物，栽培的主要目的是采叶养蚕。每年要多次采收桑叶和整枝伐条，要从土壤中吸收大量养分，如不及时补充，会使土壤养分缺乏、肥力减退，影响桑树的正常生长，导致树势衰败，不能获得高产优质的桑叶。所以，增补肥料，提高土壤肥力，不断供给桑树正常生长所需的营养元素，是达到增强树势、增产桑叶、提高叶质目的的重要手段。但对桑树施肥并不总能产生正效果，不合理施肥会导致桑叶品质变劣、产量减低。因此，施肥对产量、品质的这种双重性，使高产优质的施肥技术及植物营养特性研究显得更加重要。

实现桑叶高产有很多措施，如栽植优良品种、增加栽植密度、培养良好树形、讲究剪伐采收技术、进行耕作管理等。但事实证明，施肥是其中最重要、最有效的措施，如果没有肥力基础，其他措施很难发挥应有的作用。

二、桑树常用肥料的种类和特性

桑园土壤中最易缺乏的是氮、磷、钾、钙和有机质等元素及肥料，可称为肥料5要素。这些肥料中又因状态、性质不同分为各种类型。

(一)无机肥料

1. 氮素肥料

(1)氮素肥料的作用

氮素肥料可促进桑树生长，缩短桑发芽后的展开期，使同化期到储藏期的交替减缓，延长植株的营养期，其结果可推迟落叶期；可降低植株碳氮比(C/N)，抑制花芽形成；可促进和强化植株的顶端优势，促进伐条后的再生长。适度施用，可使叶内蛋白质态氮增加，改良叶质。

但是过量使用氮素肥料后，会产生如下不良效果：使植株C/N失衡，抵抗力减弱，因而对疾病较敏感；多量供应氮素时要求多量供应水，土壤水分多时，氮的肥效也显著，但土壤水分不足且氮素又过多时，不仅降低肥效，而且叶质也将恶化；氮肥常常是碳水化合物的“消费者”，会使植株C/N下降。

(2)氮素肥料的种类

氮肥按氮素存在的形态，可分为铵态氮肥、硝态氮肥、铵硝态氮肥和酰胺态(尿素)氮肥。铵态氮肥以含铵或氨为特点，硝态氮肥以含硝酸根为标志，酰胺态氮肥是氮素以酰胺形式存在的氮肥。由于存在的形态不同及所结合的配离子不同，各类氮肥的性质存在不少差异。常用氮肥的种类和性质介绍如下。

1)碳酸氢铵(NH_4HCO_3)：简称碳铵，含氮量为17%左右。白色细粒结晶，易溶于水，为速效氮肥，水溶液呈碱性，常温下易分解挥发，有强烈的氨臭味，也易潮解结块。

2)硫酸铵[$(NH_4)_2SO_4$]：简称硫铵，含氮量为20%～21%。本身为白色结晶，但因含有杂质而有时呈棕色或黑色，吸湿性小，不易结块，物理、化学性质均稳定，便于储藏、运输和施用。硫酸铵是生理酸性肥料，在酸性土壤上连续施用，可使土壤pH值明显下降，应注意配合施用石灰和有机肥。

3)氯化铵(NH_4Cl)：含氮量为24%～26%。白色结晶，易吸湿结块，水溶液呈弱酸性，与硫酸铵一样为生理酸性肥料。旱地土壤上最好少用或不用，而在水田施用则问题不大。

4)硝酸铵(NH_4NO_3)：简称硝铵，含氮量为33%～35%。白色结晶，含铵态氮、硝态氮各半，易溶于水，吸湿性很强，容易结块。硝酸铵与其他硝酸盐一样，能助燃，在高温下能分解生成各种氧化氮和水汽，体积骤增，引起爆炸。硝酸铵宜作追肥，一般不作基肥和种肥施用，不宜在水田施用。

5)尿素[$CO(NH_2)_2$]：含氮量为46%，是固体氮肥中含氮最高的肥料。白色结晶，易溶于水，粒状尿素吸湿性较低，储藏性能良好。尿素可作基肥和追肥，在任何情况下深施可提高肥效，还适合于桑树的根外追肥。

2. 磷酸肥料

(1)磷酸肥料的作用

磷酸对生殖器官的分化与生长起主导作用,其存在可使花果增多,故叫作果用肥。磷酸在树体内移动性大,生理活动性旺盛的新芽、新展开的叶、根的先端等处积蓄量多。磷酸在树内以有机态和无机态的形式存在,有机态磷与光合作用、能量代谢有关。

桑树缺磷时,叶脉间失绿,叶脉周围仅留下点点绿色,有时还产生枯斑。在红黄壤地区的桑树缺磷,有时桑枝中部叶片会变黄白、变小,生长停止,春伐桑多在 8 月上旬发生此症状,夏伐桑多在 8 月下旬发生此症状,并且症状开始出现在老叶上,逐渐向枝条中部发展。

(2)磷酸肥料的种类

磷酸肥料有水溶性的过磷酸钙[$Ca(H_2PO_4)_2$]和难溶性的钙镁磷肥[$CaMgH_2(PO_4)_2$]等。

1)过磷酸钙:为灰白色粉状或粒状的含磷化合物,是磷矿粉加硫酸铵反应生成的,有效磷(P_2O_5)含量为 12%~18%,其主要成分是磷酸钙和硫酸钙,还含有少量游离酸,肥料呈酸性。过磷酸钙肥料易吸水结块,因此在储运过程中应防潮,储存时间也不宜过长。过磷酸钙易溶于水,速效,利用率 20%~25%,土壤易酸化。一般作基肥施用,与堆肥混合施用肥效高。

2)钙镁磷肥:是磷矿石与含镁矿物如蛇纹石溶解化合而成的,灰色粉末,呈结晶状,不吸湿,不结块,物理性质稳定。其主要成分是磷酸三钙,含有效磷(P_2O_5)14%~20%。肥料中还含有 25%~40%的氧化钙、8%~20%的氧化镁及 20%~35%的二氧化硅,是一种以磷为主的多成分的碱性肥料。施入土壤后,在作物根系分泌的酸或土壤中的酸性物质作用下,逐步溶解,释放出水溶性磷酸一钙而被吸收。

磷酸在土壤中的移动性小,通常扩散范围仅 20~25cm。为此,施用磷肥时要在畦间全面撒布,与土壤很好地混合。

3. 钾素肥料

(1)钾素肥料的作用

缺钾时,叶子边缘呈褐色,叶脉间产生枯斑,春伐桑多在 7 月上旬发生,夏伐桑多在 7 月下旬发生,老叶先表现缺钾症,逐渐波及枝条中部叶片。砂质壤土、酸性土、容易淋失的土壤,最易缺钾。

土壤胶体物质可以很好地吸附钾离子,保持钾固定在土壤中。钾可由土壤矿物质分解,也有由雨水等天然供给。不足时要及时施钾肥,氮素施用之后更需要补充大量的钾。

(2)钾素肥料的种类

常用钾肥有硫酸钾、氯化钾等。

1)硫酸钾:为白色晶体,分子式为 K_2SO_4,含氧化钾(K_2O)为 48%~52%,易溶于水,吸湿性较小,储存时不易结块。硫酸钾属于化学中性、生理酸性肥料,所以在酸性土壤中使用应增施石灰以中和酸性。由于钾在土壤中的移动性较小,所以一般作基肥施用最为适宜,并应注意施肥深度。

2)氯化钾:为纯净的白色晶体,分子式为 KCl,含氧化钾(K_2O)为 50%~60%,吸湿性不大,但长期储存后也会结块,易溶于水,是速效性钾肥。氯化钾是化学中性、生理酸性肥料,所以在酸性土壤上施用需要配合施用有机肥和石灰,以便中和酸性。氯化钾中含有氯离子,对于"忌氯作物"及盐碱地不宜施用。氯化钾可作基肥和追肥,但不能作种肥。

钾肥在土壤中分解与氮素大体相同,易溶于水,在土壤中移动时易流失,多施钾时,镁易流失,较早出现缺镁症。相反,多施镁时,钾的吸收率降低。

4. 钙质肥料

(1)钙质肥料的作用

缺钙时,桑枝从梢部开始萎缩,枝条中上部叶片向内卷曲,叶基变枯,叶脉枯黑,最后梢部变黑枯死。土壤中的碳酸盐与磷酸盐是钙的主要来源,一般酸性土、砂质壤土及多雨地区容易缺钙,碱性土中也易缺钙。

(2)钙质肥料的种类

矫正酸碱度用的石灰质肥料,有生石灰、消石灰、碳酸钙、硅酸钙等。除硅酸钙外,其原材料都是石灰

岩。石灰岩烧后成生石灰（CaO），生石灰加水生成的氢氧化物就是消石灰[$Ca(OH)_2$]。石灰石粉碎后，其粒子直径大小与其溶解度大致成比例，粒子直径0.5mm以下的为速效性钙肥，3mm以上的为迟效性钙肥，1～2mm的为中效性钙肥。石灰施用的效果，与其溶解度和流失量有关，并受外因支配而影响其效果。

5.镁质肥料

(1)镁质肥料的作用

缺镁时，叶片表现出缺绿现象，缺绿斑块多发生在叶脉间，叶脉则仍为绿色。由于镁在树体内可以移动，所以首先在老叶上出现缺绿，严重者叶早落，并发生坏死，有时叶子全部为白色，有时黄化部分现褐色。春伐桑多在7月上旬发生缺镁，夏伐桑多在8月上旬发生缺镁。

土壤中代换性镁在100mg/100g干土以下时，将发生缺镁症。多用钾肥时，易发生缺镁症，土壤酸性也是缺镁的重要原因，一般缺钙的土壤也会缺镁。

(2)镁质肥料的种类

常用的镁质肥料有硫酸镁（$MgSO_4$）、氯化镁（$MgCl_2$）、硝酸镁[$Mg(NO_3)_2$]、氧化镁（MgO）、钾镁肥（$MgSO_4 \cdot K_2SO_4$）等，可溶于水，易被作物吸收。白云石、钙镁磷肥等也含有有效镁(Mg)，微溶于水，肥效缓慢。如果发现缺镁症，可施用氧化镁15～20kg/1000m^2。

6.微量元素肥料

植物微量元素包括铁、锰、铜、锌、硼、钼等。桑树植物在生长发育过程中，对微量元素的需要量很少，而且所适宜的浓度范围很窄。土壤中任何一种微量元素的缺乏或过多，都会影响桑树的生长和发育，从而导致桑叶产量和品质严重下降；并且通过食物链，进一步影响到家蚕的营养和健康，直至影响茧质。随着桑叶产量的不断提高和大量施用化学肥料，土壤中常量元素与微量元素间的不平衡情况日益突出。合理施用微量元素肥料，已成为农业生产中一项重要的农艺增产措施。

(二)复合(复混)肥料

复合肥料是指在肥料养分标明量中，至少含有氮、磷、钾3种养分中的任何2种或2种以上的植物营养元素，由化学方法或掺混方法制成的肥料。复合肥料有以下3种：将肥料3要素中的2种以上，按一定比例混合而成的，叫作混合肥料；用3种以上元素经化学反应使之结合的肥料，叫作化合肥料；将作物必需的元素配合起来，加入有机质肥并使之成形（粒状化）的肥料，叫作配合肥料。

复合肥料的营养成分和含量，用其所含的氮、磷、钾3要素来表示，3要素的代表符号和顺序为$N-P_2O_5-K_2O$，养分标明量为其在复合肥料中所占百分比含量，分别用阿拉伯数字表示，“0”表示不含该元素。这种能够表明复合肥料养分成分和百分比含量的表达式，一般称为肥料配合式或肥料分析式。如磷酸二铵包装袋上标出养分为18－46－0，即能够提供以下信息：每100kg该肥料中含有效氮(N)18kg，有效磷(P_2O_5)46kg，不含钾素。

按照复合肥料所含营养元素种类的数量可分为：①含有氮、磷、钾3要素中任意两者的称为二元复合（复混）肥料，如磷酸铵、磷酸二氢钾。二元复合肥料又可按照所含营养元素的种类，分为氮磷复合肥料如硝酸磷肥、磷酸二铵、磷酸一铵等，氮钾复合肥料如硝酸钾等，磷钾复合肥料如磷酸二氢钾等；②同时含有氮、磷、钾3要素的肥料称为三元复合肥料，如铵磷钾肥、尿磷钾肥、硝磷钾肥等。

(三)肥效持续性肥料

随着农业生产的发展，国内外化肥生产正朝着高效化、复合化、液体化、长效化方向发展，总趋势是发展高效复合肥料。

肥效持续性肥料，也叫缓/控释肥料。所谓“缓释”，是指肥料养分释放速率远小于普通速溶性肥料；所谓“控释”，是指用各种调控手段，使养分按照设定的缓释率及释放时间释放，与作物吸收养分的规律相一致。目前，国际上缓/控释肥料主要分为有机合成微溶型缓释氮肥、包膜（包裹）类缓/控释肥料、胶结型有机-无机缓释肥料这3种。据介绍，通常缓/控释肥料可比速效氮肥的利用率提高10%～30%，而且可实现一次性大量施肥，无需追肥，大大提高了生产力。

(四)有机质肥料

以动植物尸体和其排泄物经加工处理后形成的肥料,叫作有机质肥料。有机质肥料除含碳素外,还含有作物所需的氮、磷、钾、钙等各种常量元素和微量元素,而且这些元素都成为植物可以吸收利用的状态,是作物所需肥料的一大来源。不仅如此,有机质肥料的有机质在腐败分解过程中还能产生腐殖质,对改善土壤结构、调节土壤水分和透气状况等有良好作用。此外,有机质还是土壤微生物所必需的食料,大量施用有机质肥料,可促进微生物繁殖,增强其活力。有机质肥料施用后,在土壤中需要较长时间分解转化,能缓慢地释放各种元素,所以肥效持久。因此,通常把土壤有机质含量的多少作为土壤肥力的主要标志。

有机质肥料的范围很广,成分多样,与微生物作用的机制及其肥效的反应都很复杂。有机质肥料主要有如下种类。

1.粪尿肥

粪尿肥是农民普遍施用于农田的有机质肥料,包括人粪尿、家畜粪尿和厩肥等。

2.堆肥及沤肥

堆肥及沤肥是利用秸秆残渣、人畜粪尿、城乡生活废物、垃圾、山青湖草等为原料,混合后按一定方式进行堆沤而成的。一般北方地区以堆肥为主,南方地区以沤肥为主。

3.绿肥

利用植物生长过程中所产生的全部或部分绿色体,直接耕翻到土壤中作肥料,这类绿色植物体称为绿肥。用作绿肥而栽培的植物,称为绿肥作物。绿肥作物多为豆科植物,在轮作中占有重要地位,多数可兼作饲料。桑园绿肥一般在桑园行间人工栽植豆科作物,也有在丘陵、山地适时割取野生绿肥后再施到桑园中。绿肥的有机质含量丰富,在15%左右,其他元素成分也比较全面,与有机质肥一样,能被根系充分吸收利用,是一种很好的有机质肥料。

4.商品有机质肥料

采用传统的堆制方法制作有机质肥料,由于肥料体积庞大、养分含量低和无害化程度差等缺点,限制了其在现代农业条件下的施用。为了适应大量而迅速地处理有机废弃物的需要,有机质肥料工厂化生产应运而生。其工艺流程包括物料预处理—配方—造粒—干燥—包装等工序,核心是有机质物料的预处理。有机质物料预处理后,可根据作物的营养生理特点,添加部分化学肥料和其他添加剂,调节养分比例,制成系列有机复合肥。系列有机复合肥延续了有机质肥料养分全、肥效长、富含有机质等特点,同时克服了有机质肥料养分释放慢、比例不平衡的缺点。

三、桑树施肥量及其配合比

(一)施肥量的计算

桑树施肥量,理论上是以一年内从单位面积土地上采伐收获了多少枝叶,按其从土壤中带走多少营养元素,加上留在土壤上的根系和茎干增粗生长所需的养分,减去(由于降雨)空气、土壤(土壤母质分解释放)天然供给的养分含量,再除以元素吸收利用率,按下列公式计算得出的。

$$\text{施肥量}=\frac{(x+a)-b}{c}\times 100$$

式中:x 为收获物中含有的营养成分量;a 为根系茎干生长需要量;b 为天然供给量;c 为元素吸收利用率。

收获物应包括剪伐采收的全部枝叶,如春季的新梢、叶片,夏伐的枝条,夏季、秋季收获的枝叶及剪梢所得部分。留在土壤上的根系、茎干增粗生长所需的养分一般以收获物的10%计算。天然供给量指大气中所含的氮,由于闪电等引起一部分氮转变为可利用的状态,随着雨水降落在土壤中的部分,以及土壤母质风化、土壤微生物作用等释放的各种元素,按其量粗略估计,每1000m^2 为氮7.1kg、磷2.2kg、钾7.5kg。肥料元素吸收利用率通常以氮58%、磷18%、钾48%计算,将这些数字代入上列公式中,即可计算出单位面积各种元素施用量。为方便起见,可将根、茎生长需要量与天然供给量两项抵销,即需要量与供给量相当,计算起来就方便得多。

上述方法比较简单，计算也比较容易，成本低，适合大多数农户应用。但更科学、更先进的施肥量确定，还需进行田间实验和测定分析，目前常用的有配方测土施肥(下面单独叙述)、数学理论系统分析施肥等。

(二)成分元素的配合比例

养蚕以生产茧丝为目的的叫丝茧育，以生产蚕卵、制造蚕种为目的的叫种茧育。养蚕目的不同，对叶质营养成分的要求也不同。丝茧育养蚕要求叶质营养成分中蛋白质含量高，以利于蚕体绢丝物质的形成；种茧育养蚕要求叶质营养成分中碳水化合物含量高，以利于蚕体健康及造卵物质的形成。而调节桑叶营养成分的手段，主要是施肥及施肥中营养元素的配合。所以在计算桑树施肥量时，要考虑养蚕目的及其用叶要求。丝茧育的桑园在施肥上要增加氮元素的施用量，以利于叶质营养成分中蛋白质含量的增加；而种茧育的桑园在施肥上就要增加磷钾元素的用量，以利于叶质营养成分中碳水化合物含量的增加。

根据许多实例分析，在桑树施肥上，各成分元素的配合比例应该是，丝茧育的氮：磷：钾比例为10：4：6，种茧育的氮：磷：钾比例为10：6：8。根据用肥比例，只要计算出氮元素的用量，磷、钾元素按比例配合即可，可以省去一些计算手续。但也有些特殊土壤的桑园，上述配合比例不一定是最佳的，应该通过试验确定最佳比例。

(三)各季施肥的用量比

按公式计算出的桑树施肥量，是桑树全年施肥的总用量。这些肥料不是一次施用给桑树的，按照目前肥料的形态及桑树对肥料的吸收利用状况，一般要将桑树全年用肥分3～4次施用，即春肥、夏肥和冬肥。有些地区还将夏肥分2次施用，有时还要施用秋肥。各季施肥的用量，要根据不同剪伐采收方式及桑树生长状况来加以考虑。一般春肥施用量占全年施肥总量的20%～30%，夏肥占40%～50%，秋肥约占10%，冬肥约占20%。

据研究，在长江中下游地区，夏伐采收的桑园，夏伐前的生长量只占全年生长量的1/3，夏伐后的生长量占全年生长量的2/3，其中6—7月的生长量又占夏伐后生长量的66%，8—9月的生长量只占夏伐后生长量的34%。而春伐采收的桑园，5—7月的生长量占全年生长量的80%，8—9月的生长量只占全年生长量的20%。由此可见，夏伐采收、春秋兼用的桑园应重施夏肥，以满足桑树夏秋生长旺盛的需要(表4-2)。而春伐采收、夏秋专用的桑园应重施春肥，以满足桑树春夏生长旺盛的需要(表4-2)。秋肥一般主张不施或少施。冬肥以增加土壤有机质、改善土壤结构为目的，所用有机质肥料体积虽大，但成分含量很低，可以不计入内。

表4-2　不同类型桑园各季施肥的用量或占比

桑园类型	采收方式	春肥占比/%	夏肥占比/%	秋肥占比/%	冬肥用量/(t/亩)
春秋兼用	夏伐	30～40	50～60	10	4～5
夏秋专用	春伐	50～60	30～40	10	4～5

丝茧育和种茧育用肥的各种成分元素配合比，在不同类型桑园各季用肥量比例中有很多主张，但大同小异，可根据实际情况选择使用。

(四)土壤有机质的消耗和补充

土壤有机质在土壤中经过微生物作用可以转化为腐殖质，对土壤结构的改善、土中水肥气热状况的调节均有良好的作用。再者，土壤有机质对土壤中各种肥料元素及其他成分，都有良好的吸附、缓冲、平衡作用，可防止无机肥滥用对土壤结构造成破坏。在作物种植上，无机肥用量有越来越多的倾向，这就要求多用有机肥，才能更好地发挥所施无机肥的作用。

土壤中有机质含量以5%～10%为最好，我国耕地土壤有机质含量通常偏低，仅1%～2%，不少地方还在1%以下。可以说，土壤有机质缺乏是普遍现象，提高土壤有机质含量成为提高土壤生产力的重要措施。桑园施肥时，除计算成分元素用量外，补充土壤有机质是不可忽视的。

(五)桑园测土配方施肥

努力培肥地力，推广测土配方施肥，增加土壤有机质，指导和帮助农民合理施用化肥，切实解决农业和农村面临的污染问题。桑园测土配方施肥技术，包括测土、配方、配肥、供应、施肥指导5个核心环节。

四、桑树施肥的时期

桑树随着年生长周期变化，一年间要进行 3～4 次施肥，即春肥、夏肥、秋肥和冬肥。秋肥一般不主张施用或者少施，着重施春肥、夏肥和冬肥。

(一)春肥

桑树春季发芽至抽长出 5～6 片桑叶，主要靠体内储藏的营养物质支持，头年储藏营养物质多，次年春季萌芽率高，新枝叶展开顺利。发芽后枝叶的旺盛生长就要靠施肥，所以桑树春季发芽前要施一次肥，叫春肥，这对春蚕期的桑叶产量有很大影响。

春肥通常在脱苞前 20～30d 施入，稚蚕用桑宜早施，壮蚕用桑可稍迟；长江流域一般在立春以后，惊蛰到春分施下；珠江流域一般在立春后就应施入；北方地区在清明前施下。桑树从春季发芽到 5 龄期用叶约 2 个月时间，且前期气温较低，生长缓慢，故春肥宜施用速效、液态氮肥为主，如人畜粪尿、碳酸氢铵、尿素等。如有春季收割的绿肥，也可在适当时期埋入施用，但注意加入石灰(鲜草量的 3%～5%)，以促进绿肥分解转化，调节土壤酸碱度；绿肥埋入深度要在 15cm 以下。

(二)夏肥

春蚕期采叶后或夏伐后所施的肥料叫夏肥，是夏期桑树旺盛生长和秋期储藏养分的物质基础，对夏蚕期和秋蚕期桑叶产量有直接影响。以夏伐后立即施用效果最好，温暖多雨的地区为了减少夏肥的流失，可考虑将夏肥分 2 次施用，但施肥劳动力耗用较多。

夏肥除用无机肥外，还要施用有机肥、迟效肥，氮、磷、钾适当配合，使肥料成分全面、肥效持久，才能满足桑树夏秋生长以至来年生长的需要。

(三)秋肥

秋肥一般应在 8 月底前施完，仍以速效氮肥为主，目的是延迟叶质硬化，提高秋叶利用率。要养晚秋蚕的地区，可以施用秋肥。但应注意秋肥施用时间不宜过迟，肥料用量也不宜太多，以免造成植株晚秋徒长，枝叶柔嫩，未做好入冬休眠准备，一旦低温降临，将遭受霜冻为害。秋季多雨地区，秋肥施用后容易流失，降低肥效。所以只要保质保量地做好夏肥施用，就可以不施秋肥。

(四)冬肥

入冬以后桑树落叶休眠，根系吸收活动接近停止，不能利用肥料元素。所以冬季施肥不是给予桑树，而是给予土壤，增加土壤有机质，改善土壤结构，补充土中碳源，促进土壤微生物活动，为根系生长创造良好条件。冬肥施用时期，可在桑树落叶休眠后的 12 月或次年 1 月进行。冬肥主要施用腐熟堆沤的有机肥和迟效、长效肥，不少地方利用大量河塘泥等土杂肥，但不宜使用速效肥。因此，冬肥施用量要多，最好每亩施用 4～5t。施好冬肥，对桑树全年生长都有良好作用。

四季的施肥是有关联的。例如夏肥施用量较多时，秋肥可以酌量少施；冬肥施用质优量多的，次年春肥可以适当少施。每季施肥都可以为下季打下基础，特别是施用有机肥。施肥按四季规定，并非固定不变的，要结合具体情况，制定切实的施肥方案。例如北方或不养秋蚕的地区，可不施秋肥；广东多次养蚕和多次采叶，则主要按“造”施肥。

五、施肥方法

桑树施肥的方法可以分成 2 大类，即根际施肥和根外施肥。

(一)根际施肥

根际施肥是将所用肥料施于植株根际所在的土壤中，通过土壤承载、吸附、土壤微生物分解转化，由根系吸收，供植株利用，这是主要的施肥方法，为施肥所广泛采用。根际施肥又有下列 3 种方式。

1. 沟施

沟施是在株间或行间开挖深度、宽度平均为 15～20cm 的施肥沟，将肥料施于沟内，盖土以防肥料成分

挥发。这种施肥方式多用于密植桑园，冬季施用有机肥时也常采用沟施。

2. 穴施

穴施是在株行间或植株一侧开挖深度、宽度平均为20cm的穴，将肥料施于其中，盖土，供根系吸收。穴施适用于分散栽植或株行间宽大的桑园，施用绿肥或人畜粪尿时也常采用穴施。

3. 撒施

撒施是将肥料均匀撒布于株行间，翻耕入土，供根系吸收，一般结合冬耕或春耕进行。体积较大的泥土肥、垃圾肥、堆肥、改良酸性土壤用的石灰及液态化肥，均可采用此法。

(二)根外施肥

根外施肥是将植物生长发育所需又易于被植物叶片吸收利用的肥料，以溶液状态喷洒在植物叶面上，以促进植物生长，提高植物产量和质量的一种施肥方法。

与根际施肥相比，根外施肥的吸收和见效快、肥效高、用肥省，但根外施肥的肥效持续时间很短，所用成分单一，浓度极低，不能完全满足桑树生长发育过程中对各种成分的需求。为此，桑树不能单靠根外施肥来维持正常生长，必须坚持做好根际施肥，根外施肥只能是一个辅助办法。

桑树根外施肥，在提高桑叶光合能力、充实叶质、保持叶片柔软、延迟叶片硬化等作用显著，在秋蚕期采用效果较好。春蚕期桑叶叶质很好，用根外施肥的效果不明显。

为了提高叶面喷施的效果，促进养分透过角质层进入叶内，在叶面喷施肥时需混合少量"湿润剂"，如中性肥皂或洗涤剂，浓度一般为0.1%～0.2%。尿素是易渗入叶内的肥料，将尿素与其他肥料混合喷施，能提高其他肥料的通透速率。叶面喷施的时间，一般选在晴好、无风的早晨或傍晚。值得注意的是，根外施肥时溶解肥料的水质，应该做到清洁、无蚕桑病原物污染。

根外施肥常用的肥料及喷施的适宜浓度见表4-3。

表4-3　根外施肥常用肥料及喷施浓度

肥料	喷施浓度/%	肥料	喷施浓度/%
尿素	0.2～0.5	过磷酸钙	0.5～2.0
硫酸钾	0.3～0.5	磷酸二氢钾	0.1～0.3
硝酸钙	0.3～0.5	氯化钙	0.1～0.5
硫酸镁	1.0～2.0	硫酸亚铁	0.2～0.5
硫酸锰	0.1～0.3	硫酸锌	0.05～0.2
硼酸、硼砂	0.1～0.2	钼酸铵	0.01～0.03

第四节　桑树培护管理

优良的桑树品种，必须有良好的栽培管理措施，才能发挥其高产、优质的特性。合理密植也要配合足够的肥水条件，才能实现快速丰产。有了较好的肥水条件，如果不及时中耕、除草，就会造成肥水浪费，降低肥水的增产效果。只有在选用良种、合理栽植的同时，加强桑园管理，才能实现高产、优质。

一、耕作除草

(一)耕作

1. 耕作的意义和作用

种植作物的土地，必须进行种植前深耕深翻、大量施用有机质肥料、细碎平整地面等工作。作物种植后，还要进行中耕松土、消除地面板结等一系列耕作。不同的耕作有不同的作用，深耕可以消除底土板结，改善底土坚硬、紧密的状态，降低土壤密度，增加土壤孔隙度，引导水分空气进入深层土壤。恰当的耕作，再结合施用有机质肥料，还能改善土壤结构，促进土壤团粒结构的形成，协调土壤中水、肥、气、热状况，有利于土壤微生物活动及有机质的分解转化，为根系生长创造良好的条件。

2. 栽植前后的深耕

桑树栽植前，结合整地施基肥，必须进行一次深达50cm以上的深耕；黏质土壤、地底有硬土层者，深耕的深度要到达硬土层。因为桑树为深根性树种，耕层较深，水分和空气才能达到下层，有利于引导根系深入。耕作深入等于加深了活土层的厚度，有利于土壤中水、肥、气、热状况的稳定，对深根性桑树根的生长非常重要。

桑树栽植后，每隔一定时间还要在行间进行适当的深耕，再结合施用有机质肥料，以不断改良土壤结构，为根系生长创造良好条件。

3. 栽植后的中耕

桑树栽植后，每年随着季节、气候、土壤和桑树生长发育的变化情况，还要进行若干次耕作。耕作深度在10～20cm之间，称为中耕。通过中耕，消灭杂草，消除地面板结，增加土壤孔隙度，改善土壤透气性和透水性，有利于桑树的生长。桑园一年中要进行的中耕，有冬耕、春耕和夏秋耕等。

(1)冬耕

冬耕在桑树落叶休眠后至土壤封冻前进行。由于此时桑树已进入休眠期，故可深耕。深度为20cm左右，行间宜深，桑树附近宜浅，黏土宜深，砂土宜浅。深耕翻出的土块不必打碎，使土壤充分得到自然风化，可以改良土壤物理性状和化学性质，增加肥力。

(2)春耕

开春以后至桑树发芽前，全园进行的一次浅耕叫春耕。春耕深度为10～15cm，将冬耕时翻挖的大块土体打碎、耙细、整平，使土表疏松透气、细碎平整，便于接纳雨水，提高土壤保水能力，同时通过耕作消灭杂草。

(3)夏秋耕

夏秋季由于雨水和采叶施肥等活动，容易造成地面板结，这时杂草也甚为繁茂，对土中水肥的消耗和桑树的生长发育为害严重。因此，视情况还需要进行1～3次的中耕，这叫夏秋耕。夏秋耕的深度为10～15cm，可以消除地面板结，消灭杂草。

(二)除草

凡适宜于作物生长的土地都适宜于杂草生长，甚至有的条件很差、不适宜作物生长的土地，杂草也可以长得非常繁茂，由此可见，杂草之生命力远远超过作物。除草是作物栽培的重要任务之一。

1. 杂草的为害

杂草对作物的为害是显而易见的。首先，杂草与作物争夺光照、空气、水分和肥料，妨碍作物正常生长，凡是杂草繁茂地区，一般作物都纤细瘦弱，生长不良，产量、质量低下。其次，杂草中还寄生、滋养、潜藏很多病虫害，威胁作物生存，降低作物的生物产量，甚至造成没有收成。因此，为了确保农业的收成，必须做好防除杂草。

2. 桑园杂草的类群及发生规律

桑园杂草种类繁多，据不完全调查统计，有多达90多种，隶属于20多个科、70多个属。生产上按杂草生长时期，可分为一年生杂草、两年生杂草和多年生杂草。

桑园杂草每年有3次出草高峰，主要发生在桑树未封行前或养蚕桑叶收获后。第一次在3月下旬至4月上旬，此时桑树正处于幼叶生长期，桑园大面积裸露。第二次在夏伐后至7月中旬，此时桑园由于桑叶收获或夏伐，通透性大幅度改善，加之杂草对高温抵抗能力较桑树强，所以杂草生长严重。第三次在10月中、下旬，此时杂草为越冬性杂草，桑树已接近休眠期，对桑树的影响不大。

3. 杂草的防除

(1)人工防除

即借助人力、畜力、机械力进行中耕除草。生产上，人工除草主要在春季和冬季进行，春季除草第一次在2月底，浅锄，对象是越冬性杂草和刚萌发的幼嫩杂草；第二次在4月中旬前后，结合松土进行。冬季除草结合桑园冬季深耕进行，深耕时捡除杂草的根状茎、块茎、鳞茎、球茎等营养和繁殖器官，以有效去除杂草，减少次年春季除草的工作量。

(2)农业防除

借助于一些农业技术防除杂草，如提高作物栽植密度，增加叶面积和枝叶数量，加强施肥以促使枝叶迅

速繁茂等，使作物能尽早占据生存空间，提高作物竞争光照、水肥的能力，可以达到抑制杂草的目的。

(3)生物防除

桑园内放养鸡、鸭、鹅、羊等食草性畜禽，直接以桑园内的杂草为食，可以起到除草作用。在桑树行间间作一些牧草、蔬菜、药材或其他作物，给杂草少留生存空间，也可以达到抑制杂草的作用。

(4)物理防除

利用秸秆、秕壳、水草、锯屑、薄膜、卵石等覆盖地面，对于遮蔽光照、抑制杂草生长，也有好的效果。近年来出现的混有各种除草剂的地膜，也能起到覆盖与除草的双重作用。

(5)化学防除

借助于一些化学药剂，经接触杂草或被杂草吸收，引起杂草伤害，并最终达到消灭杂草的目的，这种除草方法叫化学防除，所使用的化学药剂统称除草剂。

桑园使用除草剂，既省力，又有很好的除草效果，但要注意除草剂对桑树是否有害，故应先了解除草剂的性能、使用方法及对桑和蚕的影响。一般应先做小型试验，再大面积应用。

下面介绍桑园使用的几种除草剂的性能和用法。

1)草甘膦：又称镇草宁或膦甘酸，为当前桑园应用最广泛的一种茎叶处理除草剂，具有较强的内吸传导性及非选择性，灭草范围广，对蚕无中毒现象，持效期长达1.5个月左右。此药液浓度有10%和15%两种，10%者每亩需药液1.5kg，加水100kg；15%者每亩需药液0.75kg，加水100kg，并加0.1～0.15kg洗衣粉为展着剂。用背负式喷雾器，将药液喷于杂草茎、叶上即可，选在杂草盛发后的萌芽期或幼草期进行喷药最适宜。

2)克芜踪：又名百草枯，灭草速度快，效力强，属触杀型药剂，兼有一定的传导性，对大多数杂草有很强的杀灭力，是当前桑园灭草较理想的一种药剂。一般药液浓度为20%，每亩需原液0.1～0.15kg(即100～150mL)，洗衣粉0.1kg，加水80kg，配制时将三者兑在一起搅拌均匀即可。一般喷药后1～2h即可见效，药效持续期20d以上。

3)氟乐灵：有效成分浓度为48%，主要用于苗圃地的土壤处理，可省去出苗后除草的麻烦，且对一年生禾本科或双子叶阔叶杂草有80%～90%的防治效果。每亩需48%氟乐灵0.1～0.15kg，加水50kg，搅拌均匀即可。在育苗的前一天喷洒育苗地的地面，再用铁耙子将其与土壤混合均匀，深约5cm，次日即可播种或扦插，药效持续期达2个月以上。

二、灌溉排水

(一)桑园灌溉的意义

水分与桑树生长发育的关系十分密切。夏秋高温季节，如遇连续7～10d不降雨或者雨量很小，桑园将出现缺水干旱的现象。

桑树是深根性木本植物，对水分吸收利用虽能依靠强大的根群吸水，但对水分亏缺的忍受能力是有限的，特别是夏秋季高温加干旱，影响很大。秋期桑叶质量差，硬化快，与土壤水分不足关系十分密切。

(二)桑园水分状况

桑园水分状况受土壤质地、土壤结构、土层厚度、地下水位、气象条件、桑树品种和树形等因素的影响。

一般砂土含水少，渗透快，保水性差，最易缺水。而黏土含水多，保水性强，但有效水含量少，最易受涝。壤土保水、透水性均好，有效水含量高，水分在土壤中的移动容易，调节水分能力强。为满足桑树生长发育对水分的需要，必须改良土壤的质地、结构，提高土壤有机质含量，增强土壤自身保水透水、调节水分的能力。年均降雨量在1000～1400mm的地区，中等肥沃的桑园，春季连续15～20d干旱或夏秋7～10d干旱，对桑树生长和产量均无明显影响。而土质瘠瘦、坡度较大的地区，稍有干旱，桑树即停止生长，叶片黄落。

从江苏、浙江的气象来看，3—6月雨水充足，常常出现涝的现象，而下半年，特别是8—9月会出现干旱的现象。我国大多数地区降雨分布与桑树生长发育所需水量并不一致，往往差距较大，所以桑园灌溉(尤其在夏秋期)完全有必要。

桑树品种和树形在需水量上也有不同的要求，叶形大、叶肉薄的品种需水多，耐旱能力弱，水分稍缺，即停止生长，叶片硬化黄落；而叶形中等、叶肉厚的品种较能耐旱。低干树形且密植的桑树根系入土浅，多分布在 20cm 深的土层，容易受旱，需及时灌溉；中干、高干树形的桑树根系入土深，分布面积广，吸水范围大，具有一定的抗旱能力。

(三)灌水时期和灌水量

1. 灌水时期

桑园灌水时期，应根据桑树在不同生长发育阶段对水分的需要量、土壤含水量和当地气候特点来确定。

发芽开叶期需水量较多，如果土壤水分不足，就会延迟发芽，降低发芽率和抑制芽叶生长。因此，凡有春旱的地区，应该重视灌水。

夏秋季温度高，日照足，桑树正值旺盛生长期，是需肥量、需水量最多的时期，如果水分供不应求，就会严重影响桑树生长，降低桑叶产量和质量。四川、江苏、浙江和安徽等省，往往在此时出现"伏旱"，因此要特别重视夏秋季的桑园灌溉。

在桑树生长期间确定灌水适期的方法，第一，可根据新梢和叶片的形态、色泽来判断，如果发现新梢生长缓慢或出现止芯现象，以及顶端 2～3 片嫩叶显著较小、叶色黄绿，以下的叶形正常、叶色浓绿时，就应灌水；为了能提前灌溉，可根据桑树新梢的生长速度确定，例如在桑树生长旺盛的 7—8 月。肥水条件好的桑树新梢每昼夜伸长约 2cm，在旱期来临前，选定长势旺的新梢 5～10 根，每天测量其伸长度。如果发现新梢每昼夜伸长平均不到 1.5cm 时，说明土壤水分不足，需要灌溉。第二，可测定土壤含水量，适宜桑树生长的土壤含水量为田间最大持水量的 60%～80%，据此定期测定桑园土壤水分，当发现低于 50%时，应及时灌溉；或者测定叶片含水量，光合作用旺盛的新鲜桑叶，含水量均在 70%～75%，如测定枝条中部叶片含水量，当含水量降到 70%或以下时，即应灌溉。

2. 灌水量

确定桑园一次灌水量，应以灌水前的土壤含水量(土壤湿度)和水分浸渗深度为主要依据，或者根据每亩桑园叶面积蒸腾量、土表蒸发量，计算出每天耗水量，并乘以灌水后的维持天数。灌溉后的土壤含水量，以达到田间最大持水量的 70%～80%为宜，同时又应根据桑树在不同生长发育阶段的需水情况和土质而定。江浙蚕区，桑树旺盛生长期在 7—8 月，桑园耗水量平均每天为 6mm 左右，总耗水量为 372mm。这阶段的有效雨量，正常年份约为 177mm，因此需补给水 195mm 左右，折合每亩灌水量为 130m^3 左右。如果采用沟灌，可分 2 次灌入，每次 60～70m^3，间隔半个月。大旱年份，如 7—8 月的降雨量不足 100mm 时，则应灌溉 3 次，每次灌水 70m^3。多雨年份，如 7—8 月的降雨量达到 600mm 左右时，就无需灌溉。

(四)灌水方法

1. 沟灌

为常用的灌水方法，要在建立桑园时设置引水沟渠，干旱时引水或抽水引流漫灌桑园，待充分湿润后，排出多余水分。

2. 喷灌

将加压后的水，通过管道，引向需要灌溉的地方，经喷头喷出的水成水滴状或水雾状，洒布在桑园上，补充所需的水分。这种灌溉方法有许多优点，如省水，比沟灌方式省水 50%～60%，避免了水分的渗透流失，同时灌溉效益高。

3. 滴灌

在桑园株行间埋入输水管道，向每个植株分出配水管，通过细孔或滴头，不断渗入水分，润湿根际土壤，使之达到最佳的供水状态。滴灌用水比喷灌还省，仅相当于沟灌的 10%～20%，能防止水分的深层渗透和土表蒸发。但滴灌的设备投资很大，材料需求量大，水质要求高，水垢、真菌等易阻塞水孔，不便清除，目前还不能广泛应用。

(五)排水

1. 水涝对桑树的危害

桑园发生水涝危害的原因主要有 2 种：一种是连续阴雨造成桑园地面积水；另一种是低洼地桑园，由于

地下水位过高而引起危害。另外，丘陵、山地的桑园常因暴雨冲刷，引起水土流失，桑树歪倒与桑根露出地面，从而影响桑树生长。

水涝对桑树的生理影响，主要是由桑园积水以后，土壤中缺乏空气而引起的。据观察，水涝初期，新梢生长稍有加快，这是因为水分充足而促进了细胞延伸。但 8d 后叶色变黄，生长缓慢；15d 后新梢停止生长；30d 后桑叶全部脱落。地下部的反应较地上部敏感，淹水 1d 根尖萎缩，生长停止，8d 后细根逐渐腐烂。如能及时排水，排水后 9d 即有新根生发，14d 后未掉落的黄叶也能逐渐转绿，恢复生机。由上可知，为了确保桑树正常生长，提高桑叶产量，及时做好排水工作也是非常重要的。

2. 排水措施

建立排灌系统，是桑园抗旱防涝的重要措施。在丘陵山区，采用梯田或等高线栽植的桑园，可顺着梯田内沿开挖横向的排水沟，沟壁砌石或种植草皮，以防雨水冲塌。排水沟要纵横相连，并通向河道或水库。雨水较多、比较低洼的平原地区桑园，要求建立排水系统，不仅能在雨季排除地面积水，而且在平时能降低地下水位，做到排灌两用。

除及时做好排水工作以外，还应注意洪水冲刷或桑园被淹后的及时护理。例如在桑园积水排除后，待地面稍干时进行中耕松土，以改善土壤的透气性。对于洪水冲刷严重的桑园，应及时将歪倒的桑树扶正，并应适当施用追肥，以补回流失的养分。

三、桑树的树体管理

成林桑树在生长发育过程中，个体内部和个体之间，在发条力、生长势、枝叶分布和遭受病虫侵害等方面，均有数量、速度和程度上的差异，原来养成的树形，经过生长发育后也将发生变化。因此，对桑树应经常进行修剪整形、树体护理，使植株内部和群体之间的生长发育较为均衡一致，以便于培护管理。

树体护理的主要内容是疏芽留条、摘芯、剪梢和树体整理。

(一)疏芽留条

桑树春伐或夏伐后新芽生发，待新芽长到一定长度时，应进行疏芽留条，以调节控制单株枝条数和枝叶分布状况，保证每株有足够的条数，使每根枝条分布均匀。伐条后新芽萌发抽长，往往数量多、稀密不匀。疏芽就是将多余的、拥塞的、位置不当的新芽疏除，留足应有的枝条，并使之位置适当。成片桑园，每亩留条数在 6000～8000 根之间，才能充分利用所在的土地条件，达到适宜的生长态势。疏芽早迟应视剪伐方式而定，春伐植株的疏芽应在新芽生发后长至 10～15cm 时完成，以节省植株储藏的养分，促使新枝生长；夏伐植株可在新芽长至 20～30cm 时疏芽，疏下的芽叶用以养夏蚕。病虫为害严重的地方，疏芽应分 2～3 次疏完，以防病虫损失，保证足够条数。

(二)摘芯

摘芯就是将正在生长的枝梢顶端的生长点或嫩头摘除，其作用因季节、蚕期不同而有所不同。春蚕期对将要夏伐的桑树新梢，在用叶前 6～10d 摘去嫩头，使枝梢不再抽长，这样可以促使枝梢上原有的叶片加快成熟，保持所有叶片成熟度一致，提高叶质，而且可以提高产量和利用率。种茧育用桑于春蚕期摘芯，使叶片成熟度一致，对减少不良卵、提高蚕种质量有良好作用。

(三)剪梢

在秋末桑树停止生长，即将进入休眠时，将植株上所有枝条的梢端剪去，叫剪梢。因为秋梢生长时期短，组织构造不充实，未木质化，所以入冬以后易受冻害，引起梢枯，对来年春季桑树发芽抽枝不利。桑树上的一些病虫如细菌病、叶蝉等，秋末也易在枝条梢端寄生侵染，取食嫩叶。经剪梢处理，也可清除这些病虫，减轻为害。实生桑剪梢还有减少花果的作用。所以剪梢能提高春期桑叶产量，增产可达 10%左右。

剪梢的长度视枝条长短而定，通常为条长的 1/4～1/3。晚秋蚕期采叶的剪梢，长度有达条长的 1/3～1/2的。剪下的梢叶如不用于养蚕，应集中堆沤或销毁，防止潜藏的病虫蔓延传染。

(四)树体整理

冬季桑树落叶休眠后，应对全株进行一次树体整理，其操作是：剪除树冠上的有病虫、细弱、下垂、横穿、过

密等无效枝条和位置不当的枝条，去密补稀，去弱留强，外展中空，使树冠内部枝条位置适当，分布均匀，通风透光，整齐一致。对主干和各级支干上的枯桩、死拳、洞孔、裂隙等也要加以清理、切除和填补，消灭病虫潜藏越冬的场所，使全株整洁清爽、体肤完好。剪除下来的枝条、枯桩应集中销毁，防止潜藏其中的病虫蔓延传染。

四、灾害处理

桑树除遭受病虫为害外，还常受到自然灾害和空气污染、农药污染等为害，给桑树生长及桑叶产量造成损失，或者为害蚕的健康，对生产不利。因此，应针对造成灾害或污染的原因，采取相应的对策，减轻其所造成的损失。

(一)霜害

霜害是气温下降到0℃以下，空气中的水蒸气在物体表面凝结形成冰霜，致使植物细胞间隙中的水结冰，原生质亦脱水凝固，细胞膜遭受机械损伤而造成的损害。霜冻因发生时期不同，又分为早霜冻和晚霜冻。晚秋第一次打霜称为早霜，春末最后一次打霜称为晚霜。早霜可使枝条梢端和桑叶受害枯萎，使晚秋蚕用桑受到损失。晚霜可使萌发的芽叶受害，造成局部坏死变褐或者全部冻死，使春叶严重减产。

霜冻的发生一般可以预见，当寒流来临时，如果傍晚晴朗无风，晚上星月皎洁，21:00左右气温为10℃，半夜零时降至6℃，则黎明前很可能出现霜冻。

霜冻将至前，采用沟灌或喷水的方法有防霜效果；在桑园熏烟也可达到防霜效果；经常施用有机肥，增施钾肥，对减轻霜害有一定作用。对于霜害严重的桑园，可以进行伐条以恢复树势；不是很严重的霜害，一般不必进行剪梢和伐条，而主要是加强肥培管理，增施速效性肥料，促使潜伏芽和副芽及未受霜害的生长芽加速生长。

(二)冻害

冻害是指桑树休眠越冬时期遇到低温的影响，引起组织结冰，在细胞间隙形成冰晶体，逐渐向细胞吸水，使细胞失水而增高细胞液浓度，引起原生质凝固。冻害主要受害部位是地面上的枝条和树干，有时全株受害，冻害部分呈现明显的缩皱、干枯状。严寒地区的低干幼龄桑树，还会冻至出现耸拔现象，使桑树断根，桑苗干枯死亡。

冻害多发生在冬季严寒地区，如果晚秋气候温暖多雨，桑树休眠迟，冻害就严重。原产当地的桑树品种，地上部分冻枯后，地下部分还能抽出，但来自南方的桑树品种很难安全越冬。

此外，树龄大小不同，其抗寒性也不同，当年栽植的嫁接苗受害最重。从树形来看，低干桑受冻害最严重，中干桑次之，高干桑最轻。

对于冻害，应采取预防措施。寒冷地区应选栽抗寒性强的本地品种；秋期采叶不过度，注意留叶养树及晚秋剪梢；多施有机肥，增施磷钾肥，抑制晚秋徒长，以增强抗寒力。北方严寒地区的幼苗和幼龄桑树，于封冻前盖土，开春后撤开，有一定的防寒作用。

(三)雹害

雹害多发生在桑叶旺盛生长期，轻者击破叶片，折损枝梢，造成减产；重者成灾，毁坏桑园。受害后当立即剪除损毁部分，增施速效氮肥，促使植株重发枝叶，加速枝叶的生长速度，减轻灾害损失。

(四)洪涝灾害

沿江河、溪渠、塘库的低洼地势，时有洪涝灾害发生。一般淹水时间不长、砂石不重的洪水，对桑树生长无大影响。沿江河洪水，如快涨快落，即使泥沙较重，桑园受淹也没有多大影响。而且，洪水带来的泥沙，覆盖桑园地表，还有增厚土层、提高土壤肥力的作用，相当于一次施肥。

但淹水时间较长、泥沙较重、夹石较多的洪水，对桑树为害较大。长时间淹水，土壤孔隙被水灌满，将使根系窒息，呼吸困难。树干枝叶淹水过久，又被泥沙覆盖，光合、呼吸、蒸腾等作用均无法进行，受淹部分也将窒息腐烂。随水夹石覆盖地面，将来也会妨碍桑园耕作管理。

洪水之后应及时排水，清除夹石，剪除植株被损毁腐烂部分。如泥沙涂污树体较厚较重时，应用高压水

流冲淋洗涤，清除污染。积水排完，对地面进行一次中耕松土，以改善桑园土壤的透气状况。

(五)农药污染为害

用农药防治病虫害，可以确保农作物丰收，但是使用不当，或者浓度、用量和残毒期掌握不好，将对农作物产生不良影响。使用农药导致桑树受害虽少有发生，而引起家蚕中毒却是常见。特别是桑树与其他农作物间种时，农药溅落于桑叶上会引起蚕儿中毒的现象，不少蚕区常常出现，有时还相当严重。

农药污染应以预防为主，第一，应正确掌握桑园用药的种类、浓度和药量，既能防治桑树病虫害，又不至于对桑树和蚕带来药害；第二，蚕期桑园用药应选择残毒期短的农药，如敌敌畏、马拉硫磷等；第三，即使残毒期过后采叶喂蚕，也应先做试喂试验，确证无毒后再大量采叶；第四，有条件的地方应统一规划农田，使桑园集中连片，与其他农作物分开，尽量避免农田用药对桑叶的污染。

(六)烟草挥发物的为害

采用烟草挥发物污染过的桑叶喂蚕，会引起蚕食下中毒，表现出头胸抬起、左右摇摆、吐水等中毒症状，严重时瘫软死亡。烟草挥发物逸散距离，顺风可达 100m 左右。因此，防止烟草中毒的措施有：第一，严禁在桑园内间作烟草；第二，烟草种植地必须距离桑园 100m 以上；第三，丘陵、山地的烟草种植在海拔 800m 以上，桑树种植在其下，也可避免烟草挥发物为害。

五、大气及土壤污染的处理

人类在生活和生产过程中，往往会向周围环境排放大量的废弃物。当这些废弃物的聚积程度超过环境自净能力时，就会造成环境污染。目前主要的环境污染物，是来自工矿区在生产过程中排放的废气、废水和废渣。大气污染物种类繁多，已知的对人类产生危害或受到注意的有 100 多种，其中对蚕桑生产危害较大的有氟化物、含硫氧化物、含氮氧化物、碘及重金属元素等。生产上常见的多为氟化物和含硫氧化物的危害，其中氟化氢的毒性又比二氧化硫强 20～100 倍。

据大量氟化物污染叶的养蚕试验，一般认为对蚕安全的桑叶含氟化氢量临界值为 30mg/kg。因此，在实际生产上，受氟化物污染不太严重的蚕区，虽然外观上桑叶未出现危害症状，但桑叶中的氟化氢含量很有可能已超过安全临界值，这必须引起充分注意。

预防蚕桑生产的氟化物污染危害，根本办法是在蚕区控制和治理氟化物污染源，以保证蚕桑生产在安全的环境中进行。在蚕桑生产技术方面，选栽抗氟化物能力较强的桑品种和饲养耐氟化物较强的蚕品种，一般夏秋用蚕品种对氟化物的耐受力比春用蚕品种的要强些。对已经受氟化物污染的桑叶，采用清水或饱和石灰澄清液浸洗，也可减轻氟化物对蚕的危害。

防治含硫氧化物污染的根本办法，是在蚕区控制和治理含硫氧化物的污染源，降低大气中的含硫氧化物浓度，以保证工矿区附近的蚕桑生产安全。受二氧化硫等污染的桑叶，用清水漂洗 30～60min，可减少桑叶表面吸附的二氧化硫等污染物，以减轻对蚕的危害。此外，二氧化硫污染源周围的桑园，会因二氧化硫等酸性物质的沉降而使土壤酸化。因此，可施用石灰等碱性材料来中和土壤，以减轻土壤酸化给桑树生长带来的不良影响。在桑园施肥方面，可适当增施钾肥和硅肥等，以提高桑树对二氧化硫污染的抵抗能力。

一些工矿区排放的废气、废水和废渣或污泥中，往往含有较多的锌、镉、铜、铅和汞等重金属元素，这些重金属元素污染大气、水体和土壤后，会在生物链中逐级富集，从而引起动植物生长受阻或出现中毒危害。

重金属元素进入土壤后，很容易被土壤有机、无机胶体吸附或与其他化学物质结合，形成难溶物而固定在土壤中，土壤微生物也很难对其进行降解。因此，桑园土壤一旦受重金属污染后，就很难治理和消除。由此可见，控制和消除重金属污染源是防治污染的根本措施。对已发生重金属污染的地区，大多采用排土法或客土法或施用化学改良剂进行治理。由于重金属污染物大多富集于表土或耕作层，因此可用排土法或客土法来改良土壤。但此法需要耗费大量财力和劳动力，仅限于小面积污染时实施。施用石灰等调整土壤酸碱度，使重金属在中性或碱性条件下形成氢氧化物沉淀，以抑制其危害。在中性土壤中，桑根吸收的镉、锌和铅等明显减少，桑树干物产量显著高于酸性土壤的产量。此外，桑园施用钙肥、镁肥、磷肥或过磷酸钙及有机肥，对抑制桑树根系对土壤中重金属元素的吸收也有一定的效果。

第五章　桑树病虫害控制

第一节　桑树的病害

桑树病害的控制，应贯彻“预防为主，综合防治”的方针，研究病害的发生及发展规律，做好病害的测报，在这基础上采取相应防治措施以控制其发生，确保桑园丰收。目前，我国已发现的桑树病害有100余种，其中能为害成灾的约40种。因篇幅有限，本节只叙述对桑树为害严重的若干种病害。

一、桑树类菌原体病和病毒病

(一)桑黄化型萎缩病

桑黄化型萎缩病又叫萎缩病、癃桑、猫耳朵等，为全株性病害。

1. 分布及为害

本病在全国各蚕区都有发生。大都在夏伐后发生，早的在5月上旬出现症状，6—8月进入发病高峰，病树衰亡快，2年后死亡。

2. 症状

发病轻者，桑枝顶端叶缩小变薄，叶脉细，略向背面卷缩，叶色黄化，腋芽早发。发病中等者，叶缩小更明显，向后卷缩更严重，色黄质粗，节间短缩，叶序变乱，侧枝细小且多，不坐果。发病重者，叶瘦小，似猫耳朵，腋芽不断萌发，细枝丛生成簇，形似帚状。一般先由单枝发病，后向全株扩展。病株上还未表现症状的枝条仍能长出花椹，次年经过夏伐，往往枝条顶端逐叶萎缩，下部叶片仍正常，形似宝塔(图5-1)。

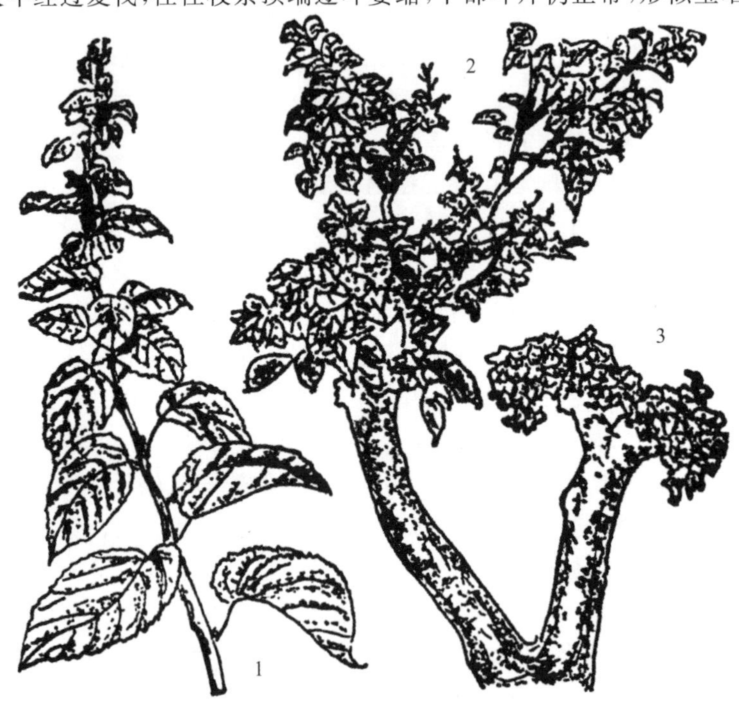

图5-1　桑黄化型萎缩病症状(引自余茂德，楼程富，2016)

1. 初期病枝；2. 中期病枝；3. 后期病枝。

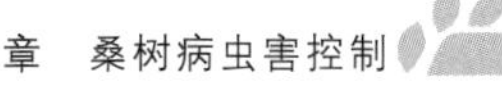

3. 病原

病原为类菌原体(Mycoplasma like organism, MLO)。病原体呈椭圆形或圆形,大小不一,直径80~1000nm,内部有核质样纤维状物。

4. 侵染循环

本病的病原体在树体内越冬,通过嫁接和昆虫媒介传染。目前已经查明,凹缘菱纹叶蝉(*Hishimonus sellatus* Uhler)和拟菱纹叶蝉(*Hishimonoides sellatiformis* Ishihara)都是本病的媒介昆虫。桑树或桑苗通过桑菱纹叶蝉介体感染后,潜育期为20~300d。通常在夏季、早秋感染的,当年发病,出现初期症状,到第二年桑树夏伐后出现严重症状;在中、晚秋感染的,当年可不发病,潜育期延长到次年。潜育期的长短还受温度、桑品种抗病力、桑树采伐时期、采叶程度、桑园施肥状况等因素的影响。

5. 发病规律

(1)温度

当年新表现症状的病株,都于夏伐后的高温季节发病。

(2)采伐

春伐桑发病轻,夏伐桑发病重;夏伐太迟的易损伤树势,发病率增加。

(3)施肥

多施速效性氮肥的桑园,发病率高;氮肥和有机肥(绿肥、河泥等)合理搭施的桑园,发病率低,为害轻。

(4)桑品种

育2号对本病的抗病力最强,湖桑7号、湖桑199号、团头荷叶白对本病的抗病力较强,红皮大种、荷叶白对本病的抗病力弱。

(5)媒介昆虫的密度

媒体昆虫凹缘菱纹叶蝉和拟菱纹叶蝉的密度高,则发病率也高。

(6)苗木带病

苗木带病的,容易发病。

6. 防治方法

(1)加强检疫

禁止有病的桑苗调运至新区或无病区栽种;对病区的桑苗、接穗要严格检查,并用土霉素2000单位/mL溶液浸泡3h后使用。

(2)推广抗病桑品种

繁育推广育2号、湖桑7号、湖桑199号等抗病桑品种,苗圃地严格选择在无病地区,同时经常检查并拔除病苗。

(3)加强桑园管理

提早桑园夏伐;秋蚕期合理采叶;桑园多施有机肥,不过量施用化学氮肥。

(4)彻底挖除病株

在冬、春将病株彻底挖除的基础上,再在6—7月和9月进行3次病株挖除,重点关注6月中、下旬桑树发病高峰期和媒介昆虫吸毒传病重要期的病株挖除,以杜绝病源,能取得显著的防治效果。

(5)防治媒介昆虫

重点抓好3次防治:第一次在4月中、下旬,用80%敌敌畏乳油或50%马拉硫磷乳油1500倍液或50%辛硫磷1000倍液,防治第一代刚孵化的拟菱纹叶蝉和凹缘菱纹叶蝉若虫;第二次在桑树夏伐后,立即喷布90%敌百虫晶体1500倍液,防治第一代成虫;第三次在9—10月中秋蚕期结束时,杀灭第三、四代成虫,农药品种可根据药源选用。另外,冬季进行全面重剪梢,除去越冬卵粒,减少次年虫源。

(二)桑萎缩型萎缩病

桑萎缩型萎缩病又称萎缩病、癃桑、龙头桑、糜桑,也为全株性病害。

1. 分布及为害

本病在浙江、江苏、安徽、四川、广东、广西等蚕区都有发生。本病也在桑树夏伐后发病，具有来势猛、蔓延快的特点，严重地区3～4年间发病率可达80%，桑叶减产50%。

2. 症状

发病轻的，叶片缩小，叶面缩皱，枝条短细，叶序混乱，节间缩短；发病中等的，枝条顶部或中部的腋芽早发，生出许多侧枝，全叶黄化、质粗糙，秋叶早落，春芽早发，无花椹；发病重的，枝条生长显著不良，瘦枝徒长，病叶更小，最后枯死。整株发病情况是先局部，后全株，逐步蔓延加重(图5-2)。

图5-2　桑萎缩型萎缩病症状(引自余茂德，楼程富，2016)

3. 病原

病原为类菌质体。在电子显微镜下，可以观察到病枝及拟菱纹叶蝉、凹缘菱纹叶蝉的体组织中有类菌质体，呈圆形或椭圆形，大小为80～1000nm。

4. 侵染循环

本病病原在病株体内越冬，通过嫁接和媒介昆虫(拟菱纹叶蝉、凹缘菱纹叶蝉)传染。

5. 发病规律

(1)温度

一般30℃左右，症状急剧表现，春季低温25℃以下出现隐症。因此，6—9月发病多，其中7—8月较严重，而春季发病轻且少。

(2)采伐

采伐过度和偏施氮肥的发病较重，发病后春伐可抑制病情发展。

(3)桑品种

湖桑197号较抗病，团头荷叶白、荷叶白、桐乡青等发病较少，所以可选栽。

6. 防治方法

(1)加强检疫、彻底挖除病株及防治媒介昆虫

均同桑黄化型萎缩病。

(2)选栽抗病桑品种

发病地区应选栽湖桑197号、湖桑7号、湖桑32号等抗病桑品种。

(3)改善采伐方法

采用隔2年春伐1次的方法，有使约90%病株康复的效果；在桑树夏伐时适当提高剪伐，并保留1～2个三眼叶，可控制病害蔓延；在夏秋期合理采叶，控制氮肥并增施有机肥，可减轻发病。

(三)桑花叶型萎缩病

桑花叶型萎缩病又称癃桑、癞头皮桑、花叶卷缩病,也为全株性病害。

1. 分布及为害

本病在江苏、浙江、安徽、四川、广东、广西、重庆等蚕区都有发生。本病主要在春、夏初及晚秋发生,病株桑叶卷缩、发皱、老硬,影响春叶和夏叶的产量及质量。

2. 症状

发病先从少数枝条开始,逐渐蔓延至全株。初发病时,叶片侧脉间出现淡绿色或黄绿色斑块,叶脉附近仍为绿色,叶缘常向叶面卷缩,叶背脉侧常生小瘤状突起,细脉变褐,病枝稍细、节间略短。发病严重时,病叶小而叶面卷起显著,质地粗硬,叶脉明显变褐,瘤状或棘状突起更多,腋芽早发,生有侧枝,病株极易遭受冻害,桑根不腐烂,病株逐渐衰亡(图 5-3)。

本病在春末、初夏及秋季,同一根病枝上的叶片常有表现症状与不表现症状的间歇现象。

图 5-3　桑花叶型萎缩病症状

1. 春季病枝;2. 夏秋季病枝;3. 病叶及放大;4. 春季发病桑园。

3. 病原

本病病原在电子显微镜下观察,是一种线状病毒,其宽度为 11～13nm,长度约 1000nm。但是,这种病毒未经生物学鉴定。

4. 侵染循环

桑花叶型萎缩病病原在树体内越冬,主要通过病苗、病穗和病砧木传播扩大为害,其中嫁接传病率最高,为 80%左右。

5. 发病规律

(1)品种

桐乡青极易感病,湖桑 197 号、湖桑 32 号等较抗病。

(2)温度

本病发病的适温为 22～28℃,主要发生于春季和初夏之际。夏伏后随气温升高,症状逐渐消失,在 30℃以上时出现高温隐症现象;随着晚秋气温逐渐下降,症状又重新出现。

(3)湿度

多湿地区或地下水位高的田块发病重。

6. 防治方法

(1)加强检疫

禁止从病区调运桑苗、接穗和砧木;新病区发现病树,需立即挖掘烧毁,防止病害扩大蔓延。

(2)选栽抗病桑品种

发病地区应选栽湖桑 197 号、湖桑 32 号、早青桑等抗病桑品种。

(3)培育无病苗木

病区培苗要及时淘汰病株,要剪取无病接穗进行嫁接;嫁接苗在生长期间,应在 6 月进行逐株检查,拔除病苗。

(4)病树嫁接更新

利用抗病桑品种接穗,嫁接更新病树,可使病树康复。康复期可维持约 10 年。

(5)药剂防治

用 100 单位硫脲嘧啶于夏伐前对桑树桑叶喷洒 2 次,前后间隔约 10d,可使大多数病株于第 2 年康复。

二、桑树细菌病害

(一)桑细菌性青枯病

桑细菌性青枯病又名桑枯萎病、瘟桑、青枯,为全株性病害。

1.分布及为害

本病是广东、广西蚕区的一种桑细菌病害,浙江、江苏蚕区近年来渐多,具有发病急、蔓延快、枯死率高等特点。本病在田间具有明显的发病中心,如果桑园同时出现多个发病中心,则病害很快蔓延,致使整片桑株枯死。病地虽补植新桑,仍然会发病。

2.症状

本病是典型的维管束病害,病原菌侵染桑树根部,影响水分输导而致枯萎。地上部的枯萎情况有 2 种:第一种是叶片先失去光泽,随后迅速失水凋萎,呈"青枯"症状。此种枯萎情况常出现在新植桑或摘芯、降干后的新生枝条上,发病率高,枯死速度快。第二种是枝条中部叶片的叶尖和叶缘先失水,然后变褐干枯,逐渐扩展至全株。此种枯萎情况多数出现在老桑树或摘芯后超过 30d 发病的枝条上,枯死速度比较缓慢。地下部剖开根部皮层,可见木质部有褐色条纹,随病情发展而向上延伸至枝条,严重时,根的木质部全部变褐色或黑色,皮层腐烂脱落(图 5-4)。

图 5-4　桑细菌性青枯病(引自余茂德,楼程富,2016)

1.地下部被害状(示维管束变褐色);2.地上部被害状(示部分叶片变黄褐色枯萎);3.病原菌形态,表面呈旋曲状;4.病原菌鞭毛。

3.病原

本病病原为青枯假单胞杆菌[*Pseudomonas solanacearum* (Smith) Dowson],菌体呈短杆状,无芽孢,无荚膜,大小(0.5～0.8)μm×(1.3～2.2)μm,极生鞭毛,多数 1 根,偶有 3 根,革兰氏染色阴性。细菌发育的最低温度为 10℃,最适温度为 28℃,最高温度为 40℃,致死温度为 53℃;生长 pH 值为 5～9,最适 pH 值

为7～8。

4.侵染循环

病原菌对土壤有很强的适应力，能离开寄主单独成活于土壤中，并能在土壤中繁殖。因此，发过病的土壤和遗落在土中的病株残体是本病的主要传染来源。本病通过带病桑苗调运，将病原菌带到新区传播蔓延，土壤中的病原菌除与桑树根部发生接触传染外，还能通过降雨、流水和人畜农事活动而蔓延扩大。本病病原菌还能通过伤口、虫口等侵入根部组织，与接触传染相比较，其创伤传染发病早、枯死率高。

5.发病规律

高温多湿、桑树摘芯或降干均可促进发病；低洼积水地发病重，传播迅速；新植桑、幼龄桑易感病，死亡也快；抗青10号、抗青4号、盛东1号等桑品种有较强的抗病能力。

6.防治方法

(1)加强检疫

封锁病区，禁止从病区调运桑苗或接穗，防止病区扩大。

(2)土壤消毒

当桑园内有少量发病时，要及时清除病株，并用2%～4%福尔马林或0.1%有效氯含量的漂白粉液进行土壤消毒，可抑制发病。

(3)轮作

对发病严重的田块，实行与甘蔗及水稻等禾本科作物轮作，一般轮作水稻2年有效。

(4)加强栽培管理

培育无病桑苗，选用越1号、望月桑等抗病桑品种；合理采伐，增强桑树的抗病力。

(二)桑疫病

桑疫病又称桑细菌性黑枯病、桑细菌性缩叶病、烂头病等，为叶部病害，有黑枯型、缩叶型2种病型。

1.分布及为害

本病在全国各蚕区都有发生，其中以浙江、江苏、山东、广东、四川等蚕区发生更为普遍和严重。本病为害叶片、新梢，使叶片呈现黄褐色斑点，甚至整片枯黄易脱落；发病严重时引起枝条梢端芽叶黑枯腐死，使枝条不能继续生长，严重影响桑树产量和质量。

2.症状

本病2种病型的症状不同。夏秋季多发的桑黑枯型疫病的病原菌(图5-5)侵染桑叶时，叶片呈现褪绿转黄的不规则多角斑。侵染新梢时，发生烂头症，并沿枝条向中下部蔓延，在枝条表面形成粗细不等、稍隆起的黑褐色点线状病斑而导致枝条开裂。枝条内部呈现比外部更鲜明的黄褐色点线状病斑，有的病斑可穿过木质部深达髓部。

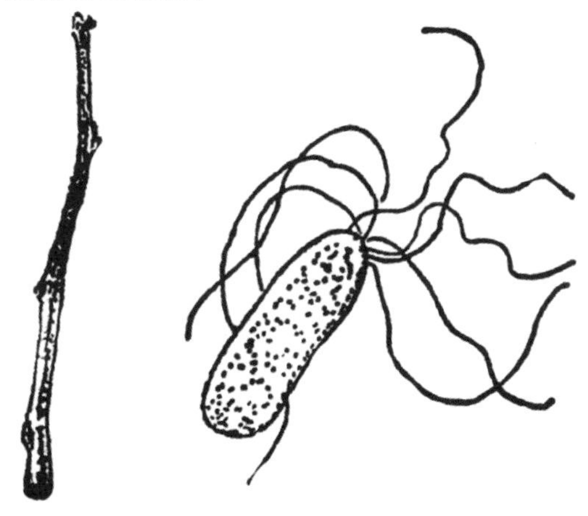

图5-5　桑黑枯型疫病症状及其病原菌(引自余茂德，楼程富，2016)

1.病枝；2.病原菌；3.病叶；4.病叶放大。

春季多发的桑缩叶型疫病的病原菌从叶片气孔侵入叶内，则叶面出现近圆形褐色斑点，病斑逐渐扩大而为黄褐色，周围稍退绿变黄，病斑后期穿孔，叶缘变褐，叶片腐烂；病原菌从叶柄、叶脉处侵入，则叶背的叶脉上形成病斑，初呈褐色，后变黑色，叶片向背面卷曲呈缩叶状，易脱落；病原菌从新梢侵入时，则枝条表面出现黑色龟裂状梭形大病斑，顶芽变黑、枯萎，下部腋芽秋发成新梢。

不论是黑枯型或缩叶型，在高温、多湿条件下，病斑部可能溢出淡黄色黏附物，是该病病原菌聚集而成的"溢脓"。干燥时，"溢脓"常凝结成有光泽的小珠或菌膜状。

3. 病原

桑疫病病原菌为短杆状细菌（*Pseudomonas syringae* pv. *mori* Van Hall），属于裂殖菌纲、假单胞杆菌目、假单胞杆菌科、假单胞杆菌属，大小为(0.7～1.3)μm×(1.6～4.4)μm，两端钝圆，单极生鞭毛1至多根，无芽孢，无荚膜，革兰氏染色阴性。病原细菌好气性，发育温度1～35℃，最适温度28～31℃；生长pH值6.1～8.8，最适pH值6.9～7.5。

4. 侵染循环

病原菌在病枝条活组织内越冬，到第二年侵染新萌发的芽和叶，成为早春初次侵染的主要病源。枝条内的病原菌在次年春季气温变暖时，随树液流动，内部病斑中的细菌由维管束蔓延到桑芽和嫩叶，引起初次侵染，并在叶柄、叶脉上形成新病斑。病斑内的细菌迅速繁殖，溢出黄白色菌脓。菌脓随雨水滴溅到邻近芽叶上，或者经昆虫、枝叶相互接触等所造成的伤口侵入，也可通过气孔侵入，引起发病。此外，桑树的接穗和苗木调运，可将病害传至各地。

5. 发病规律

本病的发生和流行与气象条件、桑品种抗病力有密切的关系。在高温、多湿环境下，病原菌繁殖速度加快，病害迅速流行。在招风的地方，枝叶相互摩擦造成的伤口，以及桑瘿蚊、桑象虫为害幼叶和生长芽后造成的伤口，都容易感染发病。桑品种间抗病力差异很大，农桑8号、湖桑199号等桑品种抗病力强；而桐乡青、黄鲁头、湖桑7号等桑品种容易发病。

6. 防治方法

(1)避免伤口

加强桑园治虫以减少虫伤口，防止粗暴采叶和剪伐以减少损伤口，从而减少病原菌的侵入途径。

(2)严格检疫

本病可通过桑苗、接穗传播，所以调运给新蚕区的桑苗、接穗需要经过严格检验。

(3)清除病源

在发病初期，要及时将病梢、病叶除去，病梢应从病斑以下10～15cm处剪除；在发病后期，应齐拳剪除整根枝条。

(4)选栽抗病桑品种

培育健康的无病桑苗；在多发病地区，选栽湖桑199号、湖桑13号、育2号、大种桑等抗病桑品种。

(5)药剂防治

在发病初期，剪除病梢后，用300～500单位土霉素或15%链霉素与1.5%土霉素混合的500倍液，喷洒防治，隔7～10d再喷1～2次；在冬春，施用石灰氮25～30kg/亩，杀灭土壤中越冬的病原菌。

三、桑树真菌病害

(一)桑里白粉病

桑里白粉病又称白粉病、白背病，为叶部病害。

1. 分布及为害

本病在我国分布极广，全国蚕桑产区均有发生，主要为害晚秋叶。受害桑叶虽然不会出现急速萎凋，但因养分消耗而影响桑叶品质，同时促使桑叶提前硬化，以及采摘后容易干燥。

2. 症状

本病的症状多见于枝条中下部较老桑叶的背面。开始时散生白色细小霉斑，逐渐扩大并常连成一片，最终布满全叶背。发病初期，霉斑表面形成分生孢子，呈粉状；至后期（江苏、浙江蚕区多在10月上旬）在白色霉斑上出现黄色小颗粒，并逐渐增多，由黄色转橙红色变褐色，最后呈黑色；小颗粒是病原菌的闭囊果（图5-6）。本病常与桑污叶病并发为害。

图5-6　病叶上的白色霉斑（引自余茂德，楼程富，2016）

1. 叶背病斑；2. 叶表面病斑。

3. 病原

桑里白粉病的病原为真菌 *Phyllactinia moricola*（P. Henn.）Homma，属于子囊菌亚门、核菌纲、白粉菌目、白粉菌科、球针壳属。菌丝体不分枝，纵横交错成网状，以附着器附着于叶背表皮，部分菌丝从气孔侵入细胞间隙，以吸器伸入细胞内摄取养分。在叶面上的营养菌丝垂直长出分生孢子梗，分生孢子梗顶端膨大形成分生孢子，分生孢子呈棍棒状、无色，大多单生。病原菌有性世代形成闭囊果，闭囊果内含有4～20个子囊，子囊内藏有2～3个子囊孢子。

4. 侵染循环

桑里白粉病的病原菌以闭囊果黏附在桑树枝条、枝干上越冬，第二年春期条件适宜时横周裂开，将其内子囊孢子喷射飞散到桑叶上。子囊孢子在适宜条件下发芽并侵入桑叶，引起初次侵染，在桑叶背面形成白色病斑。此时病原菌进入无性世代，产生大量分生孢子，分生孢子成熟后脱落飞散，引起再次侵染。从春至秋，由分生孢子连续多次侵染循环，传播发病，不断扩大为害。直至深秋才再次进入有性世代，病斑上产生闭囊果并黏着于枝条、枝干表面而休眠越冬。

5. 发病规律

桑里白粉病的发病适温为22～24℃，适湿为70%～80%相对湿度。在此适宜条件下，飞散到桑叶上的分生孢子约经2h发芽，即侵染发病的速度很快。

本病在长江流域蚕区主要发生在晚秋季气候干燥时；桑叶硬化早的品种容易发病；气温较低的山区桑地比平原较温暖的桑地发病重；春伐桑比夏伐桑发病重；过于密植或缺钾的桑园易发病。

6. 防治方法

（1）加强肥培管理与合理用叶

桑园要早施并施足夏秋钾肥，土壤过干时要及时灌水抗旱以延迟桑叶硬化；秋季自下而上地分批采叶，以使桑园通风透光。

(2)选栽抗病桑品种

在发病地区,选栽湖桑38号、湖桑7号、花桑等发病少的桑品种,其中又以桑叶硬化迟的品种为宜。

(3)药剂防治

①发病初期,全面喷洒1%～2%硫酸钾或5%多硫化钡液或50%多菌灵200～500倍液,可控制病情发展。②夏秋季发病期,可喷洒70%甲基托布津可湿性粉剂1000倍液,隔10～15d再喷1次,可收到显著的防治效果。③冬季喷洒2～4波美度石硫合剂液,可防止病菌侵入,或早春发芽前用90%五氯酚钠100倍液,杀灭子囊孢子。

(二)桑污叶病

本病是夏秋季发生在桑叶上的常见病害之一,常与桑里白粉病同时发生,为叶部病害。

1.分布及为害

本病在全国蚕区均有发生。病叶背面蒙上一层黑色煤污状物,使叶质变劣,提早硬化,容易萎凋,而不适于喂蚕。

2.症状

桑污叶病发生在较老的桑叶背面,开始时发生小块煤粉状黑斑,随着病势发展,病斑逐渐扩大;在相应的叶表面则呈现同样大小的黄灰色或暗褐色变色斑。当病斑继续扩大至相互连接时,往往布满叶背,整张叶片表面也随之变色(图5-7)。本病如与桑里白粉病并发时,常在叶背形成黑白相间的混生斑。

3.病原

桑污叶病的病原为真菌 *Clasterosporium mori* Sydow,属于半知菌亚门、丝孢纲、丝孢目、暗梗孢科、芽孢霉属。菌丝匍匐在叶背,以吸盘附着在叶表皮上,并以菌丝从气孔侵入组织内吸取养分。菌丝上长出直立棒状的分生孢子梗,分生孢子梗顶端着生分生孢子,分生孢子呈褐色,极易脱落(图5-7)。

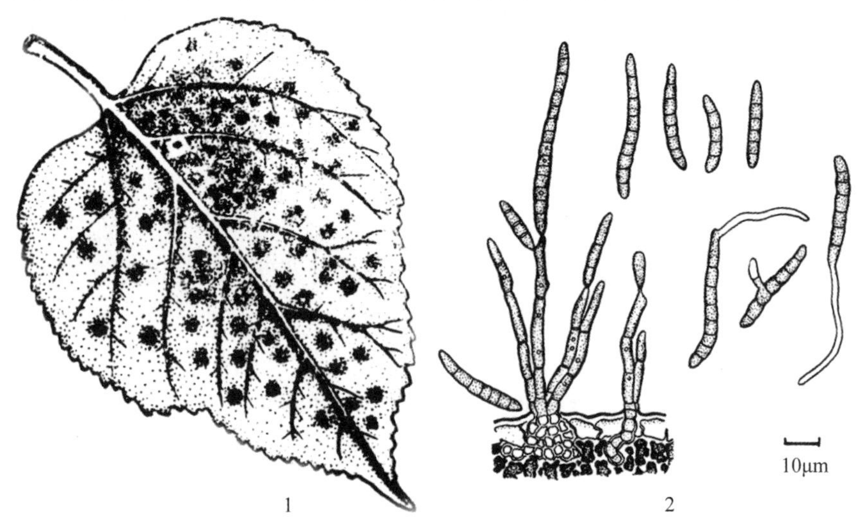

图5-7 桑污叶病症状及其病原菌(引自余茂德,楼程富,2016)

1.病叶;2.分生孢子梗和分生孢子。

4.侵染循环

桑污叶病的病原菌主要以菌丝在病叶组织内越冬,次年夏秋季在越冬菌丝上产生分生孢子,飞散后引起初次侵染。以后在新的病斑上产生分生孢子,引起再次侵染,多次重复循环。

5.发病规律

桑污叶病在实生桑、桑叶硬化早的桑品种(如桐乡青等)易发生,团头荷叶白、荷叶白等桑品种抗病力较强;夏秋季干旱时发病重;通风透光差的桑园发病较多。

6. 防治方法

(1)清洁桑园

在晚秋落叶前，摘去桑树上残留叶片作饲料或沤肥，以清除越冬的病原菌丝。

(2)合理采叶

夏秋蚕期，由下向上采摘枝条上的叶片，使桑园通风透光好，有利于防止本病发生。

(3)选栽抗病桑品种

在发病地区，选栽团头荷叶白、荷叶白等抗病桑品种。

(4)加强肥培管理

加强肥水管理，延迟桑叶硬化，可有效减少发病。

(5)药剂防治

在发病初期，喷洒 65%代森锌 500 倍液，或 0.7%波尔多液，有防治作用。

(三)桑褐斑病

桑褐斑病俗名烂叶病、焦斑病，是桑树叶部的主要病害之一。

1. 分布及为害

本病分布于全国各蚕区，浙江、四川、云南等省蚕区发生较严重。发病初期，病斑少而小，叶质下降，但桑叶仍可用作蚕的饲料；发病后期，病斑多而大，往往连接成片，使病叶枯萎，提早脱落或整叶腐烂。

2. 症状

发病初期，在叶片正面和背面均出现芝麻粒大小的水渍状淡褐色病斑。随着病情的发展，病斑逐渐扩大，形成近圆形的茶褐色或暗褐色病斑，边缘色较深，中央色较淡，其上环生白色或微红色的粉质块，之后变成粉质团块，即是病菌的分生孢子。分生孢子脱落后，露出黑色小疹状分生孢子盘。阴雨连绵或高温多湿时，病斑吸水膨胀，病叶腐烂、穿孔；遇干燥天气时，病斑中部开裂。发病严重的后期，叶片枯焦，形成“焦斑”“烂叶”而脱落(图 5-8)。

3. 病原

桑褐斑病的病原为真菌 *Septogloeum mori* Briosi et Cavara，属于半知菌亚门、腔孢纲、黑盘孢目、黑盘孢科、粘格孢属。病原菌在叶表皮下形成分生孢子盘，成熟后突破表皮而外露。盘上丛生分生孢子梗，梗顶端着生分生孢子。分生孢子呈棍棒状，两端圆，成熟时产生 3～7 个隔膜(图 5-8)。

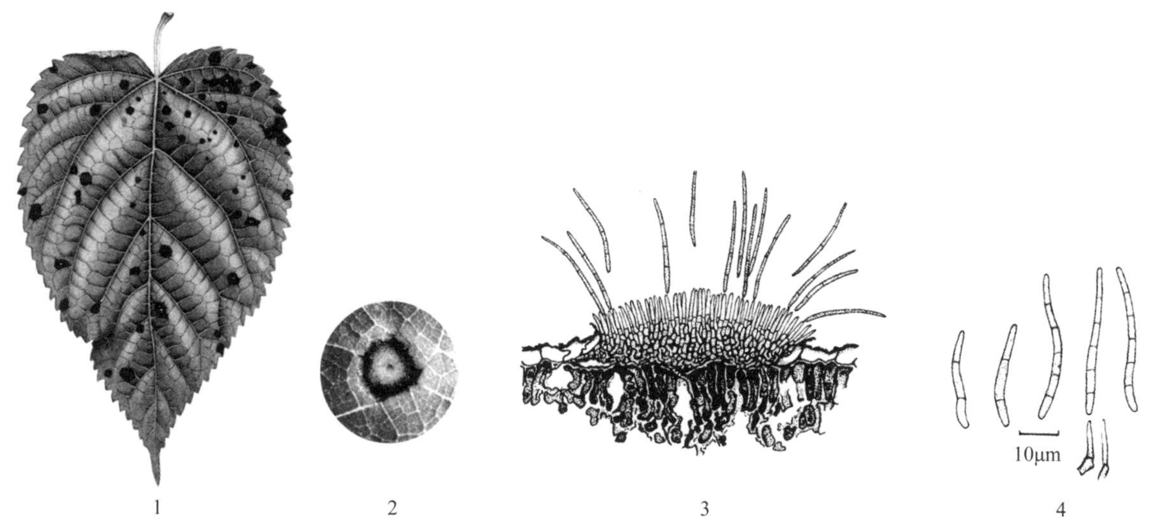

图 5-8 桑褐斑病症状及其病原菌(引自余茂德，楼程富，2016)

1. 病叶；2. 病斑放大；3. 分生孢子盘纵切面，分生孢子梗与分生孢子；4. 分生孢子。

4. 侵染循环

病原菌主要以菌丝在枝条上越冬，残叶上的分生孢子在干燥条件下也能越冬，但在潮湿条件下病叶腐烂，其上的病原菌很快消失。

越冬菌丝于第2年春暖时产生新的分生孢子，与残叶上越冬的分生孢子一起，通过风雨、气流、昆虫等传播到桑叶表面，发芽并经气孔侵入叶内，引起初次侵染。初次侵染形成的病斑上产生分生孢子，引起再次侵染，从侵染至再侵染只要10d左右，如此重复循环，在短期内可导致病害流行。

5.发病规律

高温、多湿的条件有利于桑褐斑病的发生，其中多湿是发病的关键因素。因此，气温高、降雨频繁的年份，发病多而重，河港、池塘、水稻田四周等多湿环境的桑园发病重，阴雨连绵、栽植过密、通风透光差的桑园发病重，地下水位高、排水不良以及偏施氮肥、肥培管理差的桑园容易诱发本病。桑品种间抗病性的差异也很大，荷叶白、桐乡青、湖桑197号等桑品种的抗病性较强，而火桑等桑品种的抗病力较差。

6.防治方法

(1)清除病原菌

冬季落叶前要彻底清除病叶，烧毁或做堆肥，以消灭越冬病原菌。

(2)加强肥培管理

桑园要避免不合理间作，低洼、多湿的桑园要开沟排水，增施有机肥，以改善桑园环境。

(3)栽植抗病品种

选栽荷叶白、桐乡青、湖桑197号等抗病性强的桑品种。

(4)药剂防治

在发病初期，用50%多菌灵500～1500倍液或70%甲基托布津1500倍液喷洒叶片，隔10～15d再喷1次，病情可以得到控制。

(四)桑炭疽病

1.分布及为害

桑炭疽病是夏秋季常见的叶部病害，在华东、西南等蚕区都有发生。本病为害叶片，发病严重时，病叶上的病斑连接形成不规则大枯斑，叶尖叶缘更多，使叶片枯黄，提早硬化，导致桑叶减产、叶质不良，严重影响秋蚕饲养。

2.症状

在发病初期，叶面散生黄褐或红褐色不清晰小病斑，后逐渐扩大，颜色加深至暗褐色，病斑略呈同心轮纹。发病严重时，大小病斑连接在一起，叶缘或全叶呈枯焦状，提早脱落。

3.病原

桑炭疽病的病原为真菌 *Colletotrichium morifolium* Hara，属于半知菌亚门、腔孢纲、黑盘孢目、黑盘孢科、毛盘孢属。分生孢子盘生于叶表皮下，成熟后突出表皮外露。分生孢子盘呈黑色，直径55～300μm，在上丛生分生孢子梗，分生孢子梗上着生具有黏胶物的分生孢子。分生孢子呈镰刀形，无色，单胞，大小(20～26)μm×(3～5)μm。

4.侵染循环

病原菌以分生孢子盘和菌丝体在病叶上越冬，次年春暖雨季时产生分生孢子，经雨水冲溅传播到桑叶表面上，引起初次侵染。自侵染至出现病斑需6～10d，由病斑上产生新的分生孢子，引起再次侵染，如此重复循环。一般6—7月开始发病，8—9月病情加剧、范围扩大，直至落叶为止。

5.发病规律

本病发生与桑品种有关，桐乡青、荷叶白、育2号等桑品种易感病，湖桑199号、湖桑197号等桑品种的抗病力较强。

本病发生还与季节和降雨量有关，秋季或雨量多时，发病也多。

6.防治方法

(1)清除病原菌

收集病叶，及时销毁，以消灭越冬病原菌。

(2)选用抗病品种

在发病地区,选栽湖桑 197 号、湖桑 199 号等抗病桑品种。

(3)药剂防治

在发病季节,用 70%甲基托布津 1000～1500 倍液,或 25%多菌灵 1000 倍液喷洒桑叶。

(五)桑叶枯病

桑叶枯病又叫桑卷叶枯病,为叶部病害。

1.分布及为害

桑叶枯病在江苏、浙江、辽宁、山东、四川等蚕区都有发生。发病后,桑叶卷枯或干枯脱落,有时整片桑园无可用之叶,严重影响桑叶产量与养蚕用叶。

2.症状

本病为害叶片,以枝条先端第 4～5 位嫩叶为主。春季发病时,先是叶片边缘发生深褐色水浸状连片病斑,之后叶身向背面卷缩,严重时全叶变黑脱落。夏秋季发病时,枝条顶端叶片的叶尖及附近叶缘变褐色,后扩大至前半张叶片,呈黄褐色大枯斑;枝条下部叶片的叶缘及叶脉间出现黄褐色或灰褐色的梭形大病斑。在病叶上,病、健组织界限分明,病斑吸水则易腐败,干燥则开裂(图 5-9)。

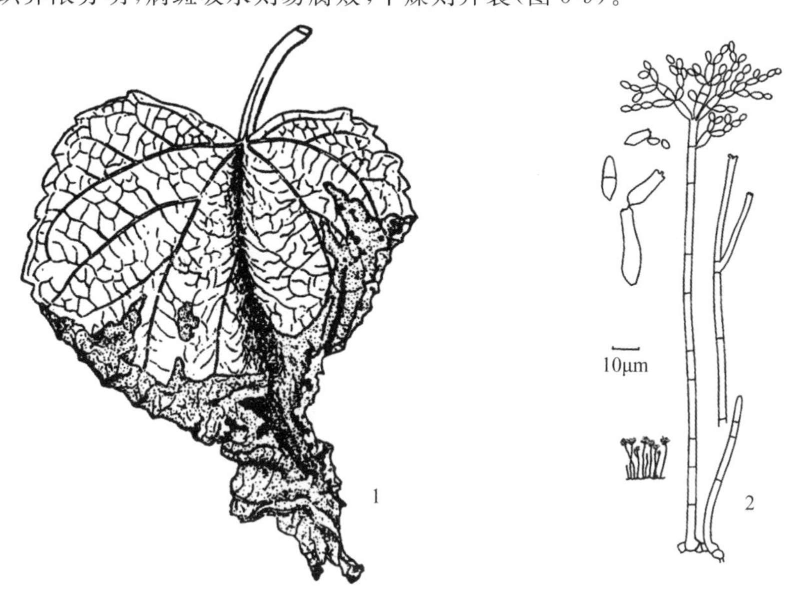

图 5-9　桑叶枯病症状及其病原菌(引自余茂德,楼程富,2016)

1.病叶症状;2.分生孢子梗及分生孢子。

3.病原

桑叶枯病的病原为真菌 *Hormodendrum mori* Yendo,属于半知菌亚门、丝孢纲、丝孢目、暗梗孢科、树枝霉属。在病斑上所见暗蓝褐色的霉状物,是本菌的分生孢子梗和分生孢子。分生孢子梗呈褐色,起初为单梗,逐渐形成丛梗,从梗顶端或隔膜处产生分枝,长出数个分枝细胞,分枝细胞顶端或隔膜处产生 2 次分枝,分枝还可继续进行,最后的分枝顶端上着生连锁状分生孢子。分生孢子呈椭圆形,淡灰白色,大小(23～30)μm×(6～8)μm,易脱落。

4.侵染循环

病原菌以菌丝体在病叶组织中随落叶遗留地面越冬。次年春暖梅雨季节,叶组织内的菌丝抽出分生孢子梗,分生孢子梗上产生分生孢子,分生孢子随风雨传播至桑叶上,引起初次侵染。其后在新的病叶病斑上不断产生分生孢子,引起再次侵染。

5.发病规律

本病在 4—10 月都有发生,在 7—8 月高温多湿期间最易发生,并且病情发展最快。栽植过密,通风不良,桑园小,气候湿度高,往往容易发病。某些地方桑品种如剪刀桑、红顶桑等易发病,湖桑类品种发病较少。

6.防治方法

(1)清除病原菌

晚秋落叶时,及时收集病叶,集中烧毁,以消灭越冬病原菌;春季初见病叶时,及时剪除烧毁,防止传播蔓延。

(2)加强桑园管理

注意桑园通风透光和排水畅通。

(3)药剂防治

发病时,用70%甲基托布津1000~1500倍液,或50%多菌灵1000倍液喷洒桑叶。

(六)桑赤锈病

桑赤锈病又名赤粉病、金桑、金叶,为芽叶病害。

1.分布及为害

桑赤锈病在全国各蚕区均有发生,在陕北、山东临朐、江浙太湖流域和广东等蚕区发生较多。本病主要为害桑芽、嫩叶及新梢。发病时,芽叶上布满黄色病斑,叶畸形卷缩、黄化易落,桑芽不能萌发,造成叶质低劣、产量下降,严重时整个桑园无好叶可采。

2.症状

病原菌寄生于桑芽、叶面、叶柄、新梢和花椹。桑芽被害后,局部肿胀、弯曲畸形,其上面布满微隆起的小点,即病原菌的锈子器,导致桑芽不能萌发,芽叶生长停止并变焦脱落。叶片被害后,起初正反两面散生圆形、有光泽的小点,逐渐肥厚隆起,颜色逐渐转黄,还侵及叶脉、叶柄,最后表皮破裂,飞散出橙黄色粉末状的锈孢子,布满全叶,故有“金桑”之称(图5-10)。新梢、叶柄、叶脉受害后,呈弯曲畸形,表面均生有橙黄色锈子器,易折断。

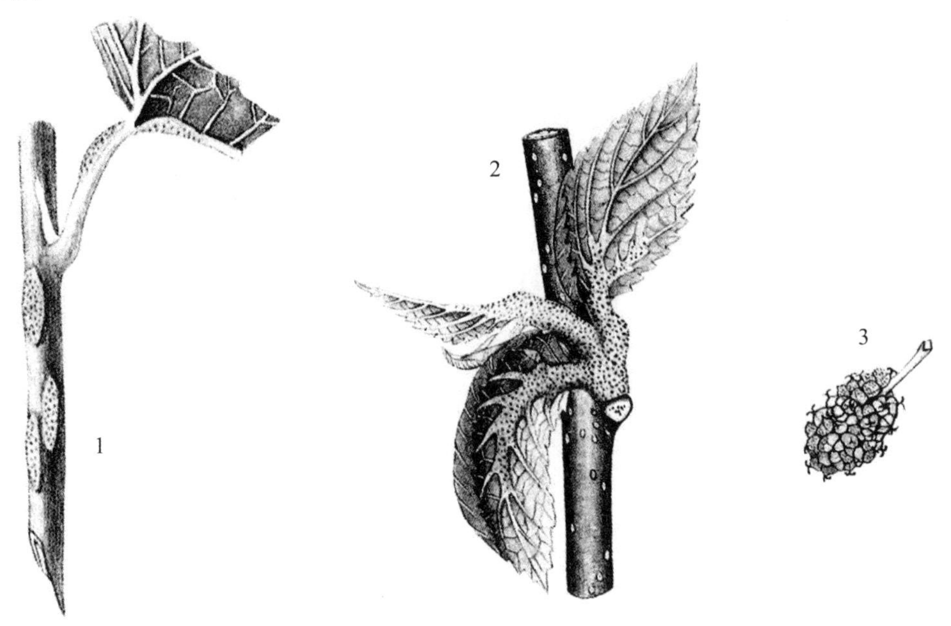

图5-10　桑赤锈病症状(引自余茂德,楼程富,2016)

1.新梢及叶柄发病情况;2.新叶发病情况;3.果实发病情况。

3.病原

桑赤锈病的病原为真菌 *Aecidium mori*(Barcl) Diet,属于担子菌亚门、冬孢菌纲、锈菌目、不完全锈菌科、春孢锈属。本病的锈孢子发芽侵入桑树的绿色组织,在表皮下形成菌丝,并在细胞间隙生长发育。菌丝呈束状,随着生长发育,聚成团块菌丝,进一步分化发育成球形锈子器。锈子器逐渐长大成熟,并隆起而突破表皮组织。幼小的锈子器无色、圆形,逐渐变成橙黄色;成熟锈子器具厚膜,表面附有许多微小突起,内面底部长有圆形、无色的担子梗。担子梗顶生连锁状锈孢子。当锈子器突破表皮组织后,锈孢子从锈子器破

口而出。

本病病原菌除寄生于桑树外，还能寄生于数种与桑近缘的植物，如小构树等。

4. 侵染循环

病原菌以菌丝在桑树枝条、冬芽组织内越冬。在全年有绿叶的南方蚕区，还能以锈子器和锈孢子越冬。第2年春暖时，侵入桑芽的菌丝随桑芽萌动而发育，当菌丝伸展到芽的维管束时，春期出现初次侵染。随着菌丝发育分化，形成锈子器并产生锈孢子。锈孢子飞散出，并随风、雨等飞散到新梢、嫩叶、花椹上，引起再次侵染。本病病原菌完成1次侵染过程需17～39d，在长江流域蚕区一年可发生5～7次再侵染过程，其中第1～3次发生在夏伐前，第4～5次发生在6月中、下旬，第6～7次发生在7月上、中旬；7月中旬后气温升高，锈子器老化，不再产生锈孢子，发病终止。

5. 发病规律

桑赤锈病的发生与温度、湿度关系最为密切。当温度在13～28℃、相对湿度在80%～100%时，随着温度、湿度增加，发病加重；而温度高于30℃、相对湿度低于80%，则发病抑制或骤然停止。一般荷叶白等桑品种发病轻，育2号、实生桑等桑品种发病重。

6. 防治方法

(1)加强培育管理

低湿桑园要做好开沟排水工作；春秋兼用桑园进行全面彻底的夏伐，以清除病原菌，控制发病。

(2)清除病原菌

早春发病初期，摘除病芽、病梢、病叶，集中烧毁，可达到显著的防治效果。

(3)选用抗病桑品种

在发病地区，选栽荷叶白等抗病桑品种。

(4)药剂防治

在发病初期，可用25%粉锈宁可湿性粉剂1000倍液，或40%拌种灵可湿性粉剂300倍，或20%萎锈灵乳剂200倍液，喷洒嫩叶和新梢，以控制发病。

(七)桑芽枯病

桑芽枯病为害桑芽，常与桑拟干枯病并发，影响桑叶产量和质量。

1. 分布及为害

本病分布于全国蚕区，在山东、浙江、江苏、安徽等蚕区发生较多。发生桑芽枯病的桑树，轻的桑芽枯死，重的整根枝条枯死，影响桑叶产量。

2. 症状

冬末至早春桑发芽前后，患病枝条中、上部的冬芽附近，出现油浸状暗褐色略下陷的病斑，以后逐渐扩大。发病轻的，仅病斑部的冬芽枯死；发病重的，病斑相互连接，当环绕枝条1周时，由于截断了树液的流动，使病斑部以上枝条枯死，并促使病斑以下的腋芽萌发，病斑部皮层破裂与木质部剥离，并释放出一种酒精气味(图5-11)。病斑部密生略隆起的小粒，突破表皮组织后露出红褐色小疹状的分生孢子座，以后病斑上又产生蓝黑色的子囊壳座。

3. 病原

桑芽枯病的病原菌已知的有3种，常见的是桑生浆果赤霉菌[*Gibberella baccata* (Wallr.) Sacc. var. *moricola* (de Not) Wollenw.]，属于子囊菌亚门、核菌纲、球壳目、肉座菌科、赤霉菌属。病斑上长出的红褐色小疹状的小粒是分生孢子座，丘状，座上密生分生孢子梗；分生孢子梗有分叉和隔膜，顶端生分生孢子；分生孢子呈镰刀形，有3～5个隔膜。病斑上产生的蓝黑色颗粒是子囊壳座，半球形，座上群生子囊壳；子囊壳呈球形或椭圆形，上端有孔口，壳内密生子囊；子囊呈棍棒状，内生8个子囊孢子；子囊孢子呈椭圆形，有3个隔膜，无色。

本病病原菌除寄生于桑树外，还寄生于合欢、刺槐、构树等树种上。

图 5-11 桑芽枯病症状

注:箭头所指为芽周围暗褐色病斑。

4.侵染循环

桑芽枯病以子囊孢子发芽侵入桑树枝干后,以菌丝在病斑部越冬,次年春季在病斑部菌丝生长并产生分生孢子,分生孢子从风雨、昆虫造成的伤口初次侵染。此后,在新形成的病斑上再产生分生孢子,引起再次侵染,如此循环多次。直到5—6月,病斑部产生子囊壳,子囊壳内密生子囊;子囊内生子囊孢子,子囊孢子成熟后在8—10月散放,从枝干伤口处发芽侵入,并以菌丝越冬,完成一年的循环。

5.发病规律

桑芽枯病是一种由病原真菌伤口侵入的弱寄生,一般在桑树生长普遍衰弱时才会引起大面积发病,其中影响发病的主要因素是:①夏秋叶采摘过度;②秋叶采摘粗暴,或遭受风暴,或其他病虫为害,而造成大量伤口;③偏施和迟施氮肥,树势较弱;④冬季遇低温冻害和桑园排水不良。

桑品种与发病有密切关系,广东桑易发病,黑鲁桑、桐乡青等发病少;在相同桑品种条件下,以幼龄桑更容易发病。

6.防治方法

防治桑芽枯病,应以增强树势、提高抗病力为主,注意避免造成伤口,再结合药剂防治。

(1)合理采摘夏秋叶

夏秋季采叶留柄,切忌捋叶,撕破枝皮;秋蚕结束后,枝条梢部要留5～10片叶,有利于养分积累及增强树势。

(2)加强桑园管理

进行桑园管理作业时,不要碰伤枝条。加强桑园虫害防治,减少虫伤口;合理施肥,增施有机肥。

(3)做好剪梢、整枝工作

冬季桑树休眠后,及时整枝剪梢,减少越冬病原菌。早春用刀片将小病斑刮除,剪去有大病斑的枝条。发病严重的,进行春伐或降干处理。

(4)枝干消毒

冬季整枝剪梢后,喷洒4～5波美度石硫合剂,或15%氟硅酸200倍液,或0.2%铜铵液,进行枝干消毒,

消灭越冬病原菌。

(5)选用抗病桑品种

在发病地区，选栽桐乡青等抗病桑品种。

(八)桑干枯病

桑干枯病又名胴枯病，是桑树枝干的重要病害之一。

1. 分布及为害

桑干枯病分布于山东、河北、辽宁、新疆等蚕区。本病为害桑树枝干，病原菌常寄生于桑树枝干基部，阻碍养分通路，致使枝干枯死，严重影响桑叶产量。

2. 症状

桑干枯病大都发生在桑树枝干基部，开始在树皮表面出现油浸状暗色的圆形、椭圆形或不整形的病斑，随后病斑上形成针尖状小突起，最后致使外皮破裂，露出肉眼可见的黑色顶端，好像外皮被针穿刺而生的许多小孔。病斑常以冬芽为中心向外扩展，当大病斑围绕枝条1周时，养分通路被阻断，致使上部枝干枯死(图5-12)。病原菌不侵入根部，所以枝干枯死后，根际能再发不定芽。

3. 病原

桑干枯病的病原菌为野村间座壳菌(*Diaporthe nomurai* Hara)，属于球壳目、间座壳科、间座壳属，无性世代是拟茎点霉属(*Phomopsis* sp.)。病斑上形成的针尖状小突起就是病原菌的子座，子座内形成分生孢子器和子囊壳；分生孢子器埋生于寄主皮下，呈扁球形，暗褐色，大小为(400～800)μm×(100～200)μm，有长110～207μm的长形颈，嘴口突破表皮；分生孢子器底丛生无色、单胞、丝状、大小为(10～19)μm×(1～2)μm的分生孢子梗，分生孢子梗顶端生分生孢子；分生孢子单胞，有2种类型，一种为线形而略弯曲，大小为(25～28)μm×(1～2)μm，另一种为纺锤形，大小为(7.7～13.2)μm×(3.3～4.4)μm，2种分生孢子在分生孢子器内单生或混生。分生孢子器周围生子囊壳，子囊壳黑色，呈球形或扁球形，直径220～300μm，有长100～400μm的颈，通过子座开口于表面；子囊壳内生子囊，子囊呈棍棒形或倒棍棒形，基部有短柄，大小为(45～60)μm×(6～11)μm，内含8个子囊孢子；子囊孢子呈纺锤形或椭圆形，中间有1个隔膜，隔膜处稍收窄，无色，大小为(10.0～15.4)μm×(3.5～4.4)μm(图5-12)。

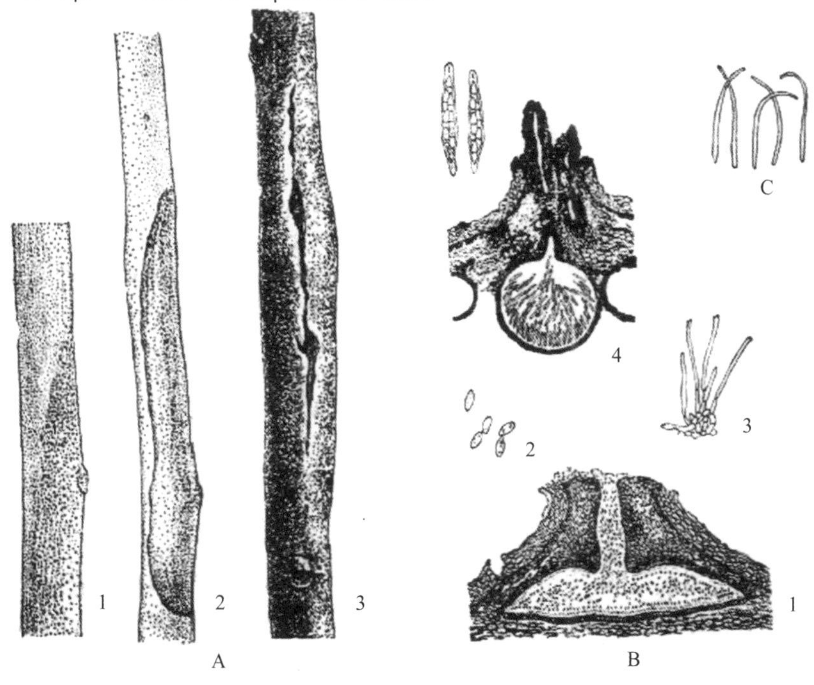

图5-12 桑干枯病症状及其病原菌(引自中国农业科学院蚕业研究所，江苏科技大学，2020)

A. 桑枝条症状：1. 枝条表面的病斑，2. 枝条侧面的病斑，3. 形成小突起瘤状病斑；B. 病原菌：1. 分生孢子器纵断面，2. 纺锤形分生孢子，3. 线形分生孢子，4. 子囊壳纵断面与子囊；C. 弯壳棒包菌分生孢子。

4.侵染循环

桑干枯病以分生孢子器和子囊壳在被害枝条上越冬。次年4月中旬至7月，分生孢子器内的分生孢子喷散出，造成初次侵染。接着于9—10月，子囊壳内成熟的子囊孢子喷散出，造成再次侵染。分生孢子和子囊孢子一般从枝干伤口处发芽侵入，在一定条件下也能从枝干皮孔发芽侵入。菌丝先侵入木栓形成层，进一步在组织中蔓延，致使桑树发病。菌丝发育形成子座，子座内形成分生孢子器和子囊壳越冬，完成一年的循环。

5.发病规律

本病的发生与冬天低温和积雪有密切关系，积雪深的桑园容易受害。

本病的发生还与桑树品种有关，耐寒性弱的桑品种容易受害，皮孔较多的桑品种比皮孔较少的桑品种容易受害。

桑树剪伐方式会影响本病的发生，一般低干养成的桑树发病较重，中干养成的桑树发病次之，高干养成的桑树发病较轻；7—9月多雨或偏施氮肥，发病也较重。

6.防治方法

(1)加强桑园管理

寒冷地区应选用中、高干桑树形；夏秋蚕期不要过度采叶；采用配方施肥技术，提倡施用有机堆肥，避免过迟、过量施用氮肥；早春融雪后，剪除病枝干并集中烧毁，同时检查枝干基部，若发现本病病斑，可用小刀刮除后，再用石硫合剂涂抹伤口。

(2)冬季防冻

在苗木栽植后数年内，要特别注意冬季桑树主干基部的防冻保护，可采取稻草包扎树干或壅土等措施。

(3)选用抗病桑品种

在发病严重地区，选栽山桑系抗病、耐寒桑品种。

(4)药剂防治

在秋末冬初，树干上喷洒25%五氯酚钠加20%硫酸铜100倍液，或4～5波美度石硫合剂，或43%福尔马林20倍液，必要时喷洒50%甲基托布津可湿性粉剂600～1000倍液，或50%苯菌灵可湿性粉剂1500倍液，或25%苯菌灵乳油800倍液。

(九)桑拟干枯病

桑拟干枯病为桑树枝干病害。

1.分布及为害

本病是一类症状与桑干枯病比较相似的病害，病原菌种类很多，分布很普遍。病原菌主要寄生于桑树枝条和幼树树干，常与芽枯病并发，使枝干不能发芽并枯死，导致桑叶减产，直接影响春蚕饲养。

2.症状

桑拟干枯病大多发生在枝条中、下部或在伐条后的残桩上，生长衰弱的苗木常发生枝枯现象。发病初期，枝条表面出现水渍状的褐色病斑，以后逐渐扩大，并可相互连接成大病斑，在病斑环绕枝条1周时，截断了养分流通，则上部枝条枯死(图5-13)。

3.病原

桑拟干枯病的病原菌种类，已报道的有14属40多种，在我国较为常见的有5属10种。重要的桑拟干枯病病原菌如下。

(1)病原真菌属于子囊菌亚门、腔菌纲、格孢腔菌目、格孢腔菌科、黑团壳属，有3个菌种(梭孢黑团壳菌、桑生黑团壳菌和桑黑团壳菌)，侵染后引起桑平疹干枯病。

(2)病原真菌属于子囊菌亚门、腔菌纲、球壳目、间座壳科、黑腐皮壳属，有5个菌种(桑生腐皮壳菌、黑腐皮壳菌、梨黑腐皮壳菌、污黑腐皮壳菌、长孢桑苗枯病菌)，侵染后引起桑腐皮病。

(3)病原真菌属于子囊菌亚门、核菌纲、球壳目、穿皮壳菌科、隐腐皮壳属，有3个菌种(丘疹隐腐皮壳菌、女贞隐腐皮壳菌、北婆隐腐皮壳菌)，侵染后引起桑丘疹干枯病。

图 5-13　桑拟干枯病症状(引自华德公,胡必利,2006)

(4)病原真菌属于半知菌亚门、腔孢纲、球壳孢目、球壳孢科、茎点霉属,有 4 个菌种(桑生茎点霉菌、桑茎点霉菌、桑茎茎点霉菌、梨形茎点霉菌),侵染后引起桑小疹干枯病。

(5)病原菌为桑壳梭孢菌(*Fusicocum mori* Yendo.),属于半知菌亚门、腔孢纲、球壳孢目、球壳孢科、壳梭孢属,侵染后引起桑枝枯病。

4. 侵染循环

桑拟干枯病的病原菌大多属弱寄生菌,桑树树体衰弱或受创伤、冻害是病原菌侵入的重要条件。病原菌以分生孢子或子囊孢子飞散传播。在晚秋与早春经伤口侵入,尤其在春季桑树发芽前后,病情迅速发展,症状明显。桑品种间的抵抗力有明显差异,一般耐寒桑品种的抗病力较强。

5. 防治方法

(1)剪除病枝

在冬季剪除病枝、虫枝和枯枝,在春季用刀片刮去局部病斑,如病斑过大、过多时剪去全枝。

(2)药剂防治

发病严重的桑园,可在冬季结合防治其他病虫害,喷洒 4～5 波美度的石硫合剂,以预防病害的发生与蔓延。

桑拟干枯病与桑芽枯病并发时,其发病条件与桑芽枯病相近,可参照桑芽枯病的防治方法。

(十)桑断梢病

桑断梢病发生在新梢基部,为枝干病害。

1. 分布及为害

本病是桑树新病害,分布在重庆、四川、广西、广东、浙江等蚕区,重庆、四川发病较严重。病梢遇风,易从基部病斑处折断;严重时,病株率可达 100%,梢发病率达 25%～30%,不仅春叶歉收,而且对夏秋叶的产量和树势都有很大影响。

2. 症状

本病是一种春梢病害,于 5 月中旬在桑梢基部出现黑褐色点斑,后发展成块斑、周斑,纤维组织坏死,韧性差,脆性大。当病梢遇风或振动,便从病斑处折断(图 5-14)。

3. 病原

桑断梢病是由桑椹小粒性菌核病菌[*Ciboria carunceloides* (Siegler et Jenk.) Whetz. et Wolf.]侵染所致,其病原菌属子囊菌亚门、盘菌纲、柔膜菌目、核盘菌科、肉阜杯盘菌属。

4. 侵染循环

病菌以菌核在土中越夏、越冬,早春萌发形成子囊盘,放射子囊孢子,侵染雌花柱头。子囊孢子萌发侵入小果子房，形成白椹，再经白椹柄侵染新梢，形成点斑、片斑、周斑，直至断梢或形成愈合病斑。

图 5-14　桑断梢病症状(引自华德公，胡必利，2006)

5. 发病规律

(1)桑树白椹病越多，发病率越高。

(2)开雄花的桑树或无花椹的桑品种均不发病。

(3)桑树夏伐可降低发病率；冬季重剪，则桑树发病率高。

(4)在 3—5 月发病期内，阴雨日数多和相对湿度超过 80%时发病加剧。

(5)地势较高的坡地、土层薄及桑树周围无间作的，发病轻；平地、间作桑园、地表潮湿的，发病重。

(6)一般白椹发生盛期后的 15～20d，就是桑断梢病盛发期。

6. 防治方法

(1)人工防治

在桑树开花、青椹期，及时摘除雌花和青桑椹。

(2)农业措施

2—3 月，结合桑地耕作、除草，可减少初次侵染源。

(3)药剂防治

70%甲基托布津可湿性粉剂 1000～1500 倍液，于盛花期喷洒树冠枝叶花 1 次。

(4)实行轮伐

在重病区，改冬季重剪为夏伐，每 1～2 年轮换 1 次，可降低发病率。

(十一)桑紫纹羽病

桑紫纹羽病又叫烂蒲头、霉根病，是桑树的主要根部病害之一。

1. 分布及为害

桑紫纹羽病在全国各蚕区均普遍发生。本病侵染桑树根部，发病初期，地上部分的症状不明显，随着病情发展，枝条不发芽或发芽较差，枝叶生长不良或凋萎，最后病树逐渐枯死。苗木及幼龄桑染病后只需 2～3 个月即可枯死，成林桑染病后 1 年或数年才枯死，乔木桑染病后需要更长时间才致枯死。

2. 症状

初发病时，病菌首先侵入桑株的幼嫩新根，被害根渐变为黄褐色，失去光泽，根的表面有细丝状紫红色菌丝。随着病情发展，菌丝纠结成带状菌丝束，纵横交叉成网状，布满桑根，以后蔓延至根部及树干基部、形成紫红色菌丝膜。病菌逐渐侵入支根和主根的形成层后，根部皮层转黑色而腐烂，仅剩下栓皮和木质部，彼此分离，导致病株容易被拔离土壤。在腐朽的根部或病株附近的土壤中还有紫红色颗粒状菌核。地上部分，初期呈缺肥状，生长缓慢，病株逐步衰弱，枝细叶小，叶色发黄，下部叶先脱落，枝梢停止生长，芽叶枯萎，最后整株枯死(图 5-15)。

3. *病原*

桑紫纹羽病的病原为真菌 *Helicobasidium mompa* Tanaka，属于担子菌亚门、层菌纲、木耳菌目、黑木耳科、卷担子属。侵入根皮层的营养菌丝呈黄褐色，寄生于根部表面的生殖菌丝呈紫褐色。生殖菌丝相互结集形成菌束，在完全腐朽的根部表面生出菌核。菌核呈半球形，外部紫红色，内部灰白色，中部黄褐色。

4. *侵染循环*

本病病原菌具有侵染寄主植物根系和利用土壤中的有机物质营腐生生活的两方面能力，可称为土壤栖息菌，在土壤中能生存 3～5 年。

土壤内的菌核和营养菌丝，在环境条件适宜时长出新的菌丝，侵入寄主植物幼根后，逐步向侧根和主根蔓延。菌丝侵入时，先在根皮孔或周皮木栓层形成侵入座，从侵入座生出菌丝，并分泌果胶酶、纤维酶等，分解栓皮层的细胞壁。之后，菌丝便从细胞间隙侵入韧皮部，并在韧皮部组织内蔓延，直至组织崩溃，使皮层与木质部分离。

病原菌可通过桑苗、林木苗、果树苗或薯类块茎调运传入新区，还可通过流水、农具传播蔓延。

图 5-15　桑紫纹羽病病根症状

(引自华德公，1996)

5. *发病规律*

本病病原菌属好气菌，需在透气性较好的土壤内生存。病原菌生长发育温度 8～35℃，适温为 26～28℃，最适土壤水分为田间最大持水量的 70%左右，最适土壤 pH 值为 5.2～6.4。因此，在偏酸性土壤和砂质壤土的桑园中发病较多。桑园发病时，常以病株为中心，向四周扩展蔓延。桑园间作甘薯、花生等易感病作物，会加速桑树感染发病。

6. *防治方法*

(1)苗木检疫和病苗消毒

将桑紫纹羽病列为检疫对象，禁止带病苗木调运。彻底剔除重病苗木，对感病轻或有感病嫌疑的桑苗，可用 25%多菌灵 500 倍液或 45℃温水浸根 20～30min，杀灭桑根表面和组织内的病原菌。

(2)土壤诊断

在新建桑园栽桑前，将桑枝扦插入土内 20cm 或播种萝卜进行引菌检验，约经 1 个月后掘起，肉眼检查枝条或萝卜表面有无紫色菌束，带病地块不能栽种桑树。

(3)轮作

重病桑地，在彻底挖除病株及其病根并集中烧毁的基础上，用水稻、小麦等禾本科作物轮作 4～5 年。

(4)改善桑园管理

对酸性土壤，用石灰(1000kg/亩)进行改良，以抑制病原菌的生长发育；施用有机肥必须充分腐熟，对接触过病土的用具，要用福尔马林浸渍消毒；轻病桑地，挖除并烧毁病株及其病根，并在四周开挖 1.5m 深、

0.3m宽的隔离沟，防止病菌扩散；选用无病苗木。

(5)土壤消毒

少数发病时，挖去病株后，应先进行土壤消毒，再补种桑树。土壤消毒采用氯化苦熏蒸法消毒，即先将土壤深翻平整，再用打孔器垂直打深5cm的孔，每孔注入氯化苦5mL，每亩用药18000mL；注药后填土踏实，必要时覆盖聚乙烯薄膜，以防止氯化苦气体逸散。

(十二)桑椹菌核病

桑椹菌核病分桑椹肥大性菌核病、桑椹缩小性菌核病和桑椹小粒性菌核病3种，其中以桑椹肥大性菌核病最为常见，主要为害桑椹，俗称白果病。

1. 分布及为害

本病分布于江浙、川渝、台湾等蚕区。病原菌寄生于花被及子房，形成白椹，发生严重时，影响桑果的产量、留种及育苗。

2. 症状

桑椹肥大性菌核病的病椹膨大，花被肿厚，呈乳白色或灰白色，弄破后散发出臭气，桑椹中心有一块黑色干硬的大菌核(图5-16)。

桑椹缩小性菌核病的病椹显著缩小，质地坚硬，灰白色，表面有细皱，布有暗褐色细斑点，病椹内部形成黑色坚硬的菌核。

桑椹小粒性菌核病的病椹各小果分别染病，患病小果显著膨大突出，手触易脱落，只残留果轴。病小果的花被不太肥大，内生小形菌核，全椹变白，自然掉落。

3. 病原

桑椹菌核病的病原菌为真菌，有如下3种。

(1)桑椹肥大性菌核病菌[*Ciboria shiraiana* (P. Henn.) Wketz.]，属于子囊菌亚门、盘菌纲、柔膜菌目、核盘菌科、杯盘菌属，侵染后引发桑椹肥大性菌核病。病椹的花被及子房受菌丝侵蚀成大小空洞，内丛生分生孢子梗，梗顶端着生分生孢子，分生孢子卵形、无色。菌丝大量增殖并形成黑色菌核，1个菌核生1～5个褐色子囊盘。子囊盘底柄随菌核埋入土中，子囊盘上面包含子囊与侧丝的子实层。子囊棍棒状，内藏8个子囊孢子。子囊孢子呈椭圆形，无色透明。

图5-16　桑椹肥大性菌核病症状

(引自华德公，胡必利，2006)

(2)桑椹缩小性菌核病菌[*Mitrula shiraiana* (P. Henn.) Ito et Imai.]，属于子囊菌亚门、盘菌纲、柔膜菌目、地舌菌科、头罩地舌菌属，侵染后引发桑椹缩小性菌核病。分生孢子梗呈细丝状，分生孢子卵形或椭圆形。从菌核抽生出子囊盘，子囊盘单生或数生，子囊盘外面的子实层中生有子囊，子囊内藏8个子囊孢子。

(3)桑椹小粒性菌核病菌[*Ciboria carunculoides* (Siegler et Jenk.) Whetz. et Wolf.]，属于子囊菌亚门、盘菌纲、柔膜菌目、核盘菌科、肉阜杯盘菌属，侵染后引发桑椹小粒性菌核病。分生孢子呈球形，子囊盘单生或数生，子囊孢子呈肾脏形。

4. 侵染循环

本病病原菌以菌核在土中越冬。菌核随桑椹落地，次年3月底至4月上旬桑花开放时，土中菌核抽生出子囊盘，盘上子实层生出子囊和子囊孢子，子囊孢子借风力传播，侵入桑树雌花花器而引起初次侵染。侵染的子囊孢子发芽后长出菌丝，菌丝上生出的分生孢子可引起再次侵染，但因桑花期短而使其再次侵染情况较少。侵入花器的菌丝大量增殖，最后由菌丝形成菌核，菌核随病椹落地，椹肉腐败，而菌核残留在土中越冬，成为下一年的病源。

5. 发病因素

本病的发生与温度、湿度关系密切。若 2—4 月降雨量多，天气温暖、土壤潮湿时，本病发生多，为害重。通风透光差、低洼积水、树龄老及花果多的桑园，发病较严重。

6. 防治方法

(1)清除病原菌

清除病椹，深埋土中，防止病原菌传播蔓延。

(2)加强桑园管理

桑园冬季以地膜覆盖，在 3 月上、中旬及时中耕，将子实层深埋土中，阻止子囊孢子散出，引起传播。

(3)药剂防治

于桑树开花期用 50%腐霉利(速克灵)可湿性粉剂 1500～2000 倍液，或 70%甲基托布津可湿性粉剂 1000～1500 倍液，或 50%多菌灵可湿性粉剂 500～800 倍液，喷洒树冠、桑花、青椹多次，防治效果可达90%～100%。

四、桑根结线虫病

桑根结线虫病又叫桑根瘤线虫病，是桑树的根部病害。

1. 分布及为害

本病在全国各蚕区都有发生。桑苗和桑树得病后，根的正常生长受到阻碍，致使地上部表现衰弱矮小，逐渐枯黄，树势衰弱，桑叶减产，严重时病株枯萎死亡。

2. 症状

本病是由根结线虫侵入桑的根系组织而引起的。线虫入侵后，不断吸取根系营养物质，在吸食过程中还会分泌出一种分泌物(唾液)刺激根部细胞变形增大(形成巨型细胞)，使根部组织过度生长，形成大小不等的瘤状物(根瘤)。根瘤多数呈球形，严重时根瘤连成连珠状，初形成根瘤呈黄白色，表面光滑，后渐变为褐色，最后变成黑色而腐烂(图 5-17)。剖开根瘤，肉眼可见乳白色半透明的雌线虫。

本病致使病株的地上部表现近似缺肥等症状，条短叶小，生长缓慢。严重发病时，叶色发黄，叶缘卷褶，甚至干枯脱落，枝条逐渐枯萎而致整株死亡。

3. 病原

本病的病原为桑根结线虫，属于线形动物门、线虫纲、侧尾腺口亚纲、垫刃线虫目、异皮线虫科、根结线虫属。为害桑树的根结线虫目前已知有 5 种，即桑根结线虫(又称花生根结线虫)、北方根结线虫、南方根结线虫、苹果根结线虫和爪哇根结线虫。我国桑园内主要为害的有 3 种，是桑根结线虫、南方根结线虫和北方根结线虫。广东蚕区发生的

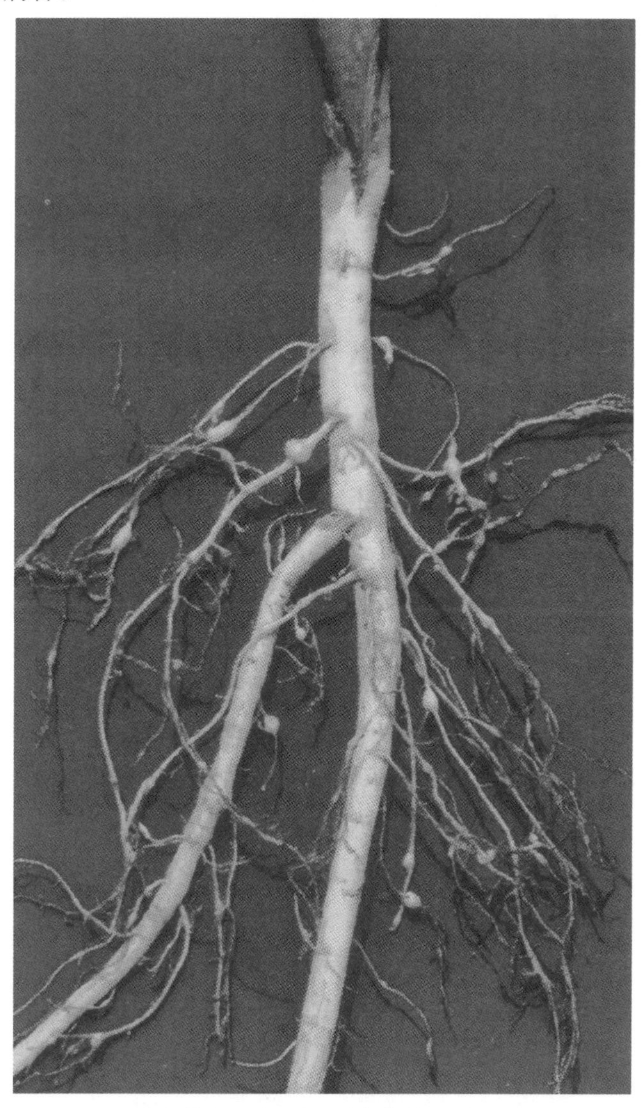

图 5-17　桑根结线虫病症状(引自华德公，胡必利，2006)

多数为南方根结线虫，而江苏、浙江或以北蚕区发生的多数为桑根结线虫。

桑根结线虫可分为卵、幼虫和成虫3个发育阶段。

卵呈肾脏形，黄褐色，长72～100μm，幅30～45μm，藏于卵囊内，卵囊面黏覆土屑，外观似附着在根上的土粒。

幼虫分5个发育期，第1期幼虫线形，卷曲在卵壳内，蜕皮破卵壳而出成为第2期幼虫。第2期幼虫寻找桑根，以吻针直接刺吸并侵入根中柱鞘内，故被称为侵染期幼虫，幼虫体幅逐渐增大，生殖原基开始发育，体形呈豆荚形，定居在中柱鞘内，再经一次蜕皮成为第3期幼虫。第3期幼虫可以区分雌雄，雄体较窄，雌体较宽，且尾端可见生殖器雏形。第3期幼虫蜕皮后成为第4期幼虫，第4期幼虫继续生长变大，再蜕一次皮成为成熟成虫。

雌成虫呈长瓶颈状，乳白色，体末有明显的宽圆形会阴花纹。雄成虫呈蠕虫状，尾短，有2根弯刺状交合刺，进入土壤后游去雌成虫处交尾。

桑根结线虫一般1年发生3～5代，因各地气候条件不同而有所差异。

4.侵染循环

病原线虫在病根、土壤中以卵越冬。越冬卵在第2年春地温达11.3℃时，陆续孵化成第1期幼虫；地温达12℃以上时，第1期幼虫开始蜕皮成为第2期幼虫，并先活动于土壤中，后侵入桑根，引起根组织的过度生长而形成根瘤。第2期幼虫蜕皮成为第3期幼虫后不再移动，再经二次蜕皮成为成熟成虫，雄成虫即游去雌成虫处交尾。交尾后雄成虫即死亡，雌成虫排出胶质物形成卵囊，并将卵产于其中。每头雌成虫产卵300～500粒，产后即死亡。

本病的主要侵染来源是带病的土壤、病根、病苗，水流是近距离传播的主要媒介，带有病原线虫的肥料、农具和人畜也有传播的可能。桑根结线虫在土层中垂直分布，约有80%的幼虫在0～40cm深处的土层内，且大多集中在20～30cm深处的土层内。

5.发病规律

根结线虫的正常活动必须有适当的温度、湿度条件，其温度范围为11.3～34.0℃，侵染最适温度为20～25℃；土壤湿度以田间最大持水量的70%为宜，在土壤极端潮湿或缺乏所需水分的情况下，不利于线虫的活动。土壤透气性好、含有机质多的砂土或壤土的山坡地、丘陵地区发病较重，砾土或黏土不利于线虫生长而发病较轻。桑根结线虫的寄主植物较广泛，桑园间作烟草、花生、瓜类、豆类等作物，发病较重。

6.防治方法

(1)培育无病苗木

培育无病桑苗是防止本病发生蔓延的最基本措施。

(2)病苗处理

对感染南方根结线虫的桑苗，在栽植前用48～52℃温汤浸根20～30min，可有效杀死根瘤内的线虫。

(3)土壤消毒

①药剂消毒：发病轻的桑园，可在病树根附近垂直打孔，穴施10%力库满颗粒剂3～5kg/亩，或10%克线丹颗粒剂400g/亩，施药后覆土踏实。②石灰消毒：每亩用石灰150kg均匀地撒于地面，然后翻耕，将石灰与土壤均匀混合。③氨水消毒：每亩土壤沟施100～150kg氨水，施后覆土踏实。

(4)桑园轮作

发病重的桑园，应轮作麦类、玉米、高粱、谷子等，经3～4年才可种桑。

第二节 桑树的虫害

桑树害虫的发生量和种类，由于各地的气候条件、生物相、栽培技术以及防治水平的不同，往往在地区间或同一地区的不同年份间存在一定差异。据统计，我国已知桑树害虫有630多种，分别隶属于14目92科，多数种类属于无脊椎动物的昆虫纲，其次是蛛形纲和腹足纲，其中能为害成灾的昆虫有50余种。

一、鳞翅目害虫及防治

（一）桑螟

桑螟（*Diaphania pyloalis* Walker），俗名青虫、油虫、卷叶虫等，属鳞翅目、螟蛾科。

1. 分布及为害

桑螟在我国各蚕区均有分布。桑螟为害多在夏秋时期，幼虫吐丝将桑叶缀成卷叶或叠叶，幼虫隐藏其中，咀食叶肉，仅留叶脉及上表皮，形成灰褐色透明薄膜，久之则破裂成孔，群众称之为“开天窗”。为害严重的，致成片桑园无一绿叶，严重影响秋蚕饲养。另外，桑螟排泄物会污染桑叶，易诱发蚕病。

2. 形态特征

（1）成虫

体长 10mm，翅展 20mm，体呈茶褐色，被有白色鳞片，具绢丝样光泽；头小，两侧具白毛，触角鞭状；前翅有 5 条淡茶褐色横带，中央 1 条的下方有一白色圆孔，孔内有一褐点；后翅近臀角处又有一茶褐色斑点（图 5-18）。

（2）卵

卵呈扁圆形，淡绿色，半透明。

（3）幼虫

初孵化幼虫淡绿色，有光泽，密生细毛；成长幼虫长 24mm；头黄褐色，胸腹部淡绿色，背线深绿色，胸腹各节有黑色毛片，毛片上生 1～2 根刚毛；越冬幼虫淡红色，背线不明显（图 5-18）。

（4）蛹

蛹体呈纺锤形，黄褐色，雌蛹体长略长于雄蛹。在茧中化蛹，茧白色，茧层薄（图 5-18）。

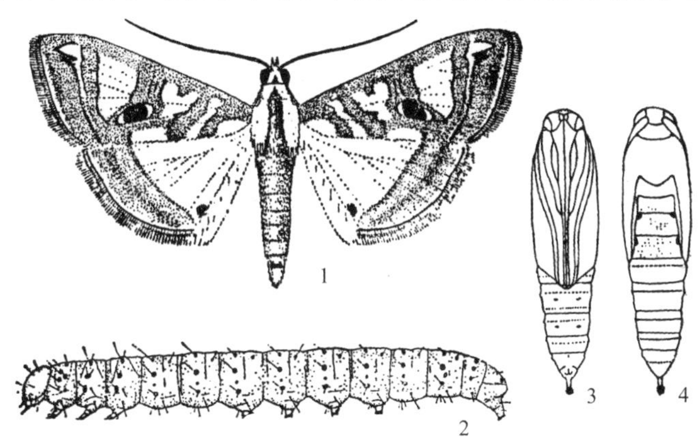

图 5-18　桑螟（引自余茂德，楼程富，2016）

1. 成虫；2. 幼虫；3. 蛹（腹面观）；4. 蛹（背面观）。

3. 生活史及习性

桑螟在江苏、浙江和四川 1 年发生 4～5 代，在山东 1 年发生 3～4 代，均以老熟幼虫在束草内、树干或桑园周围建筑物缝隙中结薄茧越冬。桑螟在江苏江阴蚕区 1 年发生 5 代的生活史如下。

$$\frac{\text{5中6上—5下6中}}{\text{6上中+6中下}}\left\{\frac{\text{6中下—6下7上}}{\text{7上中+7中下}}\right.\left\{\frac{\text{7中下—7下8上}}{\text{8上中+8上中}}\right.\left\{\frac{\text{8上中—8下9上}}{\text{8下9上+9上中}}\right.\left\{\frac{\text{9上中—9中10上}}{\text{4中5中+5中6上}}\right.$$

桑螟在各蚕区均是秋季发生数量多、为害重。越冬的老熟幼虫在次年 5 月上旬在茧内化蛹，蛹期 5～27d。蛹大多在早晨羽化为成虫，羽化当晚即可交配，也有迟至羽化第 4 天才交配的，交配后数小时至 6d 开始产卵；卵多产在枝条顶端第 1～9 叶背面，沿叶脉每 2～3 粒产在一起，1 片桑叶上可多至 22 粒，1 只雌蛾产卵平均 186 粒，最多 500 粒；成虫白天隐伏于叶下，夜间活动，有趋光性，寿命通常 3～4d。卵期因气温而异，一般 2～8d，多在白天孵化，孵化率约 75%。初孵化幼虫在叶背叶脉分叉处，取食下表皮及叶肉组织，仅留上表皮；3 龄后吐丝折叶（或叠叶），潜伏其内取食，也有数头在折叶内食害，并留排泄物在其中；一叶食光，再转移至他叶，全株食光，则吐丝下垂，随风飘至他株，也有的沿枝干下爬，向附近桑株迁移，继续为害。幼虫全期经过，生长代的为16～18d，越冬代的达250d；越冬代幼虫老熟后，沿枝干下行，寻找树干缝裂隙、束草、堆草、蚕沙、蚕室天花板及各种缝隙中的结薄茧，蛰伏越冬。

4.发生规律

桑螟的发生与气候关系密切，同时与天敌、桑园地理位置及树形养成等也有一定关系。

夏、早秋季偏低温度及多湿的环境条件有利于桑螟发生，中、晚秋蚕期结束后，树上留叶越多、留叶期越长，有利于桑螟越冬代的生长，则越冬基数增大。溪滩等沙地桑园、通风透光及小气候环境相对干燥的桑园桑螟发生多，为害较重。一般乔木桑发生多，高干桑比中干桑的发生多，中干桑比低干桑的发生多；同一桑园内，园边和路边的桑株受害重，春伐桑秋叶茂盛的桑园被害重，种绿肥的桑园比不种绿肥的发生多；家前屋后的桑园往往容易受害。

5.防治方法

(1)消灭越冬幼虫，降低虫口基数

如秋蚕期结束后，及时清除桑园余叶和落叶，集中处理；冬季用石灰泥浆填塞树缝裂隙和蛀孔等，使越冬幼虫不能羽化外出；及时清除室内的越冬幼虫；对蚕沙要集中堆制沤肥。

(2)捕杀

在夏秋季发现桑园有卷、叠叶时，随即捏杀幼虫；在秋季，束草可诱使老熟幼虫潜入束草内越冬，随即烧杀。

(3)保护和利用天敌

桑螟的天敌种类很多，常见的有卵期寄生蜂、幼虫期寄生蜂和蛹期寄生蜂，均可人工繁殖后加以利用。

(4)药剂防治

重点防治夏伐后的第1代幼虫，即喷治春伐桑园和夏伐桑园的补缺留叶桑树。夏秋季重点防治第4、5代幼虫，应掌握在幼虫低龄阶段未卷叶前用药，可选用80%敌敌畏乳油1500倍液，或50%辛硫磷乳油1500倍液，或30%乙酰甲胺磷乳油1500倍液，或24%桑虫清(残杀威)乳油1500～2000倍液，或40%毒死蜱乳油1500倍液，或90%敌百虫晶体1500～2000倍液等喷洒。

(二)桑尺蠖

桑尺蠖[*Phthonandria atrilineata* (Butler)]，又名桑搭、造桥虫等，属鳞翅目、尺蛾科。

1.分布及为害

桑尺蠖在我国各蚕区都有分布，近年来在江苏、浙江、山东、四川等地的为害日趋严重。

越冬幼虫早春食害桑芽，常将桑芽蛀食成洞，严重时能将整株桑芽吃尽，使桑树不能正常发芽，严重影响春叶产量。低龄幼虫群集叶背取食叶肉组织，留下上表皮，3龄后将叶片吃成孔洞，4龄后将叶片边缘吃成缺刻，对夏秋叶产量影响很大。

2.形态特征

(1)成虫

雌成虫体长18～20mm，翅展42～47mm，雄成虫体长16～18mm，翅展37～40mm；体翅均灰褐色，翅面上散生黑色短纹；前翅外缘呈不规则齿状，翅面中央有2条不规则的波浪形黑色横纹，两纹间及其附近色泽较深；后翅具一条波浪形黑线，线外侧翅面颜色较深(图5-19)。

(2)卵

卵扁平，呈椭圆形，长径0.8mm，短径0.5mm，水绿色，孵化前暗紫色(图5-19)。

(3)幼虫

成长幼虫体长52mm左右，头部暗褐色，从头胸部向后逐渐粗大。龄初绿色，后变成灰褐色，体背散生小黑点，第1、5腹节背面各有一横形突起。腹足2对，分别着生在第6、9腹节上(图5-19)。

(4)蛹

蛹体长19～22mm，深酱红色，表面多皱纹，末端具钩刺(图5-19)。化蛹在茧中，茧黄褐色，质地粗糙疏松。

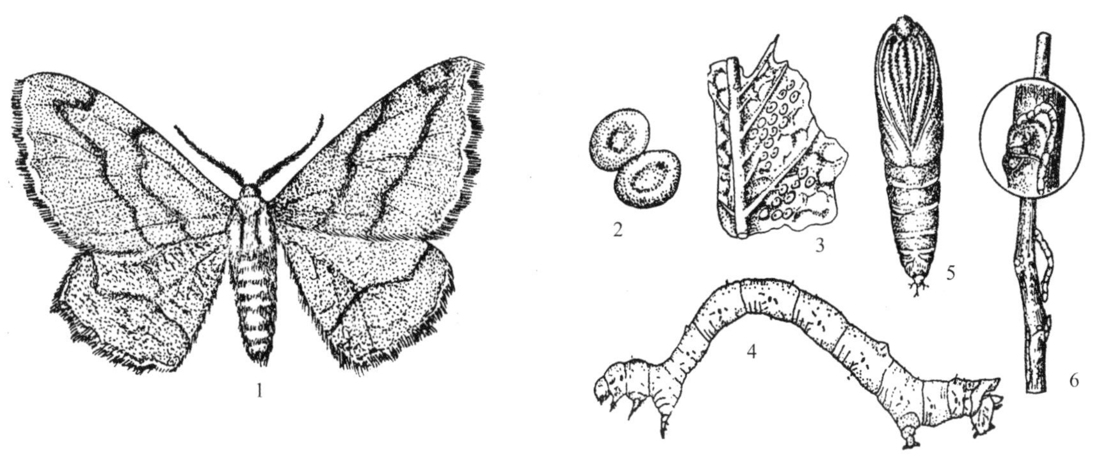

图 5-19　桑尺蠖(引自余茂德,楼程富,2016)

1.成虫;2.卵;3.产于叶片上的卵;4.幼虫;5.蛹;6.春芽被害状。

3.生活史及习性

桑尺蠖在江苏、浙江1年发生4代,在四川1年发生4～5代,在广东1年发生5～6代。在江苏、浙江蚕区,以第4代的3、4龄幼虫于11月中旬潜入束草、树皮裂缝或平伏枝条背风面越冬,日中气温上升时往往又能食害冬芽。次年早春3—4月,树液开始流动、冬芽芽腹现青时,幼虫便重新开始活动,日夜食害桑芽;5月中、下旬(部分延至6月上旬)幼虫老熟后,在树干周围土中或寻找裂隙,结薄茧化蛹其中。蛹期经过7～20d,多在傍晚前后羽化为成虫。成虫昼伏夜动,羽化不久即交配,雌蛾将卵多产在枝条上部的嫩叶背面,密集一处。雌蛾寿命最长达16d,雄蛾寿命最长9d。卵期经过因气温而异,一般4～9d。

幼虫期共5龄,不同世代各龄历期有差异。初孵化幼虫在叶背啮食叶片下表皮和绿色组织,仅留上表皮,使叶面呈现透明点,静止时倒挂叶下;3龄后可将桑叶食成孔洞,4、5龄时多沿叶缘向内侵食,呈大缺刻;4龄后仅在夜间取食,白天静止于枝上背阴处,倚枝斜立,状如小树枝。幼虫老熟后,在近主干地面或桑株裂隙及折叶中吐丝,结薄茧化蛹。末代3、4龄幼虫潜入束草、树皮裂缝或平伏枝条背风面越冬,越冬如未能找到保护场所,则死亡率很高。

4.发生规律

桑尺蠖的发生与气候条件、桑园管理水平、蚕桑生产布局及用药方法等有关。冬季出现暖冬现象或持续低温时间短,夏秋季温湿度条件适宜,对桑尺蠖的生存与繁衍较为有利。桑园冬季管理松懈,清园和束枝、解束工作不到位,其越冬基数相对偏高。单一农药的长期使用,会使桑尺蠖的抗药性不断增强。

5.防治方法

(1)束草诱杀

在秋冬季结草束,可诱使越冬幼虫潜入草束内,次年春取草束烧杀;在早春和夏伐后,可进行人工捕杀幼虫。

(2)保护天敌

桑尺蠖的天敌常见的有寄生卵的桑尺蠖黑卵蜂、寄生幼虫的桑尺蠖脊茧蜂和寄生蛹的广大腿小蜂,均可人工繁殖后加以利用。

(3)药剂防治

早春3月下旬至4月上旬,越冬幼虫50%活动时为防治适期,可用30%乙酰甲胺磷乳油1500倍液或24%桑虫清乳油1500倍液或40%毒死蜱乳油1500倍液进行白条治虫。在蚕期间隙(主要是桑伐条后),掌握在幼虫低龄阶段喷洒80%敌敌畏乳油1000～1500倍液,或喷洒50%辛硫磷乳油1000～1500倍液,或喷洒60%双效磷乳油1000～1500倍液。晚秋蚕期结束后,可全面喷洒2.5%溴氰菊酯乳油(敌杀死)3000～4000倍液或20%杀灭菊酯乳油(速灭杀丁)3000～4000倍液。

尽可能连片统一伐条、统一治虫,消除桑尺蠖躲避场所。

(三)桑白毛虫

桑白毛虫[*Acronycta major* (Bremer)],别名桑夜蛾、桑剑纹夜蛾,属鳞翅目、夜蛾科。

1. 分布及为害

桑白毛虫在全国各蚕区都有发生,在川北和云南为害较严重。

以幼虫食害桑叶。初孵化幼虫取食下表皮及叶肉,留一层上表皮,长大后咀食叶片,仅留叶脉;为害严重时可使整株桑树不见一叶,尤以第2代为害最严重,影响秋蚕饲养。

幼虫食性杂,除桑树外还能为害山楂、桃、李、杏、梅、柑橘、香椿等植物。

2. 形态特征

(1)成虫

雌成虫体长20mm,翅展60mm;雄成虫体长18mm,翅展45mm。成虫灰白色,复眼黑色。前翅灰白色,靠近翅的基部有黑色剑状纹,中室中央有一圆形纹,中室横脉上有一肾形纹,前缘有数个褐色条纹,外缘有黑色小点,翅基部中褶间有一黑色纵带,外横线下方处有一黑色纵纹;后翅暗褐色,翅基色淡,内缘有缘毛。雄成虫翅色较雌成虫的淡,腹背密生暗褐色粗毛(图5-20)。

(2)卵

卵扁平,呈馒头形,淡黄至黄褐色,直径约1mm。

(3)幼虫

成长幼虫体长48～55mm,头黑,胸腹部背面淡绿色,腹面绿褐色,背线两侧和气门上下线暗褐色,体侧及足基节簇生白色长毛,老熟时变黄色,气门和足黑色(图5-20)。幼虫共6龄,各龄体色、斑纹略有差异。

(4)蛹

蛹呈长椭圆形,长24～28mm,宽6～8mm,褐至黑褐色,末端生钩刺4丛计20余根(图5-20)。化蛹在茧内,茧呈长椭圆形,灰白色,茧层厚而致密。

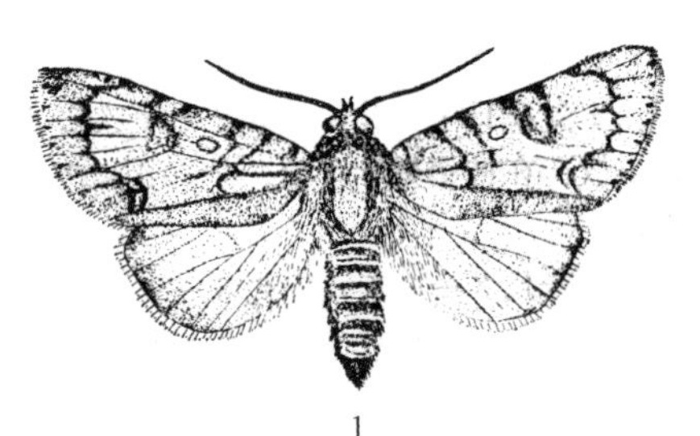

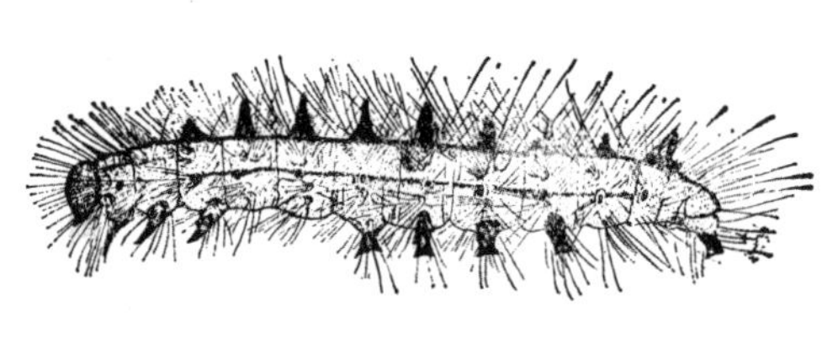

3

图5-20　桑白毛虫(引自余茂德,楼程富,2016)

1. 成虫;2. 幼虫;3. 蛹(腹面观与背面观)。

3. 生活史及习性

桑白毛虫在江苏、浙江和四川等地1年发生1代或2代,以蛹越冬。次年羽化时间最早在4月下旬,最迟在9月上旬。成虫多在日中羽化,当天21:00至次日4:00交配最盛,交配后经1～3d即开始产卵,多产于枝上部嫩叶背面,散产,每只雌蛾可产卵500～600粒,成虫寿命3～10d。初孵化幼虫于叶背取食下表皮及叶肉,2龄后可将叶片取食成大缺刻,仅留主脉。幼虫在结茧前1～3d,体色变黄,向下移动,在桑株根际缝隙、土中或桑园附近的墙壁、屋檐下聚集成群,结茧化蛹。

4. 防治方法

(1)人工捕杀

秋季幼虫下树前疏松树干周围表土层,诱集幼虫结茧化蛹,冬季挖茧捕杀蛹;设置黑光灯诱杀成虫;幼虫发生期捕杀幼虫。

(2)保护天敌

桑白毛虫的天敌主要有桑夜蛾盾脸姬蜂,可人工繁殖后加以利用。

(3)药剂防治

幼虫孵化盛期后，使用50%辛硫磷乳油1500倍液，或50%杀螟松乳油1000倍液，或30%乙酰甲胺磷乳油1500倍液，或50%马拉硫磷乳油1000倍液喷洒。

(四)桑毛虫

桑毛虫(*Eupproclissimilisx nthocampa* Dyar)，俗名金毛虫、毒毛虫、花毛虫等，属鳞翅目、毒蛾科。

1.分布及为害

桑毛虫分布于欧亚各地，在江苏、浙江、四川等主要蚕区常猖獗成灾，历史上在广东蚕区为害特别严重。

桑毛虫幼虫为害桑树的芽和叶，以越冬幼虫剥食桑芽为害最重，可将整株桑芽吃尽；以后各代幼虫为害夏、秋叶，吃成大缺刻，仅剩叶脉，严重时可将全园桑叶全部吃光。幼虫体上长有毒毛，可使人体皮肤发痒，严重的引起红肿疼痛、淋巴发炎，大量吸入人体时可致严重中毒。

幼虫食性杂，除桑树外，还能为害苹果、梨、桃、李、柿、梅等植物。

2.形态特征

(1)成虫

雌蛾体长18mm，翅展36mm；雄蛾体长12mm，翅展30mm。成虫体、翅白色，复眼黑色球形，触角双栉齿状、土黄色。雌蛾前翅内缘近臀角处有一黑褐色斑纹，雄蛾还在前翅后缘近肩角处有一茶褐色斑。雌蛾腹部粗大，末端具较长的黄色毛丛；雄蛾腹部瘦小，尾端部尖，自第3腹节开始即着生短小的体毛(图5-21)。

(2)卵

卵扁圆形，直径0.6～0.7mm，灰黄色(图5-21)。

(3)幼虫

1龄幼虫灰褐色；2龄幼虫出现彩色和黄色毛；成长幼虫体长约26mm，头黑色，胸腹部黄色，背部浅红色，亚背线、气门上线和气门线黑褐色，均断续不相连，前胸背面有2对黑褐色纵纹，两侧各生一红色大毛瘤，上生黑色长毛，自胸部第2节起各节均有黑色亚背线突起，第6、7腹节背面中央各有一红色盘状线体(图5-21)。

(4)蛹

蛹体长9～11.5mm，黄褐色，臀棘较长，末端有刺，在茧中化蛹。茧呈椭圆形，灰褐色，附有幼虫期毒毛(图5-21)。

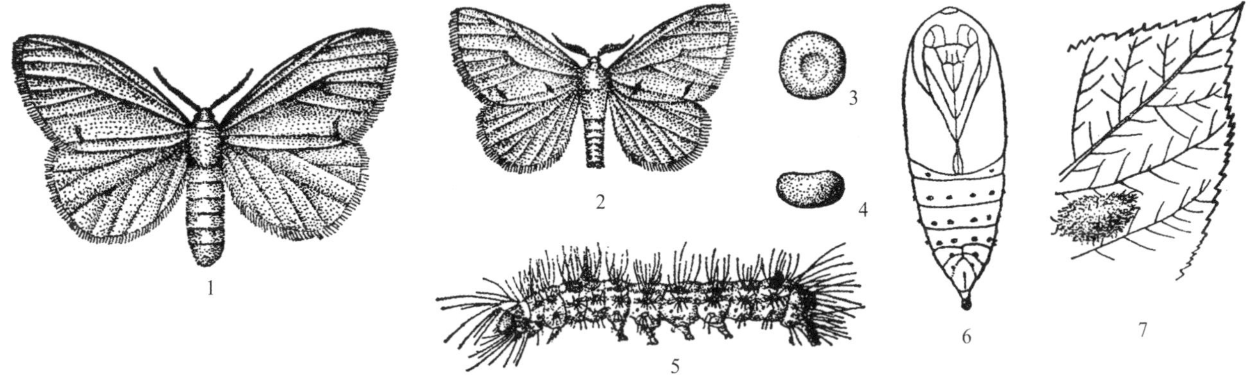

图5-21　桑毛虫(引自余茂德，楼程富，2016)

1.雌成虫；2.雄成虫；3.卵(正面观)；4.卵(侧面观)；5.幼虫；6.雌蛹；7.卵块。

3.生活史及习性

桑毛虫1年发生的代数，依各地气候而异。江苏、浙江、四川以3代为主，局部地区发生不完全的4代，以幼虫在茧中越冬。越冬幼虫龄期不一，以3龄为主。次年早春气温上升到16℃以上时，越冬幼虫破茧而出，开始食害桑芽，开叶后食害春叶，夏伐后食害桑芽，于5月下旬化蛹，6月上旬羽化产卵。

第1代幼虫孵化后食害夏伐后长出的新梢嫩叶，蜕皮5次，全期经过25～35d；初孵化幼虫群集为害，吃叶背表皮和叶肉，蜕皮2次后分散取食，将叶片吃成缺刻，仅留叶脉；自2龄开始长出毒毛，随龄期增大，毒毛增多;幼虫具假死性,受惊即吐丝下垂,转移到他株为害,或垂落地面;老熟后在桑树裂隙、枝与叶柄的交叉处、叶背或叶面或卷叶中结茧化蛹。蛹期经过 8~16d,在傍晚前后羽化成成虫。

成虫白天停伏于桑叶间,夜间产卵于叶背面,有趋光性。卵在卵块内不规则排列,经 4~7d 孵化。

第 2 代幼虫 8 月上旬孵化,食害秋叶。第 3 代幼虫 9 月中旬孵化,为害最严重,于 10 月上旬寻找叶背、树干裂隙、蛀孔等处吐丝结茧,蛰伏越冬。

4.发生规律

桑毛虫的发生与环境条件、桑园管理水平等关系密切。冬季"暖冬",其越冬幼虫的自然死亡率低,次年发生严重;桑园修剪不善或秋季残叶过多,其越冬幼虫数量明显增多,次年发生也严重;靠近果园或杨、柳等绿化行道树的桑园,桑毛虫发生严重。

5.防治方法

(1)捕杀

在秋季结草束,可诱使越冬幼虫潜入草束内烧杀;冬季用石灰泥浆填塞桑树缝裂隙和蛀孔等,使越冬幼虫不能羽化外出;秋蚕期结束后,及时清除桑园余叶和落叶,集中处理;在早春和夏伐后,可进行人工捕杀幼虫。

(2)保护天敌

桑毛虫的天敌主要有桑毛虫黑卵蜂、桑毒蛾绒茧蜂、大角啮小蜂等,可人工繁殖后加以利用。

(3)药剂防治

秋季或早春用药,压低越冬基数。秋季用药在末代幼虫越冬前进行,可用杀灭菊酯 4000~6000 倍液喷洒。早春用药在越冬幼虫 50%开始活动时进行,可喷洒 90%敌百虫晶体 2000 倍液,或 30%乙酰甲胺磷乳油 1500 倍液,或 24%桑虫清乳油 1500~2000 倍液,或 40%毒死蜱乳油 1500 倍液。各代幼虫发生期防治,应掌握在幼虫盛孵化时进行,可使用 50%辛硫磷乳油 1500 倍液或 80%敌敌畏乳油 1500 倍液喷洒。

二、鞘翅目害虫及防治

(一)桑象虫

桑象虫(*Baris deplanata* Roeloffs),又叫桑蜱、桑象鼻虫、桑象甲、盘霉虫,属于鞘翅目、象甲科。

1.分布及为害

桑象虫在全国各蚕区均有发生,江苏、浙江蚕区尤为普遍。成虫在春季食害冬芽及萌发后的嫩梢,有时也吃叶片、叶柄及嫩梢基部,降低发芽率,影响春叶产量;夏伐后为害桑拳部刚萌发的嫩芽,为害严重的可将整株桑芽吃尽,造成桑树局部或整株发不出芽而枯死。

2.形态特征

(1)成虫

成虫体呈长椭圆形,黑色,稍有光泽,大小 4.0mm×1.8mm,口喙管状,向下弯曲,形如象鼻子。口器咀嚼式,触角膝状,复眼椭圆形。鞘前翅漆黑,上有 10 条纵沟,沟间有一列细刻点;后翅膜质,灰黄色半透明,隐于前翅下。前、后足较中足大,基节及腿节黑色有刻点,跗节红褐色,密生白毛(图 5-22)。

(2)卵

卵呈长椭圆、近不规则形,大小(0.36~0.58)mm×(0.22~0.39)mm,乳白色,孵化前变灰黄色(图 5-22)。

(3)幼虫

成长幼虫体长 5.6~6.6mm,体柔软粗肥,圆筒状,稍弯曲,似新月形,无足。初孵化时乳白色,成熟后淡黄色,头部咖啡色(图 5-22)。

(4)蛹

蛹呈长椭圆形,体长 4~4.5mm,乳白色,眼点黑色,腹部末端左右各有 1 个小突起(图 5-22)。

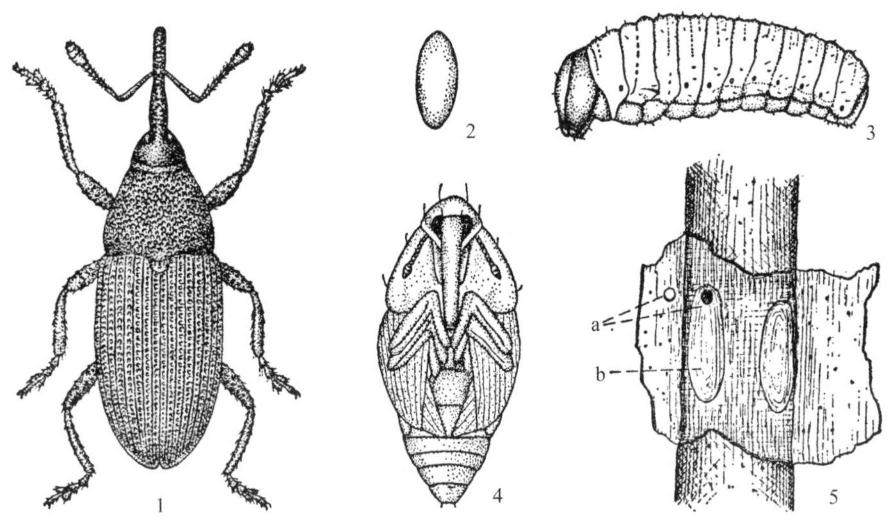

图 5-22 桑象虫(引自余茂德,楼程富,2016)

1.成虫;2.卵;3.幼虫;4.蛹;5.被害桑枝:a.羽化孔,b.蛹穴。

3.生活史及习性

桑象虫在浙江、江苏、四川等蚕区1年发生1代,大多以成虫在半截枝皮下的化蛹穴内越冬,少量以幼虫(占比约7.04%)和蛹(占比约1.83%)越冬。其生活史经过如下。

$$\frac{6上-6中}{7中+8上}$$

越冬成虫在次年3—4月气温达15℃以上时,开始从枯桩上化蛹穴内钻出,在枝上爬行并日夜蛀食冬芽,吃成深洞。冬芽萌发后咀食嫩叶、叶柄及新梢,致使枯萎或折断;春伐或夏伐后新芽萌发时,也能蛀食为害。成虫不善于飞翔,4月下旬开始交配,交配后2周即产卵,产卵期可长达4个月,6月上旬产卵最盛,直至10月下旬还可见其产卵。卵产于剪伐后半截枝第一成活芽的上部,1头雌成虫平均产卵约70粒,最多的产112粒,产卵完毕后约10d即死亡。

卵期5～9d,6月中旬为孵化盛期。

孵化后的幼虫在半截枝皮下生活,蛀食成细狭的隧道,经1～2个月幼虫老熟,即蛀入木质部,营造一个上盖细木丝的椭圆形化蛹穴,化蛹其中。

蛹期经过因环境而异,一般6—8月为7～12d,9月至10月中旬为10～17d,10月下旬后为34～59d。蛹羽化为成虫后,成虫当年不出,仍留化蛹穴内蛰伏越冬。化蛹迟的蛹及孵化迟的幼虫也能越冬,但占比较少。

4.发生规律

桑象虫的发生与桑园管理水平及剪伐形式有关。桑树夏伐或春伐采用提高剪定位置的桑园,有利于桑象虫的发生;桑园管理粗放、冬季及夏伐后不整株的桑园,桑象虫发生较多;桑园周围有篱笆桑的,桑象虫易发生;木质疏松的桑品种,容易受桑象虫为害;桑蛀虫发生多的田块,受桑象虫为害严重。

5.防治方法

(1)加强桑园管理

采用齐拳剪伐,或在夏季产卵盛期后修掉半枯桩,可减少桑象虫的发生和为害;在桑园四周不用桑树做篱笆;在冬季彻底修剪枯枝、枯桩。

(2)诱杀

夏伐后剪取桑枝30～60cm,插于田间,诱集成虫产卵,然后集中销毁。

(3)药剂防治

在春季越冬成虫出穴初期或夏伐后3～5d内,可全面喷洒90%敌百虫晶体1500倍液,或40%毒死蜱乳油1500倍液,或30%乙酰甲胺磷乳油1500倍液,或8%残杀威(桑虫清)乳油2000倍液,或40%保桑灵(丙溴辛硫磷)乳油1000倍液进行治虫。虫口密度较大时,于喷药7d后再重复喷洒1次,可达到较好的防治效果。

(二)桑黄叶虫

桑黄叶虫(*Mimastra cyanura* Hope),又称桑黄萤叶甲、蓝尾叶甲、黄叶虫,属鞘翅目、叶甲科。

1.分布及为害

桑黄叶虫在我国主要蚕区均有分布,特别在丘陵地区为害严重,浙江山区和四川等地桑园普遍发生。

桑黄叶虫主要以成虫咀食新梢嫩叶,轻者将叶吃成缺刻,重者将梢叶吃光,仅留主脉,造成春叶产量大幅下降。同时,由于该虫在梢端爬行飞舞和取食时,排出的大量粪便污染嫩叶及下部成熟叶,严重影响桑叶质量。

2.形态特征

(1)成虫

成虫体长8~12mm,呈长椭圆形,土黄色。头部黄色,头顶后缘有黑色"山"字形斑纹和1条中缝线;复眼大,半球形,黑褐色。前胸背板长方形,前侧角向前突出,中央有一浅纵沟,两侧各有1个三角形凹陷,污褐色;中、后胸黑色,有黑色茸毛。前鞘翅黄色,长方形,布满细小刻点,外缘黑色;后翅灰黑色,半透明。腹部肥大,背面可区分为5个褐色斑,尾节多露翅鞘外,蓝黑色,有刚毛。腹面黑褐色,以黄色横带将其分为5节,并布满白色毛(图5-23)。

(2)卵

卵呈圆球形,直径0.7~1mm,黄色或淡黄色,表面光滑(图5-23)。

(3)幼虫

成长幼虫体长10mm,圆筒形稍扁,略弯曲,第5~6腹节较肥大。头部黑色,胸腹部土黄色。前胸盾及末节硬皮板均黑色有光,其余各节具深茶褐色瘤突,胸足3对,黑色。腹部第5~6节较肥大,第1~8节各有气门上线疣状突起4对,亚背线疣状突起2对,气门线和气门下线疣状突起各1对(图5-23)。

(4)蛹

蛹体长8mm,宽4mm,化蛹初为黄白色,后变为麦秆黄色。复眼、触角末端、翅和足黑色或灰黑色,尾端有2个黑刺(图5-23)。

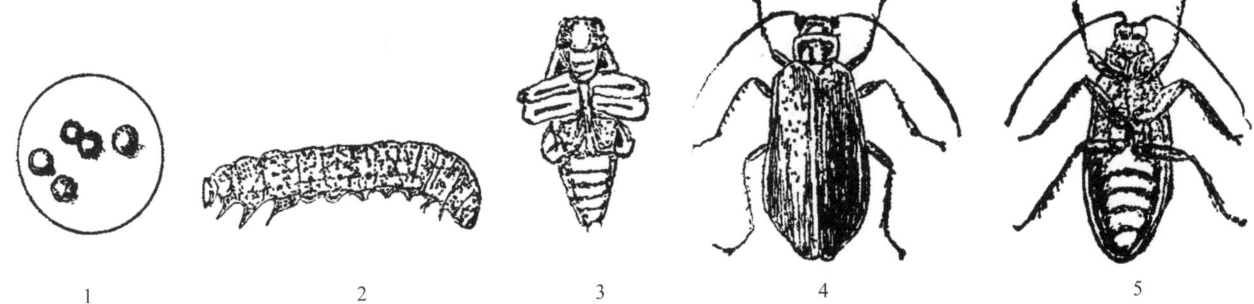

图5-23 桑黄叶虫(引自余茂德,楼程富,2016)

1.卵;2.幼虫;3.蛹;4.成虫(背面观);5.成虫(腹面观)。

3.生活史及习性

桑黄叶虫在浙江蚕区1年发生1代,以老熟幼虫在较干燥的砂质壤土背坎、石坎泥土中,或在山坡苔藓下表土中越冬。次年4月上旬化蛹,蛹期26d左右。4月下旬至5月上旬羽化,羽化后的成虫在土室内滞留约2d,然后钻出土面,先在杂草上爬行,后振翅飞到桑树上取食;成虫白天活动,常数十头群集一叶上为害,沿叶缘向内咀食成不规则细齿状缺刻,间或蛀食成孔;成虫具假死性,受惊下落到地面后即展翅起飞,以早晨露水未干前最明显;羽化后经6~7d取食补充营养,即开始交配;产卵期一般10d,最长的达32d,卵主要产在有苔藓砂石侧面或近地面,也有产于石缝中的,每头雌蛾最多可产卵171粒,产后5~15d即死亡。卵期最短30d,最长达73d,于7月中旬开始孵化,7月底盛孵化。孵化出的幼虫平时在土表活动,取食针叶苔藓或

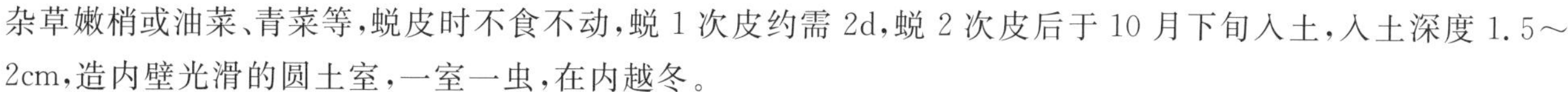

杂草嫩梢或油菜、青菜等，蜕皮时不食不动，蜕 1 次皮约需 2d，蜕 2 次皮后于 10 月下旬入土，入土深度 1.5～2cm，造内壁光滑的圆土室，一室一虫，在内越冬。

4. 防治方法

(1)捕杀成虫

利用成虫具有假死习性，于清晨露水未干、成虫不活泼时，敲打枝条，使成虫落入盛水盆中，集中杀死。也可在夏伐时留若干条枝叶，诱使成虫来集中取食，再进行捕杀。

(2)药剂防治

春季桑树发芽前，先用 90%敌百虫晶体 1000 倍液或 50%杀螟松乳油 1000 倍液喷洒朴树、黄桷树等树木，降低虫口基数。当黄叶虫飞至桑树上为害时，用 50%辛硫磷乳油 1500 倍液或 40%乐果乳油 1000 倍液进行划片分区喷洒治虫。喷药在清晨露水未干、成虫不活泼时进行，以提高防治效果。

(三)桑天牛

桑天牛(*Apriona germari* Hope)，又名啮桑、蛀心虫、大羊角、褐天牛等，属于鞘翅目、天牛科。

1. 分布及为害

桑天牛在全国各蚕区普遍发生。成虫常在新枝上咬食皮层，成不规则状伤口，致使枝条易被风吹折断。一旦皮层被吃成环状，影响养分和水分输导，将导致枝条发育不良，甚至枯死。幼虫蛀食枝干，甚至深入根部，被害桑树往往生长不良，甚至全株枯死。

2. 形态特征

(1)成虫

雌成虫体长 48mm，雄成虫体长 36mm。成虫体和鞘翅均黑色，体表密生黄色短毛。前鞘翅基部密生黑色光亮状颗粒，达全翅的 1/4～1/3 部分；后翅暗褐色。头部中央有 1 条纵沟，大颚锐利，触角 11 节，从黑色肾形复眼的凹陷部分生出。前胸背板中央有 1 条浅纵沟，两侧中部各有一刺状突起。足黑色，密生灰白色茸毛。腹部腹面中央密生灰色茸毛，雌成虫腹末 2 节略向下方弯曲(图 5-24)。

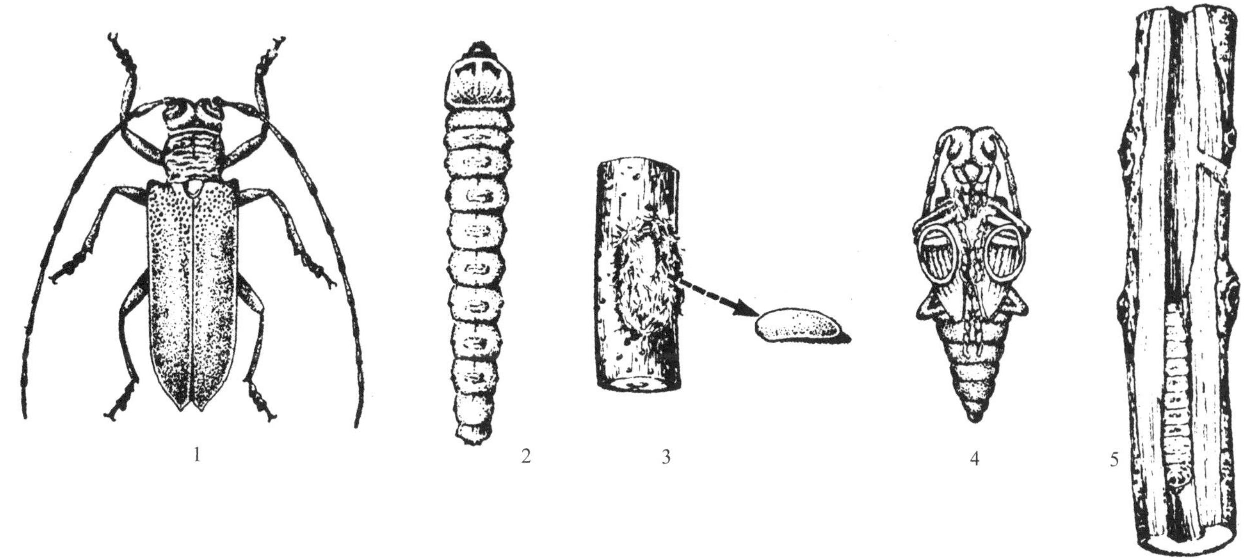

图 5-24　桑天牛(引自余茂德，楼程富，2016)

1. 成虫；2. 幼虫；3. 蛹；4. 卵及产卵部位；5. 被害枝剖面。

(2)卵

卵呈长椭圆形，长径 5～7mm，短径 2.5mm，乳白色，略弯曲(图 5-24)。

(3)幼虫

幼虫呈圆筒形，乳白色，体长约 60mm，无足，头小并隐入第 1 胸节内，大颚黑褐色。第 1 胸节较大，背面具硬皮板，后部密生深棕色小颗粒，中间有 3 对尖叶状白纹。第 3 胸节至第 7 腹节的背面各有 1 个长圆形突起，特称步泡突或移动器，其上密生棕色粒点，起帮助行动的作用(图 5-24)。

(4)蛹

蛹呈纺锤状，体长约 50mm，淡黄色，翅芽达第 3 腹节(图 5-24)。

3. 生活史及习性

桑天牛完成 1 个世代所需时间各地不同，浙江、江苏、四川蚕区为 2 年发生 1 代，以幼虫在桑株坑道内经 2 次越冬。越冬幼虫在春暖后又开始向下蛀食，经 2 个冬季，可深达主干或根部。蛀食的坑道每隔 3～7cm 向外蛀成不定向的排泄孔，以透气和排粪。幼虫老熟后，沿坑道转头向上 1～3 个排泄孔，横向咬一羽化孔的雏形，到达近皮层处；外观能见到树皮臃肿或断裂，有粗木丝露出或皮层湿润，有黄褐色汁液外流，虫体即在该孔下方 2～5cm、距皮层 2～4cm 处化蛹，蛹体首尾两端均填塞咬下的粗木丝。蛹经 20d 羽化为成虫。

成虫羽化后，沿化蛹前咬成的横穴继续向外咬一圆形的羽化孔而飞出，至枝条上啃食皮层，不久开始交配产卵。交尾多在夜间，产卵一般于 20:00 开始，至次日 4:00 结束。卵多产在径粗 10mm 左右的 1 年生枝条距基部 6～10cm 处，产卵期一般长达 2～3 个月，一头雌成虫最多产卵约 150 粒，成虫寿命约 80d。卵期 20d 左右，8 月上旬前产的卵，孵化后的幼虫即蛀入木质部咬食；8 月底以后产的卵，孵化后的幼虫当年不蛀食，在产卵壳内蛰伏越冬。

4. 发生规律

木质疏松的育 2 号、荆桑、湖桑 199 号等桑品种有利于幼虫咬食，往往受害严重。桑园附近有果园、绿化行道树或乔木桑等，桑园受桑天牛的为害较重。桑园管理粗放、冬季不进行整株和挖除虫害株的田块，桑天牛发生较多。高干桑、中干桑受桑天牛的为害率明显高于低干桑。

5. 防治方法

(1)搜捕成虫

在成虫羽化盛期，人工捕捉成虫，防止其产卵和啃食枝皮。

(2)刺杀虫卵

发现桑天牛产卵痕和幼虫蛀食痕时，用小刀、锥针等刺死卵和幼虫。

(3)保护利用天敌

桑天牛的天敌主要有天牛卵姬小蜂，可人工繁殖后释放野外，能对桑天牛发生起一定的抑制作用。

(4)药剂防治

在夏伐后的幼虫活动期，从最下排泄孔用注射器、加油壶、喷雾器管注入 80%敌敌畏乳油 30～50 倍液，或 40%乐果乳油 30～50 倍液，或 50%辛硫磷乳液 500 倍液，或将磷化锌毒签插入蛀孔，直接杀死幼虫。用药后用脱脂棉花蘸取上述药液，塞入排泄孔内并封死洞口，以防桑天牛幼虫上行逃逸。注药后隔 5～7d 检查，如有新鲜蛀屑，应补治。

三、同翅目害虫及防治

(一)桑白蚧

桑白蚧(*Pseudaulacaspis pentagona* Targioni)，别名桑盾蚧、桃白蚧，又称桑介壳虫、黄点介壳虫、树虱，属于同翅目、盾蚧科。

1. 分布及为害

桑白蚧全国各蚕区都有分布。雌成虫、若虫成群寄生在枝干上，以针状口器插入树皮内吸食汁液，严重时整株盖满介壳，不见树皮，受害桑树轻者树势衰弱，发芽率降低，影响桑叶产量和质量，重者则整株枯死。此外，虫体分泌物还易诱发桑膏药病。

2. 形态特征

(1)成虫

雌成虫无翅，体扁平，呈椭圆形，向臀板尖削，体长和体幅均约 0.98mm，橙黄色。头部不明显，胸部宽阔，腹部分节明显，足退化。介壳笠帽形，直径 1.5～2.8mm，白色或灰白色，中央较薄，能透视橙黄色虫体。

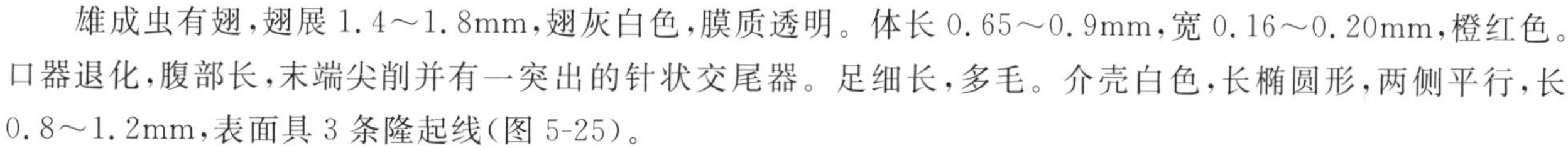

雄成虫有翅，翅展 1.4～1.8mm，翅灰白色，膜质透明。体长 0.65～0.9mm，宽 0.16～0.20mm，橙红色。口器退化，腹部长，末端尖削并有一突出的针状交尾器。足细长，多毛。介壳白色，长椭圆形，两侧平行，长 0.8～1.2mm，表面具 3 条隆起线(图 5-25)。

(2)卵

卵呈长椭圆形，长径 0.25mm，短径 0.12mm，白色或橙色(图 5-25)。

(3)若虫

1 龄若虫体长 0.2～0.3mm，呈扁平椭圆形，足 3 对，复眼大、暗紫色或黑色，雄体白色，雌体淡红色。2 龄雌若虫橙红色，椭圆形，体长 0.5mm，触角及足退化；雄若虫近圆锤形，淡黄色，体长 0.43mm。3 龄若虫均为雌虫，梨形，淡黄色或深黄色，体长 0.52mm。雌若虫介壳近圆形，直径 1.2mm 左右，灰白色或灰褐色；雄若虫介壳细长，白色蚕茧状(图 5-25)。

3. 生活史及习性

桑白蚧的发生代数因地理位置不同而异，浙江、江苏、四川蚕区 1 年发生 3 代，广东蚕区 1 年发生 5 代，陕西、宁夏等蚕区 1 年发生 2 代，均以最后 1 代的受精雌成虫在树体上越冬。浙江、江苏蚕区越冬雌成虫于 3 月上、中旬随着桑树树液流动而开始以口针吮吸汁液，虫体迅速肥大，随着体内卵粒发育，介壳逐渐鼓起。卵产在雌成虫的体后，堆积在介壳下，1 头雌成虫一般产卵 40～200 粒，雌成虫产完卵后即干瘪在介壳下。5 月上、中旬卵孵化出若虫，若虫离开母体介壳，在树上自由爬行，多群集于桑芽、叶痕及其他间隙内，外观呈红色圆形斑。雌若虫孵化后 1 周蜕第 1 次皮，触角及足消失，以口针固定体躯不再移动，并由分泌的蜡质物质连同蜕皮，一起在虫体背上形成介壳；再经 1 周蜕第 2 次皮，又经 1～2 周蜕第 3 次皮，即成为无翅雌成虫。雄若虫第 1 次蜕皮后，在 2 龄后期也分泌蜡物质，形成细而长的白色蚕茧状介壳；再经 2 周蜕第 2 次皮而化蛹其中，蛹期 1 周即羽化为有翅雄成虫。雄成虫飞至雌成虫处交配，交配后即死亡，寿命仅 0.5～1d。

第 2 代卵期 4～7d，于 7 月上、中旬盛孵化。第 3 代卵期 4～7d，于 9 月上、中旬盛孵化。

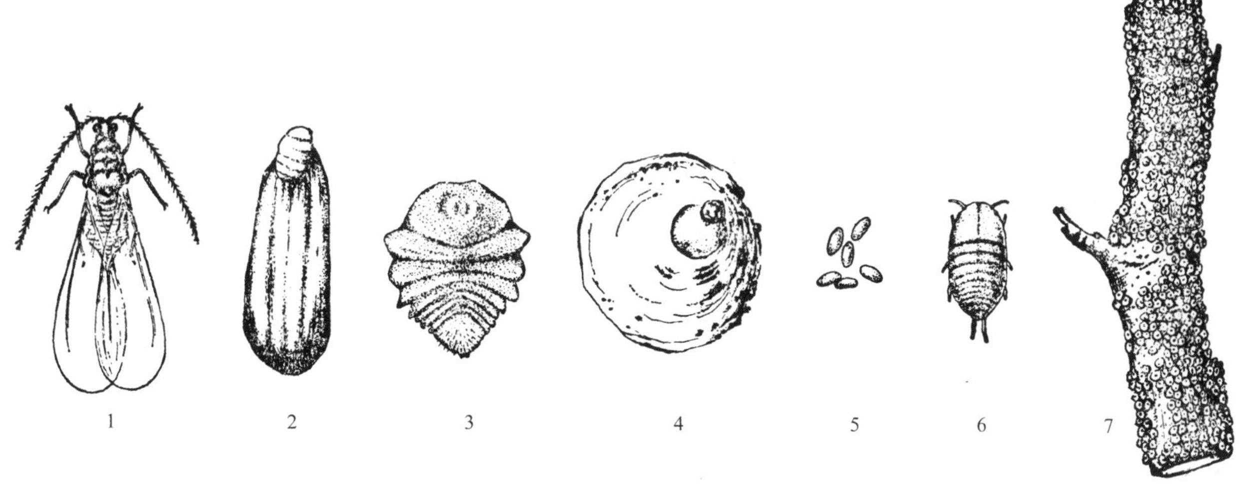

图 5-25 桑白蚧(引自余茂德，楼程富，2016)

1. 雄成虫；2. 雄介壳；3. 雌成虫；4. 雌介壳；5. 卵；6. 若虫；7. 被害状。

4. 发生规律

桑白蚧的发生与桑园的小气候环境关系密切。桑树密植、地势低洼、地下水位高、郁闭多湿的桑园，容易发生；靠近果园的桑树容易受害；夏秋季高温、干旱，对桑白蚧繁殖不利，虫口明显降低。

5. 防治方法

(1)人工抹杀

用丝瓜筋或刷子，抹杀桑树主干、支干上的介壳下的成虫、若虫、卵，特别注意抹杀掉缝隙中的虫卵体。

(2)药剂防治

1)若虫盛孵化期施药：喷洒或涂刷 80%敌敌畏乳油 500～1000 倍液，或 40%氧化乐果乳油 500～1000

倍液，或 50%马拉松乳油 1000 倍液。

2)低龄若虫期施药：可喷洒或涂刷加 0.1%有机磷农药的 20 倍机油乳剂，效果较好。可以添加的有机磷农药有：80%敌敌畏乳油、50%马拉硫磷乳油、50%喹硫磷乳油、25%亚胺硫磷乳油等。

3)成虫期施药：可用 3%有效氯含量的漂白粉悬浊液或 10%柴油、石灰乳浊液。

(3)其他

改进桑园小气候条件；桑园远离或与果园相隔离。

(二)菱纹叶蝉

菱纹叶蝉又叫菱纹浮尘子，为害桑树的有 2 种：凹缘菱纹叶蝉(*Hishimonus sellatus* Uhler)和拟菱纹叶蝉(*Hishimonoides sellatiformis* Ishihara)，属于同翅目、叶蝉科。

1. 分布及为害

菱纹叶蝉食性很广，全国各蚕区都有分布。2 种菱纹叶蝉均以成虫、若虫刺吸桑叶汁液，并都能传带桑黄化型和萎缩型萎缩病的病原，其中拟菱纹叶蝉的传毒力较强。

2. 形态特征

(1)成虫

成虫体比米粒略小，前翅后缘有三角形褐色纹，呈折角状，休止时两翅相并，即成菱形花纹，故叫菱纹叶蝉。凹缘菱纹叶蝉头部黄绿色，胸部草绿色，复眼黑色；拟菱纹叶蝉头部暗红色，胸部红褐色，复眼暗血红色(图 5-26)。

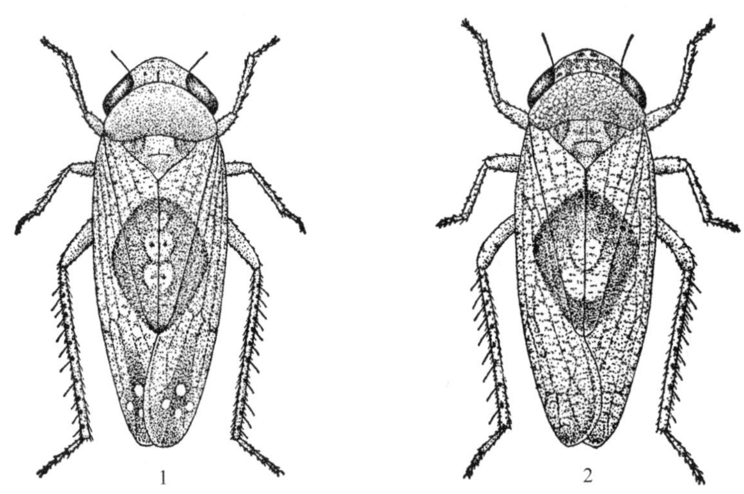

图 5-26　菱纹叶蝉(引自余茂德，楼程富，2016)

1. 凹缘菱纹叶蝉成虫；2. 拟菱纹叶蝉成虫。

(2)卵

卵呈长椭圆形，长径 1.6mm，短径 0.7mm，一端稍尖，一端钝圆，若虫从尖端部孵出。

(3)若虫

若虫有 5 个龄期，初孵化时淡黄色；5 龄老熟时黄褐色，有光泽，体长 2.9～3.7mm，复眼暗红色，单眼灰白色，头部和胸部背面具不规则褐色纹，腹部较长、暗红色。

3. 生活史及习性

2 种菱纹叶蝉在江苏、浙江一带蚕区 1 年发生 4 代，山东烟台蚕区 1 年发生 3 代，均以卵在桑树一年生枝条的皮下越冬。越冬卵于次年春季随着树液流动而开始发育，于 4 月中、下旬孵化为第 1 代若虫。若虫经 5 次蜕皮于 5 月中旬开始羽化为成虫，至 5 月下旬进入羽化盛期。羽化的成虫经 4～5d 开始交配，雄成虫交配后即死亡，雌成虫交配后再过 3～4d 开始产卵，产卵间歇陆续进行，产卵期可长达 1 个月，1 头雌成虫可产卵 50～60 粒。卵产在叶柄、叶脉或新梢上，卵期 12～14d。

6 月中旬孵化为第 2 代若虫，7 月上旬进入成虫盛羽化期；7 月下旬孵化为第 3 代若虫，8 月中旬进入成虫盛羽化期；9 月中旬孵化为第 4 代若虫，9 月下旬进入成虫盛羽化期，第 4 代卵产于一年生枝条的皮下，越冬。

4. 发生规律

夏秋季高温干旱，有利于菱纹叶蝉的发生；偏施氮肥、迟施氮肥往往造成桑树枝叶徒长，晚秋大量嫩叶对菱纹叶蝉的发生有利；桑园间作或邻作大豆、芝麻、茄子等作物，给菱纹叶蝉增加食料，则田间虫口密度大；台风、暴雨对菱纹叶蝉的发生不利。

5. 防治方法

(1)加强桑园管理

冬季重剪梢，可以剪除50%～70%越冬卵；适时施肥，防止枝叶徒长；控制桑园间作，减少菱纹叶蝉的食料。

(2)保护利用天敌

菱纹叶蝉的主要天敌有：缨小蜂，寄生卵；草间小黑蛛、食虫瘤胸蛛、叶蟹蛛等，捕食若虫。这些天敌可人工繁殖后释放野外，能对菱纹叶蝉的发生起一定抑制作用。

(3)药剂防治

要掌握用药适期，卵越冬后第1代若虫孵化盛末期用药效果最好；夏伐前后正是2种菱纹叶蝉第1代成虫的羽化盛期，此时可重点防治春伐桑和夏伐田块的补缺桑上的成虫；秋蚕结束后，结合关门虫防治，杀灭第4代成虫。农药品种可选用50%马拉松乳油1500倍液、80%敌敌畏乳油1500倍液、50%稻丰散乳油1500倍液、40%乐果乳油1500倍液等。

(三)桑粉虱

桑粉虱(*Bemisia myricae* Kuwana)，别名白虱、桑虱、杨梅粉虱，属于同翅目、粉虱科。

1. 分布及为害

桑粉虱在全国各蚕区均普遍发生。夏秋季常猖獗成灾，密植桑园和苗圃更为严重。桑粉虱成虫群集桑树顶部嫩梢产卵，若虫吸食中部叶汁，出现很多黑色斑点，并分泌蜜露滴于下部叶面，易诱发煤污病，对桑苗生长和秋蚕饲养带来严重影响。

2. 形态特征

(1)成虫

雌成虫体长0.8mm，雄成虫体长0.7mm，体淡黄色，体翅均附着白粉。头小，球形，复眼黑褐色肾脏形，口器刺吸式。前后翅膜质，各具黄色翅脉1条，翅表面布满白色鳞毛，呈乳白色。腹部呈橄榄状，雌成虫尾端有一短针状产卵管，雄成虫尾端有钳状附器(图5-27)。

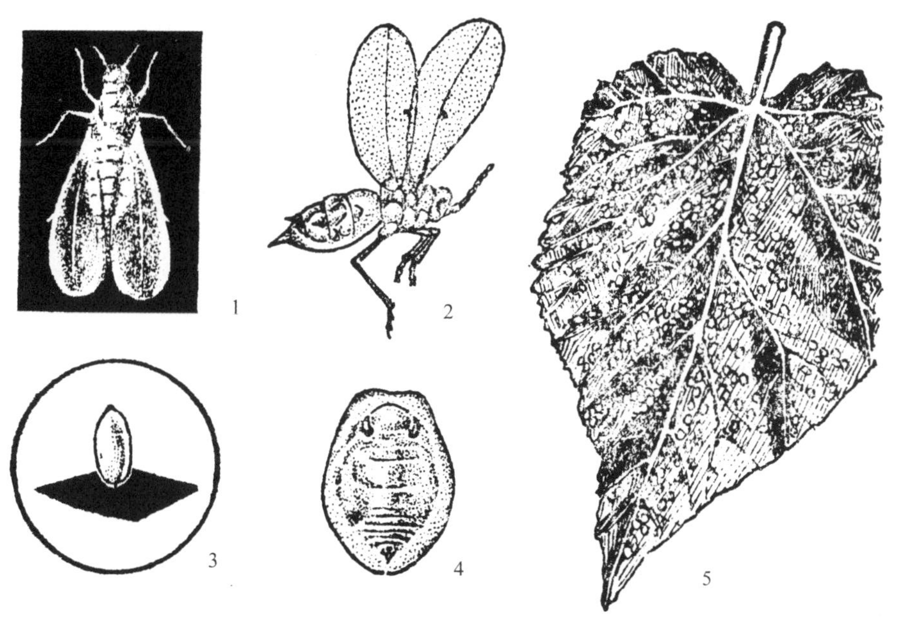

图5-27　桑粉虱(引自余茂德，楼程富，2016)

1. 成虫正面；2. 成虫侧面；3. 卵；4. 蛹；5. 被害叶及若虫。

(2)卵

卵呈圆锥形,长径 0.2mm,短径 0.08mm,初产时淡黄色,后变为黑褐色(图 5-27)。

(3)若虫

若虫呈椭圆形,扁平,体长 0.25mm,淡黄色,有半透明蜡质物覆盖体上。口器细丝状,头部前端有 1 对触须,两侧有橙色眼睛 1 对。足 3 对,短小,常被体躯覆盖。体尾部有一椭圆形肛门,背面有乳房状穿起,两侧排列 36 根硬毛(图 5-27)。

(4)蛹

为伪蛹,椭圆形,扁平,体长 0.8mm,背面乳白色,半透明,中央隆起,后部侧缘有锯齿状突起。复眼鲜红色,翅和足发达,口器吻丝状(图 5-27)。

3.生活史及习性

桑粉虱 1 年发生多代,在江苏、浙江蚕区 1 年发生 8 代左右,以蛹在落叶上越冬。在江苏、浙江蚕区,越冬蛹于 4 月初桑树发芽时羽化为第 1 代成虫。羽化的成虫围绕桑树枝梢飞翔,寻找配偶交配。交配后,雌成虫将卵产在枝梢顶端嫩叶背面,每头雌成虫平均产卵 30.4 粒,最多可产卵 212 粒。卵约经 1 周孵化出第 1 代若虫,若虫伏于叶背,以针状口吻刺入叶片组织中吸食叶汁,被害叶初现斑点,之后即卷缩枯萎;若虫还分泌蜜露滴落下部叶面上,诱发煤污病。若虫期 3～4 周,蛹期约 1 周。最末代蛹在落叶上越冬。

4.发生规律

桑园密植和多湿的环境条件有利于桑粉虱的发生,苗圃地往往容易受害。暖冬气候有利于越冬蛹的成活,次年发生量大。一般春季危害不明显,夏秋季危害严重,影响秋叶的产量与质量。春伐桑和夏伐桑混栽的田块或地区,其虫源相互影响而容易造成后期大面积发生。

5.防治方法

(1)捕杀成虫和卵

成虫羽化后,多密集于枝梢嫩叶上,并且于 15:00 后活动减少,可用网捕杀。危害严重的桑园,在产卵高峰期摘顶部嫩叶,以消除卵。

(2)消灭蛹

冬季及时清除桑园落叶,杀灭越冬蛹。

(3)加强桑园管理

桑园合理密植,开沟排水,增加通风透光条件,春伐桑和夏伐桑不混栽。

(4)药剂防治

可喷洒 90%敌百虫晶体、40%乐果乳油、25%亚胺硫磷乳油、50%马拉硫磷乳油、80%敌敌畏乳油各 1000 倍液,或 20%灭多威乳油 2500 倍液,或 24%万灵水剂 2500 倍液,进行防治。

四、缨翅目害虫及防治

(一)桑蓟马

桑蓟马(*Pseudodendrothrips mori* Niwa),别名桑伪棍蓟马,属于缨翅目、蓟马科。

1.分布及为害

桑蓟马在全国各蚕区都有发生。成虫、若虫均以锉吸式口器刺破叶背或叶柄表皮,吮吸汁液,使桑叶上出现无数褐色小凹点,被害桑叶易失水而提早硬化,严重时成片桑园枝条上、中部叶片全部干瘪卷缩,呈锈褐色,严重影响桑叶的产量和质量。夏秋高温干旱季节为害严重。

2.形态特征

(1)成虫

成虫体长 1mm 左右,纺锤形,淡黄色。1 对暗褐色复眼,3 个红色单眼。口器锉吸式,上颚左右不对称,左侧发达呈刺状,右侧仅留残痕。翅 2 对,细而狭长,灰白透明,边缘具长毛。前胸背弧形,中、后胸分界不明。雌成虫腹部末端狭长,产卵管短而向下弯曲,两侧有锯齿状突起,翅仅达腹末;雄成虫体色较深,腹部末

节钝圆，翅盖过腹末(图 5-28)。

(2)卵

卵椭圆形，长约 0.02mm，白色透明，孵化前可见 1 对红色眼点(图 5-28)。

(3)若虫

初孵化若虫无色透明，成长若虫体黄色，体长 0.62～0.71mm，体形与成虫相似(图 5-28)。

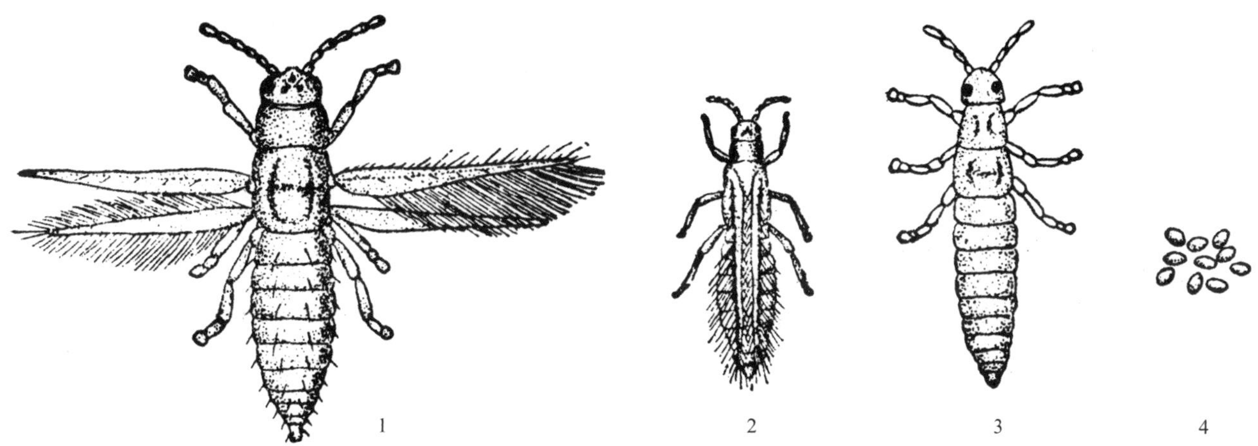

图 5-28　桑蓟马(引自余茂德，楼程富，2016)

1.成虫；2.自然态成虫；3.若虫；4.卵。

3.生活史及习性

桑蓟马 1 年发生数代，在浙江、江苏蚕区 1 年发生 10 代左右，春季约 1 个月发生 1 代，夏秋季 15～20d 发生 1 代，以成虫在枯枝落叶、树皮裂隙及杂草中越冬。

越冬桑蓟马成虫在次年 4 月春叶开放时开始活动，在叶背为害，能飞善跳，一遇惊动即翘尾而逃。雌成虫交配后，在新梢顶端 1～3 叶上爬行，以锯齿状产卵器在嫩叶背面叶脉组织内产卵，一头雌成虫可产卵 50～70 粒，成虫寿命 10～16d。卵孵化为若虫后，用口针插入叶脉附近叶肉中吮吸汁液，老熟若虫常喜静止于叶背粗脉分叉的凹陷部分。蜕皮 3 次，共经 10～13d 羽化为成虫。最末代成虫在枯枝落叶、树皮裂隙及杂草中越冬。

4.发生规律

桑蓟马在桑树上终年可见，虫口密度自春至夏逐渐上升。夏伐时虫口集中在春伐田块及夏伐补缺的桑株上；夏伐株新梢抽长后，虫口重又回升。7 月中旬起，各种田块虫口密度均高，为害普遍严重；晚秋蚕期时虫口密度再度下降。

桑蓟马的发生与气候关系密切，夏秋季高温干旱、日照多、雨水少，则发生多，为害严重；台风及暴雨能明显降低桑蓟马的虫口密度；砂质壤土桑园的发生多重于黏土桑园的，向阳、通风干燥地势桑园的发生比背风、冷、潮湿、低洼地势桑园的严重；桑园及周边杂草多，桑蓟马发生重；不同桑品种的受害情况有一定差异。

5.防治方法

(1)消灭越冬成虫

冬季及时清洁桑园，将枯枝、落叶、杂草等集中处理，消灭在此中的越冬成虫。

(2)人工捕杀

在春蚕期摘芯除虫；在成虫盛羽化期和卵盛孵化期，给桑园喷灌水，冲杀成虫和若虫。

(3)药剂防治

1)用药适期：第 1～3 代在若虫孵化盛期用药；第 4 代以后世代重叠现象严重，无法确定始孵化日期，可以根据虫口数量与造成危害之间的关系来确定用药适期，掌握在严重为害前防治；利用桑树夏伐后桑蓟马集中于春伐桑和夏伐田块的补缺桑株上的状况，重点进行夏伐用药防治。

2)用药种类：常用农药有 40％乐果乳油 1000 倍液、50％马拉硫磷乳油 1500 倍液、80％敌敌畏乳油 1000

倍液、60%双效磷乳油1500倍液、80%敌敌畏乳油加40%乐果乳油1000倍混合液、24%桑虫清乳油800～1000倍液、40%护桑乳油1200倍液等，喷洒防治。

五、双翅目害虫及防治

(一)桑瘿蚊

桑瘿蚊(*Diplosis moricola* Matsumura)，又名桑瘿蝇、桑吸浆虫，属于双翅目、瘿蚊科。

1. 分布及为害

桑瘿蚊在浙江、江苏、重庆、四川、广东、广西等蚕区均有分布，在广东蚕区发生较多。

桑瘿蚊幼虫用口器锉伤嫩芽组织，吸食汁液，轻者造成芽叶弯曲畸形，重者造成芽叶枯死，致使侧枝丛生、树枝矮小、桑叶严重减产，并质量降低。

2. 形态特征

(1)成虫

成虫形似蚊，淡黄色，体长1.5～2.0mm。触角连珠状，共14节，雄成虫的鞭节为圆筒形，雌成虫的鞭节为哑铃形。雌成虫体末端有1条略比体长并能伸缩的产卵管，雄成虫体末端有1对钳状交配器(图5-29)。

(2)卵

卵椭圆形，微弯，似香蕉状，长0.12～0.20mm，末端有一长0.15mm细丝，初产时半透明，孵化前出现黄色斑点。

(3)幼虫

幼虫蛆状，纺锤形，共13节，初孵化时半透明，老熟时淡黄色，体长1.5～2.1mm，在第1胸节腹面有一Y形剑骨片，在化蛹前利用此剑骨片弹跳入土中，结成圆形囊包，为囊包幼虫(图5-29)。

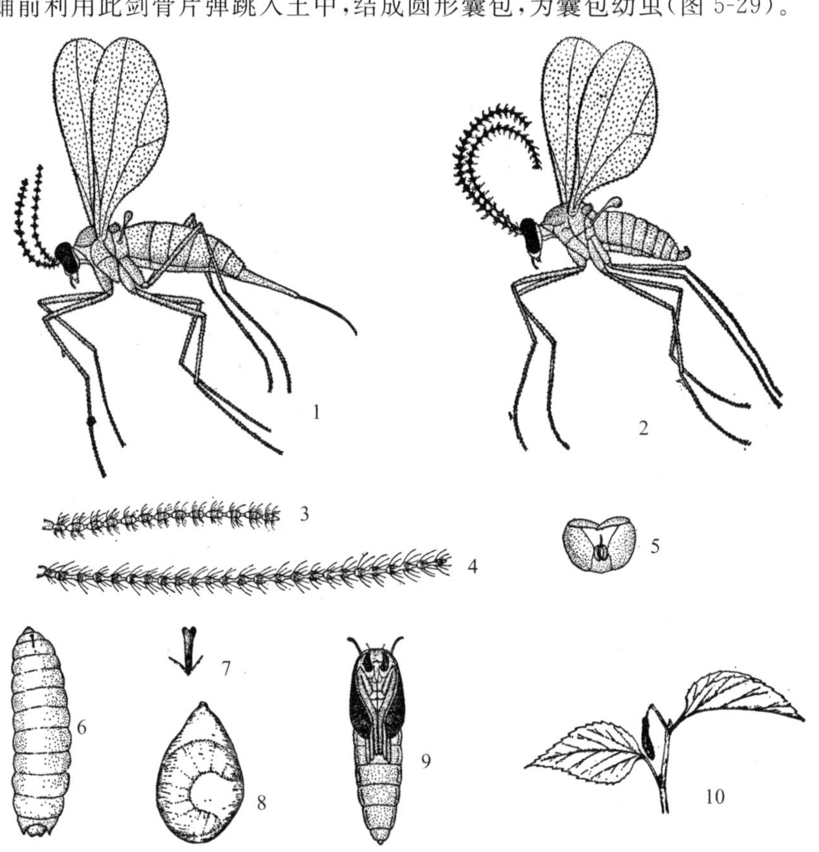

图5-29　桑瘿蚊(引自余茂德，楼程富，2016)

1. 雌成虫；2. 雄成虫；3. 雌成虫触角；4. 雄成虫触角；5. 雄成虫交配器；6. 幼虫；7. 幼虫剑骨片；8. 幼虫休眠体(囊包)；9. 蛹；10. 桑嫩芽叶被害状。

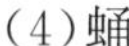

(4)蛹

蛹的发育分前蛹、初蛹、中蛹、后蛹4个阶段,前蛹体形缩短、加粗,3个胸节连成一体,色稍淡,剑骨片明显;初蛹头部出现2个淡黄色眼点,胸骨片随蜕皮而脱落;中蛹复眼呈红褐色,触角、翅、胸足均呈浅褐色;后蛹体色转为橙黄色,触角、翅、胸足、复眼均呈暗黑色(图5-29)。

3.生活史及习性

桑瘿蚊每年发生3～4代,以最后一代囊包幼虫(休眠体)在土下1～10cm处休眠越冬。次年1月上旬解除休眠化蛹,1月中、下旬羽化为成虫出土。在桑园中交配,产卵于桑芽里,1头雌成虫产卵约40粒,成虫寿命1～6d。卵期2～4d,孵化为第1代幼虫。幼虫在嫩芽内为害,经7～14d后老熟,爬出芽外并弹跳落地,钻入泥土中吐丝结茧成囊,内幼虫即为囊包幼虫。约经7d,虫体变短加粗,开始化蛹。蛹期7～10d,便羽化为成虫出土,交配后产卵,卵孵化为第2代幼虫。最后代囊包幼虫在土中越冬。

4.防治方法

(1)杀死越冬幼虫

在冬季翻耕桑园晒土,杀死土中越冬的囊包幼虫及蛹。

(2)药剂防治

在幼虫孵化期用40%乐果乳油1000倍液或90%敌百虫晶体1000倍液喷洒新梢嫩芽。在土内囊包幼虫解除休眠到成虫羽化前,用甲六粉1.5～2kg兑水3000kg,淋湿1亩表土,杀死土中幼虫及蛹。

(二)桑橙瘿蚊

桑橙瘿蚊(*Diplosis mori* Yokoyama),属于双翅目、瘿蚊科。

1.分布及为害

桑橙瘿蚊在全国各蚕区均有发生,其中江苏、浙江、山东等蚕区为害较重。

桑橙瘿蚊幼虫寄生于桑枝顶芽幼叶间,以口器锉伤顶芽组织,吸食汁液,造成顶芽弯曲畸形、凋萎黑变、枝条封顶。连续为害后,使桑树侧枝丛生、层层分杈,枝条矮短而致桑叶减产。由于枝条封顶,叶硬化变劣,影响桑叶的产量和质量。春蚕期开始危害,以夏伐后桑树新梢萌发期为害最重。

2.形态特征

(1)成虫

成虫体长1.9mm,浅橙黄色。头球形,复眼黑色,触角14节。雌成虫各鞭节呈长圆筒形,具柄,在前后部各着生2圈长毛;雄成虫各鞭节有2处膨大成球形。胸背中央有2条暗褐色纵带。前翅发达,匙形,淡黄色。雌成虫腹部肥胖,末端着生产卵器;雄成虫腹部细瘦,末端着生交配器,钳状(图5-30)。

(2)卵

卵长椭圆形,一端稍细,长0.10～0.15mm,宽0.08～0.10mm,初产卵无色透明,孵化前转为淡橙黄色,红色眼点明显。

(3)幼虫

幼虫初孵化时无色透明,渐渐转为乳白色,最后呈淡橙红色,纺锤形。成长幼虫体长2mm左右。休眠体囊包近扁圆形,中凹,干燥时似砂粒,黄泥色,吸水后膨大、有弹性,污白色,可见囊内幼虫,幼虫腹部朝囊外卷成C形(图5-30)。

(4)蛹

蛹扁平,呈椭圆形,长约2.0mm,淡橙黄色,后转橙黄色,前胸背面有1对黑褐色呼吸管,3对胸足并列伸出翅芽外,端部几乎齐平,腹部各节有小突起,上面生有小刺毛(图5-30)。

3.生活史及习性

桑橙瘿蚊1年发生5～7代,以老熟幼虫结成囊包,在土中越冬。

成虫于傍晚羽化,飞翔力强,交配后将卵产于顶芽叶背皱褶处或第1～2片嫩叶叶背,每处2～3粒。卵期2～3d,孵化幼虫即钻入顶芽内部,以口器刺破桑芽组织,吸食汁液。受害桑芽叶弯曲变形,色转黄褐,直至发黑腐烂、脱落,造成桑株封顶。12～14d后,上部腋芽萌发,又被成虫产卵繁殖后代,如此反复为害,造成

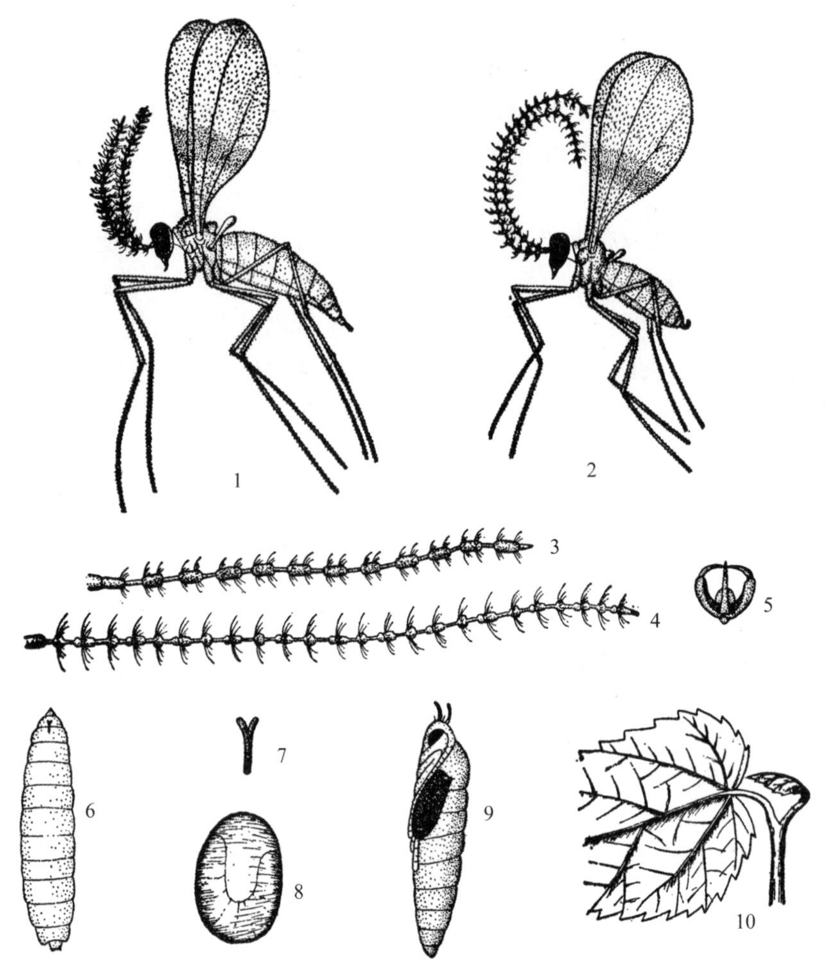

图 5-30　桑橙瘿蚊(引自余茂德,楼程富,2016)

1.雌成虫;2.雄成虫;3.雌成虫触角;4.雄成虫触角;5.雄成虫交配器;6.幼虫;7.幼虫剑骨片;8.幼虫休眠体(囊包);9.蛹;10.桑嫩芽叶被害状。

枝条层层分杈,枝叶瘦小。老熟幼虫从桑芽外侧爬出,弹跳入土,在土中吐丝绕成圆形囊包,虫体卷曲成C形,称为囊包幼虫。约1周后,虫体渐粗短,伸直化蛹。蛹期12～16d,羽化为成虫出土。

4.发生规律

(1)气候

7—8月,气温偏低,降雨量多,为害严重。

(2)土质

pH值7～10的石灰质壤土的桑园发生较多,砂土和黏土的桑园发生较少。

(3)地形

山垄、山脚等谷地桑园土层深厚疏松,地下水位高,土壤潮湿,日照短,适宜于桑橙瘿蚊生长发育。

5.防治方法

(1)杀死囊包幼虫和蛹

桑园冬耕,翻土冻晒,杀死土中越冬囊包幼虫及蛹。

(2)摘芯除虫

春季摘芯可去除部分幼虫,夏秋季除草可破坏其生存场所。

(3)土壤撒药

在休眠体开始解除休眠至成虫羽化前或在桑树夏伐后,用5%喹硫磷颗粒剂30kg拌细土300～375kg,均匀撒于1hm^{2}桑园地面,立即结合桑园翻耕,将药翻入土内,对休眠体幼虫和蛹有良好的防治功效,是控制

1、2 代桑橙瘿蚊的主要措施。

(4)顶梢喷药

于各代幼虫盛孵化期，用 80%敌敌畏乳油 1500 倍液，或 40%乐果乳油 1000 倍液，或灭蚕蝇溶液 800 倍液，或 20%灭多威乳油 2500 倍液，或 0.9%虫螨克乳油 4000 倍液喷洒桑树顶梢，杀死孵化的幼虫。

六、螨类害虫及防治

为害桑树的螨类害虫有 20 多种，有叶螨、瘿螨、跗线螨、细须螨等，生产上较为常见的是叶螨，主要有桑始叶螨(*Eotetranychus suginamensis* Yokoyama)、神泽叶螨(*Tetranychus kanzawai* Kishida)、朱砂叶螨(*Tetranychus cinnabarinus* Boisduval)等，均属蜱螨目、叶螨科。

(一)桑始叶螨

1. 分布及为害

桑始叶螨又称红蜘蛛、桑东方叶螨，在全国各蚕区都有分布。成螨、幼螨和若螨多在叶背沿叶脉处吸食桑叶汁液，被害处出现斑点，初呈白色半透明状，渐次转为黄色至黄褐色后脱落；或刺伤叶脉，使叶脉附近白化，成为"花叶"，致叶呈缩皱畸形，严重时全叶红褐焦枯，不能养蚕。夏秋期各代虫口密集，为害严重。

2. 形态特征

(1)成螨

成螨体淡黄色，越冬时呈橙黄色。雌成螨呈椭圆形，后部钝圆，长约 0.4mm；雄成螨呈纺锤形，长约 0.35mm，背面两侧有暗绿色污斑。足 4 对，各节短，雌成螨爪 4 分叉，雄成螨爪 2 分叉(图 5-31)。

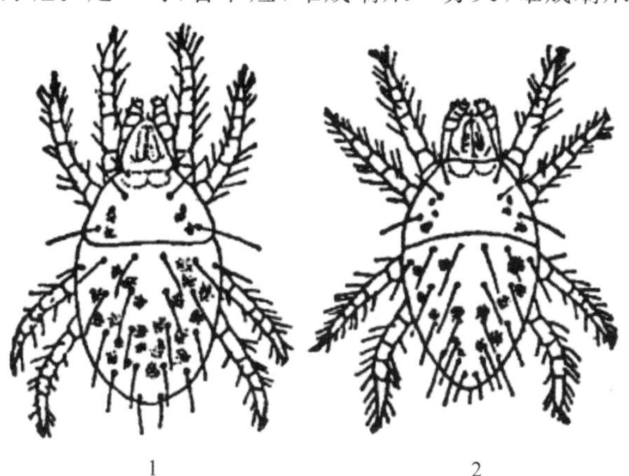

图 5-31　桑始叶螨(引自余茂德，楼程富，2016)

1. 雌成螨(背面观)；2. 雄成螨(背面观)。

(2)卵

卵球形，直径 0.1mm，初产时无色透明，后渐变成浅黄色。

(3)幼螨

幼螨体淡黄或柠檬色，足 3 对。

(4)若螨

若螨体淡黄色，逐渐加深，足 4 对。

3. 生活史及习性

桑始叶螨 1 年发生 10 余代，以受精雌成螨在落叶、枝干裂隙或土壤缝隙中越冬。次年春芽萌发展叶时开始活动，直至 11 月均可繁殖，以夏秋季繁殖最盛。成螨喜栖息叶背，沿叶脉分叉处吐丝结网，常见雌雄 2～3头栖伏其下取食繁殖。产下卵经 1 周左右便孵化出幼螨，幼螨经 1 次蜕皮成为若螨，若螨经 1 次蜕皮成为成螨。末代成螨交配后，雌成螨在落叶、枝干裂隙或土壤缝隙中越冬。

4. 发生规律

桑始叶螨喜干怕湿，夏秋季高温干旱有利于繁殖，发生量大，桑树受害严重；低温多湿及台风暴雨对桑始叶螨发生有明显的抑制作用;桑园间作大豆或桑园附近有茶树、蔬菜等其他寄主植物时,往往容易发生桑始叶螨。

5. 防治方法

(1)农业防治

加强桑园肥水科学管理,增强树势,减少为害;修剪枯枝老枝,铲除桑园及周边杂草,清除桑园残枝败叶,集中烧毁或深埋,减少虫源;夏伐时留叶诱杀。

(2)保护利用天敌

桑始叶螨的主要天敌有草蛉等,可人工繁殖后释放野外,能对桑始叶螨的发生起一定抑制作用。

(3)药剂防治

加强虫情监测,做到精准防治。当叶螨发生严重时,可用 20%扫螨净可湿性粉剂 3000 倍液,或 73%克螨特乳油 3000 倍液,或 30%螨蚜威(氧乐果三氯杀螨醇)乳油 1500 倍液喷洒,间隔 10d 左右再喷治 1 次。

(二)神泽叶螨

1. 分布及为害

神泽叶螨在全国各蚕区均有分布,食性广,除为害桑树外,还有棉花、茄子、草莓、豆类、西瓜、丝瓜等种类寄主。成螨、幼螨、若螨群集桑叶背吸取汁液,成螨活动性较强,具有取嫩性,常转移到嫩叶上为害、繁殖,使整片桑叶都布满黄褐色斑,严重时导致落叶,对桑叶产量和质量影响很大。

2. 形态特征

(1)成螨

雌成螨体紫红色或紫黑色,冬季休眠时呈鲜红色,呈椭圆形或卵圆形,体长约 0.52mm,宽约 0.31mm,背感器呈小枝状,较端感器短。雄成螨淡黄色或淡红色,呈纺锤形,体长约 0.34mm,宽约 0.16mm,背感器与端感器近等长(图 5-32)。

(2)卵

卵圆形,微红色。

(3)幼螨

幼螨体近圆形,体长 0.21mm,淡黄色,足 3 对(图 5-32)。

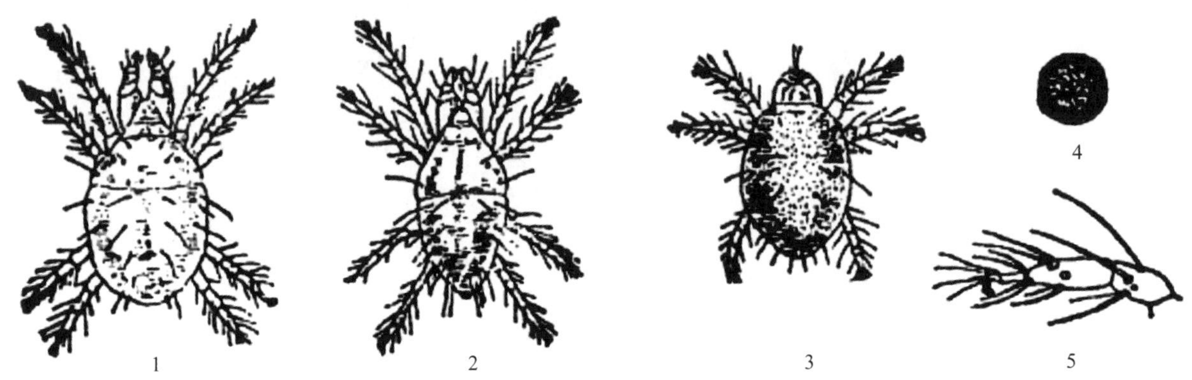

图 5-32 神泽叶螨(引自余茂德,楼程富,2016)

1. 雌成螨(背面观);2. 雄成螨(背面观);3. 幼螨(背面观);4. 卵;5. 雌螨的足(跗节和胫节)。

(4)若螨

足 4 对,体呈长圆筒形。雌若螨体长约 0.33mm,淡红色。雄若螨体长约 0.27mm,黄红色。

3. 生活史及习性

神泽叶螨通常 1 年发生 16~18 代,多的可达 25 代,以雌成螨在杂草、土隙中越冬。成螨通常行两性生殖,也可行孤雌生殖,孤雌生殖的子代全部为雄螨。次年春芽萌发展叶时,越冬雌成螨开始活动为害,将卵产于叶背。卵期 5~10d,孵化出幼螨,幼螨蜕 1 次皮成若螨,若螨蜕 1 次皮成成螨,从幼螨发育到成螨 5~

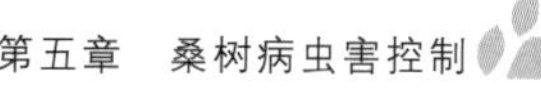

10d。末代成螨交配后，雌成螨在杂草、土隙中越冬。

4.发生规律

夏季是神泽叶螨发生盛期，增殖速度很快。高温干旱有利于神泽叶螨发生，大雨、暴雨或长时间持续降雨，对神泽叶螨的数量增长和繁殖均不利。田间杂草多或间作绿肥，往往增加神泽叶螨食料及越冬场所，有利于其发生。神泽叶螨在湖桑32号上繁殖力最强，湖桑7号、湖桑199号和育2号对其繁殖不利。桑树夏伐可推迟神泽叶螨的为害和减少其发生数量。偏施氮肥、磷肥的田块发生重，增施钾肥和锰肥可减少发生。

5.防治方法

(1)农业防治

遇气温高或干旱时，要及时灌溉，增施磷钾肥，促进植株生长，增强树势，抑制叶螨增殖；修剪枯枝老枝，铲除桑园及周边杂草，清除桑园残枝败叶，集中烧毁或深埋，进行翻耕，以减少虫源；发现少量叶片受害时，及时摘除虫叶烧毁。

(2)保护与利用天敌

神泽叶螨的天敌有塔六点蓟马、钝绥螨、食螨瓢虫、中华草蛉、小花蝽等，注意控制杀虫剂施用次数和药量，有条件的可人工繁殖天敌后释放野外，对减少神泽叶螨虫口基数、控制其为害高峰具有一定作用。

(3)药剂防治

当桑园内普遍发生神泽叶螨时，应选用25%抗螨23乳油500倍液，或20%复方浏阳霉素乳油1000倍液，或20%灭扫利乳油1000倍液，或5%增效抗蚜威液剂2000倍液，或73%克螨特乳油1000倍液，或25%灭螨猛可湿性粉剂1000倍液，或5%尼索朗乳油2000倍液，或21%灭杀毙乳油1000倍液等进行喷洒防治，桑叶采收前14d停止用药。

(三)朱砂叶螨

1.分布及为害

朱砂叶螨又名棉红蜘蛛、红叶螨，在全国各蚕区均有分布，是夏秋季桑园常见的为害螨。成螨、幼螨、若螨群集叶背，在叶脉之间吸食桑叶汁液，致使被害处产生红黄色斑点块，严重时全叶红褐枯焦，远观如火烧状，不能用于喂蚕。

2.形态特征

(1)成螨

雌成螨体呈椭圆形，背面隆起，体长约0.5mm，宽约0.3mm；体色除4对足和颚体为淡黄色外，其余部分为红褐色，体背两侧有2个不规则深红褐色斑块；越冬虫体鲜红色。雄成螨体长约0.35mm，宽约0.2mm，体形显著小于雌成螨，并且后半体逐渐向后尖削；体色比雌成螨淡，以红色为主，微带黄色；阳具柄部宽大，末端向背面弯曲形成一微小端锤，端锤内角钝圆，外角尖削(图5-33)。

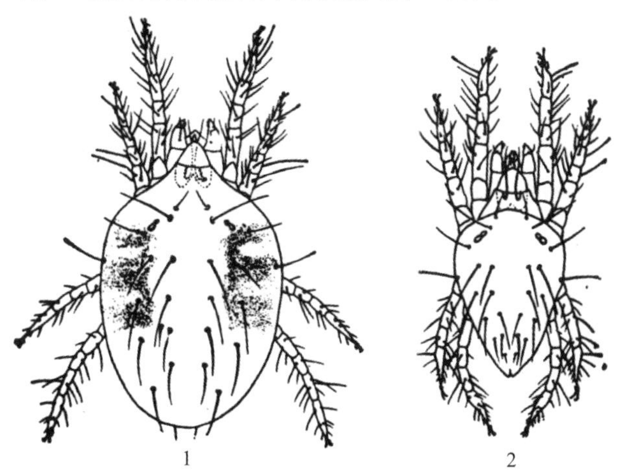

图5-33　朱砂叶螨(引自中国农业科学院蚕业研究所，江苏科技大学，2020)

1.雌成螨(背面观)；2.雄成螨(背面观)。

(2)卵

卵圆形,直径约 0.127mm,初产时淡黄绿色或棕色,半透明,近孵化时变浑浊,呈灰白色,卵面有 2 个红点。

(3)幼螨

幼螨体长约 0.182mm,宽约 0.135mm,初孵化时近透明,孵化经取食后,体背两侧渐呈现不规则的绿褐色斑块,有足 3 对。

(4)若螨

若螨有足 4 对,前若螨体长 0.198～0.300mm,后若螨体长 0.300～0.336mm。

3. 生活史及习性

朱砂叶螨在浙江、江苏蚕区 1 年发生 19～20 代,以成螨在杂草、树隙、土隙中越冬。次年春暖但桑芽未萌发时,越冬成螨先在杂草上取食、产卵、繁殖。4 月中旬桑芽萌发时,杂草上的朱砂叶螨转移到桑树树干基部,再自下部叶往上部叶迁移取食。卵期于 6 月至 9 月上旬为 3～4d,于 9 月中旬至 11 月中旬为 5～6d,于 4 月中旬和 11 月下旬为 11d。卵孵化出幼螨,幼螨蜕 1 次皮成若螨,雌若螨蜕 2 次皮成为成螨,雄若螨蜕 1 次皮成为成螨,从雌幼螨发育到雌成螨需 9～11d,从雄幼螨发育到雄成螨需 5.5～7d。成螨通常行两性生殖,也可行孤雌生殖,孤雌生殖的子代全部为雄螨。卵产在叶背,一头雌成螨一般产卵 50～100 粒,最多可产卵 139 粒,产卵期 1 个月左右。末代成螨于 11 月中、下旬在杂草、树隙、土隙中越冬。

4. 发生规律

朱砂叶螨自早春桑芽脱苞到晚秋 11 月可连续繁殖,以夏秋季干旱时发生最多,其中 7—9 月是朱砂叶螨发生盛期,增殖速度很快。不同桑品种间的受害程度存在差异,湖桑 32 号受害较重,湖桑 7 号、湖桑 199 号受害其次,育 2 号受害较轻。

5. 防治方法

(1)农业防治

冬季清除桑园内及周边的落叶、杂草、枯枝等,消灭越冬成螨;栽植被害程度轻的桑品种。

(2)药剂防治

用 20%三氯杀螨醇乳油 2000 倍液,或 73%克螨特乳油 3000 倍液,或 40%乐果乳油 500 倍液,或 40%氧化乐果乳油 1000 倍液喷洒,杀死各形态的朱砂叶螨。

第三篇
蚕种技术

第六章　家蚕育种方法

我国蚕丝业有5000多年的悠久历史，人们在长期的蚕业生产实践中，通过人工选择与自然选择，逐渐发展和形成我国丰富的蚕品种资源，也孕育和萌发了有关家蚕育种、遗传的研究。家蚕育种在整个农业生产中起步较早，曾带动其他农业经济作物育种的发展，尤其是一代杂交种的利用，是开创性技术的进步。

第一节　家蚕品种

家(桑)蚕是由野蚕经人类长期驯化饲养而形成的、具有经济利用价值的产业昆虫。家蚕起源于我国，随着人类文明的进步及相互间交流的增多，通过丝绸之路由近及远地传播至世界各国。

一、家蚕品种资源与品种

(一)概念

家蚕品种资源是指具有某一特殊生物学性状或经济性状的家蚕群体，不论其目前对人类是否具有利用价值，都称之为品种资源(种质资源、遗传资源或基因资源)。品种资源来自自然界，需要我们深入挖掘、收集和保存，是新品种培育的基本条件。

家蚕品种是指在一定的生态和经济条件下，经自然或人工选择形成的家蚕群体，具有相对的遗传稳定性和生物学及经济学上的一致性，并可以用普通的繁育方法保持其恒久性。品种的特性、特征都是在一定环境中形成的，其中包括千万年的自然选择，还包括人类在生产活动中的人为选择。环境是品种表现一定特征、特性的条件。品种随人类及时代的要求不同而发生变化，具有明显的生态地域性。

家蚕是最早使用杂交种的生物，目前生产上使用的都是一代杂交种。家蚕品种具有“正反交”之分。正交：中国系统(简称中系)作为母本、日本系统(简称日系)为父本的“中系×日系”的组合。反交：日系作为母本、中系作为父本的“日系×中系”的组合。

(二)家蚕品种资源的来源

家蚕品种资源有如下5个方面的来源。

1.地方品种

地方品种是各地经过长期自然选择和人工选择而繁衍、流传下来的品种，具有较广泛的遗传特性。

2.选育品种

选育品种是利用2个或2个以上的品种进行杂交，对杂交后代进行定向选择，从而培育出的自然界没有的新品种、新类型。

3.引进品种

引进品种是从国内的外地或国外引进当地的地方品种，经过本地生态环境的逐代选择及重新选配杂交组合，从而培育出的适合当地的新良种。

4.基因突变系

基因突变系是通过物理、化学诱变因素或生物技术手段，引发基因突变或染色体畸变，其突变体间接或直接地作为育成某一特殊性状新品种的材料，如限性斑纹系。

5.近缘野生资源

野蚕是家蚕的近缘野生资源，其强大的抗逆性和野生特性是家蚕所没有的，可在家蚕基础性品种培育中加以利用。

(三)家蚕品种资源的重要性

1.品种资源对育种研究的作用

育种材料的遗传组成是育成新品种的遗传结构的依据,能否正确选择育种材料,在很大程度上决定了育种效果。而原始材料选择正确与否,又与掌握及研究品种资源的广度和深度有重要关系。家蚕品种资源收集越多,以及对它们的研究越深透,则育种工作就越有成效。

2.品种资源对保证丰富遗传基础的作用

各地方蚕品种、特殊蚕品种及近缘野生种,是在各种特定的环境条件下,经过长期的自然选择和人工选择而形成的,遗传基础极其丰富。

3.品种资源对近代品种育成的贡献

近代家蚕育种取得的成就,都与关键性品种资源的利用有关。广泛收集、保存、研究及利用家蚕品种资源是现代家蚕育种工作的重要内容,对家蚕遗传研究及品种改良具有重要意义。

(四)家蚕品种资源的收集

1.收集对象

各种地方蚕品种、具有特殊性状的蚕品种及近缘野生种等遗传基础不同的家蚕个体,都可以作为收集对象加以收集。

2.收集方法

征集地方蚕品种时,要写明征集地点、品种名称、历史来源、当地的自然条件、品种的主要形态特征,以及生产实践对品种缺点的反映等。对育成品种,要了解其选育过程、特征特性及当地生产实践上的反映。

3.国外蚕品种资源的收集

国外蚕品种资源的收集,要根据遗传与育种研究的需要,在充分掌握各国蚕品种资源的各种信息和情报的基础上,由有关部门组织蚕品种资源国外考察组,有计划、有目的、有重点地进行。也可采取通信、访问或交换等方式,与各国蚕品种资源保存中心及遗传育种研究中心或个人联系。

(五)家蚕品种资源的保存

1.保存的任务

品种保存最重要的任务是保证各品种的原有性状和原有遗传基因,防止因保育年代较久或继代个体选择不当而引起不应有的遗传变异。

2.保存的方法

(1)病原的隔离

凡收集来的蚕品种资源必须登记编号,并认真仔细地检查是否感染微粒子病,必须杜绝微粒子病。

(2)饲育的方法

一化性和二化性品种,每年春期饲育1次;有滞育期的多化性品种,每年要饲育若干代才能得到滞育卵;无滞育期的多化性品种,一年内不分春、夏、秋、冬,须连续不断地饲育。在饲育时,要防止近亲交配,保持种性。

(3)保育注意的事项

在保育的全过程中,从包种、收蚁、饲育、上蔟、采茧、发蛾、制种的各个阶段,都要严防品种混杂;一旦发现混杂,应立即淘汰。

(六)家蚕品种资源的研究

1.生物学特征特性的描述记载

研究家蚕品种资源,首先要弄清楚保存的各种种质资源的生物学特征特性。如化性、眠性、卵形、卵壳色、产附、趋性、食性、斑纹、体形、体色、茧形、茧色、缩皱等,可结合保育进行认真观察,除了用文字做详细准确的描述记载外,还应将具有保存品种固有特征的卵、蚕、蛹、蛾、茧等拍成照片以保存。

2. 经济性状的调查

经济性状反映该品种经济价值的大小，是确定品种利用价值的重要依据。有些经济性状如发育匀整度、发育经过、幼虫生命率、虫蛹率、死笼率、全茧量、茧层量、茧层率等，可结合保育进行调查；有些经济性状如茧丝量、茧丝长、纤度、解舒率、解舒丝长、净度、强伸力、抱合力、茧层练减率、微茸等，需要用丝质检验设备逐项加以测定。

3. 抗性鉴定

抗性鉴定一般采用诱发鉴定方法，即人工创造所需的不良环境，促使参加鉴定的品种暴露出遗传本质差异，达到筛选鉴定的目的。如要了解保存品种对高温、多湿环境的抵抗性，就需要人工设定高温、多湿环境来进行鉴定；如需要了解保存品种的抗病性，则用添食各种病毒、病菌的方法进行鉴定；如需要了解保存品种对农药及氟化物的抵抗性，则用微量农药或氟化物污染的桑叶饲育进行鉴定。

4. 遗传分析

遗传分析主要是对遗传基因的分析研究，对保存品种中各种突变基因进行连锁遗传分析，确定其所属的连锁群及位点，不断地修正和增补家蚕基因连锁图。其次是采用生化遗传学方法，测定各保存品种的血液、皮肤、中肠和丝腺等组织的同工酶谱，以及调查各保存品种的血液蛋白质类型，为遗传育种研究提供基础资料。

(七)家蚕品种资源的信息储存与检索

1. 建立品种资源信息系统的意义

为了更有效地利用品种资源，做到准确又迅速地向育种工作者提供各种优良的品种资源及其完整的档案资料，利用计算机来管理品种资源的各种信息是实现品种资源管理现代化的重要手段。

2. 信息系统记载品种资源的信息

将品种资源分为 5 类：中国种、日本种、欧洲种、热带种及地方种，分别用 C、J、E、O、T 5 种检索控制。

3. 品种资源信息系统储存检索的主要功能

能查询任意品种、任意性状的最大或最小的极值；能检索出各项性状符合用户要求的品种及其相应的资料；根据用户要求，将数量性状按顺序排列；能检索该系统内任意品种的任意性状；能对储存的品种或性状资源进行修改、删除或插入，新的信息可不断补充；各项技术资料的输出可根据用户具体需要进行。

二、家蚕的地理品种分类

人们根据近代遗传学、免疫学、生物化学上的研究证明，现代家蚕(*Bombyx mori* L.)是由野蚕(*Bombyx mandarina* M.)分化而来的，是统一起源的。在胚胎发育中，两者极其相似；杂交可顺利交配而产生正常子代；家蚕和野蚕在血清学反应上产生同等程度的沉淀，血缘关系极为相近；家蚕、野蚕的染色体均为 28 对(日本、朝鲜的野蚕染色体为 27 对)。两者的分化经历了 2 个大的历史过程。第一阶段，由野蚕转化为原始桑蚕，在这个进程中，自然选择为主要原因；第二阶段，由原始桑蚕向现代家蚕演变，在这一进程中，人为选择为主要原因。

家蚕起源于我国，随着人类文明的进步及相互间交流增多，通过丝绸之路由近及远地传播至世界各国。由于各国自然条件的不同，家蚕在长期适应自然的过程中，产生各种各样的变异，从而形成许多生态类型，形成具有不同地域特性的蚕品种。

(一)依据地理分布分类

家蚕的地理品种可以分为中国种、日本种、欧洲种和热带种等四大种，其中中国种又可以分为中国温带种和中国亚热带种。

1. 中国种

幼虫无斑纹，体色青白，体形稍短，食桑活泼，发育快。茧椭圆形或近乎球形，茧色有白、黄、红、绿等。茧丝纤度细，丝长较长，解舒良好，丝质优良。一般为四眠蚕，一化性或二化性，广东有多化性。

2. 日本种

幼虫一般有斑纹，体色青或紫，体形稍长，发育较慢。茧长椭圆形、微束腰形，茧色大部分为白色，也有绿色和黄色茧，双宫茧较多。茧丝纤度粗，丝长稍短。一般为四眠蚕，一化性或二化性。

3. 欧洲种

幼虫一般有斑纹，食桑旺盛，龄期（尤其5龄期）经过长，蚕体大，对高温多湿环境和病原的抵抗力弱。茧大，浅束腰形带椭圆形，茧色多为肉色与白色。茧丝纤度粗，丝长稍短，丝胶多，解舒优良。卵粒大。一般为四眠蚕，只有一化性。

4. 热带种

幼虫大多无斑纹，体形细小，体质强健，饲育容易，龄期短，抗高温力和抗病力强。茧呈纺锤形且小，茧衣多，茧层疏松，茧色有黄色、白色和绿色。茧丝纤度细，丝长短，出丝率低。一般为四眠蚕，全部为多化性。

（二）根据市场或社会需要分类

可分为农村饲育的实用品种、基础品种和特殊用途或性状的品种。

1. 农村饲育的实用品种

农村饲育的实用品种指供给农村饲育以生产蚕茧的蚕品种。

2. 基础品种

基础品种指用于培育实用品种的育种素材。它是一些在综合性状优良的基础上，具有某种显著优良性状和无明显缺陷的蚕品种。

3. 特殊用途或性状的品种

特殊用途或性状的品种指与一般农村饲育的实用品种相比，在茧丝绸应用与开发上具有某种特殊利用价值的蚕品种。它是随着人类对真丝纤维需求的多样化而出现的一种品种培育方向，在开拓茧丝绸新用途中发挥重要作用。

三、引种

从国内外地或国外引进优良品种、品系或各种遗传资源，用作当地推广品种或作为育种素材和遗传研究的材料，这些工作均称为引种。

（一）引种意义

引种是育种工作的组成部分，具有简单易行、收效快的特点。引种不仅能将国内外地或国外的优良蚕品种较快地应用于生产，替代原有老蚕品种，以迅速提高蚕茧的产量和品质，而且可以引入某些当地还没有的育种材料及遗传资源，以满足科学研究的需要。

（二）引种方法

1. 信息的收集和引种的确定

在进行引种时，必须进行周密的调查研究，弄清楚当地自然条件、生产状况对蚕品种的要求，掌握国内外家蚕新品种的信息与情报，然后根据生产及科研的需要，确定引种目标及引进的具体品种。

详细了解引进品种的生态类型、选育历史、生物学特性、经济性状，以及原产地的自然气候条件和饲育技术等情况，克服引种工作的盲目性。

以解决生产用种为目的的引种，最好是成对引进优良杂交组合的原种；以遗传研究或育种为目的的引种，应根据课题的需要，引进适当的遗传资源或育种材料。

2. 引进品种的试养观察

引进品种须先进行1～2次试养观察，以本地的饲育成绩与原产地的饲育成绩进行比较，观察引进种在当地的适应性及其表现。在试养过程中，要认真仔细观察，详细记载各种生物学及经济学形状，探索适宜的饲养技术，逐步掌握引进品种的特点。

3. 引进原种的纯度鉴定

一是要认真仔细地观察引进原种的卵形、卵色、体形、体色、斑纹等是否齐一，蛾区间各项性状的平均值是否接近；二是将引进的成对异系统原种配制成一代杂交种，用现行品种作对照，观察是否具有明显的杂种优势。

4. 重视检疫工作

引种是病原传播的途径之一。引进蚕品种时必须进行微粒子病的检疫工作，对蚕卵做补正检查和卵面消毒，以杜绝此病的传播。

(三)引进蚕品种的利用

从国内外地或国外引进的优良蚕品种，其利用主要有以下3个方面。

1. 直接利用

当引进的蚕品种综合性状基本优良，仅需改进几项缺点；或者在新的环境条件下发生一些有利的变异时，则可采用系统育种方法，进行定向选择，选育出新的优良品种。

2. 杂交育种的亲本材料

利用引进品种的某些优良性状，克服原有亲本材料的某些缺点，达到基因重组的目的，选育出具有双亲优点的新品种。

3. 育种素材

若引进品种的单项性状很特殊，可作为选育基础蚕品种的育种素材。

四、育种目标

(一)茧丝生产对蚕品种的基本要求

1. 体质强健，发育齐一，容易饲育，龄期经过短

体质强健，是指蚕品种对各种不良的气候环境、营养环境有一定的耐受能力，对各种病原物的侵袭及各种微量农药和氟化物的污染有一定程度的抗性，表现为食桑旺盛、行动活泼、蚕体结实。发育齐一，主要是指孵化、眠起、上蔟齐一。强健性是品种最基本的特性，其他优良特性只有在强健性的基础上才能发挥。

2. 高产稳产

育成的新品种既要求在优良环境条件和高饲育技术水平的情况下获得高产，又要求在气候异常年份的不良环境条件和较低饲育技术水平的情况下也能有较好的收成。

蚕育种工作通常以克蚁产茧量和茧层量或以万头4龄起蚕产茧量和茧层量作为评定产量的指标，以桑叶利用率的担桑产茧量和产丝量作为衡量蚕品种高产的指标。这些产量指标，包含蚕的强健性、饲料的转化效率及茧丝质量等综合因素。

3. 茧丝品质优良

茧丝品质优良，主要是指茧形匀整、上茧率和茧层率高、茧丝长、解舒优、出丝率高、纤度适中和偏差小、净度和匀度好、强伸力和抱合力好、微茸少、练茧率低、丝色洁白、生丝品位高。

4. 繁育容易

要求新品种具有较好的制种性能，繁育系数高。即原蚕好养，蚕蛾交配性能好，产卵量多，卵质量好，良卵率高。

5. 配合力好

育种实践证明，虽然原种生产性能好，但用其组配的一代杂交种的生产性能不一定好。因此，蚕品种配合力好坏必须以一代杂交种的生产性能为标准，选择配合力好的对交原种。

(二)如何制定育种目标

制定育种目标时需要遵循如下原则。

1. 根据丝绸工业及外贸发展的要求

蚕茧是丝绸工业的原料，丝绸是对外贸易的重要物质。为此，国际市场对丝绸产品需求的变化及丝绸工业对原料茧品质的要求，都是育种工作者需要经常关心的问题，必须对这些问题进行深入的调查研究和

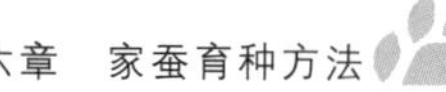

综合分析，并根据发展要求制定育种的具体目标。

20 世纪 80 年代以来，丝绸工业在新素材、新产品开发方面取得了突出成就，其发展也对蚕品种提出了新的要求。如缫制高级生丝则需要茧丝纤度在 2Denier 以下的细纤度蚕品种，用于制作西服的面料则需要茧丝纤度在 4Denier 以上的粗纤度蚕品种。随着丝绸产品多用途开发的进展，对蚕品种的特殊要求也会增多，因此满足丝绸工业发展的需要是制定育种目标的一个重要原则。

2. 根据养蚕业发展的需要

在养蚕生产上，希望蚕品种具有发育齐一、体质强健、抗性强、产茧量高等优良性状，特别要求蚕品种在发育齐一、体质强健方面适应当今省力化养蚕技术体系，还要求蚕品种具有饲料效率高、担桑产值高及适应低成本人工饲料育等的性能。

在制种生产上，要求原种体质强健及繁育系数高。限性品种可以提高雌雄鉴别的效率和准确性，对提高蚕种质量具有重要意义。

3. 根据品种推广区域的自然气候条件和养蚕技术水平

家蚕品种具有很强的区域性。我国地域辽阔，对于不同的养蚕区域和养蚕季节，存在不同的自然气候条件及相应桑品种与栽培形式，同时养蚕技术水平和设备也存在很大差异。因此，要求在充分了解地区自然气候特点和该地区养蚕技术水平、设备的基础上，有针对性地制定符合该地区实际情况的育种目标。

4. 根据现行推广品种及现有育种材料的实际水平

制定育种目标，实际上是设计育成品种的遗传结构，除了要根据丝绸工业、养蚕业等各方面的要求外，还应根据达到上述要求所需要的实际条件，即现行推广品种与要求之间的差距，以及现有育种材料所能满足这些要求的程度。

(三)育种环境的设置

1. 设置育种环境的意义

表现型是基因型与环境相互作用的产物，要使通过分离和重组产生的基因型变异成为表现型，还必须有适当的环境条件，创造特定环境，让优良的变异性状充分表现出来，使符合育种目标的优良基因型获得最大限度的表现，这是正确选择的前提。因此，育种环境的设置，对育种工作是至关重要的。

2. 设置育种环境的基本思路

设置的育种环境条件必须与育种目标相一致。选育多丝量春用品种，就要设置有利于多丝量性状充分表现的培育环境；选育强健性夏秋用品种，就要设置有利于强健性性状充分表现的培育环境。

杂种后代或单一品种近亲繁殖后代的性状发生分离，使个体间的差异扩大，它们对各种环境的适应性是有差别的。在一定环境下培育，能使符合育种目标基因型的个体充分表现其优良性状。这些优良性状通过育种者的正确选择而在后代中得到保留，并扩大其在群体中的基因频率和基因型频率，从而提高整个群体的生产性能。

3. 春用多丝量蚕品种的育种环境设置

选育春用多丝量蚕品种，应尽量在气候和叶质条件最为优良的春期进行，使多丝量性状得到充分表现。对于温度和湿度的设置，稚蚕期应给予较高的温度和湿度，壮蚕期宜给予较低的温度和湿度，使蚕的生长发育良好，多丝量基因型获得充分表达。

4. 夏秋用蚕品种的育种环境设置

选育夏秋用蚕品种，以强健性为重点，主要应在高温多湿的夏秋期或春期人工设置的高温多湿环境条件下进行，适当配合密闭育、较差叶质等条件，使蚕的抗逆性得到充分发挥。

五、系谱记载

育种系谱是指在蚕品种选育过程中，历代留种品系或蛾区间血缘关系及成绩表现的系统资料。建立系谱，一方面可以防止材料的混杂，另一方面可以根据记载的资料进行系统的分析研究，指导今后的育种实践。

(一)材料来源代号

系统选择材料用S表示，分别以SC、SJ、SE代表中国系统、日本系统、欧洲系统(简称欧系)品种；杂交育种材料用H表示，引进材料用I表示。

(二)年份、季节的代号

年份是指育种开始的年份，1978年、1989年分别用78、89表示；季节是指春、夏、早秋、中秋、晚秋各饲育期，分别用1、2、3、4、5等表示；891即表示1989年春蚕期。

(三)化性及育种材料代号

一化性杂交材料从101号起编，二化性杂交材料从201号起编，多化性材料从301号起编。如203，即为二化性3号育种材料。

(四)饲育蛾区代号或系统代号

后用一短横线隔开，后面用1、2、3等表示。例如991-1，即为1999年春期第一蛾区。

育种的理论依据是利用生物的遗传和变异。生物的变异为选择提供材料，是选择的基础；生物的遗传是有效选择的保证。家蚕是雌雄异体的昆虫，对于家蚕品种群体，从品种内个体水平看，各基因位点有纯合的，也有杂合的，各个体间的基因型也是有很大差异的。这种遗传上不纯的品种群体，如果令其近亲繁殖，处于杂合状态的等位基因间就会发生分离，不同的基因间则会发生基因重组，从而产生变异。

家蚕新品种培育的主要方法，有系统育种、杂交育种、诱变育种和抗病育种等。

第二节　系统育种

系统育种又称纯系分离，是对一个原始材料(种质资源)或品种，有目的、有计划地反复选择淘汰，分离出一些经济性状显著优良的系统而形成新品种的育种方法，是育种最基本的一种方法。

一、系统育种的作用和意义

系统育种应用于早期育种，因为品种水平较低，所以较多的情况是从原始地方品种或生产用品种中直接分离出新品种应用于生产。

目前系统育种主要应用于以下方面：改进品种的某项缺点或提高某项性状；对有退化迹象的生产品种进行提纯复壮；以某品种为基础，着重选择某项性状，以育成基础品种或适应某种特殊需要的特殊用途蚕品种。

选择贯穿于蚕的整个发育阶段，在不同时期有不同选择项目。在卵期的选择项目，一般为化性稳定性、产卵量、良卵率、孵化齐一度等；在幼虫期的选择项目，为生命力、经过长短、眠起整齐度、上蔟整齐度、体色与斑纹齐一度等；种茧期是选择的最主要时期，其选择项目主要为死笼茧率、虫蛹统一生命率(幼虫生命率和蛹期生命率统一的数值)、茧形、茧色、全茧重、茧层量、茧层率、解舒率、净度、纤度、茧丝长等；在成虫(蛾)期的选择项目，主要为健康度、发蛾齐一度及交配性能等。

二、选择方法

(一)混合选择

从亲代选优良个体随机交配，后代混合饲育，从中选优留种，如此反复多代，称为混合选择。其优点是简单易行，可用于较大群体；缺点是难以区分遗传变异与环境变异，不能鉴定被选个体的育种价值，选择效率较低。

(二)蛾区选择

从原始材料分离出较接近育种目标的一些单蛾区，分别饲育，选优留种，连续多代，称为蛾区选择。在早期世代进行同蛾区交配，单蛾采种，下代单蛾区饲育，以便利用近亲交配原理及时淘汰属于遗传隐性的不良性状，并提高蛾区内群体的纯合度，使每个个体的后代形成一个系统，从中选优去劣，经过多代单蛾区的连续选择，最后成为一个新品种。随着性状趋于稳定，随即进行同一种系的异蛾区交配，以防止近亲交配造成的后代虚弱，保持蚕体强健。

蛾区选择法可以查清各个种系的历代遗传表现，故又称谱系选择。其优点是能够及时淘汰因偶然机会表现优良，实则遗传价值不高的个体或家系，选择效果较好；缺点是手续较繁复。

第三节　杂交育种

杂交育种是指通过 2 个或 2 个以上具有不同遗传结构的个体(亲本)杂交，通过基因的独立分配和自由组合，创造新变异，按照育种目标，从中选优去劣，育成具有亲本综合优点的新品种的方法。

一、杂交亲本的选择

(一)选择的意义

杂交亲本的遗传组成是构成杂种后代各种基因重组类型的依据，因此杂交亲本选用是否恰当，往往影响到育种工作的成败。

(二)选择的总体思路

蚕茧生产上用的蚕品种都是一代杂交种，杂交亲本的选择必须考虑到配合力问题。成对选育的蚕品种，选择 2 个杂交亲本的体质和茧丝品质可以有不同的要求，各有侧重，以便将来组合成一代杂交种时，能比现行品种更为优越。

(三)选择的原则

1.应根据育种目标选择适当的亲本

春用蚕品种的主要育种目标是丝量多，茧丝品质优；夏秋用蚕品种的育种目标是在保持体质强健的前提下，努力提高茧丝品质，使育成的品种在良好的气候和叶质条件下实现高产，在恶劣的条件下保持稳产。

2.必须综合经济性状优良、遗传特性稳定

如果亲本品种的遗传特性不稳定，则杂交后代分离复杂，稳定也困难，还容易带入某些意料不到的不良性状。因此，选择杂交亲本时，首先要了解其遗传稳定性，对不十分了解的原始材料，应先近亲交配几代，既可以熟悉品种的性状，又可提高其纯合度。

供杂交用的亲本，必须选择综合经济性状达到或接近实用水平，又具有 1～2 项比较突出的单项性状的品种。只有这样的亲本通过杂交和基因重组，才能分离出兼有两亲优点、综合经济性状更为优良的新品种。

3.2 个亲本性状的优缺点能互补

要育成综合性状好的优良品种，选择杂交亲本时必须考虑 2 个亲本之间的优缺点能互补，一方亲本的优点应在很大程度上克服另一方亲本的缺点。这样，杂种后代的数量遗传性状平均值会增大，同时杂种后代可以出现亲本一方所具有的质量优良的遗传性状。性状互补应着重于主要性状，若 2 个性状之间表现正相关，则比较容易达到育种目标。总之，亲本双方不可以有共同的特点，要避免有相互助长的缺点。

4.杂交亲本间的血缘关系要近

2 个计划中的对交亲本必须具有良好的配合力，其杂交种才能表现出强大的杂种优势。因此，选育 2 个对交亲本时，每个对交亲本的杂交品系反而要求血缘较近，原则上宜选用同系统的品系进行杂交，如中系×中系、日系×日系等，也可用血缘较近的异系统品系杂交，如日系×欧系方式固定为日品系。

5.选育成对品种要考虑亲本间的配合力

为了使成对选育的中系、日系新品种，将来组合成一代杂交种时具有优良的生产性能，选择杂交亲本时，要求这些中系、日系新品种的亲本间应有较好的配合力。

二、杂交方式

(一)单杂交

单杂交是指同一物种内 2 个不同品种间的一次杂交。单杂交是杂交育种最基本的杂交方式，被广泛采用。

单杂交的特点：单杂交的后代性状分离比较简单，稳定也快，育种过程较短。一般说来，如果 2 个杂交亲本的性状综合起来能满足育种要求时，就应尽量采用单杂交方式。

为提高后代的杂交优势，杂交蚕品种一般采用不同地理品种的蚕种进行杂交组合，生产上应用的实用蚕品种大多数是中系品种与日系品种的杂交组合。

(二)多品种杂交

多品种杂交是指用 2 个以上的品种作杂交亲本，进行 2 次或 2 次以上的杂交。为了创造一个具有多项优良性状的新品种，而原始材料中只用 2 个品种作杂交亲本满足不了要求时，就宜选择 2 个以上的品种作杂交亲本，进行多品种杂交。

多品种杂交的特点：多个亲本杂交对于丰富遗传基础来说是有利的，但会带来性状不稳定和匀整度较差等缺点。为此，在扩大饲育群体的同时，必须要有敏锐的洞察力，才能把握时机选好、选准。

(三)多品种杂交方式

1. 三品种杂交

3 个亲本品种间杂交的方式称为三品种杂交。3 个亲本品种间杂交的第一种方式，是先将 2 个亲本(A、B)单杂交，以后再以这个单杂交的杂种与第 3 个亲本(C)杂交。这种三品种杂交方式，C 品种的遗传基础在杂种后代中占 1/2，A、B 品种各占 1/4，所以 C 品种必须是综合性状优良的品种。

3 个亲本品种间杂交的第二种方式，是 A 品种先分别与 B 品种和 C 品种单杂交，然后将 2 个单杂交种相互杂交。这种三品种杂交方式，A 品种的遗传成分占杂种后代遗传组成的 1/2，B、C 品种各占 1/4。因此，A 品种必须是综合性状优良的品种。

2. 四品种杂交

四品种杂交是指 4 个亲本品种间杂交的方式。第一种方式是先让 A 亲本品种与 B 亲本品种单杂交、C 亲本品种与 D 亲本品种单杂交，再让 2 个 F1 代相互杂交。第二种方式是先让 A 亲本品种与 B 亲本品种单杂交，其后代再与 C 亲本品种杂交，其后代再与 D 亲本品种杂交。这种杂交方式又称梯级杂交法。

3. 回交

2 个品种杂交，把它们的 F1 代再与其中的一个亲本杂交，称为回交。在回交中多次使用的亲本叫轮回亲本，只在最初进行一次杂交的亲本叫非轮回亲本。

回交是育种中常用的杂交方式，特别适用于改良品种的个别缺点或转移某个性状，也适用于采用中间杂交方法把野生近缘种中的特定抗性基因导入家蚕品种，并能保持原有轮回亲本的极大部分性状或基因(表 6-1)。

表 6-1　轮回亲本的遗传组成在后代中的比例

回交次数	轮回亲本的遗传组成在后代中的比例/%
0	50
1	75
2	87.5
3	93.75
4	96.875
5	98.4375
6	99.31875

注：数据引自中国农业科学院蚕业研究所，江苏科技大学，2020。

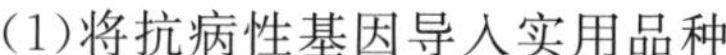

(1)将抗病性基因导入实用品种

A为经济性状优良而抗病性差的品种,B为经济性状较劣而具有显性抗病基因 R 的品种。将B品种的显性抗病基因 R 通过回交法转移给A品种,得到抗病性稳定的系统。该系统既具有抗病性,又保持了A品种的优良经济性状不变。

(2)限性斑纹导入实用蚕品种

选一个综合经济性状相当好的蚕品种,让其雄蚕与具有限性斑纹品种的雌蚕杂交,在其杂交后代中选择限性斑纹雌蚕,回交实用蚕品种雄蚕,直到综合经济性状恢复到轮回亲本(实用蚕品种)的水平。

4.远缘杂交

不同物种或血缘比物种更远的两种生物的优良特性结合在一起,就要进行物种间乃至属间的杂交。这种杂交称为远缘杂交。

血缘关系较近的物种,通常能产生具有正常生殖能力的后代。如人们利用家蚕和野蚕进行杂交育种,获得了具有一定特色的材料。

由于物种以上的群体间有着生殖上的隔离,如许多异属动物由于生殖器官构造差异,或生殖季节差异而不能交配,有的虽然能交配但不能受孕,或虽然能产生杂种却不能生育等,所以远缘杂交比较困难。

三、杂种优势

遗传结构不同的品种、品系间的杂交第一代,具有2个显著特点:一是F1代的性状在个体间表现高度的一致性;二是F1代比两亲本具有更强的生长势,表现为生长发育快、体大而重、抗逆性强、繁殖力高、产卵多等。这种F1代多方面表现强大生长势的现象称为杂种优势。

(一)影响杂种优势的因素

双亲本的遗传结构、血缘关系、形态特征、生理特性的差异越大,杂种优势也越大;两亲本的遗传距离越大,杂种优势也越强;环境条件不同,杂种优势存在差异;性别不同,一些性状的杂种优势不同。

(二)杂种优势的主要度量指标

1.杂种效果

F1代表型值和两亲本平均值的差即为杂种效果。

2.杂种优势率

杂种效果与两亲本平均值的比例称为杂种优势率。

3.杂种优势指数

F1代表型值与中亲值(两亲本的平均值)的比值称为杂种优势指数。

四、选择技术

正确选择是育种成败的关键,无论是系统育种还是杂交育种,选择必须在个体、蛾区、系统3个水平上进行。在整个育种过程中,这3个水平上的选择必须密切配合、相辅相成,并根据育种材料各世代遗传组成及其变异情况的不同而有所侧重。

(一)主要性状的选择

1.茧质性状的选择

全茧量、茧层量、茧层率等茧质性状,是家蚕育种的重要选择对象。这些性状受环境和营养条件的影响较大,有效选择的前提是必须尽量控制环境引起的不遗传变异。

2.强健性的选择

强健性是群体性状,也是夏秋用蚕品种的重点选择对象。育种工作中的强健性选择,应以品系和蛾区为主要对象,以4龄或5龄起蚕的虫蛹率为主要选择指标,进行系统或蛾区间的比较,留强汰弱。

3.解舒的选择

解舒率和解舒丝长是品种鉴定中的重要项目,也是育种工作中重要的选择指标。解舒易受蔟中环境条件的影响，高温、多湿、密闭等条件将导致解舒严重劣化。在育种过程中，上蔟环境应尽可能选择大通间蔟室，减少蛾区间因蔟、箔位置差异而造成的环境误差。

4. 净度的选择

净度受环境的影响较小，同一个品种在不同条件下上蔟，净度的表现比较稳定。

5. 形态性状的选择

斑纹、茧形、茧色、缩皱、茧匀整度、各种畸形茧（如薄头、薄腰、穿头、绵茧）等性状一般都由主基因或少数基因所控制，只要在育种的早、中期世代加强蛾区和个体选择，严格淘汰不符合要求的蛾区和个体，效果就好。

（二）选择指数

用于家蚕育种的选择指数类型很多，常用的主要有以下 5 种。

1. 虫蛹统一生命率

虫蛹统一生命率是把幼虫期生命率和蛹期生命率统一起来的选择指数，其计算方法如下：

$$\text{虫蛹统一生命率}(\%)=\text{幼虫生命率}(\%)\times(1-\text{死笼率})$$

2. 茧层量和茧层率的综合指数

在育种中，茧层率选择的权重应略大于茧层量的选择。如以 S 代表茧层量，R 代表茧层率，I 代表综合指数，则茧层量和茧层率的综合指数可表示为：

$$I=S+nR$$

3. 万蚕产茧量

万蚕产茧量是指饲育一万头 4 龄起蚕所最终收获的产茧量，它是结茧率和全茧量 2 项性状的综合指数。

4. 万蚕茧层量

万蚕茧层量是指饲育一万头 4 龄起蚕所最终收获的茧层量，它是结茧率、全茧量和茧层率的综合指数，其计算方法如下：

$$\text{万蚕茧层量(kg)}=\text{万蚕产茧量(kg)}\times\text{茧层率}(\%)$$

5. 一日茧层量或 5 龄一日茧层量

以全龄饲育时间为单位，换算成的全龄一日茧层收获量，称为一日茧层量。以 5 龄饲育时间为单位，换算成的 5 龄一日茧层收获量，称为 5 龄一日茧层量。两者是家蚕饲育时间与茧层量的综合指数。

五、配合力

（一）配合力的基本概念

把相互杂交的 2 个亲本的相对结合能力大小，称为配合力。配合力的大小以 F1 代生产性能为指标，蚕业上有的用综合性生产指标作为研究对象，有的用某些性状作为研究对象，亦有根据研究目的确立指标的。

（二）配合力的种类

1. 普通配合力或一般配合力

普通配合力也称一般配合力，定义为若干个品种或品系相互杂交，各品种或品系杂交后代的平均生产能力与全部杂交后代生产能力总平均值的离差。换言之，就是以全部杂交组合平均生产能力为基础，某一亲本在其杂交后代中的平均表现。

2. 特殊配合力

某 2 个品种或品系杂交，F1 代实测值与以该 2 个品种或品系普通配合力为基础的 F1 代预期值的离差，称为特殊配合力。

（三）蚕业上常用的配合力测定方法

1. 顶交测验法

顶交测验法是由一个测试种与几个不同的被测试种进行单杂交，以杂交种的生产性能为指标，通过对

杂交种生产性能的相互比较，来估测不同被测试种的配合力的方法。顶交测验法只能测验普通配合力。

2. 品种间相互杂交测定法

所谓品种（或品系）间相互杂交测定法，是指许多被测定的品种（或品系）相互进行单杂交（包括正反交），通过鉴定 F1 代成绩来测定普通配合力或特殊配合力。如果获得普通配合力高的品种，则配制的一代杂交种大多表现优良；如果 F1 代实测值为特殊配合力，则普通配合力和特殊配合力有很大的一致性。

在育种实践中，常常利用顶交测验法从大量原始材料中筛选出一些普通配合力好的品种，再进一步用品种间相互杂交测定法找出最优良的杂交组合。

第四节　诱变育种

诱变育种是指人类根据物理或化学等诱变因素能诱发基因突变和染色体畸变等遗传学变异的原理，以人工诱发突变（简称诱变）来选育新品种的一种育种方法。诱变育种的目标是改变或增加某个令人满意的特性，而在其他方面保持品种原样不变。

一、诱变因素

在诱发突变中，有物理和化学两类诱变因素。

（一）物理因素

1. 放射线

（1）紫外线（UV）照射

由紫外灯发出的紫外线（UV）。

（2）电磁辐射

由 X 射线发生器发出的 X 射线；从放射性同位素 ^{60}Co 或 ^{137}Cs 发出的 γ 射线。

（3）微粒辐射

从核反应堆、加速器或中子发生器发出的中子，根据中子能量大小分为超快中子、快中子、中能中子、巨中子、热中子；从放射性同位素 ^{32}P 或 ^{35}S 发出的 β 粒子（电子）。

2. 重离子

近年来，诸如激光、电子束、微波等新的诱变剂也开始在家蚕育种中应用。尤其是重离子辐射，其诱变频率高于 γ 射线，且能诱导几个以上的性状同时突变，应用前景广阔。

3. 诱变的作用规律

（1）物理诱变的非专一性

对 DNA 分子及其核苷酸残基无选择性，所以没有专一性和特异性。

（2）碱基结构的破坏

在电离激发过程中，碱基结构将发生各方面的变化。

（3）DNA 上化学键的破坏

核辐射诱发突变的另一原因是使 DNA 上的各种化学键受到破坏。这种破坏可以是直接作用引起的，也可以是间接作用引起的。

（4）碱基的脱落与插入

用电离辐射照射时，DNA 上的碱基会被破坏，引起苷键的断裂，从而使碱基从 DNA 链上脱落下来。在 DNA 复制时，4 种碱基可以毫无差别地插入链中，这样就会引起基因数量和序列上的变化。只要这些损伤没有被修复，经过 DNA 的复制就会引起分子水平的突变。

（5）诱变的过程

形成突变体要经过一系列的生物学过程，一般将其分为前突变、突变和突变体 3 个阶段。前突变是指在遗传物质上形成一种可能引起突变的损伤；突变是指在遗传物质上可以遗传下去的分子水平或细胞水平变化;突变体是指经过上述过程后产生的具有突变性状的个体,也就是辐射育种要选择的对象。

4.辐射敏感性

辐射敏感性是指生物体对射线反应程度的强弱,是从量的方面来评定生物体对射线所表现的敏感性大小的一个指标。常以造成半数个体死亡所需的剂量,即半数致死剂量(LD_{50})作为评定辐射敏感性的指标。不同品种的辐射敏感性存在显著差异,这显然与品种遗传性有关。不同敏感性品种之间相互杂交,均表现出明显的杂种优势,但在正、反交之间几乎没有多大差异,这说明辐射敏感性在遗传上主要是由核基因支配。

辐射能够引起生物体遗传性的改变,这种改变通常以突变的方式表现出来。突变频率的大小,表明遗传性改变的难易程度。突变频率的高低对于育种来说是一个十分重要的问题,突变频率愈高,则在育种上提供选择的类型和数量就愈丰富。因此,提高突变频率是育种的一项重要技术。许多研究证明,家蚕辐射人工诱变的突变频率高低,与辐照剂量、剂量率、蚕的发育时期、遗传性状及辐照后代培育等都有关系。

(1)剂量与突变频率

突变频率是指特定座位上发生基因突变和染色体畸变的个体百分比,是评定突变发生程度的指标。剂量是影响突变频率的主要因素之一。突变频率与剂量之间存在直线函数关系,即突变频率随剂量增高而增大(图 6-1),这被视为辐射遗传学上的经典定律之一。

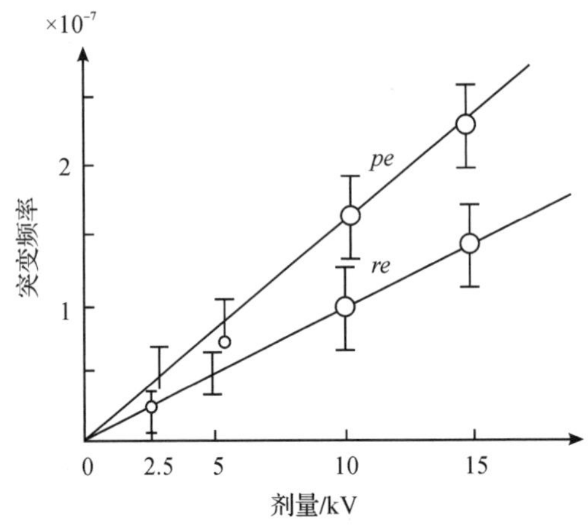

图 6-1 不同剂量的 γ 射线与家蚕成熟精子突变频率的关系(引自向仲怀,1995)

注:*pe* 为 $+^{pe}$;*re* 为 $+^{re}$;纵线表示 95%的可靠界限。

(2)剂量率与突变频率

剂量率是指单位时间内的照射剂量。辐射遗传早期研究认为,突变频率与总剂量有关,不受剂量率影响,但最近的研究表明两者之间有关。Tazima 等(1961)研究认为,剂量率对家蚕突变频率的影响依生殖细胞所处的时期而不同,但家蚕成熟精子经 γ 射线照射后的突变频率与剂量率之间没有明显差异。向仲怀等于 1990 年以不同剂量率 γ 射线(8000R)照射化蛾前 1～2d 雄蛹,用特定座位法调查 *re* 座位的突变频率,结果家蚕成熟精子经 γ 射线照射后,其突变频率与剂量率之间也没有明显差异。

(3)发育时期与突变频率

在生物的不同发育时期,辐射的遗传效应有很大差异,这是辐射遗传学的一条普遍规律。辐射遗传学研究证明,多数动物都是精子细胞期的突变频率最高,而精原细胞和成熟精子的突变频率较低。家蚕雄蚕突变频率的最高峰在 5 龄末期,此时正是雄性细胞成熟分裂完成而进入精子细胞期的阶段。对雌蚕来说,到后蛹期随着卵细胞成熟分裂开始,突变频率急速增高,直到化蛾、产卵后 1～2h 结束,这正是卵细胞成熟分裂完成的阶段(图 6-2)。这些结果证明,不同发育时期的突变频率差异,主要是由于生殖细胞发育阶段不同而引起的。

家蚕的诱变处理应选择在突变频率最高、辐射敏感性最低、易于处理的时期,雄蚕以 5 龄中后期、雌蚕以蛹中后期的诱变频率较高,并对处理当代的伤害较小。卵期处理,则从生殖细胞分化出来的己$_2$胚子期(反转终了)至孵化前这时期处理较好,因为这时期的诱变率高,且胚子对辐射的忍受力较大。

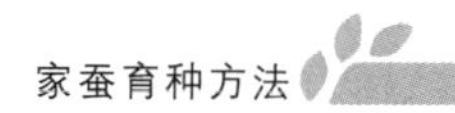

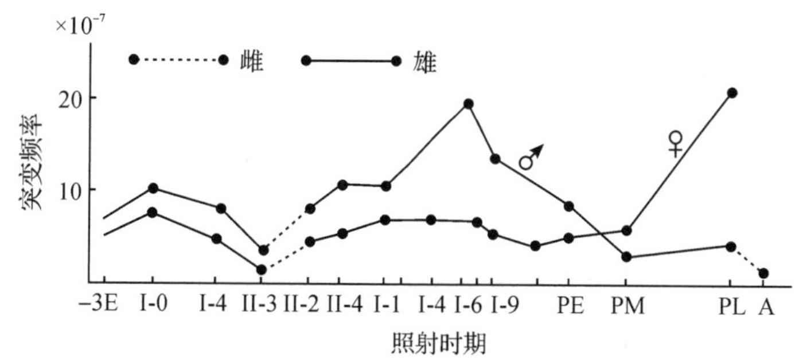

图 6-2　家蚕各发育时期诱发突变频率的变化(引自向仲怀,1995)

(4)性状与突变频率

不同性状之间的突变频率有很大差异,有些性状的基因易发生突变,而有些性状的基因则很难发生突变,其机制现在还不太清楚。田岛于 1962 年以 1000R 剂量 X 射线照射 5 龄第 6 天雄蚕,调查了 *pe*、*re*、*ch* 等 7 个基因的突变频率,其结果见表 6-2。

表 6-2　不同性状的突变频率差异

基因座位记号	名称	观察个体	突变频率($\times 10^{-7}$)
pe	淡赤眼白卵	16602	43.7
re	红卵	16602	13.3
ch	赤蚁	35820	8.6
s	新黑缟	14842	28.4
Y	黄血	14824	0.0
$W\text{-}3^{ol}$	青熟白卵油蚕	9790	20.4
I-a	显性赤蚁	9790	17.4

注:数据引自向仲怀,1995。

突变频率除受以上各种条件影响外,还有射线种类、照射当时的环境条件、照射后代的培育环境等。如用高能$^{12}C^{5+}$射线局部辐照家蚕幼虫的生殖腺部位,可以高效诱发其后代突变;生物返回式科学实验卫星搭载家蚕的试验,结果能高频率产生家蚕体色变异。

(二)化学因素

各种化学诱变剂通过直接的化学作用,发挥它们诱导染色体突变的功能。

1. 烷化剂

烷化剂能渗入 DNA、RNA 中,但不妨碍它们的复制,引起遗传密码的差错,使碱基烷基化,改变碱基形成氢键的能力,从而改变碱基配对关系。

2. 碱基类似物

碱基类似物,一方面在核酸复制过程中取代碱基渗入 DNA 分子中,形成不同类型的氢键,从而改变碱基配对关系;另一方面阻碍碱基合成或破坏 DNA 分子结构。碱基类似物的作用特点,具有一定的碱基特异性。

3. 简单化合物

亚硝酸可以使 DNA 碱基上的氨基脱去,从而引起 DNA 的变异。

4. 秋水仙碱

秋水仙碱能抑制细胞分裂中纺锤丝的形成,是诱发多倍体的高效诱变剂。

突变体的检出与捕获,是诱变育种的关键环节。诱发突变分显性突变与隐性突变两大类:显性突变在当代就可以表现出来,所以创造有利于该突变体表现的环境和适度的群体大小,是突变体检出的必要条件;隐性突变的检出,则需要利用适当的标记基因,即特定位点法检出目的突变。

二、有益突变的获得和利用

诱发突变是现代育种学中期望育成新类型的一种手段。这些具有独特经济价值的突变的诱发和利用，已发展成现代育种学中的一个分支——诱变育种。70余年来，许多研究者致力于家蚕各类有益突变的诱发及其实用化的研究，并在一些方面取得重要进展。综观这些研究成果，可以大致归纳为限性斑纹系统、限性卵色系统、限性茧色系统、平衡致死系统及多基因系统等几个方面。

(一)限性斑纹系统的诱发和利用

限性斑纹系统是利用斑纹基因易位到W染色体上，而育成雌蚕为斑纹蚕、雄蚕为素斑蚕，人们能依照蚕的斑纹有无来区分雌雄的系统。在蚕种生产上，可以提高雌雄鉴别的效率。蚕的限性斑纹首先是由田岛弥太郎(1941)用X射线诱发出煤灰色斑纹，经过一系列研究，证实了此种煤灰色斑与普通斑在相同W染色体上结合在一起，由于W染色体具有雌性决定作用，因而当其与素斑雄蚕交配时，则其F1代有煤灰色斑的为雌蚕，素斑为雄蚕。后经过多位育种工作者的努力，育成的限性斑纹系统可以根据斑纹的有无，比较容易地将雌雄蚕分开，但此项工作需要在4龄期至5龄期才能准确进行。为了提高限性斑纹系统的雌雄鉴别效率，蒋同庆等于1948年根据基础斑纹与附加斑纹的关系，在限性斑纹系统中导入褐圆斑基因，雌蚕则表现为普褐圆斑，雄蚕则表现为素褐圆斑，普褐圆斑于3龄期即清晰无误，素褐圆斑则与素蚕斑相近，因而此种改进系统于3、4、5龄的任何时期都可准确地分辨出雌雄来。

(二)限性茧色系统的诱发和利用

继限性斑纹系统实用化之后，木村敬助等(1971)用^{60}Co的γ射线6000R照射蚕品种中125号的雌蛹，使第2染色体上的黄血基因Y易位于W染色体上，诱发了限性黄茧系统，此系统黄茧为雌，白茧为雄。这种根据茧色的不同来区分雌雄的系统可以减少蚕期雌雄鉴别时造成的伤害，延长鉴别工作的有效时间，在蚕种制造上十分有利。此外，作为原料茧，还可将雌雄茧分别缫丝，从而改进生丝品质。

(三)限性卵色系统的诱发和利用

限性斑纹系统在生产上的应用，使人们进一步看到为生产上培育单一雄蚕品种的可能性。雄蚕具有体质强健、茧层率高、出丝率高等突出的优点，如果能实现饲养单一的雄蚕，则可增加产丝量20%～25%，因此有许多研究者都在致力于此项研究工作。1951年田岛和原田将第10号染色体上的$+^{w2}$基因易位到W染色体上，首先诱发了卵色易位系统。此系统的黑卵为雌，白卵为雄，并借助光电管制成自动杀卵装置，将黑色的雌卵杀死，留下白色的雄卵。

(四)性连锁平衡致死基因的应用

平衡致死是指同一染色体上具有2个不等位杂合状态的隐性致死基因，由于这2个不等位的隐性致死基因都是杂合状态，因而不表现致死作用，如其中任何一个为纯合状态时，则产生致死。目前在家蚕中，由平衡致死基因做成的系统有2种：一种是性连锁平衡致死基因系统，另一种是非性连锁平衡致死基因系统。

1.性连锁平衡致死基因系统

1972年，斯特林尼科夫(Струнников)根据平衡致死基因的原理，用照射方法，做成了性连锁平衡致死基因系统。该系统与任何品种的雌体交配，后代的雌卵几乎全部死亡，这使农村丝茧育专养雄蚕成为现实；而系统内雌雄交配，后代雌卵全部成活，雄卵一半死亡一半成活，这使该系统得于保持。

2.非性连锁平衡致死基因系统

非性连锁平衡致死基因系统是大田和田岛于1983年利用卵色标记的$\widehat{WV}$易位型育成的。持有平衡致死基因(如$Z/ZW^{pel_1+}/V^{++l_2}$)的雄蚕，与持有易位基因型($Z/\widehat{WV}^{(---)}/V^{+++}$)的雌蚕杂交，其F1代雌蚕全部死亡，雄蚕全部成活。

家蚕有益突变的诱发和利用，已经取得许多重要的成果，限性斑纹、限性卵色系统等已开始在生产上应用。但上述这些系统主要是诱发易位型和致死基因等突变，而在家蚕突变诱发和利用的另一个具有广阔前景的领域——多基因系统突变，目前还处于研究阶段。在育种上，人们十分关心的经济性状大多是受微效

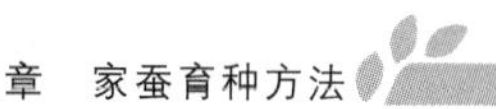

多基因支配的，用诱变手段来改良经济性状，将会有效地提高育种工作的水平。运用辐射等处理方法可以扩大基因库，获得更多具有经济意义的遗传变异。目前，国内也有一些将辐射直接用于蚕品种培育的良好尝试。

三、航天育种

航天育种是近年来新发展的一项育种技术，亦称太空育种(空间诱变育种)，是指利用返回式卫星、宇宙飞船或高空气球等返回式航天器将植物(种子)或诱变材料搭载到空间环境以产生有益变异，然后在地面选育新种子、新材料及培育新品种的育种新技术。航天育种是航天技术、生物技术和农业遗传育种技术相结合的产物，在培育动植物新品种和有效创造罕见突变基因资源方面已发挥重要的作用，并显示良好的产业发展优势。

(一)航天育种的历史

自 20 世纪 50 年代以来，卫星、飞船、航天飞机、空间站相继问世，使空间生命科学应运而生。拉开航天育种序幕的是俄罗斯航天员在“礼炮”号和“和平”空间站上播种小麦、洋葱、兰花等植物，发现这些植物比地球上生长快、成熟得早。1999 年，俄罗斯在太空种植小麦获得成功。美国人在太空实验室和航天飞机上种植了松树、燕麦、绿豆等植物，结果发现这些植物在太空中生长不仅没有受到影响，而且蛋白质含量增加，总产量有较大幅度的提高。至今，美、俄两国已先后培育出百余种太空植物，包括番茄、萝卜、甜菜、甘蓝、莴苣、洋葱等蔬菜。我国自 1987 年以来，先后进行了 10 余次航天育种搭载实验，实验品种包括粮食作物、油料作物、蔬菜、花卉、草类、菌类、经济昆虫等，也获得一定成绩。

(二)航天育种的原理

生物性状在太空环境中发生改变的主要原因，是太空环境因素引起染色体损伤致使生物体对受损部位进行修复，在大量的修复过程中造成修复出错，使染色体 DNA 结构发生改变而造成表达性状的变异。科学实验证明，太空环境中引起诱变的因素有宇宙射线、微重力、强磁场、重粒子、超高低温等，其中宇宙辐射和微重力被认为是诱变的主要因素。太空中存在着各种辐射源，包括电子、质子、α 粒子、高能重离子以及 X 射线、γ 射线和其他宇宙射线，它们能穿透卫星舱体外壁，作用于飞行器中的生物。当生物被宇宙射线中的高能重粒子击中，细胞为求得生存而出现应急效应(SOS)。SOS 反应诱导的修复系统包括避免差错的修复(error free repair)和倾向差错的修复(error prone repair)，其中倾向差错的修复是生物变异的主要途径。此修复过程诱导产生缺乏校对功能的 DNA 聚合酶，它能在 DNA 损伤部位进行复制而避免了死亡，但带来较高的突变率，因此细胞中发生多重染色体 DNA 畸变且畸变是非特异性的。对重离子辐射生物学研究的结果表明：高能重离子能有效地引起细胞内遗传物质 DNA 分子的双链断裂和细胞膜结构改变，并且其中非重接性断裂的比例较高，从而对细胞有更强的杀伤及致突变和致癌变能力。空间的微重力($10^{-6}\sim10^{-3}$g)远远低于地球，是引起生物遗传变异的重要原因之一。有研究认为，微重力对生物的诱变率和修复作用不产生直接的影响，但微重力的存在会促进诱变的发生，使辐射对生物影响加深，这可能是微重力干扰了 DNA 损伤修复系统的正常运转，即阻碍或抑制 DNA 链断裂的修复。另外，卫星航天器发射及着陆时的强烈振动和冲击力，也是动植物遗传性状发生变异不可忽视的因素之一。

(三)航天育种的特点

航天育种与传统的辐射诱变育种相比较，具有变异频率高、变异幅度大、周期短、安全等特点。

第一，传统辐射诱变的有益变异频率仅为 1‰～5‰，而太空辐射诱变的有益变异频率为 1%～5%，最高的诱变率可超出 10%以上。

第二，太空辐射诱变表现得十分随机，其诱变方向具有不确定性，即便是同一种生物，不同的品种搭载同一颗卫星或不同卫星，其结果也可能不同。

第三，太空辐射诱变能缩短育种周期，植物一般在第 4 代就可稳定，少数在第 3 代就可稳定，这比常规育种的 6 代稳定提前了 2 代，可以节省许多人力、物力。

第四，太空辐射诱变还能产生一些其他理化因素较少出现的变异，创造罕见突变。

第五，太空辐射诱变不存在安全性问题。

(四)家蚕的航天育种

家蚕是重要的经济昆虫，又是鳞翅目昆虫的典型模式种类，在20世纪初就作为著名的模式生物，曾为经典遗传学和生物基础科学的发展做出重大贡献。家蚕为完全变态昆虫，一个世代经过卵、幼虫、蛹、成虫4个形态完全不同的发育阶段，其胚胎独立于母体之外，位于受精卵中，体积和重量都较小，便于空间飞行。更重要的是，在常温下，大部分蚕卵(滞育卵)可保存5个月以上，且能维持较高的生命活力。家蚕的繁殖力强，一个世代经过的周期短，便于在大群体中发现和筛选少量可贵的有利突变的个体。家蚕的这些特点使之很适合作为航天育种优先选择的动物材料。早在1990年10月，我国通过发射的第12颗返回式卫星，进行了解除滞育卵的空间搭载实验，结果表明家蚕胚胎经过航天搭载后能正常发育，并孵化出幼虫。1992年底，利用俄罗斯发射的第10颗生物返回式科学实验卫星，进行了家蚕卵、幼虫、茧、蛹的搭载实验，实验结果表明，家蚕在飞行中能完成吐丝、结茧、化蛹、化蛾、交配、产卵、受精、胚胎发育、孵化等重要的生命行为；在回收材料个体中发现鳌虾蛹、过剩斑纹和三眠蚕的变异，经继代培养，这些变异能遗传给后代；但在地面模拟对照试验中没有发现这些突变现象。目前，我国航天育种卫星项目已经立项，研制工作正全面展开。

随着国家航天育种工程项目的加快实施，我国将会获得更多包含家蚕在内的具有突破性的农作物新品种和具有自主知识产权的航天育种技术，为我国农业和农村经济的繁荣发展做出更大贡献。

第五节　抗病育种

在蚕病综合防治措施中，抗病品种的应用是比较经济而有效的，它是唯一不直接增加蚕茧生产成本的防病措施。多年来，我国家蚕育种工作者对抗病育种做了不少工作，育成一些抗病力较强的蚕品种，对稳定夏秋蚕茧产量起到了一定的作用。

抗病育种是指利用特定环境或人工给予致病因素(病原微生物、不良化学物质或环境因素等)冲击后，筛选出对某种致病因素具有良好抵抗性(抗病性)的品种。以具有良好抗性的种质资源为亲本，是抗病育种的重要基础。抗病性是指生物体对病原物侵入、扩展的一种防卫反应，是由生物的遗传基础决定的，是一种遗传特性。

一、抗病性种类

从抗病机制上，可分为侵染抵抗性和扩展抵抗性；从宿主与病原物生理小种的关系上，可分为垂直抵抗性和水平抵抗性；从抗病程度上，可分免疫、高度抗病、中等抗病、轻度感染等；从抗病性的遗传方式上，可分为寡基因抗病性和多基因抗病性。

侵染抵抗性是指生物体通过限制病原物入侵部位或侵染过程来阻止寄生关系的建立。如家蚕消化液对病原物的杀灭作用、围食膜对病原物的吸附作用等均属于侵染抵抗性。

扩展抵抗性是指病原物侵入组织细胞后，生物体通过特殊的生理病理反应，抑制病原物在宿主体内的增殖。如抗病植物受到病原物侵害后，迅速发生病理反应，受病害部位快速坏死，使入侵的病原物被封锁于坏死的细胞中，阻止了病原物的扩展。又如抗病品种家蚕中肠圆筒形细胞感染质型多角体病毒(CPV)后，常常在眠期崩溃，剥落于肠腔内，由基部的再生细胞发达起来修复，从而阻止了CPV的扩大侵染。

垂直抵抗性是一种具有病原生理小种特异性或专化性的抗病性，其特点是宿主对某种病原生理小种具有高度的抵抗性，但对另一些生理小种则完全没有抵抗性。这种抗性一般由单基因或少数主基因控制。如家蚕对浓核病病毒(DNV)的抵抗性。

水平抵抗性是非生理小种专化性的抗性，它对同一病原物的许多生理小种都具有类似程度的抗性，但这种抗性一般只有中等水平，一般由多基因控制。如大多数品种家蚕对CPV、核型多角体病毒(NPV)的抵抗性。

二、影响抗病性的因素

(一)蚕品种

不同品种蚕具有不同抗病性的遗传成分，表现出抗病性差异，其抗病性差异是由品种的基因型决定的。

(二)蚕的生理状态

基因的表达需要一定的生理条件和外界环境条件，同一基因型的蚕，在不同的生理条件和外部环境条件下，对病害的抵抗性存在差异。

蚕的发育阶段不同，其生理状态也各异，对病原物的抵抗力也会发生变化。通常在一个龄期内，盛食期的抗病性最强；大蚕期的比小蚕期的抗病性强。蚕对病原物的抵抗力随发育龄期增大而增强，其主要原因是体重的增加，使得接种病毒量被高倍稀释。

(三)环境条件

环境温度是影响抗病性的重要因素，实验表明家蚕胚胎、幼虫等时期的异常温度显著影响抗病性。营养条件也会影响蚕对病原物的抵抗力。

三、抗性鉴定

抗性鉴定是指用不同剂量的药物或病原物处理生物体，对生物体所产生的反应进行定量鉴定的方法。

抗性鉴定常用的方法是将生物分组，用药物或病原物的一个剂量梯度系列来分别处理。剂量梯度系列一般要求按几何级数排列，使最大剂量组接近但不全部产生阳性反应，最小剂量组接近但不全部产生阴性反应，则各组阳性反应生物的百分比将随剂量的增加而递升。如果生物的分组遵守了随机原则，则剂量与反应率间关系理论上是一条长尾的肩斜形曲线。如果反应率是死亡率，将剂量转换成对数，死亡率用坐标转换法转换成概率值，则剂量对数-死亡率概率值关系线为直线，简称 LD-P 线。LD-P 线在遗传均质群体中是一条直线，而在分离群体中则是曲线。不同的分离群体，其曲线的形状不同，据此可以判断抗性由何种基因控制。蚕的抗病性受基因控制，有主效基因，也有微效基因，有显性基因，也有隐性基因。蚕对 CPV、NPV、传染性软化病病毒(FV)的感染抵抗性都受微效基因控制，对 DNV 的感染抵抗性受隐性主基因控制。微效基因在一定条件下通过多代的连续选择，由于基因累积，可以选育抗病品种。但微效基因的表达又容易受外部环境条件和内部生理条件的影响，因此微效多基因的作用又具有相对性。

抗性鉴定常用人工接种的方法进行，其过程与步骤如下。

(一)人工接种的意义

自然状况下往往存在 2 种情况，第一种情况是遗传的感病品种(蛾区、个体)没有发病，因为它们没有感染的机会(病原物不存在，或者病原物数量不足以引起感染发病)；第二种情况是环境中存在一定数量的病原物，但由于自然感染的机会不均等，引起选育材料中有的发病，有的不发病。以上这 2 种情况，对于选育抗病品种的工作都是十分不利的。第一种情况因为感病品种不发病，没有选择淘汰的依据；第二种情况因为感染机会不均等，抗病与感病的遗传特性没有如实地表现出来，选择效果不稳定，盲目性很大，都不易达到选育目标。

蚕体抗病基因，只有当接种病原物后，根据病症出现情况表明其存在时，才能被鉴定出来，并加以利用。人工接种是现代抗病育种的主要方法，可以加速育种材料抗病性的正确鉴定。根据蚕病传染发生规律，接种一定量的病原物，并创造一定的发病条件，促使发病，以判断选育材料抗病力的强弱，从而决定选择与淘汰。

人工接种方法、接种时期、接种次数、接种剂量，必须保证最后发病程度最适合选种的需要，同时要考虑发病率与龄期、营养、温湿度等条件的关系。此外，对蚕室、蚕具必须进行彻底消毒，并预防饲育过程中机会不均等的自然感染，以免干扰人工接种鉴定的结果，这是非常重要的。

(二)人工接种的方法

1. 病毒液的制备

以 FV 和 DNV 为例。用保存的病蚕组织悬浮液经口接种 4 龄起蚕，所得病蚕中肠的研磨液于 12000r/min 离心 15min，上清液作为原液，进行 10 倍系列稀释；或者以收藏病毒经口接种 3 龄起蚕 12h，解剖 5 龄发病蚕体，中肠研磨液于 4000r/min 离心 30min，上清液作为原液，进行 10 倍系列稀释。

2. 接种测定

以 FV 和 DNV 为例。通常用 10 倍梯度系列稀释病毒组织液，涂抹或浸湿桑叶，待桑叶表面水分蒸发后，给蚁蚕经口接种 24h，更换普通无毒鲜桑叶饲育，逐日镜检发病死亡头数，至 5 龄第 2 日结束试验，统计发病率，计算 LD(剂量对数)或 *P*(死亡率概率值)；或用病毒组织稀释液添食 2 龄起蚕或 3 龄起蚕 10h，更换普通鲜桑叶饲育，调查发病情况，到化蛹为止。

(三)人工接种蚕的饲育

为了防止蚕粪(带有病毒)在蚕座上引起二次感染，干扰抗病性测定的正确性，特别是 FV、DNV、CPV 人工接种后的蚕，最好进行个体隔离饲育。如果限于条件，只能混合饲育时，对蚕座面积、给桑除沙次数、操作方法、保护温度等条件务必保持一致，尽量做到规格化。为了减少试验误差，重复区的设置也是十分必要的。作为选育材料，足够数量的个体是有效选择的基础。

(四)抗病性评定指标

抗病性量化的指标有发病率、潜伏期、半数致死剂量(LD_{50})、半数致死浓度(LC_{50})、半数感染剂量(ID_{50})、半数感染浓度(IC_{50})、半数致死期(LT_{50})等。

四、抗病育种的后代处理

抗病育种与常规育种的不同，是在子代选择过程中，抗病育种须添加适量的病原物来促使发病，进行鉴定，以从中选择抗性强、不发病的个体继代。育种材料一般在人工诱发条件下选育，目的是为抗病基因的充分表达创造条件，以便加以选择。添食病原物时，剂量不宜过大，以略高于 IC_{50} 为宜，以免死亡过度而断种。

第六节　转基因育种

转基因技术是指采用基因工程技术中的各种方法，将外源目的基因(或特定的 DNA 片段)人为地导入目的细胞或生物个体中，并使其在细胞或生物体内稳定地表达或遗传。转基因育种就是通过转基因技术培育新品种，即把带有某一优良性状的遗传基因移入另一个细胞核中，彼此进行交换，形成优势互补的新细胞核，从而创造出人们期望的新品种。

转基因技术从 20 世纪 80 年代开始在实验室研究，到 1983 年首次获得转基因烟草后，至今已有 35 个科、120 多种植物获得转基因成功。我国从 20 世纪 80 年代中期开始进行转基因作物研究；20 世纪 90 年代中期，我国成功育成转基因抗虫棉，打破了跨国公司的技术垄断。在这项技术成果的带动下，转基因技术在水稻、玉米、小麦等多种作物及林业中的研究也迅速展开。在动物方面，1987 年西蒙(Simons)等把羊的 β-乳球蛋白基因导入小鼠基因组中，阳性小鼠的乳腺分泌出 β-乳球蛋白；到 1995 年，已有近 30 种外源蛋白在动物乳腺中表达，均是通过转基因育种技术得到的。我国科学家通过显微注射方法，也已获得转基因小鼠、兔、猪、牛、羊、鱼等多种动物。

我国家蚕遗传学的研究处于世界研究水平的前列，如将扩增片段长度多态性(AFLP)、简单重复序列(SSR)等分子标记技术运用到家蚕遗传图谱研究之中。家蚕基因组框架图的完成，更是将家蚕的研究带入基因组、后基因组的时代，这些理论研究为开发新的家蚕育种技术提供了坚实的理论基础和条件。家蚕转基因育种技术顺应时代发展和要求而诞生了，如日本东京大学学者利用转基因技术将原始的黄血基因引入突变体家蚕体内，我国科研工作者在 20 世纪 90 年代将天蚕丝质基因成功转移到家蚕基因中获得新的家蚕品种。

一、转基因育种的特点

转基因育种技术与传统的杂交育种技术虽然不同，但其本质是相同的，都是在原有品种的基础上对遗传基因进行改造，两者一脉相承。与传统的育种技术相比，转基因育种技术具有以下特点。

（一）打破了不同物种间基因难以重组的屏障

在传统的育种中，通常利用种内的不同品种或品系进行杂交，以达到提高或增加新品种或品系的优良性状，但难以将一物种的优良性状转移到另一物种中。不同物种间几乎不能进行杂交，这个限制在动物界极为明显。这就意味着利用传统的育种技术选育的新品种，通常仅在本物种固有性状的基础上改进与提高。而转基因育种技术成功地打破了物种间固有的屏障，可以利用转基因技术，直接将选定的优良基因导入宿主，克服物种遗传壁垒和有限育种资源的局限。

（二）育种周期短，目标性强

传统育种通常采用设置不良环境条件、杂交、寻找突变体等方法，选育性状优良的新品种（品系）。但是无论哪一种方法，都需要多代的培育和选择，时间和筛选范围始终是新品种（品系）选育过程中重要的因素，这就增加了品种（品系）选育的周期和工作量。尤其在利用杂交方法选育新品种的过程中，获得的杂交种性状往往不稳定，需要多代纯化选择；同时，杂交后代的性状往往与最初设定的选育目标之间存在不同程度的偏离，亲本的优良性状未必能在子代中充分表现，这个问题大大降低了选育的目的性，对所产生的后代的性状可预见性差。

但在转基因育种的过程中，则可以明显地弥补这些不足。首先，查明决定某一优良性状的基因或基因群；然后，利用生物技术将其导入宿主。如果导入基因得以顺利表达，那么该宿主可以很快获得这个优良性状，成为一个优良的新品种（品系）。整个过程比传统的育种目标更明确，方向更容易控制，而且育种周期较短。

（三）技术难度大，成本高

在转基因育种的过程中，首先，要查明并获得决定某些性状的基因或基因家族，如果性状是由单个基因决定，则操作过程相对简单一些；如果性状是由基因家族决定，则操作过程比较复杂。其次，导入宿主的基因或基因家族能否在后代中表达或长期稳定地表达，一直是困扰转基因育种的一个难题。

转基因育种虽然有技术难度大、成本高等不足，但具有许多传统育种技术所无法比拟的优点，所以已逐步成为新品种培育的重要途径，目前已在水稻、玉米、小麦等多种农作物及动物育种中展开研究，并已获得一些转基因的新品种。

二、转基因操作的方法

转基因技术是指采用基因工程技术，将人工分离或合成的外源 DNA 片段转入特定的生物个体中，与生物个体的基因组进行重组，再进行数代的人工选育，从中获得具有稳定表达特定遗传性状的个体。该技术可以使重组生物体表现出人们所期望的新性状，也可以应用到家蚕品种选育研究中，以培育出新的家蚕品种。目前，在家蚕的转基因技术中发展出很多研究方法，主要有显微注射法、精子介导法、电穿孔法、基因枪法等。

（一）显微注射法

显微注射法是利用玻璃显微注射器，在显微镜下将外源 DNA 直接注射人受精卵的方法。因为家蚕卵壳厚度为 13～17μm，并且坚硬，所以玻璃针不能直接刺破卵壳，需要先用钨针在卵壳上开孔。即采用市售的钨针，先将先端的粗细烧成 20μm 左右，再用细磨石磨细成针尖，针尖细，则卵壳上的开孔就小，注射后卵的生存率就高。为了控制注射时的压力和注射量，神田俊男和田村俊树（1991）开发了一套适合家蚕早期胚胎 DNA 溶液的微量注射装置。

(二)精子介导法

精子介导法是一种利用精子能瞬间吸收外源基因的特性,将整合了外源目的基因的载体与精子进行预培养,使部分精子带上外源基因,在受精时与卵细胞结合,达到基因重组目的的一种方法。

在家蚕中应用精子介导法的常用步骤是:先提取精液,让精子与外源 DNA 孵育一定时间后,再通过人工授精的方法注入处女蛾交配囊中;也有把含外源 DNA 的质粒注入 5 龄蚕精巢,待其羽化后与处女蛾交配;或把外源 DNA 注入处女蛾交配囊内,再与雄蛾交配,让精子和外源 DNA 在交配囊中混合,使 DNA 伴随精子而进入卵内。有人利用此法向家蚕导入质粒 pF-bGFP,已连续 2 代从基因组 DNA 检测到导入的外源基因与绿色荧光蛋白(GFP)基因构成融合基因的 PCR 检测阳性和 Southern 检测杂交阳性。

(三)基因枪导入法

基因枪法又称粒子轰击技术,它是先将质粒 DNA 沉淀在微弹(钨粉或金粉)表面,然后利用火药爆炸、高压放电或高压气体等作为驱动力,使结合有 DNA 分子的微弹加速而获得足够的能量,进而穿透卵壳,进入卵内。按动力来源不同,基因枪分为气动式、放电式、火药式 3 类。

(四)其他方法

除上述常用的方法外,转基因家蚕的操作方法还包括压力渗透导入法、脉冲场电泳法和电穿孔导入法等。

三、转基因蚕的检测方法

转基因蚕的最终目标是让外源基因在蚕体内有效表达,这种表达需要通过一定的实验手段才能做出正确的判断。因为转基因蚕的生产步骤较多及目的表达不同,所以检测方法多样化,这也有利于提高转基因蚕的生产效率。目前常用的检测方法主要有以下 5 种。

(一)核酸分子杂交法进行核酸检测

主要是 Southern 印迹法(分析检测 DNA)、Northern 印迹法(分析检测 RNA)和斑点印迹法(分析检测 DNA 及 RNA)。

(二)PCR 及其产物测序法检测目的基因

PCR 方法是一种在体外酶促扩增特定 DNA 片段的快速方法,其检测速率比核酸分子杂交法快得多。

(三)表达蛋白的检测

有免疫荧光抗体法、免疫沉淀法、Western 印迹法等。

(四)报道标记基因共转移

萤火虫荧光素酶基因较常用于家蚕转基因表达检测,但须用荧光素酶底物及专用仪器,而且会损害受检幼虫,不利传代分析。GFP 是一种来源于维多利亚水母的标记基因产物,是一种无毒、无需外源底物及辅助因子即可发出绿色荧光的蛋白,其增强型(EGFP)信号比野生型(GFP)的强 35 倍,可作为转基因蚕研究的一种有用且可靠的活体检测标志。

(五)优良性状的产生

外源基因的导入,必然引起蚕的一系列生理改变。根据转基因预期表达特征及转基因蚕与对照区的饲育成果比较,可以把表现出原材料中所没有的优良性状作为筛选目的转基因蚕的指标。如将天蚕丝素基因转入家蚕的研究中获得的一些转基因家蚕,它们具有产绿茧,并且丝质优良似天蚕的特性;又如将抗 NPV 核酶基因导入家蚕,转基因蚕组的抗 NPV 力明显高于对照组,最高可比对照组的提高约 10 倍。所以特异性的优良性状是转基因蚕研究中一种很有潜力的筛选标志,同时可减少后代饲育和检测的规模,也有利于转基因家蚕的开发与应用。

四、转基因技术在家蚕育种中的应用

随着现代社会的高速发展,传统品系的家蚕已经难以满足多元化的市场需要。相对于传统的家蚕育种

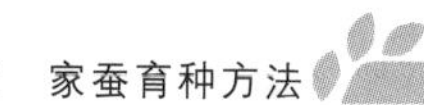

方式，利用转基因技术进行家蚕育种，将特定的功能基因导入家蚕中，使之表达出特定的性状，这样的品种往往能表现出传统家蚕品系所没有的特征。目前已经有很多科学家从事这方面工作，并取得一些进展。

(一)在抗性品种培育中的应用

自古以来，蚕病一直是困扰蚕桑优质丰产的一大难题。目前，在养蚕生产上发生的蚕病主要有病毒病、细菌病、真菌病等。其中，家蚕 NPV 病具有易传染、致病性强的特点，是养蚕生产中最容易造成经济损失的蚕病之一，也是科学研究的主要对象。Isobe 等(2004)首次利用转基因技术，将 RNA 干扰家蚕 NPV *lef-1* 的片段在家蚕中过表达，使家蚕对 NPV 有了一定的抵抗力，这为培育抗 NPV 病蚕品种提供了新思路。也有人通过干扰家蚕 NPV *ie-1* 基因，发现得到的转基因家蚕抗 NPV 感染力有了明显的提升。

(二)在蚕丝品质改良中的应用

蚕丝主要由丝素蛋白和丝胶蛋白组成，还含有蜡、碳水化合物、色素、灰分和天然杂质等，是一种优质的蛋白纤维，但蚕丝也存在不抗皱、不耐磨等缺点。利用转基因技术培育出了天然彩色的蚕茧品种；也利用转基因技术中电穿孔的方法，将蜘蛛牵引丝部分的基因注入只有半粒芝麻大的蚕卵中，培育出的家蚕能分泌出含有牵引丝蛋白的蜘蛛丝等。除此之外，蚕丝的多元化应用方面也有成功的例子，有人将抗菌蛋白基因导入家蚕，成功研究出具有抗菌功能的蚕丝等。

家蚕的转基因育种虽然起步较晚，但作为一项育种新技术，将成为推动家蚕育种工作发展的重要力量，并与传统育种技术相结合，发挥出巨大的作用。

第七节　家蚕品种鉴定

一、家蚕品种鉴定的意义

家蚕品种鉴定，对加速我国优良蚕品种的培育和推广，以及促进我国蚕桑生产的发展，均起到极其重要的作用。

通过对鉴定成绩的整理、统计、分析、归纳，可以为育种工作者确定育种目标和技术路线提供必要依据。

二、家蚕品种鉴定机构

家蚕品种鉴定工作可以分为育种单位内部的鉴定和省、全国的审定，审定由全国和省两级家蚕品种审定委员会负责。

全国家蚕品种审定委员会隶属于全国农作物品种审定委员会，由农业农村部主持，聘请外贸、丝绸、蚕业研究所、高等院校、生产及管理部门的专家及代表组成，设正、副主任和委员若干人。全国家蚕品种审定委员会委托中国农业科学院蚕业研究所负责办理全国家蚕品种审定计划安排、技术交流和资料汇总等具体组织工作，选定若干有地区代表性的蚕业研究所、缫丝试样厂作为鉴定单位，组成全国家蚕品种鉴定网，直接承担蚕品种的饲育鉴定任务和丝质鉴定任务。鉴定单位按照委员会制定的家蚕品种鉴定工作细则进行鉴定，负责提出鉴定报告。

三、家蚕品种审定委员会的任务与权限

全国家蚕品种审定委员会的任务与权限如下。

(1)制定家蚕品种鉴定工作细则，拟订和修改鉴定方案及规章制度。

(2)审理各育种单位提出的“蚕品种审定申请书”，组织安排和落实鉴定工作。

(3)审定新育成或引进后经试养表现优良的家蚕品种，审定合格的蚕品种，发给《新品种证书》，并根据其性状与适应性，提出推广意见。若在投入生产时发现主要经济性状不符合审定标准，可随时进行重新审定或终止推广。

(4)根据蚕茧生产情况和丝绸内外销售的变化,对家蚕品种资源、选育、鉴定、繁育和推广工作提出指导性意见。

(5)全国家蚕品种审定委员会对省级家蚕品种的审定组织有业务指导、复审和仲裁权。

(6)除各省份现行推广蚕品种外,未经审定的蚕品种、审定不合格的蚕品种,以及全国家蚕品种审定委员会复审、仲裁认为不宜使用的蚕品种,一律不许推广。

四、家蚕品种鉴定程序

(一)家蚕品种鉴定的申报

1.申报的条件

申报鉴定蚕品种必须具有2次以上实验室杂交鉴定成绩和1次以上农村生产试养成绩,其性状稳定,成绩表现确实优良,主要经济性状优于对照蚕品种,达到规定指标。

2.申报程序

凡是要求参加鉴定的家蚕品种,首先由育成单位或引进单位填写“家蚕品种审定申请书”和“申请审定家蚕品种说明书”。经家蚕品种审定委员会批准同意后,方可参加鉴定。

(二)家蚕品种鉴定

由全国家蚕品种审定委员会委托机构组织参加鉴定的单位按照工作细则进行共同鉴定,提出鉴定报告;并召集各鉴定单位,汇总整理鉴定成绩,提出综合分析报告。

(三)家蚕品种审定

由全国家蚕品种审定委员会会议,根据鉴定成绩进行审议。经审定合格的优良家蚕品种,即可在指定地区内推广应用。

五、家蚕品种鉴定的要求和方法

(一)实验室品种鉴定的要求

1.设置对照种

任何一项试验都必须有对照种,才能进行相互比较,得出正确的结论。家蚕实验室品种鉴定必须用当地大面积饲育的现行家蚕品种作为对照种。全国性共同鉴定必须有2个对照种,第一个对照种由全国家蚕品种审定委员会指定,第二个对照种为各鉴定单位所在省份的主要现行家蚕品种。对照种的重复次数和试验种的要相同,以提高试验的准确性。

2.设置重复区

设置重复区,可以提高试验的精确度,增加结果的代表性、可靠性。家蚕品种试验一般设4个重复区,即正、反交各设2个重复区,每区饲育蚁量0.25g;若试验要求更高的,则正、反交各设3～4个重复区,每区饲育蚁量0.2g。

3.条件一致

一个蚕品种性状的表现,不仅取决于遗传基础,而且受饲育环境和其他因素的影响。为了提高鉴定的精确度,对蚕品种做出比较可靠的结论,对蚕种来源、催青条件、收蚁日期、饲育数量、蚕室设置、气象环境、饲料品种、饲育中技术处理、抽样调查、烘茧缫丝等各项处理,都要严格做到一致,尽量减少人为和环境的误差。

在试验蚕品种及饲养员不多时,将蚕品种集中在蚕室的一定位置,顺序排列,经常调匾,以减少误差。运用随机区组排列,对所得到的资料采用方差分析法进行品种间差异的显著性测验,可提高对实验结果分析的正确性。

4.符合生产实际

因为我国主要蚕区一年从春期至晚秋期都可以养蚕,而不同蚕期的气候条件和饲料品质差异很大,所

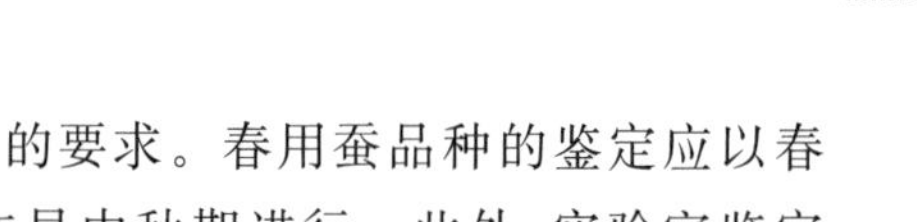

以进行蚕品种试验时就必须考虑蚕品种是否符合该地区、该季节生产上的要求。春用蚕品种的鉴定应以春期为主，晚秋期为辅；夏秋用蚕品种的鉴定宜在夏秋期进行，特别适合在早中秋期进行。此外，实验室鉴定时的温度、湿度、气流、光线等环境条件和消毒防病、饲育方法、上蔟、采茧等技术都要尽量与当地的生产实际相符合，使实验室鉴定所得出的结论能经得起生产实践的考验。

5.做好观察记载

在进行蚕品种鉴定过程中，只有进行全面的、系统的、正确的观察记载，才能取得可靠的数据和丰富的第一手材料，才能对蚕品种做出正确的结论。因此，认真做好观察记载工作是非常重要的。观察记载必须要有严格的实事求是、一丝不苟、严肃认真的科学态度，调查项目、调查方法和标准必须按统一规定执行，尽量减少人为误差。

(二)农村生产鉴定的要求

1.实行多点鉴定

为了在农村大面积条件下全面考察蚕品种的生产性和地区适应性，应当选择若干个具有代表性的县(市、区)、乡镇(街道)、村(社区)作为鉴定点。如依据不同的自然条件来布点，就应该有平原、山区、半山区的点；若依据饲育水平来选点，就应有饲育水平较高的、一般的、较低的、老区的、新区的点。鉴定的点愈多，对新品种的了解就愈深刻，也可以正确地鉴定品种的适应范围。

2.设立对照蚕品种

农村生产鉴定与实验室鉴定同样，用当地大面积饲育的现行蚕品种作为对照种。试验种与对照种的饲育数量要相等，每一养蚕户饲育的试验种和对照种均要有一定数量，才能起到准确鉴定的作用。

3.条件一致

试验条件力求一致，试验种和对照种的蚕种应由同一蚕种场同一时期繁育，并做同样的处理；每张(盒)蚕种的卵粒数基本相同，最好能称蚁量；必须在同一催青室相同条件下催青，同时收蚁；在同一蚕室内饲育，如果不得不分蚕室饲育时，试验种和对照种应按同样比例分蚕室饲育；饲育中的蚕座面积、叶质、切桑大小、给桑次数、给桑量、除沙次数、温度、蔟室环境、烘茧、售茧、丝质鉴定等条件都要力求一致，以提高试验的可靠性。

4.防止蚕品种混杂

试验种和对照种的制种、收蚁、饲育、上蔟、售茧、烘茧、缫丝等每一环节，都要严格分清，防止蚕品种混杂。为了做到这一点，农村生产鉴定工作必须有专人负责管理。

为了避免复杂化和防止混杂，以及考虑到目前养蚕户的养蚕规模，一次参加鉴定的蚕品种不宜过多，饲育数量也不能过大。

5.农村生产鉴定项目

(1)5 龄经过和全龄经过。

(2)每张(盒)蚕种的用桑量、产茧量和产值。

(3)50kg 桑叶的产茧量、产值和产丝量。

(4)1kg 茧的颗数、产丝量和茧层量。

(5)茧丝长、解舒丝长、解舒率、净度、纤度、鲜毛茧出丝率。

第七章 家蚕良种繁育技术

蚕种是蚕茧生产上的主要生产资料，蚕种生产的目的是繁育和供应优良蚕种，以生产优良的蚕茧。在蚕品种繁育和推广过程中，应继续保持和进一步提高原有蚕品种的品质，才能获得高产优质的蚕茧及生丝。因此，必须要在改善家蚕的营养环境条件、改进饲养技术、加强选择淘汰等方面入手，繁育优良蚕种。

家蚕的良种繁育有其特殊性，良种繁育制度比大田农作物或其他动物的繁育制度先进、完善。我国1955年就规定了蚕种的四级繁育制度，即原原母种—原原种—原种——代杂交种(普通种)。1958年后又简化为三级繁育四级制种，即由原原母种繁育生产原原种，由原原种繁育生产原种，再由原种繁育生产普通种(一代杂交种)，三级繁育；由原原母种择优选留母种，由母种生产原原种，由原原种生产原种，再由原种生产普通种，四级制种。家蚕良种的三级繁育四级制种流程见图7-1。最初的原原母种由育种单位提供，为了简化繁育制度、提高设备利用率及降低成本，从原原种母种蛾区内选留母种，这样既扩大了选择面，也提高了母种质量。

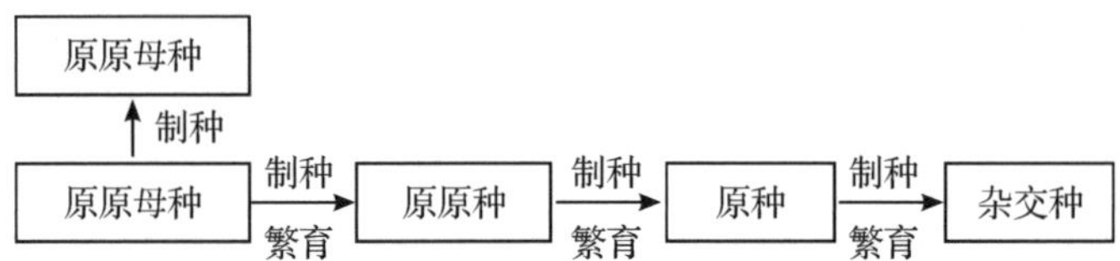

图7-1 家蚕良种三级繁育四级制种流程图(引自中国农业科学院蚕业研究所，江苏科技大学，2020)

第一节 编制家蚕良种繁育计划

一、目的

蚕种的有效储藏时间较短，用种计划性特别强。通常蚕种储藏1年内有效，调节的幅度小；多余蚕种，则纯属浪费；蚕种不足，则影响蚕茧生产，减少蚕农收入。因此，在蚕种繁育上必须有高度的计划性，才能达到供求平衡。同时，不同季节要求提供相适应的蚕品种，对蚕种计划生产与调度则有更高的要求。

二、依据繁育系数计算各级蚕种的繁育计划

蚕种的繁育系数是指单位蚁量或蛾区所生产的蚕种数，它是制订蚕种生产计划的主要依据。根据各级繁育的不同要求，繁育系数也有相应不同。原原种的品质高于原种，原种的品质高于普通种。为了保证蚕种品质，必须淘汰不良蛾区和不良个体，各级繁育都有规定的选除率，繁育级别越高，选除率也越高，即繁育系数越低。同时，不同蚕品种的强健度、产卵量也有很大差别，因此不同蚕品种的繁育系数也不同。另外，繁育系数因地区、生产季节和技术水平的不同而有高低之分。

在制订生产计划时，各级蚕种都必须准备一定数量的预备种，具体规定普通种占3%，原种占5%～10%，原原种占10%，原原母种占20%。

第二节 原蚕饲育

根据养蚕目的的不同，可将养蚕分为种茧育与丝茧育2种形式。种茧育是以生产普通种为目的，其所用

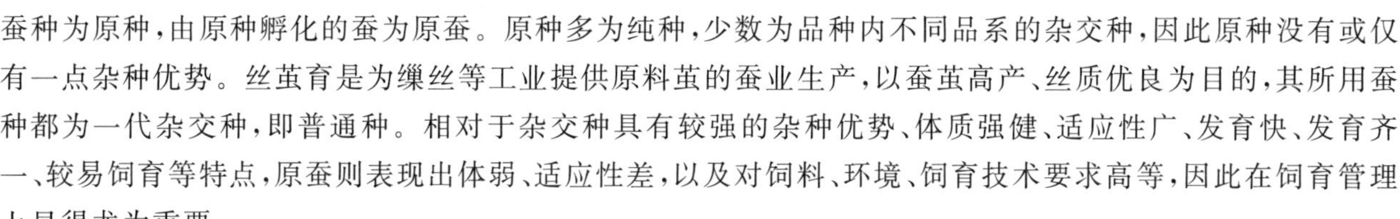

蚕种为原种，由原种孵化的蚕为原蚕。原种多为纯种，少数为品种内不同品系的杂交种，因此原种没有或仅有一点杂种优势。丝茧育是为缫丝等工业提供原料茧的蚕业生产，以蚕茧高产、丝质优良为目的，其所用蚕种都为一代杂交种，即普通种。相对于杂交种具有较强的杂种优势、体质强健、适应性广、发育快、发育齐一、较易饲育等特点，原蚕则表现出体弱、适应性差，以及对饲料、环境、饲育技术要求高等，因此在饲育管理上显得尤为重要。

一、消毒防病

家蚕不像其他动物，发病后可以治疗，蚕病只能靠预防，而在蚕室、蚕具等环境中，病原物的存在是发生蚕病的主要根源。要防止蚕病的发生，必须贯彻“预防为主，综合防治”的方针。一方面要认真做好消毒工作，扑灭病原物；另一方面要加强预防工作，要防止蚕室、蚕具的再污染，把“消”和“防”紧密结合起来，并贯穿于生产的全过程。实现蚕无病、种无毒，是获得蚕种优质丰产的必要条件。因此，必须认真做好养蚕前、养蚕中及养蚕结束后的消毒与防病工作。养蚕中，尤其要认真做好蚕体蚕座消毒、认真贯彻防病卫生制度及做好桑叶消毒等工作。

采茧和制种后，往往有很多病死蚕、蛹、蛾尸体和蚕粪、鳞毛留下来，这是病原物最集中的时候，也是消毒扑灭病原物以阻止其扩散的最佳时机。蚕种场和原蚕区必须及时、认真地进行消毒。

二、编制发蛾调节预定表

饲养原蚕是为了制取一代杂交种，目前的一代杂交种大多为一化性或二化性的中国系统、日本系统等原种杂交后所得。这样，在养原蚕前，就要根据两对交品种蚕的生长发育和出蛾日数的不同进行调节，以使两对交品种蚕在同一天出蛾，且数量大致相当，保证对交。因此，必须编制发蛾调节预定表，便于在生产过程中随时对照并进行调节。

(一)确定对交品种蚕卵出库日差及蚁量比例

把对交品种中发育慢的、发育经过长的品种蚕卵提前出库，而把发育快的、全龄经过短的品种蚕卵晚出库。一般中国系统发育快，日本系统发育慢，故中国系统晚出库、晚催青，日本系统先出库、先催青。以菁松、皓月为例，中国系统蚕品种菁松全龄经过 24.5d，比日本系统蚕品种皓月的全龄经过 25d 短半天，而且菁松比皓月发蛾快而齐，因此皓月要早 2d 出库催青，菁松要晚 2d 出库加温催青。除此之外，还要考虑饲育的蚁量比例，如皓月的蚁量设为 100%，则菁松的蚁量为 100%～110%。这里要考虑到品种间的克蚁数、幼虫生命率、死笼率、雄蛾的耐冷藏能力等，以保证两对交品种蚕的总蛾量大致相等。

在此基础上，还需要将中国系统蚕品种分两天出库催青，因为中国系统品种蚕不仅发育快要晚出库，而且出蛾齐，大批出蛾一般仅 2～3d；而日本、欧洲系统品种出蛾不齐，持续日数可达 5～7d。为了保证对交品种每天出的雌雄蛾比例平衡，故中国系统品种可分两天出库催青。

(二)编制发蛾调节预定表

首先出库催青的蚕种，从催青日开始依次编制催青时间、幼虫全龄经过、上蔟日期、蔟中保护及出蛾日期。然后将对交种的出蛾日期定在同一天，依次往前推算上蔟日期、收蚁日期、出库加温日期。制种中要认真执行，保证对交品种顺利交配、制种。

三、催青、收蚁

(一)催青

将解除滞育后或人工孵化处理后的蚕种，依蚕卵胚胎各发育阶段的生理要求和化性变化规律，给予合理的环境保护，使蚕卵胚胎按人们的愿望顺利发育以至孵化的保护技术，称为催青。以原种为催青对象的称为原种催青（原种是制备一代杂交种的种）。原种催青的重要性不仅在于使蚕种按计划在预定日期孵化、孵化齐一、蚁蚕强健、孵化率高，而且是蚕种生产上控制化性、生产越年种的主要手段之一。合理的原种催青技术，是提高蚕种品质，完成蚕种生产任务的关键。

催青日期的适当与否，对养蚕制种的成绩影响很大，过早、过晚催青均不利于蚕种生产。确定催青适期，须以当年桑芽发育情况为主，参考当地历史资料、当年气象预报、原种分批计划及对交组合、即时浸酸种的用种日期及房屋设备的周转等因素。

催青中的各种环境因素直接影响蚕卵内胚子的发育，对孵化及蚁蚕体质有决定性的影响，而且催青中的环境因素是影响化性的重要因素。因此，一定要了解环境因素对胚子的影响，才能在原种催青中调节好各种环境因素，从而提高孵化率和孵化整齐度，增强蚁蚕体质，有效地控制化性，提高蚕种质量。

1.催青条件

(1)温度

温度对胚子发育有决定性的影响。各发育时期有不同的温度标准，并非越高越快、越高越好。由滞育期到最长期的合适温度为 15℃(此时的积温最少为 1695℃)，而 10℃时积温为 2670℃，25℃时积温也在 2100℃以上。最长期至反转期则是在 22.5℃条件下积温最少，反转期后的温度以 25℃最好。越年种出库后在 15℃下保护 2～3d，再移至目的温度下保护，其目的是使发育慢的胚子赶上发育快的胚子。

温度是对蚕化性影响最大的因素，尤其是在胚子缩短期后，其作用更加显著。二化性蚕种，用高温(25℃)催青，则产越年卵；用低温(15℃)催青，则产不越年卵；用 20℃中间温度催青，是产不越年卵还是产越年卵，取决于幼虫期、蛹期的环境条件。如果稚蚕期高温多湿(28℃，85%)及壮蚕期、蛹期低温(24℃)，则有利于产越年卵，反之，则有利于产不越年卵。

(2)光线

光线对孵化是否整齐和孵化时间的早晚有很大的影响。在昼明夜暗的自然光线条件下，则蚕卵于 6:00—10:00 孵化；而在昼暗夜明的光照条件下，则蚕卵于 18:00—22:00 孵化；一日内全明或全暗的条件下，则蚕卵孵化不齐，孵化期延长；胚子发育的速度，点青期前为明比暗快，点青后至孵化前为暗比明快，而黑暗又可以抑制孵化。在生产上，点青后将蚕种保护在黑暗之中，一方面可以抑制发育快的胚子的发育；另一方面又促进发育慢胚子的发育，使胚子发育整齐。收蚁时开灯感光，则蚕卵孵化齐一。

在影响蚕化性变化的诸多因素中，光线的作用仅次于温度，居于第二位。特别当蚕卵在中间温度(20℃)催青时，光线的作用更明显，其特性有：①明(24h 光照)催青产越年卵，暗(24h 黑暗)催青产不越年卵。②12h 以上明，明的时间越长，则产越年卵越多；12h 以内明，则与 24h 黑暗的效果一样；18h 明，则与 24h 明的效果一样；在 24h 内，6h 暗、6h 明、6h 暗、6h 明，则与 24h 明的效果一样，说明光刺激可维持 6h。③光线影响化性的关键胚子是在缩短期后至孵化前。④波长较短的 350～510nm 可见光的作用最强。为此，当前生产上在蚕卵进入戊$_3$ 胚子后，每天在 12h 的自然光照下再人工感光 6h。

(3)湿度

湿度对胚子发育也有相当大的影响，湿度过大或过小均对胚子生理有害。在生产上，蚕卵点青后过干和过湿，是造成催青死卵的主要原因。为此，催青中应避免 60%以下和 90%以上的相对湿度，以 75%～85%相对湿度为好。

湿度对化性的影响较温度、光线的小。如催青温度在 25℃以上和 15℃以下，则湿度的影响消失。只有在中间温度 20℃催青时，多湿(相对湿度 85%)则有利于产越年卵，干燥(相对湿度 70%)则有利于产不越年卵。

(4)空气

催青环境中 CO_2 的安全浓度为 0.5%～1.0%，超过此标准时，死卵增多，孵化率低，蚁蚕体弱。为此，催青尤其是点青期后，须注意通风换气。

在中间温度 20℃催青时，CO_2 浓度在 3.0%～5.0%范围内，浓度越大，则产不越年卵的倾向越大；CO_2 浓度在 2%以下，其影响消失。

春期二化性原种催青标准见表 7-1。

表 7-1　春期二化性原种催青标准

指标		出库当日	1	2	3		4	5	6	7	8	9	10	11
胚胎名称		丙$_1$～丙$_2$	丙$_2$	丁$_1$	丁$_2$	戊$_1$	戊$_2$	戊$_3$	己$_1$	己$_2$	己$_3$	己$_4$	己$_5$	孵化
胚胎发育阶段		最长期前	最长期	肥厚期	突起发生期	突起发达前期	突起发达后期	缩短期	反转期	反转终了期	气管形成期	点青期	转青期	
常规催青	温度/℃	10～12	17	20	22	22	24	25	25	25	25.5	25.5	25.5	
	相对湿度/%	80	80	75	75	75	80	80	80	80	85	85	85	
	感光	自然感光						每天 18:00—24:00 人工感光 6h					黑暗	5:00—6:00 感光
简化催青	温度/℃	10～12	15.5	22	22	22	22	25.5	25.5	25.5	25.5	25.5	25.5	
	相对湿度/%	80	80	75	75	75	75	80	80	80	85	85	85	
	感光	自然感光						每天 18:00—24:00 人工感光 6h					黑暗	5:00—6:00 感光

注：数据引自浙江农业大学，1982；含多化性血缘的原种从戊$_3$ 开始提高温度 0.5℃（1℉），孵化当日 4:00—5:00 感光。

夏、秋期二化性原种催青标准见表 7-2。

表 7-2　夏、秋期二化性原种催青标准

日顺	温度	干湿差	胚子发育程度	感光程度
出库当日	17℃（63℉）	4～5℉	丙$_1^+$	自然光线
第 1～4 日	22℃（72℉）	4～5℉	丙$_2$～戊$_2$	自然光线
第 5 日～孵化	25.5℃（78℉）	2～3℉	戊$_3$～孵化	每天光照 18h，点青后入黑暗保护

注：数据引自浙江农业大学，1982；含多化性血缘的原种从戊$_3$ 开始提高温度 0.5℃（1℉），孵化当日早晨 4:00—5:00 感光。

2. 催青方法

（1）催青的准备

1）催青室要求保温、保湿、防热、光线均匀。

2）如催青的原种数量少、批次多，则以小间催青为好。

3）催青前 15d 进行催青室和催青用具消毒，催青前 3d 加热以排除药味。

4）原种多时应用线架催青，每格间距 5cm，使蚕种感光、感温均匀。

（2）催青技术

1）原种出库：为使胚子发育整齐，蚕种在催青前 2～3d 出库，先在温度 10～13℃外库中保护 1～2d，然后在自然温度 15～17℃下保护 1d，使胚子发育至丙$_2$。

2）调节好起点胚子：当大多数胚子为丙$_2$ 而少数胚子为丙$_2^-$、丙$_2^+$ 时，升温至 20℃、相对湿度 75%下保护；如胚子发育不齐，可继续在 17℃温度下保护至丙$_2$。

3）胚子为戊$_3$ 时及时转入高温催青：胚子达戊$_3$ 时及时进入高温催青。如过早进入高温，则发育快的胚子的发育更快，后进胚子发育更慢，造成胚子发育严重不齐；如过迟进入高温，则产生不越年卵。掌握大多数胚子为戊$_3$、少数胚子为戊$_3^+$、不见戊$_2$ 胚子时，每天感光 18h（人工补光 6h），并且相对湿度至 80%。

4）黑暗处理：胚子进入点青后，暗比明发育快，至转青孵化时，黑暗又可以抑制孵化。所以在点青后，将胚子保护在黑暗中，可使之发育齐一，整齐孵化。黑暗抑制孵化的时间以 9h 为限，过长，仍将陆续孵化。孵化时蚕对光极为敏感，5lx 的弱光下 30s 就会导致孵化，所以避光处理必须严密。

（3）催青中蚕卵和蚁蚕的抑制

一般不要抑制蚕卵和蚁蚕，如遇天气突然转冷、桑叶生长停滞等必须延期收蚁的特殊情况时，才进行抑制。

1）蚕种已经出库但尚未加温，则可在 2.5～5℃下保护抑制。

2)胚子在戊$_3$前,可用原温保护或适当降温保护。

3)当胚子进入戊$_3$后,则要继续以标准温度催青,至己$_5$时渐渐降温,降温程序为25℃→21℃→15.6℃→10℃(4h)→10℃外库2～3h→5℃内库,冷藏3～5d内较为安全。出库时也应渐渐加温。

4)冷藏蚁蚕:在温度10℃、相对湿度75%下可安全冷藏3d以内,冷藏程序也应渐冷。冷藏对蚕卵和蚁蚕都有影响,以冷藏卵的不良影响少些。

(二)收蚁

收蚁是原蚕饲育的开始,合理与否对蚁蚕生理和计划生产影响很大。因此,各项处理必须周密细致,要求做到适时收蚁、防止饥饿、不伤蚁体、收足蚁量。

1.收蚁准备

收蚁前一天,应做好一切准备工作,包括温度、湿度调整到位,调好称量工具,称好棉纸重量,采好收蚁用桑叶,组织好人力。

2.收蚁时间

一般4:00—5:00感光,盛孵化后2～3h进行收蚁,春蚕期以8:00—9:00收蚁为宜,夏秋蚕期以7:00—8:00收蚁为宜。

3.收蚁方法

收蚁方法以不伤蚁体、蚁蚕不受饥饿、工作简便为准。一般采用桑引法和打落法。收蚁以1～2张原种为1个收蚁区,以便分区饲育。

4.调查蚁量

以催青批次为单位,在大批收蚁时称取蚁蚕1～2g,烘死后清点克蚁头数,然后折合成标准克(2500头),以标准克作为以后各项统计的基础。如孵化不齐,需第2天再收蚁时,可将蚕种再以黑暗处理,次日再收蚁1次。

四、饲育技术

原蚕饲育是以繁育蚕种为目的,不仅要求当代蚕生长良好、种茧品质优良,更重要的是卵质充实、产卵量多,为次代打下好养、优质、高产的基础。原蚕所用桑叶质量不但对当代蚕的体质、茧质、产卵的质和量、化性有影响,而且对下代蚕的饲育成绩也有很大影响,必须给予充分重视。

(一)正确掌握蚕品种的性状

不同的家蚕品种,其生物学特性不同,其饲育的要求及标准也不同,应根据蚕品种特性分别饲育操作。

(二)饲料管理

1～3龄蚕(稚蚕)生长迅速、发育快,需要水分较多和蛋白质丰富的桑叶,应选用早、中生桑品种。有条件的应建立稚蚕专用桑园,特别是秋期稚蚕专用桑园。

4～5龄蚕(壮蚕)生长发育对碳水化合物的要求增多,同时是蚕卵的生成期(卵原→初级卵母细胞→滋养细胞),也要求有足够的蛋白质。如果营养不足,会出现蛹体重减轻、产卵数少、卵重变小、卵对浸酸与冷藏中不良环境的抵抗力弱,下一代蚕的生长发育就会受到不良影响。壮蚕期应采摘多施用磷钾肥、日光充足、通风良好、管理规范的桑园内营养充实的桑叶,以充实卵质。此外,必须做好桑叶的采、运、储、调等工作,严格选叶,松装快运,妥善储藏,合理调桑。

(三)给桑

1.饲育形式

采用塑料薄膜防干育,1～2龄期上盖下垫,3龄期上盖下不垫,每天给桑3～4次。壮蚕期不盖塑料薄膜,每天给桑3～5次;如4龄期及5龄少食期覆盖塑料薄膜时,每天给桑4次,天雨多湿时不覆盖塑料薄膜。

2.给桑量

给桑量应根据以下情况而定:一是根据每天给桑次数多少而定,一日间给桑次数多的,每次给桑量要

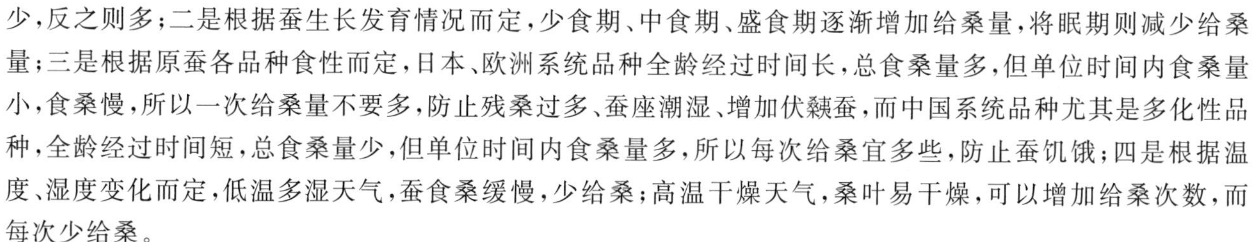

少，反之则多；二是根据蚕生长发育情况而定，少食期、中食期、盛食期逐渐增加给桑量，将眠期则减少给桑量；三是根据原蚕各品种食性而定，日本、欧洲系统品种全龄经过时间长，总食桑量多，但单位时间内食桑量小，食桑慢，所以一次给桑量不要多，防止残桑过多、蚕座潮湿、增加伏䖴蚕，而中国系统品种尤其是多化性品种，全龄经过时间短，总食桑量少，但单位时间内食桑量多，所以每次给桑宜多些，防止蚕饥饿；四是根据温度、湿度变化而定，低温多湿天气，蚕食桑缓慢，少给桑；高温干燥天气，桑叶易干燥，可以增加给桑次数，而每次少给桑。

（四）扩座、除沙

1. 扩座

蚕体生长迅速，5 龄蚕较 1 龄蚕体重增长 1 万倍，体表面积增长 500 倍，体长增长 30 倍。因此，在饲育中应根据蚕的生长情况，相应扩大蚕座面积。中国系统蚕的发育较日本系统蚕的快，要及时扩座；秋季气温高，蚕生长快，要及时扩座。

1、2 龄期采取用蚕筷在给桑前将蚕座拉开的方法扩座，不伤蚕体，蚕座均匀。3 龄期采取用蚕筷连同桑叶夹起放于适当位置的方法扩座。壮蚕期可以结合除沙进行扩座分匾。

2. 除沙

除沙的作用是保持蚕座干燥、清洁，减少病菌寄生、感染，防止蚕病发生。1 龄眠除 1 次；2 龄起、眠除各 1 次；3 龄起、中、眠除各 1 次；4 龄起、眠除各 1 次外，还每天中除 1 次；5 龄除起除 1 次外，还每天中除 1 次。

撒干燥材料后加网除沙，以保持蚕座干燥，并便于除沙。除沙时动作要轻，防止遗失蚕及损伤蚕体。除沙网要及时清洗并晒干，同时不同类型的除沙网要分开放置。

（五）眠期处理

1. 适时加眠网

加眠网要适时，过早则残桑多，造成蚕座冷湿，蚕就眠不齐，影响眠蚕健康；过迟则网下眠蚕多，给除沙造成困难，遗失蚕多。稚蚕发育快，宜早不宜晚；壮蚕发育慢，宜晚不宜早。具体来讲，大多数蚕体为米色、个别蚕为将眠时，为 1 龄期加眠网适期；大多数蚕体色转为青白色，体壁紧张发亮，少数蚕达将眠时，为 2、3 龄期加眠网适期；有个别眠蚕出现时，为 4 龄期加眠网适期。

2. 提青分批，饱食就眠

见眠 8h 后加提青网以提出青头，如青头少、入眠齐时也可不加提青网，只用蚕筷挑拣出青头。

眠中要保持干燥、安静，避免强光、振动和强吹风。眠中温度比饲育中低 0.5～1℃，相对湿度初期为 70％，见起蚕后提高至 80％，有利于眠蚕顺利蜕皮。

3. 适时饷食

大部分起蚕头部呈淡褐色，并有食欲表现时，为饷食适期。

（六）气象条件管理

1. 温度

稚蚕在高温多湿的环境下，蚕体发育快，体质强健，产越年卵。壮蚕要求较低温度和较干燥的环境，如高温多湿，则蚕体虚弱、多产不越年卵。

2. 湿度

稚蚕体表面积和体重比值均大，易失水，湿度宜大不宜小。壮蚕体表面积和体重比值均小，湿度宜小不宜大。饲育的适宜湿度，1、2 龄为 80％，3 龄为 75％，4 龄为 70％～75％，5 龄为 70％。在实际生产上，春季稚蚕期自然环境干燥，需要注意补湿。壮蚕期自然环境气温高，室内桑叶多，水分蒸发量大，易出现多湿，所以需要注意通风。夏秋蚕期自然环境高温干燥，需要注意观察和调节温度及湿度。

3. 空气、气流

注意通风换气，保持空气新鲜。

4. 光线

稚蚕期明、壮蚕期暗，则多产越年卵；反之，稚蚕期暗、壮蚕期明，则多产不越年卵。为此，对易产不越年卵的蚕品种，在壮蚕期应尽量保持黑暗，以减少不越年卵的发生。

(七)蚕病防治

(1)保证桑叶质量，勿用过嫩叶、过老叶、虫口叶、病叶、偏施氮肥叶，尤其是稚蚕期用叶要保证质量，以增强蚕体质。

(2)加强给桑、除沙、扩座、气象条件调控等饲育技术处理。

(3)加强蚕体蚕座消毒，用防僵粉(含1%有效氯)等进行起蚕和眠中消毒。

(4)注意观察蚕的发育，并及时进行发育调节；饲育中淘汰迟眠蚕、弱小蚕，注意观察两对交品种蚕的发育进度，与计划不符时可在合理条件下调节饲育温度，调控发育进度。

(八)原蚕上蔟和采茧

上蔟是原蚕饲育的最后一关，只有把好上蔟关，才能提高结茧率、健蛹率和减少不良卵，达到丰产优质的目的。

1. 上蔟适期

一般蚕体躯缩短、皮肤紧张、胸部透明、头胸左右摆动、吐出丝缕时，为上蔟适期。原蚕上蔟必须掌握适熟稀上的原则，不可过生或过熟上蔟。过生上蔟，则蚕食桑不足，营茧慢，茧小而薄，产卵少，不能早采茧。过熟上蔟，则双宫茧多，茧形不正，损失丝量，茧质差。

2. 蔟中保护

(1)温度

上蔟初期25℃，做茧快；茧壳形成后调节至24℃。温度过高，死蚕死蛹、双宫畸形茧增加，多产不受精卵和不越年卵。温度过低，营茧慢，不结茧蚕增多。

(2)湿度

熟蚕排出大量污液、粪便，易造成蔟中多湿状态，所以需要升温排湿。营茧中，加强通风是减少死蚕、不结茧蚕、死笼茧的关键。

(3)光线

蔟中避免光线直射，不宜过亮，以光线暗而均匀为好。

大部分熟蚕结茧后，拾去游蚕，另行上蔟。

3. 早采茧

熟蚕上蔟1周左右，蛹体黄褐，体皮坚韧。直营或斜营茧的蛹体，此时多为缩尾蛹，雌雄鉴别困难，发蛾后交配能力差，产卵少。为此，当前生产上实行早采茧，即在大部分熟蚕吐丝刚结束、尚未化蛹时，将茧轻轻采下，平铺在蚕匾内，放于种茧室中保护，全为横营茧。早采茧适期一般以上蔟后48～72h为范围，以60h为中心，此时蚕吐丝刚尽、茧壳已硬、尚未化蛹，为早采茧适期。早采茧方法为先上先采，轻采轻放，边采边选，粒粒平铺，防止品种、批次混杂。

五、种茧保护、检验与选择

(一)种茧保护

1. 种茧保护的意义

种茧期是蚕由幼虫过渡到成虫的变态时期，特别是吐丝终了至蛹复眼着色这个阶段，是旧组织解离与新组织新生的重大转折时期，也是生殖细胞急速生长发育至完成的时期。而蛹期不再从外界吸取营养物质，环境因素对变态、蛹期生命率、产卵量、卵质量和次代蚕的健康性均较幼虫期有更直接的影响，因此种茧必须妥善保护。

2. 种茧保护方法

蛹体发育可分为前期、中期、后期3个时期，上蔟至化蛹为前期，化蛹至复眼着色为中期，复眼着色至羽化为后期。种茧保护要根据蛹体发育情况，调节气象环境，以适应蛹的发育。

(1)温度

种茧保护温度范围20～30℃。高温保护时,有蚕卵增大、增重的倾向;但长期30℃保护时,则死蛹多、发蛾率低、造卵数和产卵数少、不越年卵和不受精卵多。低温保护时,造卵数增加,但产出卵率低、产卵数少、不受精卵多(表7-3)。一般认为,种茧期的保护温度以24℃为标准,23～25℃为适温,21～27℃为发蛾调节的安全温度范围。

表7-3　蛹期不同温度保护对产卵的影响

保护温度/℃		产卵数		良卵数		不受精卵数	
化蛹前	化蛹后	粒数	指数	粒数	指数	粒数	指数
25	25	576	100	552	100	24	100
20	20	480	83.3	448	81.17	32	133.33
20	30	394	68.4	311	56.4	83	345.83
30	20	326	56.6	300	54.34	26	108.33
30	30	246	42.63	172	31.09	74	308.33

注:数据引自浙江农业大学,1982。

(2)湿度

种茧保护湿度一般以60%～90%为安全范围,70%～85%为适宜范围。当相对湿度低于60%时,蛹体发育慢,出蛾率低,不良蛾多,产卵数少,不受精卵多,不羽化多。当湿度过大时,病蛹、死蛹增多。

(3)空气

蛹体的呼吸比较微弱,但随着生长发育,呼吸也逐渐旺盛,以化蛹当时为最大,以后呼吸量又不断下降,至羽化前呼吸量又逐渐增加。为此,种茧期仍然要重视种茧室的换气工作,保持空气新鲜。

(4)光线

种茧保护需昼明夜暗,则蚕蛹在早晨羽化,特别是复眼着色至羽化前2～3d要保持昼明夜暗。出蛾前黑暗,羽化当天早上感光,利于羽化齐一,否则羽化不齐,给制种带来困难。

(二)种茧检验

种茧的好坏关系到蚕种的质量和下一代蚕的饲育成绩,所以必须严格检验,符合标准才能够进行制种。检验合格的种茧必须保护在合理的环境中,使其顺利完成变态发育,减少蛹期损失,这是提高蚕种产量和品质的关键。种茧品质标准因种级、品种、季节不同而异,具体参照各省份的现行蚕品种各级蚕种繁育质量要求。

1.种茧品质标准

因各地自然环境条件不同,原蚕饲育成绩存在差异。因此,要因地因时制宜地制定种茧的品质标准,主要检验项目有10g蚁蚕收茧量(kg)、死笼率(%)、茧层量(g)、茧层率(%)等。

2.检验方法

(1)检验项目和时间

10g蚁蚕收茧量、茧层量、茧层率、死笼率等检验项目,在蛹期调查,具体时间是春蚕期和晚秋蚕期为上蔟后7～10d,早秋、中秋蚕期为上蔟后6～8d。

(2)检验方法

1)收茧量检验:将普通茧、双宫茧、薄皮茧分类称重,统计全批收茧量,核算成10g蚁量收茧量。另称1kg各类茧,统计斤茧粒数。

2)抽样方法:从每批次茧中随机抽样5～6kg,剥去茧衣,平摊匾内,分成4份,从1条对角线的2份中称取2kg茧,进行茧质和死笼调查,另1条对角线的2份茧进行选茧率调查。

3)茧质检验:雌、雄茧各50粒,分别调查全茧量和茧层量,按如下公式计算茧层率。

$$茧层率(\%)=\frac{(雌+雄)茧层量(g)}{(雌+雄)全茧量(g)}\times 100\%$$

4)死笼率:饲育蚁量80g以上者,检验普通茧1000粒,双宫茧500粒,薄皮茧0.5kg;饲育蚁量80g以下者,检验的普通茧、双宫茧减半,薄皮茧0.5kg。具体检验步骤为:削茧倒出蚕蛹,死蚕、死蛹、病蚕、病蛹、半蜕皮蛹、不蜕皮蛹、上蔟 6d 后毛脚蚕算为死笼茧，而出血蛹、僵蛹、蝇蛆蛹不算为死笼茧，最后计算出死笼率。

5)选除率：从样茧中称取 2kg 茧，进行选除率调查，选除不良茧(包括薄皮茧、畸形茧、绵茧、有色茧、尖头茧、穿头茧、特小茧)后称重，计算选除率。以此选除率作为整批茧的选除标准，选除整批茧中的不良茧。一般春茧选除率不应低于 3%，秋茧不低于 4%。茧层量、茧层率、死笼率如有一项不合格，再重复检验 2 次，以 3 次平均值计算是否合格，如不合格则该批种茧不合格，不得用于制种。

(三)种茧选择

1. 选茧标准

种茧选择应在种茧调查合格后进行。将合格饲育批(区)内的薄皮茧、薄头茧、畸形茧、病态茧(有色茧、穿头茧、绵茧)、特小茧及不符合该品种性状的茧，均应严格选除淘汰。原种个体选除率不少于入选区总收茧量的 20%，普通种选除率不少于总收茧量的 5%。

2. 选茧方法

选茧前首先统一目光，然后根据批次先后逐项进行。选茧要认真细致，眼看与手触相结合，将不良茧及不符合该品种性状的茧彻底选除。以良茧率在 99%以上为合格。

(四)种茧期的发蛾调节

种茧期是发蛾调节的最后阶段，也是彻底杂交、提高蚕种质量的关键时候。种茧期的发蛾调节极为重要，如上蔟时发现对交品种上蔟日差与预定日差不符，就要主动采取措施，及早进行调节。

1. 蚕蛹发育的观察

种茧期的发蛾调节工作，必须加强对蚕蛹发育的观察，合理调节温度。从对交品种每天上蔟的茧中抽取 50～100 粒蛹，鉴别雌雄后放于种茧室，每天上、下午定时观察蛹体发育情况。

根据复眼、触角、身体的着色程度，决定升降温度。着色程度与蛹体发育进度大体有以下关系：①复眼开始着色，是上蔟至羽化的一半时间(8～9d)；②复眼浓黑色，是上蔟至羽化的 2/3 时间(12～13d)；③触角浓黑色时，2～3d 后羽化(15～16d)；④蛹体松软，皮肤失去光泽，中国系统种次日出蛾，日本系统种隔日出蛾。

2. 发蛾调节方法

通常采取给发育快的品种适当降温保护，给发育慢的品种适当升温保护。一般在 21～27℃范围内，每升或降 1℃则可提前或延迟羽化 1d，每升或降 2℃则可提前或延迟羽化 2d。

通过调节，使对交品种既要同时出蛾(同时)，又要雌雄数量大致平衡(等量)。因此，必须掌握品种特性，如日系羽化慢、不集中，可先加温少数雄蛹；中系羽化快而集中，可降低少数雄蛹的保护温度，延迟出蛾。要做好留尾工作，保证对交双方自始至终都有新鲜雄蛾交配。对交品种发育开差较大时，可早期鉴别雌雄，及早调节。

(五)蚕蛹雌雄鉴别

正确鉴别蚕蛹的雌雄，是保证彻底杂交、提高蚕种质量的重要生产环节，必须认真做好。

1. 蚕蛹的雌雄特征

雌蛹：在第 8 腹节腹面的中央有 X 形纵线，体大，尾大，尾圆。雄蛹：在第 9 腹节腹面的中央有一凹陷小点，体小，尾尖。

2. 雌雄鉴别时间

雌雄鉴别在种茧检验合格后进行，以蛹期过了 2/3 为好。过早，则蛹体嫩，易出血；蛹裸露时间长，易染病，增加死蛹，降低出蛾率。过迟，则来不及鉴定完就羽化了，造成很大损失。在发蛾调节正常、劳动力充足的情况下，为减少损失，鉴别应尽可能推后，以鉴别次日见苗蛾为宜。一般春蚕期在上蔟后第 9 天、秋蚕期在上蔟后第 10 天蚕蛹复眼着色后，雌雄鉴别开始；见苗蛾前 1d，雌雄鉴别结束。

3. 雌雄鉴别操作方法

(1)削茧

一削二倒三轻放。刀具要消毒，削出病蛹时倒入消毒缸。

(2)鉴别

有初鉴和复鉴，逐头蛹过目，轻拿轻放，鉴别错误率不超过1%。

(3)摊蛹

蚕匾内放短稻草，上覆盖小蚕网，将雌雄鉴别开的蚕蛹均匀分摊在小蚕网上。摊蛹要及时，防止堆积，并注意品种、日期分开放置。每匾摊放雌蛹700～800头或雄蛹800～900头，雌蛹和雄蛹应注明标记，分室放置。目前生产上开发出雌雄蛹鉴别机，每天可鉴别50kg种茧的雌雄蛹，其效率比手工的高4～5倍。

六、制种技术

(一)制种型式

蚕蛾产卵制成蚕种的型式称为制种型式，有散卵种、平附种和框制种3种。

1.散卵种

产卵材料为上浆的棉布、麻布、牛皮纸，在其上投雌蛾产卵，每1000cm^{2}产卵材料上投100只雌蛾。蚕卵经一定时间保护后，在夏秋季浸酸或冬季浴种时洗落下来，称重装盒。

该制种型式的优点：经盐水比重选卵、淘汰不良卵，因此蚕种质量好、卵量准确。缺点：卵经洗落、消毒、比重、浴种等工序，较为繁杂，同时操作中卵受到一定刺激，对冷藏、保护、催青、收蚁要求比平附种的严格。

2.平附种

蚕卵产在蚕连纸上，每50只雌蛾产卵需要400～500cm^{2}面积的蚕连纸。

该制种型式的优点：浴种、消毒、催青、收蚁较散卵种的省工、方便。缺点：制种要求巡蛾、整蛾，费工；不易剔除不良卵，每张蚕种间卵量开差大。

3.框制种

在产卵纸上放用铅皮特制的框圈，每圈放1只雌蛾产卵。一般每张原种28个铅框圈，原原种则14或12个。

该制种型式的优点：便于淘汰不良卵，可以单蛾育。缺点：各张蚕卵纸上卵量不同。

(二)产卵材料及蛾盒的准备

1.产卵材料的准备

(1)散卵种

普通种散卵的产卵材料有棉布、麻布和牛皮纸，产卵材料上必须标上品种名、批次、生产期别、号码，并且需要上浆。上浆的产卵布，其淀粉均匀，平时不落卵，蚕种保护时不易发霉，洗脱时一洗就落。上浆方法：将淀粉0.75kg、滑石粉0.5kg、硼酸100g、水17.5kg混匀并打成糨糊，投入1.07m×0.47m面积的布140块，浆上好后抹平，待干后熨平。

(2)平附种

平附种的产卵材料为蚕连纸，将浆液均匀涂抹在蚕连纸上，上浆后四周放木框，其中投蛾产卵。

(3)框制种

框制种的产卵材料也为蚕连纸，将浆液均匀涂抹在蚕连纸上，上浆后放铅框圈，每圈投1只雌蛾产卵。

2.蛾盒的准备

蛾盒用于母蛾微粒子病检查的袋蛾，原原母种、原原种的母蛾100%袋蛾，原种的母蛾10%袋蛾。

(三)制种技术

1.家蚕的发蛾规律

家蚕的发蛾习性因系统和品种不同而异，一般中国系统的发蛾齐、发蛾时刻早，日本系统和欧洲系统的发蛾日数长，发蛾时刻也迟。除系统和品种因素外，发蛾齐一与否还受环境因素的影响。在适温范围内，温度偏高则发蛾早而齐，温度偏低则发蛾迟而不齐。同样，在适湿范围内，湿度高，则发蛾早而齐；湿度低，则发蛾迟而不齐；光线保持自然的昼明夜暗，则发蛾齐一；光线长明或长暗，则出现陆续发蛾现象。

2. 制种程序

(1)以交配为中心

以交配为中心的程序为:感光→捉蛾→选蛾→交配→理对→拆对→排尿→雄蛾管理。

(2)以产卵为中心

以产卵为中心的程序为:投蛾→巡蛾→杀蛾→收种。

3. 制种技术

(1)感光

5:00 感光,温度 24℃、相对湿度 75%。中国品种在第 3～5 天盛出蛾,最多的 1d 出蛾 40%～50%,1 周出完,雄蛾先出,雌蛾后出。欧洲品种和日本品种在第 4～6 天盛出蛾,最多的 1d 出蛾 30%～40%,7～8d 出完。

(2)捉蛾

羽化初,蚕蛾体湿、翅卷曲,当体液进入翅脉而使翅伸展后,雄蛾开始寻找雌蛾,雌蛾不断伸出产卵器,此时可进行捉蛾。捉蛾时刻,中国品种为 4:00—6:00,日本品种为 5:00—8:00,先捉雌蛾,后捉雄蛾。下午捉的蛾,可放于 12℃下保存,次日再交。捉蛾时发现同品种对交的,要坚决剔除。

(3)选蛾

需要选出并淘汰的不良蚕蛾有:体肥大、体节过长的蚕蛾,环节变黑的蚕蛾,畸形的蚕蛾,鳞毛少并不新鲜的蚕蛾,行动不活泼的蚕蛾,不爱交配的蚕蛾等。

(4)交配、理对

1)羽化时间:羽化不同时间后交配的雌蛾产卵量和产卵速度存在差异,以羽化 4～5h 后交配的产卵量多,产卵速度快,投蛾 3h 后即产下总卵量的 80%。

2)投蛾:按雌蛾∶雄蛾=1.0∶1.1 的比例,向雌蛾匾中投入雄蛾,投蛾动作要轻并均匀。

3)理对:投蛾 20min 后,拾去未交配上的多余雄蛾,将交配成对蛾排列均匀并相互间留有空间。拾出的多余雄蛾可在 10℃下保存,次日再用于交配。

4)巡蛾:专人巡视交配的蛾对,发现开对的,及时重交。

5)交配环境:交配室以温度 24℃、相对湿度 75%为好,温度超过 30℃、相对湿度 60%以下、风吹、强光、振动等条件下均易开对。

6)交配时间:雄蛾交配后 10min 进行第一次射精,持续 15min,然后休息 1.5h 后进行第二次射精,约持续 10min。为此,交配时间以 4～6h 为好,不受精卵率低,良卵多,产卵快。如交配时间过短,则产卵少,产卵慢,不受精卵多。如交配时间过长,则易开对,损失卵量多。

(5)拆对

拆对方法与步骤如下。

1)左手食指按住雌蛾尾部,右手拇指、食指抓住雄蛾尾部两侧或雄蛾两翅,向上提起雄蛾,使雌雄蛾分离。

2)拆对后轻轻振动蚕匾,促使雌蛾排尿,以防产卵后排尿污染蚕匾而发霉。

3)选出不良蛾,检查有无雄蛾混入,然后拾起雌蛾,点数后送入产卵室。

4)雄蛾如需再交时,送入低温室(10℃)保护。

(6)雄蛾管理

在蚕种生产中,存在对交品种习性不同、数量不等、雌雄比例不等、总蛾量或每天的出蛾量在雌雄间有差异等情况,这些情况可采用冷藏雄蛾和雌蛾及雄蛾再交的方法来调节,其中绝大多数采用冷藏雄蛾以及雄蛾再交的方法。

1)雄蛾冷藏:可冷藏多余新鲜雄蛾或已交配 1 次的雄蛾,温度 5～10℃,黑暗,以 4～5d 为限。蚕匾内放草绳网等,均匀撒上雄蛾,不宜过多,外罩蚕网,注明品种、批次、日期、交配次数。

2)雄蛾再交:实验表明,1 只雄蛾可使 3 只雌蛾受精,雄蛾再交有利于保证雄雌平衡。但随着交配次数增多，不受精卵有增多的倾向，所以生产上雄蛾最多交配2次。雄蛾交配2次，绝大多数是隔日再交，如果碰到特殊情况需要雄蛾当日再交，则第一次交配3～4h，拆对后的雄蛾休息约1h，再行第二次交配5～6h。

3)雌蛾冷藏：雌蛾在5℃下冷藏，其不受精卵随冷藏时间的增加而有增加的趋势，所以应尽量避免雌蛾冷藏。

(7)投蛾

根据预测的每天制种量，排放好产卵材料，每块产卵布和产卵纸以苗蛾试产卵来决定投蛾的数量，一般一张产卵纸投放50～55只雌蛾。投蛾时，必须保证1张蚕连纸或1块产卵布一次投完，这在制夏秋用种上更为重要，以免影响冷藏和浸酸效果。投蛾要迅速，动作轻并均匀。

(8)产卵、巡蛾

1)产卵：中系、日系一化性、二化性品种投蛾当日产卵90%，次日产卵7%，第3日产卵3%；日系品种拆对后多数随即产卵，中系品种多在17:00后盛产卵，欧系品种产卵更慢；一般先产的卵个大，后产的卵个小且不受精卵多；未交配的母蛾也会产卵，只是晚一些，在第2日开始产。产卵过程中，温度对产卵质量、速度有一定影响，24℃产卵的质量好、不受精卵少，26.5℃产卵的速度快但不受精卵多，所以生产上以24℃下产卵8h为好。卵产下的当时，精子仅是进入卵内而已，并未受精；在卵产下后2h左右，卵核与精核结合而受精，并开始核分裂，这时是蚕卵保护的重要时期，不可高温，30℃以上温度会使不受精卵和死卵增多。

为此，产卵室以温度24℃、相对湿度75%为好。光线对产卵也有较大影响，明交暗产则良卵多、产卵快、不受精卵少。

2)巡蛾：投蛾后要注意巡蛾，其主要工作有扶正朝天蛾、捉回逸出蛾、拾出误投雄蛾、吸去蛾尿等；同时要注意匀蛾，这样就不会产生叠卵、缺卵，并保证产附平整。

(9)收蛾、收种

1)收蛾：收蛾也叫杀蛾，收蛾时间的迟早对产卵量、孵化整齐度和不良卵有很大影响。产卵愈迟，则不受精卵率愈高，所以适当控制产卵时间，是提高蚕种品质的措施。但过早收蛾，会减少产卵量。一般雌蛾卵的大部分在当日21:00前产出，24:00基本结束，此时可收蛾。

何时收蛾，还可根据品种类别加以调整，即时浸酸种要求卵龄开差在8h之内，冷藏浸酸种要求卵龄开差在10h之内，越年春用种要求卵龄开差在12h之内。

收蛾时，按比例取样袋蛾，用于母蛾微粒子病检查。

2)收种：按品种、批次进行产卵张数的清点，越年春用种送入蚕种保护室内串挂保护，应避免堆积、振动、摩擦；即时浸酸种和冷藏浸酸种边收种边插架，卵面相向，防止擦伤。注明场地、批次、品种、产卵日期。

(10)估产

未经加工整理的蚕种称为毛种，毛种按规定加工整理后的成品称为净种。折净率是指调查的原种样品中，合格卵圈数占调查卵圈总数的百分比。根据毛种数量及调查所得的折净率，即可估算出制种的产量。

(四)母蛾保管

取样袋蛾的母蛾盒，要通风、干燥，不可发霉、腐烂变质。为了使微粒子病原体充分发育，以便于镜检，袋蛾装盒后于24～25℃下放置7d，母蛾自然死亡，然后于60～65℃下干燥5～6h，于干燥、通风条件下保存。

第三节 产卵量、不受精卵和不越年卵

一、产卵量

产卵量的多少，与单粒卵重量和产卵数2方面因素密切相关。

(一)单粒卵重量

先产的卵重，后产的卵轻；欧系品种的卵重于中系、日系品种的卵；春蚕期产的卵重于夏秋蚕期产的卵；

一化性的卵重>二化性的卵重>多化性的卵重;用品质好饲料饲育而产的卵,重于用品质差饲料饲育而产的卵。

(二)产卵数

在蚕品种间,中系品种的产卵数>欧系品种的产卵数>日系品种的产卵数。就营养状况来讲,在4龄至5龄前中期间,叶质对造卵数影响较大,营养好的造卵数多,营养差的造卵数小,为此要求良桑饱食。

(三)增加产卵量的措施

(1)稚蚕期饲育温度25.5~26℃,壮蚕期饲育温度24℃。

(2)注意饲料质量,用适熟叶饲育,严禁用过嫩叶或过老叶饲育。

(3)早采茧,减少缩尾蛹。

(4)蛹期保护温度、湿度适宜,一化性品种适温为22~23℃,二化性品种适温为24℃,避免27℃以上高温或20℃以下低温,相对湿度为80%。

(5)采种时,用成熟雌雄蛾交配,拆对时不伤蛾体。

(6)交配室光线柔和,干旱时及时补湿,防止开对;产卵室黑暗;交配和产卵的温度、湿度均为24℃、75%。

(7)尽量用新鲜雄蛾交配,雄蛾再交以2次为限,雄蛾保护于10℃环境中。

二、不受精卵

(一)不受精卵发生原因

不受精卵发生的原因有生理、病理、品种、采种技术、饲料质量、蛹期保护等方面。

1.生理

卵管蠕动过快,使个别卵从卵管下移时,卵的位置发生逆转而卵孔向下,不能受精;卵孔被卵上皮细胞的残余物或卵巢管的分泌物所堵塞,导致精子不能进入卵内;卵孔构造异常,卵孔与螺旋形导管和管口不能正常匹配,而不能受精。

2.病理

雄蛾外生殖器异常,不能交配,或交配而不能射精;雄蛾精子缺乏,或精子无核;雌蛾无交配囊,卵巢管异常。

3.采种技术

巡蛾不及时,有些雌蛾未交配上;雄蛾保管不当,交配与射精能力差;产卵初期为30℃高温,卵核分裂异常。

4.蚕品种

对于不受精卵的数量,遗传变量占66%。在现行蚕品种中,中系品种的不受精卵多于日系品种的不受精卵。

5.饲育期别

秋繁的不受精卵比春繁的多,尤其以晚秋期繁育的最多。

6.饲料质量

过嫩叶,或缺乏钾肥、磷肥的桑叶,或春肥过量施用氮肥的桑叶,均将增加不受精卵。

7.蛹期保护

蛹期于30℃以上高温保护,缩尾蛹增加,并且卵管把卵管外膜胀破,从而增加不受精卵。

(二)减少不受精卵的措施

(1)加强上代蚕种卵的选择,严格淘汰不受精卵多的卵区,这是消除不受精卵遗传变量的有效措施。

(2)用营养充实的适熟叶饲育,不用过嫩叶、过老叶和湿叶饲养。桑园多施钾肥、磷肥,壮蚕用桑摘芯。

(3)多营横茧,适时早采茧,以减少缩尾蛹。

(4)上蔟至蛹期以温度24℃、相对湿度75%~80%保护,防止接触高温。

(5)制种期间防高温，对易散对的品种加强巡蛾工作，并适当控制收蛾时间。

(6)交配室光线柔和，产卵室黑暗，温度、湿度分别为24℃、75%。

(7)做好发蛾调节工作，尽量用新鲜雄蛾，减少用再交雄蛾，并避免雌蛾冷藏。

(8)迟产卵为卵管上端的卵，其成熟差并卵小，逆位也多，所以不受精卵多。因此，要适时收蛾。

三、不越年卵

目前生产上多用二化性蚕品种，不仅蚕体弱、发育晚，而且丝质差。为了提高茧丝质量，以及便于饲育时期的用种调剂，目前都生产越年种，其手段是高温感光催青，稚蚕期高温多湿饲育，壮蚕期低温干燥饲育。但由于技术上稍不慎，常会发生不越年卵。不越年卵包括生种和再出卵。

(一)生种

1. 生种发生原因

蚕卵产出后，卵色不变，为品种固有色，在正常温度下约经10d便孵化，这就是生种，没有解决越年性问题。其发生的原因主要有：低温、黑暗、干燥环境下催青；稚蚕在低温干燥下饲育、壮蚕在高温多湿下饲育；同时叶质差，食桑不足；蔟中、蛹期、产卵初期均为高温条件下。

2. 生种防治措施

(1)选卵时除去生种多的卵圈，减少遗传因素的影响。

(2)重视催青技术，严格遵循催青标准。

(3)对越年性不稳定的品种，稚蚕用26～27.5℃、明饲育；壮蚕用23.5～24.5℃、暗饲育，防止27℃高温和明饲育。

(4)蛹期于24℃下保护，防止接触27℃以上高温。

(5)选用适熟叶，不用过嫩叶或过老叶等不良叶。

(6)苗蛾多产生种，所以坚决淘汰苗蛾。

(二)再出卵

1. 再出卵发生原因

蚕卵产出后变为品种固有色，但此后在年内陆续孵化，这种蚕卵称为再出卵。再出卵发生的原因，除催青、饲育中与生种发生原因相同外，还有蚕卵保护及秋种人工越夏方面的因素。

2. 再出卵防治措施

(1)催青、饲育中的防治措施，与防止生种产生的措施相同。

(2)产卵5d内避免接触27℃以上高温，否则不利于越年性卵的发育。

(3)对再出卵多的蚕品种，延长秋期采种的人工越夏时间。

(4)蚕种处理中，尽量防止蚕卵摩擦。

(5)浴种时水温不低于10℃，以10～15℃为好。

第四节　微粒子病的检查

我国贯彻“以防为主、综合防治”方针，降低了微粒子病的发生率。20世纪90年代“蚕茧大战”又导致忽视蚕种质量，使微粒子病害大暴发，有的省烧种几十万张。把住蚕种关，预防微粒子病，为蚕业生产提供无病良种，是保证蚕业生产优质、高产的基础。微粒子病的检查是防治蚕微粒子病危害的重要措施，一般分为补正检查、预知检查、母蛾检查，在其检查过程中，必须严格执行各省的相关规定。

一、补正检查

补正检查是指补正母蛾检查的遗漏和错误。在大批原种尚未催青的2—3月，从不良卵多的卵圈中挖下

20～50 粒蚕卵，贴在补正检查纸上，提前催青；孵化后的蚁蚕置于 30℃温度、85%相对湿度环境中，使其自然死亡后，置于乳钵中，加适量 2%氢氧化钾溶液，磨碎制成临时标本，进行显微镜检查。如发现微粒子孢子，则相对应的卵圈应予烧掉。

二、预知检查

早期确定该批(区)种蚕是否感染微粒子病、能否留种的技术措施称为预知检查，可分为不良卵检查、末蚁蚕检查、各龄迟眠蚕检查、蚕粪检查、蚕蛹检查及发蛾促进检查等。

(一)不良卵检查法

在雌蛾产卵结束后，分蛾区刮取疑为带有微粒子孢子的不受精卵、死卵等不良卵，放置乳钵中，加注适量 2%氢氧化钾溶液，充分磨碎制成临时标本，在 600 倍显微镜下进行检视，淘汰有微粒子孢子的蛾区。

(二)末蚁蚕检查法

在种蚕收蚁时，分区取最迟孵化的末蚁，春蚕期置于 29～32℃温度下、秋蚕期置于自然温度下；2～3d 后，分区取末蚁置乳钵中，如上法制成临时标本，进行显微镜检查。如发现有微粒子孢子，则淘汰病区。

(三)各龄迟眠蚕检查法

在种蚕饲育过程中，取各区各龄迟眠蚕，置于 29～30℃温度下；2d 后，小蚕取整体，大蚕取消化道，放置乳钵中，加适量 2%氢氧化钾溶液，研磨制成临时标本，进行显微镜检查。如发现有微粒子孢子，则饲育区应予淘汰。

(四)蚕粪检查法

在各龄饷食后 1d 或眠前，以及熟蚕和蔟中，取形状不规则的粪粒，分别置于乳钵中，加数滴稀盐酸，充分研磨；再加适量 90%酒精，将磨碎液滴制成临时标本，进行显微镜检查。如检出微粒子孢子，则相对应的饲育区应予淘汰。

(五)蚕蛹检查法

在种茧保护期，取各区发育不良蛹、裸蛹，置于 22℃温汤中处理 10min 左右，剖取中肠置于乳钵中，加 2%氢氧化钾液，磨碎制成临时标本，进行显微镜检查。如发现有微粒子孢子，则相对应的饲育区应予淘汰。

(六)发蛾促进检查法

从各饲育批(区)中取早熟蚕约 100 头另行上蔟结茧，在 30℃温度、80%～85%相对湿度环境中促进早化蛹、早发蛾。发蛾后分批(区)取雌雄蛾腹部置于乳钵中，加 2%氢氧化钾液，磨碎制成临时标本，进行显微镜检查。如发现有微粒子孢子，原原种和原种整批(区)淘汰，普通种可按规定分段制种。

三、母蛾检查

母蛾检查是查明母蛾是否带有微粒子原虫，切断微粒子病胚种传染的一项重要技术措施，它由国家建立的专门机构进行。

母蛾检查分拆蛾、磨蛾、点板(点临时标本)、显微镜检查等工序，显微镜检查分初检和复检 2 项。初检员逐蛾检视标本，如发现微粒子病蛾或可疑蛾号，即送复检员复检；其余无病蛾号，混点各标本送复检员进行复检，复检如发现有微粒子孢子，则交初检员再重新逐蛾检查。检查结束后，按批计算微粒子病蛾率，低于规定标准的为合格，超出规定标准的为不合格，相对应的蚕种烧掉。各级蚕种母蛾微粒子病率的标准，由各省份根据具体情况加以规定。

为了提高母蛾检查的效率，生产上推广集团母蛾检查法。具体操作步骤为：以 30 个母蛾为一个检查集团，一起研磨成待检液。把待检液分为 2 个样本，先检第 1 个样本，当检出的微粒子病率小于或等于第 1 容许病蛾数的，直接定为合格，第 2 个样本免检；当检出的微粒子病率大于第 2 容许病蛾数时，直接定为不合格，第 2 个样本也免检；当检出的微粒子病率介于第 1 容许病蛾数与第 2 容许病蛾数之间的，则检查第 2 个

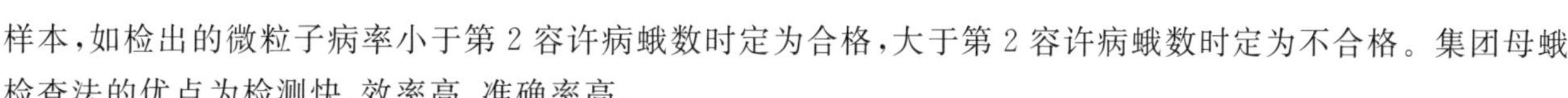

样本，如检出的微粒子病率小于第2容许病蛾数时定为合格，大于第2容许病蛾数时定为不合格。集团母蛾检查法的优点为检测快、效率高、准确率高。

第五节　蚕种保护

一、蚕种保护的重要性

蚕卵自产下后，越年卵大约经过1周呈现品种固有色，到下一年春天孵化，春制春用种经过10个月以上，秋制春用种也要经过6个月以上。在这期间，从卵的外表看没有显著变化，但蚕卵内却不断地进行新陈代谢，物质和能量消耗占比为10%～20%。卵产下1周左右及催青中为胚子发育旺盛时期，对外界环境格外敏感。滞育期虽然呼吸量微小，但也易受环境影响，必须给予合理的保护。保护条件适宜，则卵质充实，孵化率高，蚕体强健无病；如保护不当，则会影响蚕种质量，死卵增多，孵化不好，甚至造成次代蚕体虚弱、生命力降低、蚕茧歉收等一系列不良后果。因此，必须重视蚕种保护工作。

二、环境对蚕种的影响

(一)气象因素对蚕种的影响

1.温度

温度是蚕种保护的一个最重要方面，从产下，经夏期高温，到秋冬入冷库，再在催青时出库这整个过程，始终要给以合适的温度。

(1)蚕卵对高温的抵抗力

因胚子发育阶段及接触高温时间的长短而不同，保护温度离适温的差距越大，则蚕卵胚子受到的危害越大。初产下的蚕卵以24℃为适温，30℃则不受精卵多、不越年卵多，32℃则影响更大。滞育期中，蚕卵以25℃保护数日可加深滞育，但以30℃保护则死卵增多；25℃保护的时间以30～60d为宜，时间过长则死卵增多、孵化不良。

(2)蚕卵对低温的抵抗力

对低温的抵抗力，胚子越幼小则越强，以甲胚子最强，甲胚子在0℃还可缓慢发育，较短时间接触－5℃也无害，而$丙_1$胚子在0℃下不发育，$丙_2$胚子接触到－5℃时就影响孵化。胚子滞育越深，则对低温的抵抗力越强，17.5℃有解除滞育的作用，但0℃则无解除滞育的作用。蚕卵骤然接触低温则危害性大，逐渐接触低温则危害性小；蚕卵长期接触低温则危害性大，短期接触低温则危害性小。

2.湿度

蚕卵保护湿度以75%～80%为宜，过干对蚕卵的不良影响比过湿的大；蚕卵在滞育中受湿度的影响小，相对在发育中受湿度的影响大。催青期中，蚕卵受干燥的危害最大，相对湿度在70%以下时，蚕卵孵化不良、孵化率低、蚁蚕轻且生命力弱，可发生催青死卵；但过湿时，蚕卵发霉，发霉严重的卵气孔被阻塞而影响呼吸，可引起死亡。

(二)有害物及敌害对蚕种的影响

1.有害物

(1)发霉

卵布(纸)上的浆、蛾尿易发霉，影响卵呼吸，可发生死卵。

防治措施：保持蚕种保护室的清洁和适宜湿度，注意通风，不使过湿；产卵前让母蛾排尽尿，产卵中及时用脱脂棉吸去蛾尿。

(2)烟草

烟草中的尼古丁会引起蚕卵胚子中毒。

防治措施：蚕种保护室内严禁吸烟，蚕种保护室远离烟草种植地及卷烟厂。

(3)气味

樟脑、酒精、驱虫剂、油漆、薄荷、香水等散发各种气味，会对蚕卵胚子发育产生不良影响。

防治措施：蚕种保护室内不存放樟脑、酒精、驱虫剂、油漆、薄荷、香水等物品，蚕种保护室远离生产这些物品工厂及转运仓库。

(4)油和糨糊

油和糨糊会闭塞蚕卵气孔，引发死卵。

防治措施：保持卵布(纸)清洁，阻止油和糨糊的污染。

(5)酸、碱、农药、水银等

酸、碱、农药、水银等对蚕卵有毒。

防治措施：严禁蚕种保护室存放含酸、碱、农药、水银等物品。

2.敌害

(1)鼠害

老鼠会咬食卵布(纸)及其蚕卵，所以要堵塞蚕种保护室的鼠洞，必要时诱杀老鼠。

(2)虫害

皮蠹、蟑螂、米黑虫、绵虫等昆虫会咬食蚕卵，所以要防止这些昆虫进入蚕种保护室，同时清除与诱杀蚕种保护室内的这些昆虫。

三、蚕种保护的方法

蚕种保护的要领，在于通过蚕卵各期的合理保护，使蚕卵滞育期和滞育期后耐冷藏的累计天数大于产卵后到次年收蚁期间的天数，向生产上提供孵化齐一、蚁体健康的优质蚕种。

(一)春制越年种的保护

1.产卵初期的保护(产后7～10d)

是蚕卵产下后，卵内开始进行成熟分裂，完成受精过程，核分裂增殖形成胚子，约经1周时间变为品种固有色等一系列发育过程。此期对高温、低温等不良环境的抵抗力最弱，操作处理应避免剧烈振动、摩擦、堆积与温度骤变。产卵当时，卵的滞育还未完成，需要入蚕种保护室保护，蚕种保护室具有防寒、防热、通风、防虫、防鼠的设备，保持24～25℃温度、75%～80%相对湿度，避免接触27℃以上高温。蚕卵在蚕种保护室经过7～10d，胚胎发育停滞，呼吸转为微弱，生理上进入滞育期。蚕卵变成品种固有色后，结合挂种进行卵面蛾毛等杂物的清洁，挂种距地高1m以上，离墙0.5m。

2.夏期至早秋期的保护(6月中旬至9月上旬)

蚕卵进入滞育期后，需要感受一定时期的高温，以巩固其滞育。6月中旬至9月上旬的保护温度，25℃是完成滞育的最适温度，24～27℃为保护温度范围。蚕卵接触25℃的天数愈长，以后解除滞育愈慢，需要接触低温天数愈长，耐冷藏能力就愈强。但接触超过30℃高温，或接触25℃的时间超过100d，则卵内养分消耗多，易发生死卵，对冷藏的抵抗力反而减弱。为此，25℃保护时间以40～60d为安全范围，中国系统蚕品种的二化性原种为40d，一代杂交种可达60d。

保护湿度以75%～80%为宜，多湿则容易发霉，危害蚕卵生理；过干则卵内养分消耗多并容易失水，损害卵质。

3.中秋期至初冬的保护(9月中旬至11月上旬)

9月中旬至11月上旬，自然温度逐渐降低，蚕卵接触一定天数高温后，蚕种保护温度需要降低，以能有20～22℃保护一段时期为最好。因为20～22℃既不促进解除滞育，又无害于蚕卵生理。11月上旬起，保护温度逐渐下降，从20℃降到17～18℃，再降到15℃，此阶段既不可再接触20℃高温，又不可接触15℃以下低温。因为此时期已有部分蚕卵解除滞育，再遇20℃以上温度即可发育，而没有解除滞育的卵不发育，使胚子发育极度不齐，导致日后孵化不良；15℃以下温度又会使蚕卵过早解除滞育，不利于蚕种保存，这是秋冬之交调节蚕种保护温度的关键。

4. 冬期保护(11 中旬至入库)

从 11 月中旬起,保护温度从 15℃逐渐下降,经 12℃、10℃、7.5℃降至 5℃,相对湿度保持在 75%～80%。冬期保护为解除滞育时期,逐渐降温,使胚子整齐地活性化,获得发育齐且强健的蚕种。解除滞育最有效温度是 5～7.5℃,为使全部蚕种发育整齐一致,以稍低温度 5℃保护最有利且安全。

12 月上旬,当气温降至浴种用水适温以下时,进行框制种和平附种的消毒、浴种及散卵的浴种、洗落。浴种水温以 10～15℃为范围,蚕卵在洗落过程中由于受到摩擦、振动与水温等刺激,会加快蚕卵解除滞育(活性化),其程度相当于以 5℃保护 20d。因此,散卵的浴种、洗落动作要轻,浴种后的蚕卵不可接触 7.5℃以上的温度,以 5℃保护满 40d 后须改用 2.5℃冷藏;框制种和平附种浴种后以 5℃保护满 60d 后须改用2.5℃冷藏。

冬期保护有双重作用,一是使滞育卵一致成为解除滞育卵(活性卵)的低温保护和为了防止活性卵生活力下降的冷藏保护;二是使制种时期、地点及夏秋期保护条件等不同的蚕种,成为发育齐一的蚕种。

(二)秋制越年种的保护

秋制越年种的产卵期已在 8 月下旬或 9 月上旬以后,自然温度逐渐降低,接触不到 25℃高温,或即使接触到但时间短,蚕卵的滞育程度浅。滞育程度浅有 2 方面的影响,一是容易解除滞育,越冬期间感受到低温后的部分卵即可发生孵化;二是由于滞育程度浅,卵不耐受低温,在冬季的低温保护阶段,蚕卵虚弱,导致出现白死卵。为了巩固秋制越年种的滞育性,增强冷藏抵抗力,延长冷藏天数,需要人工加温,以接触 25℃的高温环境,经过 20～30d,此种人工高温保护的方式称人工越夏。

秋制越年种的产卵初期保护与春制越年种的相同。对于人工越夏天数,早秋制越年种的 30d,中秋制越年种的 20d,晚秋制越年种的 15d。当以 25℃保护(人工越夏)天数达到后,采取逐步降温的方式,即每隔 2d 降温 3℃,一直降到自然温度,此后保护与春制越年种的相同。逐步降温是减少温度激变幅度,防止发生白死卵的关键措施。人工越夏期间须注意补湿(75%～80%)、换气、定时调换蚕种位置,使感温保持均匀。

(三)蚕种的冷藏技术

春制越年种、秋制越年种在产卵后,经越夏(或人工越夏)及秋冬保护后成为活性卵。活性卵如感受一定的温度,胚子就会发育孵化,所以越冬后的蚕种若在自然温度中保护,因温度变化大,其胚子发育会不齐。因此,越冬后的蚕种必须在适当时期进行冷藏保护。

1. 冷藏的目的和作用

(1)蚕种冷藏的目的

避免早春的温暖天气,防止因孵化过早而无桑叶吃;促使蚕卵孵化齐一;便于根据生产需要,随时调节养蚕日期;在一定胚胎发育阶段入库冷藏,可以准确预测催青后的收蚁日期,有利于加强生产计划性。

(2)蚕种冷藏的作用

在越年种冷藏前期,有使蚕卵胚胎继续解除滞育的作用;到全部解除滞育的后期,又对胚胎的发育起到抑制作用。因此,冷藏既有使蚕卵整齐地解除滞育的作用,又有抑制胚子发育、防止活性蚕卵活力下降的作用。在这 2 种作用中,以防止活性蚕卵活力下降的作用为主。

(3)蚕种冷藏的胚子和适温

从甲胚子(滞育期)至丙$_2$ 胚子(最长期)的各胚子阶段,对低温的抵抗力都较强,都可以进行冷藏。在此范围内,胚子越小,对低温的抵抗力越强,越耐长期冷藏,冷藏的适温也越低。各胚子阶段冷藏的适温:甲胚子为 0～2.5℃,丙$_1$ 胚子为 1～2.5℃,丙$_2$ 胚子为 2.5℃。

2. 冷藏的方法

蚕种冷藏方法有单式冷藏和复式冷藏 2 种,春用种采用单式冷藏,夏用种采用复式冷藏。

(1)单式冷藏

越年蚕种在冬季浴种消毒整理后,在蚕种保护室自然低温下保护,待多数胚子发育到丙$_1$(最长期前)、少数胚子发育至丙$_2$(最长期)时,放入冷库中低温冷藏至催青,因只冷藏 1 次,故称为单式冷藏。冷藏温度为 2.5℃,冷藏天数为 70～90d。由于各地气温不同,入库冷藏的时间也不同。浙江 1 月下旬至 2 月上旬入库冷藏,4 月中、下旬出库催青;江苏 2 月中、下旬入库冷藏,4 月中、下旬出库催青;四川 1 月下旬至 2 月中旬入库冷藏，4 月上、中旬出库催青；辽宁 3 月下旬入库冷藏，5 月出库催青。

单式冷藏的优点：简便易行。缺点：从浴种至丙$_2$胚子的时间长，如遇 5℃以上温度则发育，造成胚子发育不齐，不耐冷藏。

(2)复式冷藏

越年蚕种在冬季浴种消毒整理后，在 5℃中保护，当胚子发育至甲胚子时(此时在 12 月中、下旬至 1 月中旬)，第一次入冷库进行冷藏，冷藏温度 0～1℃，冷藏有效期限约 100d。在蚕种已冷藏近 100d 时，将蚕种出库，进行 10～15℃中途感温，使胚子发育到多数为丙$_1$胚子、少数见丙$_2$胚子时，第二次入冷库进行冷藏，冷藏至催青，冷藏温度 2.5℃，冷藏有效期限约 100d。因冷藏 2 次，故称为复式冷藏。复式冷藏的中途感温是重要的工作，必须严格维持目的温度，一般以 10℃、13℃、15℃各保护 2d，每天检查胚子的发育情况。进行第二次冷藏的胚子不可超过丙$_2$，如超过丙$_2$，则胚子抗冷藏能力大大下降，会造成生命力下降，蚕种质量降低。

复式冷藏的优点：有效冷藏时间长，适于夏用越年种的冷藏。缺点：操作复杂。

四、蚕种的人工孵化法

越年蚕卵在产下后的适当时期，给予人为的物理或化学刺激，成为年内可孵化的不越年种，此方法称为人工孵化法。经人工孵化处理的蚕种，称为人工孵化种。

越年蚕种在正常情况下，年内不孵化，这给蚕茧生产带来局限性。要使越年蚕种在年内孵化，必须用人工孵化法。人工孵化种，体质强，孵化齐，丝质优，又可根据需要随时供种，方便生产。当前生产上除夏用蚕种为前一年的复式冷藏种外，其余全用人工孵化种。

人工孵化法有温汤孵化法、盐酸孵化法、硫酸孵化法，其中以盐酸孵化法效果最好、安全，已被广泛使用，多化性蚕种用温汤孵化法。盐酸孵化法又分即时浸酸孵化法和冷藏浸酸孵化法，盐酸既可打破胚子的滞育，还有卵面消毒的作用。

(一)即时浸酸孵化法

越年蚕卵产下后，在其滞育特征显现以前，施用浸酸处理，停止蚕卵胚子滞育、促使其继续发育孵化的方法，称为即时浸酸孵化法。各蚕期生产的越年种，凡需要继续饲育的都可用此法。

1.浸酸适期

浸酸时期是否合适，关系到蚕种能否孵化及孵化好坏。浸酸时期过早，因胚子过嫩，蚕种易孵化出畸形蚕，甚至发生死卵；浸酸时期过迟，因蚕卵已经滞育，不易打破滞育，孵化率很低，甚至不孵化。

产卵后 2h 受精，10h 分裂核移至卵壳内层表面，12h 形成胚盘，15h 形成胚带，20h 成为胚子。浸酸时期，按胚胎发育程度而言，以蚕卵发生胚盘之后到胚带独立成为胚胎的阶段最为合适。但在实际处理中，并不通过解剖胚胎来观察决定浸酸适期，只按产卵后保护温度和时间来决定，一般是产卵后保护温度 25℃左右，以产卵后 15～25h 为浸酸有效范围，以产卵后 20h 为浸酸中心时间。

2.浸酸标准

浸酸刺激量的大小，受盐酸浓度、浸酸液温及浸酸时间 3 个因素的综合影响。越年性弱的品种，刺激量宜小；越年性强的品种，刺激量宜大；杂交种以母体亲本为标准。

盐酸浓度在液温 46℃时以比重 1.075 为适当，浓度越高，则有效浸渍时间的范围越狭小。

浸渍时间与液温直接有关，当比重 1.075 的盐酸液温达 46℃时，中国系统二化性品种蚕卵浸酸时间为 5min，中国系统一化性品种蚕卵、日本系统品种蚕卵和欧洲系统品种蚕卵浸酸时间均为 5.5min。在浸渍过程中，当不能确保目的温度时，可按温度高低，缩短或延长浸酸时间，液温每增加或减少 1℃，浸酸时间相应减少或增加 1min。

蚕卵浸酸完毕，应立即充分水洗脱去酸味，如有盐酸残留，则蚕种孵化不良，对蚕的发育也有影响。水洗后脱水，力求迅速干燥，湿卵长时间堆积，将降低孵化率；干燥不匀也会导致孵化不齐。

如需要推迟浸酸时，可在预定施行浸酸前 1～2h 进行冷藏抑制，冷藏温度 5℃，最长冷藏时间不超过 3d。如浸酸后蚕种需要推迟催青收蚁时，可于浸酸后在 24～25℃下保护 18h 后进行冷藏抑制，先在中间温度

15℃中保护 4～6h，再入冷库于 5℃下冷藏，冷藏期限为 30d。

3. 室温浸酸

即时浸酸还可以室温浸酸，即盐酸不加温，依一般室内温度浸酸，具有设备简单、节约能源、浸酸时间的有效范围广、浸酸处理安全、可除去不受精卵等优点。缺点是盐酸用量多，工效低，只能用于散卵，如用于平附种或框制种则卵易掉落，必须先将蚕种在 2%甲醛原液中浸渍 2～3min 后再浸酸，以防止蚕卵脱落。

(1)浸酸时期

产卵后用 24℃温度保护，以产卵后 10～25h 为浸酸的有效范围，以产卵后 16～17h 为浸酸中心时间，最大限度不能超过产卵后 30h。

(2)浸酸浓度

散卵适宜的浸酸浓度为 20%(比重 1.100)～24%(比重 1.120)。浸酸浓度过低，则不但浸酸时间需要延长，而且易孵化不齐。浸酸浓度过高，则蚕种易发生危险。

(3)浸酸时间

一般是盐酸液温 25～26℃时，浸渍时间为 60～80min；当盐酸液温高达 29℃时，浸渍时间宜缩短为 40～60min。

(二)冷藏浸酸孵化法

冷藏浸酸孵化法为越年卵产下后保护于 25℃温度中，经过 40～50h 后，放入 5℃冷库中进行冷藏，经相当时间冷藏后出库，用盐酸浸渍，促使蚕种孵化的方法。冷藏浸酸孵化法是人工越冬与盐酸刺激相结合的方法，是解决秋用蚕种的方法。冷藏浸酸法因冷藏天数长短的不同，分为短期冷藏浸酸和长期冷藏浸酸 2 种。短期冷藏浸酸的冷藏天数为 25～35d，是对滞育尚在进行中的蚕卵加以浸酸处理的方法，这段时期的冷藏作用是延缓滞育进程。长期冷藏浸酸的冷藏天数在 40d 以上，是对滞育完成后、解除滞育还不够的蚕卵，再用浸酸处理来促使产生孵化功能的方法，这段时期的后段冷藏有人工越冬以解除滞育的作用。冷藏时间过短，蚕卵未开始活性化，浸酸后孵化不齐；冷藏时间过长，胚子活性化后，长期低温(2.5℃)会有害蚕卵生理。

1. 入库冷藏的适期和温度

根据产卵后的保护温度、预定冷藏天数的长短、卵色等，来确定入库冷藏的适期。短期冷藏的，在盛产卵后用 24～25℃温度保护，经 40～45h 为入库冷藏的适期，冷藏温度为 5℃。长期冷藏的，冷藏天数在 40～60d 的，在盛产卵后用 24～25℃温度保护，经 48～50h 为入库冷藏的适期；冷藏天数在 60d 以上的，在盛产卵后用 24～25℃温度保护，经 50～60h 为入库冷藏的适期。长期冷藏的冷藏温度分 2 段处理，冷藏开始 40d 内，冷藏温度为 5℃，过了 40d，将冷藏温度降至 2.5℃，以减少蚕卵胚子营养消耗。进行各种冷藏前，都要通过 15℃的中间温度 6h，使蚕卵接触温度均匀，同时避免温度剧变。

2. 出库至浸酸时间

以浸酸前 4～5h 出库为宜。出库立即浸酸，因温度剧变而出现死卵；而出库后长时间不浸酸，则蚕卵孵化不齐。

3. 浸酸标准

冷藏浸酸的时间因品种、化性、盐酸浓度、液温等而不同，其标准见表 7-4。

表 7-4　冷藏浸酸的标准

化性	盐酸比重	液温	浸渍时间	
二化	1.092	47.8℃	中系品种 6min	日系品种 6.5min
多化	1.092	47.8℃	中系品种 5.5min	日系品种 6min

4. 浸酸的操作程序

(1)出库、装笼

浸酸前 4～5h，将蚕种由内库转移至外库(15℃)，过渡 2h，出外库至自然温度，卵面相对装笼。

(2)浸酸

浸酸前调好盐酸比重，液温应高于目的温度 0.5℃，这样放入蚕种后恰好等于目的温度。每隔 1min 测温 1 次，如液温升高或降低 0.5℃，则缩短或延长浸酸时间 5s，上下左右转动笼子以排出气泡，以免浸酸不彻底。到时间，准时出缸。为防止平附种落卵，加总液量2%的甲醛原液。

(3)脱酸

以酸脱得快、脱得净为目的，在脱酸缸和脱酸池中脱酸，以20～40min为脱酸时间范围，30min为脱酸时间中心。

(三)温汤孵化法

温汤孵化法是一种用热水处理多化性品种蚕卵，使不越年卵和混有的越年卵都能齐一孵化的技术措施，俗称浴水、浸汤及冲水法，适用于多化性蚕品种。

1. 浸汤适期

产卵后在25～26℃下保护，经过10～20h为浸汤时间范围。在广东蚕区的实际生产中，头二造气温低，产卵后11h浸汤；以后各造气温高，产卵后8.5～10h浸汤。

2. 浸汤标准

浸汤温度一般是53.5～54.5℃，浸汤时间为5s。汤温比标准温度每降低或提高0.5℃，则浸汤时间相应延长或缩短1s。

3. 浸汤处理

浸汤时间很短，所以蚕种浸入温汤后切勿使蚕种露出水面，轻轻摇动，务必使蚕种感温均匀。到时间后迅速取出，挂晾至不滴水时，投入总液量2%甲醛原液(液温18.3～20℃)中浸渍20～30min，进行卵面消毒。消毒后清水脱药，于晾种室(通风、27～29℃、70%～80%)中晾晒，干燥后催青或冷藏(以5℃下15d为限)。

五、蚕种浴消与整理

蚕种生产上将蚕卵进行清洗、消毒、选卵等一系列工作称为浴消。蚕种经过清洗、消毒、比选、整理，卵面清洁，无病原物黏附，淘汰不良卵，达到蚕种标准化。

(一)浴消

1. 方式

制种型式不同，浴消的具体做法也不同。平附种、框制种主要是清洗卵面鳞毛、蛾尿等不洁物，并用药液杀死卵面上可能黏附的病原物；散卵种则是把蚕卵从布、纸上洗落下来，然后用药液进行卵面消毒，再经盐水比重选卵，淘汰不良卵，提高蚕种质量，最后整理装盒。

2. 浴消适期

因为蚕种浴消时，蚕卵受摩擦、振动等物理刺激，会加速解除滞育，所以浴消必须适时进行，否则会影响蚕种质量。如浴消过早，浴消中的操作促进蚕卵解除滞育，当气温回升时，胚子会发育，不仅增大发育开差而使孵化不齐，而且会发生再出卵；同时，胚子发育后也不耐以后的低温冷藏，催青中易成死卵或孵化不齐，蚁蚕体弱。反之如浴消过迟，蚕卵已解除滞育，发育已过甲胚子，会耽误复式冷藏种的冷藏适期，并且影响胚子发育的齐一。

浴消适期因蚕卵发育程度和当地气候而异。从蚕卵解除滞育程度来说，以尚未完全解除滞育阶段为浴消适期；从当地气象情况而言，以气温略低于水温、平均气温5～10℃之时为浴消适期。江、浙、皖一带在11月下旬至12月上旬为浴消适期，四川在12月下旬至1月上旬为浴消适期。

3. 散卵的浴消

(1)浸渍脱粒和漂洗

1)卵面检查：在浴消前1周，对散卵布或蚕连纸逐块(张)进行检查，如不良卵率达20%以上时则剔除淘汰；同时检查品种、批次等，防止混杂。

2)浸种：把散卵布或蚕连纸浸于10～15℃清水中，浸透40～60min，软化糨糊，使卵粒易与布或纸分离。一天内处理数量较多时，可分批浸种。

3)脱卵：散卵布或蚕连纸卵面向上平铺于垫有几层棉布倾斜放置的平板上，下接水盆；用刮卵板轻轻刮下蚕卵，边刮边用清水冲洗蚕卵入水盆。

4)漂洗:脱下的蚕卵用细筛筛去杂物,漂去糨糊,脱去水分(200r/min 离心脱水)。

(2)消毒和脱药

1)消毒:用有效氯含量 0.33%(以 0.30%～0.35%为范围)的漂白粉液进行消毒,卵(脱水后的湿卵)与药液的重量比为 1∶4,液温 12.5℃(以 10～15℃为范围),消毒 10min。将蚕卵充分浸于消毒液中,不时搅动,浸渍 9min,提出蚕卵,滤药 1min。消毒液只用 1 次。

2)脱药:在清水中充分脱药,并尽量滤去水分。

(3)盐水比重选卵和脱盐

利用良卵、不良卵比重的不同,用盐水比重法淘汰比重过大和过小的不良卵,选留良卵,提高蚕卵质量,这也是散卵种优于平附框制种的一个方面。在正式按比重选卵前,先进行抽样试比重,调查良卵与不良卵的沉浮情况,确定比重标准,找出合适的轻比、重比标准,决定其开差。轻比与重比的开差,最大允许值不得超过 0.01,尽可能缩小开差。

按 1kg 盐+4kg 水的比例,配成比重 1.13～1.15 的浓盐水,再兑水配成目的浓度的轻比、重比盐水,分别倒入比重漏斗。将卵倒入比重漏斗,轻轻搅动,静止。轻比时除去上层不良卵,再重比时隔除去下沉的不良卵。比重中必须分出良卵、云层卵和不良卵,云层卵可收集再重比、轻比 1 次,收集良卵。如果仍然有云层卵,则可放宽一端比重 0.001 进行复选,但轻比、重比的开差不得超过 0.01。

用盐水比重法选卵后,用清水充分脱盐,以免卵发生回湿现象而影响蚕卵生理。

(4)脱水、干燥

用脱水机按 250～300r/min 脱水后,平摊于垫有纸的蚕匾内,0.5kg/匾,温度 3～10℃,通风,避免阳光直射。目前使用风干器,15min 内可达到基本干燥。

4.平附框制种的浴消

先消毒后浴洗,具体步骤如下。

(1)消毒

以 2%～3%甲醛液为消毒液,液温 18.5～20℃,浸渍时间 40min,务必使每张蚕种均匀感受到液温和接触到药液。每次消毒后补加 2.5%或 3.2%甲醛液,以保证药液量和 2%～3%浓度。

(2)脱药

消毒后取出,滤去药液,在 10℃清水中漂洗脱尽药液。

(3)浴洗

在 5～10℃清水中用排笔彻底洗除卵面的不洁物。

(4)脱水

洗净后用脱水机按 200r/min 脱水,脱水后在 1d 内晾干。

5.平附框制种的盐酸脱粒法

凡平附框制种改制散卵种,或因不受精卵多难于淘汰的秋制平附框制种,可用盐酸脱粒法,改制散卵种。盐酸脱粒的操作方法,与盐酸孵化法中浸酸后蚕卵洗落的相同。然后用 16℃中间温度的清水水洗脱酸 2 次,再用 10℃清水水洗脱酸。若不经 2 次中间温度,直接入低温下水洗脱酸,则卵胶易凝结,致脱卵困难,且多胶着卵。如有没洗落的卵,可在清水中用手轻轻抹落,然后进行盐水比重选卵,方法同上散卵。

(二)整理

1.散卵整理

散卵浴消并充分干燥至恒重后,通过风选除去残留的不受精卵和死卵。然后在各批蚕卵中,随机取样 1g,调查不良卵的残留情况,春制种比例≤1%,夏秋制种比例≤1.5%。如不合格,须重选。合格后方可称重装盒,标好标签。

2.平附框制种的整理

平附框制种的良卵面积以每张 400cm² 为标准,良卵不满的需补足,可剪良卵缝贴在框外,也可缝贴在死卵、不受精卵处。

第四篇

养蚕技术

第八章　养蚕环境和准备

第一节　养蚕的小气候环境

一、小气候环境对家蚕的作用与影响

家蚕是由古代人们将生活在野外桑树上的野桑蚕移入室内并经长期培育驯化而成的。其对变动很大的自然环境条件的适应能力已经大大减弱，同时逐渐形成了越来越依赖人类的精心照料和优越的室内小气候环境条件的习性。影响家蚕生长发育的小气候环境主要有温度、湿度、空气与气流、光线等。

(一)温度

1.温度对家蚕生理的作用与影响

家蚕属于变温动物，因在动物进化史上比较原始，没有自身保持和调节体温的能力，所以其体温基本与环境温度相一致，并随着环境温度的变化而变化。但在同一环境条件下，蚕的体温也会因生长而发生一定规律的变化，一般大蚕体温比小蚕高；在同一龄期中，龄初较低，随着生长而升高，到盛食期时达最高，后又下降。

家蚕的体温来自两方面：一是蚕体内有机物质的氧化分解所产生的热能，这是主要来源；二是环境热能，如太阳辐射热、人工加温热等。家蚕体温的下降主要通过蒸发、传导、辐射、对流等途径来实现，其中以蒸发和传导为主。例如，蚕体内40%水分是通过气门蒸发的，在水分蒸发的同时也完成了散热降温，一般1g水通过体壁蒸发时，可散失0.58kcal热量。蚕体温随生长而发生有规律的变化，就是与蚕体温的来源和下降情况有关。蚕随着生长，食下桑叶并从中消化、吸收的营养物质增多，蚕体内有机物质的氧化分解所产生的热能也大幅增多，但蚕体单位体重的体表面积变小，使通过水分蒸发以及体壁传导而相同比例地散失热量变得困难，从而就造成体温变高。

家蚕的新陈代谢等生理过程均需要在一定温度范围内才能正常进行。在适温范围内，随着温度升高，蚕体的新陈代谢旺盛，生理机能活跃，背血管搏动次数增多，血液循环加快，呼吸作用增强，单位时间内的桑叶食下量、消化量、吸收量和排泄量增加，生长发育加快；反之，随着温度降低，蚕体各种生理机能减弱，生长发育减慢。

温度高低之所以能影响家蚕的生理机能，是由于温度能加强或减弱蚕体内各种酶的活力，从而加快或减慢新陈代谢的速度。酶是蛋白质，是生物催化剂，生物体内的所有物质代谢都是由酶来催化的。温度影响酶的催化活力。在一定温度范围内，温度升高，酶的活力增强；温度降低，酶的活力减弱；但温度超过一定范围，则会造成酶受高热而变性，其催化活力快速下降直至不可逆地丧失。研究蚕体中各种主要酶的活力与温度的关系时发现，消化液淀粉酶活力在20～60℃范围内随着温度升高而增强；血液淀粉酶活力的最适温度约为35℃；血液酪氨酸酶活力在10～20℃范围内随温度升高而增强，升高到28℃时减弱；表皮酪氨酸酶活力的最适温度约为30℃，在30℃前随温度升高而增强，超过30℃后则减弱；消化液蛋白酶活力在25～50℃范围内呈先上升后下降的规律，其最适温度约为35℃；半胱氨酸蛋白酶活力的最适温度约为37℃；血液过氧化氢酶活力在15～25℃范围内较强，最适温度约为23℃，到28℃时减弱。

2.温度对家蚕生长发育的作用与影响

家蚕生长发育的起点温度是7.5℃，在7.5℃时仅能食桑，在7.5℃以下时不食不动，生长发育停止。家蚕生长发育的最高临界温度为37℃，在37℃时蚕呈苦闷状态或不活泼而毙死。家蚕生长发育的适宜温度范

围为 20～28℃，在此适温范围内，温度越高，蚕生长越快，发育经过越短；反之，温度越低，蚕生长越慢，发育经过越长。稚蚕(1～3 龄)用适中偏高温度饲育，有利于促进蚕的食欲和生长，增强蚕体质，为养好壮蚕打下基础(表 8-1)；壮蚕(4～5 龄)用适中偏低温度饲育，有利于增加蚕的食下量和消化量，提高产茧量与产丝量。但壮蚕对过低温度的反应存在差异。5 龄蚕能在 18.5℃低温下完成生长发育，对茧质影响不大(表 8-2)；但 4 龄蚕对过低温度反应敏感，在 18.5℃低温下生长发育缓慢，并且全茧量、茧层量明显下降(表 8-2)，为此 4 龄蚕应避免接触过低温度。

表 8-1　1～3 龄蚕饲育温度与生长发育的关系

蚕龄	温度/℉	24h 干物/(g/1000 头)		食下率/%	消化率/%	食桑经过/h	同一时间就眠率/%	眠蚕体重/(g/100 头)
		食下量	消化量					
1 龄	75	1.2818	0.6740	20.42	52.58	62.0	1.99	0.62
	78	1.4399	0.7652	22.94	53.14	57.3	44.14	0.64
	81	1.5909	0.8338	25.34	52.41	54.0	85.98	0.66
	84	1.6267	0.8613	25.91	52.95	50.0	99.01	0.66
	87	1.7288	0.9016	27.54	52.15	50.0	99.67	0.67
	90	1.8415	0.9421	29.34	51.16	52.6	86.54	0.69
相关系数 r		0.944**	0.782**	0.942**	−0.131	−0.750**	0.828**	0.949**
2 龄	75	9.656	5.210	34.39	53.62	58.0	0	3.48
	78	10.166	5.443	36.83	53.54	50.0	9.44	3.24
	81	10.80	5.810	39.19	53.79	46.0	75.53	3.54
	84	12.00	6.510	43.43	54.25	42.0	94.89	4.18
	87	12.51	6.600	45.35	52.75	44.6	89.06	3.96
	90	13.60	7.716	49.24	53.79	44.6	86.24	4.10
相关系数 r		0.958**	0.827**	0.961**	0.101	−0.789**	0.861**	0.811**
3 龄	75	35.00	12.80	31.82	36.57	65.0	3.46	19.10
	78	45.85	18.15	41.67	39.58	61.0	36.66	19.10
	81	50.00	20.40	45.46	40.80	57.0	95.10	20.25
	84	49.65	19.70	45.16	39.67	57.0	95.90	17.80
	87	51.50	20.25	46.97	39.32	57.0	93.10	17.65
	90	51.85	21.15	47.12	40.79	58.3	86.70	17.35
相关系数 r		0.781**	0.693**	0.781**	0.270	−0.705**	0.806**	0.675**

注：数据引自葛惠英，周双燕，1984；** 为 $P<0.01$。

表 8-2　4～5 龄蚕饲育温度与生长发育和茧质的关系

龄期	饲育温度/℃	食桑经过/h	全茧量/(g/个)	茧层量/(g/个)	茧层率/%
4 龄	18.5	130	2.26	0.530	23.41
	24	78	2.39	0.592	24.85
	29.5	66	2.48	0.608	24.55
5 龄	18.5	294	2.51	0.588	23.47
	24	188	2.37	0.582	24.55
	29.5	144	2.32	0.577	24.80

注：数据引自金琇钰，姚养安，1984。

蒋猷龙等(1963，1964)调查了家蚕在变温条件(白天目的适温，晚上自然温度并停止给桑)下的生长发育规律及其生产性能，发现在一定范围内的变温条件下饲育蚕，其生长发育、茧质(茧层率)、生命率、消化率和 5 龄蚕体重均较恒温条件下饲育的要好，总桑叶食下量、全茧量、1～4 龄蚕体重与恒温条件下饲育的相似，但蚕体大小差异及其茧形大小差异均较恒温条件下饲育的要显著。分析其原因有两方面：一是蚕在变温的晚上低温饲育阶段，因食欲减弱与消耗降低，消化液 pH 值提高，一旦到白天升高温度饲育阶段时，蚕食欲兴起，大量食桑，此时高 pH 值的消化液有利于桑叶营养物质的消化和吸收，并提高抗病力，增强体质；二是蚕体内各种酶活力的最适温度是不同的，变温有利于调节各种酶的最大活性，共同促进对桑叶营养物质的消化作用，从而使消化率提高。为此，采用变温饲育家蚕，不仅节约燃料、降低劳动强度，而且符合蚕体的生理条件。

3. 温度对家蚕就眠的作用与影响

饲育温度显著影响蚕就眠的快慢和整齐度。一般温度高，则就眠快而整齐；反之，温度低，则就眠慢而分散。例如，第1～3龄蚕在24～29℃中饲育，用27～29℃饲育时，从见眠到眠齐需8～12h，而用24～26℃饲育时，从见眠到眠齐需要16～20h。

饲育温度对蚕就眠的影响体现在两方面：一是对蚕总体就眠情况的影响主要取决于实际感温量，温度一时的升高或降低能将影响相互抵消，总的发育经过时间可以不受影响。例如，1个龄期内用温度高、低差2～5℃的变温饲育，而实际平均感温量仍为26℃，则蚕的就眠情况与用恒温26℃饲育的相仿。二是在不同时期饲育温度对蚕就眠的影响存在明显差异。如将一个龄期划分为前、中、后3个时期，后期蚕处于将眠期，此期温度对蚕就眠影响要比前、中期明显，在将眠期用高温饲育，蚕就眠快而整齐，反之则迟而分散。为此，在养蚕生产上要控制日眠，必须重视龄后期温度的调节。

4. 温度对家蚕眠性的作用与影响

眠性是蚕幼虫的一种重要生理现象，影响蚕茧的质量和产量。一般而言，眠数少的蚕体小并轻，发育快并经过短，茧小并轻，茧产量低，茧丝纤度细；相反，眠数多的蚕体大并重，发育慢并经过长，茧大并重，茧产量高，茧丝纤度粗。我国生产上饲养的均是四眠性品种蚕，但在四眠性品种蚕中也常会出现少数三眠蚕或五眠蚕。这因为除有些蚕品种的眠性不稳定外，温度等外界条件也在其中起到了作用。促进四眠性品种中发生三眠蚕的温度条件是：催青中全期或后期用低温(20℃左右)保护；第1～2龄期接触高温(29℃以上)，其三眠蚕发生数龄前半期接触高温的比龄后半期接触高温的要显著增多，饷食24h后接触高温的比全龄期接触高温的显著减少，眠期前接触高温的比眠期接触高温的受的影响要小。促进四眠性品种中发生五眠蚕的温度条件是：催青中高温，饲育中低温，与发生三眠蚕的相反。

5. 家蚕饲育的适温

家蚕饲育适温是以蚕茧产量与质量等经济性状为指标而提出的，一般指在该温度下蚕生长发育好、生命力强、产茧量高、茧丝质量好、饲育成本低、经济效益好。蚕饲育的适温随蚕品种、生长发育时期、营养条件等的不同而有差异。一般欧洲系统品种的比日本系统品种、中国系统品种的低，原种的比杂交种的低，一化性品种的比二化性品种的低，二化性品种的比多化性品种的低；桑叶营养条件差的比营养条件好的低；多湿、通风不良条件下饲育的比适湿、通风良好条件下饲育的低；龄期大的比龄期小的低；同一龄期中的少食期和中食期的宜高，盛食期和眠期的宜低。蚕的饲育适温通常为：第1龄27～28℃，以后随龄期增进，每龄下降1℃左右，到第5龄为23～24℃，在此范围内，蚕体能正常生长发育，并能获得较好的饲育成绩。

(二)湿度

1. 湿度对家蚕生理的作用与影响

家蚕从饲料中获得水分，并通过气门、体壁以气态蒸发形式以及通过排泄器官以蚕尿形态随粪排出水分，对蚕体中水分平衡有一定的调节能力。在湿度过低的环境条件下，蚕体水分容易随气门、体壁大量蒸发，此时如食下水分不足的桑叶，就会造成蚕体水分减少，血液渗透压和pH值升高，物质代谢受阻，蚕的生长不良，体质虚弱；相反，在湿度过高的环境条件下，蚕体水分不易通过气门或体壁蒸发，此时如又食下水分过多的桑叶，则蚕体内多余的水分主要以蚕尿形态随粪大量排出，使蚕体内失去大量的盐类，造成血液渗透压和pH值降低，蚕体肥大、虚弱、易发病，并且因血液酸度升高，引起神经麻痹而诱发不结茧蚕。

在适温条件下，随着环境条件中湿度的提高，蚕的血液循环加快，背血管搏动次数增多，呼吸旺盛，体温升高，桑叶食下量与消化量增加，发育经过时间缩短；相反，随着环境条件中湿度的降低，蚕的血液循环减慢，背血管搏动次数减少，呼吸弱，体温下降，桑叶食下量与消化量降低，发育经过时间延长。以上这种影响情况在稚蚕期明显，在壮蚕期有些表现不明显。

2. 湿度对家蚕生长发育的作用与影响

湿度对家蚕生长发育的影响有直接影响和间接影响两个方面。直接影响是影响蚕体水分蒸发、体温调节和呼吸作用。当环境条件中湿度增高时，蚕体水分蒸发困难，体温升高，呼吸量增多，背血管搏动加快，食

下量和消化量增加，龄期经过缩短，表现出对蚕生命活动的促进作用，但往往引起蚕体肥大，健康度下降；当环境条件中湿度降低时，蚕体水分大量蒸发，体温降低，呼吸量减少，背血管搏动变慢，食下量和消化量下降，龄期经过延长，此时如蚕通过桑叶食下的水分又不足时，就会引起蚕体水平失去平衡，明显地表现为蚕体弱小、茧质差（表 8-3）。

表 8-3　饲育湿度与蚕全龄经过和健康度的关系

饲育湿度/%	饲育温度/℃	全龄经过时间/(日：时)	减蚕率/%
60	25	23：1	20.1
75	25	21：23	14.5
90	25	20：11	25.3

注：数据引自浙江农业大学，1983。

间接影响是影响给予桑叶的保鲜度和蚕座病原微生物的繁殖。当环境条件中湿度低时，给予的桑叶凋萎快，容易造成蚕食桑不足、发育经过延长，在眠中又往往引起蚕蜕皮困难，但蚕座上病原微生物繁殖少，卫生状态良好；当环境条件中湿度高时，桑叶凋萎慢，蚕能充分食桑，但因蚕座潮湿促进病原微生繁殖而诱发某些蚕病。

湿度对蚕生长发育的作用受到饲育温度的影响。在适温范围内，随着湿度的增加，蚕的血液循环加快，背血管搏动次数增多，呼吸旺盛，体温略升，食下量、消化量增加，发育经过缩短，表现出对蚕生命活动的促进作用。例如，稚蚕在相同温度下，用 90%湿度饲育的比用 60%湿度饲育的约缩短发育经过 60h；在过高温度下，多湿会加重高温对蚕的危害作用；在过低温度下，多湿会促进蚕的生长发育。

3. 家蚕饲育的适湿

要确定家蚕饲育的适湿范围，首先需要了解湿度对蚕生长发育影响和蚕体含水率变化这两方面情况。第一方面，湿度对蚕生长发育的影响，已经在上论述了。第二方面，蚕体含水率变化为：刚孵化的蚁蚕的蚕体含水率最低约 76%，食桑后含水率急速上升，24h 后接近 85%，到第 1 眠时达到 87%～88%；从第 2 龄起到第 4 龄眠止，一直维持在 87%左右，变化很小；第 5 龄最初 2 日内蚕体含水率稍微下降，第 3 日开始急速减少，到熟蚕时约 75%。从以上两方面情况可知，蚕在稚龄期吸收水分较多，壮龄期排出水分较多，再考虑稚蚕用桑叶嫩、壮蚕食桑量大这一现象，在养蚕上需要保持稚蚕多湿、壮蚕干燥的环境，以适合蚕体生理的要求。家蚕饲育的适湿因蚕品种、生长发育时期、环境气象条件、营养条件等而不同。一般壮蚕的宜比稚蚕的低，龄后期的宜比龄前期的低，原种的宜比交杂种的低，一化性品种的宜比二化性品种的低，28℃以上高温的宜比 20℃以下低温的低，通风不良的宜比通风好的低，营养条件差的宜比营养条件好的低。

家蚕饲育的适湿范围是：第 1 龄 95%，以后逐龄降低 5%～6%，到第 5 龄时在 70%～75%范围内。由于湿度还间接影响桑叶新鲜度和蚕座病原微生物繁殖，所以用嫩叶并切细的稚蚕饲育湿度可适当偏高，并注意蚕座中应撒干燥材料，这样有利于稚蚕良桑饱食、发育齐一。

（三）空气与气流

1. 空气对家蚕生长发育的作用与影响

家蚕在饲育过程中需要从新鲜空气中摄取氧进行呼吸，分解有机物以释放出能量，用于蚕的生长发育。当然在空气中也存在对蚕有害的不良气体，这些不良气体主要有：从蚕、桑叶以及工作人员的呼吸中排出的二氧化碳，从蚕粪、蚕尿及蔟沙发酵分解中产生的氨、吲哚，从加温燃料中产生的一氧化碳、二氧化碳、二氧化硫、烟等，从砖瓦、搪瓷、玻璃等工厂排出的氟化氢。如蚕室密闭，这些不良气体停留在蚕室内而妨碍蚕的呼吸，或随桑叶而进入蚕体内，使蚕生长发育不良，有损蚕体健康。

不良气体对蚕的危害程度因蚕的发育时期和接触时间的长短而异。二氧化碳气体对稚蚕的影响比对壮蚕的小，对同一龄期中起蚕的影响最弱，随后渐次增大，到盛食期时最大，到眠蚕或熟蚕时又减弱；二氧化碳浓度大、接触时间长时危害大，二氧化碳浓度小、接触时间短时危害轻。蚕对二氧化碳气体的抵抗力较强，一般在蚕室内外空气交流并且二氧化碳浓度不超过 1%，其危害完全不存在；在二氧化碳浓度达 2%时，只要其他环境条件正常，其影响也不大；若二氧化碳浓度提高到 12%～13%时，蚕会出现吐液现象；二氧化碳浓度提高到15%时,则会造成蚕死亡。

空气中的一氧化碳浓度超过0.5%时,蚕即受害中毒。一氧化碳毒害蚕主要是抑制呼吸酶活力,影响蚕体组织细胞内氧化作用的正常进行,严重时会产生煤灰色的死蚕。

空气中的二氧化硫浓度在0.1%~0.2%时,蚕即表现出毒害症状,并且还会引起蚕茧解舒不良。

空气中的氨含量在0.05%左右时,造成蚕气门经常开放,水分大量蒸发,造成蚕座多湿而有害蚕体生理;氨含量在0.5%~1.0%时,蚕即刻死亡;蔟中氨过量时,有损茧丝质量。

氟化氢对蚕生长发育的影响,是通过蚕食下被氟化氢污染的桑叶而引起的。当桑叶中含氟化氢超过30ppm(1ppm=1mg/L)时,就会使蚕出现慢性中毒症状,并易诱发蚕病和不结茧蚕。

二氧化碳、一氧化碳、二氧化硫等不良气体对蚕卵也有毒害作用,中毒后的蚕卵大多在催青后期发生死卵或孵化不齐。

2.气流对家蚕生长发育的作用与影响

室内气流通过调节温度、湿度、交换气体等而对蚕生长发育产生直接作用,同时还通过影响蚕体温、蚕体内水分代谢以及饲料价值等而对蚕生长发育产生间接作用。

蚕体对气流的要求因龄期和环境温度、湿度高低而不同。一般壮蚕需要的气流比稚蚕的高,食桑中需要的气流比眠中的高,高温多湿环境下需要的气流比低温干燥环境下的高。稚蚕期由于桑叶、蚕以及蔟沙等所散发的不良气体较少,再加上蚕体小,水分和热量容易散失,所以只需要适当的微气流。如此期给予大气流,反而会造成蚕室保温保湿困难、桑叶干瘪,从而不利于蚕的生长发育。壮蚕期需要较大气流,特别在盛食期或大眠期遇到高温多湿环境时,气流可消除蒸热,有助于蚕体水分蒸发,促进蚕体温下降,减轻高温多湿的危害。在正常饲育环境中,一般以保持0.2~0.3m/s的微弱气流为适当,可随时将室内湿气和污浊气体排除出去;壮蚕期若遇高温多湿时,则要求0.5m/s的较大气流;熟蚕上蔟结茧时,由于排粪、排尿、吐丝结茧而排出大量水分和不良气体,必须要注意空气的流通,这不仅能使室内空气新鲜,减少死笼茧和不结茧蚕的发生,还可排除湿气,提高茧丝品质。

(四)光线

1.光线对家蚕生长发育的作用与影响

家蚕对光线的反应表现在趋光性,一般在100lx以下时呈正趋光性,超过100lx时为负趋光性。蚕的趋光性以蚁蚕的最强,以后逐龄减弱;在1个龄期中,以起蚕的趋光性最强,后逐渐减弱,至眠蚕最弱。蚕对光线的感知距离,在1个龄期中以起蚕最长,后逐渐缩短;在龄期间,随着蚕的成长而加大,蚁蚕和2龄起蚕为3~5cm,3龄起蚕约6cm,4龄起蚕为7~10cm,5龄起蚕为7~18cm。光线对蚕行动的影响为:蚁蚕和2龄起蚕为明比暗时活泼,爬行迅速;3龄起蚕为明与暗间的差异不大;4龄起蚕和5龄起蚕为暗比明时行动迅速,感知距离增大。

光线对蚕生长发育的影响因龄期和饲育温度的不同而不同。在29℃高温下,暗饲育的比明饲育的发育快;在17℃低温下,明饲育的比暗饲育的发育快;在24℃适温下,明饲育抑制稚蚕发育但促进壮蚕发育,暗饲育促进稚蚕发育但抑制壮蚕发育(表8-4)。光线对蚕生长发育的影响机制可以从蚕的趋光性、食桑情况、化性等方面来分析。一方面,由于蚕具趋光性,明饲育促使蚕向蚕座蔟沙上层移动,潜伏在蔟沙下层的蚕较少,由于在蔟沙上层的蚕容易吃到新鲜桑叶,营养好,生长快;另一方面,稚蚕期照明,能使蚕向一化性方向发展,使蚕龄经过延长。为此,养蚕室要求是均匀的散射光线,以白天微明、夜间黑暗的自然状态为宜,避免强光、直射光或偏面光。强光、直射光和偏面光会造成蚕座上蚕分布不匀,同时强光、直射光会引起局部温度增高及桑叶加速萎凋,从而造成蚕发育不齐。由于熟蚕背光性强,所以上蔟室要遮暗并光线均匀,使茧层厚薄均匀,并减少双宫茧的发生。

2.光周期对家蚕生长发育的作用与影响

作为生物生理变化的重要信息,光线的周期变化(简称光周期)为生物体内的时间周期节律的主要影响因素,控制着生物体时间、空间发生发展的质和量,这称为生物钟(也称为生理钟)。家蚕与普通昆虫一样,在长期的进化过程中形成了对昼夜与季节的明暗节律变化的适应性,因而自身的活动和生长发育也产生了

节律性变化。如蚕卵孵化、幼虫生长发育与就眠、蚕蛾羽化等都表现出了24h的周期性节律。

表8-4　各龄蚕光线与发育快慢的关系

饲育温度/℃	饲育光线	1龄	2龄	3龄	4龄	5龄	蛹期
17	明	+	+	−	+	+	+
	暗	−	−	+	−	−	−
24	明	−	−	−	+	+	+
	暗	+	+	+	−	−	−
29	明	−	−	−	−	+	+
	暗	+	+	+	+	−	−

注：数据引自浙江农业大学，1983；“＋”表示发育快，“－”表示发育慢。

蚕卵胚胎发育明显受到光周期的影响。在胚胎缩短期到出现气管显现期之间（戊$_3$～己$_3$），胚胎开始对光线刺激产生反应，此时增加感光时间，可促进蚕向一化性方向发展；在蚕卵点青前，照明使胚胎发育快，而在点青期（己$_4$）则相反，为黑暗使胚胎发育快；在转青期（己$_5$），黑暗可抑制胚胎发育，此时进行遮黑，己$_5$胚子孵化被抑制，而此前的己$_4$胚子快速向前发育，到收蚁当日早晨进行感光，可使蚁蚕一起孵化，从而提高蚁蚕一日孵化率。这一光线对胚胎发育的影响规律，已经被广泛应用于实际生产的蚕卵催青中，并获得了很好的效果。

蚕就眠亦随着昼明夜暗周期性变化而出现日节律性，即白天促进蚕就眠，黑夜抑制蚕就眠，蚕日眠比夜眠整齐。日眠一般指6:00左右见眠，10:00—14:00就眠进入高峰，整个就眠所需时间在8～12h范围内。如果中午前后见眠，则将进入夜眠，整个就眠过程出现2个高峰，1个在前一日的22:00前，1个在次日6:00左右，2个高峰之间显著形成1个低峰，整个就眠过程所需时间为24h，这不利于眠、起处理。根据蚕就眠日节律的特性，如果估计当日不能眠齐，就要采取降温措施，延至第2日让其日眠，或提前加高温度，促使蚕当日日眠。

二、养蚕中气象因素的综合调节

家蚕在室内饲育，其生长发育、吐丝结茧等生命活动受到温度、湿度、空气与气流、光线等气象环境因素的综合影响。其中，温度与湿度起主导作用，其他气象环境因素起制约、辅助作用，但如果超出一定范围，它们也会转化成为主要矛盾。为此，对蚕室内的气象环境需要以适宜气象环境为标准，主次分明地进行人工调节。

（一）温度、湿度的调节

养蚕中温度、湿度调节非常重要。在稚蚕期，饲育面积较小，蚕室保温保湿性能好，并且蚕适宜多湿偏高温度环境，所以通过加温补湿后一般能达到目的温湿度。但在壮蚕期，由于饲育面积较大并且蚕喜干燥偏低温度环境，所以当遇到不良自然气象环境时，就需要采取各种措施加以调节。在养蚕生产实践中经常遇到下面几种不良自然气象环境。

1. 高温干燥

此种情况的重点在于高温，一方面要防止室温升高，另一方面要结合补湿来降低室温。具体调节方法如下。

（1）蚕室四周搭凉棚，门窗挂湿草帘，以降低蚕室内温度。

（2）日中气温高时，适当关闭门窗；晚上室外气温降低时，打开全部门窗，将室外凉空气换入室内，以降低蚕室内温度。

（3）在室内墙壁、地面喷洒凉水，并在空中喷雾凉水，在提高湿度的同时，利用水蒸发吸热的原理降低蚕室内温度。

（4）在稚蚕期，可采用防干育以保持桑叶新鲜；在壮蚕期，在日中高温干燥时给湿叶并蚕座稀放。

2. 高温多湿

此种情况的重点在于多湿，对壮蚕为害大，长期接触将引起严重不良后果。具体调节方法如下。

(1)增加开窗换气次数;日中外温升高时,使用风扇加强通风换气,晚间外温降低时,打开门窗通风换气,以消除蚕室内闷热。

(2)蚕室四周搭凉棚,门窗挂草帘遮阳,阻止室温上升;外温低时,卷起凉棚和草帘,导入凉风以降低室内温度与湿度。

(3)蚕室地面撒石灰,蚕座上多撒干燥材料,以降低蚕座湿度。

(4)增加除沙次数,保持蚕座清洁干燥;日中温度高时,适当减少给桑量,夜间气温降低时,适当增加给桑量,同时蚕座稀放。

3.低温多湿

此种情况的重点在于补温,室内温度升高后,湿度也就能明显降低了。具体调节方法如下。

(1)用加热器升高蚕室内温度后,适当打开门窗进行换气排湿,以降低蚕室内湿度。

(2)不给湿叶并适当减少给桑量,防止蚕座残桑堆积与潮湿。

(3)增加除沙次数,多用干燥与吸湿材料,保持蚕座干燥。

4.低温干燥

此种情况只要同时进行室内加温补湿,问题就能很快解决。具体调节方法如下。

(1)使用电热补湿器,在升温的同时增加湿度。

(2)给予新鲜桑叶,减少每回给桑量并增加给桑回数,壮蚕期可适当给些湿叶。

(二)其他气象因素的调节

气流不仅在温湿度调节上至关重要,而且对蚕的生理活动也是必不可少的。在高温的环境下,气流能促使蚕体水分蒸发,从而间接地降低蚕体温度,使蚕的生理机能良好;在多湿的环境下,气流能带走环境中的水汽,促进蚕体水分蒸发,也直接或间接地降低蚕体温度并使蚕体水分代谢正常进行,所以高温和多湿时均需要较强的气流。稚蚕呼吸量小且对高温、多湿的适应性强,所以在每次给桑期间的换气就能满足蚕对新鲜空气的要求。壮蚕呼吸量大且对高温、多湿、不良气体的抵抗力弱,所以要加强通风换气,在遇到高温、多湿的气象环境时更要加强通风换气。具体的通风换气方法为:①利用风力。当室外有风时,打开南北窗与门,促使空气对流。②利用室内外温差。当室内温度高于室外气温时,打开蚕室上下换气窗洞,室内污浊热空气从上面换气窗排出,室外新鲜空气从下面换气洞流入,形成空气对流。③利用人工器械。借助排风扇、电风扇、空调机等各种器械,使室内外空气对流交换。

养蚕是在一个相对封闭的蚕室内进行的,所以其光线的调节较为简单、方便。需要增加光照时,打开蚕室内电灯;需要黑暗时,将蚕室窗、门用黑布遮住;在其他时间,均自然光照;同时防止日光直射蚕座,保持蚕室内分散光线并明暗一致。

第二节　养蚕的营养环境

家蚕的幼虫期是其一个世代中唯一的营养时期,依靠这一时期的摄食,取得营养而生长、发育和生殖。家蚕的营养物质来自桑叶,桑叶的质和量直接影响蚕体的强健与茧丝的产量质量。蚕在不同的龄期需要不同质和量的桑叶。探明各种营养物质与蚕生长发育的关系,能为养好蚕提供科学依据。

一、桑叶品质

家蚕的营养是影响蚕茧、蚕种产量与质量的关键因素。幼虫期是家蚕一个世代中唯一的营养时期,依靠这一时期摄食的桑叶,即可取得进行整个世代的生长、发育和生殖的营养。为此,提供给蚕的桑叶品质将直接影响蚕体的强健度及蚕茧、蚕种的产量与质量。

(一)桑叶的化学成分

桑叶由水分和干物组成。新鲜桑叶中水分含量占70%～80%,随桑叶的成熟而减少;干物占20%～30%,

随桑叶的成熟而增加。干物由灰分和有机物组成，灰分占7%～8%，有机物占92%～93%。灰分中含有钾、磷、镁等各种无机物；有机物可分为含氮物和无氮物两部分，含氮物占24%～36%，无氮物占64%～76%。

含氮物由蛋白质和非蛋白态含氮化合物组成。蛋白质由约20种氨基酸聚合而成，非蛋白态含氮化合物主要是游离氨基酸（如天门冬氨酸、谷氨酸等）或酰胺类（如天门冬酰胺、谷酰胺等）。

无氮物由粗脂肪和碳水化合物组成。粗脂肪含量很少，约3%，并且变动也较小，主要有叶绿素、卵磷脂、中性脂肪等。碳水化合物含量57%～65%，包括纤维素和可溶性碳水化合物，粗纤维占9%～11%，可溶性碳水化合物占43%～56%。可溶性碳水化合物有葡萄糖、果糖、蔗糖、麦芽糖、淀粉、果胶钙盐、戊聚糖、阿拉伯聚糖等。

（二）影响桑叶品质的因素

桑叶品质是指桑叶对蚕的营养价值。评定指标除桑叶的化学成分及其含量外，还有桑叶的物理性状、针对目标蚕的生长时期等。

桑叶品质因桑树品种、树形、叶位、土壤、肥培管理、季节、气象等的不同而不同。

1.桑树品种

不同桑树品系的桑叶品质存在较大差异。一般山桑系、白桑系品种桑叶中的蛋白质和碳水化合物比鲁桑系品种桑叶中的丰富，早生桑桑叶的成熟早于中生桑，中生桑桑叶的成熟又早于晚生桑，鲁桑系品种桑叶的硬化迟于山桑系、白桑系品种桑叶。

同一桑树品系内的不同品种的桑叶品质也存在差异。例如，同属鲁桑系的现行优良桑品种荷叶白与桐乡青相比较，荷叶白桑叶的水分含量比桐乡青桑叶的多，但荷叶白桑叶的硬化比桐乡青桑叶的迟，为此桐乡青适合作为春期稚蚕用桑，荷叶白适合作为秋蚕用桑。

2.桑树树形

在同一栽培条件下，一般桑叶的水分和蛋白质含量为：低干桑＞中干桑＞高干桑；桑叶的碳水化合物、钙质、无机盐含量为：低干桑＜中干桑＜高干桑；桑叶的成熟速度为：低干桑＜中干桑＜高干桑。

3.叶位

桑叶着生在桑树枝条上的位置称为叶位。在春蚕期，桑叶的生长大体与蚕的发育相一致，枝条上不同叶位的桑叶的饲料价值无大差别。但在夏秋蚕期，因枝叶生长期长，叶龄先后差别大，不同叶位的桑叶的品质差别就很大。水分含量为：上部叶（75.5%）＞下部叶（69.5%）＞中部叶（69.0%）；蛋白质含量为：上部叶（28.13%）＞中部叶（26.98%）＞下部叶（21.00%）；可溶性碳水化合物含量为：中部叶（10.94%）＞上部叶（8.65%）＞下部叶（4.72%）；粗脂肪含量为：下部叶（7.94%）＞中部叶（5.55%）＞上部叶（4.80%）。由此可见，夏秋蚕期枝条上部嫩叶为未成熟叶，中部为成熟叶并且营养成分含量比较稳定，下部叶粗、硬且饲料价值较差。为此，夏秋蚕期要分批饲养，分期采摘适熟叶，以保证叶质及养蚕成绩。

4.土壤

黏粒、粉粒、砂粒含量适中的壤土上栽培的桑树，其桑叶含水分和蛋白质多，含碳水化合物少，成熟迟。在土壤颗粒粗、砂粒含量高的砂土上栽培的桑树，其桑叶含水分和蛋白质少，含碳水化合物丰富，成熟早。

5.肥培管理

在缺肥的桑园，桑树树势弱、生长缓慢、产叶量低；桑叶中的水分和蛋白质含量均低，碳水化合物含量相对较多，桑叶成熟硬化早、叶质差。在施氮肥过多的桑园，桑叶中的水分和蛋白质含量增多，碳水化合物和灰分含量相对减少，桑叶不易成熟，叶质也差。施用磷、钾、钙质肥料可以改善桑叶的理化性状，促进桑叶成熟，提高饲料价值。为此，桑园要加强肥培管理，施用氮、磷、钾比例合理的肥料，以获得优质高产的桑叶。

6.季节

春季，随着气温的升高，桑叶开始萌发，从开叶到成熟基本上与春蚕龄期的增长同步，桑叶水分和蛋白质含量高，可溶性碳水化合物、粗脂肪、灰分含量较低（表8-5），因此春季桑叶品质比较好，营养价值较高。夏秋季，气候变化大，并经常遇到高温干旱、阴雨连绵等不良天气，桑叶水分和蛋白质含量相对低，可溶性碳水化合物、粗脂肪、灰分含量相对较高（表8-5），所以夏秋季桑叶品质变化大，需要选采适熟叶养蚕。

表 8-5　不同季节桑叶的化学成分

成分/%		春	夏	秋	晚秋
水分		76.13	67.65	65.73	63.80
干物		23.87	32.35	34.27	36.20
干物中	粗蛋白质	22.98	18.10	16.21	15.20
	粗脂肪	4.32	7.70	8.93	9.13
	可溶性无氮物	52.40	53.02	53.14	54.92
	粗纤维	8.07	7.26	7.34	7.09
	灰分	12.23	13.92	14.38	13.66

注:数据引自浙江农业大学,1991;桑品种为湖桑 10 号。

7. 气象

湿度大、日照不足、光合生产率低的阴雨连绵天气,使桑叶的叶色变淡,叶肉薄,不易成熟,含水分过多,含蛋白质、碳水化合物、无机盐类、维生素等较少,叶质差。遇久旱不雨的高温天气,因缺乏水分供应,桑树停滞生长,桑叶快速硬化,营养价值降低。

(三)桑叶品质对家蚕生长发育的影响

在相同的温度、湿度条件下,用不同季节的桑叶养蚕,因叶质不同而使蚕的生长发育情况存在显著差异。春季桑叶叶质好,营养丰富,蚕生长快,发育经过短。夏秋季桑叶比较老、硬,营养价值较差,蚕生长较慢,发育经过时间延长。

不同桑树品种的桑叶对蚕生长发育情况的影响也存在差异。用成熟度相似的不同桑树品种的桑叶在相同的温度、湿度条件下养蚕,发现吃水分含量较小、营养物质含量较大的剑持桑品种的桑叶的蚕生长较快,1～5龄及全龄经过均较短,但 1～2 龄蚕体重较轻,3～5 龄蚕体重较重;吃水分含量较大、营养物质含量较小的湖桑品种的桑叶的蚕生长较慢,1～5 龄及全龄经过均较长,但 1～2 龄蚕体重较重,3～5 龄蚕体重较轻(表 8-6)。

表 8-6　不同桑品种对蚕发育经过和体重的影响

桑品种	项目	1 龄	2 龄	3 龄	4 龄	5 龄	全龄合计
湖桑	经过/(日：时)	3：19.9	3：9.5	4：9.5	6：0.0	8：7.5	25：22.0
	蚕体重/g	0.0047	0.0273	0.1430	0.84	3.78	—
剑持桑	经过/(日：时)	3：19.5	3：8.5	4：7.0	5：23.0	7：12.0	24：22.0
	蚕体重/g	0.0046	0.0268	0.1478	0.85	3.85	—

注:数据引自浙江农业大学,1983;蚕体重为 1 条蚕的平均重量,1～4 龄为眠蚕体重,5 龄为熟蚕体重。

桑叶叶位不同所造成的叶质的差别,对蚕生理有显著影响。用接近枝条梢端的嫩叶养蚕,蚕发育经过延长,眠起不齐,一定时间内的就眠率低,绝食生命时间和健蛹率均低,并且多个龄期连续影响要比 1 个龄期影响大;用枝条中部的适熟叶养蚕,蚕发育经过快,就眠整齐、集中并且一定时间内就眠率高,绝食生命时间和健蛹率也均高;用枝条下部的硬老叶养蚕,蚕发育经过又延长,就眠整齐度和一定时间内就眠率又降低,绝食生命时间和健蛹率又下降。周若梅和谢德松(1982a)研究不同叶位的叶质与稚蚕整体发育、体质强健性的关系,李瑞等(1984)研究不同叶位桑叶对壮蚕生长发育的影响,均得到相同趋势的结果。

用施氮肥过多的桑叶养蚕,则蚕体质虚弱,蚕病增多。用日照不足的桑叶养蚕,则蚕体健康度下降,减蚕率增大。

(四)桑叶品质与养蚕成绩的关系

桑叶品质与产茧量、茧丝质量、产卵量、卵质量等有很大关系。

桑叶所含的营养成分因桑树品种不同而存在差异,用其养蚕的成绩也不同。陈树启和韩红发(1994)以万头收茧量、万头茧层量、壮蚕 100kg 叶产茧量、壮蚕 100kg 叶茧层量等为指标,经两年四期的鉴定比较,发现山西几个优良桑品种的叶质为:普选 6 号＞鲁选 1 号＞鲁选 3 号＞普选 3 号＞黑格普＞普选 1 号＞鲁选 46＞普选 4 号＞鲁选 34,其中普选 6 号和鲁选 1 号的叶质显著优于湖桑 32 号,鲁选 3 号、普选 3 号、黑格普和普选 1 号的叶质优于湖桑 32 号,鲁选 46、普选 4 号和鲁选 34 的叶质劣于湖桑 32 号。中国农业科学院蚕

业研究所于1981年比较湖桑32号、湖桑199号、湖桑7号、育2号、7307和新一之濑6个桑品种桑叶养蚕的幼虫生命率、死笼率、万头收茧量、万头茧层量、全茧量、茧层量、茧层率、茧丝长和茧丝量等，也得到桑树品种间存在明显差异的结果(表8-7)。不同桑树品种的桑叶还影响原蚕的产卵量、卵质量和下一代蚕饲养成绩(恽希群，谢世怀，1983)。

表8-7　不同桑品种叶质与养蚕成绩

桑品种	湖桑32号	湖桑199号	湖桑7号	育2号	7307	新一之濑
幼虫生命率/%	98.77	100.00	98.26	99.25	99.25	99.25
死笼率/%	0.75	0.55	0.50	0.26	0.75	1.01
万头收茧量/kg	21.502	22.484	20.216	22.990	23.193	23.139
万头茧层量/kg	5.579	5.561	5.176	5.240	6.075	5.836
全茧量/(g/粒)	2.187	2.224	2.160	2.161	2.329	2.310
茧层量/(g/粒)	0.567	0.555	0.527	0.540	0.610	0.580
茧层率/%	25.95	24.73	24.40	24.99	26.19	25.11
茧丝长/(m/粒)	1372	1339	1314	1314	1450	1395
茧丝量/(g/粒)	0.461	0.460	0.445	0.452	0.491	0.484

注：蚕品种为苏6×苏5，春蚕期。

桑枝条自梢端至基部，其叶位上桑叶由嫩变成熟再变老化，其所含的营养物质也随叶位而发生规律性变化。用在同一环境条件下栽培的同一桑品种枝条上的不同叶位的桑叶养蚕，减蚕率为：嫩叶＞老叶＞成熟叶；全茧量和茧层量为：嫩叶＞成熟叶＞老叶(表8-8)。不同叶位的桑叶不仅对蚕龄期经过、蚕体重、蚕健康度、茧产量与质量有明显影响，而且对茧丝长、茧丝量、纤度、解舒丝长、解舒率、干茧出丝率等茧丝质量也有明显影响(表8-9)。

表8-8　桑叶老嫩对蚕体健康和茧产量、质量的影响

叶质	试验一			试验二		
	减蚕率/%	全茧量/(g/粒)	茧层量/(g/粒)	减蚕率/%	全茧量/(g/粒)	茧层量/(g/粒)
嫩叶	19.21	1.94	0.267	22.17	1.79	0.239
成熟叶	9.44	1.89	0.260	9.15	1.66	0.224
老叶	10.24	1.63	0.227	18.85	1.56	0.210

注：数据引自浙江农业大学，1983。

表8-9　不同叶位的桑叶对茧丝质量的影响

期别	龄期	叶位	茧丝长/(m/粒)	茧丝量/(g/粒)	纤度/Denier	解舒丝长/m	解舒率/%	干茧出丝率/%
春期	4龄	上	1413	0.433	3.06	1031	72.99	46.0
		中	1340	0.412	3.08	1023	76.34	45.0
		下	1437	0.431	3.01	1173	81.97	37.0
	5龄	上	1349	0.349	2.58	830	61.54	41.0
		中	1450	0.430	2.98	943	65.04	46.5
		下	1328	0.406	2.97	1207	90.91	45.0
	4～5龄	上	1291	0.326	2.53	787	60.98	41.0
		中	1396	0.414	2.97	879	63.00	44.0
		下	1348	0.390	2.89	1142	84.75	46.0
中秋期	4龄	上	995	0.296	2.68	754	75.76	36.6
		中	1065	0.304	2.57	807	57.76	38.0
		下	1043	0.290	2.51	757	73.53	36.8
	4龄	上	962	0.350	3.27	718	74.63	41.5
		中	1061	0.230	272	870	81.97	38.2
		下	895	0.230	2.28	744	83.33	38.2
	4～5龄	上	1166	0.370	2.92	788	67.57	37.5
		中	1115	0.360	2.89	820	73.53	39.4
		下	1068	0.270	2.89	987	92.45	39.2

注：数据引自李瑞，桑前，1984。

(五)桑叶叶质的评定方法

桑叶品质评定有化学成分鉴定、物理性质鉴定和生物鉴定三种方法。

化学成分鉴定方法是通过检测桑叶中的化学成分(水分、蛋白质、碳水化合物、脂肪、灰分等)及其含量,来鉴别叶质的优劣。桑叶的化学成分及其含量与桑叶成熟度、桑园肥培管理、季节、气象等具有规律性关系,所以可用作为评定桑叶品质的依据。

物理性质鉴定方法是通过观察桑叶的软硬、色泽、厚薄、光滑度、强韧性等物理性质,来鉴别桑叶的成熟程度,其观察采用的是目视、手感等方法。

生物鉴定方法是通过桑叶养蚕试验,从蚕的健康度和产茧量来鉴别叶质的优劣,能正确反映出桑叶的真实营养价值。以产茧量为指标的养蚕试验费时费工。在稚蚕期喂予正常给桑量的 70% 后绝食或蚁蚕在 28℃ 环境下食桑 40h 后绝食,调查蚕就眠情况,蚕就眠整齐、就眠率高,则桑叶叶质优;反之,则桑叶叶质差。用桑叶饲养蚁蚕 24h 后绝食,或 1 龄期用桑叶正常饲养,2 龄起蚕不给桑而使其绝食,然后定时调查绝食生命时数,绝食生命时数短的,则桑叶叶质差,绝食生命时数长的,则桑叶叶质好(周若梅,谢德松,1982b)。以就眠情况和绝食生命时数为指标的养蚕试验,较为实用并效果良好。

(六)养蚕的适熟叶

在物理性质上,桑叶组织软硬和厚薄适当,适合蚕咬食,易食下与消化,并在单位时间内的食下量、消化量和消化吸收率均大,在化学性质上,具备蚕生长发育所需要的各种营养物质并且比例适当,这种桑叶称为适熟叶。由于各龄蚕对各种营养成分的要求不同,所以适熟叶的标准也随着龄期的变化而改变。稚蚕期蚕吸收的营养物主要用于营养生长来建造体躯,而蛋白质是构成体细胞的基础物质之一,是营养生长最重要的物质基础;同时,为了使蚕机体能够充分利用饲料蛋白质而健康地成长,还需要有足够的碳水化合物供作能源。所以,稚蚕期用桑叶要求水分和蛋白质含量较多、碳水化合物适量、质地软嫩,随着龄期的递进,所需碳水化合物逐渐增多,而水分、蛋白质相应减少。壮蚕期尤其是 5 龄中、后期蚕,既需要较多的蛋白质用于合成丝物质,又需要较多的碳水化合物用于供应能量以及合成储藏养分的脂肪和糖原。所以,壮蚕期要求碳水化合物、蛋白质含量多而水分较少的成熟桑叶。

在养蚕生产上,常按叶色、叶位、手摸、喂养试验等来鉴定选择各龄蚕的适熟叶。夏伐桑的春蚕期各龄蚕用叶标准为:收蚁用叶为绿中带黄的、芽梢顶端自上而下第 2～3 位叶,1 龄蚕用叶为嫩绿色的、芽梢顶端自上而下第 3～4 位叶,2 龄蚕用叶为将转浓绿色的、芽梢顶端自上而下第 4～5 位叶,3 龄蚕用浓绿色的三眼叶(止芯叶),4 龄蚕用三眼叶、枝条下部的脚叶以及小枝叶,5 龄蚕用新梢上的芽叶和伐条叶。

春伐桑及夏蚕期均用片叶,其各龄蚕用叶标准为:1 龄蚕用春伐桑顶端第 2～3 位叶或夏伐桑新梢下部叶,2 龄蚕用春伐桑顶端第 4～5 位叶或夏伐桑新梢下部叶,3 龄蚕用夏伐桑疏芽叶,4 龄蚕和 5 龄蚕用枝条基部叶。

秋蚕期均用片叶,其各龄蚕用叶标准为:1 龄蚕用枝条顶端第 2～3 位叶,2 龄蚕用枝条顶端第 4～5 位叶,3 龄蚕用枝条上中部的适熟叶,4 龄蚕和 5 龄蚕用枝条自下而上的基部叶。

收蚁和 1 龄蚕适熟叶,除按上述叶色、叶位等来判定外,还可采用喂养试验进行鉴别。收蚁适熟叶的喂养试验为:将桑叶喂予苗蚁,2～4h 后取出蚁蚕吃过的残桑叶片,对着电灯等光源方向透视,如果连桑叶叶脉全部食下,说明该叶过嫩;如果叶片被吃穿成许多小洞,说明该桑叶为收蚁适熟叶;如果叶片被吃而不穿孔,说明该桑叶过老。1 龄蚕适熟叶的喂养试验为:取蚁蚕 100～200 头,在 28℃ 下食桑 40h,然后除去桑叶并继续于 28℃ 下保护,调查蚕就眠率,就眠率高,则说明该桑叶适熟良好,反之就眠率低,则说明该桑叶没有达到 1 龄适熟叶的标准。

二、给桑量及食下量

(一)养蚕的给桑量

在养蚕生产中,给予的桑叶是蚕生长发育所需要的唯一营养来源,也占养蚕总生产成本费用的约 50%,

所以给桑需要适量，以使蚕充分饱食为标准。如果给桑过少，则造成蚕食桑不足，蚕体瘦小，发育不良，特别是5龄中、后期给桑过少，还会严重影响丝物质的生成，使蚕茧产量和质量均降低；相反，如果给桑过多，不但浪费桑叶、增加蚕茧生产成本，而且造成蚕座环境卫生不良，稚蚕期会增加伏䗐蚕并导致蚕发育不齐，壮蚕期会造成残桑堆积过多而引起蚕座冷湿或蒸热，诱发蚕病。实际生产上，每次给桑量的多少由以下5个方面来决定。

1. 给桑次数

每次给桑量在每天给桑总量确定的前提下，随给桑次数而变化。每天给桑次数多，则每次给桑量少；相反，每天给桑次数少，则每次给桑量多。

2. 蚕的发育阶段

不同发育阶段蚕的食桑量随蚕龄增大而增加，则其给桑量也需要相应增大。春用蚕品种东肥×华合各龄用桑量及用桑比例见表8-10，可见稚蚕期(1～3龄)用桑量只占全龄总用桑量的3.51%，而壮蚕期(4～5龄)用桑量占全龄总用桑量的96%以上，其中5龄期用桑量占全龄总用桑量的85%以上。为此，蚕期特别是5龄期要计划定量用桑，并有计划地随时调整和控制用桑，避免出现余叶或缺叶，做到叶种平衡。

表8-10 各龄用桑量与比例

龄期	克蚁用桑量/kg	占全龄用桑量的比例/%
1龄	0.15	0.21
2龄	0.38	0.53
3龄	2.00	2.77
4龄	8.00	11.09
5龄	61.63	85.40
合计	72.16	100.00

注：数据引自浙江农业大学，1983；1、2龄用片叶，3、4龄用三眼叶，5龄用芽叶。

在同一龄期中，蚕食桑又依次划分为少食期、中食期、盛食期和催眠期。少食期是收蚁或饷食后约1d时间，约占该龄期的1/4时间，此期蚕体内各组织器官刚刚更新，消化吸收力弱，必须控制给桑量。中食期是少食期往后1d的时间，约占该龄期的1/4时间，此期蚕体细长，体色转青，体壁皱纹逐渐消失，给桑量以至下次给桑前在蚕座上略留有少量残桑为适度。盛食期是中食期过后，约占该龄期的3/8时间，此期蚕体粗壮，体色青白，体壁紧张，食桑旺盛，食桑量最多，给桑要充足，以保证蚕充分饱食。催眠期(5龄为催熟期)是盛食期过后，约占该龄期的1/8时间，此期蚕体色渐渐转为乳白色，体壁紧张而发亮，食桑开始减退，应逐渐减少给桑量。为此，从少食期、中食期到盛食期，给桑量逐渐增多，过了盛食期到催眠期，给桑量又逐渐减少。

3. 温度与湿度

蚕室内的温度与湿度直接影响蚕的食欲和桑叶的萎凋。稚蚕防干育在高温多湿环境下，蚕食桑旺盛，发育快，桑叶能保持新鲜，因此可以减少给桑次数，同时增加每次给桑量。壮蚕通风饲养，在气温较高时适当增加给桑量，在气温偏低时酌量减少给桑量。

4. 蚕品种

不同品种蚕的食桑速度、每次食桑持续时间等存在差异，所以给桑量根据品种蚕的食桑习性进行适当调节。中国系统品种蚕属于急食性，给桑后很快就食，一次的食下量较多，所以给桑量宜稍多；而日本系统品种蚕属于缓食性，食桑较慢，给桑量不宜过多；农村生产上推广的杂交种蚕给桑后就食较快，食桑亦较旺盛，所以给桑量宜略多，以发挥多丝量品种的特性。

5. 叶质

在正常情况下，桑叶新鲜、叶肉厚、成熟适度，则每次给桑量可稍增多，给桑次数可稍减少；相反，桑叶不新鲜或贮藏时间过久、叶肉薄，则给桑次数可稍增加，每次给桑量宜稍减少。全叶比切叶、条桑叶比全芽叶不容易失水，可以略增加每次给桑量，同时稍减少给桑次数。

(二)给桑量对家蚕生长发育和养蚕成绩的影响

给桑量的多少直接影响着蚕生长发育。当给桑量不足时，蚕生长发育缓慢，龄期经过延长与蚕茧产量质量降低，并随着给桑量的越减少而越延长与越降低；当给桑量能满足蚕生长发育的基本需要时，蚕能正常地生长发育，随着给桑量的增加，蚕生长发育加快，龄期经过缩短，蚕茧产量质量提高；当给桑量超过一定范围而过量时，再增加给桑量，不仅不能缩短龄期经过与提高蚕茧产量质量，而且因过多残桑造成蚕座环境卫生不良、蚕健康度下降，反而使蚕生长发育不良与养蚕成绩降低。

如前所述，壮蚕期给桑量对蚕生长发育和养蚕成绩的影响尤为显著。调查5龄期的不同给桑量对家蚕生长发育和蚕茧产量、质量的影响，结果显示，5龄期给桑量的多少与5龄经过、熟蚕体重、虫蛹生命率、万头蚕收茧量、50kg桑产茧量、全茧量、茧层量、茧层率等密切相关（表8-11）。壮蚕期不同龄期的给桑量对蚕茧产量和质量的影响各有侧重。4龄期给桑量是影响和决定蚕茧质量的主要环节，5龄期给桑量是影响和决定蚕茧产量的最重要环节（黄世群，白胜，1996）。

表8-11　5龄期不同给桑量与蚕发育经过和养蚕成绩的关系

给桑指数	5龄经过/(d：h)	熟蚕体重/(g/头)	虫蛹生命率/%	万头收茧量/kg	50kg桑产茧量/kg	全茧量/(g/粒)	茧层量/(g/粒)	茧层率/%
55	8：16	2.82	80.32	15.16	4.34	1.62	0.334	20.62
70	8：13	3.25	95.39	17.85	4.71	1.66	0.360	21.69
80	7：20	3.59	97.56	21.25	4.78	2.17	0.496	22.86
100	7：16	3.68	98.14	22.56	4.80	2.24	0.532	23.75
120	7：10	3.72	98.16	23.78	4.89	2.25	0.536	23.82
140	7：10	3.76	98.25	23.94	4.88	2.28	0.541	23.73
160	7：10	3.75	98.08	23.17	3.26	2.26	0.535	23.67

注：数据引自王安皆，2008；蚕品种为9405×9406。

给桑量也影响茧丝长、茧丝量和纤度。中国农业科学院蚕业研究所于1978年春蚕期调查发现，茧丝长、茧丝量随给桑量增多而增长、增加，但茧丝长在春蚕期给桑量600kg/张以上时增长幅度小；纤度随给桑量的增多而加粗（表8-12）。

表8-12　给桑量与茧丝长、茧丝量、纤度的关系

给桑量/(kg/张)	300	400	450	500	550	600	650	700	800	900	1000
茧丝长/(m/粒)	637	842	989	1034	1060	1102	1123	1135	1155	1199	1198
茧丝量/(g/粒)	0.175	0.363	0.314	0.319	0.354	0.380	0.392	0.399	0.418	0.442	0.440
纤度/dtex	0.300	0.306	0.307	0.323	0.324	0.333	0.343	0.349	0.356	0.362	0.367

（三）蚕的食下量

家蚕取食桑叶是受到桑叶内存在的引诱取食、促进咬食以及促成持续吞咽的三类化学物质共同作用的结果，这三类化学物质分别被称为诱食物质、咬食物质和吞咽物质。诱食物质由蚕幼虫触角上的嗅觉感器来感受，能激发蚕的食欲并发生趋食动作；咬食物质由蚕幼虫下颚须的味觉感器来感受，使蚕产生啮咬桑叶的动作；吞咽物质主要是纤维素，促进蚕持续吞咽食片。蚕食桑是间歇性的，即蚕食桑前需要经过一段时间的休息和运动。一般在常温下，蚁蚕孵化后经20～60min食桑，2龄起蚕蜕皮后经80～120min食桑，3龄起蚕蜕皮后经30～100min食桑，4龄起蚕蜕皮后经80～170min食桑，5龄起蚕蜕皮后经100～170min食桑。在此期间，蚁蚕大部分时间用于爬行以寻找食物，各龄起蚕因蜕皮疲劳而需要休息恢复。每次食桑的持续时间以第3龄较短，其他各龄间差异不大，大致为12～16min；在同一龄期中，在龄初较短，后逐渐增长，到龄末最长；中系品种蚕食桑活泼，食桑时间也较长，日系和欧系品种蚕食桑不活泼，食桑时间也较短；蚕对嫩软叶的食桑时间较长，对适熟叶的食桑时间适中，对老硬叶的食桑时间较短。

蚕食下桑叶的量为食下量，一般由给桑量减去食后残余叶量而得出，因蚕生长发育阶段、性别等不同而存在差异。一条蚕全龄的鲜桑叶食下量为13～21g（换算成干物质量为3～5g），随着龄期增大而增高，其中1～4龄期仅约占全龄的10.6%，而5龄期要约占全龄的89.4%；雌蚕的食下量比雄蚕的多（表8-13）；在同一个龄期中，食下量在龄初较少，后随着蚕生长而增大，到盛食期时达最大，后又逐渐减少，到龄末入眠时停止食桑。

温度、湿度、叶质等饲养条件对蚕食下量也有显著的影响。在适宜温度范围内，蚕食下量随着温度升高

而增大，但超过适宜温度范围则反而减少（表8-14）；在同一个龄中，在龄初温度稍高时食下量较大，在龄末温度偏低时食下量较大。

表8-13　各龄蚕的给桑量、食下量和食下率

龄期		给桑量/(g/万头)		食下量/(g/万头)		占全龄食下量的百分比/%	食下率/%
		鲜叶量	干物质量	鲜叶量	干物质量		
1龄		499.68	109.04	137.12	29.49	0.06	27.60
2龄		1514.80	350.99	614.64	142.00	0.30	40.48
3龄		6500.00	1450.63	3198.30	711.74	1.49	49.06
4龄		34500.00	8285.25	17485.21	4161.05	8.73	50.22
5龄	雌蚕	273000.00	67089.80	185466.53	45510.20	—	—
	雄蚕	273000.00	67089.80	162092.01	39741.40	—	—
	平均	273000.00	67089.80	173779.27	42625.80	89.42	63.54
全龄		316014.48	77285.71	195214.54	47670.08	100.00	61.68

注：数据引自中国农业科学院蚕业研究所，1991。

表8-14　蚕食下量与温度的关系

龄期	20℃	25℃	30℃	35℃	40℃
3龄	66.0	100	137.9	155.2	59.4
4龄	71.9	100	127.5	134.0	64.7
5龄	74.0	100	121.1	103.7	38.1

注：数据引自浙江农业大学，1991；将25℃时的食下量设为基准值(100)。

在一定温度下，蚕的食下量随着湿度增高而增大（表8-15），但其影响不如温度的大，尤其在适温范围内影响更小。由于桑叶的新鲜度对蚕的食下量影响很大，所以在生产实践中常通过调节湿度以保持桑叶新鲜，来提高蚕的食下量。

表8-15　湿度与蚕食下量、消化量和消化率的关系

湿度/%	全龄			每24h(干物)		
	相对食下量	相对消化量	消化率/%	相对食下量	相对消化量	消化率/%
60	91.65	85.23	37.27	88.22	81.95	37.27
75	100.00	100.00	40.10	100.00	100.00	40.10
90	99.39	101.30	40.87	103.53	105.52	40.87

注：数据引自浙江农业大学，1991；将湿度75%时的食下量和消化量设为基准值(100)。

叶质对蚕的食下量影响很大。蚕对适熟叶的食下量最高，对过老、过嫩叶的食下量均较低（表8-16）。

表8-16　叶位与蚕食下量、消化量和消化率的关系

叶位	相对食下量	相对食下率	相对消化量	相对消化率	桑叶含水率/%
第3位叶	97	96	111	99	77
第6位叶	105	112	100	106	73
第9位叶	96	97	90	101	72
第3、6、9位叶混合	100	100	100	100	74

注：数据引自浙江农业大学，1991；将第3、6、9位叶混合的食下量、食下率、消化量和消化率设为基准值(100)，试验在晚秋期用2龄蚕。

（四）给桑量与食下量的关系

给桑量可以人为地无限度增加，但蚕的食下量是有一定限度的。在一定范围内，蚕的食下量随着给桑量的增加而增加，但超过食下量最大限度时，即使给桑量再增加，蚕的食下量也不会再增加；此外，在标准给桑量时，蚕的食下量约为给桑量的67%，若再增加给桑量，尽管食下量会随之增加，但食下率随之减少，造成桑叶浪费（表8-17）。因此，在养蚕生产上不仅要设法提高蚕的桑叶食下量，还要考虑节约用桑与提高劳动生产率，做到经济合理地给桑。

表 8-17　给桑量与食下量、食下率的关系

项目	增量区	标准区	减量区
相对给桑量	123.0	100	75.0
相对食下量	79.5	67.7	58.3
食下率/%	64.6	67.7	77.7

注：数据引自浙江农业大学，1991；将标准区的给桑量设为基准值(100)。

三、不良桑叶及处置

不良桑叶是指物理性质或化学性质对蚕的营养生理不利的桑叶。不良桑叶大致可分为两大类型：一是化学成分上的不良桑叶，桑叶中缺乏蚕必需的成分或某些成分含量过多、过少，如过嫩叶、老硬叶、日照不足叶、旱害叶、蒸热叶、萎凋叶等。二是外来物质附着的不良桑叶，在桑叶上附着有害蚕体生理的毒物，如煤烟灰、氟化物、烟草、农药、蚕病原微生物以及泥尘等。在养蚕生产上，首先要避免产生不良叶，其次要有效处理已形成的不良叶，以减轻对蚕的危害。

(一)过嫩叶

过嫩叶是指着生于桑枝新梢顶端部的几片生长时间短的未成熟桑叶。过嫩叶含水分和有机酸多，含蛋白质、碳水化合物、脂类、粗纤维等干物少，容易失水萎凋。用过嫩叶喂蚕，会造成蚕营养不良、体质虚弱，容易诱发蚕病。因此，养蚕生产上应避免使用过嫩叶。

过嫩叶的处置措施：待生长成熟后再采摘使用。

(二)老硬叶

老硬叶是指含水率在65%以下、叶质粗硬、手捏便破碎的桑叶。老硬叶中蛋白质等可利用的营养成分显著减少，而不能利用的纤维素增多。用老硬叶喂蚕，由于蚕难以食下与消化，所以其食下量、消化量和消化率均少，从而造成蚕营养不良、蚕体瘦弱、生长缓慢与经过延长。老硬叶常在秋蚕期出现，为此，养蚕生产上要合理布局，分批饲养秋蚕，桑叶成熟后随时采用，避免叶龄过老而硬化。

老硬叶的处置措施：①适当增加给桑量或给桑次数，力求桑叶新鲜；②适当提高饲育温度、湿度，促使蚕充分食桑，增加营养的吸收。

(三)日照不足叶

日照不足叶是指遭遇长期连续阴雨、栽植过密、生长在遮阴处而缺乏日光照射的桑叶。日照不足叶因长期日照不足，其光合作用减弱，蛋白质和碳水化合物的含量显著下降；同时，因蒸腾作用差，其水分含量较高。用日照不足叶喂蚕，蚕生长发育缓慢、经过延长，并且蚕体质虚弱，减蚕率增多，容易诱发蚕病。日照不足桑树如再多施氮肥，则其在高温多湿环境下容易徒长，其叶质更差。

日照不足叶的处置措施：①对桑树采取隔行摘叶，隔行伐条，或去除遮阴物，使桑园通风透光；②桑园应多施堆肥、厩肥等迟效性肥料，而速效性肥料应早施或少施；③采下的日照不足桑叶在低温、多湿、无气流处贮藏一昼夜，促使部分淀粉转化为糖类，同时使桑叶水分含量减少，以改善叶质；④力求适温适湿饲育并注意换气，蚕座多撒焦糠等干燥材料。

(四)旱害叶

旱害叶是指遭遇久旱不雨天气、桑园又没有进行灌水抗旱而受到了旱害的桑叶。旱害叶水分和蛋白质含量显著减少，纤维素含量显著增多，叶质粗硬。用旱害叶喂蚕，蚕生长缓慢、经过延长，发育不齐，体质虚弱，容易诱发蚕病，产茧量低。

旱害叶的处置措施：①叶面喷洒清水以给桑叶补湿；②早晨采露水未干的桑叶，避免日中采叶，缩短贮桑时间以防桑叶萎凋；③桑园及时开沟灌水或在早晨日出前和傍晚日落后用机械喷灌降水，以缓解旱情。

(五)蒸热叶

蒸热叶是指桑叶在运输或贮藏过程中，因堆积过多过紧、时间过长，造成叶片呼吸作用所释放的热量不

能发散而不断积累增加，使叶堆中温度不断增高，形成蒸热并引起微弱的发酵作用，严重灼伤叶片。蒸热叶中糖分被大量消耗，同时发酵产生乙醇等物质。用蒸热叶喂蚕，蚕生长发育不良，体质虚弱，容易诱发蚕病。

蒸热叶的处置措施：①在桑叶的采运过程中要做到随采随运、松装快运，桑叶堆积不能过多与时间过长，同时贮桑室要保持低温；②蒸热严重的桑叶要坚决淘汰，绝不喂蚕。

(六)萎凋叶

萎凋叶是指采下后失水10%以上并出现萎蔫状态的桑叶。萎凋叶是运桑、贮桑过程中处理不妥当而造成的，不仅水分含量降低，而且叶片变柔软、色泽变暗。用萎凋叶喂蚕，蚕的食下量显著减少，营养不良，生长缓慢，发育经过延长。萎凋叶对蚕的危害随桑叶失水量(萎凋程度)的增加而增大，随蚕龄期的增大而减小(表8-18)。

表8-18　不同蚕龄对不同失水萎凋叶的食下量的影响

龄期	新鲜叶	萎凋叶失水率/%				
		10	20	30	40	50
3龄	100	90	58	39	21	—
4龄	100	91	59	44	23	13
5龄	100	93	82	62	53	32

注：数据引自浙江农业大学，1991；以新鲜叶的食下量为基准值(100)。

萎凋叶的处置措施：①在桑叶的采运过程中要做到随采随运与快运，尽量缩短贮桑时间，并要保持贮桑室低温多湿；②对于萎凋较轻微的桑叶，可叶面喷洒清水以给桑叶补水；③萎凋严重的桑叶要坚决淘汰，绝不喂蚕。

(七)煤灰、氟化物叶

桑园若靠近工厂、砖瓦窑等，燃煤产生的煤灰、氟化物等有毒物以及砖瓦泥土经高温处理而产生的氟化氢等有毒气体污染桑叶，这种被污染的桑叶统称煤灰、氟化物叶。煤灰、氟化物叶有两种类型：第一种是在早期仅桑叶表面黏附着煤灰、尘态氟，除见桑叶表面黏附着一薄层灰外没有其他症状；第二种是氟化氢和尘态氟中的氟化物遇潮湿而分解出的氟化氢从桑叶气孔进入叶肉组织并累积起来，破坏叶细胞的原生质和叶绿素等，并阻碍各种代谢，使桑叶变质，出现叶缘变黄褐色、叶面褐色斑点从叶缘向内扩展且斑点扩大，叶片进而萎缩脱落。用煤灰、氟化物叶喂蚕，慢性中毒蚕最初表现为入眠推迟、发育缓慢、食桑不旺，尔后出现蚕发育不齐、群体大小参差明显，有的蚕节间膜隆起形如竹节，有的蚕在节间膜处出现带状黑斑，甚至全身密布黑斑，中毒蚕体质虚弱，易诱发蚕病与不结茧；当污染严重并且蚕大量食下时，就会出现急性中毒，表现为食桑量突然减退，蚕体平伏呆滞，行动不活泼，并很快陆续死亡，临死前有吐液现象。

煤灰、氟化物叶的处置措施：①仅桑叶表面黏附煤灰、尘态氟，有毒气体尚未侵入叶肉组织的第一种类型煤灰、氟化物叶，对蚕危害较小，只要用清水洗干净仍可喂蚕；②有毒氟化氢气体已经侵入叶肉组织并且叶内累积氟化氢含量>30ppm的第二种类型煤灰、氟化物叶，绝不用作起蚕饷食叶，同时在稚蚕期用3%的石灰水、壮蚕期用5%的石灰水浸洗后喂蚕，可减轻毒害。

(八)农药叶

农药叶是指被农药污染并且未过农药残效期的桑叶。桑叶被农药污染的途径主要有：桑园附近的农田中大面积喷洒农药而飞散到桑叶上；桑园治虫使用的农药没有过残效期；蚕室、贮桑室内用具不恰当地使用农药而污染桑叶；蚕室、贮桑室内存放农药而污染桑叶。用农药叶喂蚕，急性中毒蚕呈现该种农药的典型中毒症状而在短时间内死亡；微量中毒蚕往往无明显的外部中毒症状，但由此造成发育缓慢、眠起不齐，易诱发蚕病，在第5龄期易诱发不结茧、结薄皮茧等。

农药叶的处置措施：①发现蚕农药叶中毒后，蚕室立即开窗换气，然后撒隔沙材料并加网除沙，喂以新鲜良桑叶，以去除农药叶；②查明毒源，如果是桑园中桑叶受农药污染，则停止采叶，待农药残效期后再采；如果是因蚕室、贮桑室内用具使用农药而污染桑叶，则有农药附着的用具用碱水洗涤并反复暴晒后才能再使用；如果是因蚕室、贮桑室内存放农药而污染桑叶，则马上移去农药并对蚕室、贮桑室进行清洗后再使用。

(九)病虫害叶

病虫害叶是指被病害寄生或害虫食过的桑叶。病虫害叶一般水分少,营养价值差,并且带有病原菌。用病虫害叶喂蚕,蚕健康度差,易感染病原菌而发病。

病虫害叶的处置措施:①一般情况下,尤其是稚蚕期,应尽量避免使用;②用清水或3%~5%石灰水或0.3%有效氯含量漂白粉液清洗后喂蚕,对减轻危害有一定的效果。

(十)泥叶

泥叶是指被泥土沾污的桑叶。低干桑或无干密植桑的枝条下部叶容易被泥土黏附,公路两旁的桑叶也会黏附泥灰沙。泥叶的光合作用和呼吸作用受到阻碍,所以营养价值较差。用泥叶喂蚕,因蚕忌食泥叶,所以常引起蚕食桑不足,并严重损害蚕体健康。

泥叶的处置措施:①在桑园里播种菜秧,使下雨天泥土不会溅到桑叶上;②在公路两旁栽种隔离树,阻止泥灰沙黏附桑叶;③用清水漂洗掉桑叶上的泥灰沙后再用。

(十一)烟草叶

烟草叶是指被烟草毒物污染的桑叶。桑园中间种烟草或桑园紧连烟草地或用摊晒过烟叶的用具盛放桑叶等,烟草中散发出的烟碱(尼古丁)会污染桑叶。用烟草叶喂蚕,引起蚕烟草中毒。中毒严重的蚕先停止食桑与运动,然后头胸抬起并紧缩膨大,继而上半身左右剧烈振动并吐浓褐色肠液,最后蚕体扭曲倒伏于蚕座上死去;中毒轻的蚕不活泼,头胸部微微抖动。

烟草叶的处置措施:①发现蚕烟草叶中毒后,立即撒隔沙材料并加网除沙,以去除烟草叶,同时喂以新鲜良桑叶;②稚蚕对烟碱耐受性较弱,所以稚蚕期,尤其是起蚕时绝不用烟草叶。

四、代用饲料

家蚕属寡食性昆虫,除嗜食桑叶外,还能取食柘、莴苣、蒲公英、榆等其他植物的叶子,但这些植物的叶子由于营养价值低,用其养蚕的成绩都比桑叶差很多,所以很少被专门用作家蚕全龄饲育的饲料,只在缺桑叶时偶尔作为代用饲料短时救急用。

在众多代用饲料中,柘叶相对较好些,用其养蚕也能结茧、化蛾以至产卵。在我国养蚕历史上,曾将桑与柘并称。柘树[*Cudrania tricuspidata* (Carr.) Bui]别名黄桑,分类上属桑科、柘属,树型为小型乔木或丛生灌木,分有刺和无刺两种,有刺的叶型小,少刺或无刺的叶型大。柘树枝干疏直,木黑有纹;叶互生,卵形、菱状卵形、椭圆形或浅裂形等,叶深绿色,叶肉厚;发芽期比桑树早,叶成熟快。柘树是一种野生植物,在我国各地均有自然分布,但在四川、贵州等西南一带及湖南省分布较多。柘树的树势与繁殖能力均比桑树的强,在山坡、平坝、田坎、路旁等处均可以人工栽培。柘叶比桑叶稍硬,与桑叶相比,水分含量约多10%,蛋白质含量约多3%,纤维素含量约少4%,碳水化合物含量略少,灰分和脂肪含量则稍多。柘叶中的成分含量对稚蚕期蚕是比较适合的,作为稚蚕期的代用饲料有一定价值,但因柘叶水分含量过多与纤维素含量过少,不适应壮蚕期蚕的生理与生长要求,容易引起蚕体虚弱而诱发蚕病。20世纪50年代曾经在四川规模化用柘叶饲育柘蚕,最高年产柘蚕茧量超过2000t。柘蚕丝强伸度大,光泽比家蚕丝的好,曾经是四川著名的"蜀锦"和"嘉定大绸"的主要原料。

家蚕代用饲料除柘叶外,还有属于桑科的楮叶、胭脂树叶,属于菊科的莴苣叶、蒲公英叶、秋苦菜叶、波罗门参叶、鸦葱叶,属于榆科的榆叶,属于蔷薇科的梨树叶、蔷薇叶。虽然这些代用饲料蚕能吃,但经济价值很低,没有利用前景。

五、人工饲料

根据家蚕的食性特点和营养要求,采用适当的原材料和工艺条件,经人工配制加工而成,用以代替桑叶养蚕的饲料,叫家蚕人工饲料,也称家蚕配合饲料。用人工饲料养蚕是蚕业生产上的一项技术革新,可以打破季节、气候条件和桑叶等限制,实现全年工厂化养蚕;能避免环境污染、农药中毒、微粒子病等对养蚕业的

危害，有利于蚕作安全和蚕品种保存；可以人为调制饲料的组成成分和比例，推动家蚕营养生理、病理等研究进展；可以灵活安排养蚕时间，节省劳动力与耕地，提高劳动生产效率，适合规模化、机械化操作，实现省力化养蚕，促进养蚕业由劳动密集型、小农分散生产向技术密集型、集约化生产转变；可以成为蚕桑科普宣传的有效方法，增进国人对蚕桑文化的了解，实现蚕桑文化的普及与宣传，经济效益和社会效益巨大。

（一）家蚕人工饲料研究的概况

家蚕人工饲料研究经历了很长的时期。最早是日本学者浜村保次于1935年围绕“蚕为什么吃桑叶”问题开展了家蚕人工饲料研究。福田纪文和伊藤智夫等于1953年用人工饲料育蚕至3龄，于1957年用人工饲料育蚕至5龄中期，于1960年用人工饲料全龄育蚕完成世代发育。此后，日本投入大量人力和经费从多个方面系统深入地对人工饲料养蚕技术进行实用化研究，于1975年完成了稚蚕人工饲料育的实用化研究，并于1977年开始在生产上推广“小蚕人工饲料共育，大蚕条桑育”，其普及率逐年增加，使劳动生产率提高了3倍，户均养蚕规模提高了2.5倍，生产1kg蚕茧所需的劳动时间由2.13h减少到0.6h。进入20世纪80—90年代，日本利用线性规划设计方法和畜牧饲料原料开发出低成本家蚕人工饲料，培育出广食性家蚕品种，再结合研发的5龄蚕省力化桑叶饲育机械，提出了1～4龄期用低成本人工饲料工厂化饲养广食性家蚕品种、5龄期分户桑叶育的“蚕农一周养蚕”新模式，以实现全年养蚕12批、户均蚕茧年产量10t的“先进国型养蚕”。日本蚕业界期望通过实施这种“先进国型养蚕”技术来稳定和振兴日本的养蚕业。然而，由于日本养蚕业的快速萎缩以及养蚕成本太高等原因，这种“先进国型养蚕”技术最终未能在生产上实施，但人工饲料养蚕作为日本现代蚕业的重要技术支柱之一，在一定程度上延缓了日本养蚕业的衰退进程。

我国于20世纪70年代初期开展家蚕人工饲料研究，于1974年用人工饲料养蚕获得成功。进入20世纪80年代，国内许多研究机构相继开展了家蚕人工饲料的农村实用化研究，虽然在相关理论和技术方面取得一些进展，但至今未能在农村生产上大面积推广应用。分析其原因，主要有如下5个方面：①人工饲料成本较高，超出了蚕农的经济承受能力；②缺乏适应性家蚕品种以及饲料配方，导致家蚕对人工饲料的摄食性和适应性差、蚕体发育不齐、弱小蚕多、张种产茧量低，这成为人工饲料推广应用的技术障碍；③当前我国农村饲养设施较为落后，养蚕人员年龄多半是文化水平较低的留守老人与妇孺儿童，达不到人工饲料养蚕对饲养环境、养蚕设施、人员业务能力的高要求；④用人工饲料饲养的家蚕对病毒病等的抵抗力较差，在由人工饲料育转为桑叶育的一段时间内容易感染病毒病，全龄人工饲料育到大蚕期还容易发生细菌病；⑤蚕丝业在国民经济中的占比不断下降，养蚕风险逐年增加，这也在一定程度上阻碍了人工饲料养蚕在生产上的推广应用。

（二）家蚕人工饲料的基本条件

作为家蚕人工饲料，必须具备如下4个条件。

1. 满足蚕的食性要求，使蚕爱吃

家蚕是否取食饲料，取决于饲料中是否含有诱食、咬食、吞咽的物质以及忌避性物质等。诱食物质是一类挥发性物质，起激发蚕的食欲并促使蚕发生趋食动作的作用，主要有柠檬醛，里哪醇，β、γ-己烯醇，α、β-己烯醛，里哪醇醋酸酯，醋酸萜品酯等，其中以柠檬醛和里哪醇的引诱作用较强；咬食物质有β-谷甾醇、异槲皮苷、桑黄素等，起促使蚕发生咬食动作的作用；吞咽物质主要有纤维素、蔗糖、肌醇、磷酸盐、硅酸盐、绿原酸以及维生素C等，起促使蚕发生吞咽动作的作用；忌避性物质主要是一些具有苦味的生物碱类，能抑制蚕的食欲。为此，在配制半合成饲料、合成饲料以及为了降低成本而添加桑叶粉较少的实用饲料中，必须添加一定量的诱食、咬食、吞咽物质，并避免含有忌避性物质。

2. 满足蚕的营养要求并且各组成成分的比例适当

家蚕生长发育所需要的营养物质均从食物中摄取，所以饲料中的组成成分必须满足蚕的营养要求，并且各种组成成分的比例应随蚕的生长发育而变化。例如，为了提高蚕的丝生产能力，5龄期用饲料中应增大蛋白质的比例等。

3. 具有良好的物理性状，使蚕能吃

饲料过硬、过软都不利于蚕吃食。影响饲料硬度的因素有含水率以及琼脂、淀粉、纤维素粉等成型剂的

添加量。其中，含水率的影响最大，稚蚕期用饲料的含水率以75%左右较为适当，壮蚕期特别是5龄期用饲料的含水率要减少到70%左右为宜。

4. 能防止饲料腐败，避免病原菌的寄生繁殖

由于人工饲料含有大量的水分和各种营养成分，容易引起许多种细菌、真菌的寄生繁殖，造成饲料腐败及蚕染病，所以在饲料中要添加少量的山梨酸、丙烯酸等防腐剂以及适量的抗生素。

(三)家蚕人工饲料的种类与配方

1. 种类

按组成成分来划分，家蚕人工饲料可分为半合成饲料、合成饲料和实用饲料三种。半合成饲料是指不含桑叶粉，由化学药品、部分天然原料(如脱脂大豆粉)、其他营养素以及成型剂(如琼脂)等制成的饲料。合成饲料是指不含桑叶粉和其他天然原料，全部由确定成分的营养素、化学药品以及成型剂(如琼脂)等制成的饲料。实用饲料是指以桑叶粉和其他天然原料(如豆粕粉、玉米粉)为主，再添加化学药品以及成型剂(如琼脂)等制成的饲料，也称为混合饲料。半合成饲料和合成饲料主要用于家蚕营养生理、代谢生理等科学实验工作；实用饲料是以降低饲料成本、提高饲育成绩为目标，主要用于实际养蚕生产。

按饲料形态来划分，家蚕人工饲料又可分为粉体饲料和颗粒饲料两种。粉体饲料是指将饲料的各组成成分粉碎至一定细度，再按比例混合均匀而成的粉末状饲料，在使用时加水蒸煮、熟化成型后，切片或挤成条状喂蚕。颗粒饲料是指根据膨化工艺要求，采用挤压膨化工艺加工成膨化颗粒状的饲料，在使用时只要加入一定比例的无菌水浸泡后即可喂蚕。

按饲养的对象来划分，家蚕人工饲料还可分为原种用饲料、杂交种用饲料、壮蚕用饲料和稚蚕用饲料四种。原种用饲料、杂交种用饲料、壮蚕用饲料和稚蚕用饲料分别是指用于饲养原种蚕、杂交种蚕、壮蚕和稚蚕的饲料，其中原种用饲料和稚蚕用饲料的质量要求高于杂交种用饲料和壮蚕用饲料。

2. 配方

家蚕人工饲料的配方经过不断改良与优化，其组成日趋合理，成本不断降低，并逐渐适合生产实际需要。表8-19、表8-20所示为家蚕人工饲料的部分配方。

表8-19　半合成家蚕人工饲料配方

组成成分	添加量/g		
	1龄用	2～4龄用	5龄用
马铃薯粉	10.0	10.0	20.0
蔗糖	10.0	10.0	—
葡萄糖	—	—	12.0
脱脂大豆粉	30.0	40.0	60.0
大豆油	3.0	3.0	3.0
β-谷甾醇	0.5	0.5	0.5
无机盐混合物	3.5	3,5	2.0
K_2HPO_4	1.0	1.0	—
抗坏血酸	2.0	2.0	2.0
纤维素粉	34.0	34.0	—
柠檬酸	0.5	0.5	0.5
桑色素	0.2	0.1	—
山梨酸	0.2	0.2	0.2
琼脂	15.0	15.0	5.0
合计	109.9	119.8	105.2
B族维生素混合物	添加	添加	添加
防腐剂	添加	添加	添加
蒸馏水	3.0mL/g	3.0mL/g	3.0mL/g

注：数据引自伊藤智夫等，1974。

表 8-20　广食性品种蚕低成本人工饲料配方

组成成分	添加量占比/%		
	1～2 龄用	3 龄用	4 龄用
桑叶粉	4.000	4.000	—
脱脂大豆粉	31.983	35.566	36.782
玉米粉	30.000	30.000	30.000
脱脂米糠	18.333	9.763	11.423
菜籽粕	—	5.000	8.000
无机盐混合物	2.502	2.537	2.669
维生素混合物	0.224	0,219	0.235
大豆油	1.855	1.806	1.779
植物固醇	0.194	0.200	0.204
抗坏血酸	1.000	1.000	1.000
柠檬酸	4.000	4.000	3.000
卡拉胶	5.000	5.000	4.000
防腐剂	0.910	0.910	0.910
合计	100.001	100.001	100.002

注:数据引自柳川弘明等,1991。

(四)家蚕人工饲料育的技术要点

1.人工饲料调制

按先大量后小量的原则,将人工饲料配方中的各种饲料原料充分混合成粉体饲料。粉体饲料成品的含水率≤12.0%,采用符合饲料包装要求的包装物进行包装,然后存放于通风、阴凉、干燥的成品库内,避免有毒、有害物品污染以及鼠害。

粉体饲料需要加工成湿体饲料或膨化颗粒饲料才能喂蚕。湿体饲料是将粉体饲料按规定比例(以淀粉、玉米粉为成型剂的,加水量为粉体饲料干重的 1.8～1.9 倍,最后加工成的湿体饲料含水率约 65%;以卡拉胶或琼脂为成型剂的,加水量为粉体饲料干重的 2.5～3.0 倍,最后加工成的湿体饲料含水率 70%～75%)加水混合,然后于 100℃下蒸煮 40～60min 以进行灭菌和熟化,最后急速冷却,使之凝固成平板状或条状(根据饲养型式而定),用于喂蚕。膨化颗粒饲料是在粉体饲料中加入适量水分,充分混合后用挤压膨化机制粒,再烘干、包装、储存;使用时将颗粒饲料放入事先消毒好的平底器皿内,摊平 3～5 层厚,加入定量无菌水(加水量对饲料干物重的倍数是:1 龄为 1.7 倍,2～3 龄为 1.6 倍,4～5 龄为 1.5 倍),迅速搅匀,放置约 10min 后,用于喂蚕。

2.饲育环境卫生

由于人工饲料的营养成分和水分丰富,并且喂食的间隔时间长,所以用人工饲料养蚕需要保持饲育环境的清洁卫生,以预防蚕病发生和防止饲料腐败变质。为此,人工饲料饲育室尽可能采用密闭或半封闭结构,减少外界空气直接流入;饲育室及用具经严格消毒后保持洁净,工作人员进入前洗手消毒、更衣换鞋、戴帽和口罩,进入后戴一次性塑料手套进行操作;饲育室配备臭氧发生器或紫外灯,每天打开一段时间进行消毒。

3.饲育气象因子

1～4 龄期人工饲料育比桑叶育的适温要高 2℃左右,适当的高温饲育可使蚕发育快、体重重、群体发育齐、茧质成绩好。但 5 龄期人工饲料育以常温(23～25℃)为宜,这是人工饲料育的一个特点。

环境湿度除影响人工饲料育蚕的生理外,还直接影响饲料水分的蒸发。为了防止人工饲料干燥,饲育室内需要保持稍高湿度,颗粒饲料育的湿度又要比湿体饲料育的高 5%～10%。湿体饲料育和颗粒饲料育的相对湿度 1～3 龄期分别为 85%和 95%,4 龄期分别为 80%～85%和 90%～95%,5 龄期分别为 80%和 85%～90%,各龄眠期则均要降到 65%左右,促使饲料干燥,有利于蚕的发育整齐。

光线对人工饲料育蚕的发育经过及生长的影响也比桑叶育明显。各龄期在暗条件下人工饲料饲育,有利于蚕生长发育和保持饲料水分,不容易产生 3 眠蚕和不越年卵,同时可避免饲料变质和污染。所以用人工饲料饲育,一天中宜保持8h明、16h暗的光照条件。

气流主要影响人工饲料的含水率,还影响蚕室内的空气新鲜度和蚕的生理。人工饲料饲育室内只需要有微弱的气流,1～3龄取食期间随给料、倒匾进行换气就可以了,无需特意开门窗换气;4～5龄取食期间要适当通风换气,但气流速度以10cm/s以下为宜;各龄眠期需要开门窗换气排湿。

4.饲育操作

不带卵壳收蚁的疏毛率、起蚕率和生长发育进度指标等要优于带卵壳收蚁的。为此,散卵采用收蚁袋法收蚁,即先撕开收蚁袋,再将有蚁蚕的一面平铺在预先撒好的人工饲料上,让蚁蚕自行爬到饲料上;平附种采用翻扑法或直接打落法收蚁,即将蚕连纸有蚁蚕的一面翻扑在预先撒好的人工饲料上,让蚁蚕自行爬到饲料上,或将蚕连纸有蚁蚕的一面朝向预先撒好的人工饲料,然后用蚕筷轻打蚕连纸,使蚁蚕掉落到人工饲料上。

1～2龄每龄给料1次,即收蚁和2龄起蚕饷食各1次;3龄给料2次,即3龄起蚕饷食和第48小时各1次;4龄给料2次,即4龄起蚕饷食和第60小时各1次;5龄饷食给料1次,以后每隔2～3d给料1次。

1～2龄不进行分匾和除沙,只要在收蚁和2龄饷食时将饲料撒至规定的最大蚕座面积就可以了。3～5龄需要进行分匾和除沙,具体操作为:先在蚕座上加2张蚕网,每张蚕网各占蚕座面积的一半;然后在蚕网上撒饲料,3h后提网、除沙、分匾;最后将分匾蚕连同饲料向四周扩座至规定的蚕座面积,并补足饲料。

小蚕人工饲料育转变为桑叶育时,其饷食用桑叶的标准要偏嫩,同时饲育温度提高1℃,到下一龄期再执行常规桑叶育标准。另外,除饷食时进行常规的蚕体、蚕座消毒外,第1天喂蚕桑叶要用0.3%有效氯含量的漂白粉液进行叶面消毒,并添食抗生素,延长光照时间等,来预防蚕病发生。

第三节　蚕室与蚕具

一、蚕室

(一)蚕室的地理位置

1.地形

总体上以选择在地势较高、地下水位低、通风良好、交通方便、距离水源近的平坦地建造蚕室为好,具体应根据养蚕生产地区的情况而定。在多雨潮湿地区,应选择在光照充足、通风良好、利于排湿的高燥地建造蚕室。在风强雨少、气候干燥、气温易激变地区,则应选择在避风、向阳、能保湿的场地建造蚕室。

2.朝向

朝向可从以下两方面来考虑。

(1)养蚕的季节

蚕室南向偏东,有利于保暖,适宜饲育春蚕、晚秋蚕和稚蚕;蚕室南向偏西,有利于减少太阳光直射入蚕室,适宜饲育夏蚕。

(2)蚕区的经纬度

不同经纬度的地区,其太阳光照射地面的角度也不同,蚕室的朝向则要以能减少太阳光直射为依据,以保持蚕室内温度稳定。

3.周围环境

第一,蚕室选址要远离水泥厂、砖瓦窑、化工厂等有有害气体散发和有害液体排放的工厂及仓库,严防空气、水源污染;要远离缫丝厂、茧站、垃圾场等易发生病死蚕、烂茧污染的地段,严防病原污染。

第二,蚕室前后要有空旷地,便于蚕室通风换气。

第三,蚕室周围要有绿化,起到遮阴、吸热、调节风速、改善蚕室气象环境条件的作用。绿化树木可选择梧桐、枫杨、槐树、苦楝等干高叶茂、透光通风、成荫期长、散发水分少的树种。

(二)蚕室的结构要求

蚕室是供家蚕生活和饲养员进行养蚕操作的房舍。其结构合理与否不仅影响蚕的生长发育和蚕茧的产量质量,还影响养蚕的工作效率和技术措施的贯彻执行。为此,为了保证蚕作安全和高产丰收,蚕室应满足如下基本要求。

(1)保温、保湿、绝热、散热性能好,通风、换气、采光方便,便于室内小气象环境的调节,使之符合蚕生理的要求;

(2)便于清洗消毒,有利于防止蚕病的发生蔓延以及外敌侵害;

(3)便于养蚕操作,提高工效;

(4)坚固耐用,经济实惠,并适应当地实际情况。

蚕室构造上必须包括屋基、屋面、墙壁、地面、天花板、走廊、补温隔热装置、换气装置、敌害防御装置和蚕沙排除装置等。屋基应高出地面,屋面用不良导体材料覆盖。蚕室应有天幔(天花板),以便于消毒、温湿度调节,每间天幔中央及四角可设气窗,在屋面与天幔之间附有散热装置(对流孔或风扇),在高温时使积热容易散发。外墙壁除设门外,应有窗、换气孔、出蚕沙孔(洞)等,一般大蚕室前后门窗面积应不少于墙面积的1/4,便于通风换气。蚕室加温装置主要有地火龙、电热器、电加温板、电加温线等,降温设备主要有空调、冷水空调、降温水帘等。防害装置以防蚕蛆蝇为主,在门窗及换气孔等处加设纱网。排蚕沙装置多在蚕室北面适当位置,在外墙壁开设洞口,以便蚕沙倒出,洞口装活动板门,以防有害气体及蝇类飞入。蚕室的大小,一般开间为4.5～5.0m,进深8.0～10.0m,高3.3～3.6m。蚕室应有单间和统间,便于调度和隔离。

(三)蚕室种类

根据蚕的生理特点和饲育管理的要求,生产上通常将蚕室分为小蚕室、大蚕室、上蔟室和附属室。按房舍的用途不同,又将蚕室分为专用蚕室、简易蚕室和兼用蚕室三类。

1.小蚕室

小蚕室是指饲育1～2龄或1～3龄蚕的蚕室,要求保温、保湿、绝热、散热性能好,能密闭并便于换气,通常配有加温补湿装置。其型式有以下几种。

(1)炕床

构造上分地上和地下两部分。地上部分为饲育室,三面为墙,正面设门,顶部设天花板,内搭蚕架,放置蚕匾养蚕;操作时将蚕匾拉出,处理完后将蚕匾放入,关门保温保湿;在天花板中央和后墙左右两侧下方各开两个带有木板的、可以自由启闭的换气洞,用于调节温湿度和空气。地下部分为加热补湿装置,铺设的地火龙由炉灶、烟道和烟囱三部分组成;燃料在炉灶内燃烧后发散的烟热通过地下弯曲烟道而使小蚕室内温度升高,再通过烟道上的湿沙补湿,在室内形成高温多湿的环境,最后烟通过烟囱排出室外。

(2)炕房

炕房可用原来的小蚕室,结构上也分地上和地下两部分。其与炕床的区别在于地上部分,饲养员进入房内进行养蚕操作,地下加热部分与炕床基本相同。

(3)塑料薄膜围台

在蚕架四周和顶上,围上塑料薄膜(要选择聚乙烯),做成围帐,蚕架下设一条烟道或放电热加温器加温,烟道上面铺黄沙补湿或补湿器补湿,保持围台育帐内适温适湿。养蚕操作时也是将蚕匾拉出,处理完后将蚕匾放入,这种饲育形式要求帐内保温、保湿,使用时要检查塑料薄膜帐,防止漏气而影响升温,并靠湿热达到上下层温度均匀。

2.大蚕室

大蚕室是指饲育4～5龄或5龄蚕的蚕室,要求通风换气良好。其型式有以下几种。

(1)专用蚕室

专用蚕室是根据养蚕技术需要而特别设计的,专门用于养蚕,有保温装置、隔热装置、补湿装置、换气装置、采光装置、排除蚕沙装置等,都为蚕种场和经济条件较好的蚕区采用。

(2)简易蚕室

简易蚕室是用简单材料、构造搭建的蚕室,以满足蚕桑生产发展的需要,具有用材省、投资少、建造快等优点,保温保湿也能基本符合养蚕要求,型式因各地取材不同而异。一般四周砌以墩柱或用竹、木搭成支架,用稻草、石棉瓦或普通瓦盖顶,四周空心砖、水泥块或土坯砌 1.6m 高墙。其规格大小可根据蚕具形式、尺寸予以安排。目前,简易蚕室已逐渐被养蚕大棚所取代。

(3)兼用蚕室

兼用蚕室是利用住宅、公共房屋、仓库等,经改善周围环境、增设门窗、搭设凉棚、加设天花板、设防蝇纱窗等适当改造而成。当养蚕结束后,其又恢复至住宅、公共房屋、仓库等用途。

3. 上蔟室

上蔟室是用于蚕结茧的房舍,要求通风排湿好、光线明暗均匀,以保证蚕茧质量。农村多将现有大蚕室套用为上蔟室,蚕种场则有专用上蔟室。

4. 附属室

附属室主要有贮桑室、保管室等。贮桑室用于贮存桑叶,要求低温多湿、光线较暗,能保持桑叶新鲜不变质;应接近蚕室,便于运叶,但必须远离蚕沙堆积场所;以地下室和半地下室较好。保管室用于储存蚕具。

二、蚕具

(一)蚕具的要求

养蚕所需的各种用具统称为蚕具。其用材结构上需要满足如下要求。

(1)适合蚕的生理卫生,便于清洁消毒;

(2)取材容易,制作简单,价廉物美,适合当地条件;

(3)坚固耐用,使用轻便;

(4)保管、储藏、搬运均方便。

(二)蚕具的种类

蚕具种类较多,按用途不同,可分为消毒用具、收蚁用具、饲育用具、采桑贮桑切桑用具、上蔟用具等。消毒用具有消毒喷雾器、防毒面具、水勺、皮管等;收蚁用具有鹅毛、蚕筷、收蚁纸、收蚁网等;饲育用具有蚕架、蚕匾、蚕台、给桑架、蚕网、盛蚕沙筐等;采桑贮桑切桑用具有采桑箩、桑剪、贮桑缸、气笼、切桑刀、切桑机、切桑板、盖桑布等;上蔟用具有方格蔟、蜈蚣蔟、折蔟、蔟架等。下面就几种较为常用的养蚕用具作一介绍。

1. 蚕架

蚕架指用于搁置蚕匾的架子,多为长方形,以竹、木、不锈钢、铝塑钢等为柱。搭架时,多片梯形蚕架间隔一定距离并排放置,再横向搁架竹、木、钢管于缺刻、横档或套绳中,适当固定,一般架 10～12 层。

2. 蚕匾

蚕匾一般以竹篾编制成,有长方形、椭圆形和圆形,小蚕和大蚕均应用。蚕匾也有用木制的,叫木框;用芦席制的,叫芦箔。

3. 蚕台

蚕台指用竹、木、镀锌钢柱、绳索、芦帘等为材料搭成 3～4 层活动式或固定式的平面。对于固定式蚕台,在蚕架支柱的内侧装木搁(竹制蚕台用铁钩或用绳缚)以搁竹竿,上铺芦帘。对于活动式蚕台,将 4 根粗绳索仿照蚕架宽度,悬挂在屋梁或钉钩上,下端用桩固定,绳索上套有毛竹挂档或铁元宝以搁挂竹竿,上铺芦帘,操作时两头抬起竹竿,在提升时放平挂档或移动铁元宝,蚕台即可上下移动,给桑时先将蚕台全部降下,自上而下按层给桑,给桑后逐层向上抬起至一定高度后放下,由于挂档或铁元宝受重力影响,使绳索曲折,蚕台便固定不动。

4. 给桑架

给桑架指给桑、除沙时搁置蚕匾的架子,由竹、木和绳等构成。

5. 蚕网

蚕网指养蚕作业时的除沙用具。蚕网按网眼大小不同，分成小蚕网和大蚕网两种。小蚕网系用纱线编织成较小网眼后，再涂上柿漆加工而成，现在养蚕生产上多用耐腐蚀的化学纤维编织网或聚乙烯塑料注塑成型的小蚕网。大蚕网系用麻皮、细草绳或塑料带编织制成的较大网眼的麻皮网、草绳网、塑料网，现在多用聚乙烯注塑成型的网格孔径较大的塑料大蚕网，操作方便且耐腐蚀。

6. 切桑机

切桑机是将桑叶切成大小适合蚕食用的方块叶或长条叶的机具。切桑机结构采用麻花刀式、滚刀横刀式、圆刀组等种类，由进料口、送料机、纵切刀、横切刀、出料口组成，可一次切成长(宽)12mm、18mm、24mm、30mm 的方块叶或长条叶，适用于 2 龄蚕、3 龄蚕、4 龄蚕。每台切桑机每小时切桑量为 240～1666kg，比手工切叶提高 10 倍以上，既可切片叶，也可切芽叶。

7. 桑篰

桑篰又名叶篰，指盛放桑叶的用具，用竹篾编制而成，分小蚕用和大蚕用两种。当前生产上也可用塑料筐、塑料盆等用具盛放桑叶。

第四节　养蚕计划与准备

在养蚕前，需要根据当地的气象环境条件、桑树生长情况、大田农业生产布局、养蚕设备与劳动力、养蚕技术等，对当地全年养蚕次数、各期蚕饲育适期、各期蚕饲育数量、各期蚕饲育蚕品种等计划做出全面、合理的布局，并就劳动力、蚕室、蚕具、消耗物品等做好准备。养蚕计划与准备不仅是经营管理方面的问题，也是复杂的技术问题，其合理与否将影响养蚕成绩、桑树生长、养蚕设备使用效益等。

一、全年饲育适期

我国土地辽阔，长江流域以南地区的全年平均气温为 15～20℃，无霜期长达 250～300d，自 4 月下旬至 10 月中、下旬可养蚕；珠江流域地区的全年平均气温在 21～22℃，从 3 月初至 11 月底可养蚕；华北地区的无霜期较短，5—9 月可养蚕。将蚕安排在适宜的时期饲育，是获得养蚕优质丰产的重要条件之一。

(一)春蚕饲育适期

经过冬季休眠的桑树在春季重新萌发生长，以桑树发芽情况为主体，再参考当地历史资料以及当季的气象预报来决定春蚕饲育适期。在相同的气象环境条件下，桑树发芽的迟早因桑品种而不同，早生桑发芽早，蚕种催青可以适当提早，以桑芽开放 4～5 叶时可着手催青；中、晚生桑发芽迟，蚕种催青也宜稍迟，以桑芽开放 3～4 叶为催青适期。春蚕若饲育期过早，则影响春叶产量，造成后期缺叶；若饲育期过迟，虽然桑叶产量、养蚕数量增加，但因桑叶老嫩与蚕龄不相适应而使蚕茧产量、质量降低，也会因桑树夏伐时间推迟而影响夏秋叶和次年春叶的产量。

长江中下游地区 4 月下旬进入桑树旺盛生长期，6 月中旬进入梅雨季，其间是春蚕饲育适期，一般 4 月中旬进行蚕种催青，4 月下旬收蚁，开始养蚕。华北地区 5 月初桑树开始旺盛生长，6 月后期雨季影响较小，其间是春蚕饲育适期，一般 4 月下旬或 5 月上旬进行蚕种催青，5 月上、中旬收蚁，开始饲育春蚕。云贵高原、重庆及四川南部地区春季少雨，春期桑叶由冬季重剪伐的休眠芽萌发生长而成，初期生长量小，适当推迟至 4 月上、中旬进行蚕种催青，4 月中、下旬收蚁，开始养蚕。珠江流域地区 3 月上旬桑树开始旺盛生长，一般 2 月底 3 月初进行蚕种催青，3 月上旬收蚁，开始养蚕。

(二)夏秋蚕饲育适期

夏秋蚕期是一年中气候变化较大、桑和蚕的生长不同步、农事劳动与大田农药喷布频繁的时期。确定饲育适期时，既要考虑不失养蚕时机，又要尽可能错开农忙、避开极端不良天气、保证桑树的再生长，各期蚕之间还要留有一定的消毒防病间隔时间。在珠江流域的华南地区，夏秋蚕期连续饲育 6～7 次(造)，不分夏蚕与秋蚕,只要有桑叶即能养蚕。在除华南地区外的其他蚕区,习惯上按饲育季节将夏秋蚕分为夏蚕、早秋蚕、中秋蚕和晚秋蚕。其中,长江流域和黄河上中游流域蚕区在6月中、下旬至7月上、中旬饲育夏蚕,7月中、下旬至8月中、下旬饲育早秋蚕,8月中、下旬至9月中、下旬饲育中秋蚕,9月上、中旬至10月中、下旬饲育晚秋蚕。华北蚕区在6—7月饲育夏蚕,8—9月饲育秋蚕。

二、全年饲育次数

养蚕与栽桑要相结合。增加养蚕次数是提高土地生产率的有效途径,但桑叶利用必须以不影响桑树的正常生理为前提。如果饲育次数过多,不仅会导致桑树衰败,还会引起农事劳动冲突与养蚕效率下降;如果饲育次数过少,不仅桑叶得不到充分利用而使土地生产率降低,而且因蚕吃不到适熟叶而影响蚕作安全与蚕茧产量、质量。因此,要依据当地桑树生长情况、气候特点和农业状况,并从蚕作安全和提高茧丝产量、质量出发,合理安排全年饲育次数。近年来,我国长江流域的江浙蚕区,从提高茧丝质量着手,对养蚕布局进行调整,将1年3期秋蚕(早秋蚕、中秋蚕和晚秋蚕)改为2期秋蚕(早中秋蚕、晚中秋蚕)或1期秋蚕(晚中秋蚕),选择最佳的饲育时期,饲育多丝量品种蚕。这不仅使经济效益超过原来饲育的3期秋蚕,而且可提供更多的优质原料茧,对蚕桑产业可持续发展作用明显、意义巨大。

目前,我国各蚕区一年养蚕次数大致如下:在长江流域及黄河上中游流域蚕区,一般自4月下旬至10月中、下旬,一年养蚕3~5次,具体为春蚕、夏蚕、早秋蚕、中秋蚕和晚秋蚕,或春蚕、夏蚕、早中秋蚕和晚中秋蚕,或春蚕、夏蚕和晚中秋蚕;在珠江流域的华南蚕区,一般为3—11月,一年连续养蚕7~8造(次);在华北蚕区,一般为5—9月,一年养蚕2~3次,具体为春蚕、夏蚕和秋蚕,或春蚕、秋蚕。

三、各期蚕饲育数量

各期蚕饲育数量的多少主要依据桑叶产量来确定,即"以叶定种,叶种平衡",做到既充分利用桑叶,又保护桑树旺盛生长与持续高产叶量;其次是劳动力和设备条件等。

(一)春蚕

春蚕期桑叶生长与蚕生长同步,桑叶品质好并适熟叶易采,再加上春蚕期气候条件适宜、病原污染少、可以饲育优质高产品种蚕,一般容易达到稳产高产与优质,所以要养足春蚕。春蚕饲育数量按以下步骤决定:首先对桑园进行实地估产,根据桑园的总条长、1m条长产叶量、当年发芽率、一年来的肥培情况,再结合当年气候、树龄和历史产叶量等,计算出可能产叶量;然后按计划饲育的蚕品种的张种用叶量来估计可饲育的蚕种张数。

(二)夏蚕

夏蚕期气候适宜,桑树生长旺盛,叶质良好,蚕室、蚕具、劳动力比较宽裕。此外,夏蚕利用夏伐后的疏芽叶及新枝条基部的3~4片叶,其采叶量不宜过多,否则会影响树势、当年秋期和来年春期的桑叶产量。因此,应适当控制夏蚕饲育量,一般以春蚕饲育量的20%~30%为宜。

(三)秋蚕

根据秋季桑树枝条不断伸长,叶片不断生长、成熟和硬化的特点,为了不失用良桑喂蚕的时机,秋蚕一般分为早秋蚕、中秋蚕、晚秋蚕三期饲育。各期秋蚕饲养数量,在正确处理桑叶的"留"与"用"及"采"与"养"关系的前提下,从有利于桑树生长发育的角度出发,遵循"适当养早秋蚕,养足中秋蚕,根据余叶养晚秋蚕"的原则。

1. 早秋蚕

早秋蚕的稚蚕期采摘枝条顶端的适熟叶,壮蚕期从下而上地利用枝条基部成熟叶,采叶量以不超过枝条着叶数的50%为宜。早秋蚕期适当采叶,不仅有利于桑树生长,而且有利于中秋叶质改善与蚕茧增产。但早秋蚕期是全年气象条件最差的时期,气温经常处于30℃以上,而且气候多变,不是高温干燥就是高温多湿,对蚕的生长发育不利。因此,早秋蚕不宜多养,其饲育数量为春蚕饲育量的30%~35%。

2. 中秋蚕

中秋蚕的稚蚕期采摘枝条顶端的适熟叶,壮蚕期从下而上地利用枝条基部成熟叶,采叶量以中秋蚕结

束时枝条顶端留6～8片叶为宜。中秋蚕期气温逐渐下降，气候适合蚕的生长发育，桑树生长繁茂，桑叶叶质好。因此，在做好桑园估产工作的基础上，应养足中秋蚕，其饲育数量一般为春蚕饲育量的90%～95%。

3. 晚秋蚕

晚秋蚕的稚蚕期采摘枝条顶端的适熟叶，壮蚕期从下而上地利用枝条基部成熟叶，采叶量以晚秋蚕结束时枝条顶端留5～6片叶为宜，过度采叶将严重影响次年春叶产量。为此，晚秋蚕饲育数量要根据中秋蚕结束后枝条上的留叶量来决定，一般约为春蚕饲育量的10%。

四、饲育设施与劳动力安排

(一)蚕品种选择

各蚕区饲育的蚕品种因地区和季节的不同而不同。饲育优良品种蚕是养蚕获得好成绩的重要保障之一。在气象环境适宜、叶质优的蚕期，可饲育产茧量高、丝质优的多丝量蚕品种；在气象环境恶劣多变、叶质开差大、病原物积累多的蚕期，要饲育抗病与抗逆性强的蚕品种；在氟化物污染重的蚕区与蚕期，要选养抗氟化物强的蚕品种。具体到各蚕期，一般为在气候和桑叶生长良好的春蚕期和晚秋蚕期，选择茧丝质优的多丝量春用蚕品种；在雨水多或温度高、病虫害严重的夏蚕期和早秋蚕期、中秋蚕期，选择抗逆性与抗病性强的夏秋用蚕品种。同时要了解不同蚕品种的性状特点，在饲育过程中采取合理的措施，充分发挥蚕种的优良性状，达到增产蚕茧的目的。各蚕业主管部门根据当地的气候特点、栽桑养蚕技术水平、桑叶情况、蚕农要求与市场需求，统一制订用种计划。

(二)劳动力安排

养蚕劳动力以每个饲养员能负担的蚕种张数来计算，因养蚕型式、蚕龄大小以及饲养员技术水平、机械装备水平等而异。以采用小蚕防干育、大蚕普通芽叶育为例，在包括采叶、喂叶、其他常规工作的手工操作的情况下，熟练饲养员每人可负担的养蚕量一般为：1～2龄期4～5张蚕种，3龄期3～4张蚕种，4龄期1.5～2张蚕种，5龄期1～1.5张蚕种。如果采用条桑省力育、机械收获枝条桑等，每个饲养员能负担的蚕种张数还能适当增加。

蚕熟快并集中，尤其在中午前后熟时，要安排好充足的劳动力做好拾熟蚕、送熟蚕、搭蔟和上蔟等工作，以提高蚕的结茧率和上茧率，提高养蚕经济效益。

(三)蚕室、蚕具及消耗物品准备

蚕室、蚕具及消耗物品需要根据稚蚕、壮蚕、熟蚕结茧的不同要求，在养蚕前全部准备好。饲育稚蚕的蚕室、蚕具应该专用，还要有调桑的场所。饲育壮蚕的蚕室可兼用普通民房，还需要准备一间阴凉的房间作为贮桑室。上蔟室可兼用壮蚕室或普通民房，蔟具应该专用。饲育10张蚕种所需要的蚕室、蚕具及主要消耗物品见表8-21。

表8-21 饲育10张蚕种所需要的蚕室、蚕具及主要消耗物品

类别	名称	单位	数量	规格或用途
蚕室	稚蚕室	间	1	长7m×宽4.3m×高3m
	壮蚕室	间	2	长9m×宽4.7m×高4m
	贮桑室	间	1	长9m×宽4m×高2.6m
	上蔟室	间	2	兼用壮蚕室
蚕具	蚕架	只	30	搁放蚕匾
	蚕匾(方匾)	只	300	长1.15m×宽0.85m
	给桑架	只	10	给桑等操作时放蚕匾
	塑料薄膜	kg	15	小蚕蚕座垫盖及蚕房隔离保温保湿
	大蚕网	只	540	大蚕除沙
	小蚕网	只	160	小蚕除沙
	上蔟芦帘	条	100	搁放蔟具
	方格蔟	片	1500	或折蔟500只，或蜈蚣蔟50条(长3.3m)
	蚕座纸	张	100	小蚕蚕座垫盖纸
	蚕筷	双	10	扩座匀座
	鹅毛	根	10	移动整理蚁蚕
	干湿温度计	只	4	测量温度

续表

类别	名称	单位	数量	规格或用途
消耗物品	漂白粉	kg	10	蚕室、蚕具及环境卫生消毒
	甲醛液	kg	10	蚕室、蚕具消毒
	石灰	kg	25	蚕室、蚕具、蚕体蚕座消毒
	防病1号	kg	150	蚕体蚕座消毒
	砻糠	kg	150～200	用于烧制焦糠
	稻草	kg	1000	用于壮蚕隔蔟沙及制蜈蚣蔟
	杂柴	kg	400	用于蚕室加温

注：数据引自顾国达等，2002。

第五节　蚕室、蚕具消毒

蚕病发生主要受到蚕病原物、环境条件和蚕体质这三大因素的影响，但蚕病原物存在于养蚕环境中是蚕病发生的首要条件。当养蚕环境中存在大量蚕病原物时，即使饲养条件很好，也容易引发蚕病；如果养蚕环境中没有蚕病原物存在，即使蚕体质和饲养条件差一点，也不会引发蚕病。蚕病原物由于在自然界中广泛分布，可以通过多条途径污染蚕室、蚕具、养蚕环境等；此外，蚕区年复一年养蚕，并且一年多次养蚕，蚕病原物的积累和垂直传播广泛存在。在养过蚕的蚕室、蚕具、周围环境中广泛存在蚕病原物。例如，取养过蚕的蚕室、蚕具上的脏物，加水稀释，给蚁蚕添食接种，病毒病发病率可高达70%以上，真菌病发病率可达13%～83%。因此，在养蚕前要对蚕室、蚕具、养蚕周围环境等进行彻底消毒来消灭各种蚕病原物，以保持蚕能在基本无病原物存在的环境中生长发育，达到养蚕无病、高产的目标。

消毒要达到彻底，在消毒前做好打扫清洗工作是必要条件。一定数量的消毒药物只能杀死一定数量的病原物，如果病原物数量超过该消毒药物的有效负荷，就达不到彻底消毒的效果。例如，1mL 0.3%有效氯含量的漂白粉液在25℃下只能杀死5.16×10^{7}个核型多角体病毒，如果病毒数量超过此数值，就不能彻底杀灭。此外，消毒药物或热力的渗透能力是有一定限度的。病原物堆积或被覆盖时，一方面，覆盖物会阻碍消毒药物或热力的渗透；另一方面，覆盖物在消毒药物或热力的渗透过程中将其有效成分或热量消耗掉，从而达不到彻底消毒的效果，相同浓度的消毒药物不易将病死蚕体内或蚕粪中的病原物杀死就是这个原因。为此，在消毒前进行全面、有效的打扫清洗，既可以使病原物数量大幅度减少，又可以使病原物充分暴露，从而便于消毒时消毒药物或热力直接快速、全面地将病原物杀灭。

一、打扫和清洗

在消毒前对蚕室、蚕具及周围环境进行打扫和清洗，清除附着的病蚕尸体、茧丝屑物、蔟沙、蚕粪等，并让病原物充分暴露，以提高消毒效果。打扫清洗工作按“一扫、二洗、三刮、四刷”的顺序进行。

(一)扫

先搬空蚕室、贮桑室、上蔟室内堆放的所有物品，然后将屋顶、墙壁、地面上黏附的病蚕尸体、茧丝屑物、蔟沙、蚕粪、垃圾、灰尘等全部扫除干净，并堵塞鼠洞和蚁穴，同时将蚕室四周的杂草、垃圾、污泥等清理干净，疏通阴沟并排除污水。室内外扫除清理出来的污物要集中运至远离蚕室的地方堆积发酵，制作肥料，不能乱倒乱抛，防止病原物飞散。

(二)洗

将蚕匾、蚕架、蚕网、竹竿、零星蚕具及室中可拆卸的门窗、板壁、炕床(房)材料等，搬至流动清水河里，充分浸泡后细心刷洗，洗除黏附的污迹物，洗后放在阳光下暴晒干燥(图8-1)。水泥地面房屋的上下壁及四壁用清水反复冲洗干净。坑床(房)用沙或蚕室内加温补湿用沙要淘筛去除杂物。

(三)刮

将泥地的蚕室、贮桑室、上蔟室刮去一层(厚3～4cm)地表污泥，并填上相同厚度的新土。蚕室外四周泥地也要刮去一层地表污泥。室内外刮起的污泥要集中运至远离蚕室的地方堆积。

图 8-1　清洗蚕匾(引自陆星恒,1987)

(四)刷

将蚕室墙壁四周和房顶用新鲜石灰浆粉刷一遍,既能起到隔离或杀死部分病原物的作用,又能洁白房屋。

在打扫清洗后需进行认真检查,要求达到无病蚕尸迹陈斑、无茧丝屑物、无残桑蚕沙、件件清洗、眼看不见垃圾、手摸不到灰尘,检验合格后方可进行药液消毒。

二、消毒方法

常用的蚕室、蚕具消毒方法有物理消毒和化学消毒两大类。物理消毒是用光、热等物理方法来杀灭病原物,目前蚕桑生产上广泛应用的有日光消毒、煮沸消毒、蒸汽消毒等。化学消毒是利用各种化学药剂来消灭各种病原物,生产上常用的药剂有含氯制剂(漂白粉、优氯净、防消散等)、甲醛类制剂(甲醛、毒消散、敌蚕病、蚕病净等)、表面活性剂(蚕康宁、蚕季安等)、其他消毒剂(石灰、防僵灵 2 号等)。

(一)物理消毒法

1. 日光消毒

日光消毒主要是利用太阳光中紫外线使病原体核酸及蛋白质变性而将病原物杀死,日光中的红外线及可见光谱无直接的杀菌作用,但可促使病原体发热干燥以助长紫外线的杀菌作用,加速病原体的死亡。日光消毒只能杀灭受到紫外线照射的物体表面的病原物,但对物体内部以及没有受到紫外线照射的物体阴面上的病原物起不到消毒杀灭的作用;同时,日光消毒的效果受天气影响较大,日光强度也难以掌握。所以日光消毒不易彻底,在养蚕生产上通常是用于蚕匾、蚕网等蚕具的一种辅助消毒方法。用于日光消毒的蚕具在洗净后要平摊在直射光线下,定时调翻正反面,多次暴晒,可提高消毒效果(图 8-2)。

2. 煮沸消毒

煮沸消毒是将小件蚕具洗净后放在水中煮沸,使病原体蛋白质凝固变性而将病原物杀死。煮沸消毒方法简便易行并且效果好,常用于稚蚕网、盖桑布、蚕筷等零星蚕具的消毒,浸没在水中煮沸约半小时后取出晒干。

3. 蒸汽消毒

蒸汽消毒是将蚕匾等蚕具洗净后置于湿热蒸汽下,使病原体蛋白质凝固变性而将病原物杀死。蒸汽消毒需要建造蒸汽消毒灶,消毒时,将蚕具洗净,趁湿相互搁空放入灶内,便于蒸汽通到各个蚕具,然后关闭灶门,升温至 100℃后保持 30min 以上,然后停止加温,待灶内温度自然下降至 60℃时,开灶,取出蚕具晒干。

如果预计灶内温度达不到100℃，消毒前在灶内的盛水锅中加入40%甲醛溶液（福尔马林）12.5mL/m^3，升温至88℃后保持40min以上，同样也能达到消毒效果。蒸汽消毒对大小蚕具均适用，并且由于密闭蒸汽灶内存在一定的蒸汽压力，所以消毒效果好。

图8-2　日光消毒（引自中国农业科学院蚕业研究所，1991）

（二）化学消毒法

化学消毒法因消毒时药剂使用的剂型不同而分为液体消毒、粉剂消毒和气体消毒三种。液体消毒是将化学药剂溶于水中，配成一定浓度的水溶液，将药液喷洒于被消毒物上或将被消毒物浸渍于药液中，以杀灭被消毒物上的病原物。它常被用于养蚕前的蚕室、蚕具、蔟室、蔟具、蚕室内外环境等的消毒。要达到液体消毒彻底，必须使药液浓度稳定、药量充足，并保湿半小时以上。粉剂消毒是将化学药剂与掺和剂混合，配成一定浓度的药粉，撒于被消毒物上，以杀灭被消毒物上的病原物。它常被用于养蚕前的蚕室内外地面消毒。撒药必须均匀并适量，用药过少则达不到消毒效果，用药过多则浪费药剂并对环境造成一定的药害。气体消毒是将化学药剂加热、燃烧、发生化学反应，使其有效成分以气态散出，充满于消毒环境中的被消毒物上，以杀灭被消毒物上的病原物。它常被用于养蚕前的蚕室、蚕具、蔟室、蔟具等的消毒。气体消毒具有消毒全面的特点，但只适合于密闭条件好的室内进行，并且被消毒物要搁空放置，以利于药物气体的渗透。

影响化学消毒效果的因素主要有：①病原物的数量及存在状态。病原物堆积或被覆盖时，消毒效果差；病原物存在数量若超过了消毒药剂的有效负荷，则达不到彻底消毒的效果。②消毒药剂的质量。消毒药剂中的有效成分会在不当或过长的储藏、运输过程中丧失，或被氧化、转化而失去消毒作用，因此在使用前要进行有效成分检测，按实际测得的有效成分含量来配制消毒药剂的目的浓度。③消毒药剂的浓度与用量。消毒药剂只有达到一定的浓度与用量才能杀灭病原物，如果浓度与用量过低，则达不到彻底消毒的效果，如果浓度与用量过高，则不仅浪费药剂，还会对被消毒物与环境造成伤害。液体和粉剂消毒按被消毒物表面积来计算药剂用量，气体消毒按消毒容积来计算药剂用量。④消毒的时间。一定浓度的消毒药剂需要经过一定的接触时间才能将病原物杀死，在一定范围内，接触时间越长，其消毒效果越好。⑤消毒的温湿度等环境条件。化学药剂杀灭病原体实际上是一系列化学反应的过程，消毒效果随温度升高而提高；消毒时有一定湿度，才能保证药剂渗透而提高消毒效果，有些药剂只有遇到水才能释放或分解产生消毒成分；有效成分易挥发的消毒药剂在密闭室内的消毒效果好，而在风大的室外空旷场地上的消毒效果差。⑥消毒方法的选择。选择适宜方法可获得理想的消毒效果。若消毒方法错误，消毒效果会大幅降低，甚至丧失消毒作用。

1.含氯消毒剂消毒

含氯消毒剂是指溶于水中能产生次氯酸的消毒药剂，其质量及消毒效果用“有效氯含量”来表示。养蚕生产上常用的含氯消毒剂有单剂使用和复配使用两种类型。其优点是消毒力强并广谱，缺点是对金属、棉织物有强腐蚀性。

(1)漂白粉消毒

1)性状：漂白粉为白色粉末，有氯气的刺激性臭味，易溶于水，溶液呈强碱性，主要成分是次氯酸钙[$Ca(ClO)_2$]，是一种广谱、杀菌力强的单剂使用型消毒剂。市售漂白粉的有效氯含量28%～30%。

2)消毒原理：主要是漂白粉中的次氯酸钙溶于水中，产生的次氯酸(HClO)，或在潮湿的空气中遇到二氧化碳而逐渐分解形成次氯酸，以及很不稳定的次氯酸又进一步分解产生原子氧(O)，次氯酸和原子氧具有极强的氧化作用，使病原体蛋白质变性而致死。

3)消毒标准：养蚕前的蚕室、蚕具、蔟室、蔟具、蚕室内外环境消毒用1%有效氯含量的水溶液，用喷洒法将被消毒物充分喷湿(基准喷洒量为225mL/m^2，吸水性强的蚕室、蚕具喷洒量适当增加)，并保持30min湿润时间。

4)注意事项：①蚕室、蚕具要在养蚕前7d全部消毒完毕，消毒要在室内进行，切勿在日光下或通风的场所进行。②漂白粉有漂白与腐蚀作用，消毒时金属性用具要包扎或涂防腐油保护好，小蚕网等棉织物不宜用漂白粉消毒。③漂白粉液应随用随配，不可过早配制，以免有效氯挥发损失。④漂白粉性质不稳定，与空气接触后易吸湿及与二氧化碳接触后易分解失效，尤其在高温和阳光照射下分解失效更快。因此，漂白粉要保存在低温、避光、干燥处，同时在配制消毒药液前测定漂白粉的有效氯含量，根据实际测得的有效氯含量来正确配制消毒药液。

(2)优氯净消毒

1)性状：优氯净纯品为白色粉末，化学名是二氯异氰尿酸钠($C_3O_3Cl_2N_3Na$)，有强氯臭味，有效氯含量60%～64%，易溶于水，溶液呈微酸性(pH6.4)，干粉性质较稳定，水溶液稳定性差，是一种广谱、杀菌力强的单剂使用型或复配使用型消毒剂。

2)消毒原理：同漂白粉。

3)消毒标准：优氯净可调制成水剂、烟剂用于养蚕前的蚕室、蚕具、蔟室、蔟具、蚕室内外地面消毒。由于优氯净水溶液呈微酸性，为了能有效杀灭蚕病原多角体病毒，所以水剂消毒时加入新鲜石灰粉，按1%有效氯含量的优氯净+1%新鲜石灰粉复配成水溶液，用喷洒法将被消毒物充分喷湿(基准喷洒量为225mL/m^2，吸水性强的蚕室、蚕具喷洒量适当增加)，并保持30min湿润时间。烟剂消毒为在优氯净中加入一定量的助燃剂，充分混合后装入纸袋内，消毒时点燃纸袋下方，随即冒出含氯气的浓烟，密闭6h以上，用药量以优氯净5g/m^2为标准(钱元骏等，1985)。

4)注意事项：同漂白粉。

(3)防消散消毒

1)性状：防消散纯品为白色结晶或粉末，化学名是二氯异氰尿酸($C_3O_3Cl_2N_3H$)，有氯臭味，有效氯含量71.7%，稳定性好，微溶于水(在水中溶解度仅为0.8%)，易溶于碱性溶液。

2)消毒原理：同漂白粉。

3)消毒标准：防消散可调制成水剂用于养蚕前的蚕室、蚕具、蔟室、蔟具、蚕室内外地面消毒。由于防消散微溶于水而易溶于碱性溶液，所以需要与新鲜石灰粉复配，按1%有效氯含量的防消散+1%新鲜石灰粉复配成水溶液，用喷洒法将被消毒物充分喷湿(基准喷洒量为225mL/m^2，吸水性强的蚕室、蚕具喷洒量适当增加)，并保持30min湿润时间(谭智达，李桂英，1979)。

4)注意事项：同漂白粉。

(4)其他含氯消毒剂消毒

生产上使用的含氯消毒剂还有：①“强氯剂”，化学名为三氯异氰尿酸($C_3O_3Cl_3N_3H$)，纯品为白色结晶或粉末，有效氯含量89%～91%，含氯稳定性好，微溶于水(在水中溶解度为1.2%)。生产上按1%有效氯含量的强氯剂+1%新鲜石灰粉复配成水溶液，用于养蚕前的蚕室、蚕具、蔟室、蔟具、蚕室内外地面喷洒消毒。②“氯胺 T”，化学名为对甲苯磺酰氯胺钠盐($C_7H_7O_2NClNaS \cdot 3H_2O$)，纯品为白色粉末，有效氯含量24%～26%，易溶于水，溶液偏碱性。消毒方法与漂白粉相同。③“消特灵”，是含氯消毒剂(主剂，有效氯含量不低于60%)与增效剂(辅剂，有效成分含量不低于38%)复配成水溶液。生产上按0.3%有效氯含量的主剂+有效浓度0.04%的辅剂，用于养蚕前的蚕室、蚕具、蔟室、蔟具喷洒消毒(金伟等，1990)。④“消毒净”(又名“全杀威”)，也是含氯消毒剂，将其与增效剂复配成水溶液，250倍液用于养蚕前的蚕室、蚕具消毒，800倍液用于叶面消毒(黄可威等，1992)。

2.甲醛类消毒剂消毒

甲醛类消毒剂有固体(多聚甲醛，含甲醛93%～95%)和液体(也叫福尔马林，含甲醛35%～40%)两种类型。用于养蚕前的蚕室、蚕具、蔟室、蔟具消毒的有水剂消毒、气态消毒两种方式。甲醛水溶液由于呈弱酸性，对质型多角体以及曲霉菌分生孢子消毒效果较差，所以养蚕生产上水剂消毒时加入新鲜石灰粉复配使用。甲醛类消毒剂消毒的优点是对金属、棉织物的腐蚀性小，缺点是有强烈的刺激性，消毒人员必须做好眼、鼻、嘴、皮肤等的防护措施。

(1)福尔马林消毒

1)性状：福尔马林是甲醛(HCHO)的水溶液，含甲醛35%～40%，除甲醛外还混有少量的甲醇、甲酸及丙酮，呈弱酸性。在常温下能不断放出甲醛气体，温度愈高，挥发愈快，具有特殊的气味，对眼睛及上呼吸道的黏膜有强烈的刺激作用。

2)消毒原理：甲醛具有强烈的还原作用，能夺取病原体内的氧，同时能与病原体的原生质、蛋白质中的氨基起作用而使其变性、失去代谢机能，从而将病原物杀死。

3)消毒标准：用福尔马林配成2%甲醛+0.5%新鲜石灰粉的混合液，边搅拌边喷洒，用于养蚕前的蚕室、蚕具、蔟室、蔟具消毒，用药量为135～150mL/m^2，喷药后关闭门窗并将门窗隙缝用纸条封好，室内温度升至25℃以上，保持5h，再密闭一昼夜后打开门窗，排除甲醛气味；蚕具、蔟具若放在室内同时消毒，用药量按蚕具、蔟具总面积相应增加，且蚕具、蔟具搁空放置；蚕具、蔟具也可放在室外进行消毒，方法是选择晴天，将喷药或浸渍后的蚕具、蔟具堆放在水泥晒场上，用塑料薄膜覆盖，利用日晒使帐内温度升高，密封5h以上，取出晒干。福尔马林还可以气态方式消毒蚕室、蚕具和蔟室、蔟具。方法一是将盛有福尔马林的铁皮锅放到火缸上，锅内甲醛随温度升高而以气态冒出；方法二是在福尔马林中加入一定比例的工业硫酸和生石灰，随即冒出带有甲醛的白烟。两种方法的用药量为15mL/m^3，关闭门窗，并将门窗隙缝用纸条封好，24h后开门窗排出残留甲醛气味。

4)注意事项：①甲醛消毒要在催青或养蚕前10d完成，否则残留的甲醛气味对蚕卵或蚕有不良影响。②室内升温火源需要妥善安置，如是火缸加温，则要盖上铁皮盖，以防火灾。③甲醛有强烈的刺激性，消毒人员应戴手套和防毒面具，以保护眼、口、鼻、皮肤等。④福尔马液应密封存放于阴凉、干燥处，防止高温、日晒、冷冻等，以免挥发或产生沉淀而降低药效。⑤要用刚化的新鲜石灰粉，陈石灰粉的消毒效果差。

(2)毒消散消毒

1)性状：毒消散是由固体甲醛、苯甲酸、水杨酸按60%、20%、20%的比例混合复配而成的熏烟消毒剂，为淡黄色粉末，遇高温就发烟放出气态甲醛。

2)消毒原理：同福尔马林。

3)消毒标准：将毒消散倒入铁锅内，薄摊一层，每锅不超过250g，放在火缸上，待温度升高而徐徐发烟。用于养蚕前的蚕室、蚕具、蔟室、蔟具消毒，用药量为3g/m^3，如蚕具、蔟具放在室内同时消毒，则用药量应按蚕具、蔟具数量相应增加并且蚕具、蔟具搁空放置，室内先用热水补湿，温度在25℃以上，关闭门窗并将门窗隙缝用纸条封好，24h后开门窗排除甲醛气味(曹诒孙等，1965)。

4)注意事项：①火缸火力要控制好，火力不足，则不能使毒消散全部发烟，火力过旺，则使毒消散着火。②消毒时如室内湿度不够，消毒后在蚕具上可能出现白色结晶，应注意通风，让其自然消失后养蚕。③其他同福尔马林。

(3)蚕病净消毒

1)性状:蚕病净是以固体甲醛为主剂,与助燃剂、木屑等复配而成的熏烟消毒剂,遇火就发烟放出气态甲醛,具有发烟彻底、使用方便等优点。

2)消毒原理:同福尔马林。

3)消毒标准:在室内地面上选择多个发烟点,下垫砖头,上铺报纸,将蚕病净摊在报纸上,每个发烟点放药不超过 250g,在药粉上放酒精棉花球 3～4 粒,点燃酒精棉花球,使之起烟,吹熄火焰让其徐徐发烟。用于养蚕前的蚕室、蚕具、蔟室、蔟具消毒,用药量为 $20g/m^3$。关闭门窗并将门窗隙缝用纸条封好,熏烟 5h 以上,24h 后开门窗排除甲醛气味(杨大祯等,1988)。

4)注意事项:同毒消散。

3. 石灰消毒

石灰是养蚕生产上应用很广、经济有效的消毒剂。通常加水配成石灰浆(石灰乳),或与其他消毒剂复配成水剂、熏烟剂,进行养蚕前的蚕室、蚕具、蔟室、蔟具消毒,也用新鲜石灰粉用作蚕室、蔟室内外地面消毒,对蚕的各种病原物有很强的杀灭力。

1)性状:生石灰为灰白色硬块,主要成分是氧化钙(CaO),加适当水后化成粉末状的消石灰(熟石灰),过筛即得新鲜石灰粉[主要成分是 $Ca(OH)_2$],微溶于水而成石灰浆(石灰乳),呈强碱性。石灰长期接触空气后吸收二氧化碳,渐渐变为碳酸钙($CaCO_3$)而失去消毒作用。

2)消毒原理:是石灰粉的 $Ca(OH)_2$ 在水中离解成 Ca^{2+} 及 OH^-,OH^- 直接作用于病原体,使蛋白质溶解、变性,Ca^{2+} 直接影响病原体细胞膜的渗透性及环核苷酸的代谢,从而将病原物杀死。OH^- 和 Ca^{2+} 浓度越大(碱性越强),消毒效果越好,但石灰粉在水中的溶解度很小,所以消毒必须采用石灰浆(能不断补充 OH^- 和 Ca^{2+}),而不用石灰清水(得不到 OH^- 和 Ca^{2+} 继续补充)。

3)消毒标准:新鲜石灰粉加水配成 1%石灰浆液,用喷洒法或浸渍法消毒蚕室、蚕具、蔟室、蔟具,使用时不断搅拌以使药液保持悬浊状态,用药量为 $225mL/m^2$,消毒后保持 30min 湿润。蚕室、蔟室墙壁粉刷用 20%石灰浆,蚕室、蔟室内外地面用 2%石灰浆喷洒或直接撒一层新鲜石灰粉。

4)注意事项:①生石灰吸收空气中的水和二氧化碳,变成碳酸钙而失去消毒效果,因此必须将生石灰放在缸内或塑料袋内密闭保存,以防风化失效。②要用新鲜石灰粉,石灰浆液要现用现配。

4. 季铵盐类消毒

季铵盐类为阳离子表面活性剂,在蚕业上应用的有蚕季安 1 号、蚕季安 2 号和蚕康宁等。季铵盐类药剂具有毒性和刺激性小、杀菌浓度低、无腐蚀性、性质稳定、耐光、耐热等特点,常与石灰混合复配成水剂,用于养蚕前的蚕室、蚕具、蔟室、蔟具消毒。

(1)蚕季安 1 号和蚕季安 2 号消毒

1)性状:蚕季安 1 号原名洁尔灭,化学名称十二烷基二甲基苄基氯化铵,纯品为淡黄色胶状物,活性成分含量 43%～45%;蚕季安 2 号原名 1231,化学名称十二烷基三甲基溴化铵,纯品为黄色胶状物,活性成分含量 45%～47%。

2)消毒原理:蚕季安 1 号和蚕季安 2 号的活性阳离子基团带正电荷,可以高浓度地聚集在带负电荷的病原体表面,影响病原体的新陈代谢,使蛋白质变性,改变细胞的渗透性,使菌体破裂,从而将病原体杀死。

3)消毒标准:蚕季安 1 号和蚕季安 2 号按重量比加水稀释 1000 倍,加入 1%新鲜石灰粉,配成蚕季安石灰浆,用喷洒法或浸渍法消毒蚕室、蚕具、蔟室、蔟具及其周围场地,用药量为 $225mL/m^2$,喷洒或浸渍后保持 30min 湿润,再打开门窗散发湿气。蚕季安石灰浆对细菌、真菌、病毒均有强烈杀灭效果,但对原虫孢子无杀灭作用(刘桂芬等,1985;杨大祯,刘桂芬,1986)。

4)注意事项:①蚕室、蚕具、蔟室、蔟具及蚕室周围场地必须事先扫洗干净,以提高消毒效果。②加入的石灰必须是新鲜石灰粉,现用现配。喷洒消毒时要不断搅拌,以防石灰下沉;浸渍消毒时,连续浸消次数不能过多,并需不断添加补充新药液。消毒后必须阴干 8h 以上,从而保证消毒效果。③蚕季安不能与肥皂、洗衣粉等混合,以免它们相互结合而影响消毒效果。

(2)蚕康宁消毒

1)性状:蚕康宁原名1631,化学名为十六烷基二甲基乙基溴化铵,纯品为黄白色固状物,活性成分含量70%～77%。

2)消毒原理:同蚕季安。

3)消毒标准:蚕康宁按重量比加水稀释1500倍,加入1%新鲜石灰粉,配成蚕康宁石灰浆,其后的消毒方法与消毒标准同蚕季安石灰浆(陆雪芳等,1985)。

4)注意事项:同蚕季安。

5.防僵灵2号消毒

1)性状:防僵灵2号原名抗菌素402,化学名为乙基硫代磺酸乙酯,市售品是含有效成分80%的乳剂。防僵灵2号的纯品为无色透明的油状物,具有大蒜气味,易挥发,易溶于水及有机溶剂,遇碱及在高温中易分解失效。

2)消毒原理:防僵灵2号的活性基团是硫代亚磺酰基,能与病原体蛋白质中的半胱氨酸或谷胱甘肽等含巯基(—SH)作用,抑制其正常代谢,从而将病原物杀死。防僵灵2号对真菌、细菌具有良好的杀灭效果,但对病毒、多角体无效。

3)消毒标准:防僵灵2号按重量比加水稀释配成1500～2000倍的水溶液,对蚕室、蚕具、蔟室、蔟具进行喷洒或浸渍消毒,用药量为225mL/m^2,喷洒后关闭门窗保湿半小时,次日打开门窗排湿。为了弥补防僵灵2号对病毒无消毒效果,可在本剂消毒后的次日再用1%石灰浆消毒1次(沈以沧,1983)。

4)注意事项:①药液现配现用,不宜久置,以免挥发失效。②防僵灵2号遇碱易分解失效,故不宜与石灰混合使用。③防僵灵2号对皮肤有轻度刺激,应注意防护。

6.硫磺消毒

1)性状:硫磺为黄色粉末,有特殊臭味,不溶于水,加热能升华,燃烧时发出蓝色火焰。

2)消毒原理:硫磺加热升华,遇火燃烧时产生具有强烈刺激性的二氧化硫(SO_2)气体,溶于水而成亚硫酸(H_2SO_2)。亚硫酸是一种强还原剂,能夺取病原体原生质体中的氧而起到消毒杀菌、杀虫作用。

3)消毒标准:将硫磺放入旧铁锅中,置于火缸上加热,使硫磺受热而成半流体,然后投入几块烧红的木炭,使之燃烧,发生气体,用药量为13.5g/m^3。如蚕具、蔟具放在室内同时消毒,则用药量应按蚕具、蔟具的数量相应增加,室内及蚕具、蔟具要先用热水充分补湿,关闭门窗并将门窗隙缝用纸条封好,24h后打开门窗,经2～3d,待无硫磺气味后使用(杨大桢,夏如山,1992)。

4)注意事项:①硫磺易燃,消毒时要防止器物着火。②二氧化硫气体比空气密度大,熏烟时其烟雾常沉积在底层,所以蚕具、蔟具放在蚕室、蔟室内同时消毒时不宜搁置过高,也不要堆积,以提高熏烟消毒效果。③二氧化硫气体对人体有毒害作用,工作人员应在发生气体之前离开蚕室。④亚硫酸会使纤维织物褪色,对金属也有腐蚀作用,应加以防护。

第九章　催青和收蚁

第一节　催青

将经过越冬解除滞育的蚕卵或经过人工孵化法处理后活化的蚕卵或非滞育卵，保护在适宜的温度、湿度、空气和光照条件下，使胚胎顺利发育，直至在预定的日期孵化。因为蚕卵在孵化前一天因卵内胚胎已经发育形成黑色蚁蚕，透过半透明的卵壳而使卵色转为青色，所以将此过程称为催青，古时又名暖种。春期越年蚕种催青一般需要 10～11d，夏秋期人工孵化法处理过的蚕种催青一般需要 9～10d。

解除了滞育的蚕卵在自然条件下也能发育成蚁蚕而孵化，但自然条件下的温度、湿度、空气、光线等环境条件变化无常，不合理的环境条件会造成蚁蚕孵化不齐、孵化率低、蚁蚕体虚弱、难以控制在适当时期收蚁等，最终导致蚕茧产量低、质量差、饲养技术难操作等。通过催青，可以使蚁蚕在预定日期孵化，并且孵化率高、孵化整齐、蚁体强健。它是养蚕过程的重要起点，是获取蚕茧优质高产的重要措施。

催青中影响蚕卵胚胎发育的环境条件主要是温度、湿度、空气和光线，其中温度和湿度起主导作用。温度直接影响卵中胚胎的发育，温度愈高，胚胎发育愈快。湿度直接影响催青后期蚁蚕的孵化，湿度过低，则孵化不齐或发生干瘪死卵；但湿度过高，则造成蚁蚕体肥大并虚弱。催青室内要求空气新鲜，特别是胚胎发育到点青期前后，其呼吸旺盛，需要重视换气工作。光线要求昼夜明暗分明，为了促进二化性品种蚕向一化性方向发展，以提高蚕茧产量和质量，要求在胚胎缩短期到出现气管显现期之间（戊$_3$～己$_3$）延长光照时间至 18h/d；同时在蚕卵点青期（己$_4$）至转青期（己$_5$）遮黑，到收蚁当日早晨进行感光，可使蚁蚕孵化齐一，从而提高蚁蚕一日孵化率。

一、催青前准备

（一）催青的组织和人员安排

目前，我国农村一代杂交种蚕卵的催青工作，绝大多数以县（市、区）、重点乡镇（街道）为单位建设催青室，由各级蚕业主管部门统一组织进行蚕种催青，蚕种转青后分发到农户或共育点，补催青后收蚁并饲养；少数由蚕种生产经营单位进行催青，再将转青蚕种销售给农户或共育点，补催青后收蚁并饲养。各级原种催青由蚕种场进行，为了提高制种的效率和品质，常需要根据不同品种进行分批催青。

蚕种催青由业务熟练的技术人员负责，并配备足够的技术工人，一般催青 2 万盒蚕种的催青室，约需安排催青人员 8～10 人。首先，制订催青计划和操作规程；其次，成立环境调控组和蚕卵胚子解剖组。环境调控组根据蚕卵胚胎的发育进程，调控催青室的温度、湿度、空气、光线等环境条件，执行日夜轮流值班制度。蚕卵胚子解剖组每天定时解剖蚕卵胚子，决定催青采用的环境条件。

（二）催青室的准备

1. 催青室的地点要求

催青室要求专用，宜建在养蚕数量较多、交通方便的养蚕中心地区，便于及时运送蚕种；应避开缫丝厂、茧站、蚕室、蔟室等易发生病死蚕、烂茧污染地段，并远离水泥厂、砖瓦窑、化工厂、化学品仓库等，严防有毒、有害空气、废水污染；催青室地势高并空旷，便于通风换气与采光。

2. 催青室的设施要求

催青室所用建筑材料要求无毒害、无污染，房屋的结构要求能保温保湿、便于通风换气、光线明亮均匀，以及能防止敌害等。房屋以南向为好，南北开窗并安装纱窗，设南北内外走廊，内走廊宽 1.5m，外走廊宽 3.0m以上，以利防高温及工作操作。催青室外面四周搭建凉棚或植物遮阴，室内装有加温补湿、降温降湿和补光遮黑设备。当前蚕种催青室普遍建设有计算机测控气象环境的全自动装置，采用空气输送与气流分布设备、温湿度调节设备等模块化硬件设施和电脑集成全自动控制软件系统，能够通过定量换新风和室内气流上下左右高强度循环对流，来实现全空域温度、湿度分布的高度一致，以此实现催青蚕种数量增加、感温一致、发育齐一的良好效果，同时可大幅度减少催青人员。

3.催青室的布置

催青室的大小根据催青蚕种数量的多少来决定，一般催青 1.0～1.2 万盒蚕种需要 80～100m^2。催青室有吊顶，每小室内净尺寸为长 4～8m、宽 3.35～3.75m、高 2.60～2.85m，催青架在室中央并列 2 排，四周留有适当的通道。催青架层数要根据蚕种数量而定，上、下距离天花板和地面各 0.8m 左右，南北两端不要过于靠近门窗，加温热源距离蚕种 1m 以上。催青室还要配备中央控制室、蚕卵胚子解剖室、值班室等附属室。

(三)催青用具和物料的准备

催青用具主要有：催青架、干湿计、加温与降温设备、补湿与除湿设备、补光遮黑设备、光学显微镜等蚕卵胚子解剖设备，电脑等全自动控制系统设备，消毒用设备等。

催青消耗物品主要有：催青室及用具消毒的消毒剂、氢氧化钾（或氢氧化钠）等。催青用具和物料的准备数量，需要根据催青蚕种的数量、所用房屋的间数和大小来定。

(四)催青日期的确定

适时催青可使桑叶老嫩、气候环境、农事劳动等与蚕的生长发育相适应，使各龄蚕都能吃到成熟度适当的适熟叶，并能错开农忙和避开极端不良天气，从而使蚕的生长发育好、生命力强、经济性状优，为蚕茧丰产优质奠定基础。

春蚕期蚕种催青日期的确定，主要以桑树发芽情况为主，再参考当地历史资料及当时气象预报的气候特点。早生桑以桑芽开放 4～5 叶时为催青适期，中、晚生桑以桑芽开放 3～4 叶时为催青适期。当地历年开始催青的日期有参考价值，但必须因地制宜，灵活掌握。早春气候多变，如气象预报春蚕期多阴雨低温天气，则催青可略推迟，如气象预报春蚕期多晴朗且气温较高，则催青可稍提早。催青过早，桑树生长跟不上蚕的生长发育速度，各龄蚕吃不到适熟叶，并且提早采叶而影响桑叶产量，造成后期缺叶；催青过迟，虽然桑叶产量、养蚕数量增加，但因桑叶老嫩与蚕龄不相适应而使蚕茧产量质量降低，也会因桑树夏伐时间推迟而影响夏秋叶和次年春叶的产量。

夏秋蚕期，蚕种催青日期一般根据夏秋蚕饲养适期来推算确定，既要考虑不失养蚕时机，又要尽可能错开农忙、避开极端不良天气、保证桑树的再生长；各期蚕之间还要留有一定的消毒防病间隔时间。

(五)催青室和催青用具的清洗与消毒

催青室及催青用具在催青前 10d 要进行严格的清洗和消毒，以清除杀灭催青环境中存在的病原菌，保证催青蚕卵胚子顺利发育及孵化蚁蚕健康。首先，对催青室、催青用具及周围环境进行打扫和清洗，其打扫、清洗工作也需按“一扫、二洗、三刮、四刷”的顺序进行。然后，对催青室和催青用具进行消毒，消毒分两次进行，第 1 次用 1%有效氯含量的含氯消毒剂液或 2%甲醛含量的甲醛类消毒剂液消毒，一些电器等金属设备在消毒时用塑料薄膜覆盖包裹，以防消毒剂腐蚀；第 2 次用毒消散熏烟消毒，消毒后打开门窗换气，使催青室和催青用具上的药味充分散尽。

二、催青期蚕卵胚子

(一)催青期各阶段胚子的形态特征

催青期蚕卵胚子按形态特征可划分为 12 个阶段，以丙、丁、戊、己为代号，解剖蚕卵、鉴定胚子形态以确定胚胎发育进度是精准调整催青技术处理的重要依据。

1.第 1 个阶段胚子为最长期前(丙$_1$)胚子

体躯伸长,头褶、尾褶更见增大,头褶凹陷明显,18 个环节可以识别。因为实际生产中的越年蚕种经过越冬解除滞育后,通常经过中间感温处理,在丙$_1$ 胚子阶段再次入库低温保存,所以因个体发育差异而造成此阶段除丙$_1$ 胚子外,还有少量丙$_1^+$、丙$_2^-$、丙$_2$ 胚子存在。丙$_1$、丙$_1^+$ 胚子最适宜的发育温度为 15℃,在 15℃的低温中发育快,在 20℃的较高温度中反而减慢。而丙$_2^-$、丙$_2$ 胚子最适宜的发育温度为 20℃,在 20℃中发育快,在 15℃中发育慢。为此,蚕种出库后先在 15℃中保护 1d,已前进的丙$_2^-$、丙$_2$ 胚子慢慢发育,而落后的丙$_1$、丙$_1^+$ 胚子较快发育,使全部胚子整齐地进入丙$_2$ 期,这样就提高了整批蚕种的胚胎发育整齐度。

2.第 2 个阶段胚子为最长期(丙$_2$)胚子

体躯细长,头褶发达,凹陷稍深,18 个环节明显,在第 2～4 环节约现纵沟,第 5～7 环节略膨大,尾褶稍长圆。此阶段开始催青升温,多段温度催青的升至 20℃,二段温度催青的升至 22.5℃。所以丙$_2$ 胚子又被称为催青加温起点胚子,是催青期的重点胚子之一。

3.第 3 个阶段胚子为肥厚期(丁$_1$)胚子

体躯大长,体宽增大,头褶边缘带方,凹陷深刻,18 个环节愈见明显,纵沟在胚体腹面全部清晰可见。

4.第 4 个阶段胚子为突起发生期(丁$_2$)胚子

体躯更宽大,头褶凹陷更深,第 2～7 环节开始发生突起。丁$_2$ 胚子对低温的抵抗力强,可在温度 5℃、湿度 75%中抑制 15d 左右,所以在催青初期如遇到气温下降、连绵阴雨、遭霜害等特殊情况造成桑树生长缓慢时,可以采用冷藏丁$_2$ 胚子的方法来达到延迟收蚁的目的。

5.第 5 个阶段胚子为突起发达前期(戊$_1$)胚子

头褶先端发生 1 对小突起,第 2～7 环节突起稍发达。

6.第 6 个阶段胚子为突起发达后期(戊$_2$)胚子

体躯稍缩短,体宽增大,头褶及第 2～7 环节各突起更加发达,第 8 环节以下各节开始发生突起。

7.第 7 个阶段胚子为缩短期(戊$_3$)胚子

体躯显著缩短增宽,前端 4 个环节开始缩合成头部,后端 2 个环节开始缩合成尾部,第 5～7 环节上的突起发达成胸脚,第 10～13 环节和末节上的突起发达成腹脚,其他环节上突起消失。戊$_3$ 胚子对外界温度、湿度、光线等比较敏感并开始影响化性。高温、多湿、长光照有利于向越年性的方向变化;相反,低温、干燥、黑暗则有利于向不越年性的方向变化。为此,当催青到戊$_3$ 胚子阶段时,就要进入高温(25.0～25.5℃)、多湿(相对湿度 80%～85%)、长光照(在自然光线的基础上人工增加感光 6h,每天总感光时间达 18h)环境。所以,戊$_3$ 胚子是催青进入高温保护的胚胎阶段,是催青期的重点胚子之一。

8.第 8 个阶段胚子为反转期(己$_1$)胚子

体躯呈 S 形,尾部环节向腹面弯曲。

9.第 9 个阶段胚子为反转期终了(己$_2$)胚子

体躯全面向腹面弯曲,消化道形成。

10.第 10 个阶段胚子为气管显现期(己$_3$)胚子

气管开始着色,消化道前后贯通,胚体外缘开始出现刚毛,蚁蚕形态初备。蚕卵催青到达己$_3$ 胚子时,就要按各地所订蚕种进行整理核对,分别排序放置,并发出领种通知。所以,己$_3$ 胚子是决定发种日期的胚胎阶段,为催青期的重点胚子之一。

11.第 11 个阶段胚子为点青期(己$_4$)胚子

气管完成,上颚先端呈褐色,头部呈浓黑色,透过卵壳显出一个青黑点,故名点青期。从催青开始至点青期,胚子发育在明环境下比在暗环境下要快;而从点青至催青末期,胚子发育则是在暗环境下的比明环境下的快;到最后的孵化阶段,则是黑暗对孵化有抑制作用。为此,生产上在 20%～30%蚕卵点青时进行遮黑处理,将蚕卵保护在完全黑暗环境中,这样使前阶段发育慢的胚子快速发育并赶上,前阶段发育快的胚子由于黑暗而抑制孵化,到收蚁当天早晨进行感光后,蚁蚕齐一孵化。所以,己$_4$ 胚子是掌握催青遮黑适期的胚胎阶段，为催青期的重点胚子之一。

12. 第12个阶段胚子为转青期(己$_5$)胚子

蚁体完成，全部呈浓黑色，透过卵壳蚕卵呈青灰色。己$_5$胚子对低温的抵抗力强，必要时可在5℃下冷藏7d以内(一般以2～3d为宜)，以达到延迟收蚁的目的。

以上12个阶段胚子的具体形态见图9-1。

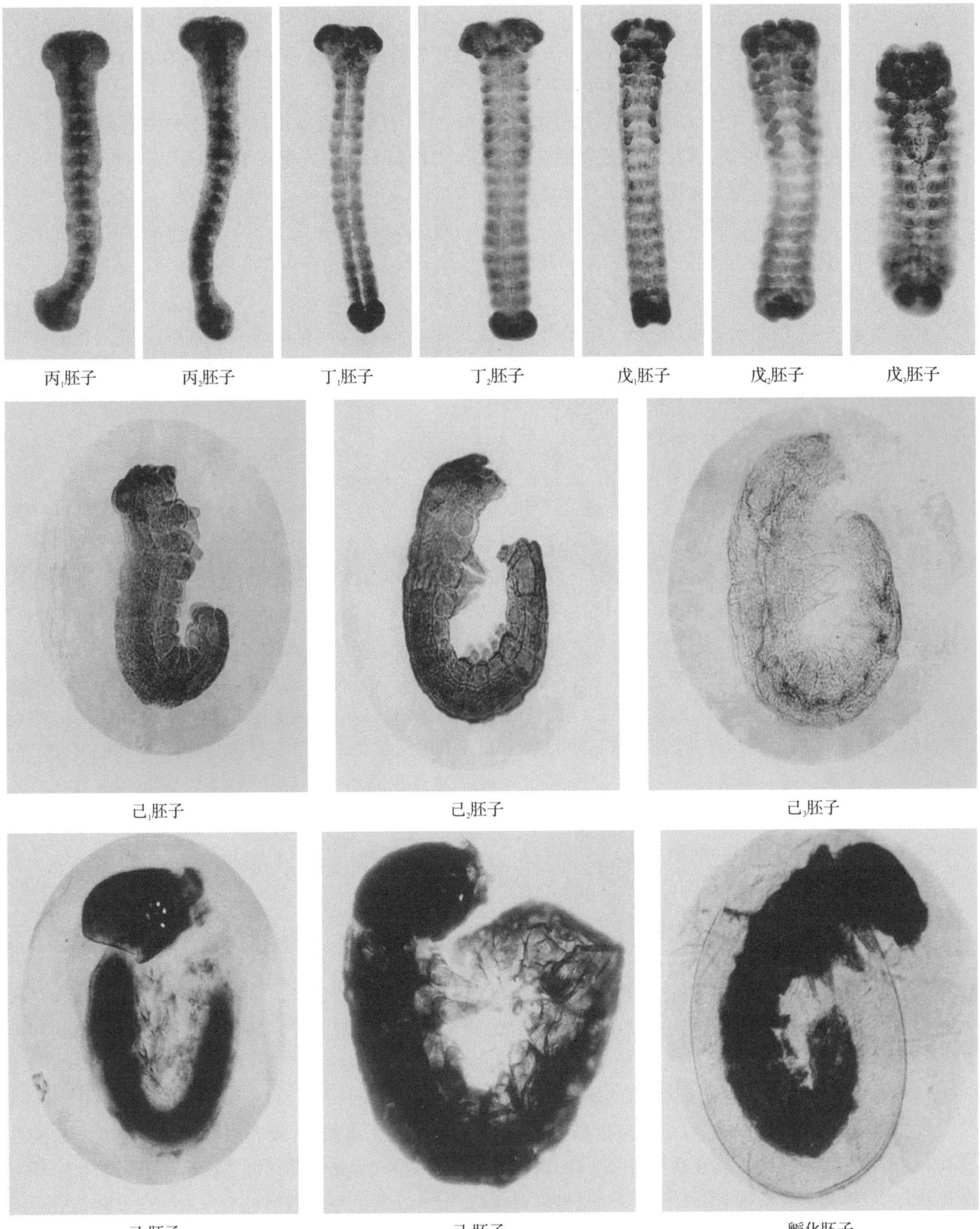

丙$_1$胚子　丙$_2$胚子　丁$_1$胚子　丁$_2$胚子　戊$_1$胚子　戊$_2$胚子　戊$_3$胚子

己$_1$胚子　己$_2$胚子　己$_3$胚子

己$_4$胚子　己$_5$胚子　孵化胚子

图9-1　家蚕催青期各阶段胚子发育图

(二)蚕卵胚子的解剖观察

脱去蚕卵卵壳，将卵内胚子取出并整理后，在显微镜下观察其形态特征，此技术操作叫胚子解剖。它是识别蚕卵胚子阶段的直接手段。

生产上通常采用碱液脱卵壳法，其操作步骤如下。

1. 材料准备

普通光学显微镜、双筒扩大镜、二重皿、烧杯、吸管、镊子、载玻片、电炉、细画笔、氢氧化钾(或氢氧化钠)。

2. 碱液配制

称取 20g 氢氧化钾，放入 200mL 烧杯中，加入 100mL 蒸馏水溶解，配成 20%浓度的氢氧化钾碱液。

3. 碱液升温

将盛有 20%氢氧化钾碱液的烧杯放在电炉上加热煮沸，到达沸点后，切断电源，待碱液停止翻泡时，即刻浸卵。

4. 浸卵

取约 30 粒蚕卵(平附种连同蚕连纸，散卵放在用铜丝布制成的小瓢内)，浸入碱液中，轻轻摇动小瓢，使蚕卵不浮在液面上而沉于碱液中，待卵面呈赤豆色时，立即取出投入清水中反复漂洗，充分除去碱液。

5. 脱壳

将漂洗后的蚕卵放在一个盛有清水的二重皿中，用吸管多次吸水冲击蚕卵，使卵壳与胚子分离，已经分离脱出的胚子要及时吸出并移放在另一个盛有清水的二重皿中，以免在吸水冲击其他蚕卵时损坏胚子。

6. 整理

将分离脱出的胚子用吸管随同清水移到载玻片上，在双筒扩大镜下用细画笔轻轻除去附着在胚体表面的脂肪球和杂物，同时放正胚子。

7. 镜检

将整理好的胚子的载玻片置于显微镜的载物台上，用低倍镜观察其发育阶段。

8. 蚕卵胚子解剖的注意事项

(1)20%氢氧化钾溶液经用几次后，由于水分蒸发，浓度变高，所以要注意加水，补充至配制当时的溶液体积。

(2)20%氢氧化钾溶液经用几次后，溶液颜色会渐渐变深，当变到茶色时代表已失去效力，应另换新液。

(3)蚕连纸吸附的氢氧化钾不容易漂洗干净，所以平附种在漂洗几次后，要将卵从蚕连纸上洗下，再在清水中漂洗几次。

(4)当吸管吸水冲击蚕卵不易脱壳时，可用温水冲击。

(5)浸卵时不仅要均匀，而且浸渍时间要适当。浸渍时间太短则不易脱壳，浸渍时间太长则胚体会变烂溶解。

三、催青的技术处理

(一)预备催青

为预测各批蚕种胚胎的活化和发育齐一程度，常在正式催青之前各批抽出部分样本进行预备催青，调查孵化率、催青日数、孵化整齐度等，以供正式催青作参考。在时间仓促不能全过程进行催青时，至少要调查一下胚胎在催青第 2 日出现的附肢个体比例及其整齐度。在通常情况下，越年种从附肢出现到开始孵化于 25℃中约经 8d。

即时浸酸种不能进行预备催青，但只要浸酸适当，在 25℃中一般 9～10d 见苗蚁。即时浸酸后的冷藏抑制种，应须扣除冷藏前的发育时间，故浸酸后 18h 冷藏的和浸酸后 40h 冷藏的，其催青日数相差 1d。冷藏浸酸种的催青日数比即时浸酸种延长 1d 以上。

(二)催青的标准

当前生产上使用的原种和一代杂交种均为二化性蚕种，需要通过催青期适时(缩短期，戊$_3$ 胚子)进行高温(25℃以上)和延长光照(每天18h)处理，来达到向一化性表型的转变，从而实现蚕茧产量高、蚕种越年性稳定的目的。根据催青的这一目的，结合不同发育阶段胚子对外界环境条件的要求，生产上提出蚕种常规催青技术标准(表9-1)和蚕种简化催青技术标准(表9-2)，其中简化催青技术标准不仅处理简便、催青设备利用率和劳动工效高，而且能达到孵化齐一，所以被普遍采用。

表9-1　蚕种常规催青技术标准表

催青日期	胚子发育阶段	目的温度/℃	干湿差/℃	相对湿度/%	光照
出库	丙$_1$(最长期前)	15.5～17.0	1.5	80～81	自然光线(每天光照12h)
第1天	丙$_2$(最长期)	19.0～20.0	2.0～2.5	74～79	
第2天	丁$_1$～丁$_2$(肥厚期至突起发生期)	22.0	2.5	75	
第3天	戊$_1$(突起发达前期)	22.0	2.5	75	
第4天	戊$_2$(突起发达后期)	24.0	2.5	75	
第5天	戊$_3$(缩短期)	25.0	2.0～2.5	79	每天光照18h
第6天	己$_1$(反转期)	25.0	2.0～2.5	79	
第7天	己$_2$(反转期终了)	25.5	2.0	81	
第8天	己$_3$(气管显现期)	25.5	1.5	84	
第9天	己$_4$(点青期)	25.5	1.5	84	20%～30%蚕卵点青时全天遮黑
第10天	己$_5$(转青期)	25.5	1.5	84	
第11天	孵化	25.5	1.5	84	收蚁当天早晨感光

表9-2　蚕种简化催青技术标准表

催青日期	胚子发育阶段	目的温度/℃	干湿差/℃	相对湿度/%	光照
出库	丙$_1$(最长期前)	15.5	1.5	82	自然光线(每天光照12h)
第1～4天	丙$_2$(最长期)～戊$_2$(突起发达后期)	22.0	2.0～2.5	75～80	
第5～10天	戊$_3$(缩短期)～己$_5$(转青期)	25.5	1.5～2.0	85～90	戊$_3$～己$_3$ 每天光照18h，己$_4$～己$_5$ 遮黑
第11天	孵化	25.5	1.5	85	收蚁当天早晨感光

(三)催青的环境条件调节

蚕种到达催青室后，应立即解剖蚕卵，观察胚子形态特征，根据胚胎的发育程度，将蚕种保护在适宜的环境条件中。催青中的环境条件包括温度、湿度、空气、光线等。

1.温度调节

催青温度对蚕卵胚胎发育的影响最大，除直接影响到催青过程的长短、蚁蚕孵化的齐一与否、蚕卵孵化率的高低、蚁蚕体质的强弱外，还会影响下代蚕化性的变化、蚕茧产量的高低和蚕茧质量的优劣等。

各发育阶段的胚子对温度的反应及其适温要求各不同。丙$_1$、丙$_1^+$ 胚子的最适宜发育温度为15℃，而丙$_2^-$、丙$_2$ 胚子的最适宜发育温度为20℃。为此，经过越冬解除滞育后的越年蚕种，在春蚕期出库后要先在15℃中保护1d，使发育不齐的胚子全部整齐地进入丙$_2$ 期(催青起点胚子)，然后才升温至20℃，这样能使以后的胚胎发育齐一，蚁蚕孵化整齐。如果把胚胎发育程度不齐的蚕种，出库后就加温到20℃开始催青，或在蚕种运输中遇20℃以上的温度，则丙$_2^-$、丙$_2$ 胚子迅速向前发育，而丙$_1$、丙$_1^+$ 胚子发育更慢，增大了胚胎发育的开差，造成最后蚁蚕孵化不齐。丁$_2$ 胚子和己$_5$ 胚子对低温的抵抗力强，丁$_2$ 胚子可在温度5℃、湿度75%中抑制15d左右；己$_5$ 胚子可在温度5℃、湿度75%下冷藏2～3d，所以在催青初期和后期如遇到气温下降、连绵阴雨、遭霜害等特殊情况造成桑树生长缓慢时，可以采用冷藏丁$_2$ 胚子和己$_5$ 胚子的方法，来达到延迟收蚁的目的。戊$_3$ 胚子对温度比较敏感并开始影响化性，高温(25.5℃)有利于向越年性的方向变化，并且提高

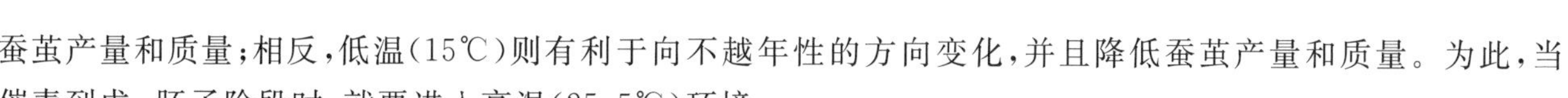

蚕茧产量和质量；相反，低温(15℃)则有利于向不越年性的方向变化，并且降低蚕茧产量和质量。为此，当催青到戊$_3$胚子阶段时，就要进入高温(25.5℃)环境。

催青中温度激变或感温不均匀，均会引起催青死卵和孵化不齐。因此，催青室务必保持温度稳定均匀，换气前先略升高温度，以避免换气造成温度激变；同时蚕种要有计划地按照一定时间、次序进行摇卵及更换位置，促使蚕种感温均匀。蚕种位置进行前后、上下、左右调换，每天2次。散卵在调种的同时结合摇卵，使卵粒在一个平面上轻轻转动，须防止卵粒振动过剧而造成蚁体受伤。

2. 湿度调节

催青湿度主要影响蚕卵孵化的齐一程度和蚁蚕强健度，对化性也有一定影响。蚕卵没有外界营养和水分的补给，卵内水分随着呼吸、蒸发而不断减少，催青期过湿与过干都对蚕卵生理有害。催青期特别是戊$_3$胚子到孵化期间，如果在70%以下的湿度下催青，则胚胎发育不齐，死卵多，孵化率低，蚁蚕体重轻并绝食生命时数短，有利于向不越年性的方向变化；如果在90%以上的高湿度下催青，则蚁蚕体肥大并虚弱。为此，通常催青适宜湿度为75%～84%，在缩短期以前偏低，缩短期以后偏高。

春期蚕种催青时由于加温，往往使催青室湿度降低。因此必须进行补湿，特别是戊$_3$胚子(缩短期)以后，更要注意补湿。同时，在领种运输过程中，必要时用清洁湿布覆盖蚕种容器，以防途中干燥。

3. 光线调节

催青中，光线对蚕卵胚子发育快慢、孵化齐否、孵化时间及化性变化等均有明显影响。从催青开始(丙$_2$)至点青期(己$_4$)，胚子发育速度在明环境下比在暗环境下快；但从点青期(己$_4$)至催青末期(转青期，己$_5$)，胚子发育速度在暗环境下比在明环境下快；到最后的孵化阶段(蚁蚕)，黑暗对孵化有抑制作用，但蚁蚕对红光不敏感；蚕卵在昼明夜暗的自然环境中催青，则蚁蚕都在5:00—9:00孵化，反之在昼暗夜明的环境中催青，则蚁蚕在17:00—21:00孵化。为此，从催青开始(丙$_2$)至气管显现期(己$_3$)，采用昼明夜暗的自然光线催青，当20%～30%蚕卵点青时进行遮黑处理，将蚕卵保护在完全黑暗环境中，并在此遮黑处理期间进行蚕种检查、发种、补催青等操作，均在红色灯泡或红布(红纸)包裹灯泡的红色照明条件下进行；蚕种运输途中也要遮黑处理；到收蚁当日早晨进行感光，达到蚁蚕孵化齐一。

二化性蚕种在明环境下催青，则有利于向越年性的方向变化，尤其在缩短期(戊$_3$)至气管显现期(己$_3$)的感光效果最大；反之，二化性蚕种在黑暗环境下催青，则有利于向不越年性的方向变化。为此，二化性蚕种催青时，为了使其趋向一化性，在缩短期(戊$_3$)前胚子采用白天明晚上暗的自然光线，从缩短期(戊$_3$)到气管显现期(己$_3$)胚子，每天感光18h(除白天12h接受自然明光线外，晚上增加人工感光8h)。

4. 空气调节

随着催青的加温补湿，蚕卵胚胎迅速发育，呼吸量逐渐增加，尤其催青后期的催青温度较高，蚕卵呼吸旺盛，其二氧化碳的呼出量增加到催青开始时的2～3倍。同时，蚕卵对二氧化碳等不良气体的抵抗力，随着催青进程而减弱，在收蚁前2～3d最弱。不良气体浓度超标时，不但会增加催青死卵，而且会造成孵化不齐及蚁蚕体质虚弱。为此，催青室内空气要保持新鲜，特别在催青后期更需要勤换气，通常在戊$_3$胚子以前每天换气2次，戊$_3$胚子以后每天上、下午各换气2次，每次10min左右；在室内外温差较小时，可以直接开门窗换气，但室内外温差较大时要采用间接法换气，即先在走廊里换好气，再进行催青室内换气，以免催青室内的温湿度发生激变。同时，催青期间要注意避免油类、烟草、农药、消毒药剂、蚊香、油漆、工厂废气等有害物污染催青环境，保证催青蚕卵胚胎正常发育。

(四)发种

当蚕种催青至转青时，就要将蚕种分发到各饲育户。为了使各饲育户做好补催青、收蚁和养蚕的准备工作，在发种前2～3d(催青至气管显现期，即己$_3$胚子)发出领种通知。同时在蚕卵遮黑(点青期，己$_4$胚子)前，按各级蚕农户所订蚕种盒(张)数，整理核对，分别放置。如交通方便，在蚕卵孵化前1d发种；如路途较远，则适当提早发种。发种前2～3h，将催青室温度逐渐降低至接近自然温度，以防止发种时温度激变。领种用具必须彻底清洗消毒，领种时蚕种要平放并严禁堆叠过高。领种途中要防止日晒、雨淋、干燥、闷热和剧烈振动，防止接触农药及其他不良气体，并继续遮黑。

（五）补催青

当前生产上一般将蚕种催青至转青时发种，因为蚕卵转青后对不良环境的抵抗力弱，所以需要继续保护在合适的环境条件下直至孵化。这一经过催青处理发育到转青期的蚕种分发到稚蚕饲育农户或共育室，继续进行遮黑和标准催青温湿度保护的操作过程，称为补催青。补催青是蚕种催青保护的继续，如果处理不当，会造成蚕种孵化不齐甚至增加死卵，影响蚕茧生产的质量与产量。

各稚蚕饲育农户或共育室在领种前1d，对稚蚕室进行升温补湿，保持温度21℃和干湿差2℃。散卵蚕种领回到稚蚕室后，在红色灯光下拆开卵盒，将蚕卵倒在垫有白纸或防干纸的蚕匾或蚕框里，每盒卵平铺在30cm×40cm范围内，使卵粒无重叠堆积；然后在蚕卵上覆盖1张小蚕网或盖上1张棉纸，以防卵粒滚动；摊种结束后，按每小时0.5～1℃逐渐升温直至25.5℃，干湿差保持1.5℃，并继续遮黑以保持室内绝对黑暗。

补催青时，温度和湿度要求保持平稳，不可变动太大，并严防27℃以上高温和21℃以下低温，以及70%以下的干燥环境和95%以上的多湿环境。同时要注意定时换气，尤其是使用煤、炭、木材作加温燃料的，产生的有害气体会使蚕卵孵化不齐，严重的会引发死卵。

（六）延迟发种

催青中如遇气温下降、连绵阴雨、霜害、有毒废气或农药污染等特殊情况，必须延迟收蚁时，可根据胚胎的发育程度，采取适当的应急措施。具体措施如下。

1.改变催青温度

如在催青初期，胚子发育还没有到达缩短期（$戊_3$），则可以采取2种改变催青温度的方式，来达到延迟发种的目的。第一种方式是不再升温、保持已有温度不变，能使蚕卵孵化日期稍延迟；第二种方式是利用$丁_2$胚子对低温抵抗力强的特点，在12℃中将$丁_2$胚子保护3d，能使发种延迟2d。如果胚子发育已到达缩短期（$戊_3$），则应按原定计划升温并继续催青，否则会影响化性。

2.冷藏蚕卵

在催青期间，有2个胚子发育阶段的蚕卵可以进行低温冷藏，来达到延迟发种的目的。第1个是当胚子发育到$丁_2$期，利用$丁_2$胚子对低温抵抗力强的特点，可将蚕卵在温度5℃、湿度75%中抑制15d左右。第2个是待蚕卵全部转青并见有少数苗蚁时，利用$己_5$胚子对低温抵抗力强的特性，可在温度5℃、湿度75%以上的条件下冷藏7d以内，冷藏时间尽可能缩短，一般为2～3d。低温冷藏前后，均需经5～6h的中间温度调节，以免温度激变。

3.冷藏蚁蚕

如果已经孵化，则可以低温冷藏蚁蚕，在15.5℃下，冷藏时间不宜超过2d；在10℃下，冷藏时间不宜超过3d。

四、夏秋蚕种催青

夏秋蚕种经过即时浸酸、冷藏浸酸或复式冷藏种出库后到孵化为止，这一期间的蚕种保护过程，就是催青过程。夏秋蚕种的催青过程是否适当，对蚁蚕孵化、蚁蚕体质、蚕茧产量与质量等都会产生很大影响，所以必须高度重视。

夏秋蚕种催青的温度标准：在浸酸后3d内用18.5～21℃保护，浸酸后第4～5天用23.5～24℃保护，从$戊_3$胚胎开始（浸酸后第6天）一直至孵化则保护在26.5～27℃中。湿度标准：在催青前半期（催青开始至第5天，即缩短期前）用相对湿度80%（干湿差2℃）保护，在催青后期（催青第6天至孵化）用相对湿度85%（干湿差1.5℃）保护。开始点青时进行遮黑，转青卵发种，其他催青技术处理与春蚕期的相同。

夏秋蚕种的催青，因夏、早秋和中秋期正值高温闷热季节，要做好降温和排湿工作，同时将蚕种运至催青室应在早上或夜间气温降低时进行，以避免接触高温；在晚秋期可能遇到低温、干燥，要做好保温与补湿工作。夏秋蚕种胚子发育较快，发种时期仍以转青卵为原则，但应较春蚕期适当偏早，并在早晚气温下降明显时进行为宜。

第二节　收蚁

将完成催青后的蚕种通过光照刺激促使其整齐孵化成蚁蚕，并将蚁蚕收集到蚕座里开始给桑饲育的操作过程，叫收蚁。收蚁是养蚕技术措施之一，要求方法简便，但不伤蚁体；能一次收尽已孵化的蚁蚕，又不影响未孵化的蚕卵继续催青保护。

在收蚁前要调节好蚕室的温度湿度，为了减少收蚁时的蚁蚕体力消耗，可将温度适当降低至24℃，收蚁结束后逐渐升高至饲育温度27～28℃。同时要准备好收蚁用具及蚁蚕体消毒药剂，并在收蚁当天早晨或前日傍晚采足收蚁用桑及当天用桑。

在自然光照下，蚁蚕在5:00左右开始陆续孵化，6:00达到盛孵化，盛孵化后2～3h为收蚁适期。为此，春蚕期收蚁一般在8:00—9:00进行，夏秋蚕期高温时收蚁提早至7:00进行为好。收蚁当天6:00揭去蚕种上的遮黑物，用约100lx灯光进行感光刺激，促使蚁蚕孵化。若蚕种孵化不齐，应分批收蚁，当天孵化的蚁蚕当天收完，未孵化的蚕卵继续于24℃、遮黑下保护，次日早晨重新感光收蚁。

当前生产上的收蚁方法主要有网收法、棉纸吸引法、桑收法、袋收法等。

一、网收法

在补催青均匀摊种后的散卵卵面覆盖1张小蚕网，以防止蚕卵滚动；收蚁当日早晨感光时再覆盖1张面积稍大的小蚕网，以防止收蚁提网时带上卵壳。收蚁时将切碎桑叶（0.4cm×2.0cm的细条桑叶或边长0.4cm的方块桑叶，称为呼出桑）均匀撒于网上吸引蚁蚕，经约15min蚁蚕全部爬到桑叶上后，提取上面1张蚕网至垫有蚕座纸的空匾里，进行蚁蚕体消毒后第1次给桑，然后整理形成匀整规范的蚕座，包覆防干纸（或打孔塑料薄膜）。这种利用小蚕网作为隔离蚕卵、收集蚁蚕工具的收蚁方法叫网收法。收蚁用的小蚕网要求质地柔软、平直滑爽，在给桑2～3次后卷去，把蚕座整理成一定大小面积再进行饲育。

网收法的优点是操作简便，缺点是不能准确称量蚁蚕数量。

二、棉纸吸引法

用棉纸吸引分离蚁蚕进行收蚁的方法叫棉纸吸引法。收蚁前先称好棉纸重量，记在纸角上。收蚁时将棉纸平铺在覆盖散卵的小蚕网上或平附种上，在此棉纸上再重叠盖上一张棉纸（这张棉纸不必称量），然后在棉纸上均匀撒一层预先烘干的桑叶吸引蚁蚕。经10～20min，待蚁蚕爬到下层棉纸上，除去上层棉纸及桑叶，提取下层棉纸连同蚁蚕一同称量，减去棉纸重量，即得蚁蚕重量。把蚁蚕连同棉纸一起放在蚕匾内蚕座纸上，进行蚁蚕体消毒后第1次给桑，然后整理形成匀整规范的蚕座，包覆防干纸（或打孔塑料薄膜）进行饲育。

棉纸吸引法能够测知蚁量，有利于标准化饲育，在品种比较试验、科研调查、种茧育等需要计算蚁量时采用。

三、桑收法

直接将切碎的桑叶撒在蚕座纸上或孵化的蚁蚕体上，吸引蚁蚕的收蚁方法叫桑收法。桑收法适用于平附种卵，有2种收蚁形式。

第1种是将完成补催青的平附种卵面朝上置于蚕座纸上进行感光，蚁蚕孵化1～2h后，将切碎的桑叶撒于蚕连纸上吸引蚁蚕，待10～15min蚁蚕爬至桑叶上后，将桑叶和蚁蚕一同倒入蚕座纸上；残留在蚕连纸上的蚁蚕和桑叶用鹅毛刷下，或拍打蚕连纸背面振下，一同入蚕座纸上；然后进行蚁体消毒并第1次给桑，整理形成规整的蚕座后，包覆防干纸（或打孔塑料薄膜）进行饲育。此法易伤蚁体。

第2种是将切碎的桑叶撒在蚕座纸上，其面积略大于平附种的卵面积，然后将已感光并蚁蚕孵化1～2h后的蚕连纸卵面向下地伏合在桑叶上面，待10～15min蚁蚕爬到桑叶上后，提起蚕连纸，然后进行蚁体消毒并第一次给桑，整理形成规整的蚕座后，包覆防干纸(或打孔塑料薄膜)进行饲育。本法简单，并不伤蚁体。

四、袋收法

采用由棉纸、涂覆一定面积无毒不干胶的黑色纸板制成的专用收蚁袋进行蚕种收蚁的方法，叫袋收法。当前生产上主要用于人工饲料育蚕的收蚁。

在散卵蚕种催青至点青期即将进入遮黑处理前，将蚕卵从收蚁袋开口处定量装入收蚁袋中，压紧袋口封口；端平收蚁袋轻轻左右晃动，使蚕卵均匀粘于收蚁袋内的粘卵胶上，晃动收蚁袋直至无蚕卵滚动声响，如果卵量少于粘卵胶面积，则要适量加入收蚁沙轻轻晃动，使其黏附于余下的裸露粘卵胶面上，以防止卵孵化时黏附蚁蚕；将收蚁袋黑面朝上放入蚕匾内或悬挂于共育室内，进行遮黑催青处理及补催青处理。

收蚁当天 5:00—6:00，将收蚁袋棉纸面朝上感光 2～3h，待蚁蚕孵化后进行收蚁。收蚁有 2 种形式。第 1 种是将切好的桑叶均匀地撒在收蚁袋的棉纸一面，吸引蚁蚕爬到棉纸上，约 15min 后把桑叶倒掉，将收蚁袋棉纸从一角开始轻轻揭开、撕下，然后把棉纸有蚕的一面朝下、平铺在预先撒好人工饲料的蚕座上，让蚁蚕自行爬到饲料上，如果粘卵纸上有少量蚁蚕，可用蚕筷敲打粘卵纸背面，使蚁蚕落在蚕座上。第 2 种是在收蚁前，先将棉纸从一角轻轻撕下，这时棉纸上和粘卵纸上都有蚁蚕，将两者并排平铺在预先撒好人工饲料的蚕座上，让蚁蚕自行爬到饲料上。

第十章　饲育

第一节　稚蚕饲育

根据家蚕幼虫期不同发育阶段的生理、生长特点，以及对气象环境和营养条件的不同要求，在我国现行养蚕生产上使用的蚕品种都是四眠5龄，通常将第1～3龄期称为稚蚕期(俗称小蚕期)，期间蚕称为稚蚕(俗称小蚕)。稚蚕期是充实体质和维护群体发育齐一的重要时期，是整个蚕期的基础。"养好小蚕一半收"，这是中国蚕农在生产实践中总结出的宝贵经验，它概括地说明了养好稚蚕的重要性。为此，采取适合稚蚕期生理生态特点的技术措施养好稚蚕，对于实现蚕茧优质丰产具有重要意义。

一、稚蚕的生理生态特点

(一)稚蚕对高温多湿的适应性强，适宜在高温多湿环境下饲育

蚕体水分和热量的散发，主要是通过皮肤和气门的传导、蒸发来实现的。稚蚕皮肤薄、蜡质含量少、单位体重的体表面积和气门对体躯的比例均大，其体内的热量易通过传导和水分蒸发而散失。为此，稚蚕易散热、蒸发水分而使体温降低，一般稚蚕体温比周围微气象环境中的气温要低0.5℃左右。同时，稚蚕用桑叶嫩、切碎而容易凋萎，在多湿环境下桑叶容易保鲜，可使蚕吃饱吃好。因此，在适宜的温湿度范围内，稚蚕更适应高温多湿的环境。采用高温多湿环境饲育稚蚕，不仅符合稚蚕生理生态特点的要求，而且可使稚蚕的生理代谢作用增强，发育加快，食下量、消化率提高，生命力增强，最终获得优质高产的饲育成绩。

(二)稚蚕呼吸强度大，对CO_2抵抗力较强，适宜在覆盖或密闭下饲育

稚蚕体内物质代谢旺盛，吸入O_2、呼出CO_2的呼吸强度大。但稚蚕单位体重的体表面积和气门比例大，气体交换容易，CO_2易排出。例如，1龄第2天蚕每克体重1h排出2106mL CO_2，而5龄第3天蚕1h仅排出562mL CO_2，两者相比相差2.8倍；同时空气中的CO_2对稚蚕呼吸障碍的影响较小。因此，稚蚕期为提高桑叶保鲜效果，可采用薄膜(防干纸)覆盖或密闭环境下适当换气的方式饲育。

(三)稚蚕生长发育快，需要精选新鲜适熟叶饲育

稚蚕期各龄蚕生长发育快，例如蚕体重在1龄期增加15～16倍，2龄期增加6～7倍，3龄期增加5～6倍。由于稚蚕生长迅速，对桑叶质量要求高，因此必须严格选采水分多、蛋白质丰富、碳水化合物适量的新鲜适熟叶来饲育。

另外，稚蚕体表面积的增长率大，就眠快，眠期经过时间短。因此，稚蚕期必须超前扩大蚕座面积，防止蚕头拥挤而造成食桑不足、发育不齐；眠起处理必须及时，加眠网提青宜早不宜迟。

(四)稚蚕移动范围小、对桑叶感知距离短，给桑力求均匀

稚蚕个体小，移动范围小，并且对桑叶感知距离短。因此，稚蚕期调桑要将桑叶切碎成一定规格，并保证给叶均匀，使每条蚕都能饱食，同时给桑量不宜过多，以免造成伏𫇽蚕遗失。

(五)稚蚕有趋光性和趋密性，稚蚕室宜遮暗

趋光性是视觉器官对光波所引起趋向和背向的反应，家蚕趋光性与蚕的发育阶段和光强度有关。一般蚁蚕和稚蚕在5～100lx范围内呈正趋光性，以15～30lx最显著。因此，收蚁时提早感光，能显著提高孵化率；稚蚕给桑时提前感光30min，可以促进蚕向上移动，减少伏𫇽蚕遗失；蚕室内有分布不匀的照射光线，易

造成蚕座上蚕分布不匀而影响蚕饱食，稚蚕室在除给桑等饲育操作外时，宜遮光、保持黑暗。

稚蚕具有较强的趋密性。因此，稚蚕饲育在每次给桑前要做好匀座与扩座工作，以保持蚕座上蚕分布均匀并密度适当，从而使每条蚕都能饱食。

(六)稚蚕的抗病力和抗逆性均弱，需要保持清洁、无菌的饲育环境条件

稚蚕对各种病原菌的抵抗力较弱，如蚕对软化病病毒的抵抗力，若设1龄期蚕的抵抗力为1，则2龄期蚕的抵抗力为1.5倍，3龄期蚕的抵抗力为3倍，4龄期蚕的抵抗力为13倍，5龄期蚕的抵抗力为10000～12000倍，5龄期蚕的抵抗力比1龄期蚕的要强1万多倍。为此，稚蚕饲养的环境、用具等要严格消毒，以防止稚蚕感染发病。

稚蚕除对二氧化碳抵抗力较强外，对一氧化碳、二氧化硫、氨等其他有害气体的抵抗力均较弱，容易引起中毒。另外，稚蚕食下被农药、煤烟、氟化物等污染的桑叶而受害程度也远比壮蚕的严重。为此，稚蚕饲育需要清洁环境，远离毒气毒物。

二、稚蚕饲育形式

中国农村稚蚕饲育的形式大致有覆盖育、围台育、炕床(房)育等几种，都能达到蚕体发育齐一、体质强健的要求。

(一)覆盖育

在蚕座上加盖涂蜡牛皮纸(防干纸)、打孔聚乙烯塑料薄膜等覆盖材料的一种养蚕方法叫覆盖育，它可以减慢蚕座空气流速，减少桑叶水分散失，防止桑叶凋萎，从而达到既减少给桑次数，又让蚕吃饱吃好的目的。

覆盖育最初采用的是纸张育，就是在蚕匾里面垫(或糊)一层纸，在纸上放稚蚕，给桑后再在蚕座上盖上用纸糊成船棚形的盖。因为这种纸张覆盖育的密闭程度较差，所以其后改用涂有石蜡的牛皮纸(防干纸)作为覆盖材料。随着塑料薄膜在中国农业生产上的广泛应用，从20世纪60年代开始在中国广泛推行聚乙烯塑料薄膜代替防干纸进行覆盖育养蚕。由于塑料薄膜无色透明、质地柔软、坚韧耐用、消毒容易，并且可以多次使用，因此不仅操作方便，还能节约养蚕成本。但塑料薄膜透气性不够，所以需要在薄膜上打孔，孔间距为3cm左右，孔径以蚁蚕钻不出来的约1mm为度，保证适当透气；同时塑料薄膜覆盖后，膜面上常凝有雾滴，给桑前揭起拭干后再使用。

覆盖育养蚕时，第1龄和第2龄采用下垫、上盖并四周包折，称为全防干(纸)育；第3龄采用只上盖1张涂蜡牛皮纸或打孔塑料薄膜，称为半防干(纸)育。防干纸育每天给桑3～4次，在每次给桑前半小时揭去盖纸，进行必要的换气和光线调节；给桑后立即覆盖，眠除后不覆盖。

覆盖育具有3个方面作用：①增温保湿，改善蚕座内小气候环境，尤其在低温干燥时，覆盖育蚕座内的温度比不覆盖的增加1.0～1.5℃，相对湿度比不覆盖的提高10%以上；②桑叶失水少，稚蚕能充分饱食，体质健壮，抗逆性增强；③桑叶保鲜时间长，能减少给桑回数，有利于节省劳动力和节约用桑量。

覆盖育主要用于稚蚕饲育，但随着农村劳动力的日益短缺，特别是壮蚕期，为了减轻、节省劳动用工，在部分地区，4龄期及5龄初期也采用塑料编织布或大孔径(直径0.8～1.0cm)塑料膜覆盖育，以减慢桑叶凋萎速度，来达到少回省力化饲育壮蚕的目的。

(二)围台育

将梯形蚕架或三角蚕架和蚕匾的四周用塑料薄膜密闭围起来以保温保湿，在其内饲育稚蚕，这种养蚕方式叫围台育。围台育又称塑料薄膜帐育、尼龙帐育，于1963年在广东省佛山市南海区首创试养成功，后在全国蚕区普遍推广应用。

塑料薄膜围台时形似蚊帐，薄膜垂至地面略长以利于保温保湿，前面帐和顶盖的薄膜可以活动揭开，形成帐门，在给桑等操作时启开帐门抽出蚕匾，操作结束后再将蚕匾放回帐内并关闭帐门。当饲育规模较大时，可把全室2～4个蚕架或多层叠加塑料(或木制)蚕框同时围起来，在入室处设帐门，在给桑等操作时，人

可以进入帐内操作。

围台育每天给桑3次，每次给桑前半小时先开帐，打开蚕室门、窗进行换气，给桑后关上帐门，蚕就眠止桑后，打开帐门，促进蚕座干燥。

围台育在帐内放电(火)炉加温，在电(火)炉上放水锅补湿。当湿度过低时，可在帐内喷雾或洒水补湿；当湿度过大时，可揭开部分帐顶排湿，也可将帐脚提高至离地30～40cm，并且蚕座不盖不垫，以利帐内换气排湿；在低温低湿季节，蚕座上可采用上盖下垫打孔塑料薄膜或防干纸。总之，使用时要因时因地制宜，灵活应用，帐顶可依稚蚕龄期、发育阶段、温度、湿度等气象条件的变化开闭。

(三)炕床(房)育

稚蚕炕床(房)育是借鉴中国北方农村家庭冬季生火取暖的炕床结构和原理，在蚕室地面铺设弯曲的烟道(地火龙)散热进行加温，再通过烟道上的湿沙进行补湿，从而在密闭的小室内形成高温多湿的环境，将第1～3龄蚕放入室内饲育的稚蚕饲育方法。在蚕房内砌筑密闭的小室，在小室地下砌烟道加温补湿，将蚕放入此小室内饲育，而饲养员在小室外操作，称为炕床育；在蚕房的地下砌烟道加温补湿，将蚕放入蚕房内饲育，饲养员直接在蚕房内操作的方法叫作炕房育，它是饲育规模较大的蚕户从炕床育的基础上改进而来的。炕床(房)育是20世纪60年代由中国农业科学院蚕业研究所科技人员首创，具有散热均匀平稳、保温保湿性能好等特点，不仅有利于稚蚕的生长发育，并且能保持桑叶新鲜，从而节约用桑量、减少给桑次数、节省劳动力，还可以避免燃料燃烧所产生的不良气体影响蚕的生长，以及减少养蚕人员一氧化碳中毒风险。炕床(房)结构简单，造价低廉，便于建造推广。

炕床(房)的构造分地上饲育室和地下地火龙两部分。炕床(房)顶部设天花板，左、右、后3面为墙，正面设可关开的门；天花板中央和后墙左右两侧下方，各开2个换气洞，换气洞内有木板可以自由启闭，以便调节温度、湿度和空气流通；炕床(房)内搭设蚕架，层高16.5cm、最下层离炕面30cm，地面铺黄沙用于浇水、蒸发补湿；炕床(房)的面积大小，根据饲育蚕种数量、蚕匾大小等决定。地下加温部分由炉灶、烟道、烟囱构成，地下烟道俗称地火龙，炕房因面积较大，地下可设3～4条烟道并回转在蚕架下；在炉灶内燃烧柴、煤、炭等燃料后产生的烟热，通过地下烟道发散到整个炕床(房)而使室内温度升高，再通过烟道上的湿沙补湿而使室内形成多湿的环境，烟通过烟囱最终排出室外。

养蚕前进行炕床(房)试烧，掌握炕床(房)温度升降规律，熟悉炕床(房)的性能，检查地火龙通畅情况及有无漏烟现象。然后将洗净晒干的蚕具插放在炕床(房)内，进行彻底消毒。消毒后打开炕(房)门，待药味充分发散后使用。炕床(房)育蚕发育快，要超前扩座，同时加眠网宜稍早。在目的温度、湿度范围内，1～2龄期结合给桑时进行换气；3龄期除此外还需要开放炕床(房)的换气洞，促使空气对流以加速换气，在眠中打开换气洞并在蚕座上撒干燥材料，保持蚕座干燥。

(四)叠式蚕框育

用木材、塑料等材料制成一定规格、可以叠放的蚕框，在蚕框内饲育稚蚕，这种养蚕方式叫叠式蚕框育。叠式蚕框育于20世纪90年代创建，因为蚕框制作工艺简单、成本低廉、使用寿命长、饲育操作方便、蚕室利用率高等，所以在生产上得到广泛应用。

叠式蚕框是以杉木或松木等木条为材料，制成一定大小的木框，木框底部用塑料编织布、塑料网或窗纱绷紧钉牢，并在底部四角用木块钉成2～3cm高的三角脚，在起到加固作用的同时，可以保证蚕框叠放时有适当的空气交换。为使木框更牢固耐用，还可以在木框的底部再钉上2根木条。木蚕框之间可以叠放在一起，不需要搭蚕架，充分利用蚕室空间。现在普遍采用以塑料为材料制成的蚕框，这种塑料蚕框大小规格一致，叠放方便，并且便于清洗消毒，为稚蚕共育室，特别是稚蚕人工饲料共育所普遍采用。

在蚕框的底部垫上1块相应大小的聚乙烯塑料薄膜，将稚蚕放在聚乙烯塑料薄膜上，就可以进行叠式蚕框育。叠式蚕台放置于两边，中间预留饲养员操作通道，蚕台距离四周墙壁及地面40cm以上，每台可放蚕框15层左右，最下面一蚕框不放蚕；同边蚕台排放时要留一空档位，作为操作时调翻蚕台之用。每次给桑或除沙时，按从上至下的顺序操作，第一层翻为最下层，第二层翻为倒数第二层，依此类推。给桑后每档最上面一层蚕框覆盖打孔聚乙烯塑料薄膜，其余蚕框不必覆盖，根据室内温差及时调节蚕框位置。

三、稚蚕饲育技术

(一)桑叶的采摘

在养蚕生产过程中,根据蚕的生理需要和发育程度,每天从桑园桑树上足量采摘适熟叶用作家蚕饲料的技术操作,是满足蚕体营养和保证桑叶新鲜的关键饲养技术之一。

1. 采桑量

在采桑前需要正确估计用桑量,按需采摘,以防止采桑过多或不足。如采摘过多,则会造成桑叶较长时间贮存而渐渐失去水分和养分,从而降低了饲料价值;如采摘过少,则会因桑叶备用不足(尤其在雨天或夜间),而使蚕遭受饥饿。每天采桑量的估计,通常要根据每次给桑量、给桑次数、气候、蚕发育和桑叶贮存量等情况来决定,一般以每次给桑量乘以半天或一天内给桑次数,再按照气候、蚕发育情况、桑叶贮存量做适当增减。

2. 采桑时间

桑叶在白天利用太阳光、空气中的二氧化碳和来自根部的水分等进行光合作用,合成营养物质;而桑叶在晚上进行呼吸作用,分解营养物质以供给桑树各器官生长所用。因此,桑叶的营养价值因采桑时间不同而存在一定差异。傍晚采的桑叶所积聚的营养物质多,营养价值高,但水分含量小,容易凋萎;早晨采的桑叶内营养物质含量较小,但水分含量较大,不易凋萎(表 10-1)。

根据以上情况,养蚕生产上桑叶采摘时间一般分早、晚 2 次,日中不采。白天用叶在早晨采,于露干雾散后进行;夜间和次日早晨用叶在傍晚采,于太阳落山时进行。气候干旱、桑叶水分含量小,宜在早晨多采,反之则傍晚多采,但不采雨叶。稚蚕期采叶要防凋萎,可一边采一边整理,并上盖湿布;壮蚕期采叶要快采、轻装,尽量缩短采桑时间。

表 10-1　不同时间采摘的桑叶成分比较

采桑时间	水分含量/%	糖分含量/%	淀粉含量/%
6:00	82.110	0.490	0.707
18:00	79.010	0.921	2.043

注:数据引自浙江农业大学,1983。

3. 采桑的标准和方法

稚蚕用桑叶的成熟程度是否适当,对蚕的取食、发育速度、眠起整齐度和减蚕率等都有极大影响,所以稚蚕用桑叶要严格按照适熟叶标准采摘。采摘时同一天的用叶力求做到桑品种、叶色、叶位、手感及采叶时间均一致。如采叶过嫩,则会造成蚕营养不足,影响蚕的健康;如采叶偏老或老嫩不一,则会造成蚕群体发育不齐,给饲育操作工作带来很大不便。因为各龄蚕对各种营养成分的要求不同,以及对桑叶软硬和厚薄的喜好存在差异,所以各龄蚕的用叶标准也随着龄期和蚕期的变化而改变(表 10-2)。

表 10-2　稚蚕用叶标准

蚕期	龄期	叶位	叶色
春蚕期	收蚁	第 2～3 位叶	绿中带黄
	1	第 3～4 位叶	嫩绿色
	2	第 4～5 位叶	将转浓绿色
	3	三眼叶(止芯叶)	浓绿色
夏蚕期	1	第 3～4 位叶	黄绿色
	2	第 4～5 位叶	嫩绿色
	3	疏芽叶	淡绿色
秋蚕期	1	第 2～3 位叶	嫩绿色
	2	第 4～5 位叶	绿色
	3	中部叶	浓绿色

春蚕期的桑叶伴随蚕的成长而成长，生产上常用以叶色为主、叶位为副的“同色同位”方法进行选叶。选采绿中带黄的芽梢顶端自上而下第2～3位叶作为收蚁用叶；采嫩绿色的芽梢上部第3～4位叶为1龄期蚕用叶；采将转浓绿色的芽梢上部第4～5位叶为2龄期蚕用叶；采枝条中部浓绿色的三眼叶（止芯叶）为3龄期蚕用叶。

夏蚕期夏伐桑的枝条和桑叶生长迅速，桑叶偏嫩，以叶色、叶位并加手触（桑叶软硬的触感）进行选采叶，1～2龄期蚕用叶的叶位一般比春蚕期的下移1～3叶，3龄期蚕用夏伐桑的疏芽叶。

秋蚕期也以叶色、叶位并加手触（桑叶软硬的触感）进行选采叶，各期要注意分批采，既能满足养蚕需要，又不影响桑树生理。1龄期蚕采用枝条顶端自上而下第2～3位叶，2龄期蚕采用枝条顶端自上而下第4～5位叶，3龄期蚕采用枝条上中部的适熟叶。

夏秋蚕期是采夏伐桑或春伐桑长出枝条上的桑叶，其枝条要过冬至次年春季发芽长叶，所以采叶方法要做到摘叶留柄、不伤枝皮及保护腋芽。春蚕期是采过冬枝条上长出的芽叶或春伐桑的疏芽叶和保留枝条上桑叶，采春伐桑的保留枝条上的桑叶也要注意摘叶留柄、不伤枝皮及保护腋芽。

4.桑叶的运输

稚蚕期采桑量少，通常将桑叶放在湿蒲包或湿箩筐中运输，并要少装、快运，尽量缩短运输时间，运到贮桑室后马上整理贮存。

（二）桑叶的贮存

桑叶愈新鲜，其营养价值愈高。但在养蚕生产过程中，由于受到劳动力、天气、采桑时间等因素的限制，不可能做到桑叶随采随吃，必须有一定数量的桑叶贮存备用。在桑叶贮存过程中，防止桑叶凋萎，保持桑叶新鲜不变质，是事关养蚕优质高产、安全稳产的重要技术环节。

1.贮存时间

在同一环境的贮桑条件下，贮桑时间愈长，桑叶失水率愈大，叶中营养成分的损耗愈多。为此，即使在合理的贮桑条件下，贮桑时间一般亦应控制在24h以内，并且不同时间采摘的桑叶要分开贮放，先采先用。

2.贮桑环境

贮桑室要保持低温多湿的环境，温度＜20℃，并愈低愈好，相对湿度要求保持在90%以上，光线偏暗。贮桑室要保持清洁卫生，经常用1%有效氯含量的漂白粉溶液进行地面和用具消毒，防病菌污染。人员进入贮桑室要换鞋，贮桑用具与养蚕用具要严格分开，不混用。

3.贮桑方法

稚蚕期用桑叶软嫩，采回后要特别注意合理贮存，防止萎凋。目前生产上采用的贮桑方法有以下几种。

(1)缸贮法

准备一只已清洁消毒的缸，缸底放少量清水，离水面5cm左右放一层竹垫，中央竖放气笼，然后将桑叶理齐，叶柄向下、叶尖朝上地沿缸壁盘放，或将桑叶抖松后放在气笼四周，上盖湿布或湿匾保湿。缸贮法适于养蚕农户第1～2龄期少量贮桑时采用。

(2)领条贮桑法

地上放1只大圆匾，周围用竹席或领条围成圆圈，中间放气笼，气笼四周放抖松的桑叶，上盖湿布或湿匾。领条贮桑法贮放桑叶量多，适于共育室采用。

(3)砂坑贮桑法

在贮桑室内挖一长方形土坑或用砖围成长方形浅坑，大小根据贮桑量多少而定，坑底略倾斜，在坑外低的一端开一小塘，以备放水用。在坑底摊一张塑料薄膜，铺上约4cm厚的清洁粗砂或小石子，注入清水使砂石适量蓄水，以保持湿润。将理齐的桑叶叶柄向下插入蓄水的砂石中，一叠一叠紧靠排列。放好桑叶，在坑上加盖弧形的塑料薄膜罩或湿布保湿。每天将坑内的水放出流入小塘内一次，坑内另换清水。砂坑贮桑法贮放桑叶量多，也适于共育室采用。

（三）给桑

1.调桑

桑叶的整理和切桑叫调桑。整理就是剔除不良桑叶并叠叶；切桑就是将桑叶切成大小适当而整齐的叶片，便于撒叶均匀、厚薄一致及蚕吃叶。但切叶容易失水凋萎，切叶愈小，失水速度愈快。切叶大小因龄期和蚕发育程度而不同，一般收蚁和饷食期宜小，中食期稍大，盛食期最大，盛食期后再减小，将眠时宜偏小，以利于眠中蚕座干燥。切桑方法主要有如下几种。

(1)正方形切桑

切叶的大小以蚕体长的1.5～2倍见方为标准，适用于第1～2龄蚕。

(2)长条形切桑

这是我国农村自古以来就采用的传统切桑方法，俗称丝桑。长条形叶的切桑宽度约等于蚕体的长度，切桑长度为蚕体长的5～6倍。优点是便于稚蚕就食，给桑在蚕座上比较疏松，空间较多，不易造成蚕座冷湿。

(3)粗切桑

先把一大堆叶片或芽叶自上而下散落，集积成圆形，按纵横切成正方形或三角形。该切桑法适用于用叶较多的3龄期蚕。

2.给桑时间

适时给桑，能使蚕饱食新鲜桑叶并减少残桑。为此，给桑时间主要由蚕的食欲、蚕座上残余的桑叶量、桑叶凋萎程度来决定。稚蚕期通常以上次给的桑叶将近吃完或残余的桑叶已不宜作饲料之时，即为给桑适时。

3.给桑次数

给桑次数主要根据桑叶凋萎速度的快慢来决定。稚蚕期如给予失水率20%的桑叶，蚕的食下率会显著降低，因此2次给桑的间隔时间，以上次给的桑叶的凋萎程度尚未达到20%时为限。目前生产上采用覆盖育、炕床(房)育等防干育，因为保湿性能好，桑叶不易凋萎，所以每昼夜给桑2～3次，在每次给桑量充分的配合下，蚕就能达到充分饱食。

4.给桑量

给桑适量，既能使蚕充分饱食，又不会使残桑过多。如给桑过多，不仅浪费桑叶，而且影响蚕座卫生，稚蚕期还会增加伏魏蚕并导致蚕发育不齐；如给桑过少，则造成蚕食桑不足，蚕体瘦小，发育不良。实际生产上每次给桑量的多少，根据给桑次数、蚕的发育阶段、桑叶的凋萎速度和蚕的品种特性等因素来决定。

给桑量必须与给桑次数相匹配。因为某一发育阶段蚕的一天食桑量是固定的，所以每天给桑次数多，则每次给桑量少；相反，每天给桑次数少，则每次给桑量多。当前生产上饲育稚蚕采用防干育，每天昼夜给桑2～3次，则每次给桑厚度一般按以下原则掌握：1龄期蚕给桑1.5～2层，2龄期蚕给桑2～2.5层，3龄期蚕给桑2.5～3层。

不同发育阶段蚕的食桑量随蚕龄增大而增加，则给桑量也需要随龄期增大相应增加。在同一龄期中，蚕食桑又依次划分为少食期、中食期、盛食期和催眠期。从少食期到盛食期，给桑量逐渐增多；过了盛食期到催眠期，给桑量又逐渐减少。

桑叶的凋萎速度受到蚕室内湿度和叶质的直接影响，多湿能保持桑叶新鲜，因此可以减少给桑次数，同时增加每次给桑量；相反，干燥会加快桑叶的凋萎，要减少每次给桑量，同时增加给桑次数。桑叶新鲜、叶肉厚、成熟适度，则每次给桑量可稍增多，给桑次数可稍减少；相反，桑叶不新鲜或贮存时间过久、叶肉薄，则给桑次数可稍增加，每次给桑量宜稍减少。全叶比切叶更不容易失水，可以略增加每次给桑量，同时稍减少给桑次数。

不同品种蚕的食桑速度、每次食桑持续时间等存在差异，所以给桑量根据品种蚕的食桑习性进行适当调节。中国系统品种蚕属于急食性，给桑后很快就食，单次的食下量较多，所以给桑量宜稍多；而日本系统品种蚕属于缓食性，食桑较慢，给桑量不宜过多；农村生产上推广的杂交种，给桑后的就食时间较快，食桑亦较快，所以给桑量宜略增加，以发挥多丝量品种的特性。

稚蚕期每天给桑量可参照表10-3。

表 10-3 稚蚕期 10g 蚁量每天给桑量 单位:kg

蚕期	1龄期				2龄期				3龄期				
	1d	2d	3d	合计	1d	2d	3d	合计	1d	2d	3d	4d	合计
春蚕	0.125	0.375	0.475	0.975	0.375	1.500	2.000	3.875	1.000	3.750	7.000	6.000	14.750
夏蚕	0.100	0.325	0.400	0.825	0.300	1.750	1.250	3.300	1.500	6.000	5.000	—	12.500
秋蚕	0.150	0.275	0.400	0.825	0.900	1.500	1.000	3.400	2.500	7.000	5.000	—	14.500

注:数据引自浙江农业大学,1983。

5. 给桑方法

稚蚕期在给桑前要做好匀座、整座工作,使蚕座上蚕分布均匀。采用"一撒、二匀、三补"的给桑方法,给桑动作要迅速,并且蚕座各处桑叶厚薄均匀一致、疏松平整,未撒到桑叶的地方再补桑叶,使每条蚕都能饱食与发育齐一。如果给桑厚薄不均匀、蚕座稀密不均匀等,不仅蚕食桑不均匀,还会出现伏蔟蚕。

(四)蚕座面积和扩座

1. 蚕座面积

稚蚕在高温中饲育,生长迅速,1～2 龄蚕体表面积在生长极度前每天约增加 2 倍,3 龄蚕体表面积每天增加 1 倍。因此,必须根据蚕的成长速度给予适当的蚕座面积,使蚕有充分的就食和活动空间,达到饱食与健康发育。如蚕座过密,则不仅会造成蚕食桑不足及发育不齐,还会因蚕相互抓伤体壁而增加感染病原菌引发蚕病的机会;但蚕座过稀,则会造成残桑多,不仅浪费桑叶,还会使蚕座陷于多湿的不良卫生环境中。

日本学者研究发现,蚕座面积比蚕体面积增加 70%空隙时,对蚕的就食、行动无不良的生理影响。按照此结果,合理的蚕座面积,应以蚕体所占面积(体长×体宽)为基数,增加蚕体平面积 70%的活动余地,再估计 2 次扩座间蚕体增大的倍数,其计算公式如下:

$$稚蚕蚕座面积=(体长×体幅)×体平面积增加倍数×蚕头数×(1+0.70)$$

但葛惠英等于 1984 年的试验显示,每张蚕种最大面积以第 1 龄期 $0.67m^2$、第 2 龄期 $1.56m^2$、第 3 龄期 $3.67m^2$ 为合适,这样的饲育面积比蚕体总面积,第 1～2 龄期增加 1.70～1.74 倍,第 3 龄期增加 0.98 倍(表 10-4)。

表 10-4 蚕体总面积与蚕座面积值之比

龄期	1 头蚕体长/cm	1 头蚕体幅/cm	1 头蚕平面积/cm^2	1 张种蚕体面积/m^2	实际饲育面积/m^2	饲育面积比蚕体面积净增倍数
1 龄期	0.70	0.15	0.105	0.25	0.67	1.70
2 龄期	1.20	0.20	0.240	0.57	1.56	1.74
3 龄期	2.60	0.30	0.780	1.85	3.67	0.98

2. 扩座

在饲育过程中,随着蚕体不断增长和增宽,相应地将蚕的生活场所扩充、扩大,能使蚕正常食桑、行动,这个技术操作称为扩座。通过扩座使蚕座达到要求的面积,如遇到蚕座稀密不匀,还须进行匀座,以保证蚕充分饱食、发育整齐。稚蚕期扩座方式有以下几种。

(1)普通扩座

一手拿蚕筷伸入蚕座残桑中,另一手拿鹅毛在上面辅助,将蚕座面积渐次水平扩大。此法适用于稚蚕期的各个阶段。

(2)"十"字形扩座

扩座时先将蚕座依"十"字形分成 4 小块,把每小块内外旋转 180°对调,在对调时把小块蚕座适当向四周扩大,并使蚕头分布均匀。此法适用于 1 龄期。

(3)振动扩座

把蚕匾一侧稍稍倾斜,用手指在蚕匾背面的中央处按左右上下顺序轻轻敲动,以扩大蚕座面积。蚕座中如有棉纸或蚕网,则应先除去棉纸或蚕网后再行扩座。此法不易损伤蚕体,效率较高,适用于 1～2 龄期。

(4)去网扩座

用双手拿好蚕网一边的两角，向下面自前至后卷出，在卷网的同时，蚕座扩大而疏松。此法适用于稚蚕期的各个阶段。

(五)除沙

1.除沙目的

蚕座上的残桑、蚕粪、蜕皮、糠草等混合物称为蚕沙或蔟沙，除去蚕沙的技术操作叫除沙。经多次给桑后，蚕座上堆积较多蔟沙，会使蚕座陷于多湿环境，并引发腐败、发酵、蒸热及病原菌繁殖，从而致使蚕体温升高，产生的各种不良气体有害于蚕的健康，繁殖的病原菌易诱发蚕病。为此，及时清除蚕沙，不仅可以保持蚕座清洁卫生以及改善蚕室内空气环境，而且能减少蚕病发生以及减轻蚕匾和蚕框的重量，是一项重要的养蚕技术措施。

2.除沙时期

除沙按时期不同可分为眠除、起除和中除。眠除是在蚕眠前的一次除沙，其目的是使眠座清洁干燥，促进蚕整齐就眠，有利于眠蚕健康。起除是指各龄起蚕饷食后的第一次除沙，其作用是除去眠中可能出现的病死蚕污染以及蚕蜕皮、焦糠等杂物废物。中除是指起除和眠除之间进行的各次除沙，其目的是除去蔟沙，改善蚕座环境，促进蚕的食欲。

3.除沙次数

从蚕的生理卫生角度讲，要勤除沙以保持蚕座清洁卫生。但除沙次数过多，不仅费工，还会增加蚕遗失和受伤的机会，并且会影响蚕食桑。生产上通常 1 龄期不除沙或眠除 1 次，2 龄期起除、眠除各 1 次，3 龄期起除、中除、眠除各 1 次。

4.除沙方法

除沙通常采用网除法，即先在蚕座上撒焦糠或石灰，再加上小蚕网，约经 2 次给桑后，提网将蚕网上的蚕和桑抬放于新的蚕匾或蚕框中，并将网下的蚕沙清除掉。如果用手剥除蚕沙，不仅易损伤蚕体，而且效率低并增加遗失蚕。

5.注意事项

(1)除沙动作要轻，勿伤蚕体，起除时更需要注意。

(2)除沙应尽量在白天进行，避免增加遗失蚕。

(3)除沙时若发现病蚕、死蚕及落小蚕等，要用蚕筷取出并投入消毒钵中，坚决淘汰，切勿乱丢乱放或喂食鸡鸭。

(4)除沙结束后，蚕室地面要彻底清扫并用漂白粉液进行消毒处理，替换出来的蚕网、蚕匾或蚕框必须经过消毒才能再使用。

(5)蚕沙不能堆放在蚕室内或摊晒在蚕室周围，或直接抛施于桑园中，要集中倒入蚕沙坑中腐熟以制作堆肥后，方可施用于桑园。

(六)眠起处理

各龄蚕随着取食、生长，体内的保幼激素、蜕皮激素等与生长发育有关的激素出现消长变化，逐渐进入停食、就眠和幼虫蜕皮阶段。蚕就眠期间虽然外观上呈不食不动的静止状态，但体内进行着新旧组织的更替活动，对外界环境条件极为敏感。因此，眠起处理是养蚕技术的重要一环，也是养蚕生产上控制蚕群体发育整齐度的关键时期。

眠起处理通常分为眠前处理、眠中保护和饷食处理等 3 大方面。

1.眠前处理

(1)控制日眠

家蚕具有日周节律特性，白天促进就眠，黑夜抑制就眠。在 5:00—9:00 见眠，14:00—17:00 入眠达到高峰，19:00—21:00 眠齐，这叫日眠，从见眠到眠齐约经过 12h。如果 17:00—19:00 见眠，就眠个体数增加缓慢，并且不见明显的入眠高峰，直到次日 17:00—18:00 才能眠齐，这是夜眠，从见眠到眠齐需要经过 23～

24h。为此，要促使稚蚕日眠，不仅可以节约用桑以及确保蚕头数与群体发育整齐，还能提高效率与保证蚕体强健。

控制日眠主要是掌握饲育温度和收蚁饷食时间，春用品种稚蚕按表10-5所示的饲育标准，夏秋用品种稚蚕按表10-6所示的饲育标准，则均能达到“10天眠三眠，每龄都日眠”。

表10-5　春用品种稚蚕日眠控制的饲育标准

龄期	1龄期	2龄期	3龄期
食桑中温度/℃	27.8～28.0	27.2	25.0
食桑中湿度/%	95～100	95～100	94
眠中温度/℃	26.1	25.0	23.0
收蚁(饷食)时间	7:30	16:00	21:00

表10-6　夏秋用品种稚蚕日眠控制的饲育标准

龄期	1龄期	2龄期	3龄期
食桑中温度/℃	27.8	27.2	26.7
食桑中湿度/%	95～100	95～100	94
眠中温度/℃	26.1	26.1	25.0
收蚁(饷食)时间	7:30	16:00	11:00

(2)适时加眠网

各个龄期的蚕充分取食成长后即将就眠时，体形、体色、行动等都发生相应的变化，通常表现为体躯肥胖，皮肤紧张、有光泽，体色由青绿转呈饴糖色或乳白，食桑缓慢，运动迟缓，称为将眠期。大部分蚕进入将眠期是加眠网的适期，如加眠网过早，则残桑多、眠中蚕座冷湿，易引起蚕就眠不齐，并影响眠蚕健康；如加眠网过迟，则除沙网下眠蚕多，给工作带来困难，并产生较多遗失蚕。稚蚕期发育快，加眠网宁早勿迟，1龄期少数蚕胸部膨大、体色渐呈糙米色、部分蚕身上粘有蚕粪时，即可加眠网；2～3龄期少数蚕体色由青转白，体壁紧张发亮、略透明，食桑行动缓慢时，就可加眠网。

(3)饱食就眠

蚕在龄中食桑到60%～70%程度，积累了基本的营养物质，蜕皮激素占优势时，就有了就眠能力，即使后期不吃桑叶，仍能就眠，但眠蚕体重较轻，影响到蚕体质和以后各龄蚕的成长倍数。同时蚕在眠中不食，但在眠中及蜕皮时消耗很大。由此可知，就眠与体内营养物质积累的关系很大，蚕在就眠前必须充分饱食，并且给桑时要处处给到位，使每条蚕均蓄积足够的营养。然而将眠蚕只需少量食桑即可进入就眠状态，并且蚕喜欢选择较干燥的地方就眠，因此眠前要控制给桑量，以免造成蚕座残桑过多而冷湿，早起蚕取食残叶而加大群体发育开差。

(4)适时提青止桑

在一个蚕群体中，雌雄不同、给桑不匀、吃桑叶老嫩不一、蚕座上蚕分布不匀等原因，造成蚕个体之间发育存在差异，入眠不齐，此时应将迟眠蚕(俗称青头蚕)和眠蚕分开，将青头蚕提出来，这个操作过程叫提青。具体做法就是在绝大多数蚕就眠后，在蚕座上撒焦糠等干燥物，加提青网并少量给桑，引诱青头蚕上网食叶，适时抬网，将青头蚕提出单独饲养或淘汰，蚕座撒焦糠或石灰粉或其他干燥材料进行止桑处理，促使残桑和蚕座干燥。加网提青止桑通常以眠除后6～8h，最长不超过10h为标准。

适时提青止桑，一是能使眠蚕在干燥的环境下就眠，有利于蚕生理；二是能将发育迟缓的病弱蚕从群体蚕中分离出来，有利于防病；三是能将发育迟缓的青头蚕从眠蚕中提出单独饲养，有利于下一步技术操作处理。

2.眠中保护

眠中经过时间因蚕品种、龄期、保护温湿度不同而不同，其中以温度的影响最为显著。春用品种的比夏秋用品种的长，龄期大的比龄期小的长，低温干燥的比高温多湿的长。在正常温度条件下，1～2龄蚕的眠中经过20～22h，3龄蚕的眠中经过约24h。

为了减少眠蚕体力消耗，眠中温度要比食桑时的降低0.5～1.5℃。湿度在眠中前期为75%(干湿差

2～3℃)，在眠中后期(开始出现蚕蜕皮后)为75%～80%(干湿差1.5～2.0℃)。在眠中后期除防止过分干燥外，还需要防止蚕座振动、强风直吹等，以免影响蚕蜕皮。眠蚕眠中光线宜偏暗，阳光不能直射。

3.饷食处理

各龄蚕在蜕皮后的第1次给桑叫饷食，俗称开叶。由于蚕眠中经过组织改造，刚蜕皮时口器嫩、消化器官未完全恢复正常，所以刚蜕皮时蚕并未有食欲，不能立即给桑。掌握好饷食适期，对口器、消化器官等的保护具有重要意义。饷食适期主要根据蚕的头部色泽和食欲来决定，同时需考虑蚕的群体发育状况。刚蜕皮蚕的头部呈灰白色，后逐渐转深。春蚕期以全部蚕蜕皮后见有90%左右起蚕的头部呈淡褐色、头胸抬起作寻食状时为饷食适期。夏秋蚕期温度高，在全部蚕蜕皮后见有80%起蚕的头部呈淡褐色时为饷食适期。饷食过早，会损伤其口器和消化道，致使蚕群体发育不齐；但饷食过迟，会使起蚕陷入饥饿，影响蚕的发育与抗病性。当同一批次蚕群体内个体蜕皮时间有开差时，适当延迟起蚕饷食时间，可以提高群体发育整齐度，这也是调整并改善群体发育整齐度的重要技术环节之一。

起蚕皮肤柔嫩多皱褶，腹脚的抓附力强，容易相互抓伤或感染病原菌，所以饷食前应先对蚕体用蚕体蚕座消毒剂进行消毒，然后加蚕网并给桑。起蚕食欲旺盛，从保护口器及消化道的角度考虑，饷食的给桑量不能过多，控制在上龄盛食期最大给桑量的80%，务必使所给的桑叶吃尽并以尚在觅食的程度为宜。饷食用桑要求新鲜，并适熟偏嫩。

(七)气象环境调节

稚蚕饲育过程中的气象环境主要是温度、湿度、空气和光线，其中以温度、湿度对蚕生长发育的影响最大。

1.温湿度调节

稚蚕期适宜在高温多湿环境下饲育，一般食桑中，1龄期以27～28℃、干湿差0.5℃为宜；2龄期以26～27℃、干湿差0.5～1.0℃为宜；3龄期以25～26℃、干湿差1.0～1.5℃为宜。眠中温度要比食桑中的降低1.0～1.5℃，干湿差提高1～1.5℃(表10-7)。要求温湿度稳定，使蚕感温均匀，发育齐一。

表10-7 稚蚕饲育的适宜温湿度标准参考

龄期		1龄期	2龄期	3龄期
食桑中	温度/℃	27.0～28.0	26.0～27.0	25.0～26.0
	干湿差/℃	0.5	0.5～1.0	1.0～1.5
眠中	温度/℃	26.0～26.5	25.0～25.5	24.0～24.5
	干湿差/℃	1.0～2.0	1.5～2.5	1.5～3.0

2.空气与光线调节

稚蚕期呼吸量小，结合每次给桑，开门窗约10min适当换气，就能满足稚蚕对新鲜空气的要求。针对稚蚕趋光性和趋密性较强的特点，蚕室内应保持光线明暗均匀，防止日光直射蚕座。

(八)卫生防病处理

稚蚕对病原菌的抵抗力弱，并且易受蚂蚁、老鼠等天敌危害，饲育中需要采取积极的预防措施。

第一，在收蚁及各龄起蚕饷食，用"防病1号"等蚕体蚕座消毒剂进行蚕体、蚕座消毒；各龄期中用新鲜石灰粉或新鲜石灰粉与焦糠混合物进行蚕体蚕座消毒；提青后蚕座上撒新鲜石灰粉或新鲜石灰粉与焦糠混合物，进行止桑并保持蚕座干燥。

第二，稚蚕实行专人、专室、专具饲育，稚蚕室要远离壮蚕室、上蔟室等，蚕室及用具须严格消毒后保持洁净，采桑用具与除沙用具要严格分开，不能混用。饲养员进入蚕室要换鞋更衣，给桑和采桑前要洗手。每次除沙后的蚕室地面要彻底清扫，并用漂白粉液进行消毒处理；蚕沙要远离蚕室，发现病死蚕要及时隔离、淘汰，严禁到处乱扔或投喂家禽。

第三，蚕室沿墙及四角撒防蚂蚁药，并且蚕架、蚕匾不紧靠墙，以防止蚂蚁爬入蚕座咬蚕。堵塞蚕室上下四周的鼠洞，并用物理或化学方法诱杀老鼠，以防止老鼠吃蚕。桑园治虫要严格掌握农药残效期，蚕室内严禁堆放农药，蚕具不盛放农药，养蚕用品不接触农药；饲养员在养蚕期间不接触农药，防止蚕发生农药中毒。

四、稚蚕共育

根据稚蚕生理特点及对饲料、温度、湿度、光照等的需求，将一定区域内养蚕农户所需的稚蚕集中饲育和管理，以保证稚蚕健康成长及提高生产效率。这种稚蚕饲育模式称为稚蚕共育。稚蚕共育始于20世纪30年代的日本。我国于20世纪50年代实行农业集体化后，以生产队为基础的稚蚕集体共育得到发展，并几乎遍及各蚕区。20世纪80年代，农村实行分田到户联产承包制改革后，我国主蚕区大多改为联户共育的组织模式，后又发展出专业稚蚕共育公司，极大地推动了蚕桑产业的快速发展。

（一）稚蚕共育的优点

1. 有利于实行科学养蚕

稚蚕共育可集中养蚕技术水平高的人员、选择保温保湿性能好的蚕室、用优良桑叶来精心饲育稚蚕；同时可标准化执行各项科学养蚕技术处理，使蚕体质强健、发育齐一，为蚕茧稳产、高产打下基础。

2. 有利于消毒防病

稚蚕共育能做到蚕室、蚕具彻底消毒，减少环境污染与蚕感染病原菌机会；能做到大小蚕分开饲育，有助于减少蚕病发生；能遵照卫生防病操作规范，使稚蚕健康、整齐发育。此外，稚蚕共育还能使农药中毒、鼠害等的损失大为减少。

3. 有利于提高养蚕工效

稚蚕共育能节省桑叶、燃料、人工和用房用具等，达到降低养蚕生产成本、提高经济效益的目的。同时，稚蚕共育点的养蚕人员往往是指导乡、村、组养蚕生产的骨干力量，对蚕业科研成果的推广与普及具有积极的推动作用。

（二）稚蚕共育的要求

要充分发挥稚蚕共育的优点，须做好以下几方面的配套工作。

1. 选择好稚蚕共育的地点

稚蚕共育的地点要与化肥、化工、砖瓦、发电等厂矿，以及经常施用农药的农田、果园、烟草地保持一定距离，避免稚蚕发生中毒损失；要距离壮蚕室和上蔟室100m以上，切忌稚蚕共育室与壮蚕室连接一起，减少病原菌污染；要求靠近清洁水源，便于洗涤蚕具和供应蚕期用水。

2. 做好稚蚕共育室及配套设施建设

稚蚕共育室要求保温保湿性能好且专用，同时要配套有相应面积的贮桑室、调桑室、附属室、洗刷消毒池、水泥晒场、防暑设施等。共育室宜朝正南，可减少阳光直射。一般共育60张蚕种至3龄所需要的饲育室约$64m^2$，贮桑室约$40m^2$，调桑室约$26m^2$，附属室约$10m^2$。

3. 建立好稚蚕专用桑园

稚蚕集中饲育，用叶量多，如采取由蚕户分散轮流送叶的办法，不能保证质和量的要求。为此，要建立稚蚕专用桑园，一般1亩专用桑园可共育7～10张蚕种。稚蚕专用桑园除选择土层厚、肥力高、排水性及透气性良好、靠近水源，并便于排灌、成熟早、叶质优的优质桑品种桑园外，还要加强肥培管理与病虫害防治。

（三）稚蚕共育的形式

1. 稚蚕集体共育

以乡、村为单位，建立稚蚕共育的专业组织，实行企业化经营，经费单独核算，自负盈亏，养蚕期有固定管理和技术人员，有专用蚕室、设备等，操作规范，共育至3～4龄，以商品形式出售给蚕农，共育规模一般为200～300张蚕种。这种新型的稚蚕共育形式，也叫蚕店或小蚕公司。

2. 稚蚕联户共育

在相近蚕农自愿结合的基础上，选择设备条件较好的蚕室作为稚蚕共育室，消毒、加温等共育物品费用按蚕种张数分摊，桑叶、劳动力由各户处理，饲育至3龄后分户饲育，共育规模一般为20张蚕种左右。

3.稚蚕专户共育

具有一定的养蚕技术和设备条件的专业户，单独流转或承包一定面积桑田建立稚蚕专用桑园，并建设稚蚕共育室及配套设施，专业饲育稚蚕至3龄后，分给邻近蚕户饲育，同时向蚕户收取相应的报酬。此种共育形式要建立在蚕户相互信任的基础上，饲育规模一般为20～30张蚕种。

第二节　壮蚕饲育

一、壮蚕的生理生态特点

根据家蚕幼虫期不同发育阶段的生理、生长特点，以及对气象环境和营养条件的不同要求，在我国现行养蚕生产上使用的蚕品种都是四眠5龄，通常将4～5龄期称为壮蚕期(俗称大蚕期)，期间蚕称为壮蚕(俗称大蚕)。壮蚕期是在稚蚕饲育获得强健体质和正常发育的基础上，大量摄食桑叶获取营养以增大蚕体和合成蚕丝蛋白的时期，是直接关系到蚕茧产量与质量的关键饲育期，也是养蚕劳动力集中、病害高发的时期。因此，应根据壮蚕期的生理生态特点，采用先进、科学的技术措施来饲育壮蚕。

壮蚕期具有如下生理生态特点。

(一)壮蚕对高温多湿的抵抗力弱，应避免高温多湿的环境

壮蚕期食桑量大幅增加，其用桑量约占整个蚕期的95%以上，这也伴随着水分食下量的大幅增加。但因为壮蚕体表面积与体重之比、气门面积与体表面积之比均较小，体表的蜡质层较厚，所以壮蚕单位体重通过体表散发水分以及通过气门蒸发水分的量相对减少。如壮蚕期饲育环境高温多湿，则会阻碍体内水分从体表、气门散发，剩余水分只好以蚕尿随粪便排出，这不仅有害于消化道吸收桑叶中养分的机能，而且使蚕体内失去大量盐类，造成血液渗透压和pH值降低，血液离子组成失衡，蚕体虚弱，抵抗力下降，容易诱发蚕病。因此，壮蚕期需要在适温偏低的干燥环境下饲育，尽量避免高温多湿的闷热环境。

(二)壮蚕期是蚕茧产量形成的重要时期，需要良桑饱食

壮蚕丝腺快速成长，如设蚁蚕丝腺重量为1，则丝腺在1龄期增加20倍，在2龄期增加120倍，在3龄期增加600倍，在4龄期增加4000倍，在5龄期增加160000倍。也就是1～4龄期丝腺成长均相当缓慢，其重量占体重的比例仅为约5%；进入5龄期，丝腺急剧增长，至熟蚕时，丝腺占据体腔的大部分，其重量占体重比例达40%以上。70%丝物质的合成来自5龄第3天后食桑吸收的养分，只有30%来自5龄初期及以前食桑吸收的养分。为此，占整个幼虫期用桑量约95%以上的壮蚕期(特别是占全龄用桑量约85%的5龄期)，是对蚕茧产量影响最大的时期，需要及时提供优质、充足的桑叶，保证壮蚕良桑饱食，获得高产的优质蚕茧。

(三)壮蚕对二氧化碳的抵抗力弱，需要通风换气的饲育环境

壮蚕体积大，呼吸量大，体内代谢产生的二氧化碳多，耗氧量也多，但由于其气管长度加长、分枝增多等气管组织的限制，其呼吸系统气体交换的效率低。同时，壮蚕饲育环境内从蔟沙或工作人员排出的二氧化碳较多，而壮蚕对二氧化碳的抵抗力又弱，常常容易发生空气污浊而引起蚕呼吸障碍。为此，壮蚕期要求蚕室宽敞，及时清除蔟沙，并加强蚕室内外的通风换气。

(四)壮蚕对变温适应性强、眠性慢，适应简易化饲育

壮蚕活动能力强，移动范围大，对变温等自然环境适应性强。因此，壮蚕可以进行地蚕育、室外育、条桑育、大棚育等省力化、简易化饲育，以减轻劳动强度，提高劳动生产率。

壮蚕眠性慢且不齐，所以壮蚕期的大眠加眠网宜适当推迟，并做好提青分批工作，以促进壮蚕健康生长。

二、壮蚕饲育形式

壮蚕期的龄期经过时间约占全龄的60%，使用劳动力约占全龄的70%，使用设备约占全龄的80%，消耗桑叶量约占全龄的95%，并且是直接影响蚕茧产量、质量的重要时期。如果说稚蚕饲育以良桑饱食、卫生

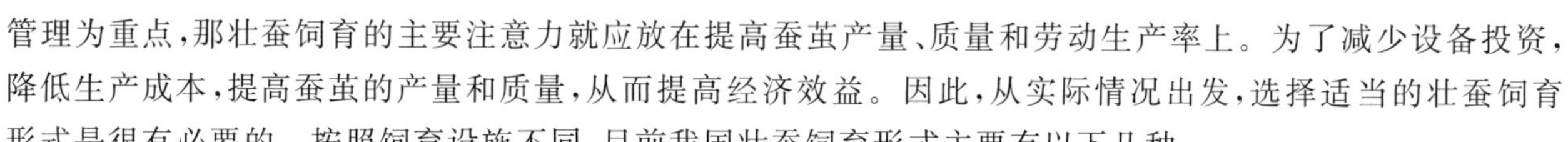

管理为重点，那壮蚕饲育的主要注意力就应放在提高蚕茧产量、质量和劳动生产率上。为了减少设备投资，降低生产成本，提高蚕茧的产量和质量，从而提高经济效益。因此，从实际情况出发，选择适当的壮蚕饲育形式是很有必要的。按照饲育设施不同，目前我国壮蚕饲育形式主要有以下几种。

(一)蚕匾育

将蚕放在蚕匾内饲育的形式叫蚕匾育，是我国传统的稚、壮蚕饲育形式。蚕匾育的特点主要有：①每次给桑、除沙等操作，都需要搬动蚕匾，花费劳动力多；②用梯形架或竹、木搭成的多层蚕架以插放蚕匾，能充分利用蚕室空间，占有房屋面积较小，蚕室利用率高；③需用的蚕架、蚕匾等用具较多，投资成本较高。

当前我国生产上使用的蚕匾有大圆匾、长方形匾和木框匾等种类。大圆匾直径约 1.5m，竹制，蚕期养蚕，平时用作晒谷或盛放农产品，是农村兼用农具。长方形匾大小约 1.1m×1.3m 或 0.8m×1.2m，竹制，也是蚕期养蚕、平时晒谷或盛放农产品等的农村兼用农具。木框匾又名蚕床，木制，可层层叠放(可多达 10 层)，各层之间的四角垫以方砖或木块，使之架空，以便蚕座通风换气。给桑时从上而下将匾抬下，给桑后再将匾叠起，依次进行，所以不需使用蚕架。

(二)蚕台育

利用竹、木、绳搭成多层固定的或可上下移动的蚕台，在蚕台上给桑饲育壮蚕，这种形式称为蚕台育。蚕台育是我国 20 世纪 50 年代初模仿上蔟架发展起来的，目前各蚕区均有采用。蚕台育的特点主要有：①给桑效率比蚕匾育高，并且蚕台可兼作熟蚕自动上蔟平台，活动蚕台可上下升降，饲育操作简便，减轻劳动强度，节省劳动力；②蚕台制作所用的材料可就地取材，制作成本低，节省费用；③能充分利用蚕室空间，并可与室外大棚养蚕、屋外育等饲育形式相配合，空间利用率较高；④除沙较困难，所以往往被用于 5 龄后期蚕的饲育。

蚕台的种类很多，通常有简易蚕台、升降蚕台等。简易蚕台一般用粗木或钢管制成若干片蚕架用于承重，蚕架之间用竹或木连接固定两侧形成平台支架，上面铺设竹帘、木板等材料形成平面。蚕架高 2.0～2.5m，平台宽 1.8m 左右，长度根据蚕室长度确定。蚕台一般为多层，层间距 0.8～0.9m，以满足双连座方格蔟自动上蔟要求。简易蚕台饲育操作方便，可用以片叶育、全芽育、条桑育，是规模化养蚕大棚中最普遍选用的饲育形式。

升降蚕台的饲育平台可以达到 7～8 层。蚕架用粗木材或钢管制成，蚕架高 2.0～2.5m，平台宽约 2m，长度 3～4m。蚕架立柱上设置挂钩，用于搁挂饲育平台。饲育平台尺寸略小于蚕架平面尺寸，用竹或木制成坚固的框架后敷设平面成蚕台，框架外周设置挂钩，并钩挂于蚕架上。升降蚕台通常采用片叶育或全芽育，可以提高蚕室养蚕密度，同时蚕台可上下升降，便于操作。

(三)地蚕育

将蚕放在地面上饲养的形式叫地蚕育，在江苏、浙江、广东等地被普遍采用。选择地面干燥、通风良好的房屋，打扫清洁，堵塞鼠洞、蚁穴，用 1% 有效氯含量的漂白粉溶液彻底消毒，再在地面上撒一层石灰粉，并铺一层厚 3～6cm 的短稻草，然后将 4 龄或 5 龄饷食蚕移放在上面，给片叶或芽叶或条桑进行饲育，不除沙，蚕成熟后自动就地上蔟结茧。地蚕育的特点主要有：①饲育期间不除沙，并且就地自动上蔟，所以可以节省劳动力和减少蚕具投入；②蚕室空间不能充分利用，并且不除沙易多发蚕座蒸热，地面自动上蔟易产生叶里茧，通风排湿不良易造成茧质差。

地蚕育的蚕座放置形式通常有 2 种：一种是畦条式，每畦宽度 1.5m 左右，长度根据房屋大小而定，二畦之间留宽约 0.5m 的操作通道；另一种是蚕室满地放蚕式，用砖做几个墩，墩上放置木板作为操作道。有条件的规模化养蚕户可以在蚕室或大棚沿两侧墙边用角铁做成轨道，在轨道上运行电动化行车式操作台进行给桑等作业，可大幅度减轻劳动强度、提高劳动效率。

地蚕育应注意的主要事项有：①由于地面温度一般要比上层空气的低 1～2℃，所以给桑量应注意以不留残桑为度，避免蚕座冷湿。②由于地蚕育不除沙，多雨潮湿时要撒石灰、碎稻草等干燥材料隔离。③由于蚕座设在地面，鼠、蚁等敌害较多，应及时采取药剂防治或人工捕杀等措施予以消灭，以减少损失。④采用地蚕自动上蔟，除加强蔟中通风排湿外，见熟后及时在蚕座上撒一层短稻草，以避免产生叶里茧。

(四)大棚育

根据养蚕操作及其环境调控的要求，用适当材料建造具备养蚕条件的大棚，在大棚内给桑养蚕的形式称为大棚育，一般用于壮蚕饲育和上蔟。养蚕大棚应选择地势高、干燥、平坦、水电便利，以及远离果园、烤烟、菜园、稻田等的位置建造，按每张蚕种大于 $40m^2$ 规模建造的大棚，可以满足养蚕和上蔟的需要。大棚育的特点主要有：①养蚕大棚可以解决规模经营蚕户的养蚕用房紧张的问题，有利于促进蚕桑规模化生产的发展。②养蚕大棚建造容易，投资少，收效快。③大棚养蚕可以节省劳动力，效率高，有利于提高蚕桑生产的经济效益。

养蚕大棚按使用用途和建造情况，可分为专用养蚕大棚、蚕菜两用大棚和简易养蚕大棚。

1.专用养蚕大棚

一般采用四面墙结构的拱形大棚，专用于养蚕。大棚呈东西走向，大小根据饲育量多少而定。大棚南北墙高度 1.8～2.0m，每隔 2m 设一个 1.0m×0.8m 的窗户，窗户安装孔径 40 目的防虫网，南北两墙所留窗户应对称分布。大棚东西两山墙高 2.5～2.8m，山墙中央留高 2.0m、宽 1.2m 左右的门。墙体用砖块水泥砌的，砌好后用水泥砂浆抹光；墙体采用彩钢聚苯乙烯夹芯板的，其夹芯保温层厚度要求达到 8cm 以上。棚内每 6m 安装一排水泥立柱或镀锌防锈钢柱，上架设三角形屋顶支架。棚顶以镀锌钢管为梁，以镀锌钢管或木头为檩条，顶部覆彩钢聚苯乙烯夹芯板或 PE 篷布或帆布或毛毡，棚顶每隔 3m 左右留一个通风口。大棚地面略高于棚外，水泥硬化或用石灰与泥土混合夯实。棚外四周用水泥做成不少于 40cm 宽的护坡，前后墙护坡外各挖一排水沟。

2.蚕菜两用大棚

一般采用四面无墙结构的拱形大棚，既能用于养蚕，又能在冬季种植蔬菜。大棚呈东西走向，建成偏拱形。骨架为一次性加工成的钢架，通过拉杆、插销件连接成一体，一般宽度 10～15m，脊高 4.8m 左右，长度根据蚕饲育量和蔬菜种植量多少而定。后墙和山墙为 4 层结构，由内到外分别为 6cm 厚稻草砖 2 层、塑料布、无纺布 2 层、6cm 厚的复合板，最外面包覆彩钢瓦，后屋面和后墙为一体结构。前屋面覆以 0.12mm 厚的 PO(聚烯烃)膜，保温被为 $0.75kg/m^2$ 的双面防水喷浆棉。后墙每隔 3m 留一个 0.6m×0.3m 的通风窗，窗户安装孔径 40 目的防虫网，预留保温板安装位置。棚内土地面，在秋蚕结束后，可进行冬季蔬菜种植或食用菌栽培等，复合经营以提高经济效益。

3.简易养蚕大棚

按照蔬菜简易插地温室大棚的方式建造，由热镀锌管配件构成大棚骨架结构，四周及顶部覆以 PE 篷布、帆布或毛毡，顶部和四周适当设置通风孔，通风孔安装孔径 40 目的防虫网，四周底部亦可卷起通风。为满足夏秋季高温强光或多雨闷热条件下养蚕的需求，可根据具体情况在两端山墙部位配置水帘降温空调及通风排湿等设施。简易养蚕大棚造价低，建造速度快，适合养蚕量增加迅速而一次性投入有限的养蚕户。

三、壮蚕饲育技术

(一)桑叶的采摘、运输和贮存

1.桑叶的采摘

壮蚕用叶，要采摘蛋白质和碳水化合物含量丰富、含水分较少的适熟叶。春蚕期 4 龄蚕用叶采摘三眼叶、枝条下部叶及小枝叶，5 龄蚕用叶采摘新梢上的芽叶或伐条叶。夏蚕期壮蚕用叶采摘疏芽叶及新枝条基部叶。秋蚕期壮蚕用叶采摘枝条基部叶，晚秋蚕结束时枝条顶端留 5～6 片叶，以保持光合作用的正常进行，让其在越冬休眠前积累充足养分。夏秋蚕用叶采摘须摘叶留柄以保护腋芽，切勿贪图省力而一把捋下，影响明年春叶产量。

为了提高叶质，增加产叶量，并使新梢上的桑叶成熟度趋于一致，春蚕期可进行摘芯。摘芯时间以在用叶前 10～13d 进行比较合适。摘芯标准根据天气和用叶迟早等灵活掌握，如果连日阴雨、气温低、离用叶时间较短，则摘去嫩头及其下部的 1～2 片叶；如果连日晴天、气温高、用叶时间迟，则只摘去嫩头。

2. 桑叶的运输

壮蚕期用桑量多，须用大的桑叶篓或筐来盛放桑叶，并随采随运，松装快运，防止阳光直晒。桑叶运到贮桑室后，随即倒出，片叶抖松散热，条桑解捆散热，严防桑叶发热变质。

3. 桑叶贮存

桑叶应贮存在地下或半地下的专用贮桑室内，或选择阴凉房屋贮桑，要求贮桑环境低温、多湿、少气流。

片叶贮存一般采用畦贮法，即将桑叶抖松堆成狭长的畦状，其畦宽度和高度不超过 1m，畦与畦之间留有工作通道，以利于通风透气和操作。条桑贮存采用竖立法，即先在贮桑室地面喷洒清水，将条桑沿墙壁竖立放置，桑条间要有空隙，防止发热变质。

壮蚕期的贮桑室要保持清洁卫生，进出要换鞋，并定时用 1%有效氯漂含量的漂白粉液消毒，要有专人负责管理。

(二)给桑

壮蚕期的给桑，既要考虑蚕的充分饱食以发挥其经济性状，又要考虑节约用桑，以提高单位用桑量的经济效益。

1. 给桑时期

给桑时期主要以蚕的食欲为依据，再结合蚕座上的残桑程度、环境温湿度等具体情况来决定。蚕的胸部稍透明，体躯伸长而爬动，这是求食状态，当多数蚕有此状态时则为给桑适期。从残桑程度看，以掌握上次给予桑叶基本吃光后 2h 左右，为经济给桑时期。从环境温湿度看，高温干燥下的蚕食桑速度和桑叶凋萎速度均快，则给桑时间可适当提早；反之，低温多湿下的蚕食桑速度和桑叶凋萎速度均慢，则给桑时间适当推迟。

2. 给桑量

4 龄期为蚕体成长过渡到丝腺成长的转折时期，必须良桑饱食，其给桑量约占全龄给桑量的 12%。如 4 龄期营养补充受阻，则在 5 龄期不能完全恢复，从而会多少引起全茧量和茧层量的降低。

5 龄期不仅用桑量大，占全龄用桑量的 85%左右，而且蚕丝腺快速成长，是直接影响蚕茧产量和质量的关键时期。从丝腺成长规律来看，5 龄第 1～3 天蚕食桑量少，丝腺成长不快；5 龄第 4～6 天蚕食桑旺盛，丝腺成长急剧加快，此时给足叶量能使丝腺充分成长，合成更多的蚕丝蛋白，以提高产茧量；5 龄第 7～9 天蚕食桑量渐少，消化吸收率减弱，蚕体日趋老熟，这时要控制给桑量，以防止蚕踏叶，造成浪费。根据 5 龄蚕生长发育和食桑的特点，可制定逐日用桑量及比例作为合理用桑的参考(表 10-8)。

表 10-8　5 龄期逐日用桑量及比例

5 龄日期	克蚁用桑量/kg	占 5 龄期总用桑量的比例/%
1	2.44	3.96
2	3.72	6.04
3	5.55	9.00
4	9.22	14.96
5	11.11	18.02
6	11.11	18.02
7	10.55	17.12
8	6.11	9.91
9	1.83	2.97
合计	61.64	100

注：数据引自浙江农业大学，1983。

3. 给桑方法

壮蚕给芽叶或片叶时，先将桑叶抖松，再用双手将桑叶均匀地摊于蚕座上。由于壮蚕有逸散性，往往向四周爬散，因此每次给桑前需做好匀座工作。为使蚕体感温均匀，可以结合给桑进行调匾。

给条桑时，采用“川”字形或“三”字形给上桑条，并将梢端与基部相间平行放置，从蚕座的一端顺次给到另一端。给条桑时需注意粗细搭配，并于给桑后 1～2h 检查蚕的食桑情况；如发现已经吃光，要从多余处将桑条移到吃光的蚕座上或用芽叶补上。

(三)匀座与扩座

为了使蚕充分饱食，壮蚕期也应及时扩大蚕座面积并注意匀座。壮蚕期蚕座面积的计算方法，理论上与稚蚕期的相同，如果用肉眼估测，以一蚕一空位为标准，并依据气温、食桑等情况做适当调节。在各龄盛食期扩至该龄的最大蚕座面积，一般 1 张蚕种 4 龄期的最大蚕座面积约为 $14m^2$，5 龄期的最大蚕座面积约为 $26m^2$。壮蚕的扩座在给桑前进行，其方法是将蚕从密处连叶移到蚕座四周；如果是满匾，则结合除沙加网进行分匾扩座。匀座也是在每次给桑时进行，其方法是将分布于密处的蚕连叶移至稀处，使蚕座稀密均匀，促使蚕群体发育整齐。

(四)除沙

壮蚕期食桑量多，残桑和排粪相应增多，为了保持蚕座清洁干燥，需要勤除沙。一般 4 龄期起除和眠除各 1 次，中除 2 次，共除沙 4 次；5 龄期起除后，每天除沙 1 次。除沙方法及注意事项与稚蚕期的相同。

(五)眠起处理

第 4 眠俗称大眠，其眠的特点是从见眠到眠齐的时间长，入眠容易不齐。因此，加眠网的时间要适当偏迟，以每匾出现几头眠蚕时为加眠网的适期。在入眠不齐时，要提青分批处理，做到饱食就眠。眠除后经过 8～10h，蚕基本上都就眠时，就要及时止桑。如果此时出现蚕就眠不齐，则应加提青网，将不眠蚕提出。其中的弱小蚕、病蚕予以淘汰；其他的迟眠蚕给予良桑，并用较高温度保护，促使就眠。

大眠眠中时间较长，在正常温湿度环境下的经过约 40h。眠中温度要求较饲育温度降低 0.5～1℃，室内保持安静、光线均匀稍暗，并防止强风直吹与阳光直射，湿度前期保持干燥（干湿差 2～3℃），见起蚕后适当补湿（干湿差 1.5～2℃）以利于其蜕皮。

大眠后饷食适期，以蚕群体全部蜕皮起身、头胸抬起表现求食状态、90%以上起蚕的头部色泽呈淡褐色时为标准，气温高的夏秋蚕期则可适当提早饷食。饷食用叶要新鲜并适熟偏嫩，给桑量适当控制，以上龄最大一次给桑量的 80%左右为标准，达到所给的桑叶被蚕吃光但蚕尚在觅食的程度，避免因饷食时蚕食桑过多而造成蚕消化器官的损伤。

(六)饲育环境

壮蚕（4 龄和 5 龄）宜饲育在较低温度、干燥、通风的环境下。一般 4 龄蚕饲育适温为 24～25℃，干湿差 2～3℃；5 龄蚕饲育适温为 23～24℃，干湿差 3～4℃。4 龄蚕要避免在 20℃以下低温中饲育，因为 4 龄蚕在 20℃低温中饲育，食桑缓慢，食下量、消化量均少，蚕发育缓慢而不齐，龄期延长，大眠时迟眠蚕发生率达 15%～19%，用桑量增加 20%，而结茧率却下降 10%以上，茧小而薄，产茧量下降 17%～20%。5 龄蚕要避免长时间在 28℃以上高温中饲育，因为 5 龄蚕长时间在 28℃以上高温中饲育，食下量减少，龄期经过缩短，抗逆力下降，蚕体和丝腺的绝对重量、全茧量、茧层量均低，同时降低了蚕茧产量和质量。

壮蚕呼吸量大，但对 CO_2 抵抗力弱，并且因食桑量和排粪量多，空气污浊，所以壮蚕室要求环境干燥并加强通风换气，以保持室内空气新鲜。“大蚕靠风养”就是这个道理。壮蚕饲育技术标准参考表 10-9。

表 10-9 壮蚕饲育技术标准参考表

龄期		4 龄期	5 龄期
食桑中	温度/℃	24～25	23～24
	干湿差/℃	2～3	3～4
眠中	温度/℃	23	—
	干湿差/℃	2～3	—
饷食时期		17:00	—
蚕座最大面积/(m^2/张种)		14	26
除沙		起眠、眠除各 1 次，中除 2 次	每天 1 次
蚕体蚕座消毒		饷食、加眠网各 1 次	饷食、龄中、将熟各 1 次

第三节　夏秋蚕饲育

夏秋蚕是夏蚕、早秋蚕、中秋蚕和晚秋蚕的总称，从6月中、下旬开始，陆续饲育到10月中、下旬。针对此期间的气象条件差、桑叶生长发育快、病虫害多等特点，需要选用适宜的夏秋用蚕品种，因地制宜地安排饲育适期与比例，采用合理的饲育技术措施，才能使夏秋蚕实现稳产、高产。

一、夏秋蚕饲育的特点

(一)气候特点

我国幅员辽阔，夏秋期气候变化较大，不同蚕区生态差异明显。

长江中下游的华东地区，6—7月是夏蚕饲育时期，正值梅雨季节，下雨时低温多湿，晴天时高温多湿，制订养蚕计划时主要考虑桑叶供应量，以及避免壮蚕期高温和上蔟期多湿；7—8月是早秋蚕饲育时期，是一年中气温最高的季节，最高温度可达38～39℃并久晴干燥，尽量减少壮蚕期遭遇最高气温期，并配置有效的蚕室降温设施；8—9月是中秋蚕饲育时期，气温随蚕龄增长而逐渐下降，桑叶生长快并叶质良好，可饲育优良夏秋蚕品种而获得优质高产，饲育数量可达到春蚕饲育量的90%～95%；9—10月是晚秋蚕饲育时期，气温条件接近春蚕，适于蚕的生长发育，可选用优质春用多丝量蚕品种。

珠江三角洲的华南地区，属于亚热带气候，夏季长温度高，雨季长雨量多，风向无常台风多，自3月初至11月底可连续养蚕7～8次(造)。上半年为雨季，相对湿度多在90%以上，其1～5次(造)饲育低丝量、耐高温多湿的蚕品种；下半年雨季结束，温度高但湿度稍低，其6～8次(造)可饲育丝量较多的蚕品种以获得质量较好的蚕茧，但连续饲育导致养蚕环境病原菌积累，要加强消毒防病工作。

四川盆地的西南地区，气候有冬暖、春旱、夏热、秋雨的特点。桑树生长期长，从3—11月均可养蚕。从6月中、下旬起，晴天温度较高并湿度较大，形成高温多湿气候，下雨天为低温多湿气候；7—8月是一年中气温最高的季节，气温在38℃左右，常形成酷热干燥气候；9月中、下旬以后为秋雨季节，常处于低温多湿状态。为此，夏蚕期、早秋蚕期、中秋蚕期要防高温多湿或高温干燥，晚秋蚕期要防低温多湿或低温干燥。

云南处在低纬度高原，地形错综复杂，气候温和，平均气温低于30℃。6—8月降雨集中，湿度较大；9—11月平均气温比春期低1～2℃，土地湿润。为此，云南夏秋期可饲育多丝量春用蚕品种，产茧量高且稳产。

华北地区，6—7月是夏蚕饲育时期，后期处于高温多湿气候，即壮蚕期要防高温多湿。8—9月是秋蚕饲育时期，正值雨季，前期高温多湿，后期低温干燥，有利于养好秋蚕。

(二)桑叶品质

在长江流域和黄河流域蚕区，夏秋季是桑树从夏伐后至桑树旺盛生长，直至最后进入休眠这段时期。夏秋叶是在这段时期里由同一个桑芽上逐步生长的，随着枝条的不断伸长，桑叶也不断增多，枝条上叶片从开叶到成熟，再逐渐进入硬化，营养价值发生着显著变化。同时，夏秋期叶质受气候条件和肥培管理的影响也很大，如果肥料充足、温度和水分适宜、桑园管理到位，则有利于桑树的生长，桑叶产量和质量均高；如果遭遇阴雨连绵或久旱不雨的气候，加上桑园肥料不足、管理不到位，则均会影响桑树的生长，并最终造成桑叶产量低、质量差。为此，根据夏秋季桑叶生长规律，在不影响桑树生理的前提下，分批采叶，分批养蚕，充分利用桑叶，增产蚕茧。

(三)病虫害和农药中毒

第一，夏秋期随着养蚕次数的增加，蚕室、蚕具重复多次使用，以及病原微生物繁殖速度加快，造成养蚕环境内病原菌数量积累增多、扩散面广、病原菌新鲜、毒性强、致病率高。第二，蚕在夏秋期环境恶劣以及桑叶叶质较差的条件下，其抗病力较弱。第三，夏秋期桑树害虫为害严重，这些害虫能与家蚕发生疾病交叉传染。第四，夏秋期是桑园及大田农业生产的繁忙时期，使用农药多，容易引起蚕的农药中毒。为此，病虫害是影响夏秋蚕期的最大的不确定因素，如果消毒不彻底并放松饲育管理，则容易引发蚕病，造成夏秋蚕茧生产歉收,甚至"颗粒无收"。

二、夏秋蚕饲育技术

(一)合理调整养蚕布局

夏秋蚕的饲育适期、规模、次数和蚕品种等的布局,要依据当地的气象环境条件、桑树生长情况、大田农业生产布局、养蚕设备与劳动力、养蚕技术等实际情况。布局合理,一能充分利用桑叶多养蚕,并使蚕茧优质高产,达到蚕桑效益最大化;二能充分遵循茧丝的市场规律并符合蚕农的意愿;三有利于蚕业的可持续发展。夏秋蚕饲育的布局方式有如下 3 种。

1. 以茧质为主的分期布局

生产优质蚕茧不仅是蚕茧生产的目的,也是茧丝加工及外贸出口的迫切需要,在当前情况下,以茧质优先的布局方式显得格外重要。影响蚕茧质量的因素很多,其中饲育的蚕品种和环境条件是 2 个重要因素。夏秋期时间跨度长,气候变化大,不同时期适宜饲育的蚕品种不同,生产的茧质存在较大差异。要提高茧质及经济效益,应适度减少茧质差、效益低蚕期的饲育数量或调整其饲育时期,同时适度增加茧质好、效益高蚕期的饲育数量。

2. 以叶质为主的分期布局

将蚕安排在最佳叶质条件下饲育,是获取蚕茧优质高产的基本条件。夏秋蚕用叶期为桑树夏伐后长出新枝至桑树进入休眠这一长跨度时期,同一枝条不同时期及不同叶位上的桑叶老嫩与成熟度开差很大。为此,夏秋蚕分期饲育,一可以分批适时采选适熟叶,避免秋叶硬化,促进秋叶增产;二可缓和使用蚕室、蚕具的紧张状态,稀放蚕座,为蚕的良桑饱食创造条件。

3. 以适应地区及市场需求的布局

不同地区的蚕桑生产比重、大田作物布局、气候条件等存在较大差异,有些地区的蚕桑生产在整个农业生产中的比重较大,有些地区的蚕桑则是局部零星分布,有些地区为桑苗产区,桑苗叶与普通桑树叶在夏秋期的利用可互补。再者,蚕茧具有很强的商品性,尽管政府对其宏观调控力度较大,但最终还是要受到市场需求的制约。为此,对不同地区的夏秋蚕布局应灵活掌握并因地制宜,同时要根据市场经济需求进行合理调整,市场需要时多生产,市场疲软时控制生产,避免原料茧过多或不足。

(二)选用适宜的蚕品种

夏秋蚕各期的环境条件和叶质不同,选用蚕种应有区别。环境条件和叶质较差的夏蚕期与早秋蚕期,宜选用体质强健、抗逆性、抗病性强的蚕品种,以利于获得较稳定的蚕茧产量。环境条件较好的中、晚秋蚕期,可选养茧质好、丝量多的春用蚕品种或春秋兼用蚕品种,以利于提高蚕茧产量及质量。

(三)提高桑叶质量

优质桑叶是获取夏秋蚕茧优质高产的物质条件。针对夏秋季的特殊条件,要获取优质桑叶,需要重点做好以下工作。

1. 建立稚蚕专用桑园

夏秋季常会遭遇不良气候,特别在稚蚕期,较难采摘到营养丰富、成熟齐一的桑叶。为此,要建立稚蚕专用桑园。建立稚蚕专用桑园,第一要选择土质好、排灌方便的桑地,栽植成熟早、硬化迟的桑品种,栽植密度宜偏稀,使日照充足、通风良好;第二要精心桑园管理,施肥注意氮、磷、钾的适当配合,并多施有机肥等,以提高叶质。

2. 加强桑园肥培管理

桑树夏伐后的生长量要占全年生长量的 2/3,其中 6—7 月的生长量又占夏伐后生长量的 66%。所以桑树夏伐后,要及时施夏肥,以满足桑树新芽萌发和新梢旺盛生长的养分之需。夏肥每亩用厩肥 2000kg+氮肥 25kg+磷肥 30kg+钾肥 15kg,分 2 次施入,第一次在夏伐后 7d 内,第二次在疏芽、采叶后。

夏伐后进入梅雨季节,杂草生长旺盛,在夏叶收获前除草 1 次,同时在秋季杂草开花结实前再除 1 次杂草，除杂草可结合中耕进行。另外，夏秋季如遭遇干旱时，要及时灌溉补水，一般采用沟灌，山地采用穴灌，有条件的地区可采用滴灌。

3. 合理采摘

桑叶是桑树的营养器官，夏秋蚕各期采叶要做到采养兼顾，根据各龄蚕的需要和桑树生长特点进行合理采摘。夏蚕1～2龄采夏伐桑新梢下部叶，3龄用疏芽叶，4～5龄用枝条基部叶。早秋蚕1～2龄用枝条顶端叶，3龄用枝条上中部的适熟叶，4～5龄用枝条基部叶。中秋蚕采叶不能过多，梢端至少留7～8叶，既有利于光合作用以养树，也有利于晚秋蚕饲育。晚秋蚕根据余叶养蚕，结束时枝条顶端留5～6片叶，以保持光合作用的正常进行，让其在越冬休眠前积累足够的养分，充实树体。另外，夏秋蚕期采叶须摘叶留柄，以保护腋芽。

4. 做好桑园治虫工作

夏秋季桑树害虫种类多，害虫不仅吃食桑叶，危害桑树，并降低叶质，还会将病原菌交叉传染给家蚕。为此，要正确预报桑园虫害的发生，并及时做好治虫工作，同时做好冬耕夏锄，以消除中间寄主和越冬虫态，做好整枝修剪以除去病害枝、虫卵枝和害虫越冬场所。

(四)强化蚕病虫害控制

夏秋蚕期病原菌的数量多、扩散面广、毒性强、传染途径多，农药中毒及虫害敌害的机会多，再加上蚕抗病力弱，蚕病虫害严重。为此，第一要彻底消毒，养蚕前做好蚕室、蚕具消毒，养蚕期中做好蚕体和蚕座消毒，养蚕结束后做好回山消毒，杜绝病原菌传染机会；第二，蚕室窗门安装防蝇网，并在壮蚕期使用“灭蚕蝇”，防治蚕多化性蝇蛆病；第三，加强沟通与规划，预防蚕农药和工业废气中毒；第四，加强饲育管理，提高蚕抗病力。

(五)精心饲育和管理

第一，做好催青、领种、补催青、收蚁等工作，使蚁体强健、发育齐一。

第二，夏秋蚕期气温高，蚕生长发育快，要超前扩座，勤除沙，及时提青分批饲育，达到蚕稀放、饱食、强健。

第三，夏秋季气候变化大，高温多湿、高温干燥、低温多湿、低温干燥等不良气候经常出现，要按照“小蚕靠火养、大蚕靠风养”的经验，控制好养蚕的小气候环境，保证蚕健康生长发育，以获得优质丰产的蚕茧。

第四节　上蔟与采售茧

一、吐丝结茧

(一)熟蚕特性

发育到5龄末期的蚕进入成熟期的前兆，包括食欲逐渐减退和排出含水分较多而松软的粪粒。随后，蚕停止食桑，头胸向上抬起，左右摇摆，吐出茧丝，寻找营茧场所。这便是蚕成熟的标志。

熟蚕一般有以下几个特征。

1. 向上性(又称背地性)

熟蚕具有向上性，喜欢向高处攀爬。

2. 背光性

熟蚕具有避光趋暗的特性，喜欢在20lx以下微明、均匀、分散的光线中营茧。

3. 避风性

熟蚕喜欢在空气流通且无强风或风直吹的位置营茧。因此，蔟中要保持空气流通，但不宜直吹，气流速度以不超过1m/s为宜。

(二)结茧过程

蚕充分食桑后,在蜕皮激素和保幼激素的协同调控下,逐渐开始停食、来回爬动、排出粪尿,进入熟蚕阶段。熟蚕的结茧过程,一般分为以下 4 个阶段。

1. 上爬阶段

熟蚕上蔟后,因其具有很强的向上性,会不断向上攀爬,而不是立刻寻找位置结茧。

2. 滞留阶段

熟蚕滞留在蔟的上部数个小时,其间偶有移动,继续排出粪便。

3. 觅位阶段

熟蚕开始寻觅合适的营茧位置。通常在条件较好的情况下,熟蚕会选择无干扰、比茧体稍大的位置结茧;若条件不满足,熟蚕也会在不适宜的位置结茧。

4. 吐丝阶段

熟蚕排尽粪尿后便开始吐丝营茧,一般需经历以下 4 个过程。

(1)结制茧网

熟蚕先吐出蓬松、柔软、凌乱的茧丝,结成不具茧形的茧网,作为进一步结茧的支架。

(2)制作茧衣

熟蚕抓住四周蔟枝,来回爬动,继续吐丝,结制成初具茧体轮廓的茧衣。茧衣丝胶含量较高,丝纤度细,受到外力易折断,排列无序。

(3)制作茧层

熟蚕继续吐出一个个丝圈,形成茧片,完成 1 个茧片后换个位置继续吐制第 2 个茧片,如此不断重复。同时,吐丝方式由 S 形变成∞形,如图 10-1 所示。

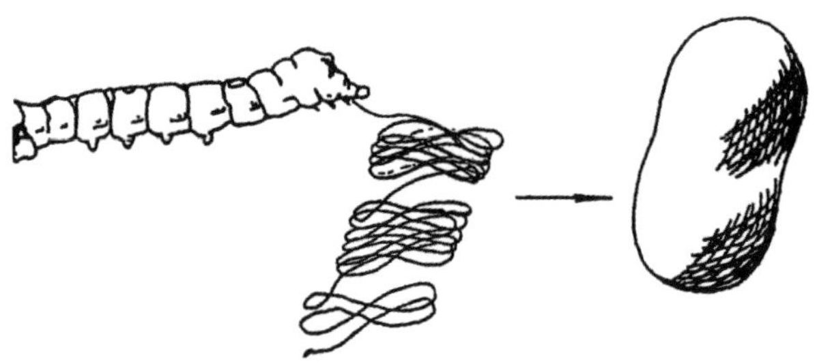

图 10-1　熟蚕、茧片和蚕茧示意图(引自朱良均,2020)

(4)制作蛹衬

熟蚕吐丝至内层时,速度减慢,吐出的丝纤度较细,失去原有的均匀度,形成松散、柔软的薄层茧丝层(即蛹衬)。

至此,蚕进入化蛹阶段。

二、上蔟

想要获得优质高产的蚕茧,在上蔟阶段需要做好蔟室、蔟具选择,上蔟方法采用,上蔟管理等方面的工作。

(一)蔟室和蔟具

1. 蔟室

蔟室应该选择地势较高,便于通风和控制温度、湿度,光线均匀的房屋。上蔟所需房屋的面积,因蔟具和上蔟方法不同而有所不同。

2. 蔟具

优良的蔟具应具备结构合理稳定、通风透气、成本低廉、蔟材来源多、上蔟采茧方便、结实耐用、便于储藏保管等特点。

常见蔟具有方格蔟、折蔟、蜈蚣蔟(又称草龙)、伞形蔟、竹花蔟等,其结构和优缺点详见表10-10。

表10-10 蔟具的结构及优缺点

名称	结构	优点	缺点
方格蔟	由板纸做的蔟片和木制的蔟架组成	通风良好、上茧率高;茧形整齐、茧层厚薄均匀;循环使用,消毒便捷	成本高;上蔟较烦琐
折蔟	由稻草、竹篾条或塑料制成的波浪形蔟具	体积小、方便储藏;空气流通、采茧方便;(塑料制)经久耐用,便于消毒;(稻草制)易倒伏,可重复利用	双宫茧较多;(塑料制)投资大;(稻草制)消毒难,制作费工
蜈蚣蔟	将疏去草衣的光稻草作为蔟枝,插入两股草绳的中间,用打蔟器绞旋而成	制作方式简单、价格低廉;结茧位置多,空气流通好;上蔟便捷,节省人工	采茧较费时、费力;黄斑茧等次下茧较多;占地面积大、储存困难
伞形蔟	取一根稻草在束的中腰结缚,旋转成辐射形,再折转成伞形	适于下方结茧的蚕品种	通风透气不良;次下茧较多
竹花蔟	可就地取材,蚕户自己编织,长度不限	可任由熟蚕爬动;长度不限,成本较低;结构稳定、移动位置方便	采茧较费时、费力;占用空间较大

由方格蔟得到的蚕茧质量较好,折蔟的稍次,蜈蚣蔟、伞形蔟和竹花蔟的较差,详见表10-11。

表10-11 不同蔟具与茧质的关系

茧质指标	方格蔟	塑料折蔟	蜈蚣蔟
茧层含水率/%	17.80±0.35[b]	18.30±0.87[ab]	19.30±0.70[a]
500g茧粒数	310.00±10.00[a]	316.67±15.28[a]	311.67±7.64[a]
上车茧率/%	99.72±0.49[a]	93.77±2.68[a]	90.46±7.52[a]
匀净度/%	97.00±2.65[a]	86.67±9.45[ab]	82.00±5.58[b]
好蛹率/%	97.98±3.50[a]	96.74±3.28[a]	93.44±5.86[a]
干壳量/g	9.78±0.65[a]	9.19±0.26[a]	9.02±0.23[a]
结茧率/%	99.33±1.15[a]	96.00±3.61[a]	95.33±3.79[a]

注:数据引自徐俊等,2012;小写字母不同的表示差异达显著水平。

(二)上蔟方法

上蔟方法应根据饲育方式、蔟室、蔟具和人工等具体情况而定,一般生产上常用方法如下。

1. 自动上蔟法

将蔟具直接放在蚕座上,让熟蚕自己爬上蔟具结茧。当蔟具上爬有一定数量的熟蚕时,把蔟具移开或挂起。

生产中,蚕老熟的时间不同,蜕皮激素常被用于促进蚕同时成熟。为促进熟蚕的登蔟速度,也可使用适量登蔟剂(如月桂醇、鱼腥草等)。

2. 人工拾取法

由人工逐头拾取熟蚕,并均匀地投放到蔟具上。该方法能较好地保证适熟上蔟,不会有青熟混上的情况,但费力、费时。

3. 振落上蔟法

将枝条或蚕网置于蚕座上方,待熟蚕上爬后,将枝条或蚕网上的熟蚕人工振落,并均匀地撒放在蔟具上。此方法简单高效,省时省力,但易损伤蚕体。

(三)上蔟管理

1. 适熟上蔟

在不恰当的时间上蔟,会对蚕茧的产量和质量产生很大的影响。因此,上蔟时间要根据蚕品种、天气、上蔟方法等综合考虑,做到分批上蔟、适熟上蔟。

2. 上蔟密度

上蔟密度是否适当,对茧质影响很大,其影响见表10-12。上蔟过密,则结茧位置少,次下茧增多,茧质下降；上蔟过稀，则蔟室、蔟具的需用量增大，成本增加。

表 10-12 不同蔟具上蔟密度与上茧率的关系 单位：%

蔟具	上簇密度								
	450 头/m²			540 头/m²			630 头/m²		
蜈蚣蔟	100	100	87.5	88.23	83.87	72	77.61	76.71	87.32
折蔟	96	88	86	90	81.03	83.3	89.85	80	87.3
方格蔟	100	100	100	100	100	100	97.91	98.14	98.21

注：数据引自李秀艳，朱俭勋，1986。

3. 上蔟环境

影响蚕结茧和茧丝品质的环境条件，主要有温度、湿度、气流和光线等。

(1)温度

以 24℃左右为宜，上蔟初期温度略高，结茧后期温度略低。蔟中温度过高或过低，对解舒影响都很大。

(2)湿度

以 60%～75%为宜。湿度对熟蚕的吐丝速度影响不大，但对茧丝质量产生较大影响。熟蚕在湿度较大的环境下营茧，会造成茧层含水率高、易霉变、茧色变黄、解舒性能差，甚至死茧增多。若熟蚕在较为干燥的环境下结茧，则茧层疏松，绵茧增多。

(3)气流

以 0.5～1m/s 为宜。在上蔟当时不宜强风直吹，否则熟蚕会向风速低的一方密集，要保证蔟中空气流通以除湿，必要时可在蔟室中使用风扇。

(4)光线

以 20lx 以下均匀分散的光线为宜。若蔟室内光线不均匀，蚕往往会聚集在黑暗的地方，双宫茧的数量就会增加。因此，要做到蔟中光线均匀，防止偏光和阳光直射。

(四)不结茧蚕和次下茧产生原因及防治措施

1. 不结茧蚕产生原因及防治措施

在蚕茧生产的过程中，常发生熟蚕不吐丝或吐出少量丝而不结茧、形成裸蛹的情况。通常，不结茧蚕产生的原因如下。

(1)微量农药中毒

会使蚕中枢神经麻痹，造成吐丝功能障碍，导致不结茧蚕或结畸形茧增多。

(2)蚕病

主要是脓病、软化病和微粒子病等。病原体在蚕体内大量繁殖，夺取蚕体内营养，有的会侵入丝腺，影响丝腺的正常功能，甚至有些病原体会产生特定的代谢物，使蚕的中枢神经麻痹，从而导致不结茧蚕的产生。

(3)生理障碍

主要是吐丝功能发生生理障碍而导致蚕不能营茧。丝腺过于肥大而压迫气管，吐丝运动和液状丝胶脱水作用之间不协调，中部或后部丝腺气管分布异常，中部或后部丝腺的部分细胞发生畸变，都会引起蚕吐丝功能障碍。

(4)不良环境

主要分为饲育中不良环境和蔟中不良环境的影响。前者如饲育环境恶劣、5 龄期蚕食桑过嫩及使用激素过量，或饲育中接触到不良气体，使蚕体内分泌失调，从而引起吐丝功能障碍。后者如蔟中长期高温多湿且空气流通不畅造成空气污染，阻碍熟蚕正常呼吸，进而引起生理不正常或神经障碍。

(5)蚕品种

不结茧蚕的产生受到蚕品种因素影响，一般吐丝量较多或者对农药抗性弱的相关品种容易产生不结茧蚕。

(6)其他

熟蚕上蔟时，由于上蔟前期准备工作不充分、操作人员动作不熟练、熟蚕堆积过多、堆积时间过长等因素，可能会造成熟蚕丝腺破裂或体壁、器官损伤出血等状况，从而使熟蚕失去正常吐丝的功能。

针对上述问题，可通过加强技术管理、严防微量农药中毒、严格消毒防病、正确使用激素等措施，防止不结茧蚕的发生。

2.次下茧产生原因及防治措施

次茧是指茧层上有轻微疵点，只能缫低品质丝的蚕茧。下茧是指茧层上有严重疵点，不能缫丝或很难缫丝的蚕茧。次下茧种类很多，产生原因复杂。生产上，应根据次下茧产生的原因而采取相应的防治措施。

(1)双宫茧

双宫茧指由 2 头或 2 头以上的蚕共同结成的茧。

1)产生原因：上蔟时蔟室温度过高、上蔟过密、上蔟过迟、蔟具不合理等。

2)预防措施：熟蚕适熟、适量上蔟，蔟室温度适宜。

(2)黄斑茧

黄斑茧指被熟蚕排泄的粪尿或烂茧所污染的蚕茧。

1)产生原因：上蔟密度过大、上蔟熟蚕老嫩不齐，微量农药中毒或者蚕体质弱，造成熟蚕排尿困难而在吐丝阶段排尿。

2)预防措施：避免未熟蚕上蔟或青熟蚕混上；及时清除蚕粪蚕尿、更换垫纸；加强蔟室空气流通，防止湿度过大；避免有毒农药或者不良气体的接触，做好蚕病预防。

(3)口茧

口茧指茧层有孔口的茧。

1)产生原因：蚕蛹化蛾(蛾口)或蚕蝇化蛆(蛆口)钻出、鼠咬(鼠口)、虫蛀(虫口)等过程破坏茧层。

2)预防措施：根据季节和烘茧计划，决定蚕茧的收购时间及收购量，运输鲜茧时要保持通风；利用鼠药、灭蚕蝇水剂等药物，以及粘鼠板、纱门纱窗等，做好蚕室、蔟室、茧库的防鼠、防虫(蜱虫、皮蠹科虫、红蜘蛛等)和防蝇工作。

(4)死笼茧

蚕在结茧中死亡，尸体污染茧层的蚕茧叫死笼茧。其中茧层薄、腐液已渗入茧外层的，称为烂茧；茧层较厚、病蚕蛹的污汁由内层渗达外层，隐约可见，称为内印茧。

1)产生原因：感染脓病和细菌病等。

2)预防措施：饲育期、蔟中严防高温、多湿、通风不良等情况；严格消毒防病，增强蚕体质；避免采茧过早，采茧、运茧时动作要轻柔。

(5)薄皮茧

薄皮茧指茧层疏松绵软而薄、无弹性的茧。

1)产生原因：蚕食桑不足；蚕体质虚弱或微量农药等有毒物质中毒或蝇蛆侵害等；采茧过早。

2)预防措施：依据桑叶产量来确定蚕种饲育量，5 龄期蚕要充分喂叶，使蚕饱食，增强蚕体质；防止桑叶遭污染、上蔟环境受微量有毒气体熏染；加强蚕期消毒防病。

(6)柴印茧

柴印茧指茧层有蔟枝等印痕的蚕茧。

1)产生原因：蔟枝过密，蚕营茧时紧靠蔟枝；上蔟过密或没有及时上蔟，熟蚕无法找到合适的营茧位置。

2)预防措施：使用方格蔟，避免用稻草、秸秆等做蔟具；适熟上蔟，避免上蔟过密。

(7)绵茧

茧层松浮、茧形膨大，触感软绵、无弹性的茧为软绵茧；如稍有弹性和缩皱比较模糊的茧为硬绵茧。

1)产生原因：上蔟温度过高，茧丝水分散失快，茧丝之间胶着力降低，茧层缩皱浅；或蚕因生病、中毒等原因，丝胶少，营茧速度比较慢，形成软绵茧。

2)预防措施：吐丝期间要保持蔟室内的空气相对潮湿。

(8)畸形茧

畸形茧指失去原茧固有形状,呈现扁圆、棱角等畸形的茧。

1)产生原因:蚕品种遗传、蚕期微量农药中毒、蚕期发病、过熟上蔟、蔟具不良、上蔟过密等。

2)预防措施:选育营茧均匀、结横茧多的蚕品种;防止微量农药中毒;预防熟蚕发病;适熟、适量上蔟。

(9)油茧

油茧指蛹油渗出茧层而成为黄色或淡黄色油斑的污染茧。

1)产生原因:鲜茧化蛹程度低、蛹体嫩或少量发病,烘茧时蛹体破裂,污染茧层;干茧在搬运过程中,蛹体破损,致使蛹油浸出茧层。

2)预防措施:加强蚕期管理,预防蚕病的发生;运输时轻拿轻放。

(10)异色茧

异色茧指与同批茧的茧层颜色有明显差异的茧。

1)产生原因:蔟室过于潮湿,通风不良,易生成米黄色茧;患有灵菌败血病的蚕体和蛹体破裂时,或患赤僵病的蚕尸体和蛹尸体污染茧层时,茧层均有红斑。

2)预防措施:蔟室及时通风、排湿,蚕期加强消毒防病,预防灵菌败血病和赤僵病的发生。

(11)霉茧

霉茧指茧层表面霉变的茧。

1)产生原因:蚕吐丝结茧后环境多湿、闷热,鲜茧茧层发霉;茧烘后散热不彻底或烘茧成数偏嫩或翻晾不匀,造成半干茧或干茧茧层发霉。

2)预防措施:蔟中注意通风排湿,遇闷热多湿天气需强制通风;蚕茧烘干后晾凉再卸车,茧堆不要过高;烘茧成数适干均匀,杜绝将茧烘成过嫩的状态。

(12)瘪茧

瘪茧指茧层两侧压瘪或茧层一侧压瘪的茧。

1)产生原因:外力挤压、撞击、碾踩等。

2)预防措施:加强收烘管理,要求流程规范,防止人为操作不当而产生瘪茧。

(13)多层茧

多层茧指茧层有间隔成数层的茧。

1)产生原因:蔟中温度昼夜变化剧烈或高温干燥。

2)预防措施:加强蔟中管理,适当补湿。

三、采茧

采茧是养蚕后期中的重要一步,采茧过程需要有足够的耐心。如果采茧过程不当,会导致蚕茧的品质不佳,所以务必重视采茧工作。

(一)适时采茧

掌握科学的采茧时间,是保证蚕茧品质的关键因素。过早或过晚采茧,对蚕茧质量都有很大影响。因此,采茧的时机既不能操之过急,也不能拖得过晚。蚕吐丝后会在茧内蜕皮,最后化蛹。刚化蛹时蛹比较嫩,蛹体颜色呈淡黄色。随后蚕茧会逐渐变硬,蛹体颜色变深,呈深黄褐色,此时为最佳采茧时期。从上蔟时间上说,春季上蔟后 6d 左右、夏季上蔟后 5d 左右、秋季上蔟后 7d 左右为最佳采茧期。同时工作上要做到分批上蔟,分批采茧。总的来说,采茧时间至少要在上蔟 5d 后进行,此时对于兼顾茧质、蚕农与下游加工企业的利益都非常有益。

采茧过早,第一,会破坏蚕的正常吐丝进程,造成蚕吐丝断断续续,茧层厚薄不匀,蚕茧烘干后茧形很差;大多数蚕还没有化蛹,还是毛脚茧,茧质很差;如果刚化蛹即采茧,容易造成蛹体壁破裂出血而污染茧层,产生油茧,影响茧质。第二,容易造成蚕体受伤,导致内印茧数量增加;因采茧而过早触碰、移动、搬运蚕茧,影响蚕吐丝化蛹的过程,同时造成蚕与蛹死亡率的增加。第三,对蚕茧的解舒性能影响较大,一方面,采茧时间过早，蚕茧的含水量较高，在采茧、运输、售茧和收购后的堆放过程中，容易造成蚕茧蒸热，导致蚕茧解舒率下降；另一方面，在家蚕吐丝尚未完全结束时就提前采茧，易导致茧丝胶着与解离困难，落绪次数增加，解舒率低下。

采茧过迟，则有出蛾风险。

(二)采茧方法

目前生产上采茧，主要还是使用手工采茧。采茧时将上茧、次茧和下茧分开放置，特别要注意品种不同的茧，如土种茧不能混在改良茧中出售。务必注意不能出售统茧，否则上茧率不高，影响蚕茧收购价格。具体来说，采茧时要先捡出死蚕、血茧和烂茧，然后把上茧与双宫茧、黄斑茧、柴印茧、薄皮茧、畸形茧等次下茧分开采、分开放，不采混合茧。按照分批上蔟的先后顺序，先上先采，后上后采。采茧要求操作规范，动作轻柔，轻采轻放，不可投掷，否则容易使蛹皮破裂、蛹液溢出，污染茧层。采下的茧也不可堆积过厚，尤其是在蔟中潮湿时茧层含水量大，更要及时摊于蚕匾中，以 3 粒茧厚最为合适，以免发热而影响蚕茧品质。

若蚕农使用的是新型塑料方格蔟，可用采茧器采茧。方格蔟包括蔟片和蔟架两部分，上蔟时吊挂能回转，称回转蔟，其特点是有固定的结茧部位，一蚕一孔。方格蔟具有省力、清洁、上茧率高等优点，是蚕桑生产蔟具改良的方向。用一块与方格蔟横径等长的木板，按照蔟孔的距离，依次在木板上钉上小于格孔的短木棒制成采茧器。采茧过程如下：先将蔟片中的死蚕、烂蚕除去，然后用采茧器对准方格蔟的第一行第一个格，轻轻向下按压，即将茧压出孔外，接着顺次进行。将所有的茧压出后，再在蔟的背面把茧取下。

(三)选茧

选茧就是在采茧时将上茧、次茧、下茧分级放置，尤其要将烂茧选净，以免在处理过程中污染好茧，以及在上茧中要选净次下茧，以提高上茧中的上茧率。

四、售茧

(一)运茧

运茧是各养蚕户将鲜茧运送到当地茧站出售的过程。鲜茧运输要求将茧装在竹篓、箩筐等透气性好的容器中，并在中间插入气笼或干稻草束，切忌用塑料袋盛装，防止鲜茧在运输途中发生蒸热。同时，要做到松装快运，尽量减少振动，并防止日晒和雨淋。

(二)评茧

鲜茧运输到茧站后，茧站对鲜茧进行评定，以确定蚕茧价格。评茧方法主要有干壳量评茧法、肉眼评茧法、茧层率评茧法及组合售茧、缫丝计价法。具体内容见第十三章《蚕茧收购》。

五、蔟室和蔟具的清理与消毒

采茧和售茧工作结束后，须立即对蔟室和蔟具进行彻底清理与消毒，俗称回山消毒，其操作应按养蚕前清洗消毒的要求进行。凡只能使用一次的蔟具(如蜈蚣蔟、伞形蔟、竹花蔟等)，采茧后应立即焚烧或作堆肥，切忌到处乱丢而扩散病原菌。凡可多次使用的蔟具(如方格蔟、塑料折蔟等)，应随即消毒和妥善保管。

方格蔟先在火堆上烤去附着的浮丝，再经日光暴晒，或用 1%有效氯含量的漂白粉液或 2%甲醛液消毒后进行日光下暴晒，或在密闭房屋内用“毒消散”等熏烟消毒剂消毒，然后保存于阴凉干燥处。

塑料折蔟可用 1%有效氯含量的漂白粉液浸渍消毒，消毒后晾干，捆扎叠放，存放于阴凉干燥处。

第五篇

蚕病防治

第十一章 传染性蚕病

蚕病是由病原微生物感染、害虫侵袭、理化因素刺激、生理障碍等而引起的各种病害的总称，是养蚕生产不稳定、不安全的主要因素，直接影响养蚕生产的产量、质量和经济效益。蚕病种类较多，通常按致病的原因及其传染性不同，可分为传染性蚕病和非传染性蚕病两大类，其中传染性蚕病的危害占蚕病总损失的70%左右，非传染性蚕病的危害占蚕病总损失的30%左右。由病原微生物侵入蚕体并在体内增殖而引起、可以通过病蚕传染于健康蚕发病的病害，称为传染性蚕病。传染性蚕病因病原微生物种类不同，又可分为病毒病、真菌病、细菌病和原虫病四大类。

第一节 病毒病

家蚕病毒病是蚕受到病毒感染而发生的一类病害，在养蚕生产上最为常见，为害又最为严重。家蚕病毒病在我国各蚕区不同季节都有发生，尤其在夏秋季节，由于气候、叶质等条件较差，常多发而造成蚕作歉收。当前已被发现的蚕病毒病，按病毒种类和寄生部位的不同，主要有核型多角体病、质型多角体病、病毒性软化病和浓核病 4 种。

一、核型多角体病

家蚕核型多角体病又称血液型脓病，民间俗称水白肚，是昆虫病毒病中发现最早、研究最为详细的一类病毒病。我国南宋《陈旉农书》中就对这种为害养蚕生产的蚕病有了“蚕儿伤湿即黄肥，伤风即高节，沙蒸即脚肿，伤冷即空头而断”的记述，这不仅给予家蚕血液型脓病的“黄肥”“高节”“脚肿”等典型外部病症形象而生动的描写，而且对家蚕血液型脓病发生的生态条件也做了深刻分析。古代蚕农虽然还不知道家蚕血液型脓病病原体的性质，但在长期实践中已发现病蚕流出的脓汁可以相互传染的现象，《天工开物》中述“凡蚕将病，则脑上放光，通身黄色，头渐大而尾渐小，并及眠之时游走不眠，食叶又不多者，皆病作也”，对此必须“急择而去之，勿使败群”。《广蚕桑说辑补》中述“大眠后二、三日，有蚕身独短，其节高耸，不食叶而常在叶上往来，脚下有白水者，宜即去之，勿使他蚕沾染”，认识到病蚕脓汁有强烈的传染性。1856 年，意大利学者马埃斯特里(Maestri)最早在光学显微镜下观察到血液型脓病蚕血液内有许多粒状体。1872 年，比利时蚕学家博勒(Bolle)首次把这种粒状体命名为多角体，并指出多角体就是血液型脓病的病原体。1907 年，德国学者冯·普罗瓦泽克(Von Prowazek)将血液型脓病蚕的脓汁通过数枚重叠的滤纸以除去多角体，发现滤液仍有感染性，并于 1924 年确认家蚕血液型脓病的病原体是滤过性病毒。多角体与病毒的关系直至 20 世纪 40 年代借助电子显微镜研究才得以明确，多角体内包埋许多病毒粒子。

(一)病原

本病病原为家蚕核型多角体病毒(*Bombyx mori* nuclear polyhedrosis virus，BmNPV)，属于杆状病毒科(Baculoviridae)、α 杆状病毒属(Alphabaculovirus)，因在寄生细胞的细胞核中增殖形成多角体而得名。病毒粒子呈杆状(图 11-1A)，大小为 330nm×80nm，沉降系数为 1870S。病毒核酸为双链脱氧核糖核酸(双链 DNA)，含量 7.9%～15.0%，分子质量 $80\times10^6\sim100\times10^6$ Da，变性温度(T_m)87.5℃，碱基组成为 29.3%腺嘌呤(A)+22.5%鸟嘌呤(G)+20.2%胞嘧啶(C)+28.0%胸腺嘧啶(T)，特异系数(AT/GC)为 1.34。

病毒粒子结构比较复杂，其外层是脂质蛋白囊膜，内层为核衣壳。核衣壳又由外层衣壳和内层髓核 2 部分构成，由病毒编码的各种衣壳蛋白组成衣壳，由病毒核酸(双链 DNA)和与其密切相关的碱性蛋白组成髓核。1 个囊膜内包埋 1 个或多个核衣壳，包埋 1 个核衣壳的称为单粒包埋型病毒粒子(single embedded viron,SEV),包埋多个核衣壳的称为多粒包埋型病毒粒子(multiple embedded viron,MEV)。在1个囊膜内包埋的核衣壳数目因寄生部位而有所差异,例如寄生在真皮细胞核内形成的大部分包埋1～2个核衣壳,寄生在丝腺细胞核内形成的可包埋10个以上核衣壳。

病毒在蚕体组织细胞内寄生的繁殖过程中,形成一种特异、形态呈多面体的包涵体,称多角体。该多角体由于在细胞核内形成,故称为核型多角体,其大小为2～6μm,平均3.2μm,多数是比较整齐的六角形十八面体,在普通显微镜下能清楚观察到(图11-1B、C)。多角体是病毒编码蛋白质的结晶体,内包埋许多病毒粒子。多角体具有较强的折光性,折光率为1.5362;比重为1.26～1.28,在水溶液中常沉于下层;不溶于水、酸及二甲苯、氯仿、丙酮、乙醚等有机溶剂,但易溶于碱性溶液,多角体溶解的最适pH值为10.8～11.0,而蚕消化液呈强碱性(pH值为9～10),所以多角体经口食下后即在碱性消化液的作用下溶解,释放出病毒粒子而侵入蚕体组织寄生。这一特性是病毒食下感染蚕的条件,也是实验室纯化病毒,以及养蚕生产上消毒以杀灭病毒的依据。

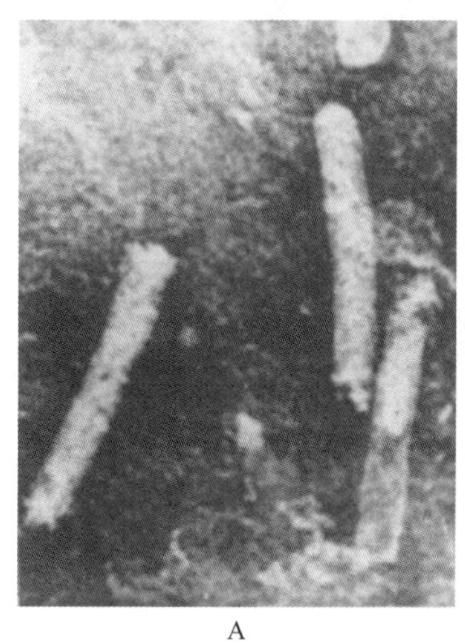
A

B

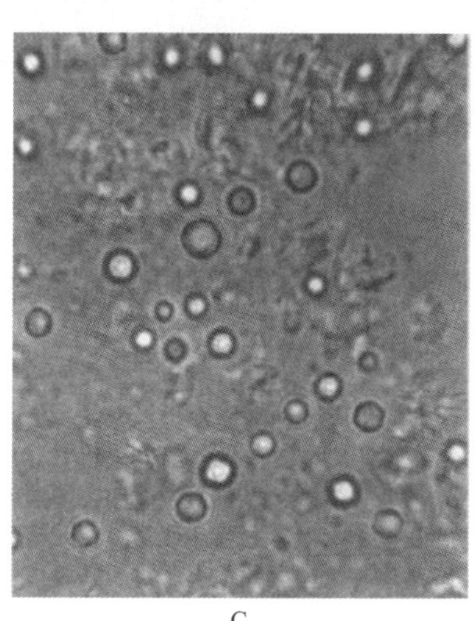
C

图11-1　家蚕核型多角体病毒(引自华南农学院,1979)

A.病毒粒子透射电镜图;B.多角体扫描电镜图;C.多角体光学显微镜图。

病毒粒子在蚕体内有2种存在形式:一种是包埋在多角体内,称为多角体病毒,主要发挥蚕与蚕之间的传染作用;另一种未被多角体包埋进去而游离存在于组织细胞或体液内,称为游离态病毒,主要发挥细胞间的传染作用。游离态病毒对外界环境的抵抗力较弱,在自然环境条件下成活时间较短,并且物理、化学消毒很易将其杀灭。但多角体病毒依靠多角体的保护而对外界环境(包括消毒药剂)有较强的抵抗力,是养蚕消毒的主要对象。根据多角体易溶于碱性溶液的这一特性,选择强碱性的消毒液,如1%有效氯含量的漂白粉液、1%新鲜石灰浆液等,均有很好的消毒效果,如果选用弱酸性的福尔马林消毒,则需要加入0.5%新鲜石灰粉以提高消毒效果。

(二)病症

1.蚕的症状

蚕患上核型多角体病后,一般表现出如下特征的病症:①体色乳白,尤以腹脚基部及气门周围处更为明显;②躯体肿胀,有的环节拱起,有的节间膜突出,也有前后环节套起褶皱;③狂躁,爬行不止,常爬到蚕匾边缘(图11-2A),因脚抓住力弱而常坠地,流尽脓汁而亡;④皮肤紧张、发亮并易破,眠前和上蔟后发病的更为明显,流出血液呈乳白色脓汁(图11-2B),脓汁流尽后死亡。病蚕初死时由于脓汁泄尽而蚕体萎缩,不久尸体溃烂变黑。

家蚕核型多角体病在1龄至5龄蚕中均可发生,但其外部症状因发病时期不同而有一些差别,主要有以下几种。

(1)不眠蚕:各龄起蚕感染病毒,到眠前发病,表现体壁紧张发亮,久久不能入眠,大多数病蚕在蚕座内徘徊,食桑停止,最后体壁肿胀破裂,流出脓汁而死亡。

(2)起缩蚕:在各龄饷食后发病,表现为生长停止,体壁松软多皱,体色带黄,举动狂躁,常在给桑后迅速爬上叶面,来回爬行,腹面乳白,最后皮破,流出脓汁。

(3)高节蚕:在4龄或5龄中食期发病,各环节与环节之间的节间膜肿胀突出,呈竹节状,隆起部乳白色明显,随病势发展,食桑停止并不停爬动,最后皮破,流出脓汁而死亡。

(4)脓蚕:在5龄后期至上蔟之前发病,环节中央隆起,呈连珠状,蚕体异常膨大,体壁紧张、发亮,体色乳白,发病迟的在蔟中死亡或结薄皮茧而死亡。

(5)黑斑蚕:病蚕气门周围出现黑褐的环状病斑或腹足焦黑,其病斑往往左右对称。

A

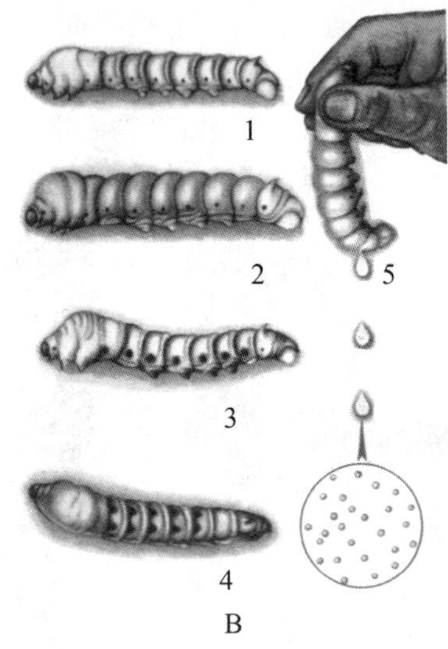

B

图 11-2 核型多角体病蚕症状

(图A引自中国农业科学院蚕业研究所,1991;图B引自浙江植保员手册编写组,1972)

A.狂躁爬行病蚕;B:1.起缩蚕,2.脓蚕,3.高节蚕,4.黑斑蚕,5.乳白色血液。

2.蛹的症状

蚕蛹患病后,体壁呈暗黄色,极易破裂,一经振动就流出黄色脓汁,有恶臭,造成茧层污染。患病蛹极少能化蛾。一般在化蛾前死亡。

(三)传染

1.传染途径

BmNPV通过食下传染和创伤传染2种途径侵染蚕体。

(1)食下传染

病毒随桑叶经口侵染蚕体引起发病的叫食下传染,是BmNPV的主要传染途径。多角体病毒或游离态病毒黏附在桑叶上,随蚕吃叶进入消化道,多角体在碱性消化液作用下溶解,并释放出病毒粒子。一部分病毒粒子受消化液中抗病毒物质的作用而失活,随粪排出。另一部分病毒粒子通过围食膜的组织间隙而到达中肠上皮,以内吞方式进入细胞,并在细胞内复制、繁殖,形成新的病毒粒子;新的病毒粒子经基底膜进入血腔。再有一部分病毒粒子可以通过中肠上皮细胞间隙而直接进入血腔。进入血腔的病毒粒子随着血液循环而被转运到蚕体全身,侵入各靶组织细胞而引发全身性感染。

(2)创伤传染

病毒经体皮伤口侵染蚕体引起发病的叫创伤传染,只有游离态病毒才有此传染途径,在人工创伤接种下可以100%发病。多角体病毒即使经伤口进入血腔,但由于血液呈酸性,多角体不能溶解,包埋在内的病毒粒子不能被释放出来,所以也不会引起蚕感染发病。

2.侵染过程

BmNPV侵染过程分病毒入侵、复制、装配和释放4个阶段(图11-3)。

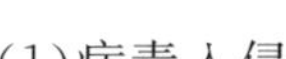

(1)病毒入侵

BmNPV 入侵细胞大体分附着、融合、脱壳和进入 4 个过程。BmNPV 粒子利用其囊膜上附着因子附着于细胞微绒毛膜;病毒囊膜与细胞微绒毛膜融合在一起,将内核衣壳释放入细胞质中;核衣壳附着于核膜上,脱壳,将内核酸释放入细胞核内。

(2)复制

BmNPV 核酸是闭合环状双链 DNA,在 DNA 聚合酶、表达因子、解螺旋酶等参与下在核内进行复制,并表达合成衣壳蛋白、多角体蛋白等。

(3)装配

复制的病毒 DNA 与衣壳蛋白装配形成核衣壳,核衣壳获得囊膜,形成完整的病毒粒子。病毒粒子表面附着多角体蛋白并不断堆积成结晶小块。这些多角体蛋白结晶小块将病毒粒子单个或多个包埋进去,形成呈一定形状的多角体。当然,有部分复制、增殖的病毒粒子不形成多角体,而以胞外出芽方式侵入健康细胞,造成细胞间二次感染。

(4)释放

细胞核内形成的多角体数量不断增多,使核也不断扩大,以至细胞核被胀破,细胞随之解体,大量多角体连同游离态病毒被释放入血液内。

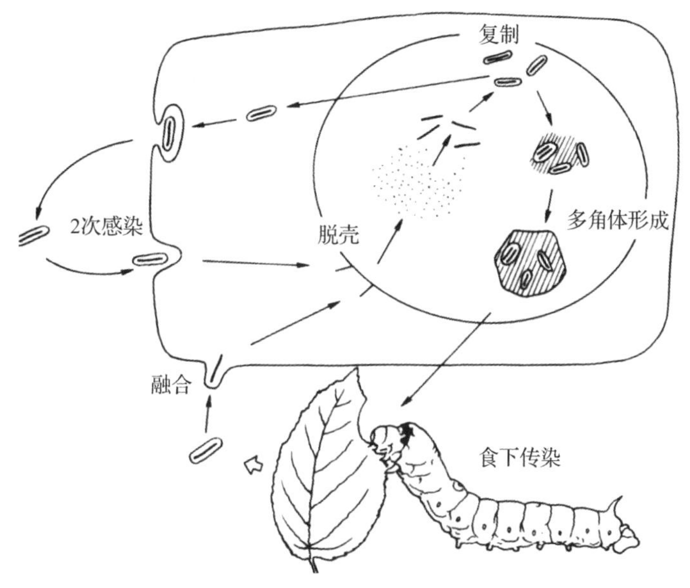

图 11-3　家蚕核型多角体病毒侵染过程模式图(引自川濑茂实,1976)

3. 传染源

(1)患病蚕流出的乳白色血液中含有大量多角体和游离态病毒,可造成蚕座内污染。因为侵染中肠上皮细胞内的病毒粒子能够增殖,但不形成多角体,而是经基底膜进入血腔,所以病蚕的中肠上皮细胞不会因病毒增殖而破裂,患病蚕排出的粪便内没有多角体和游离态病毒,即病蚕排出的粪便不是传染源,不会造成蚕座内污染。

(2)病蚕、病蛹的尸体里含有大量多角体和游离态病毒,1 头病蚕的全身组织内含有的多角体数高达 10 亿个。当病蚕、病蛹的尸体腐烂液化后,多角体和游离态病毒从尸体组织中解离出来,借助除沙、上蔟采茧等养蚕操作而扩散,污染蚕室、蚕具、蔟室、蔟具以及蚕室、蔟室的地面、墙壁、屋顶、周围环境,成为下个蚕期的主要病毒传染源。洗涤蚕具的死水塘,堆放过麹沙、旧蔟的地方,也是病毒存在的场所;如将病蚕喂饲家禽家畜,病蚕体内的多角体病毒在家禽家畜消化道内不会被消化失活,随禽畜粪便而扩散污染;如将麹沙直接施入桑田,也将造成病毒的扩散污染。这些均成为传染发病的污染源,并给消毒防病工作带来很大困难。

(3)桑螨、野蚕等桑园害虫,以及樗蚕、蓖麻蚕、松毛虫、大蜡螟等野外昆虫的核型多角体病毒可与家蚕核型多角体病毒发生交叉感染。这些患病桑园害虫和野外昆虫的病毒能通过尸体、粪便等污染桑叶,成为家蚕核型多角体病的另一传染源。当然，核型多角体病蚕的病毒也会传染给桑园害虫和野外昆虫，这往往会扩大传染范围，反过来对家蚕构成更大威胁。

（四）病变与病程

1. 血液病变

BmNPV 感染引起的血液病变最为明显，呈乳白色脓汁状，肉眼就可清楚地与正常蚕的淡黄色透明液体状血液相鉴别。血细胞、脂肪组织和气管上皮细胞是 BmNPV 最易感染并形成多角体的组织。BmNPV 感染这些组织细胞后，大量增殖形成多角体，细胞不断增大，最后被胀破。细胞碎片、脂肪球及大量多角体连同游离态病毒混入血液中，导致血液浑浊并呈乳白色脓汁状，从而影响血液循环，使营养和代谢产物不能正常运输，造成代谢障碍。

2. 体壁病变

体壁真皮细胞也是 BmNPV 易侵染的组织细胞之一，几乎所有感染 BmNPV 的真皮细胞核内都会形成多角体。发病后期，真皮细胞层破裂液化，体壁只剩下一层几丁质外表皮。为此，患病蚕皮肤紧张、发亮并易破，透视出乳白色血液而使体色乳白。

3. 消化道病变

消化道是食下传染 BmNPV 最先侵入的组织细胞，病毒粒子在中肠上皮细胞内大量增殖，但不形成多角体，增殖产生的新病毒粒子经基底膜进入血腔，感染其他组织细胞。为此，患病蚕的中肠上皮细胞不会因病毒增殖而破裂，发病早中期蚕的食桑没有出现异常，并且病蚕排出的粪便内没有多角体和游离态病毒，不是传染源。

4. 丝腺病变

BmNPV 能感染整个丝腺细胞，并在中、后部丝腺细胞核内形成多角体，但在前部丝腺细胞核内不形成多角体。同时，在丝腺中形成的多角体往往为三角形、四角形，并且形状巨大，这与普通多角体不一样。

5. 生殖腺病变

BmNPV 能侵染生殖细胞并进行增殖复制，病毒可以通过卵胶污染卵壳，蚁蚕孵化时通过咬食下卵壳而感染发病。但至今仍没有充足的证据证明 BmNPV 的病毒粒子或完整基因组可以通过胚种传染给下一代而具有胚种传染性。

6. 病程

家蚕核型多角体病属于亚急性传染病，病程较短，一般当龄感染当龄发病。当蚕感染病毒后，稚蚕一般经 3～4d 发病死亡，壮蚕经 4～6d 发病死亡；温度高则病程短、发病快。

（五）发病因素

家蚕核型多角体病的发生，除养蚕环境因消毒不彻底而存在核型多角体病毒的传染源这一基本条件外，还受到蚕生长发育阶段、饲育环境条件、饲料质量等因素的影响。

不同龄期和不同发育阶段的蚕，对 BmNPV 感染的抵抗力差别很大。蚕龄愈小则愈容易染病，1～4 龄蚕差不多是每增进一个龄期，对 BmNPV 的抵抗力递增 10 倍左右，而 4 龄、5 龄起蚕之间的差异不大；同一龄期不同发育阶段，起蚕最易感染，随着食桑时间的延长，抵抗力渐次增强，感染比较困难；雄蚕对 BmNPV 的抵抗力比雌蚕的强。

饲育环境条件不良，会导致蚕对 BmNPV 感染的抵抗力下降。例如用 32℃高温催青及用 32℃高温饲育 1～2 龄蚕，在 3 龄起蚕经口添食核型多角体，其 LD_{50}（半数致死剂量）为 5.05×10^4 粒多角体。但用 25℃适宜温度催青以及用 25℃适宜温度饲育 1～2 龄蚕，则 3 龄起蚕经口添食核型多角体的 LD_{50} 为 71.33×10^4 粒多角体，其抵抗力比前者高 14 倍以上。因此，催青期及稚蚕期的温度过高，会使蚕对 BmNPV 感染的抵抗力明显下降。

饲料质量不良，也会导致蚕对 BmNPV 感染的抵抗力下降。长期喂饲过嫩过老的桑叶，蚕对 BmNPV 感染的抵抗力就会下降。蚕经受饥饿，其对 BmNPV 感染的抵抗力也会下降，这种饥饿的影响以壮蚕及高温时更明显。4 龄起蚕在 31℃下饥饿 24h 后，对 BmNPV 感染的抵抗力仅为正常 4 龄起蚕的 1/16。

很多刺激因素能诱导蚕核型多角体病的发生，其诱发率与蚕龄关系密切，稚蚕不易诱发，随着蚕龄增长，诱发率增高，5龄起蚕诱发率最高。用5℃低温冲击5龄起蚕3h，能诱导核型多角体病的发生，发病率随冲击时间延长而增加，冲击24h的发病率达56%左右。40℃高温冲击以及X射线、紫外线照射等，也是诱发蚕核型多角体病的因素。添食福尔马林、过氧化氢、乙二胺四乙酸(EDTA)及其钠盐、漂白粉等化学药品，均能诱导蚕核型多角体病的发生。关于蚕核型多角体病的诱发机制，进行如下试验。

将用人工饲料在无菌条件下饲育的5龄起蚕，在5℃低温下冲击24h后分成3部分：第一部分在普通蚕室内用普通桑叶饲育，诱发出了蚕核型多角体病；第二部分继续用人工饲料在无菌室内饲育，没有诱发出蚕核型多角体病；第三部分添食极微量的BmNPV后在无菌室内用人工饲料饲育，全部蚕发生核型多角体病。这些结果表明，蚕核型多角体病的诱发机制是由于蚕经受理化冲击后，对BmNPV感染的抵抗力明显减弱，环境中的微量病毒感染就可导致蚕发病。

(六)诊断

1. 肉眼诊断

蚕皮肤紧张、发亮、易破并呈乳白色，体躯肿胀、呈高节状，狂躁爬行不止，刺破蚕尾角或腹足而流出的血液浑浊、乳白色，似牛奶状(图11-2)。这些都是肉眼诊断本病的特征。

2. 显微镜诊断

取病蚕用针刺破腹足或尾角，取出血液制成涂片，普通光学显微镜检查，若见有折光性较强、大小较整齐的六角形多角体(图11-1C)，即可确定为本病。检查病蚕尸体，则取一小块组织，压片后以普通光学显微镜检查，如观察到折光性较强、大小较整齐的六角形多角体，即可诊断为本病。

进行普通光学显微镜检查时，常遇到多角体与脂肪球不易区别的问题，可采用苏旦Ⅲ染色法加以鉴别。具体操作：取病蚕血液或组织涂于载玻片上，滴上苏旦Ⅲ染色液(0.5g苏旦Ⅲ溶于100mL 95%酒精中，加入少许甘油)1滴，加盖玻片镜检，在视野中多角体不着色，保持原有的蓝色折光，脂肪球则染成红色或橙黄色。两者即可清晰区别。

二、质型多角体病

家蚕质型多角体病又称中肠型脓病，民间俗称干白肚，在我国主要蚕区为害普遍，是夏秋蚕期发生的主要病害之一。

(一)病原

本病病原为家蚕质型多角体病毒(*Bombyx mori* cytoplasmic polyhedrosis virus，BmCPV)，属于呼肠孤病毒科(Reoviridae)、质型多角体病毒属(Cypovirus)，因在寄生细胞的细胞质中形成多角体而得名。病毒粒子为正二十面球形立方体，直径60～70nm，有12个顶点，各顶点伸出由4节组成的突起，突起顶端有1个球状体(图11-4 A、B)。病毒粒子无囊膜，外层为由2层蛋白构成的衣壳，衣壳内为核酸，沉降系数为415～440S。病毒核酸为双链核糖核酸(双链RNA)，含量25%～30%，分子质量4.6×10^6Da，变性温度(T_m)为80℃，碱基组成为27.8%腺嘌呤(A)+21.8%鸟嘌呤(G)+21.2%胞嘧啶(C)+29.2%尿嘧啶(U)，特异系数(AU/GC)为1.33。

BmCPV侵染寄生家蚕中肠圆筒形细胞后，在细胞质内形成多角体，故称其为质型多角体。多角体有六角形十八面体、四方形六面体，以及偶尔出现钝角四方形、三角形等。多角体个体间大小开差较大，一般在0.5～10μm，平均为2.60μm，在普通光学显微镜下能清楚观察到(图11-4 C、D)。多角体大小受多种因素影响，在中肠后部细胞内寄生繁殖形成的多角体小，前部形成的多角体大；发病潜伏期短者小，长者大；蚕在饥饿条件下形成的多角体小。多角体是由蛋白质构成的结晶体，并含有微量的硅、铜、铁等元素，内包埋许多病毒粒子。多角体对内病毒粒子起保护作用，包埋在多角体内的病毒对外界环境的抵抗力强，而游离态病毒对外界环境的抵抗力弱。多角体易溶于碱性溶液，当进入中肠，在碱性消化液(pH值9～10)作用下溶解，释放出病毒粒子而侵入中肠组织细胞寄生。这一特性也是本病毒食下感染蚕的条件。

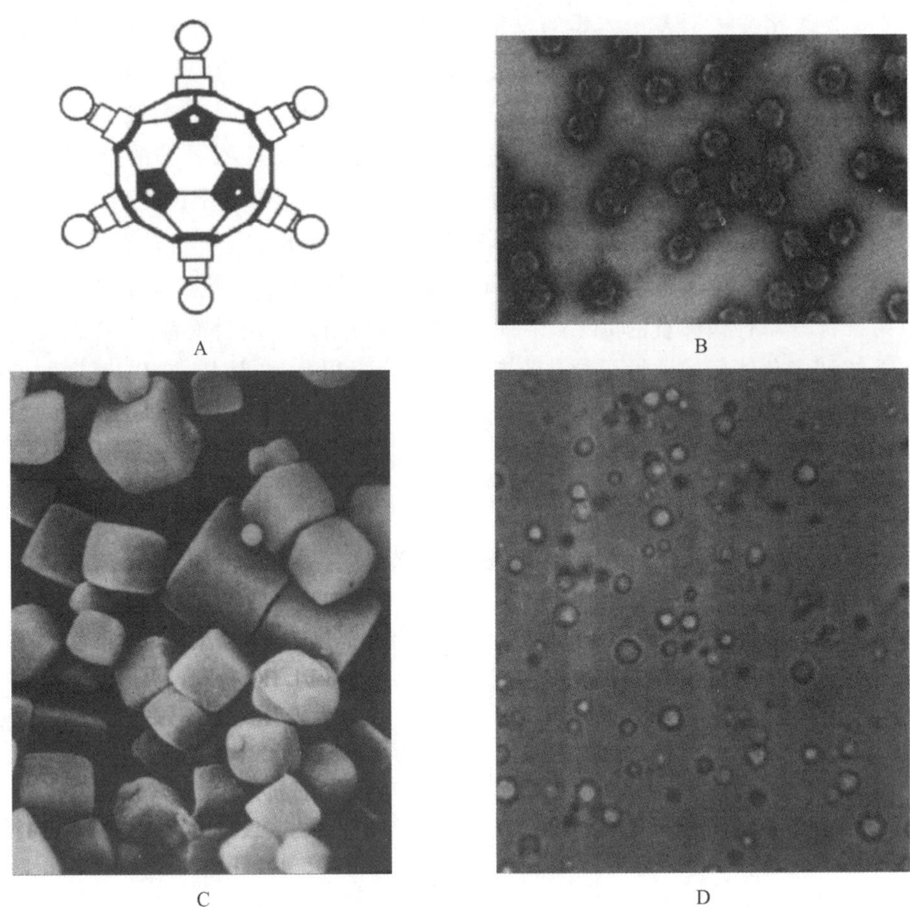

图 11-4　家蚕质型多角体病毒(引自华南农学院,1979)

A. 病毒粒子模式图;B. 病毒粒子透射电镜图;C. 多角体扫描电镜图;D. 多角体光学显微镜图。

(二)病症

本病的主要特点是病势缓慢、病程长,病蚕可以成活相当长的时间。因此,病蚕的症状主要有群体发育不齐、空头、起缩、下痢等。

1. *群体发育不齐*

由于本病是质型多角体病毒侵染中肠圆筒形细胞,使蚕食欲下降,食桑减少,体躯瘦小,发育迟缓。本病属于慢性传染病,从感染到发病一般经 7d 或更长。因此本病出现群体大小不匀、发育不齐的症状,并随着病的进程,其群体大小开差越来越大,在同一蚕匾内出现有不同发育龄期的蚕,其中弱小蚕就是不同程度的病蚕(图 11-5)。

图 11-5　质型多角体病蚕症状(引自浙江植保员手册编写组,1972)

2. 空头

蚕感染质型多角体病毒后，随着病势的进展，食桑减少并渐渐停食，由于中肠前部缺乏桑叶而呈空头状(即胸部空虚)(图 11-5)。病蚕体色失去青白色，特别在后半身的背面呈现黄白色，发病严重的时常静伏在蚕座四周。各龄将眠时患病的，即成迟眠蚕或不眠蚕。5 龄后期发病的，形似熟蚕(俗称假熟蚕)，但它不会营茧，成为不结茧蚕而死于蔟中。

3. 起缩

能缓慢入眠的病蚕，随着病势的加剧，有的在眠中死亡；有的虽能通过眠期，但在饷食后停止食桑，体壁多皱，体色灰黄，蚕粪黏腻；有的尾部沾有污液，呈现起缩状。

4. 下痢

病蚕由于中肠被质型多角体病毒侵染而消化功能减弱，往往伴有下痢状，其粪形不整并呈糜烂、黏着状，严重时粪色为白色，并且肛门附近沾有白色污液(图 11-5)。病蚕中肠呈乳白色、多横皱，随着病势发展，乳白横皱不断向前推进，直至整个中肠。

(三)传染

1. 传染途径

BmCPV 通过食下传染途径侵染蚕体。

多角体病毒或游离态病毒黏附在桑叶上，随蚕吃叶进入消化道，多角体在碱性消化液作用下溶解并释放出病毒粒子。病毒粒子吸附中肠上皮组织圆筒形细胞微绒毛表面，并通过内吞等方式进入细胞，并在细胞内复制、繁殖形成新的病毒粒子，新的病毒粒子与多角体蛋白在细胞质内组装为多角体。

2. 传染源

(1)患病蚕排出的蚕粪和吐出的消化液中都含有大量的多角体或游离态病毒，可造成蚕座内污染。质型多角体病毒感染蚕体后，在发病过程中于中肠后端的圆筒形细胞的细胞质中先形成大小 0.5μm 的颗粒状多角体，继而增大增多，最后在细胞质中充满大小不等的多角体。随着病势发展，感染并形成多角体的中肠病变组织逐渐向前扩展，以致扩及整个中肠。病重时，少数杯状细胞及再生细胞质中也有多角体形成。随着细胞质中多角体的增多，细胞破裂，多角体和游离态病毒散落到肠腔中，随粪便排出，1 头病蚕一昼夜可随粪便排出的多角体数，4 龄为 16 万颗，5 龄初期为 160 万颗，5 龄后期为 2300 万颗，成为蚕座传染的主要病源。如将蕻沙直接施入桑田，也将造成蚕粪中病毒扩散污染桑叶，从而成为传染发病的污染源。

(2)病死蚕尸体里含有大量多角体和游离态病毒，1 头病蚕的中肠组织内含有的多角体数高达 10.4 亿颗。当病蚕尸体腐烂液化后，内多角体和游离态病毒借助除沙、上蔟采茧等养蚕操作而扩散污染到蚕室、蚕具、蔟室、蔟具及周围环境中；如将病死蚕喂饲家禽家畜，其内多角体病毒也会随禽畜粪便而扩散污染养蚕环境。这些均成为下一个蚕期的主要病毒传染源。

(3)野蚕、桑螟、美国白蛾、赤腹舞蛾等野外昆虫和樗蚕、蓖麻蚕的质型多角体病毒能与家蚕质型多角体病毒引起交叉感染。

(四)病变与病程

1. 病变

BmCPV 侵染中肠圆筒形细胞，发病过程中先在中肠后端的圆筒形细胞的细胞质内形成多角体，其多角体不断增大增多，并充满整个细胞质，呈现肉眼可见的乳白色横纹状肿起的病变。随病势发展，形成多角体的中肠圆筒形细胞逐渐向中肠前端扩展，中肠乳白色横纹状肿起的病变也逐渐向中肠前端扩散，以致扩及整个中肠。最后肠腔空虚，外观呈空头状。

随着细胞质中多角体的增大增多，最终细胞破裂，大量多角体、游离态病毒和细胞碎片脱落肠腔内，致使蚕粪呈乳白带绿的黏状物，镜检可见大量多角体。由于中肠组织病变糜烂，减弱了蚕食桑和消化功能，以造成蚕体躯瘦小、发育迟缓及体色黄白。

当蚕发病严重时，少数杯形细胞及再生细胞的细胞质中也有多角体形成。同时偶有见到多角体在圆筒形细胞核内形成，称为中肠核型多角体病，其病原属本病毒的变异株，称家蚕质型多角体病毒核包涵体小种。

细胞质型多角体病毒和核型多角体病毒在同一蚕体内寄生并发者，称并发型或全身型，其外观病症表现为核型多角体病的高节蚕或脓蚕，但中肠后部也呈乳白色病变。

2. 病程

家蚕质型多角体病潜伏期较长，一般 1 龄感染的在 2～3 龄发病，2 龄感染的在 3～4 龄发病，3 龄感染的到 4～5 龄发病，4 龄感染的到 5 龄发病。表现出病症后，还能延续一段时间再慢慢死去，稚蚕病程更长。壮蚕发病到死亡时间较短，当出现病症后 1～2d 即死亡。潜伏期的长短与病毒感染量及病毒活性有关，感染病毒量多、病毒活性强的发病快且发病率高，蚕龄小、饲育温度高的发病快。

(五)发病因素

1. 主要因素

质型多角体病蚕的尸体及其排出的蚕粪和吐出的消化液中都含有大量的病毒，可扩散污染蚕室、上蔟室的地面、四壁以及蚕具、蔟具、周围环境。如果养蚕前消毒不彻底而造成养蚕环境中存在质型多角体病毒，则成为本病发病的主要因素。

上个蚕期发生质型多角体病后，病毒留存扩散污染养蚕环境。下个蚕期若消毒不彻底，则残存的病毒可通过污染桑叶而传染蚕发病，这叫垂直传染。在同一期蚕群体内有蚕发生质型多角体病，在病蚕中肠细胞内增殖的病毒随着寄生细胞的破坏向肠腔脱落，随粪便排出体外，污染蚕座、桑叶，传染健康蚕发病，这叫蚕座传染，也称水平传染。家蚕质型多角体病极易通过蚕座传染扩散蔓延，在 1 龄蚕座内分别混入 0.5%、1.0%质型多角体病蚕后，发病率分别高达 44.0%、89.2%；在 2 龄蚕座内分别混入 0.5%、1.0%质型多角体病蚕后，发病率分别为 26.0%、44.0%；在 3 龄蚕座内分别混入 0.5%、1.0%质型多角体病蚕后，发病率分别为 8.0%、22.0%；在 4 龄蚕座内分别混入 1.0%、5.0%质型多角体病蚕后，发病率分别为 2.3%、8.0%；在 5 龄蚕座内分别混入 1.0%、5.0%质型多角体病蚕后，则很少发病，其发病率分别只有 0.3%、0.6%。蚕座内混育传染率的高低，与混入病蚕数量成正相关，并随着混育龄期的增大而下降，在同一龄期中随着混入病蚕比例的增加而增多。蚕座内混育传染率还与饲育季节有密切的关系。春季饲育由于温度、饲料等环境条件好以及蚕体抗病力强，即使在 4 龄起蚕时混入 5.0%质型多角体病蚕，其混育传染率低，仅为 8.3%；而夏秋季由于温度、饲料等条件差以及蚕体抗病力弱，在 4 龄起蚕时混入同量 5.0%质型多角体病蚕，其混育传染率显著增加，达 31.0%。

2. 其他因素

(1)蚕品种和发育阶段

不同蚕品种对质型多角体病毒的感染抵抗力存在差异。比较 281 个家蚕品种对质型多角体病毒的抵抗力，发现抗性品种占 12.45%，较抗性品种占 32.74%，较感性品种占 33.81%，感性品种占 21.00%，不同品种间抵抗力差异最高达到千倍以上，不同地理系统间的抵抗力差异也达数百倍，其强弱依次为：热带多化性＞中系二化＞日系一化＞中系一化＞日系二化＞欧系一化(表 11-1)。

表 11-1　家蚕品种抗质型多角体病毒的 $lgIC_{50}$ 阈值比较

系统	最高	最低	平均
中系一化	6.35	＜4	5.06
日系一化	6.29	＜4	5.07
欧系一化	4.67	＜4	4.11
中系二化	4.76	＜4	5.09
日系二化	6.17	＜4	4.64
热带多化性	＞7	4.94	6.20

注：数据引自徐安英等，2002；大于 7 的按 7、小于 4 的按 4 计算平均成绩。

在同一品种不同龄期的起蚕间，对质型多角体病毒的感染性差异并不十分明显，这显然与对核型多角体病毒的感染抵抗力有所不同。同一龄期不同发育时期蚕对质型多角体病毒的抵抗力，起蚕弱，为第一个易感染时期，随着食桑时间的增加而提高，到盛食期达最高；此后又下降，将眠前急剧下降，出现第二个易感染时期。同一数量的病毒给蚕一次感染和多次连续感染，前者的感染发病率较后者高。当质型多角体病毒

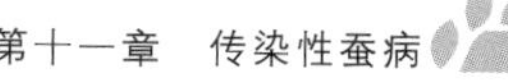

与细菌混合感染时，有增加发病率的倾向。

(2)营养条件

饲料营养条件的不同，就会造成蚕生长发育和生理的差异，从而表现出抗质型多角体病发生变化。喂饲嫩叶、日光不足叶、偏施氮肥叶及长期贮藏叶的蚕，对质型多角体病毒的感染抵抗力差；喂饲老叶的蚕，对质型多角体病毒感染的抵抗力比饲喂嫩叶的蚕要强。饥饿蚕对质型多角体病毒的抵抗力会下降，并且蚕龄愈小，其影响愈明显。

夏秋期容易发生质型多角体病，其主要原因，一是夏秋期的高温容易使桑叶失水凋萎，蚕不能饱食，满足不了蚕对营养和水分的需要，造成蚕对质型多角体病毒感染抵抗力降低；二是蚕室内遇高温多湿，蚕座潮湿蒸热，导致蚕体水分不能正常散发，造成生理障碍而使蚕的体质虚弱，对质型多角体病毒感染的抵抗力降低。

(3)环境条件

蚕的生长发育需要一定的环境条件，在适宜的温度、湿度、光线等环境条件下饲育，蚕对质型多角体病毒感染的抵抗力强，反之在不良的温度、湿度、光线等环境条件下饲育，蚕对质型多角体病毒感染的抵抗力弱。

某些理化因素的极度刺激，也能诱发质型多角体病。5℃低温处理，40～50℃高温处理，氰化钠、氟化钠、砷酸、碘乙酸、乙二胺四乙酸及其钠盐等化学药物添食，长期氟化物污染叶，农药杀虫双、杀螟松、虫螨净等微量添食等，都能诱发不同程度的质型多角体病，其基本情况及其诱发机制与核型多角体病的相似。

(六)诊断

1. 肉眼诊断

本病的肉眼诊断除了根据病蚕的群体发育不齐、空头、起缩、下痢等外观症状外，最为重要的特征是中肠出现乳白色横纹状肿起的病变。可取饲育蚕群中的落小蚕，撕开腹部体壁观察中肠的病变。健康蚕中肠内充满桑叶片，整个中肠呈绿色透明；而质型多角体病蚕中肠后部出现乳白色横纹状肿胀病变，消化壁增厚，失去透明性(图 11-6)。

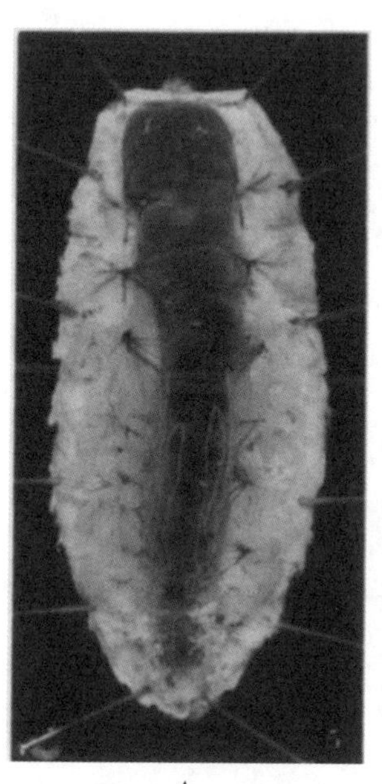
A

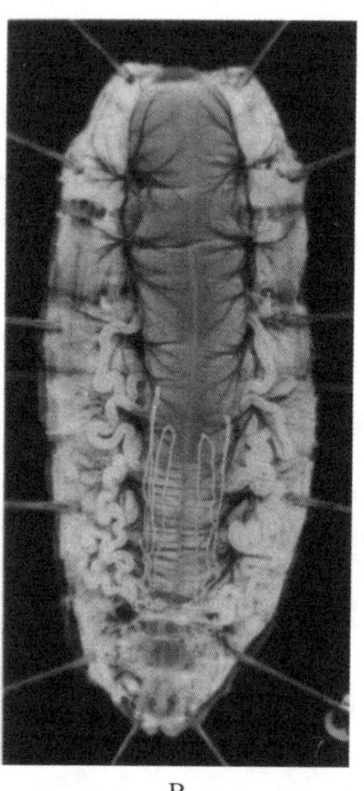
B

图 11-6　质型多角体病蚕中肠病变(引自中国农业科学院蚕业研究所，1991)

A. 健康蚕中肠；B. 质型多角体病蚕中肠。

2. 显微镜检查

剖取病蚕中肠后半部组织一小块，置于载玻片上，用盖玻片轻轻研压后，在 600 倍显微镜下观察，若见有很多折光性较强、大小不等的多角体时，即可确诊为本病。在镜检过程中，常会出现一种类似多角体的小颗粒，这种颗粒较多角体小，并且折光性弱，轮廓不大清楚。若不易区别，可在标本中滴入 4%盐酸，颗粒即行消失，多角体则依然存在。

普通光学显微镜检查时，又会遇到核型多角体与质型多角体难区别的问题，可采用姬姆萨染色法加以鉴别。具体操作：取病蚕组织涂于载玻片上，用乙醇、甲醛固定，用姬姆萨染色，水洗后镜检。质型多角体被染成蓝色，核型多角体不被染色，两者可明显区别。

3. 血清学诊断

纯化质型多角体病毒并免疫家兔等动物，制备出质型多角体病毒抗血清，用来诊断本病蚕。常采用双向扩散、对流免疫电泳等免疫学方法，通过病蚕中肠组织研磨液与抗血清进行对流免疫电泳或双向扩散等，凡能起免疫反应而产生沉淀线的即可确诊为本病。此种方法在质型多角体患病初期、多角体未充分形成时就能检出，灵敏度高，是病毒病早期诊断的方法。在病蚕患病后期，多角体已充分形成，利用镜检较方便。

三、病毒性软化病

家蚕病毒性软化病又称传染性软化病或空头性软化病，在夏秋蚕期危害流行较为严重。

(一)病原

本病病原为家蚕传染性软化病病毒(*Bombyx mori* infectious flacheric virus，BmIFV)，属细小核糖核酸病毒科(Picornaviridae)、肠道病毒属(Enterorirus)，病毒粒子呈正二十面球状体，直径 25～30nm，沉降系数为 180S，病毒核酸为单链 RNA，分子质量 2.4×10^{8} Da，核酸含量 28.5%。病毒粒子无囊膜，具有 4 种结构蛋白，其分子质量分别为 VP1 35200Da、VP2 33000Da、VP3 31200Da、VP4 11600Da，病毒隐码为 R/1：2.4/29：S/S：I/0。

家蚕传染性软化病病毒在蚕体内不形成多角体，为非包涵体的裸露病毒，因而比包埋在多角体中的质型多角体病毒和核型多角体病毒更容易受外界理化因素的影响而失活。但病毒粒子埋藏在病蚕尸体或组织块中，在室内自然状态下经 2 年以上仍保持有活性；存在病蚕蚕粪中，做成堆肥，需经 8 个月才能完全失活；埋入土壤中，需要 1 年以上才能失活；经鸡、猪、羊、兔等动物食下并随粪便排出后，对家蚕仍有感染性。

(二)病症

家蚕感染传染性软化病病毒后，首先表现食桑减少、发育不良，继而出现迟眠蚕、特小蚕等群体发育不齐的症状；随着病势进一步发展，出现起缩、空头、下痢及吐液等症状。在饷食后发病的多呈起缩症状，病蚕在蜕皮后很少食桑或完全停止食桑，蚕体缩小，体壁多皱，体色灰黄，最后排黄褐色稀粪并萎缩而死；在各龄盛食期前后发病者呈空头症状，由于少食或不食桑叶，病蚕消化道空虚，体色失去原有的青白色而呈现半透明锈色，排稀粪或污液，死前呕吐消化液，死后尸体软化(图 11-7)。

本病缺乏典型性症状，不同的感染时期和感染程度所表现出的外观病症有不同，并且常与细菌性胃肠病、中肠型脓病等的部分病症有相似之处。

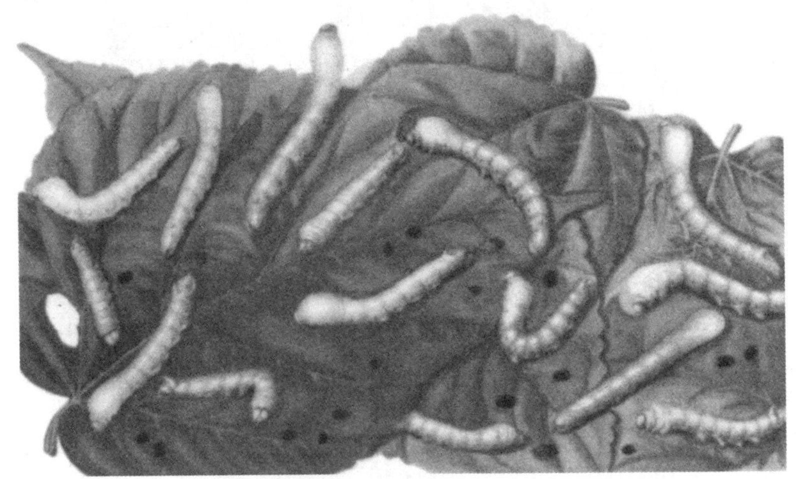

图 11-7　病毒性软化病蚕症状(引自浙江植保员手册编写组，1972)

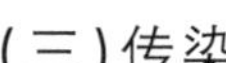

(三)传染

1. 传染途径

传染性软化病病毒侵染蚕体的途径是食下传染。

传染性软化病病毒污染桑叶并随蚕食桑叶而进入家蚕消化道,病毒首先侵染寄生于中肠前端的杯形细胞,再逐渐向中肠后端蔓延扩展。病毒在杯形细胞质内增殖,形成新的病毒粒子。

2. 传染源

(1)患病蚕排出的蚕粪和吐出的消化液中都含有大量病毒,可造成蚕座内污染。传染性软化病病毒感染蚕体后,先于中肠前端的杯形细胞的细胞质中增殖形成新的病毒粒子。随着病势发展,感染并形成病毒粒子的中肠病变组织逐渐向后扩展,以致扩及整个中肠。随着杯形细胞质中病毒粒子的增多,细胞整体退化并散落在肠腔中,随粪便排出,成为蚕座传染的主要病源。

(2)病死蚕尸体里含有大量病毒,当病蚕尸体腐烂液化后,内病毒扩散到蚕室、蔟室内外的环境中和蚕具、蔟具上。这些扩散的病毒成为下一个蚕期的主要病毒传染源,通过直接或间接地污染桑叶,引起蚕感染发病。

(3)桑螟等桑园害虫的传染性软化病病毒能与家蚕传染性软化病病毒引起交叉感染,带毒的害虫粪便和尸体污染桑叶后,引起家蚕感染发病。

(四)病变与病程

1. 病变

家蚕传染性软化病病毒专一寄生在中肠杯形细胞的细胞质中。中肠杯形细胞被侵染后,细胞质变肥厚,线粒体减少,细胞核膨大,最后杯形细胞退化并缩小成球形。大部分退化的杯形细胞向肠腔脱落,随粪便排出,杯形细胞内病毒污染蚕座和养蚕环境;部分退化的杯形细胞可被圆筒形细胞包围,形成能被焦宁-甲基绿染成桃红色的球状体。因为中肠杯形细胞分泌消化液,起到消化桑叶并抑菌解毒的作用,所以中肠杯形细胞被传染性软化病病毒侵染而退化脱落后,蚕消化力减弱和食欲下降,肠内缺少桑叶,蚕生长发育缓慢,蚕体瘦小,从而出现蚕群体大小不匀、发育不齐、龄期延长的症状,患病蚕则出现空头、起缩、排黄褐色稀粪或污液等病症;同时使蚕杀菌力降低,引起患病蚕肠内细菌快速繁殖,加速传染性软化病病毒对蚕的致病死亡,并且死后尸体软化与发黑腐烂。

2. 病程

本病属于慢性传染病,从感染到发病的病程较长,可有 2～3 个龄期,一般为 5～12d。病程的长短与病毒感染量、病毒活性、蚕品种、蚕发育阶段、饲育环境等有关,感染病毒量多、病毒活性强的发病快且发病率高,蚕龄小、饲育温度高的发病快。

(五)发病因素

1. 主要因素

与质型多角体病相同,养蚕环境中存在传染性软化病病毒,是本病发病的主要因素。

2. 其他因素

(1)蚕品种

不同品种蚕的中肠细胞更新机能存在差异。抗病品种的蚕感染传染性软化病病毒后,中肠杯形细胞退化脱落,再生细胞很快分化补充,因而发病迟、发病率低。但易感性品种蚕的中肠杯形细胞更新机能弱,以致发病率高,死亡也早。一般日本系统的品种的蚕对传染性软化病病毒的抵抗力较差,中国系统的品种的蚕对传染性软化病病毒的抵抗力较强。

(2)蚕发育阶段

蚕对传染性软化病病毒的抵抗力随着龄期增大而提高,稚蚕的抵抗力弱,3 龄以后,其抵抗力急剧增强,至壮蚕则难以感染发病。在同一龄期里,以起蚕及将眠蚕的抵抗力最弱,盛食期最强。传染性软化病病毒只感染蚕幼虫,蚕蛹和蚕蛾几乎不感染传染性软化病病毒,这与蚕蛹和蚕蛾的消化道已经退化有关。

(3)饲料营养

食老叶、适熟叶的蚕对传染性软化病病毒的抵抗力，比食嫩叶、日照不足或氮肥过多叶的蚕的抵抗力要强。桑叶育蚕对传染性软化病病毒的抵抗力比人工饲料育蚕的强，受饥饿或营养不良的蚕对传染性软化病病毒的抵抗力弱。

(4)饲育环境

适温适湿环境饲育蚕对传染性软化病病毒的抵抗力强，高温高湿、低温低湿环境饲育均能使蚕的抵抗力下降。但37℃极端高温对传染性软化病毒增殖有抑制作用，显示出高温治疗家蚕病毒性软化病的研究前景。

光线、气流、蚕座稀密，以及蚕种保护、催青过程中的各种环境条件，均能直接影响蚕的体质，从而影响家蚕病毒性软化病的发生与流行。

(5)其他

细菌与传染性软化病病毒混合感染的发病率比单独感染传染性软化病病毒的高，并且发病潜伏期短。另外，在接种传染性软化病病毒的前后接种细菌，家蚕病毒性软化病的发生率较高。

蚕体内激素水平会影响蚕对传染性软化病病毒的抵抗力，注射保幼激素具有抑制发病的效果，而注射蜕皮激素则有提高发病率的倾向。

(六)诊断

1.肉眼诊断

本病的肉眼诊断除了根据病蚕的群体发育不齐、空头、起缩、下痢等外观症状外，最为重要的特征是中肠病变。撕开体壁观察中肠，本病蚕的消化道空虚，其中叶片极少，充满黄褐色半透明液体(图11-8)，镜检无多角体。

2.组织化学法

用焦宁-甲基绿染色法检测受传染性软化病病毒侵染寄生后退化杯形细胞被圆筒形细胞包围而形成的球状体。具体操作步骤：挑取病蚕中肠前中部组织2～3mm置于载玻片上，制成涂抹标本，用卡诺氏液固定2min，再滴加数滴焦宁-甲基绿染色液(将0.3g焦宁和0.15g甲基绿溶解于20mL水中，制作原液，使用时稀释5倍)，染色5～10min后盖上盖玻片进行镜检。健康蚕的中肠杯形细胞和圆筒形细胞交替排列，细胞质被焦宁染成红色，核被甲基绿染成绿色。而感染了传染性软化病病毒的蚕的中肠杯形细胞很少，并且细胞核染成红色，在圆筒形细胞的细胞质内可看到被染成桃红色的球状体，则可诊断为本病。

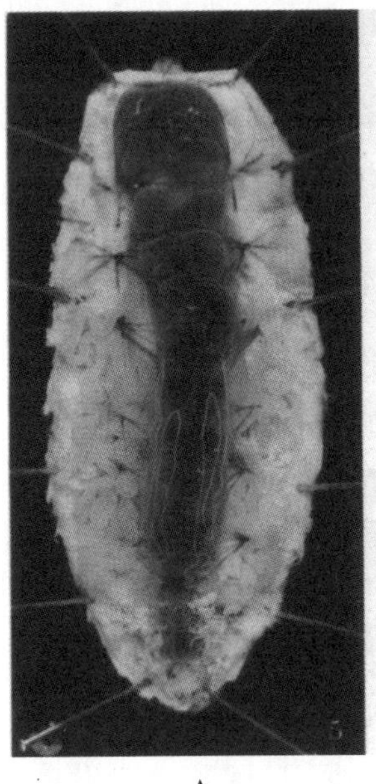

A

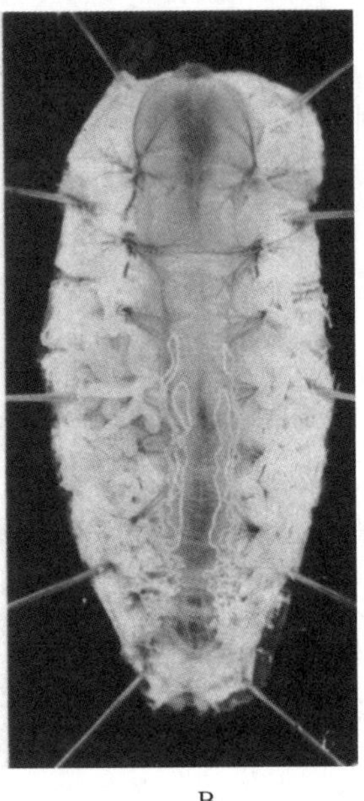

B

图11-8　病毒性软化病蚕中肠病变(引自中国农业科学院蚕业研究所，1991)

A.健康蚕中肠；B.病毒性软化病蚕中肠。

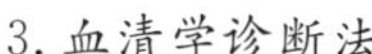

3.血清学诊断法

此法是用纯化的传染性软化病病毒作为抗原,免疫家兔以制备出抗血清(抗体),利用抗原抗体的特异反应而进行诊断的方法。常用的血清学方法有双向扩散法、对流免疫电泳法及荧光抗体法等。

四、浓核病

家蚕浓核病的外观症状与病毒性软化病十分相似,病毒形态也相似,只是浓核病病毒粒子比传染性软化病病毒粒子略小,故以前将浓核病毒看作传染性软化病病毒的不同毒株。1976 年后,通过对病毒的生物化学分析及血清学研究,日本确认原先提出的传染性软化病病毒伊那株及古田株是与传染性软化病病毒完全不同的家蚕浓核病病毒。其后又发现了浓核病毒佐久株。我国在 1981—1982 年通过对部分地区保存的传染性软化病病毒进行生化分析及血清学研究,也证实为浓核病毒。根据病毒在对不同品种蚕感染性、物理性状、血清学等方面存在的不同,将当前分离到的家蚕浓核病毒株系划分为家蚕浓核病毒Ⅰ型(BmDNV-Ⅰ)和家蚕浓核病毒Ⅱ型(BmDNV-Ⅱ),中国家蚕浓核病毒镇江株归为家蚕浓核病毒Ⅱ型。

(一)病原

本病病原为家蚕浓核病毒(*Bombyx mori* densonuclopsis virus, BmDNV),属细小病毒科(Parvoviridae)、浓核病毒亚科(Densovirinaw)。病毒粒子呈正二十面球状体,由 12 个壳粒构成,沉降系数为 100S 左右,病毒核酸为单链 DNA,分子质量 $1.7\times10^{6}\sim2.0\times10^{6}$Da,无囊膜。家蚕浓核病毒Ⅰ型的病毒粒子直径为 22nm,核酸由 500 个碱基组成,结构蛋白数为 4 种。家蚕浓核病毒Ⅱ型的病毒粒子直径为 23~24nm,核酸可抽提出约 6600 个碱基和 6100 个碱基的 2 种 DNA,结构蛋白数为 6 种。

家蚕浓核病毒也是不形成多角体的裸露病毒,易受外界环境的影响而失活。但包被在病死蚕尸体或组织块中的病毒也能成活数年,埋在土壤中的病毒较难失活。浓核病毒对 pH 值的适应范围较广,如在 pH 3.00~10.14 作用 4h,其病原性基本不变,对乙醇、乙醚、氯仿的抵抗力也较强。

(二)病症

本病的外部病症与病毒性软化病极为相似。感染初期无任何外部症状,3d 后出现食欲减退、发育延缓、迟眠等症状,群体发育不整齐、大小开差大。随着病情加重,病蚕停食静伏蚕座四周,头胸向后抑,呈现空头症状。解剖病蚕中肠,内空虚无桑叶,充满黄褐色半透明消化液。最后病蚕出现下痢、吐液现象,不久软化而死。

(三)传染

1.传染途径

浓核病毒侵染蚕体的途径是食下传染。

浓核病毒污染桑叶并随蚕食桑叶而进入家蚕消化道,穿过围食膜侵入中肠圆筒形细胞寄生,在细胞核内增殖,形成新的病毒粒子。

2.传染源

患病蚕排出的蚕粪和吐出的消化液以及病死蚕尸体中都含有大量病毒,成为蚕座传染的主要病毒传染源;也可扩散污染到蚕室、蔟室、蚕具、蔟具以及周围环境,成为下一个蚕期的主要病毒传染源。

桑园害虫桑螟是家蚕浓核病毒冬季越冬的载体之一,可与家蚕交叉感染浓核病毒。

(四)病变与病程

1.病变

家蚕浓核病毒专一寄生在中肠圆筒形细胞的细胞核内,先从中肠前部与后部开始寄生,逐步向中肠中部扩展。被寄生的圆筒形细胞的细胞核膨大,核仁从单核仁异化到多个核仁,并最后结集成一片,成为包含未成熟病毒粒子的病毒发生基质。未成熟病毒粒子在病毒发生基质中包装成熟,形成新的病毒粒子。病毒粒子充满细胞核后,核膜破裂,病毒粒子进入细胞质,最后整个细胞崩溃并脱落至消化道内,病毒粒子与细胞碎片一起随粪便排出,成为蚕座及养蚕环境的传染源。由于病毒感染增殖严重破坏了中肠壁,严重阻碍了中肠的消化吸收功能,从而造成蚕营养不良、生长发育缓慢、身体瘦小、群体发育不整齐等症状。同时因蚕食桑少或停止食桑，使肠道内空虚无桑叶，只充满黄褐色半透明消化液。

2.病程

本病也属于慢性传染病，其病程与家蚕病毒性软化病相似，一般当龄感染后次龄才发病，温度低时病程可长达10d以上。

(五)发病因素

浓核病的发病因素与病毒性软化病相似，所不同的是有些家蚕品种对浓核病毒具有完全抵抗性，而有些品种蚕对浓核病毒极易感染。完全抵抗性品种蚕即使被添食接种任何高剂量的浓核病病毒均不会感染发病，易感品种间的感染性也存在明显差异，一些品种蚕在低剂量病毒下即可感染发病，而一些品种蚕需要很高的病毒剂量才会发病。

家蚕对BmDNV-Ⅰ型的抵抗性由2个相互独立的基因所控制，一个是隐性基因 *nsd-1*，另一个是显性基因 *Nsd-1*，*nsd-1* 位于21号染色体上，*Nsd-1* 位于17号染色体上，两者无连锁关系。家蚕对BmDNV-Ⅱ的抵抗性由另外一个与 *nsd-1* 不同的隐性基因 *nsd-2* 所控制，*nsd-2* 基因位于家蚕的第17连锁群，与 *nsd-1* 也无连锁关系。

不少学者研究认为家蚕对浓核病毒抵抗性的机制，可能在于病毒与细胞间是否能相互识别，但还没有得到确凿的证据。也有学者推测，对浓核病毒有完全抵抗性的家蚕中可能存在某些特异因子抑制了浓核病毒趋向性吸附、感染或复制作用，从而对该病毒具有完全抵抗性，但尚需进一步深入研究。

(六)诊断

因为浓核病蚕与病毒性软化病蚕无论是外观症状还是中肠病变均不易区别，显微镜检查又观察不到特定与特异的病变，所以不能通过肉眼或显微镜确诊。为此，确诊家蚕浓核病只有用血清学方法。

用于诊断家蚕浓核病的血清学方法有琼脂双向扩散法、对流免疫电泳法、荧光抗体法和酶标抗体法等。琼脂双向扩散法、对流免疫电泳法等是利用家蚕浓核病毒(抗原)和抗家蚕浓核病毒血清(抗体)相遇，并在比例适当的地方能形成肉眼可见的沉淀线，来检测家蚕浓核病毒的存在，从而诊断家蚕浓核病。荧光抗体法是将荧光素共价结合到抗家蚕浓核病毒抗体上，荧光素标记抗体相遇相应病毒(抗原)，便与之结合成病毒-抗体-荧光素的复合物。此复合物上的荧光素在荧光显微镜紫外光源的激发下，发出可见的荧光，据荧光位置可对标本中微量病毒进行定位，据荧光强度可对标本中微量病毒进行定量。酶标抗体法是用交联剂使酶与抗体免疫球蛋白结合成酶标抗体，当抗原抗体结合后再用底物显色，以定位定量标本中微量病毒，由于酶的灵敏度很高，故酶标抗体法的灵敏度也比一般血清学方法的高。

五、病毒病的防治措施

(一)彻底消毒，扑灭传染源

病毒存在于养蚕环境中，是家蚕病毒病发生的根本条件。为此，在养蚕前必须严格做好蚕室、蚕具及周围环境的清洁与消毒工作，以切断病毒的垂直传染。清洁可减少病毒载量并暴露病毒，从而提高消毒药剂的消毒效果。有效的消毒剂主要有1%新鲜石灰浆、1%有效氯含量的漂白粉液、2%甲醛+0.5%新鲜石灰浆液等，具体操作见第八章第五节《蚕室、蚕具消毒》。采茧后病毒大量留存在蔟室、蔟具及周围环境中，应使用石灰浆及优氯净烟剂等消毒，废弃物应立即集中烧毁。对重复使用的蔟具，将蔟具上死蚕浮丝全部消除后，挂在室中用优氯净烟剂进行熏烟消毒，然后晒干，妥善保管。

(二)严格提青分批及加强蚕体蚕座消毒，防止蚕座传染

患病毒病的蚕往往发育缓慢，迟眠迟起，可采取提青分批的措施，将病蚕与健康蚕分隔开，坚决淘汰病蚕，以免蚕病传染蔓延。此外，患病毒病的蚕在外观表现出病症前，已经开始大量排出病毒。因此，加强蚕体蚕座消毒可以有效防止蚕座传染，稚蚕期可用新鲜石灰粉或“小蚕用防病1号”等消毒剂在眠起处理时进行蚕体蚕座消毒，壮蚕期在每天加网除沙时用新鲜石灰粉或“大蚕用防病1号”等消毒剂进行蚕体蚕座消毒，以阻止蚕座传染。

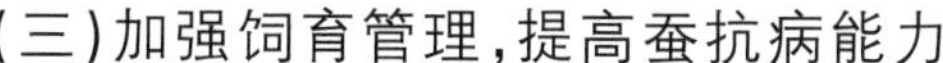

(三)加强饲育管理,提高蚕抗病能力

蚕对病毒病的抵抗力与饲育环境、桑叶营养等有密切关系,要用适宜的温湿度饲育各龄蚕,同时保证蚕良桑饱食,做好眠起处理等各项饲育技术,防止农药、氟化物等中毒,增强蚕体质,避免蚕病毒病的发生。

(四)加强桑园治虫,防止交叉传染

桑螟、野蚕等桑园害虫不但争食桑叶,还会患染病毒病,并将病毒交叉传染给家蚕发病。为此,要重视桑园除虫,消除中间宿主,同时选除虫口叶、虫粪叶并进行叶面消毒,以杜绝野外昆虫将病毒传染给蚕,引发蚕病毒病。

(五)进行早期诊断

对各龄迟眠蚕,特别是稚蚕期的迟眠弱小蚕进行血清学早期诊断,早发现病情及时采取措施,对蚕病毒病防治有一定的指导作用。

第二节　真菌病

家蚕真菌病是病原真菌侵染寄生蚕体而引起的一类传染性蚕病,由于该病死蚕体呈现僵化硬化现象,故又称为硬化病或僵病。对家蚕真菌病的认识研究已有很久历史,我国早在秦汉时期的《神农本草经》中就有“白僵蚕药用”记载,宋代陈旉的《农书》首次描述了家蚕真菌病症状,并探讨了家蚕真菌病发生与环境因素的关系。1835 年,意大利学者巴希(Bassi A)实验证明白僵菌寄生家蚕而引起家蚕白僵病发生,首创了动物疾病的微生物病原学说。此后,人们在生产和研究中相继发现 10 余种由病原真菌感染而发生的家蚕真菌病,按硬化蚕尸体上长出的分生孢子颜色,分别将其称为黄僵病、绿僵病、赤僵病等。

家蚕真菌病在各蚕区各蚕期都普遍发生,多湿地区、多湿季节发生更多,在过去还是当今,都是影响蚕茧丰产的主要传染性蚕病之一,其中以白僵病、黄僵病的危害最为严重,其次是曲霉病和绿僵病,而赤僵病、黑僵病等只是零星偶发。

一、白僵病

家蚕白僵病由病原白僵菌经皮侵入寄生蚕体而引起,病死后的硬化蚕体通身被白色的分生孢子所覆盖,因此叫白僵病。

(一)病原

本病病原为白僵菌[*Beauveria bassiana* (Balsamo) Vuillemin],属子囊菌门(Ascomycota)、肉座菌目(Hypocreales)、虫草菌科(Cordycipitaceae)、白僵菌属(*Beauveria*)。

1. 生长发育周期

白僵菌的生长发育周期可分为分生孢子、营养菌丝和气生菌丝 3 个阶段(图 11-9)。

(1)分生孢子

为单细胞,无色,球形或卵圆形,大小为 2.3μm×2.3μm～4.5μm×4.0μm,许多分生孢子集积在一起时呈白色。

(2)营养菌丝

分生孢子附着在蚕体体壁上,在适宜的温湿度条件下吸水膨胀,并从分生孢子一端或两端长出发芽管,发芽管直径为 2.5～3.5μm。发芽管侵入蚕体后,进一步伸长而成菌丝,这种菌丝在蚕体内吸收养分,进行生长或分枝,故称营养菌丝。营养菌丝直径为 2.3～3.6μm,丝状,有隔膜,在蚕体内分枝生长过程中还能从其顶端或侧旁形成圆筒形或长卵圆形的芽生孢子(或叫短菌丝和圆筒形孢子),以后缢束并脱离母菌丝游离于血液中。芽生孢子为单细胞,大小为(5.6～16.3)μm×(2.8～3.1)μm,脱离母菌丝后能自行吸收营养,向一端或两端延伸,形成新的营养菌丝。新的营养菌丝如母菌丝一样,又会生成许多芽生孢子,以致蚕血液内充满芽生孢子(1mL 血液内数量可高达 10^7 个),并随血液循环而扩展到全身各组织器官。

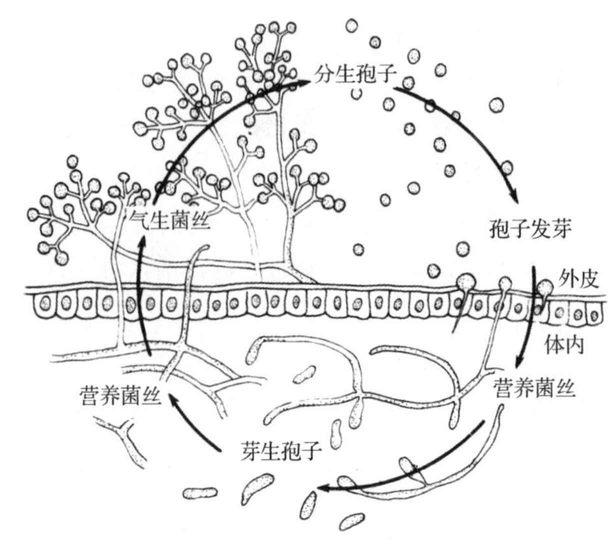

图 11-9　白僵菌侵染模式图(引自陆星恒,1987)

(3)气生菌丝

蚕死亡后,营养菌丝在蚕体各组织内旺盛生长,当生长到一定时间(死后经 1～2d),即穿出体壁形成气生菌丝。气生菌丝也有隔膜,能分枝生长,在上单生或丛生出许多分生孢子梗。分生孢子梗呈瓶形,基部大,顶部细小处呈锯齿形弯曲,每一弯曲处延伸为很短的小梗;小梗上着生分生孢子,成熟后如葡萄串集积在气生菌丝上,极易脱落飞散(图 11-10)。

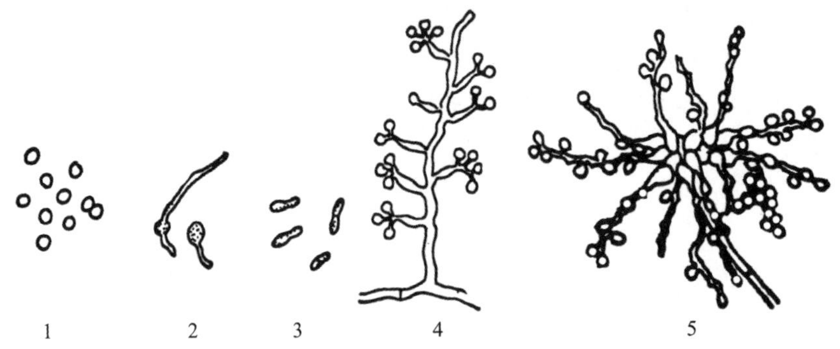

图 11-10　白僵菌的形态(引自中国农业科学院蚕业研究所,1991)

1.分生孢子;2.分生孢子发芽;3.芽生孢子;4.孢子梗;5.分生孢子着生状态。

2.代谢产物

白僵菌侵入蚕体内生长过程中能分泌白僵菌素。白僵菌素是属于环状多肽类化合物的毒素,目前发现有 2 种,即白僵菌素Ⅰ(beauvericinⅠ)和白僵菌素Ⅱ(bassianolideⅡ)。白僵菌素Ⅰ为环状三羧酸肽,其单体为(L)-N-甲基苯丙氨酸-(D)-α-羟基异戊酸,分子式为 $C_{45}H_{57}N_3O_9$,分子质量为 783Da。白僵菌素Ⅱ为环状四羧酸肽,其单体为(L)-N-甲基异亮氨酸-(D)-α-羟基异戊酸,分子式为 $C_{48}H_{84}N_4O_{12}$,分子质量为 908Da。白僵菌素Ⅱ对蚕的毒性较白僵菌素Ⅰ的大,在人工饲料中含 4～8ppm,就可使 4 龄蚕中毒死亡。白僵菌素为白色针状晶体,熔点 93～94℃,耐热,较稳定,在 100℃下保持 1h 仍具有毒性,可致细胞核变形,组织崩解。此外,白僵菌素特别容易与蚕体内的钙、镁等二价离子络合成结晶体,从而使蚕体组织的阴离子浓度产生明显的改变。这些均成为导致蚕迅速死亡的原因之一。

白僵菌侵入蚕体内生长发育过程中还能产生很多八面体结晶,一般认为是草酸铵的复盐结晶物质。

白僵菌素和草酸铵结晶是白僵蚕的标志性药用活性成分,白僵菌素具有杀虫、抗细菌、抗真菌、抗病毒、抗癌等药理作用,草酸铵结晶具有抗惊厥、抗凝血等药理作用。

3.对蚕的致病性及稳定性

白僵菌在各种病原真菌中对蚕的致病性最强,其病势也最急。

白僵菌分生孢子在室外无直射阳光处或泥土中能生存5个月到1年，在10℃以下可生存3年。白僵菌分生孢子对理化因素的稳定性较弱，常规消毒药剂均能将其快速杀灭(表11-2)。

表11-2 白僵菌分生孢子对理化因素的稳定性

处理	条件		失活时间/(h：min)
	浓度	温度/℃	
日光		32～38	(3～5)：0
干热		90	1：0
蒸气		100	0：5
温水浸渍		55	0：10
温水浸渍		70	0：1
甲醛	1%		0：7
漂白粉	0.2%(有效氯含量)		0：5
盐酸	比重1.075		0：5

注：数据引自浙江农业大学，1958。

(二)病症

蚕体感染白僵菌后，初期外观无异常；病程进展到一定程度时，蚕体上就出现油渍状病斑或暗褐色病斑，病斑出现的部位不定，形状不规则。病斑出现后不久，病蚕食欲急剧丧失，有的还伴有下痢和吐液现象，很快死亡。初死时，尸体头胸向前伸出，肌肉松弛，体躯柔软。稍后逐渐富弹性，最终全体硬化。死后1～2d，从气门、口器及节间膜等处首先长出白色气生菌丝，并逐渐增多，不久覆盖全身。最后，气生菌丝上簇生分生孢子，分生孢子集积成白色粉状(图11-11)。

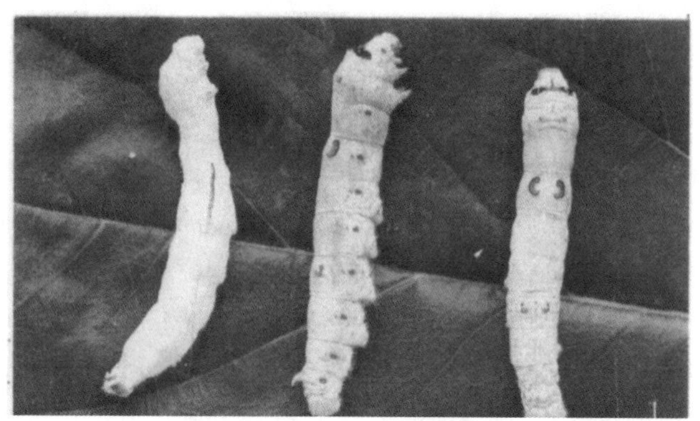

图11-11 白僵病蚕症状

5龄后期蚕感染白僵菌后，常在营茧后死去，所结的茧又干又轻，手摇响声清脆似干茧。

蛹期发白僵病，蛹体色明显加深，环节失去蠕动能力，弹性降低。死前多不易发现，死后尸体硬化，胸部收缩，腹部干瘪缩皱，在皱褶及节间膜处逐渐长出菌丝和分生孢子，其数量远不及幼虫尸体上那样多。

化蛹后感染白僵病，有的到化蛾后发病成为僵蛾。病蛾死后尸体干瘪，翅足很易折落；僵蛾在生产上很少见到。

(三)传染

1.传染途径

本病的传染途径主要是接触传染，其次是创伤传染，其侵入体壁的过程包括机械的和酶促的2个机制。附着在蚕体体壁上的白僵菌分生孢子，在适宜的温湿度下经6～8h即开始膨大发芽，伸出芽管，芽管向外分泌蛋白酶、脂酶和几丁质酶，所分泌的酶活力与该菌对家蚕的致病力大小具有密切关系。蚕体体壁在此3种酶的连续作用下被溶解，并借助芽管伸长而产生的机械压力穿过体壁侵入体内。芽管侵入蚕体体壁的难易因蚕体部位而异，气门、刚毛间隙、节间膜、尾部和腹足等处是比较容易侵入的部位，这与蚕体体壁构造及化学组成成分有关。

白僵菌除接触传染或创伤传染家蚕外，曾有学者用人工接种方法在某些情况下还能食下传染家蚕。给2～3龄蚕添食接种高浓度白僵菌分生孢子，结果蚕发生了典型白僵病，但其死亡率比经皮接种的低，发病死亡速度也较慢。用光学显微镜和电子显微镜观察添食接种白僵菌分生孢子的家蚕消化道病变，结果进一步证明了白僵菌经口侵染家蚕的可能性。但白僵菌食下传染家蚕在实际养蚕生产中很难发生。

2.传染源

(1)病蚕尸体及蚕室内外有机物

白僵病蚕尸体上产生的白僵菌分生孢子，不仅数量多，质量轻，而且易从分生孢子梗上脱落下来，随风飞散，污染蚕室、蚕具及其周围环境，成为主要传染源。白僵菌可腐生在蚕粪及其他有机物上进行繁殖，产生的分生孢子将造成更大范围的环境污染，成为又一传染源。

(2)野外昆虫

白僵菌具有极广泛的寄生性，能使6个目190多种昆虫感染发病死亡，尽管不同来源菌株的性状、致病性略有差异，但都能侵染家蚕发病，并且家蚕对某些野外昆虫病原白僵菌的敏感性比该野外昆虫对其的敏感性更强；野外昆虫病原白僵菌对家蚕的致病力经家蚕体上驯化后能得到提高。据调查，在一年中养蚕生产上，白僵病危害以秋蚕期最为严重，这与秋蚕期桑园害虫大幅度增加是相一致的。野外病原白僵菌分生孢子随风或桑叶等进入蚕室，在适宜环境下交叉感染家蚕而引起家蚕白僵病的暴发与流行。

(3)生物农药

白僵菌分生孢子粉作为生物农药在各种农、林害虫防治中被广泛使用并取得很好的效果，但这成为家蚕白僵病发生的又一传染源，对养蚕生产造成很大威胁。

(四)病变与病程

1.病变

附着在蚕体体壁上的白僵菌分生孢子，在适宜的温湿度条件下发芽并长出芽管，芽管分泌蛋白酶、脂酶和几丁质酶以溶解体壁，并借助芽管伸长而产生的机械压力穿过体壁侵入体内后，吸收大量养分，迅速伸长成营养菌丝。营养菌丝在分枝生长过程中产生芽生孢子，芽生孢子缢束并脱离母菌丝游离于血液中，随血液循环而分布全身。芽生孢子可自行吸收营养并向一端或两端伸长，形成新的营养菌丝，如此生长与增殖，不仅大量消耗蚕体养分，而且分泌各种毒素和酶类，从而使血液的pH值升高、比重增加、循环障碍、功能破坏，导致蚕食桑停止，出现下痢、吐液等中毒症状。在蚕病死前，菌丝仅在血液中生长繁殖，很少侵入组织器官，但在体壁表皮内层常形成菌丝团块，即在外观上出现油渍状病斑或暗褐色病斑。

病蚕死亡后，菌丝快速增殖并侵入组织器官，但一般不侵入消化道。尸体内的水分被大量菌丝吸收和散发，加上菌丝分泌的毒素使蚕体蛋白发生变性，从而导致尸体逐渐硬化。

2.病程

蚕体感染白僵菌后，经3～7d死亡。稚蚕感染的发病死亡快，1～2龄为2～3d，3龄为3～4d；壮蚕感染的发病死亡慢，4龄为4～5d，5龄为5～6d；同一龄期中，起蚕感染的发病死亡快，盛食期蚕感染的发病死亡慢。

(五)发病因素

1.气象环境

家蚕白僵病是由附着在蚕体表上的病原白僵菌分生孢子经皮侵入蚕体内而引起的，分生孢子的侵入首先需要发芽，外界气象环境，特别是温度、湿度对于其发芽及其菌丝生长繁殖等是最重要的条件。白僵菌分生孢子发芽的适温范围为24～28℃，5℃以下或33℃以上则不能发芽。在适宜的温度下，分生孢子发芽所需要湿度必须在75%以上，湿度愈高，分生孢子发芽及菌丝生长繁殖越好，对家蚕致病力越强。温度主要影响发病经过快慢，而湿度主要影响发病率的高低。此外，外界气象条件与家蚕病原白僵菌在野外环境中的时间分布和数量分布变化有很大关系，降雨日数(降雨量)多(即湿度大)的季节，外界环境中病原白僵菌的分布数量多，这与养蚕生产中白僵病危害的程度大是相一致的。因此，在多湿季节或多湿养蚕环境下都易发生本病。

2.饲育管理

饲育管理对家蚕白僵病发生的影响是通过影响养蚕小气候、白僵菌繁殖及蚕体抗性等方面来实现的。

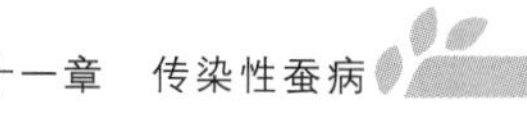

给桑量过多、眠中蚕沙堆积、蚕室内气流不流通等而造成蚕室、蚕座小环境多湿，助推了家蚕白僵病的发生。家蚕病原白僵菌不但能寄生于家蚕及其他昆虫体，而且能在竹、木器材、纸张、糨糊、蚕粪等有机残体上营腐生生活，在外界空气、桑园和蚕室地表土中都能检测到家蚕病原白僵菌的存在。如除沙方法、蚕沙病死蚕处理、蔟草存放使用等不当，以及其养蚕环境消毒不彻底等，均可引起环境污染扩大，增加家蚕白僵病的发生。

3. 蚕体抗性

家蚕在漫长的自然生存过程中，对病原白僵菌侵染形成了独特的抗性机制。家蚕对白僵菌的感染性在蚕品种间存在明显差异，有中国系统＜欧洲系统＜日本系统之趋势；同一品种不同龄期蚕对白僵菌的感染性，随龄期增大而下降，到熟蚕又上升；同一龄期不同生长阶段蚕对白僵菌的感染性也存在一定差异，起蚕易感染，以后随生长而下降，到眠中又稍上升。即家蚕在每龄蜕皮后的起蚕、老熟上蔟营茧前的熟蚕，是对病原白僵菌的易感期，如在此段时间消毒预防粗放，并且消毒药物不理想，则将增加病原白僵菌的感染机会。

(六)诊断

1. 肉眼识别

肉眼识别时，如观察到硬化病蚕的共同特征，并在病蚕体壁上出现油渍状及暗褐色病斑，则可初步确定为白僵病。

2. 显微镜检查

主要是取病蚕血液，显微镜观察发现存在有圆筒形或长卵圆形的芽生孢子(图 11-12)，则可确定为白僵病。如尸体已长出分生孢子，则显微镜观察到气生菌丝上着生球形或卵圆形分生孢子，则也可初步确定为白僵病。

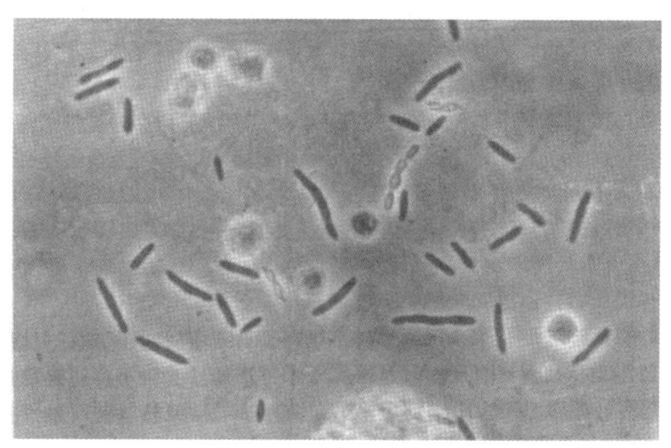

图 11-12　白僵病蚕血液镜检图(引自浙江农业大学，1958)

3. 分离培养

为确诊病原菌类型，需将病蚕尸体用 1%有效氯含量的漂白粉液等体表消毒后置于灭菌培养皿内，25℃培养 3～4d，进一步观察气生菌丝和分生孢子的着生状况及色泽变化，并分离纯化菌种做分类鉴定。

二、黄僵病

本病由病原黄僵菌侵入寄生蚕体而引起，由于硬化的病蚕尸体上长出的分生孢子呈微黄色，故称为家蚕黄僵病。

(一)病原

本病病原黄僵菌与白僵菌是同属同种，只是在血清型上有所不同。将纯化的白僵菌、黄僵菌的芽生孢子，分别经甲醛灭活后以静脉注射法免疫家兔，制备抗血清，然后进行相互凝集试验和相互吸收试验，结果家蚕病原白僵菌与病原黄僵菌间既存在共同抗原，也存在特异抗原，表现出血清型上的差异。

1. 生长发育周期

黄僵菌的生长发育周期也分为分生孢子、营养菌丝和气生菌丝 3 个阶段。

分生孢子球形或卵圆形，大小为(2.0～3.7)μm×(1.5～3.5)μm，无色，大量集积在一起时呈淡黄色。

分生孢子发芽以及发芽管侵入蚕体的过程与白僵菌的相似，菌丝在蚕血液内生长或分枝成营养菌丝、营养菌丝上长出芽生孢子、芽生孢子随血液循环分散到蚕体全身并吸收营养以伸长形成新的营养菌丝，以及营养菌丝和芽生孢子的大小和形态等也均与白僵菌的相似。

病蚕死后，营养菌丝在蚕体各组织内旺盛生长，最后长出体表成气生菌丝。气生菌丝的孢子梗是一根一根独立的，并且相互缠绕成束状伸长，这是本菌与白僵菌不同的特征。气生菌丝充分生长发育后，从侧面长出无数小枝，密生大量分生孢子。分生孢子脱落飞散，成为传染源。

2.代谢产物

黄僵菌在蚕体内旺盛生长发育过程中，也能分泌毒素(即白僵菌素)，并形成八面体菱形的草酸钙结晶。此外，它还能产生一种红色素，使尸体着成粉红色。

3.对蚕致病性及稳定性

黄僵菌对蚕的致病性较白僵菌的弱，在龄期经过短的2龄期或龄后期感染，往往会产生自愈性感染现象。黄僵菌对理化因素的稳定性与白僵菌的相似，常规消毒药剂对其均有很好的杀灭作用。

(二)病症

蚕体感染病原黄僵菌的初期，外观与健康蚕无异。随后蚕食欲渐渐减退，发育迟缓，举动不活泼，并且体表出现许多黑褐色病斑，在气门周围和胸腹足部往往会出现大块黑褐色病斑。镜检血液可看到芽生孢子。

病蚕濒死时有吐液和下痢现象。死后尸体逐渐硬化，同时体色逐渐变为粉红色。1～2d后，长出白色气生菌丝并覆盖尸体全身。气生菌丝成束状生长，其上密生分生孢子，分生孢子集积成淡黄色粉状，与白僵蚕有着非常显著的区别。

本病在体表出现病斑时，菌丝还未侵入体内。若这时蚕已进入眠期，往往会随蚕的蜕皮而将菌丝除去，使病斑消失，蚕体得到自然痊愈，这种现象叫作自愈性感染。

(三)传染

1.传染途径

本病的传染途径与白僵病的相同，主要是接触传染，其次是创伤传染。黄僵菌分生孢子的发芽条件及其侵染过程均与白僵菌的相同，但分生孢子发芽侵入时间较白僵菌的长，达15～30h。

2.传染源

本病的传染源非常广泛，除与白僵病相同在病蚕尸体及蚕室内外有机物上可产生大量分生孢子成为主要传染源外，与野外昆虫交叉感染以及生物农药污染也严重存在。能被黄僵菌感染患病的野外昆虫有6个目的200多种，并且黄僵菌对桑螟等桑树害虫和松毛虫等野外昆虫的病原性要比对家蚕的强。同时，黄僵菌常被用作农林害虫防治的生物农药。为此，尽管病原黄僵菌对家蚕的致病性不太强，因为它在自然界内分布多，所以家蚕黄僵病的发病率较高，对养蚕生产的危害较大。

(四)病变与病程

1.病变

黄僵菌分生孢子附着在蚕体表面到发芽侵入蚕体内，以及菌丝在血液中生长繁殖等过程，与白僵病的相似。菌丝在蚕体内旺盛生长发育过程中，也能分泌毒素(即白僵菌素)，并形成八面体菱形的草酸钙结晶，使病蚕出现下痢、吐液等中毒症状。菌丝在蚕体内旺盛生长发育过程中还能产生一种红色素，从而使尸体体色逐渐变为粉红色。

蚕病死前，菌丝仅在血液中生长繁殖并在气门周围和胸腹足部的体壁表皮内层常聚集成大团块，从而在外观上出现大块黑褐色病斑。

病蚕死后，菌丝快速增殖并侵入组织器官，尸体内的水分被大量菌丝吸收和散发，加上菌丝分泌的毒素使蚕体蛋白发生变性，从而导致尸体逐渐硬化。此后，长出白色气生菌丝并覆盖尸体全身，气生菌丝上密生分生孢子，分生孢子集积成淡黄色粉状。

2. 病程

本病从感染到发病死亡的病程远较白僵病的长，一般 4 龄感染的约经 5d 后发病死亡，5 龄感染的约经 7d 后发病死亡，1～4 龄感染的往往经眠期至下一龄期发病死亡；5 龄起蚕感染的大多在蔟中或茧中发病死亡，5 龄第 4 天后感染的能结茧至蛹期发病死亡；在龄期经过短的 2 龄期或其他龄后期感染，往往会随蚕的蜕皮而将菌丝除去，从而产生“自愈性感染”现象。

(五)发病因素

相同于白僵病。

(六)诊断

1. 肉眼识别

如肉眼观察到病蚕体表出现大块黑褐色病斑，死后尸体体色呈现粉红色并逐渐硬化，后长出白色气生菌丝并覆盖尸体全身，气生菌丝上密生分生孢子并集积成淡黄色粉状，则可初步确定为黄僵病。

2. 显微镜检查

主要取病蚕血液，显微镜观察发现存在有椭圆形的芽生孢子；检查气生菌丝较长并出现束状生长，则可确定为黄僵病。

3. 分离培养

从病蚕尸体中分离出病原菌，进一步培养观察气生菌丝生长和分生孢子着生与色泽等情况，并做分类鉴定，以确诊病原菌类型。

三、曲霉病

家蚕曲霉病是由广泛存在于自然界的曲霉属菌寄生而引发的，对卵、稚蚕、嫩蛹的为害最严重。

(一)病原

曲霉菌属半知菌亚门、丝孢目、丛梗孢科、曲霉属，已知对蚕有致病性的菌种有 10 多种，其中以黄曲霉(*Aspergillus flavus*)和米曲霉(*Aspergillus oryzae*)的为害最为常见。

1. 生长发育周期

曲霉菌的生长发育周期分为分生孢子、营养菌丝和气生菌丝 3 个阶段。

分生孢子呈球形，直径为 3～7μm，比白僵菌的分生孢子大，黄绿色，大量集积在一起时呈褐色或深棕色。

分生孢子发芽侵入蚕体后，即生长成营养菌丝。营养菌丝细长、多分枝、有隔膜，但不产生芽生孢子，因而只能在入侵处旺盛生长，形成菌丝块，不能扩散到蚕体全身。

蚕发病死亡后，在入侵处生长的营养菌丝长出体表成气生菌丝。气生菌丝上长出粗壮的分生孢子梗，分生孢子梗先端膨大成球形或卵圆形，直径为 7～17μm，称顶囊。顶囊上面呈辐射状着生 1～2 层棍棒状小梗。小梗顶端向基部生成连锁状的球形或卵圆形分生孢子(图 11-13)。分生孢子脱落飞散，成为传染源。

2. 代谢产物

黄曲霉菌在生长寄生过程中能分泌多种毒素，其中毒素最强的为黄曲霉素 B_2($C_{17}H_{12}O_8$)。黄曲霉素 B_2 属于二氢呋喃环的衍生物，有多种异构体，具有蓝色荧光。黄曲霉素 B_2 对人和高等动物有致癌作用，对蚕也有毒性。在人工饲料中混入 1.5ppm 黄曲霉素 B_2，用来饲喂 4 龄蚕，3d 后蚕发育停滞，5d 后 50% 的蚕死亡，6d 后蚕全部死亡。

3. 对蚕致病性及稳定性

曲霉菌易感染蚁蚕和 1 龄蚕，随着龄期增长，其感染发病率也随之下降。曲霉菌对卵、嫩蛹的为害性也较大。

曲霉菌的自然生存力，在对蚕有致病性的真菌中是最强的。分生孢子在室温环境下可成活 1 年以上，在 10℃低温下可成活 5 年以上。曲霉菌有很强的腐生性，菌丝可钻入竹、木及各种器具内部寄生，并潜育在竹、木材料内部，在室温下可成活 2 年以上。

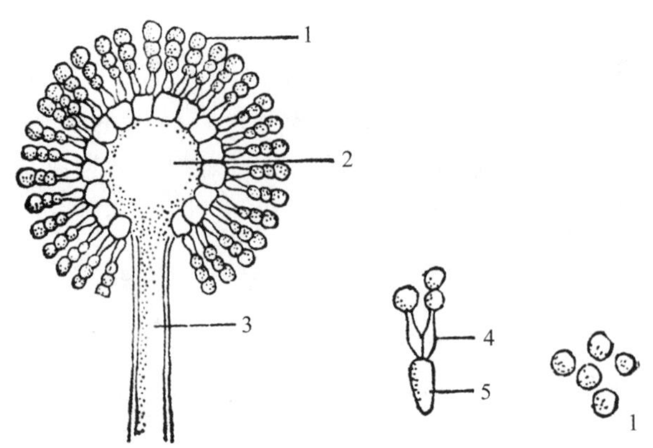

图 11-13　曲霉菌顶囊及分生孢子着生状态(引自中国农业科学院蚕业研究所,1991)

1.分生孢子;2.顶囊;3.孢子梗;4.次生小梗;5.小梗。

曲霉菌在日光下暴晒24h仍不失活,在干热110℃下20min和湿热110℃下5min,才能使其失活。近年来已发现一些曲霉菌菌株对甲醛消毒剂表现出很强的抗药性,用2%甲醛浓度的福尔马林杀灭曲霉菌需要在24℃下30min至5h(菌株差异)。这些在养蚕生产的消毒工作中必须引起特别注意。

(二)病症

本病的病症因感染蚕龄期的不同而不同。蚁蚕和1龄蚕易感染,感染后逐渐食桑不良并最终停止,体色加深变黑,常伏于蔟沙下;感染后2～3d病蚕死亡,尸体稍带黄色,体躯局部出现缢束状凹陷;死亡1d后,尸体表面被长出的气生菌丝缠绕,并长出黄绿色分生孢子,逐渐覆盖全身并最终呈褐色或深棕色(图11-14A)。随着龄期增长,感染发病率也随之下降,3龄以后大多只是零星发生,并且病势减慢。被感染的蚕体表多出现1～2个黑褐色大型病斑,位置以肛门处为多,并伴有部分脱肛、粪结现象;临死时,头胸伸出并伴有吐液现象;死后病斑部位硬化,其他部位则软化发黑腐烂;死亡1～2d后,从硬化部位长出气生菌丝和黄绿色分生孢子,并最终呈褐色或深棕色,其他部位则腐烂发黑(图11-14B)。

蛹期感染发病后,体色逐渐变成黑褐色,腹部松弛,失去蠕动能力。死后尸体渐渐全部硬化,随后在节间膜和气门处长出白色气生菌丝,进一步从气生菌丝上长出黄绿色分生孢子。如果湿度很高,菌丝可穿出茧层充分生长发育,变成褐色霉茧。

如蚕种保护不当,蚕卵也易受曲霉菌寄生,造成胚胎窒息而死,变成霉死卵。一般先在卵的中央呈三角形凹陷,而后很快干瘪。

图 11-14　曲霉病蚕症状(图A引自华南农学院,1979;图B引自浙江植保员手册编写组,1972)

A.1～2龄病蚕;B.大蚕病症。

(三)传染

1.传染途径

本病的传染途径主要是接触传染,其次是创伤传染。稚蚕,尤其是1～2龄蚕容易引起接触传染。壮蚕

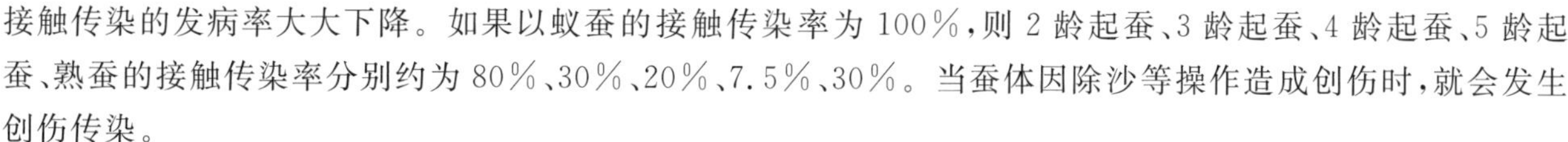

接触传染的发病率大大下降。如果以蚁蚕的接触传染率为 100%，则 2 龄起蚕、3 龄起蚕、4 龄起蚕、5 龄起蚕、熟蚕的接触传染率分别约为 80%、30%、20%、7.5%、30%。当蚕体因除沙等操作造成创伤时，就会发生创伤传染。

2. 传染源

曲霉菌的腐生性十分强，在蚕粪、残桑和稻草上均能旺盛生长繁殖，竹、木制品及蚕具也往往有曲霉菌滋生繁殖；同时，曲霉菌的自然生存力及对理化因素的稳定性均很强。所以，家蚕曲霉病的传染源十分广泛。

(四)病变与病程

1. 病变

曲霉菌分生孢子附着在蚕体表面到发芽侵入蚕体内的过程，与白僵病的相似。但营养菌丝不产生芽生孢子，所以侵入菌丝只在侵入处局部寄生繁殖，不扩及蚕体全身；血液不浑浊，也没有菌丝，除蚁蚕外的尸体只是局部硬化以及局部长出气生菌丝和分生孢子，没有菌丝寄生的部位则受细菌侵染而软化发黑并腐烂。

曲霉菌在蚕体内寄生繁殖的过程中，分泌黄曲霉素等毒素，从而引起蚕中毒，外观上表现出吐液等症状。同时，黄曲霉素等毒素使菌丝寄生繁殖部位的蚕体蛋白发生变性，从而导致尸体该部位逐渐硬化。

2. 病程

稚蚕期感染发病的病势急，病程约 3d，并在死后的次日，菌落覆盖尸体的硬化部位，一般蚁蚕感染的在 1 龄中发病死亡，1 龄蚕感染的在当龄眠中至 2 龄起蚕时呈半蜕皮蚕或不蜕皮蚕发病死亡，2 龄蚕感染的在当龄眠中至 3 龄起蚕时呈半蜕皮蚕或不蜕皮蚕发病死亡。壮蚕期(4～5 龄)感染发病的病势稍趋缓慢，病程4～5d。

(五)发病因素

曲霉菌生长发育的温度范围为 15～45℃，其中 30～35℃ 为最适温度，较白僵菌的高；湿度则是越大越好，最适湿度为 100%，其分生孢子在湿度 80%以上时就能很好地发芽发育。为此，高温多湿环境有利于家蚕曲霉病发生，在高温多湿季节或高温多湿饲育环境下易发生本病。

因稚蚕表皮多皱而易附着分生孢子，加之体壁薄及饲育温湿度高，所以易被曲霉菌感染而引发曲霉病。壮蚕体壁增厚，再加上饲育温湿度比稚蚕期低，所以不易被曲霉菌感染而引发蚕曲霉病。因此，养蚕生产中需要注意此病在稚蚕期及高温多湿蚕期的危害。

(六)诊断

稚蚕发病快，生产上常未观察到病症就已死去。诊断时，对照观察若难以确诊，可将病蚕尸体置于高温多湿环境下培养 1d，见有绒球状分生孢子梗和分生孢子长出者，即可诊断为本病。

壮蚕发病以零星散发者居多。诊断时，主要看病蚕体壁上或肛门部位有无黑褐色大病斑，手触病斑部能否感知硬块。再镜检血液，若见血液澄清，无芽生孢子，则取病斑下体壁内侧的组织镜检，有菌丝即可做出初步诊断。进一步可将病蚕尸体经体表消毒后放在灭菌培养皿内培养，如在病斑部位长出白色絮状菌丝以及菌丝上再长出黄褐色分生孢子，由此可确诊。

四、绿僵病

绿僵病是由莱氏绿僵菌寄生而引发的，因硬化的病蚕尸体上长出的分生孢子呈绿色而得名。家蚕绿僵病在生产上发生不是很普遍，其危害程度与地区和季节有关，一般稚蚕期及低温多湿的晚秋蚕期容易发生。

(一)病原

本病病原为莱氏绿僵菌(*Metarhizium rileyi*)，属子囊菌门、肉座菌目、麦角菌科、绿僵菌属。该菌曾分类在野村菌属(*Nomuraea*)，曾用名为莱氏野村(*Nomuraea rileyi* Farloi)。

1. 生长发育周期

莱氏绿僵菌的生长发育周期划分为分生孢子、营养菌丝和气生菌丝 3 个阶段。

(1)分生孢子

呈长卵圆形,一端稍尖,一端钝圆,大小为(3.0～4.5)μm×(2.0～3.5)μm,表面光滑,淡绿色,许多分生孢子集积时呈鲜绿色。

(2)营养菌丝

分生孢子发芽以及发芽管侵入蚕体的过程与白僵菌的相似。穿入体内的发芽管伸长生长成丝状的营养菌丝,直径为2.5～3.4μm,有隔膜,无色。营养菌丝在蚕血液内生长发育,形成大量芽生孢子。芽生孢子呈豆荚状,具数个隔膜,长8～14μm,宽4μm,远比白僵菌的芽生孢子大(图11-15)。芽生孢子随血液循环而扩展到蚕体全身,并伸长形成新的营养菌丝。

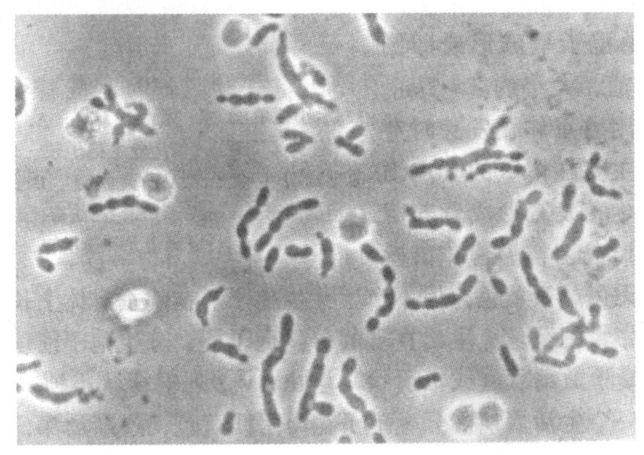

图11-15　绿僵病蚕血液中的芽生孢子(引自浙江农业大学,1958)

(3)气生菌丝

蚕病死后,营养菌丝在蚕体各组织内旺盛生长,经一定时间生长后,穿出体壁形成气生菌丝。气生菌丝呈纤细绒毛状,白色,在上轮生瓢形小梗,在每个小梗顶端连生数个分生孢子。

2.代谢产物

莱氏绿僵菌在生长发育过程中也能产生毒素,现已经查明的有绿僵菌素A、B、C、D,以及脱甲基绿僵菌素B、原绿僵菌素等6种,其化学结构均为环状多肽,毒素接触蚕体体壁后会引起蚕中毒。

3.对蚕的致病性及稳定性

莱氏绿僵菌对家蚕的致病性明显弱于白僵菌,其病势也极其缓慢。

莱氏绿僵菌菌落在培养基上可生存1年左右,在病蚕尸体上于室温下可成活10个月。莱氏绿僵菌分生孢子对理化因素的稳定性较弱,均能被甲醛类消毒剂、含氯消毒剂,以及煮沸、蒸汽等方式有效杀灭。

(二)病症

感染初期无明显病症,随着病势的进展,出现食欲减退、发育迟缓、举动不活泼等症状,同时逐渐在体壁上产生形状、数量与大小不定的黑褐色病斑,病斑边缘色深、中间色淡而呈车轮状或云纹状,大的病斑的直径可达3～4mm,可跨越2个环节(图11-16A)。将眠蚕发病则不能就眠,体色乳白,体壁紧张、发亮,血液呈乳白色、浑浊,用显微镜检查可见到血液中有无数豆荚状的芽生孢子(图11-15),但无多角体。

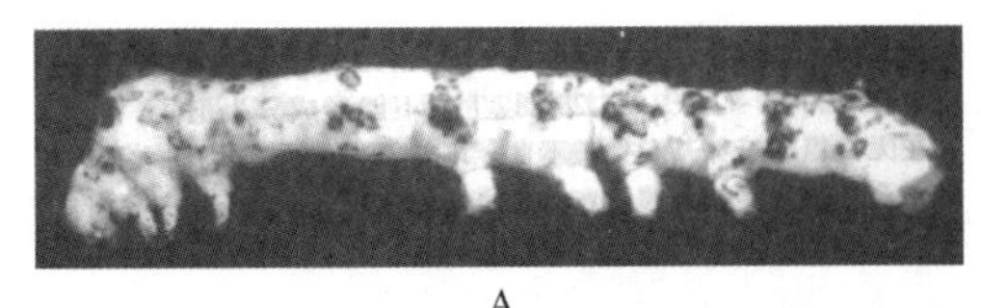

A

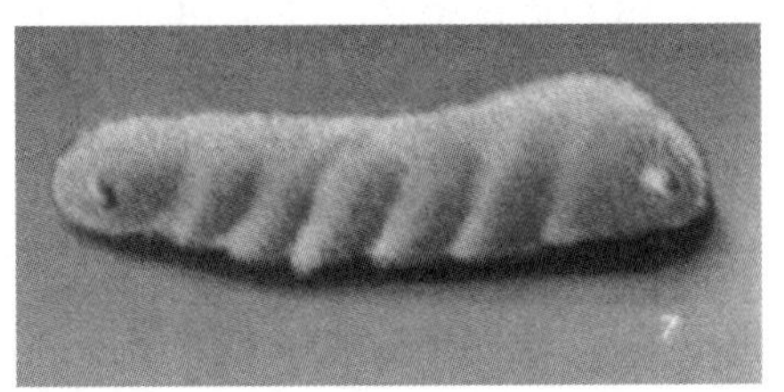

B

图11-16　绿僵病蚕症状(图A引自华南农学院,1979;图B引自浙江植保员手册编写组,1972)

A.云纹状病斑;B.尸体被盖绿色分生孢子。

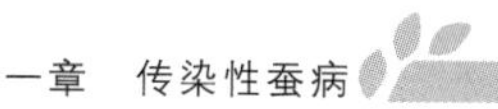

病斑形成后，经 1～2d 停止食欲，不久死去。初死时，蚕体伸直较软并略有弹性，体色乳白，逐渐硬化。死后 2～3d，在环节节间膜及气门处首先长出气生菌丝，逐渐扩展布满全身。气生菌丝较其他僵病菌的短而纤细，在上长出淡绿色分生孢子，然后全身僵硬，并被鲜绿色分生孢子所覆盖(图 11-16 B)。自然放置较长时间后，分生孢子的色泽转暗绿色至灰绿色，稍加振动，即脱落飞散，成为传染源。

(三)传染

1. 传染途径

本病的传染途径主要是接触传染，其次是创伤传染。在适宜的温湿度下，分生孢子发芽经皮侵入蚕体的经过时间，2 龄起蚕为 16～24h，4 龄起蚕为 24～40h。

2. 传染源

莱氏绿僵菌除寄生家蚕外，野外昆虫如水稻二化螟、菜粉蝶、夜盗蛾、双带夜蛾、桑螟和桑胡麻斑灯蛾等幼虫都能被寄生致病，尸体都可硬化并产生绿色分生孢子，成为本病的主要传染源。

(四)病变与病程

1. 病变

莱氏绿僵菌分生孢子附着在蚕体表面到发芽侵入蚕体内的过程，与白僵病的相似。侵入蚕体内的营养菌丝，先在真皮细胞内增殖，从而在外观上出现大块车轮或云纹状黑褐色病斑。营养菌丝生长形成的芽生孢子进入血液中，并随血液循环而分布蚕体全身。进入血液的芽生孢子不断生长增殖，数量大大增加，形状变得肥大；与此同时，脂肪组织及肌肉组织也被寄生，被寄生破坏的真皮细胞、脂肪组织、肌肉组织碎片连同大量形成的芽生孢子致使蚕的血液浑浊而变成乳白色。

莱氏绿僵菌在蚕体内寄生繁殖的过程中，能产生绿僵菌素 A、B、C、D，以及脱甲基绿僵菌素 B、原绿僵菌素等 6 种毒素，使蚕体蛋白发生变性，从而导致尸体逐渐硬化。此后长出短而纤细的气生菌丝并覆盖尸体全身，气生菌丝上密生分生孢子，分生孢子集积成鲜绿色粉状。

2. 病程

莱氏绿僵菌分生孢子附着在蚕体表面的发芽过程，以及芽生孢子形成过程均极其缓慢，所以本病的病程较长，一般从感染到死亡需要经过 10d 左右。稚蚕期的发病经过较壮蚕期的稍短，感染后经 1～2 个龄期就发病死亡。

(五)发病因素

莱氏绿僵菌的分生孢子发芽、菌丝生长发育及分生孢子形成的最适温度为 22～24℃，是蚕真菌病病原中较嗜低温性的菌类。因此，家蚕绿僵病主要在低温多湿的晚秋蚕期发生。

其他发病因素与白僵病的相似。

(六)诊断

1. 肉眼识别

肉眼观察到病蚕体壁上出现车轮或云纹状的大块黑褐色病斑，病蚕临死前体色乳白，血液浑浊、呈乳白色，死后全身硬化，长出白色气生菌丝并覆盖尸体全身；气生菌丝上长出淡绿色分生孢子，并集积成鲜绿色粉状，则可初步确定为绿僵病。

2. 显微镜检查

主要取病蚕血液，显微镜观察发现存在大量豆荚状的芽生孢子，则可确定为绿僵病。

3. 分离培养

从病蚕尸体中分离出病原菌，进一步做菌种类型鉴定。

五、其他真菌病

家蚕的真菌病，除上述几种外，还有灰僵病、黑僵病、赤僵病、草僵病、镰刀霉菌病及酵母菌病等。这些真菌病一般很少发生，对养蚕生产的危害不大。

(一)灰僵病

灰僵病是由灰僵菌(*Spicaria* sp.)经皮接触传染而引起的,因硬化的病蚕尸体上长出的分生孢子集积呈淡紫灰色而得名。灰僵菌属半知菌类、丛梗霉目、丛梗霉科、赤穗菌属,其生长发育周期也划分为分生孢子、营养菌丝和气生菌丝3个阶段。分生孢子呈长卵圆形,大小为(1.9～3.3)μm×(1.4～2.5)μm,表面光滑,初生时白色,后集积转呈淡紫灰色。分生孢子发芽伸出芽管侵入蚕体内并生长成营养菌丝。营养菌丝细长,分叉很多,有隔膜,无色。营养菌丝在蚕血液内生长发育中形成芽生孢子,芽生孢子呈长卵圆形或椭圆形,长7μm,宽3μm,随血液循环分布到蚕全身,并伸长形成新的营养菌丝。病蚕死后,营养菌丝穿过体壁形成气生菌丝,气生菌丝上分化形成有分枝的分生孢子梗,在分生孢子梗的上下以单生、互生或轮生3种形式着生呈瓢形、长16～35μm的小梗,每一小梗顶端串生分生孢子,呈链状排列。

蚕感染发病后,其病症因感染时期不同而稍有差异。稚蚕感染后,发育显著缓慢,体形瘦小,体表出现多数并大小不等的黑褐色病斑,有的还在背部中央显现点线状病斑,故被称为花僵蚕,再经1～2d死亡。壮蚕感染后,初期无明显病症,后期全身出现密集的黑褐色小病斑,再经3～4d死亡。死亡后头胸伸出,尸体逐渐硬化,体色灰白,1～2d后体表生出稠密的气生菌丝;气生菌丝上产生大量白色分生孢子,数日后,分生孢子集积转呈淡紫灰色。

本病在20世纪80年代初期的浙江蚕区发生较多,在江苏蚕区也时有发生。因本病尸体上刚长出的分生孢子白色,外观上酷似白僵病蚕,所以生产上往往与白僵病相混淆。

(二)黑僵病

黑僵病是由金龟子绿僵菌(*Metarhizium anisopliae*)经皮接触传染而引起的,因分生孢子集积呈黑色,故在蚕病上习惯称黑僵病。金龟子绿僵菌属半知菌类、丛梗孢目、瘤座孢科、绿僵菌属(*Metarhizium*),以前曾将本菌划分在卵孢霉属,学名定为 *Oospara destructor*。金龟子绿僵菌的生长发育周期也划分为分生孢子、营养菌丝和气生菌丝3个阶段。分生孢子长卵圆形或鞋底形,大小为(2.5～3.8)μm×(5.6～8.0)μm,初呈淡绿色光泽,后呈黑色,发芽以湿度100%为最适,湿度为80%时仅有少数能发芽。分生孢子发芽伸出芽管侵入蚕体内并生长成营养菌丝,营养菌丝在蚕血液内生长发育过程中形成芽生孢子,芽生孢子分叉成树枝状,随血液循环分布到蚕全身,并伸长而形成新的营养菌丝。蚕病死后,营养菌丝长出体外成为气生菌丝,气生菌丝上分化形成短而直的分生孢子梗,分生孢子梗分枝或单生,其顶端着生3～5个小梗,小梗呈栅状紧密排列以组成分生孢子座,小梗顶端以串链状生长分生孢子。本菌生长发育过程中能分泌多种毒素(包括多种毁坏素和松胞素),对蚕有强烈的致死作用。

蚕感染本病后,其病症因蚕龄大小而异。1～2龄蚕感病后,经24h即出现吐液、下痢症状,然后突然倒毙,尸体卷缩,似中毒状,但尸体不腐烂,经1d即可长出气生菌丝。3龄蚕感病后,发育明显缓慢,体色变暗,体表两侧出现暗褐色病斑,一般不能就眠,逐渐毙死。死后经2～3d长出气生菌丝。4～5龄蚕感病后,体表上出现大小不同的黑褐色病斑,大的可达3～4mm,病死后尸体呈蜡黄色,逐渐硬化并长出气生菌丝。气生菌丝长出1～2d后,产生墨绿色分生孢子,后颜色逐渐加深呈黑色,并产生龟裂现象,分生孢子成群块剥落。

黑僵病在我国陕西秦巴山蚕区发生较多,对养蚕生产有一定的危害,在四川、江苏、浙江和山东等蚕区偶有发生,但对养蚕生产并不会造成危害。本病菌可自然感染鞘翅目、同翅目和鳞翅目等200多种昆虫的幼虫,其分生孢子带进蚕室后,在适宜的温湿度下可侵染蚕体致病。

(三)赤僵病

赤僵病是由一种棒束孢属(*Isaria*)的赤僵菌经皮接触传染而引起的,因分生孢子集积一起时呈桃红色而得名。赤僵菌属半知菌类、丛梗孢目、束梗孢科、棒束孢属,赤僵菌(*Isaria fumosorosea*)。赤僵菌的生长发育周期也划分为分生孢子、营养菌丝和气生菌丝3个阶段。分生孢子呈椭圆形,大小为(3.0～4.2)μm×(2.0～2.5)μm,单个分生孢子呈淡红色,许多分生孢子集积呈桃红色。分生孢子在22℃下发芽伸出芽管侵入蚕体内并生长成营养菌丝,营养菌丝细长,宽2.8～3.6μm,有隔膜,间隔距离不一。营养菌丝顶端或两侧能形成芽生孢子,芽生孢子呈长椭圆形或圆筒形,一端稍细,大小为(19.0～25.0)μm×(3.0～3.3)μm。病蚕死后，约经 2d 营养菌丝穿出蚕体外形成气生菌丝，并分枝形成棒状分生孢子梗，上端再生小梗，先端向基生长链状分生孢子。

蚕感染本病后，食欲减退，举动稍不活泼，体躯瘦小，体壁呈污浊色，腹部体表出现黑褐色小病斑；随病势进展，其黑褐色病斑出现更多，遍及气门周围及胸腹两侧，往往在各环节部位密集成环带状。随后蚕行动呆滞，稍吐液而死亡。初死时尸体柔软，以后渐硬化且呈桃红色，气生菌丝首先从节间膜和气门处长出，在多湿环境下，菌丝成束状，似朵朵棉花，先端稍稍扩散，再过 2～3d，长出淡红色分生孢子，分生孢子集积成桃红色粉状。

本病的病程因蚕龄和温湿度而异，快的 2d，慢的可达 7d 左右。1～2 龄起蚕感染的，病程 2～3d；3～4 龄起蚕感染的，病程约 4d；5 龄起蚕感染的，病程 6～7d；温湿度适宜，则病程短。

本病在我国各蚕区均有发生，但自然情况下对养蚕生产的危害极轻。

（四）草僵病

草僵病是由多毛菌属的真菌经皮接触传染而引起的，因病蚕死后在硬化的尸体上能长出葱状菌丝束而得名。1972 年在浙江省开化县蚕区大批不结茧蚕中发现本病，1983 年在浙江省嘉兴蚕区也发现本病。

本病病原菌属半知菌类、丛梗孢目、束梗孢科、多毛菌属（*Hirsutella*），学名 *Hirsutella patouillard*。该菌的气生菌丝有隔膜，并扭结成束，菌丝束分枝或不分枝。若分枝，则基部几成直角。在气生菌丝束或游离气生菌丝上侧生分生孢子梗，分生孢子梗基部呈瓶形膨大，顶端变细，分叉成 2 个小柄，各着生 1 个分生孢子。分生孢子无色，中有纵沟呈麦粒状。

本病主要为害稚蚕和 5 龄后期老熟蚕，大多病蚕死在蔟中，有的尚可结一薄茧。蚕感染本病后，饲育期内往往无明显病症，只是少数蚕血液浑浊，可镜检到芽生孢子。病死后，尸体土黄坚硬，质地很脆易折断，体表有不正形小病斑，最大的直径约 1mm。在温度 26℃、湿度 90％条件下 1～2 周后，尸体表面产生一个个乳头状突起，渐次伸长形成一根根菌丝束，少的每头蚕有 4～5 根，多的可达 100 余根。

（五）镰刀霉病

镰刀霉病是由为害小麦的几种镰刀霉菌经创伤传染而引起的。当春蚕期阴雨多湿，小麦赤霉病严重发生时，本病也较多见。

本病病原菌属半知菌类、丛梗孢目、瘤座孢科、赤霉菌属，以半裸虫生镰刀霉的寄生性最强。本菌分生孢子的形态很大，有隔膜，大多为 3～5 隔，少数为 0～2 隔或 6～7 隔，近镰刀形，也有的呈纺锤形。许多分生孢子聚集一起时呈粉红色。与曲霉菌一样，营养菌丝在蚕体内生长发育中不形成芽生孢子，因此菌丝仅在寄生部周围生长发育，尸体也是局部硬化。蚕死亡后，经一定时间，从寄生处长出稀疏的气生菌丝，其上产生少量分生孢子。

感病蚕前期无明显症状，死亡前在其肛门处或胸腹脚上常出现一个褐色大病斑，并有粪结症状，最后吐液而死。尸体头胸伸出，在病斑部位能触知有一个硬块，不久从硬块处长出稀疏的气生菌丝，其他部位经一定时间后发黑腐烂。

（六）酵母菌病

酵母菌病是由几种酵母菌创伤传染而引起的。自然情况下只是偶然、零星发生，有红色酵母病和白色酵母病等类型，其中以红色酵母病较为多见。

红色酵母病的病原红酵母菌属子囊菌纲（Ascomycetes）、原生囊菌目（Protoascomycetea）、酵母菌科（Saccharomycetaceae）、红酵母菌属（*Rhodotorula*），球形或卵圆形，大小为（4.0～6.0）μm×（2.5～4.0）μm，外层有较厚的膜，粒内有原生质；原生质里储藏异染体及基粒、糖原、脂肪等养分，还有相当量的沉淀性红色素，故其菌落呈鲜艳的粉红色。

本病由酵母菌创伤传染引起，酵母菌只在血液内寄生繁殖，很少侵入血细胞或其他组织。其致病性不稳定，经人工培养后，往往失去致病力。

感病蚕前期无明显症状，直至濒死前才出现病症，主要有病蚕血液浑浊、呈粉红色，并从体表透出粉红色，显微镜检查血液内可见到大量酵母菌，病蚕体形稍见萎缩。病蚕死亡后，经 1～2d，尸体大多腐烂并逐渐变为黑褐色。

酵母菌只在蚕血液内寄生繁殖，很少侵入血细胞或其他组织。所以诊断本病，主要通过显微镜检查病蚕血液，如观察到血液内有酵母菌，即可确定为本病。

六、真菌病的防治措施

（一）彻底消毒，消灭传染源

因为家蚕病原真菌来源广泛，并且其分生孢子量多质轻，可随空气飘动，所以要把消毒工作贯穿于整个蚕期，以彻底消灭传染源。

第一，做好养蚕前消毒。在对蚕室、蚕具及周围环境进行彻底打扫、清洗的基础上，用漂白粉等消毒液对蚕室喷洒、蚕具浸渍消毒；消毒后将蚕具搬入蚕室内并关闭门窗一昼夜，保持温度 25℃以上，次日再用熏烟剂进行熏烟消毒；24h 后开窗通风排湿，以防竹器材料发霉。同时要加强蚕种保护，防止蚕卵发霉。

第二，严格蚕期消毒，这是防治真菌病发生和蔓延的一项有效措施。作为预防，可在蚁蚕、各龄起蚕和熟蚕这几个蚕体易感期，使用防病 1 号、防僵灵 2 号、优氯净、漂白粉等防僵药剂，进行蚕体蚕座消毒 1 次；在僵病多发的地区和连续阴雨多湿蚕期，可每龄进行 2 次蚕体蚕座消毒；已经有僵病发生时，则需要每天进行 1 次蚕体蚕座消毒，并连续消毒 1～2 个龄期，方可控制疾病的蔓延扩大。

第三，养蚕结束后及时“回山”消毒。先对蚕室、蚕具及周边环境进行全面清理、冲洗，将清理出的桑渣、蚕粪等垃圾做堆肥处理，将整理出的草笼等作烧毁处理；然后用消毒液对蚕室、蚕具及蚕室周边环境进行消毒，最大限度地减少病原真菌的再传播概率。

（二）控制饲育湿度，注意蚕座卫生

高湿环境是家蚕真菌病的最适传播与发生条件。为此，要勤开门、开窗，保持通风排湿，降低蚕室、蚕座湿度；壮蚕期要勤除沙以保持蚕座卫生，同时经常使用新鲜石灰粉等干燥材料辅助除湿；如遇连续阴雨天，更要注意尽可能降低环境湿度，同时少喂食水分含量过大的桑叶，想尽一切办法降低环境湿度。

（三）加强桑园治虫，减少交叉传染

家蚕真菌病的病原真菌能以各种昆虫为寄主，桑园害虫是家蚕真菌病的重要传染源之一。因此要对桑园各种害虫进行有效防治，一是在害虫越冬的冬季，剪除桑树枯枝死枝、病虫枝和细弱枝，远离桑园处进行集中烧毁；二是中耕除草和清除桑园中不合理的套种作物，减少害虫的寄主植物；三是在害虫活动期，人工捕杀或农药毒杀害虫，同时对桑叶进行必要的叶面消毒。

（四）加强管理，减少病原扩散

饲育期间若发生家蚕僵病，要及时拣出病弱蚕和病死蚕，集中烧毁或深埋，并适当增加除沙次数，蚕沙要送至远离蚕室和桑园的地方进行处理；杜绝在蚕区收购与摊晒出售僵蚕，以防止真菌分生孢子扩散；养蚕地区禁止生产和使用白僵菌等微生物农药防治林木害虫，防止污染养蚕环境。

第三节　细菌病

家蚕细菌病是常见的蚕病，在所有蚕区和蚕期都有不同程度发生。家蚕细菌病按病原和病症不同，可分为卒倒病、败血病、细菌性肠道病等 3 类，但不论哪一种，病蚕死后的尸体均很快软化腐烂，故通称为“软化病”。

一、卒倒病

卒倒病是蚕食下卒倒菌所产生的结晶性毒素而引起的中毒症，故又称为细菌性中毒症。

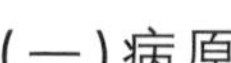

(一)病原

1. 形态与特征

本病的病原为芽孢杆菌科(Bacillaceae)、芽孢杆菌属(*Bacillus*)、苏芸金杆菌卒倒变种(简称卒倒菌),学名为 *Bacillus thuringiensis* var. *sotfo*。卒倒菌有营养菌体、孢子囊、芽孢和伴孢晶体等几种形态,能在菌体内形成伴孢晶体是苏芸金杆菌的特征(图 11-17)。

(1)营养菌体

营养菌体为杆状,端部圆形,有坚实的外壁,大小为(2.2～4.0)μm×(1.0～1.3)μm,周生鞭毛,能运动。鞭毛有特异抗原性,可以作为血清型分类的依据,目前已经发现有 22 个血清型、28 个变种。以二裂法繁殖,往往多个菌体连成链状。革兰氏染色呈阳性反应。在牛肉膏蛋白胨培养基上生长良好,在平面琼脂培养基上形成的圆形菌落扁平,边缘整齐,灰白色,有光泽。生长温度 10～45℃,最适温度 28～32℃,适宜 pH 值为中性。

(2)孢子囊

营养菌体生长到一定时间后,受营养或环境因素的影响,能形成孢子囊。此时,菌体先合成孢外酶(即γ-外毒素),分泌于菌体外,可能有助于菌体分解和吸收某些形成孢子囊所必需的物质。其后,在孢子囊的一端形成芽孢,同时在另一端形成蛋白质结晶的伴孢晶体。不久,孢子囊溶解而将芽孢和伴孢晶体释放出来。

(3)芽孢

首先是孢子囊的染色质凝聚在一端,形成芽孢的原基。接着细胞质将原基包围,形成芽孢隔壁及孢衣。最后在芽孢周围形成皮层、孢子壳及外膜,成为成熟芽孢。芽孢大小为 1.5μm×1.0μm,有折光性,不易着色,对外界不良环境有较强的抵抗力。成熟芽孢在适宜环境条件下,会发芽而成为营养菌体。

(4)伴孢晶体

在芽孢形成的同时,孢子囊的另一端出现结晶的蛋白质颗粒,蛋白质颗粒不断积聚,最后凝结成伴孢晶体。伴孢晶体外形多呈菱形,也有方形、六角形、不规则颗粒状,大小为(1～2)μm×0.5μm,一般 1 个孢子囊中只形成 1 个伴孢晶体。伴孢晶体不溶于水及丙酮等有机溶剂,对酸性环境稳定,但可溶于碱性溶液,这是能在蚕肠道内溶解释放出毒素而引起蚕中毒的条件,如将伴孢晶体注射入蚕体腔内则不会引起蚕中毒。伴孢晶体又称 δ-内毒素,是含有多种酶类的蛋白质结晶,对鳞翅目昆虫的幼虫有强烈的毒性,添食于家蚕的致死中量为每克蚕体重 0.22～0.28μg,在 6h 内中毒死亡。不同苏芸金杆菌变种的 δ-内毒素,对家蚕的毒力存在很大差异,但对高等动物均无毒。

卒倒菌除产生上述的 δ-内毒素和 γ-外毒素外,还能产生 2 种外毒素,一种是 β-外毒素,对热稳定,是耐热性外毒素,注射入蚕体腔内可引起蚕中毒,添食时对蚕毒性较低,但会妨碍蚕的变态;另一种是 α-外毒素,是卵磷脂 c,接种蚕体不会引起中毒,但对其肠道有破坏作用,并有助于细菌入侵体腔和促进细菌繁殖。

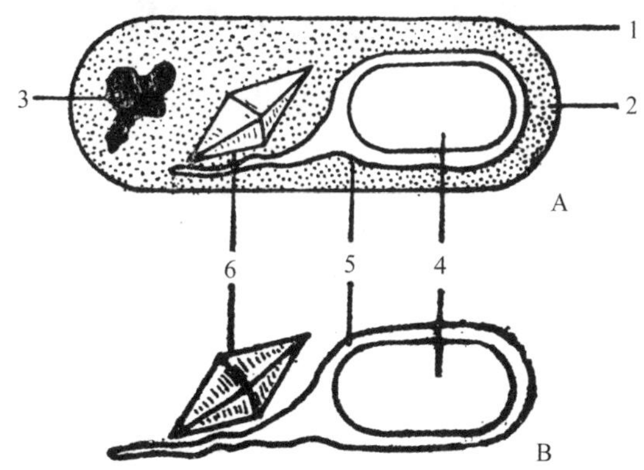

图 11-17　卒倒菌侵染过程模式图(引自中国农业科学院蚕业研究所,1991)

A. 孢子囊;B. 芽孢及晶体:1. 孢襞,2. 细胞质,3. 染色体,4. 芽孢,5. 孢衣,6. 伴孢晶体。

2. 稳定性

卒倒菌的芽孢具有较强的抵抗力，在自然温度下或泥土中可成活 3 年，在 45.7℃下日光暴晒 28h 或在田间桑叶上 19d 才能失活。伴孢晶体在阳光下经 19d 才失毒。卒倒菌的芽孢和伴孢晶体对理化因素的稳定性见表 11-3。

表 11-3 卒倒菌的芽孢和伴孢晶体对理化因素的稳定性

处理	条件		失活时间/min
	浓度	温度/℃	
干热		100	40
湿热		100	30
福尔马林	2%(甲醛含量)	25	40
	1%(甲醛含量)	25	90
漂白粉液	1%(有效氯含量)	20	10
	0.3%(有效氯含量)	20	3(伴孢晶体)
氢氧化钠溶液	0.5mol/L	常温	10(伴孢晶体)

注：数据引自浙江农业大学，1958；除注明伴孢晶体外，其余指芽孢。

(二)病症

本病根据蚕食下伴孢晶体的毒素量的多少，分为急性中毒症和慢性中毒症 2 种。

1. 急性中毒症

蚕食下大量毒素后，经数十分钟乃至数小时内中毒死亡。主要症状是：蚕突然停止食桑，头胸抬起，呈不安状，胸部略膨胀，有轻度痉挛性颤动；进而头部缩入胸内弯呈钩嘴状，尾脚向内卷缩似虾尾，有时吐液；最后体躯麻痹，腹脚失去抓着力而侧卧死亡；初死时体色尚无变化，有短暂、轻度的尸僵现象，手触尸体有硬块，但尸体很快松软下来；约经 1d 开始从第 1、2 腹节变黑腐烂，很快扩展至全身，最终腐败液化(图 11-18)。

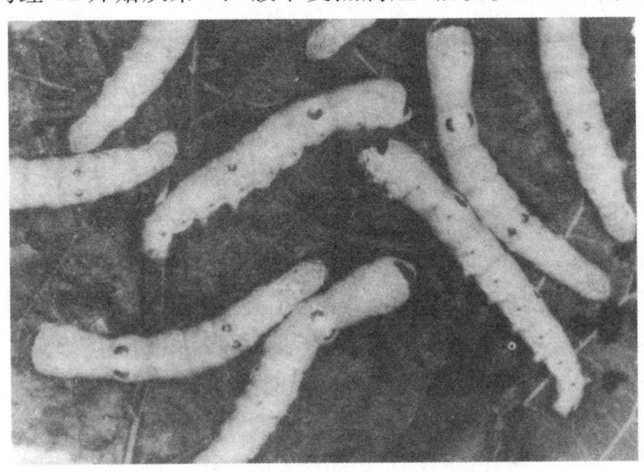

图 11-18 卒倒病蚕症状(引自陆星恒，1987)

2. 慢性中毒症

蚕食下少量毒素，初期表现为食桑减退，发育迟缓，平伏蚕座；继而胸部稍肿，全身萎缩，有吐液、排红褐色污液现象；最后肌肉松弛、麻痹、侧卧而死；死后尸体逐渐变色腐烂，流出黑褐色污液。

(三)传染

1. 传染途径

本病的传染途径主要是食下传染，卒倒菌的伴孢晶体污染桑叶，随蚕吃叶进入消化道，在碱性消化液中伴孢晶体溶解；并在蛋白分解酶的作用下，晶体蛋白分解成分子质量为 1000～70000Da 的片段后，即显示毒性，引起蚕中毒。

2. 传染源

苏芸金杆菌是兼性寄生细菌，既可在昆虫体寄生生活，也可营腐生生活。同时卒倒菌除寄生家蚕外，还

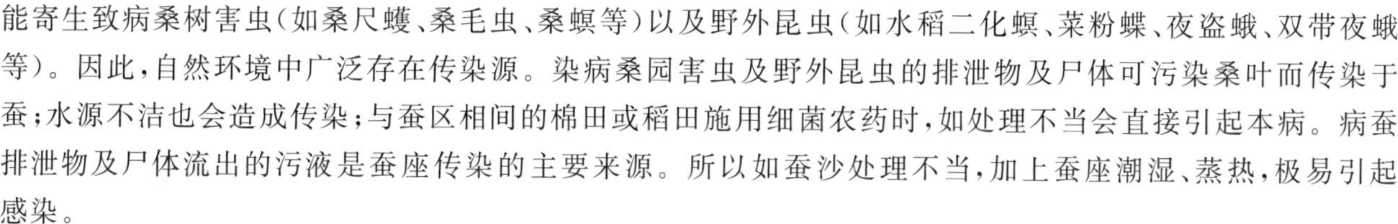

能寄生致病桑树害虫(如桑尺蠖、桑毛虫、桑螟等)以及野外昆虫(如水稻二化螟、菜粉蝶、夜盗蛾、双带夜蛾等)。因此,自然环境中广泛存在传染源。染病桑园害虫及野外昆虫的排泄物及尸体可污染桑叶而传染于蚕;水源不洁也会造成传染;与蚕区相间的棉田或稻田施用细菌农药时,如处理不当会直接引起本病。病蚕排泄物及尸体流出的污液是蚕座传染的主要来源。所以如蚕沙处理不当,加上蚕座潮湿、蒸热,极易引起感染。

(四)病变与病程

1. 病变

卒倒菌的伴孢晶体进入蚕消化道后,在碱性消化液和蛋白分解酶的作用下释放出 δ-内毒素。δ-内毒素作用于中肠上皮细胞,首先与细胞色素 C 氧化酶及 3-磷酸甘油醛脱氢酶等呼吸酶形成复合物,使酶活力受到抑制,因而造成局部缺氧的现象。δ-内毒素进一步破坏中肠上皮细胞的通透性,一方面阻碍蚕吸收的葡萄糖进入血液中,增加碳酸根离子渗入血液中;另一方面抑制血液中的钾离子向消化腔内的渗透,结果引起消化液的 pH 值下降,以及血液的 pH 值一度上升到 7.8～8.0。这些可能是导致蚕死亡的原因之一。

δ-内毒素还能使上皮细胞之间的透明质酸溶解,导致细胞彼此松弛分开,甚至与基底膜脱离,分泌消化液的机能消失。这将造成蚕食桑减退,发育迟缓。

δ-内毒素还可以作用于神经系统,妨碍神经的传导作用,引起蚕兴奋、麻痹、松弛、崩坏等一系列病变。由于肠壁的肌肉中毒麻痹,蠕动减弱,食片被围食膜包裹成团状,此时可以手触及硬块。

2. 病程

急性中毒症的病程为数十分钟至数小时,慢性中毒症的病程一般约 3d。

(五)发病因素

多湿的环境是本病发生的重要诱因。阴雨天多,湿度大,特别是连续喂食湿叶情况下,造成蚕座潮湿、蒸热,有利于病菌的繁殖及传播,将会大量发生细菌性中毒症蚕。

蚕食下卒倒菌的伴孢晶体引起中毒。一般病蚕排出的蚕粪中伴孢晶体很少,因此致病力弱。但在潮湿的蚕座上经一定时间(约 24h)后,由于卒倒菌在蚕粪中大量形成芽孢及伴孢晶体,则致病力大大增加。因此,及时除沙并保持蚕座干燥,可有效阻止病情蔓延扩散。

(六)诊断

1. 肉眼识别

刚死时手触尸体腹部后端有硬块,头部缩入呈钩嘴状,有轻度尸僵现象;逐渐全身软化,并首先从第 4～6 环节变黑,最后全身变色腐烂发臭。这是肉眼鉴别的主要依据。

2. 显微镜检查

主要取病蚕尸体中肠内容物,600 倍显微镜观察到大量连成链状的芽孢杆菌,进一步将尸体中肠内容物涂片用热固定后,用 1%结晶紫染色,油镜下观察到着色的菌体及不着色的芽孢和伴孢晶体。观察到伴孢晶体,即可确诊本病。

3. 生物测定

取病蚕尸体经 5～7d 腐烂后,加水研磨,取上清液涂桑叶,给蚕添食,如引起急性中毒症,即可确诊本病。

二、细菌性败血病

当细菌侵入家蚕幼虫体、蛹体和蛾体的血液中大量繁殖,导致血液变性、组织解体,引起全身性疾病,即为家蚕细菌性败血病。家蚕细菌性败血病有原发性和继发性两种,前者是细菌直接由蚕体体壁伤口侵入血液内寄生而引起的;后者由细菌先在消化道内繁殖,然后侵入血液中而引起。养蚕生产上发生的极大部分是原发性败血病,为此,本节讲述的是原发性败血病。

家蚕细菌性败血病的种类很多,养蚕生产上常见的主要有黑胸败血病、灵菌败血病和青头败血病这 3 种。

（一）病原

1. 黑胸败血病

本病病原为黑胸败血病菌（*Bacillus* sp.），是芽孢杆菌属中的一种大杆菌，菌体大小为 3μm×（1.0～1.5）μm，常 2 个或数个相连，两端钝圆，周生鞭毛能运动，偏端芽孢，革兰氏染色阳性。在琼脂培养基上生成较厚的灰白色菌苔，在明胶培养基上能液化明胶而呈圆筒状或层状。因为该菌能形成芽孢，所以对外界环境的抵抗力在败血病菌中最强，但漂白粉、福尔马林以及煮沸、湿热等方式对该菌均具有良好的杀灭效果。

2. 灵菌败血病

本病病原为灵菌（*Serratia marcescens*），是沙雷铁氏菌属的一种短杆菌，又称黏质赛氏杆菌。菌体大小为（0.6～1.0）μm×0.5μm，周生鞭毛能运动，不形成芽孢，革兰氏染色阴性。最低生长温度为 6～8℃，最高生长温度为 42℃，最适生长温度为 25～37℃，致死温度为 60℃下 15min。该菌为兼性厌氧菌，生长无特殊营养要求。在琼脂培养基上生长成厚而半透明的湿润菌苔，在明胶培养基上能迅速液化明胶并产生红色素。生长发育的 pH 值范围很广，所以能在多种昆虫消化道内增殖。当宿主昆虫蜕皮期管壁薄弱及体质虚弱时，能侵入血液迅速增殖，发生继发性败血病。该菌除感染家蚕外，还可感染棉铃虫、地老虎、菜青虫和黏虫等。

3. 青头败血病

本病病原为青头败血病菌（*Aeromonas* sp.），是气单孢杆菌属（*Aeromonas*）的一种小杆菌，单个存在，菌体大小为（1.0～1.5）μm×0.7μm，两端钝圆，极生单鞭毛，不形成芽孢，革兰氏染色阴性。在肉汁琼脂培养基上形成黏滑菌苔，半透明，略带乳白色。该菌为兼性厌氧菌，最低生长温度为 8℃，最高生长温度为 42℃，最适生长温度为 25～27℃，致死温度为 60℃下 15min，生长的适应 pH 值为 5.5～9.2，最适生长 pH 值为7.0～7.2。

（二）病症

1. 幼虫期病症

家蚕幼虫患 3 种败血病后的前期症状大致相同，首先是停止食桑，体躯挺伸，运动呆滞，静伏于蚕座；继而胸部膨大，腹部各环节收缩，少量吐液，排软粪或念珠状粪；最后痉挛侧倒而死，初死时有暂时尸僵现象，其胸部膨大，头尾翘起而使腹部中央鼓起，略似菱形；不久尸体逐渐松弛软化。

从此时起，3 种败血病显现出各自的特有病症。

（1）黑胸败血病

病蚕死后不久，首先在胸部背面或腹部 1～3 环节出现墨绿色尸斑，尸斑很快扩展至前半身变黑（图 11-19），最后全身腐烂，流出黑褐色的污液。

图 11-19　黑胸败血病蚕症状（引自中国农业科学院蚕业研究所，1991）

（2）灵菌败血病

病蚕死后的尸体变色较慢，有时在体壁上出现褐色小圆斑，随着尸体组织的离解液化而全身变成红色（图 11-20），最后全身腐烂，流出红色或褐色的污液。

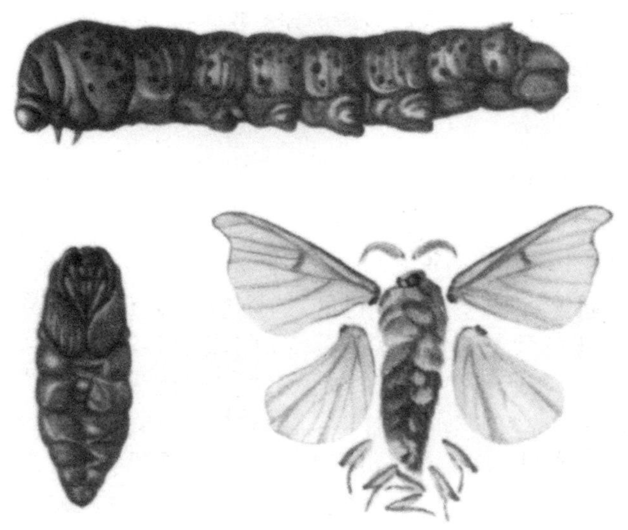

图 11-20　灵菌败血病蚕症状(引自浙江植保员手册编写组,1972)

(3)青头败血病

病蚕死后不久,胸部背面常出现绿色尸斑,由于该病菌繁殖中能产生气体,因此在尸斑下可见气泡,故俗称泡泡蚕(图 11-21)。尸斑不会变黑,经数小时后,组织腐败,尸体呈灰白色,流出有恶臭的污液。

图 11-21　青头败血病蚕症状(引自中国农业科学院蚕业研究所,1991)

2.蛹期病症

蚕蛹患 3 种败血病后均迅速死亡。黑胸败血病蛹体腐烂变黑,稍经振动就流出黑色污液;灵菌败血病蛹体腐烂变红色,稍经振动就流出红色污液;青头败血病蛹体腐烂变灰白色,稍经振动就流出灰白色污液。

3.蚕蛾病症

蚕蛾患 3 种败血病后,鳞毛污秽,运动呆滞,胸足僵硬,翅不展张而极易折断和脱落,多死于交配或产卵过程中。死后腹内器官组织离解液化,从节间膜或鳞毛脱落处可透视黑胸败血病蚕蛾腹内呈现黑褐色,灵菌败血病蚕蛾腹内呈现红色,青头败血病蚕蛾腹内呈现灰白色。最后腹部化为一堆污液,仅剩头、胸、翅、脚等几丁质部分。

(三)传染

1.传染途径

本病的传染途径主要是创伤传染,病原菌通过体壁伤口侵入蚕幼虫体、蛹体和蛾体的血液中大量繁殖,并随血液循环分布全身,导致血液变性、组织解体,引起全身性败血症。

2.传染源

败血病的病原菌能在活体及死体有机质上繁殖,所以广泛分布于自然界的空气、水源、尘埃、土壤等中,以及养蚕环境的桑叶、蚕室、蚕具等上。高温下湿叶贮存,桑叶发酵与腐败,以及过湿的蚕座和潮湿的蚕沙等，均是病原菌适宜的繁殖场所，成为引发败血病的重要传染源。

（四）病变与病程

1. 病变

败血病主要是由致病菌侵染引起血液的病变。病原菌从体壁伤口侵入蚕体后，迅速在血液中繁殖，并随着血液的循环而遍布整个血腔，但病蚕濒死前一般不侵入其他组织。病原菌在血液中大量繁殖，一边夺取血液中的养分，一边分泌蛋白酶、卵磷脂酶等，导致血液变性；同时会破坏血细胞及脂肪体，使脂肪球及血细胞碎片游离于血液中，使血液变成浑浊。病蚕死亡后，细菌即侵入各组织器官，使组织离解液化，并分泌色素，使尸体呈灰黑色或红色或灰白色。

2. 病程

家蚕细菌性败血病的病程长短与感染细菌种类及饲育温度有关。家蚕黑胸败血病、灵菌败血病和青头败血病均属急性传染病，在常温（25℃）下一般感染后 24h 内发病死亡。家蚕细菌性败血病的病程，饲育温度高时则短，饲育温度低时则长。如灵菌败血病的病程，15℃为 29h，25℃为 14h，31℃仅为 8h 左右。青头败血病的病程，20℃为 34h，25℃为 20h，31℃仅为 10h 左右。

（五）发病因素

创伤传染是家蚕细菌性败血病的主要传染途径，蚕体产生创伤及接触病原细菌是其发病的 2 大条件，其中蚕体产生创伤最为主要，而与蚕体的体质关系不大。

蚕座过密以及除沙、扩座、给桑、上蔟、采茧、削茧、蛹雌雄鉴别、捉蛾、拆对等操作技术粗野，均会增加蚕幼虫、蚕蛹、蚕蛾体的创伤，导致败血病发生明显增多。稚蚕体小，腹足钩爪不甚发达，并有刚毛保护，蚕群不易相互抓伤，败血病较少。而壮蚕及熟蚕，腹足钩爪发达，蚕群易相互抓伤，败血病较多。

贮桑室管理不卫生，湿叶贮存，桑园害虫多，并且其排出的粪便污染桑叶，蚕室、蚕具、蔟室、蔟具未经消毒，饲育环境被病原菌污染等，均会增加蚕幼虫、蚕蛹、蚕蛾体接触到病原菌的机会，从而容易造成败血病的发生。

温湿度的高低虽然与败血病的传染无直接关系，但会影响细菌的繁殖。高温多湿时，细菌快速繁殖，从而间接地增加败血病的发生。为此，在养蚕生产上，夏秋蚕期的高温多湿季节，其败血病的发生往往比春蚕期的明显增多。

（六）诊断

1. 肉眼识别

观察濒死前后的体形、体色、吐液、排粪等病症，初死时呈现暂时尸僵现象是肉眼诊断上的一个依据。死后尸体变色的特征以及腐烂尸体的臭味也是肉眼诊断的重要依据。

2. 显微镜检查

主要取病死前后蚕的血液，普通显微镜检测有无细菌存在以及细菌的类型，如血液中检出大量细菌，则可确定为本病。

3. 生物测定

将病死前后蚕的血液滴在加有脱脂乳的普通琼脂培养基上培养，若长出的菌落周围透明，则证明此种菌能产生蛋白质分解酶，并能诊断是由此种菌引起的败血病。如要鉴定菌种，还必须进行分类鉴定的各种试验。

三、细菌性肠道病

细菌性肠道病俗称空头病或起缩病，是一种由于蚕体质虚弱，导致某些细菌在肠道内异常繁殖而引起的一种蚕病。在我国各蚕区和各蚕期均有发生，尤其在养蚕环境条件恶劣和桑叶叶质不良时发生较多。

（一）病原

本病的病原属于非特异性的细菌，常见的是一类链球菌（*Streptococcus* sp.）。链球菌呈圆球形，常 2 个或多个相连成双球或链球状，直径为 0.7～0.9μm，革兰氏染色阳性。除链球菌外，还有肠杆菌（*Enterobacter* sp.）可在蚕消化道内繁殖而引起本病，革兰氏染色阴性。

对本病病原的研究已有 100 多年的历史，但对其病原一直不太清楚。在 19 世纪末和 20 世纪初，有许多学者直观地认为病原是特定的细菌。但进一步研究发现，用此种细菌添食于健康蚕，则不会引起蚕发病，所以不能认为是特定的病原菌；在患病蚕消化道中存在大量细菌，而且有几种链球菌和肠杆菌，所以不能认为细菌与本病的发生无关。为此，当前普遍认为本病的病原属于非特异性细菌。

（二）病症

本病的外表症状，一般表现为食桑缓慢，举动不活泼，体躯瘦小，蚕体软弱，发育迟缓，群体大小不齐，排不整形粪或软粪或稀粪以至污液，死后尸体呈黑褐色，不久后腐烂发臭。由于发病时期和消化道内寄生细菌种类不同，常有下列症状。

1. 起缩蚕

发生于各龄饷食后，开始时食桑很少，后逐渐停食，生长迟缓，体躯细小，体壁缩皱，体色灰黄、无光泽，呆滞不动，最后全身萎缩而死。

2. 空头蚕

发生于各龄盛食期。蚕的食欲缺乏，消化道前端没有桑叶而充满液体，胸部膨大并抬起，呈半透明的空头状。体壁无光泽，排不整形粪或稀粪，陆续死亡。

3. 下痢蚕

病蚕排不整形的软粪或念珠状粪，病重时排出黏液污染尾部，后相继死亡，濒死前常伴有吐液现象。

（三）发病因素

本病发生是多种不良因素作用之下造成的，主要需要具备 2 个条件：一是蚕体质虚弱，消化液的杀菌作用减弱；二是蚕消化道内细菌大量繁殖，数量超过一定界限。

1. 体质虚弱

叶质不良或饥饿、高温多湿的不良饲育条件等，均会使蚕新陈代谢机能下降，生理机能失调，从而造成蚕体质虚弱，以及消化液杀菌作用减弱。

2. 细菌增殖

蚕的消化道内共生着复杂的细菌区系，其中占优势的菌种有链球菌、肠杆菌等。在蚕健康的正常情况下，依靠消化液的强碱性以及所含抗菌物质的杀菌作用，消化道内这些细菌不能无限制地繁殖而维持相对恒定的数量，为 10^5～10^7 个/mL。当有不良因素造成蚕体虚弱时，消化液的杀菌作用减弱，消化道内的细菌就会大量繁殖，当细菌数量超过 10^7 个/mL，达到 10^9 个/mL 时，就会引发细菌性肠道病。

（四）病变与传染

本病发病初期，消化液中的酶类活性减弱，其中蛋白酶、淀粉酶尤为显著，从而使蚕的食桑速度减慢，消化速度、消化率等衰退。随着病情的加重，蚕的消化液从半透明的黄绿色逐渐变化为浑浊的黄褐色，pH 值从 9.2～9.8 的强碱性逐渐下降到 8.4 以下，其杀菌能力显著减退；同时蚕的血液 pH 值逐渐上升，接近于中性。到病情后期，消化道的围食膜局部增厚、变脆或溶化，上皮细胞退化或溃疡，管道内充满黏液；接着消化道的肌肉失去伸缩力，蠕动不整齐，管腔狭窄；最后中肠上皮细胞脱离而造成裂隙，细菌侵入血液中繁殖，使蚕续发败血病。

当贮桑不当造成桑叶发酵，蚕食下这种发酵桑叶，一方面由于叶质差，使蚕营养不良而造成体质虚弱；另一方面由于发酵桑叶的叶面存在大量细菌，使蚕随桑叶食下大量细菌，从而加快蚕细菌性肠道病的发生。

在本病发生早期，通过改善饲育条件，可使病情明显好转，甚至控制住病情并不再发病；同时适当使用抗生素，对防治本病有一定的效果。

（五）诊断

本病的病症与病毒性软化病、浓核病很难区别，一般可以从下 3 方面诊断识别。

1. 病情分析

在淘汰病蚕、改善饲育条件、添食抗生素后，病情明显好转的，可初步诊断为本病。

2. 显微镜检查

镜检濒死前病蚕消化液，如有大量细菌存在，则可诊断为本病。

3. 生物鉴定

取病蚕消化道研磨匀浆，给健康蚕添食，如不传染发病，则可确定为本病。

四、细菌病的防治要点

(一)做好蚕室、蚕具及养蚕环境的清洁消毒

漂白粉、甲醛等常用消毒药剂对各类细菌病的病原菌，均有很好的消毒作用。在养蚕前，对蚕室、蚕具及周围环境进行充分打扫清洗后，用消毒药剂进行彻底消毒，以消除传染源。在养蚕过程中加强卫生管理，定期用防病1号等蚕体蚕座消毒剂进行蚕体蚕座消毒，经常保持蚕室、贮桑室及周围环境的清洁并用漂白粉液进行消毒，降低蚕座和环境中的病原菌存留量。

(二)加强桑叶贮存管理

贮桑室要及时清除残叶，定期用漂白粉液消毒；贮桑用水要清洁，桑叶不能堆积过厚，贮存时间不宜过久，避免湿叶贮存，防止桑叶腐败发酵。在保证桑叶质量以增强蚕体质的同时，减少蚕随桑叶食下细菌的数量。

(三)防止蚕体创伤

适当稀饲，减少蚕群互相抓伤；给桑、除沙、上蔟、采茧、削茧、雌雄蛹鉴别等操作严防粗放，避免人为创伤蚕体、蛹体、蛾体，预防败血病发生。

(四)防止病原交叉传染

做好桑园除虫工作，避免患病害虫的粪便及尸体污染桑叶，对虫尸、虫粪污染桑叶用漂白粉液进行叶面消毒，严防桑叶带菌。蚕区禁用细菌农药，一旦有卒倒病发生，应立即去除传染源，并对蚕体蚕座进行彻底消毒。

(五)抗生素添食

发生细菌病时，可适当添食抗生素，有一定的防治效果。

第四节　原虫病

原生动物寄生引起的蚕病简称为原虫病，其类型因原虫种类不同而有多种。除对养蚕业危害严重的微粒子病外，还有1901年发现的球虫病，1920年发现的锥虫病，1918—1928年发现的变形虫病，1970年发现的具褶孢子虫病，1970—1973年发现的泰罗汉孢子虫病。后面几种原虫病在养蚕生产上极为少见。

一、微粒子病

微粒子病是一种古老的蚕病，在世界各养蚕国都有危害，我国在距今1700余年前的晋代就有该病病症及其危害性的记述。1845—1865年，微粒子病曾在法国、意大利等欧洲国家相继流行，对欧洲养蚕业造成严重损失。著名微生物学家路易斯·巴斯德(Louis Pasteur)于1865—1870年对本病进行了深入研究，终于查明本病的病因、病症、传染途径等，并创立了袋制蚕种等预防方法，为有效防治本病做出了杰出的贡献。

(一)病原

1. 分类学地位

本病的病原是蚕微孢子虫或蚕微粒子，学名 *Nosema bombycis*，属于原生动物门(Protozoa)、微孢子虫亚

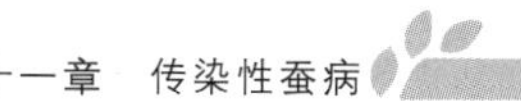

门(Microspora)、微孢子虫纲(Microsporea)、微孢子虫目(Microsporida)、非多孢子芽膜亚目(类)(Apansporoblastina)、微粒子科(Nosematidae)、微粒子属(*Nosema*)。

2. 生物学性状

(1)孢子的形态

蚕微粒子的成熟孢子的形态为长卵圆形,大小为(3.6～3.8)μm×(2.0～3.3)μm,相对整齐,但群体中也有少数梨形及大型(6μm×10μm 左右)孢子。用普通光学显微镜可清楚观察到孢子外形,其表面光滑,淡绿色,有明亮折光,比重 1.30～1.35,无运动细胞器,在水渍临时标本中有特殊的晃动或随液滚动(图 11-22)。

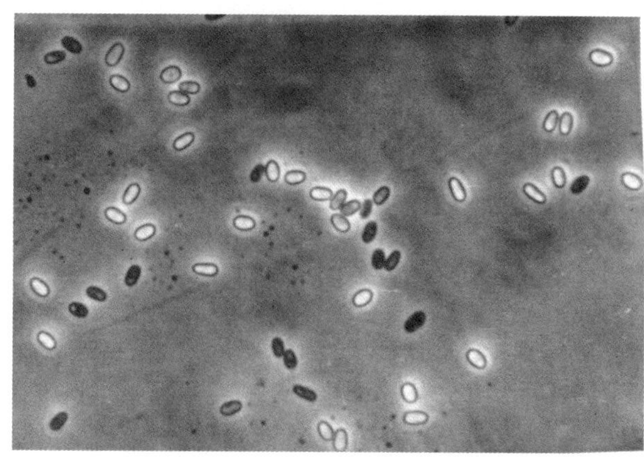

图 11-22 家蚕微粒子孢子

(2)孢子的内部构造

蚕微粒子的孢子为单细胞体,外被具 3 层结构的孢子壁(或称被壳),中层最厚为孢子内壁,含几丁质;内层最薄,为原生质膜;外层是蛋白质的孢子外壁。孢子壁一端较薄称前极,另一端较厚称后极。孢子壁内为原生质,其中有细胞核 2 个,以及极锚、极质、极丝、后极胞、粗糙内质网等细胞器,不具线粒体。极锚为双层膜组成的伞形结构,上部与孢子前极内膜相连接,下方与极丝基端相连接,在孢子发芽时起固定极丝的作用,所以也称固定板。极丝为双层膜质中空的管状细丝,平均长 124μm(70～130μm),前部呈棒状(称极孔)连接于极锚,后部呈螺旋状包裹着具双核的孢原质,绕 12～14 圈。极质位于极孔周围,泡状结构的后极胞位于后极处,两者在孢子发芽时均可吸水膨大,使孢子内压升高,从而将带有 2 核的孢原质通过极丝管腔脱出以形成芽体。

(3)发育圈

蚕微粒子的一生,要经过孢子发芽、营养增殖、孢子形成 3 个时期。孢子是休眠阶段,蚕微粒子病的发生主要是由孢子传染引起的。在通常养蚕条件下,蚕微粒子在蚕体内完成孢子发芽、营养增殖、孢子形成这一生,一般需要 7～8d。

1)孢子发芽:成熟孢子进入蚕消化道后,受碱性消化液的刺激,极质和后极胞迅速吸水膨大,使孢子内压增高,将极丝通过极帽而翻出,同时将带有 2 核的孢原质通过极丝管腔脱出以形成芽体。芽体侵入宿主细胞有两种学说,一是通过极丝直接注入宿主细胞,二是芽体依靠自身的运动、感染性而侵入宿主细胞。完成发芽的时间,短则 40min,长则 4～6h。脱出后的芽体的形态呈球状,直径约 1μm,有薄膜,含 2 核及少量核糖体及特异的膜状物。芽体进入宿主细胞是感染的开始,故称初次感染体。孢子发芽的最适 pH 值为 9～11,消化液中的钾与碳酸根离子有刺激孢子发芽的作用。发芽的最适温度为 25℃,40℃以上及 10℃以下几乎不能发芽。

2)营养增殖:芽体进入宿主细胞后,约经过 15h,2 核逐渐靠近,合而为一,形成具一个核的芽体,芽体逐渐增大发育为裂殖体。裂殖体吸收宿主细胞的营养,体积不断增大,并以无性繁殖法(二分裂或多数分裂)增殖,这一阶段称为营养增殖期。分裂中止的裂殖体称裂殖子,形态为球形或卵圆形,直径为 0.5～1.5μm,通常具 1 核以及含内质网、核糖体、高尔基体等,存在宿主细胞质内。由于分裂增殖而形成大量裂殖子,可使宿主细胞膨大破裂而脱出裂殖子,并通过血液循环而再次侵入新的宿主细胞,扩大感染,这称为二次感染体。

3)孢子形成:营养增殖期的裂殖体,经过较长时间的分裂增殖,早期形成的裂殖子开始发育形成新孢子。此时裂殖子在宿主细胞内定位、细胞膜增厚,成为卵圆形的单核细胞,称孢子芽母细胞或产孢体。孢子芽母细胞经二次核分裂,产生2个孢子芽细胞或成孢子细胞,形态呈椭圆形,具2核,幼嫩者直径为1~2μm,成长者直径为3~4μm。伴随细胞壁的增厚,内部的细胞器亦分化形成,最后各个独立发育形成成熟孢子,完成一个世代。

(4)孢子的稳定性

蚕微粒子的孢子具有坚韧的厚壁,处于休眠阶段,对不良环境的抵抗性较强。特别是患病蚕(包括蛹、蛾)尸体内的孢子,因受病体组织的保护,于室内阴暗处保存7年,仍有较强的致病力。本病蚕经鱼(鲤鱼、金鱼)、雀、家禽(鸡)食下,排泄粪中含有的孢子对蚕的致病力与新鲜孢子一样,未受影响。

常用的蚕室、蚕具消毒剂漂白粉、甲醛和蒸汽煮沸消毒法,对游离的微粒子孢子都有很好的灭活作用。但病蚕组织内的孢子,用1%有效氯含量的漂白粉液或2%甲醛含量的福尔马林于25℃下浸泡30min,其内部孢子并未失活,仍有强烈的致病力(表11-4)。

表11-4 微粒子孢子对理化因素的稳定性

处理		条件		失活时间/(h∶min)
		浓度	温度/℃	
纯化孢子	日光		39~40	7∶0
	干热		110	0∶10
	湿热		100	0∶10
	煮沸		100	0∶5
	蒸气		100	0∶10
	甲醛	2%	25	0∶30
	漂白粉	1%(有效氯含量)	25	0∶30
病蚕	甲醛	2%	25	30min未失活
尸体	漂白粉	1%(有效氯含量)	25	30min未失活

注:数据引自浙江农业大学,1958。

(二)病症

1.蚕幼虫病症

胚种传染的蚁蚕,重病者收蚁后多日仍不疏毛,体色暗黑,体躯瘦小,食桑极少,发育缓慢,于1龄中死亡;轻病者虽然能带病生活,则迟眠迟起,在2~3龄中陆续死亡。蚁蚕和1龄期感染的,其病症大致同上,一般在2~3龄中陆续死亡。死蚕干瘪萎缩,呈锈色或黑褐色,不易腐烂。

2~3龄期感染的可延迟到壮蚕期才发病,其病症有起缩蚕:常在各龄眠起饷食后2~3d,皮肤仍缩皱,体呈锈色,尾角焦黑,起缩而死。斑点蚕:病蚕体壁上生出形状不整、浓淡不一的黑褐色小病斑,好像撒了一层胡椒粉的"胡椒斑"(图11-23),病斑以气门周围、尾角末端及胸腹足的外侧较多。半蜕皮蚕:病蚕体质虚弱,蜕皮困难,往往成为半蜕皮蚕或不能蜕皮而死于眠中。

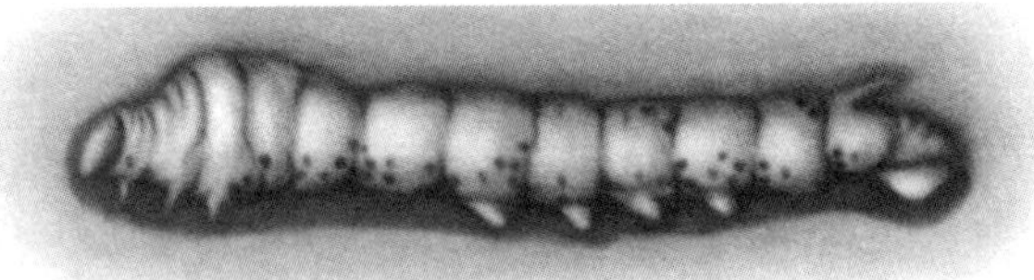
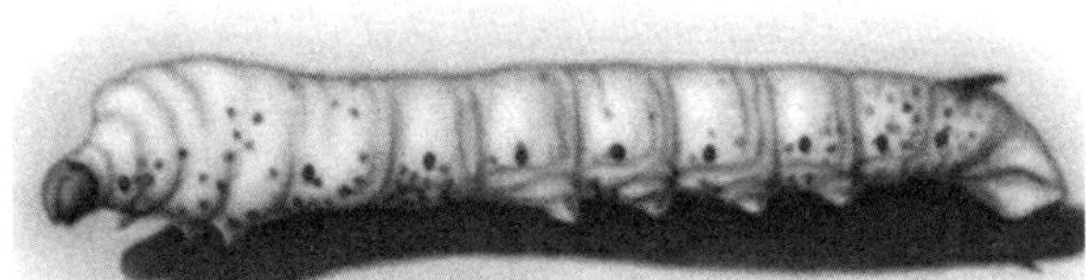

图11-23 "胡椒斑"蚕(引自浙江植保员手册编写组,1972)

5龄重病蚕除以上病症外,还会在丝腺上呈现乳白色脓疱状斑块(图11-24),肉眼可见,这是本病特有的特征性病症。

熟蚕发病的,重则不能结茧,在蔟中徘徊后落地死亡;轻则漫然吐丝,结不整形茧或薄皮茧或成为裸蛹。

2.蚕蛹病症

4~5龄期感染的可延迟到蛹期发病,病蛹的体表无光泽,腹部松软,对刺激反应迟钝,体壁上出现大小不等的黑斑，病重的死于茧中，病轻的可以化蛾。

3. 蚕蛾病症

病蚕蛾表现为羽化延迟，羽化所费时间也较长，有些病重的在羽化途中死去。羽化的病蚕蛾一般体弱不活泼，交配力差，产卵不正常，卵粒较少，寿命短，外观也较差，常表现为拳翅：羽化后长期不能展翅或翅展开不全，有时翅脉上出现水泡或黑斑；秃毛：羽化时鳞毛易脱落，胸、腹部光秃无鳞毛，有时胸部鳞毛成片地变成焦黄色；大肚：此外观较为常见，腹部膨大、伸长，节间膜松弛，甚至可以透视到内部的卵粒。以上各种表现是本病蚕蛾常有的病症，但绝非具有这些病症的都是本病。在蚕种生产上，这类病蛾都列为不良蛾而予以淘汰。感病迟的轻病蚕蛾，大部分的外观与健蚕蛾相仿，并无明显病症可见，活动、交配、产卵也无异状。

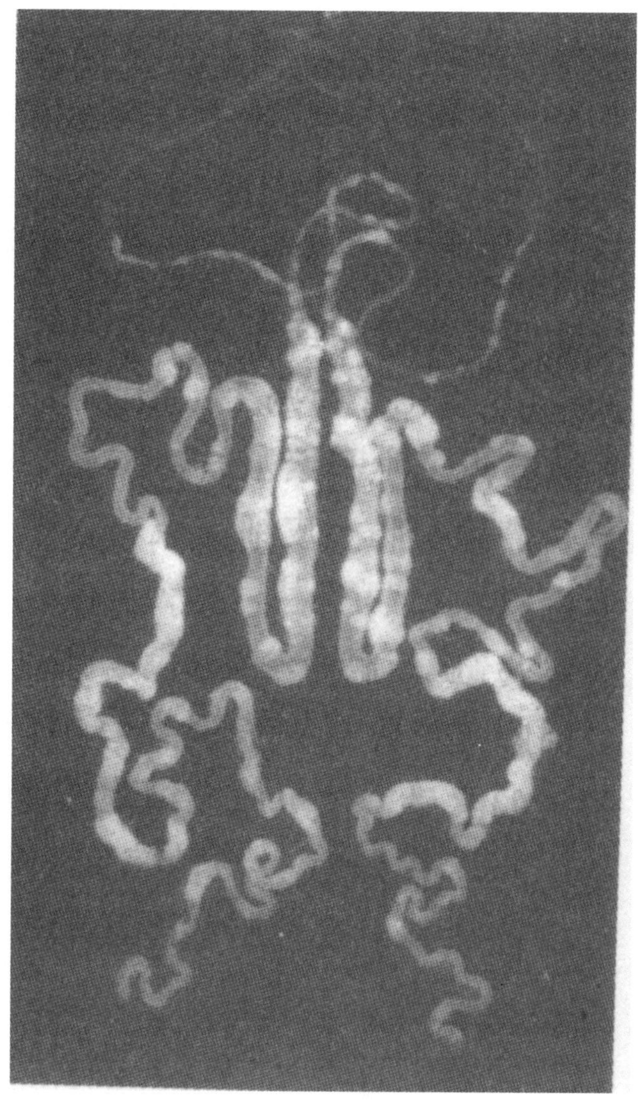

图 11-24　微粒子病蚕丝腺病变图(引自陆星恒，1987)

4. 蚕卵病症

病重蚕蛾所产蚕卵，常表现为卵粒稀少、排列不整、叠积卵多；黏着力差，容易脱落；不受精卵及死卵多，胚子常在蚕种保护或催青中死去；点青、转青期参差不齐，孵化也不齐；有些虽已发育成蚁蚕，但不能孵化或在破壳时不能钻出而死亡。轻病蚕蛾所产的蚕卵与健康蚕卵无差异。

(三)传染

1. 传染途径

本病的传染途径有食下传染与胚种传染 2 种，食下传染是引起胚种传染的基础，胚种传染又为食下传染提供了病原。

(1)食下传染

可分桑叶传染和卵壳传染 2 种。

1)桑叶传染：病原微粒子孢子通过污染桑叶，随蚕食桑而进入蚕消化道，经发芽先侵入消化道细胞，后以二次感染体侵入蚕体其他组织细胞，并通过血液循环造成全身感染。

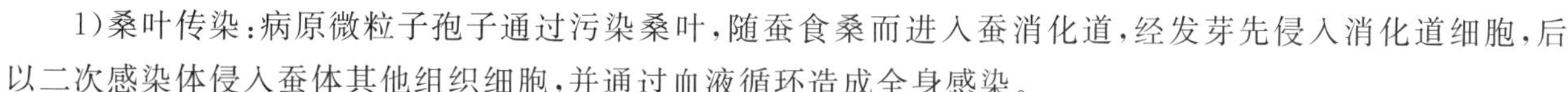

2)卵壳传染：病原微粒子孢子污染蚕卵表面，蚁蚕孵化时啮食卵壳而吞入微粒子孢子，造成感染。

(2)胚种传染

这是本病传染的特征，也是严重危害蚕种生产的传染。其特点是：患病雌蚕体内的病原可侵入卵巢，并寄生于蚕卵的胚胎，带入下一代蚕体造成发病，所以又称经卵(巢)传染或母体传染。本病的胚种传染都是在食下传染的前提下发展形成的，但并非所有食下传染的蚕都会把病原传递到下代。要实现胚种传染，必须在感病龄期、蚕雌雄性别、病原侵入生殖细胞乃至胚体的时期等具备一定的条件，具体如下。

胚种传染孵化的蚁蚕，均在幼虫期死亡，不能完成世代，也就不能实现胚种传染。稚蚕食下微粒子孢子感染的，大多数在幼虫期发病死亡，少数在蛹期发病死亡，极少能化蛾，所以也不能实现胚种传染。壮蚕食下微粒子孢子感染的，部分能化蛾、交配、产卵，就有可能实现胚种传染。

虽然雄蚕同样能感染发病，体内裂殖子可侵染生殖器官睾丸的上皮细胞、精原细胞、精母细胞和精束，但被寄生的精母细胞不能发育成为正常的精子，成熟的精子已不能被侵入寄生，寄生在精束中的微粒子孢子在蚕蛾交配时可以随精液进入雌蛾的交尾囊和受精囊，但不能通过卵孔进入卵内。所以雄蚕感染微粒子孢子，不会造成胚种传染。当然，随雄蛾精液进入雌蛾体内的微粒子孢子，也可以在母蛾镜检时检查出来。

雌蚕感染微粒子孢子后，体内裂殖子可侵入寄生生殖器官卵巢的卵原细胞，卵原细胞再分化为卵母细胞和滋养细胞。在这过程中会出现3种不同的寄生情况。①卵母细胞和滋养细胞均被寄生，则有病的卵母细胞吸收有病的滋养细胞的营养，这种卵最终不能形成胚子，而成为死卵或不受精卵，这种寄生情况就不会造成胚种传染。②卵母细胞被寄生，而滋养细胞不被寄生，则有病的卵母细胞吸收无病的滋养细胞的营养，这种卵最终不能形成胚子，而成为死卵或不受精卵，这种寄生情况也就不会造成胚种传染。③卵母细胞不被寄生，而滋养细胞被寄生，则无病的卵母细胞吸收有病的滋养细胞的营养，这种卵有进一步发育而造成胚种传染的可能，这里又有2种状况：一种是卵产下后直到胚子形成的过程中受到微粒子感染，即发生期的胚种传染，这种胚子不能再继续发育而成为死卵，也就不会造成胚种传染；另一种是当胚子发育到反转期后，不再由胚体渗透吸收养分，而改变从第2环节背面的脐孔吸收养分，此时寄生在卵黄球中的微粒子随养分从脐孔进入胚子的消化道感染，即成长期的胚种传染，这种胚子能发育成蚁蚕并从卵中孵化，从而造成胚种传染。

综上所述，感病迟而轻、能带病生活并完成世代的雌蚕，才能引发胚种传染。

2. 传染源

家蚕微粒子病的传染源十分广泛。除蚕种可能带毒(病原)外，最直接的是病蚕、蛹、蛾体内繁殖产生的大量微粒子孢子，可通过蚕粪、蛾尿、蜕皮、鳞毛、茧壳、尸体等，对蚕室、蚕具、蔟室、蔟具、贮桑室、贮桑用具以及养蚕环境、桑园等造成污染。如消毒不彻底，则成为传染源。

此外，家蚕微粒子的寄主多样，除寄生家蚕外，还能感染野蚕、桑螟、桑毛虫、桑尺蠖、桑红腹灯蛾、桑卷叶蛾、桑剑纹夜蛾等桑园害虫，以及二化螟、金针虫、菜粉蝶、美国白蛾、松带蛾、赤松毛虫、稻黄褐眼蝶等野外害虫，形成交叉感染。

蓖麻蚕、柞蚕的微粒子孢子不能传染家蚕，但经菜白蝶或美国白蛾继代后，可以感染家蚕，并且具有胚种传染性。我国华南蚕区习惯用蚕沙喂鱼、塘泥肥桑，西南蚕区习惯用蚕沙肥田、田四边栽桑，江苏、浙江蚕区习惯用蚕沙喂羊、羊粪肥桑。这些蚕沙中的微粒子孢子最后均可污染桑叶，从而增加感染蚕的机会。

(四)病变与病程

1. 病变

微粒子孢子被蚕食下后，首先侵染消化道，在消化道上皮细胞内经营养增殖期产生的裂殖子，可脱出进入血液，并随血液循环到达蚕体全身的组织细胞，引起二次感染。除外表皮、气管螺旋丝、前后消化道壁及口器等角质部分外，消化道、脂肪体、丝腺、气管上皮、马氏管、血细胞、生殖器官、体壁、神经系、肌肉等组织相继被侵染，属全身性感染。

(1)丝腺

丝腺前、中、后部细胞均可被侵染寄生，感病部位的丝腺失去原有的透明而变成乳白色斑块(图11-24)，肉眼明显可见，这是病变最为明显的组织，可作为确诊本病的依据之一。因为丝腺被寄生后，其分泌丝物质的机能下降，所以病重蚕大多不能正常结茧或仅结薄皮茧。

(2)消化道

消化道是微粒子孢子发芽的场所，也是最先侵入寄生的组织。芽体穿过围食膜而侵入中肠上皮细胞寄生繁殖，受感染的细胞因大量孢子的形成而变得膨大，向管腔一侧突出，解剖可看到肠壁上有无数白色小点。最后感病细胞破裂，孢子散出进入消化腔，或随粪排出成为蚕座传染源，或再次发芽侵染。随着病势发展，病蚕消化、吸收的机能下降，表现出食欲减退，发育不良，体躯瘦小。

(3)血细胞

主要是颗粒细胞、原血细胞和浆细胞被侵染寄生，表现为体积增大、着色性减退等病变。最后被寄生的血细胞破裂，孢子和细胞碎片散入血液中，使血液呈浑浊状。

(4)肌肉

肌肉组织内的裂殖体沿着肌纤维的方向寄生，肌质大部分被融化形成空洞，最后仅存一些离散的肌核

及肌鞘，肌肉附近的结缔组织同样受到破坏。为此，病蚕表现出行动迟缓呆滞、体躯瘦小萎缩等症状。

(5)脂肪

被侵染寄生的脂肪组织膨大变形，组织间连络松弛，最后崩溃，这也是造成血液浑浊的原因之一。

(6)马氏管

被侵染寄生的马氏管管壁细胞呈乳白色或淡黄色，形成许多点状小突起，引起尿酸排泄困难。

(7)生殖细胞

微粒子在雌、雄蚕的生殖器官卵巢、睾丸均可以寄生，这是造成胚种传染的根源。

(8)体壁

微粒子侵入蚕体体壁真皮细胞寄生，在内增殖形成孢子，使真皮细胞变成空洞、膨胀，最后破碎。在这过程中，寄生部位受到血液中颗粒细胞的包围，以及产生黑色素，从而形成许多外表可见的胡椒状小褐斑。

2. 病程

蚕微粒子病是一种慢性蚕病，发病经过时间因感病早迟、病势轻重而不同。胚种传染的蚁蚕一般于1龄中发病死亡；蚁蚕和1龄期感染的蚕，一般在2～3龄中陆续发病死亡；2～3龄期感染的蚕一般在壮蚕期发病死亡；4～5龄期感染的蚕，部分能带病生活并完成世代，造成胚种传染。

(五)发病规律

胚种传染的蚁蚕排出的孢子或养蚕环境中的孢子，可通过污染桑叶而传染给1～2龄健康蚕，这称为蚕座内第1期感染。第1期感染的蚕能正常发育到3～4龄，从4龄前开始排出孢子，传染给4～5龄健康蚕，这称为蚕座内第2期感染。第1期感染的蚕极大部分在上蔟前发病死亡，极少部分在蔟中死亡。第2期感染的蚕大都可正常发育、结茧、化蛹、化蛾、交配、产卵，甚至看不到病态，但产下的卵成为胚种传染的来源。因此，蚕座内第1期感染对丝茧育生产危害大，蚕座内第2期感染对种茧育生产危害大。

胚种传染的程度，因蚕品种不同而有差异。同样感病程度的母蛾所产卵孵出的蚁蚕，欧系品种的发病最重，日系品种的发病其次，中系品种的发病较轻。患病母蛾通常都会产下带病的蚕卵，但并非每粒蚕卵均能检出孢子，以迟产卵感染率较高。

蚕座传染的发病率与混入病蚕数量、混入时期密切相关，混入病蚕数量越多与混入时期越早，则发病率就越高。在收蚁时混入3%病蚕，到熟蚕时发病率达50%～60%，到发蛾时100%发病，无法制种。

在自然状态下，蚕对微粒子孢子感染的抵抗力，与蚕品种、蚕发育时期、饲育环境、感染孢子数量等不同而异。中系品种的抵抗力较强，欧系品种的较弱，日系品种的介于其中；多化性品种的抵抗力较强，一化性品种的较弱，二化性品种的介于其中；起蚕、饥饿蚕、幼龄蚕易感染，发病率较高；适温干燥气候、蚕座卫生良好、食下孢子数量少的则发病率低，低温潮湿、蚕座卫生状况差、食下孢子数量多的则发病率高；高温对蚕微粒子病有一定的抑制作用，蚕蛹和蚕卵的热空气处理以及蚕卵温汤浸种，有降低次代蚕发病率的倾向。

(六)诊断

1. 肉眼观察

主要依据本病蚕、蛹、蛾、卵的常见病症和病变，其中病蚕丝腺上产生的乳白色斑块，是肉眼确诊本病的特征性病变。其他如食欲减退、发育不良、眠起不齐、半蜕皮蚕、不蜕皮蚕、“胡椒斑”、上蔟时易发生不结茧蚕、裸蛹，以及大肚蛾、秃毛蛾、拳翅蛾等病症，在别种蚕病中亦有发生，所以一般只能作为初诊参考。

2. 显微镜检查

在肉眼观察的基础上，应用显微镜检查有无病原微粒子孢子，才是识别本病的一种可靠诊断方法。

镜检时，蚕卵和稚蚕采用整体，壮蚕与蛹则剖取中肠，蚕蛾取腹部，放在研钵中并加入适量1%～2%氢氧化钾溶液或2%碳酸钠溶液，研磨，制成临时标本。或将蚕的中肠组织直接制成涂片，如镜检到具有折光性的孢子，则就可确诊。

镜检时正确识别微粒子孢子是关键，因为有些霉菌分生孢子的形态、大小类似蚕微粒子孢子。为了加以区别，可于标本中滴入30%盐酸(比重1.15)少许，在27℃下静置10min。如为微粒子孢子，则变形消失；如为霉菌分生孢子，则依然存在。

3. 血清学诊断

这是利用抗原-抗体特异性结合的诊断方法，它既能检出微粒子孢子，也能鉴别微粒子孢子的种类。

蚕微粒子病的血清学诊断方法，有荧光抗体法、玻片凝集法、酶标抗体法等。荧光抗体法是用荧光色素(如 FITC)标记抗体，经血清学反应后，结合在被检微粒子孢子表面的荧光抗体于荧光显微镜下显示黄绿色荧光，既能根据荧光强度定量检测，也可寄生组织定位以及微粒子孢子同源性判断。酶标抗体法是用酶标记抗体，经血清学反应后，用底物显色结合在被检微粒子孢子表面的酶标抗体，用酶标仪可进行定量检测，于显微镜下可进行寄生组织定位。玻片凝集法是在清洁载玻片上先滴上被检微粒子孢子液 1 滴，然后滴加 1 滴等量的经生理盐水稀释的抗微粒子孢子血清，使 2 种溶液相接触，在 25℃ 温度下经 10min，用普通显微镜观察，如被检微粒子孢子相互吸引而凝集一团，则呈阳性反应，是同种微粒子孢子；相反，如不凝集，则是异种微粒子孢子。

二、其他原虫病

(一)具褶孢子虫病

家蚕具褶孢子虫病于 1970 年在日本千叶县母蛾镜检时发现，该微孢子虫(编号 M25)孢子卵圆形[大小 $(5.06\pm0.285)\mu m\times(2.97\pm0.25)\mu m$]，对蚕的致病力较弱，病势亦缓慢，寄生在中肠、脂肪体、丝腺、肌肉、马氏管等组织，不寄生生殖器官，无胚种传染性。孢子形成期具孢囊，内含孢子多数为 16～32 个，少数为 8 个。该微孢子虫分类学上属于微孢子虫目、泛孢子芽膜亚目、具褶孢子虫属、种名未定的一种具褶孢子虫(*Pleistophora* sp.)。

1976 年在日本长野县镜检 4 龄迟眠蚕时又发现小型微粒子病，该微孢子虫(编号 M27)孢子小卵圆形[大小 $(1.8\sim2.0)\mu m\times(0.8\sim1.1)\mu m$]，对蚕的致病力也较弱，病程长，只寄生中肠圆筒形细胞，在细胞质内增殖，中肠病变白浊，似质型多角体病，无胚种传染性。孢子形成期具孢囊，内含孢子几个到十几个。该微孢子虫分类学上属于微孢子虫目、泛孢子芽膜亚目、具褶孢子虫属，种名定为家蚕具褶孢子虫(*Pleistophora bombycis*)。

(二)泰罗汉孢子虫病

泰罗汉孢子虫病于 1970—1973 年在日本长野县母蛾镜检时发现，病原微孢子虫(编号 M32)孢子卵圆形(大小 $3.4\mu m\times1.7\mu m$)，对蚕的致病力弱，病程更长，2 龄起蚕经口接种 10^5 个孢子/头蚕，都能带病生长发育到化蛾。只发现病原寄生在蚕体肌肉组织，特别以蚕的体躯背面肌肉层寄生最多，未见胚种传染性，继代也较困难。孢子形成期具孢囊，内可见到 2 核、4 核及 8 核的孢子芽母细胞，以及 8 个成熟孢子。该微孢子虫分类学上属于多孢子芽膜亚目、泰罗汉孢子虫属，种名尚未确定。

(三)锥虫病

锥虫病是寄生在蚕血液中的一种鞭毛虫病，于 1917—1918 年在意大利威尼斯的室外养蚕试验时被发现。

病原体属原生动物门、毛根足虫亚门、动鞭毛虫纲(Zoomastigophorea)、原动鞭毛虫目(Protomanadina)、锥体虫科(Trypanosomidae)、蛇滴虫属(*Herpetomonas*)，1920 年定学名为 *Herpetomonas korschelyti*。

该锥虫的形态为长圆锥形，长约 20μm，虫体中央有一个球形细胞核，前端有一鞭毛，长为 27～33μm。在鞭毛基部与细胞核之间有一个长卵形运动核(也称毛基核)。虫体游动活泼，呈螺旋状向前泳进。以二分裂法繁殖，发育中可形成孢囊。孢囊是休眠体，球形或卵圆形，直径为 4.2～5.3μm，存在于病蚕或尸体内。

患病蚕食欲减退，行动呆滞，体色稍带灰白，血液浑浊，背血管呈不规则搏动，逐渐衰弱而死。尸体呈褐色或黑褐色。镜检病蚕血液，可见到无数锥虫。将病蚕血液稀释后，注射健蚕体腔，经 1d 即可检测到锥虫增殖，经 2～3d 病死。具有创伤传染性，推测由蚁、蜂等昆虫为介体而传染。

(四)变形虫病

变形虫病是家蚕的一种肠道寄生性原虫病，曾在朝鲜(1918 年)及日本(1928 年)被发现。

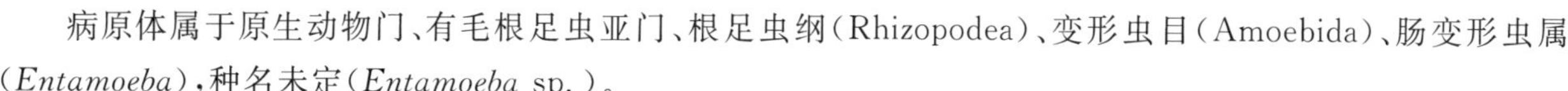

病原体属于原生动物门、有毛根足虫亚门、根足虫纲(Rhizopodea)、变形虫目(Amoebida)、肠变形虫属(*Entamoeba*),种名未定(*Entamoeba* sp.)。

病原体形态为球形或梨形,大小为(20～50)μm×(17～43)μm,一般为40μm×36μm。虫体中央有一折光性较强的细胞核,细胞质内含有颗粒体及空泡1～3个,做变形运动,以二裂法繁殖,能形成孢囊。

病原体除寄生家蚕外,还可寄生桑螟等桑树害虫,患病桑树害虫消化道内的病原体可随粪排出而污染桑叶,传染家蚕。

蚕食下孢囊后,虫体脱出,寄生开始。初时变形虫寄生于中肠上皮细胞外缘,病重时则侵入中肠上皮细胞内寄生增殖,致使宿主细胞膨大、破裂,甚至组织脱落,虫体及孢囊可随粪排泄出。

本病大多在3龄后发生。病蚕发育迟缓,体壁无光泽,易发生半蜕皮蚕或不蜕皮蚕;重病时尾角前方凹陷,体躯萎缩,排泄黏液或连珠状粪,部分病蚕发生脱肛或粪结;尸体黑褐色,干瘪,不易腐烂。

(五)球虫病

球虫病于1901年在日本被发现,是家蚕的一种肠道寄生性原虫病。

病原体属原生动物门、真孢子虫亚门(Apicomplexa)、晚生孢子虫纲(Telosporea)、球虫亚纲(Coccidia)、球虫目,属、种名均未明。

该原虫球形,直径为10～30μm,中央有不规则的大型细胞核,细胞质中含细小颗粒物,发育中能形成孢囊。孢囊呈球形,大的直径可达200μm,外有类似结缔组织的被膜,内有芽孢多个。

孢囊随食桑进入蚕的消化道,经发芽侵入中肠上皮细胞寄生。患病蚕发育不良,体躯萎缩,稍有下痢,肛门处附着褐色黏液。病蚕粪中有球虫及孢囊排出,可传染健康蚕。

三、原虫病防治要点

(一)加强母蛾镜检,杜绝胚种传染

母蛾镜检以切断胚种传染,是预防微粒子病最为有效的方法。在蚕期防病的基础上,要严格执行国家规定的蚕种检验制度。第一,制种后必须做好袋蛾、贮蛾、运蛾等每一环节工作,勿出差错;第二,要严密组织,科学分工,保质保量地做好检验工作,母蛾微粒子孢子检出率超出国家规定范围的蚕种,要坚决、彻底地烧毁淘汰;第三,抽取蚕卵10～20粒,标记后提早用较高温度(28～30℃)、湿度80%催青,促进早日孵化,孵化的蚁蚕分区镜检,进行补正检查,如发现微粒子孢子则立即淘汰,预防疏漏。

(二)做好蚕室、蚕具消毒工作,清除传染源

第一,蚕种场与原蚕区的选址,要事先采样检查,确认无微粒子病原污染时,才能饲养原蚕。第二,养蚕前做好蚕室、蚕具、蔟室、蔟具,以及周围环境的清洁消毒工作,根据微粒子孢子对药剂的抵抗性,消毒药剂选用对微粒子孢子杀灭力强的漂白粉、福尔马林等,室内宜用毒消散进行2次消毒,蚕网、蚕筷等小型蚕具可用蒸汽煮沸消毒。第三,蚕期要及时清除蚕沙,远离饲育区的定点堆放沤制堆肥,充分腐熟后再施入桑园,切勿生施,以免引起环境和桑叶污染。

(三)加强桑园治虫,切断交叉传染

做好桑园以及蚕室周围树木的治虫工作,及时除掉桑园害虫及野外昆虫,切断与蚕室内蚕的交叉传染。当桑园害虫多发时,可用0.3%有效氯含量的漂白粉液进行叶面消毒,保证桑叶无微粒子孢子污染。

(四)实施预知检查,早期发现

为了确切掌握原蚕饲育中有无微粒子病发生以及早确定该批种茧能否制种,需要进行预知检查,主要有发育不良蚕检查和促进化蛾检查2方面。

发育不良蚕检查:将各龄落小蚕、病死蚕、迟眠蚕等发育不良蚕按区入袋,保护在温度29℃、湿度90%～95%中,待死亡后镜检,如发现微粒子孢子则立即整区淘汰。

促进化蛾检查:取早熟蚕或迟熟蚕,置较高温度下促进发蛾,发蛾后镜检,如发现微粒子孢子,则立即整批淘汰。

第十二章　非传染性蚕病

由寄生虫、化学毒物以及敌害等引起、不会通过病蚕传染于健康蚕发病的病害，称为非传染性蚕病，主要有节肢动物病、毒物中毒症、敌害等3大类。

第一节　节肢动物病

节肢动物病是由节肢动物寄生于蚕体而发生的，主要有：昆虫纲的多化性蚕蛆蝇、蚼蛆蝇和寄生蜂的寄生，蚂蚁、黄蜂的侵害，以及桑毛虫、刺毛虫毒毛的螫伤等；蛛形纲的蒲螨的寄生。在我国以多化性蚕蝇蛆病发生最普遍，蒲螨病在棉区较为常见，而蚼蛆病仅发现于台湾蚕区，寄生蜂病极少发生。

一、多化性蚕蝇蛆病

该病是由多化性蚕蛆蝇的成虫产卵于蚕体上，孵化的蛆钻入蚕体内寄生而引起的蚕病，简称蚕蝇蛆病。该病在我国各蚕区各蚕期均有发生，以南方蚕区及夏秋蚕期危害较重。

（一）多化性蚕蛆蝇

多化性蚕蛆蝇，属昆虫纲、双翅目（Diptera）、寄生蝇科（Tachinpae）、追寄蝇属（*Exorista*），学名为*Exorista sorbillans* Wiedemann，是完全变态的昆虫，一个世代经卵、幼虫、蛹、成虫4个发育阶段。

1. 形态特征

（1）卵

长椭圆形，乳白色，微有光泽，上面隆起，下面扁平，前端稍尖，后端钝圆，大小为（0.6～0.7）mm×0.3mm。卵壳薄，有六角形卵纹，在显微镜下可透视其内的胚胎。

（2）幼虫（蛆）

圆锥形，淡黄色，成熟时体长为10～14mm、直径4.0～4.5mm。蛆体由头部及12环节组成，头部尖并有角质化的口钩和2对突起的感觉器，第2环节两侧有前气门1对，第11环节腹面中央有一肛门，末节呈断截状并有后气门1对，每一后气门有3条气门裂及1个圆形的气门钮（图12-1）。

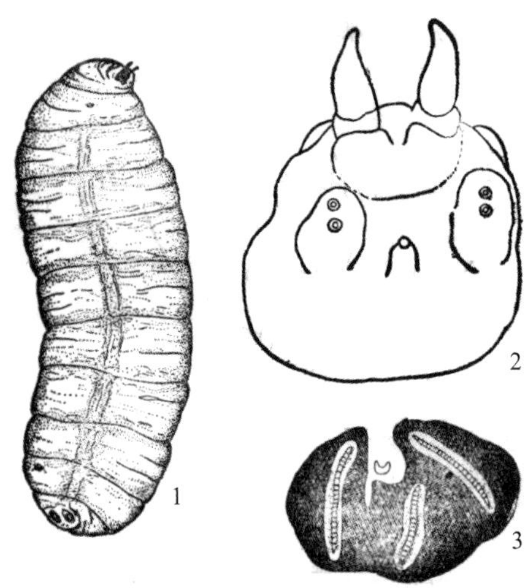

图12-1　多化性蚕蛆蝇的幼虫（多化性蚕蝇蛆）（引自中国农业科学院蚕业研究所，1991）

1. 老熟幼虫；2. 头部口钩和感觉器；3. 后气门。

(3)蛹

幼虫化蛹不蜕皮，由蛆皮硬化成蛹壳，属“围蛹”。蛹呈圆筒形，初化蛹时为淡黄色，逐渐加深至深褐色，大小为(4～7)mm×(3～4)mm，有12个环节，但节间界线不明显，仍可见幼虫期口钩及后气门的痕迹，第2、3环节两侧有纵裂，成虫羽化时由此裂开脱出。

(4)成虫(蝇)

雄大于雌，雄蝇体长平均为12mm，翅展14～22mm；雌蝇体长平均为11mm，翅展12～20mm。蝇灰黑色，由头，胸、腹3部组成。

1)头部：呈三角形，附属器有单眼、复眼、触角和口器。三单眼在头顶呈倒“品”字形排列，头部左右两侧各有1个赤褐色、被密毛的复眼，触角芒状，有3节，不分枝，口器为吻吸式。

2)胸部：由前、中、后胸3部分组成，腹面有胸足3对，中胸背面两侧有翅1对，后胸背面两侧有1对由后翅退化的“平衡棒”，飞翔时可保持身体平衡。贯通胸部背面有4条极鲜明的黑色纵带，可与麻蝇相区别(图12-2)。

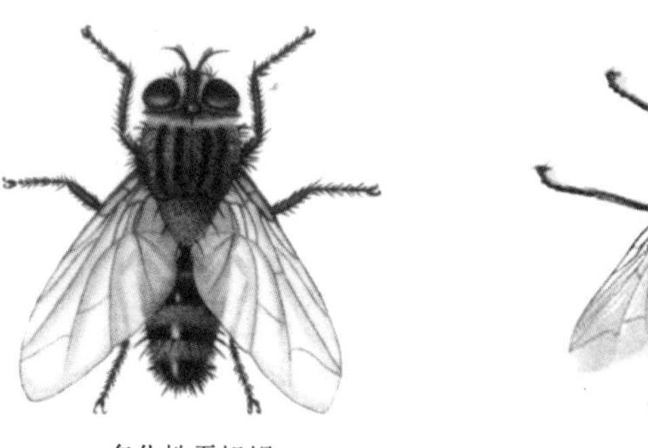

图12-2　多化性蚕蛆蝇与麻蝇的区别

3)腹部：圆锥形，由8节组成，但外观雌雄都只见5节，其余3个环节转化为雌雄生殖器藏于腹内。腹部背面第1节黑色，第2～5节前半部灰黄色，后半部黑色，相间似虎斑，可与麻蝇的黑白相邻斑块相区别(图12-2)。雌蝇腹部末端呈圆形，雄蝇腹部后端稍尖而末端平。雄性外生殖器为阳具及2对抱握钩，雌性外生殖器为圆筒形的产卵管，末端有2丛感觉毛。

麻蝇以腐败物为食，不营寄生生活，对蚕没有危害。多化性蚕蛆蝇与麻蝇的区别见表12-1。

表12-1　多化性蚕蛆蝇与麻蝇的区别

多化性蚕蛆蝇	麻蝇
触角芒光滑、不分枝	触角芒分枝、呈丛状
胸部背面有4条黑色纵带	胸部背面有3条黑色纵带
腹部背面为黑白相间的虎斑	腹部背面为黑白相邻的斑块
卵生	卵胎生

2.生活习性

(1)成虫(蝇)习性

每年春暖时，越冬蛹开始羽化，羽化时利用前额囊的伸缩挤破蛹壳而脱出，穿出土层到达地表。刚羽化时，体色淡灰，约经30min展翅飞翔，能飞迁2000m。从早晨到下午均能羽化，以8:00—10:00为最多，18:00后羽化少。

羽化后的多化性蚕蛆蝇栖息于竹林、蔗地、桑园、花生地、果树及野外树木草丛中，在蚕室约400m半径范围内最为集中，以植物的花蜜汁液和叶面露水滴为食饵。刚羽化时雌蝇的生殖腺尚未成熟，经1～2d后开始进行交配，交配时间由数十分钟至1h以上。交配时静伏不动，但受到刺激时也能在飞翔中保持交配状态，雌雄蝇都能多次重复交配。雌蝇交配后，一般于次日开始产卵，凭着家蚕气味引诱而飞进蚕室，骤然降下，伏于蚕体上(图12-3)，用腹部及其产卵管上的感觉毛找寻合适的产卵位置后产卵，产卵位置以蚕体腹部第1～2环节和第9～10环节为多，其中节间膜和气门下线附近最多，气门上线和上腹线次之。一般每条蚕上产卵1粒，少数也有产2粒卵的，产后旋即飞去，寻找下一目标蚕继续产卵。产卵期可持续4～6d。产卵多于上午进行，以10:00—14:00最盛，占当日产卵数的60%以上，早晨及傍晚则极少产卵；高温、晴朗、无风的天气下产卵较多，低温、阴雨的天气下产卵少或不产卵。除1龄蚕不易被产卵寄生外，其他各龄蚕均能被产卵危害，其中5龄起蚕因体皮多皱而最容易被产卵寄生。每头雌蝇体内可形成约400粒卵，一般可产出数十粒至200余粒，产卵完毕，生活4～7d便自然死去。

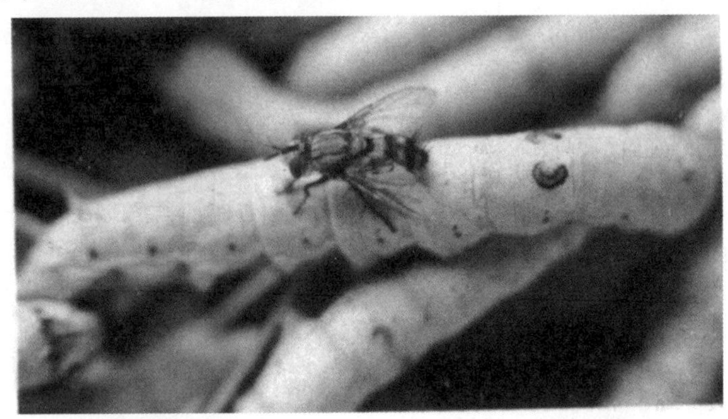

图12-3　多化性蚕蛆蝇在蚕体上产卵图(引自中国农业科学院蚕业研究所，1991)

(2)卵习性

刚产下的蝇卵容易脱落，经一定时间后，卵壳变硬、收缩而牢固地黏附于蚕体表面。卵产下后于25℃下约经36h即行孵化，于20℃以下则需经2～3d或更长时间才能孵化。孵化前卵背面略凹陷，幼虫(蛆)用口钩在卵的腹面咬穿1个小孔，再锉开蚕体体壁钻入其中寄生。此后，卵壳背面凹陷处成1个小孔，即为蛆的呼吸孔。

(3)幼虫(蛆)习性

蛆钻入蚕体后，先寄生在体壁与肌肉之间，以脂肪体及血液为食迅速长大。由于蛆体对蚕体组织的破坏而引起蚕的防御反应，蚕血液中的颗粒细胞及伤口附近的新增生组织将蛆体包围，形成1个喇叭形的鞘套。鞘套随着蛆体的增大而延长、加厚、氧化变黑，外观呈现黑色病斑。鞘套细口对连着体壁卵壳裂孔，以便蛆体呼吸，当蛆成熟后，从此侵入孔逆行脱出。蛆体在蚕体内的寄生天数与蚕发育时期有关，如寄生在4龄蚕体内，则发育较慢，寄生时间长；如寄生在5龄蚕体内，则发育快，寄生时间短，5龄初期寄生的多在上蔟前脱出，5龄中、后期寄生的仍能上蔟、营茧，在茧内脱出的则形成蛆孔茧，如茧层厚不能穿出茧层的则成为锁蛆茧；同一蚕体内寄生蛆数多的，其寄生天数比寄生蛆数少的要短；温度高、蚕发育快的，其寄生天数比温度低、蚕发育慢的要短；施用保幼激素类似物使5龄延长，也能延缓蛆的老熟，寄生时间相应延长。但寄生蚕死亡后，蛆不论成熟与否均于翌日脱出离开尸体。蛆从蚕体脱出的时间，多集中于5:00—7:00，占当日脱出蛆数的70%以上，午后极少脱出，18:00后停止脱出。

(4)蛹习性

蝇蛆成熟后，从病斑附近逆出。脱出的蛆有向地性及背光性，借助环节间的小棘蠕动寻找化蛹场所。蛆一般入土化蛹，入土深度为2.5～4cm，如土壤干燥或越冬期入土深度可达7～15cm。若找不到合适的场所入土，则也可就地化蛹。从脱出到形成围蛹的时间，30℃以上夏季需要5～6h，22～27℃春秋季需要12～24h。蛆化蛹时先静止不动，体躯收缩，体色由淡黄色变为褐色。不越冬蛹的蛹期经过，在温度26℃以上、湿度25%的条件下为11～15d，在20℃以下约20d；越冬蛹到次年春暖时羽化。土壤湿度对蛹生存的影响很大，以25%最适，过干、过湿都不利，积水可导致蛹窒息而死。

(二)病症

蚕体被蝇蛆寄生后，最明显的病症是在寄生部位出现一个病斑，初时形态较小、色淡，以后随蛆的成长而逐渐增大、颜色变深，形成黑褐色喇叭形，每寄生1头蝇蛆就形成1个黑斑，所以从病斑的大小和多少就可以判断其为害的程度。病斑初出现时，其上面附着白色卵壳，而后因与其他物体摩擦而脱落，则可见1个小孔，此是蛆体呼吸的孔道，如将此孔道堵塞，则蛆体会向其他地方转移。由于蛆体快速长大，使蚕体环节肿胀并向一侧扭曲，用手可触感蚕体内有一稍硬的蛆体，撕破体皮并轻轻挤压蚕体组织，可见被挤出的白色蛆体(图 12-4)。

被蝇蛆寄生的蚕，一般都有早熟现象，所以在始熟蚕中寄生率较高。大多不能上蔟结茧，即使能上蔟，也只吐少量丝，并且不能化蛹或蛹体死亡，而成薄皮烂茧。

被蝇蛆寄生的蚕体有时全体呈紫褐色，这是由于蛆体受某种刺激而突然离开鞘套侵入蚕体深处，被破坏的蚕体组织混入血液，空气也随鞘套进入血液，使血液变性和被氧化变黑，易被误诊为败血病，撕破体壁可找到寄生的蛆。

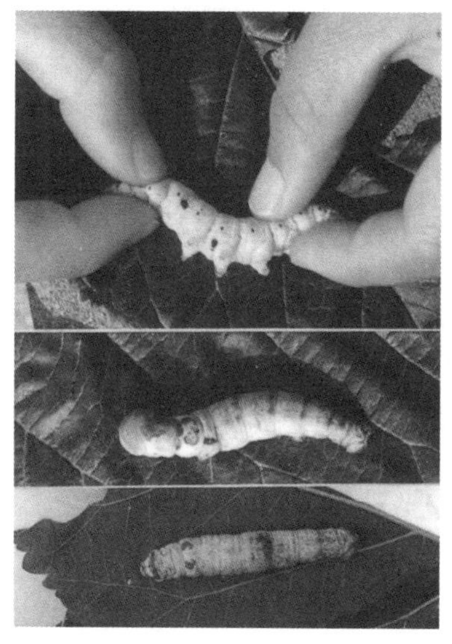

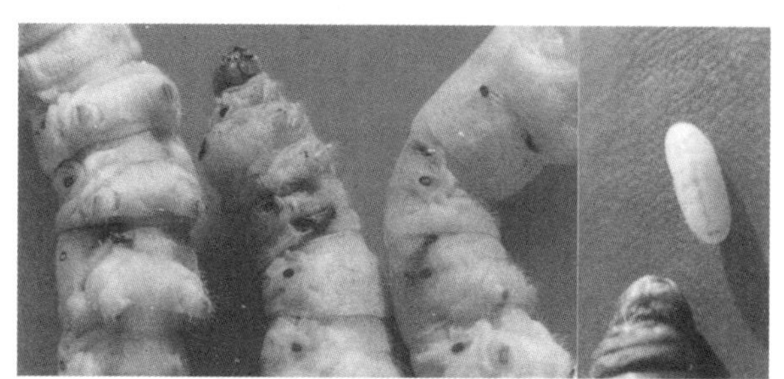

图 12-4　蝇蛆病蚕症状(引自华德公，1996)

(三)发生规律

多化性蚕蛆蝇一年发生数代，其发生的世代数因气温及寄生的环境而异，中国东北、华北地区 1 年发生 4～5 世代，华东地区 1 年发生 6～7 世代，华南地区 1 年发生 10～14 世代。每一世代经过时间，在 25℃时需 25～30d，20℃以下需 35～40d。25℃时各个阶段的历期，成虫期 6～10d，卵期 1.5～2d，幼虫期在第 5 龄蚕体内寄生 4～5d，蛹期 10～12d。越冬蛹在土中可长达数月之久，以度过冬季。江浙等华东地区每年第 1 代成虫开始羽化的时间为 5 月中、下旬，在夏蚕和早中秋蚕期发生较多。华南地区每年第 1 代成虫开始羽化的时间为 3 月下旬，在第 3～6 造蚕期危害较大。

多化性蚕蛆蝇除危害家蚕外，还可寄生于柞蚕、蓖麻蚕、天蚕及樗蚕，也能寄生于松毛虫、桑毛虫、野蚕、桑尺蠖、大菜粉蝶等 10 多种鳞翅目昆虫的幼虫。

在土壤中的蛹特别是越冬蛹，会被蚂蚁、步甲虫等天敌消灭，在潮湿条件下还易被真菌侵染寄生而死亡。刚脱出的蛆和刚羽化的蝇，也常会被蛙类或家禽等捕食。此外，广东发现的大腿小蜂(*Brachymeria* sp.)和河南发现的巨胸小蜂(*Perilampus* sp.)，都能产卵并寄生于蝇蛆体内，使其死亡。

(四)诊断

本病的诊断主要是用肉眼检查蚕体表有无蝇卵、蚕体内有无蝇蛆及本病所特有的病斑，如发现早期病斑处尚留有蝇卵壳，后期病斑体壁下存在黑褐色鞘套，以及撕破体皮有淡黄色蛆时，即可诊断为多化性蚕蝇蛆病。

(五)防治方法

1. 用“灭蚕蝇”药剂防治

“灭蚕蝇”是由我国研制、用于防治多化性蚕蝇蛆病的特效药剂，在全国各蚕区已广泛使用并取得很好的防治效果，是当前防治多化性蚕蝇蛆病最为重要的措施。

(1)"灭蚕蝇"的性状

"灭蚕蝇"纯品为白色结晶,有特殊臭味,易溶于多种有机溶剂,在酸性液或中性液中较稳定,在碱性液中迅速分解,对人、畜低毒。市售有含有效成分25%和40%这2种规格的乳剂。

(2)"灭蚕蝇"防治多化性蚕蝇蛆病的机制

多化性蚕蝇蛆对"灭蚕蝇"特别敏感,"灭蚕蝇"对多化性蚕蝇蛆的致死剂量为0.33～0.40μg/g蛆体重,而家蚕对"灭蚕蝇"的耐药能力很强,"灭蚕蝇"对5龄蚕的急性中毒剂量为1400μg/g蚕体重,"灭蚕蝇"对蛆体的致死剂量与施用于蚕体的安全剂量相差100～150倍。给蚕添食"灭蚕蝇",其杀死蚕体内的蛆的实际有效剂量为5.5～23.0μg/g蚕体重,在这个实际有效剂量范围内,对寄生1～3d的蛆均有良好的杀灭效果,但对蚕的健康无不良影响。但如添食次数过多,蚕的发育经过略有缩短,全茧量、茧层量、茧层率略有降低,而发蛾、交配、产卵及卵的孵化率等并不表现出差异。"灭蚕蝇"对蚕体还有内吸作用,给蚕体喷洒一定浓度的"灭蚕蝇",不仅能直接触杀附于蚕体表皮上的蝇卵,还能内吸进入蚕体内杀死蛆体,而对家蚕无药害。

另外,"灭蚕蝇"添食于家蚕,大部分"灭蚕蝇"在消化道内被碱性消化液分解并迅速排出体外,部分"灭蚕蝇"被吸收进入蚕体内;吸收进入蚕体内的"灭蚕蝇"分布于血液中最多,进入神经系统的极少并缓慢,同时进入寄生在蚕体的蛆体内;"灭蚕蝇"对蚕血液的胆碱酯酶有一定的抑制作用但能迅速恢复,同时蚕体内的"灭蚕蝇"会很快被酰胺酶等分解并排出,然而"灭蚕蝇"对蝇蛆的胆碱酯酶有强烈的抑制作用且抑制作用不能恢复,同时蛆体的酰胺酶活力很弱,使进入蛆体的"灭蚕蝇"数量不断增加,直至达到杀蛆的有效浓度。

因此,"灭蚕蝇"药剂对家蚕和多化性蚕蝇蛆具有很大差异的选择性毒性,利用这一特性,可用"灭蚕蝇"药剂来有效、安全地防治多化性蚕蝇蛆病。

(3)"灭蚕蝇"的使用方法

1)添食法:将含有效成分25%的"灭蚕蝇"乳剂500倍稀释液,均匀喷洒于10倍重量的桑叶上,给蚕喂食,每张蚕种喂药叶10～15kg。

2)体喷法:将含有效成分25%的"灭蚕蝇"乳剂300倍稀释液,在给桑前10min均匀喷布蚕体表,每张蚕种用药液1.5～2kg。

(4)"灭蚕蝇"的施用时间

"灭蚕蝇"施用时间的关键,一是力求将蝇卵在孵化前杀灭,二是使侵入蚕体内的蛆体能够吸收进入蚕体的药物而被杀灭。一般在5龄第2、4、6天和上蔟前各施用1次"灭蚕蝇",如蝇蛆危害严重时,可在4龄中期增施1次"灭蚕蝇"。

(5)"灭蚕蝇"施用的注意事项

第一,配制前应将"灭蚕蝇"乳剂摇匀,加水稀释后也要充分搅拌均匀。第二,添食或体喷要力求均匀,避免遗漏而无效果或剂量过大而引起蚕中毒。第三,药液要现配现用,以防放置过久氧化而降低药效。第四,因为"灭蚕蝇"在碱性液中迅速分解,所以施用前后6h内不宜在蚕座上撒石灰等碱性物质。

2.其他方法

蚕室门窗设置纱窗与门帐,防止多化性蚕蛆蝇飞入蚕室内产卵;遭本病危害的早熟蚕要分开上蔟,以便及时杀灭蛆、蛹;上蔟室和蚕茧收购站是蝇蛆、蝇蛹的聚集场所,应及早捕杀,这对降低多化性蚕蛆蝇数量将起到事半功倍之效;应用辐射不育技术或化学不育剂,可以导致雄蝇不育,以释放不育雄蝇来防治多化性蚕蛆蝇危害,试验证明有良好的效果,值得推广应用。

二、蒲螨病

家蚕蒲螨病(俗称壁虱病)是螨类外寄生于家蚕的幼虫、蛹和蛾体上,注入毒素、吸取血液而引起蚕中毒死亡的一种急性蚕病。20世纪50年代中期先后在山东和四川某些蚕区大量发生,尔后在江苏、浙江等省蚕区也有零星发生,危害养蚕生产。为害家蚕的螨类有多种,以蒲螨科中的球腹蒲螨(旧称虱状恙螨或虱状蒲螨)危害最为严重。

(一)病原

球腹蒲螨属于蛛形纲(Arachnida)、蜱螨目(Acarina)、恙螨亚目(Trombidiformes)、蒲螨科

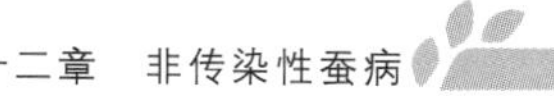

(Pyemotidae)、蒲螨属(*Pyemotes*)，学名为 *Pyemotes ventricosus* Newport。

1.形态

球腹蒲螨属卵胎生，一世代经过卵、幼螨、若螨和成螨4个变态发育阶段(图12-5)，卵、幼螨和若螨的发育阶段在母体内完成。刚从母体内产出的成螨为淡黄色，雌雄异体。

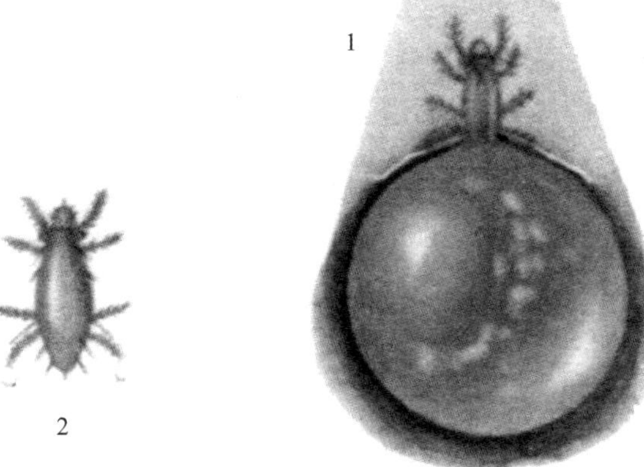

图12-5　球腹蒲螨形态图(引自浙江植保员手册编写组，1972)

1.大肚雌螨；2.雌成螨；3.雄成螨。

(1)雌成螨

初产的雌成螨体柔软而透明，呈纺锤形，体长约0.17mm，体幅约0.065mm。头部小，略呈三角形，基部两侧着生气门1对，气门沟开口于颚体后方的前足体上。前肢体段两侧近于平直。后体段比前体段长2倍，分成5节向末端逐渐缩小。生殖孔位于末体段的后端腹面，呈纵沟状。体表及足稀生长毛。第1对足末端有锐爪，第4对足末端有变形的膜质爪间突和生有肢毛1根，肢毛长约为体长的3/5，与足成直角。雌成螨交配后寻找寄主寄生，吸取寄主的营养后逐渐生长发育，末体段膨大而呈球形，如油菜籽状，直径为1～2mm，称为大肚雌螨。大肚雌螨的体色因寄主的血色不同而异，一般呈淡黄色或黄褐色，表面具光泽，黏附性强。

(2)雄成螨

椭圆形，体长约0.16mm，体幅约0.1mm，比雌成螨略宽。头部呈圆形，前肢体段呈三角形，背面着生刚毛。无气管系统，仅有贮气囊。后体段呈拱形，边缘凹入，前、后缘直。末体段圆形的后缘腹面有琴形板1块，板上有交配吸盘1个，第1～3对足与雌成螨相似，第4对足末端有粗壮的爪1对。

2.生活习性

(1)寄主

球腹蒲螨寄主非常广泛，鳞翅目、鞘翅目和膜翅目等昆虫的幼虫、蛹、成虫均可寄生。鳞翅目昆虫除家蚕外，尚能寄生于棉红铃虫、蓖麻蚕、柞蚕、麦蛾、水稻二化螟、大菜粉蝶、桑螟虫等，谷象、米象、大豆象和木头上的蠹虫亦能寄生。人体被此螨叮咬后往往出现小红点、小红块及发痒等皮炎症状。

(2)生活环境的选择

球腹蒲螨生长发育的最适温度是23～28℃，最适湿度是70%～83%，在此温湿度范围内不仅生长发育最好，大肚雌螨产成螨量也最多。30℃以上高温和多湿的环境，对球腹蒲螨发育繁殖不利，大肚雌螨往往易被霉菌寄生危害而亡。一般在温度10℃以下，球腹蒲螨停止活动，以大肚雌螨或刚产下的雌成螨越冬，次年温度回升至适合其生长发育时，越冬成螨直接找寻寄主寄生，越冬的大肚雌螨则陆续产出成螨。球腹蒲螨喜欢生活在光线充足而阳光又不会直射到的地方，因为太阳光直接照射，对球腹蒲螨生长发育不利，容易死亡。

(3)世代数

球腹蒲螨的世代数，因温度及寄主不同而异。在自然温度下，江苏、浙江蚕区自4月下旬腹球蒲螨开始活动，至9月底约完成18个世代。每一世代所需的时间因温度而异，16～17℃需16～18d，20～21℃需14～15d，22～24℃约需10d，26～28℃约需7d。

(4)交配和寄生

腹球蒲螨卵在母体内孵化并发育为成螨后产出,先产雄螨,后产雌螨,雌雄比例一般雄螨占4%～7%,雌螨占93%～96%。每头大肚雌螨产出成螨数与温湿度及寄主的营养条件有关,在营养丰富的棉红铃虫及蚕蛹体上发育成熟的大肚雌螨可产100头以上的成螨,在营养状况较差的1～2龄蚕体上发育成熟的大肚雌螨则产成螨极少,在3～5龄蚕体上寄生的成螨不能发育为成熟的大肚雌螨。

刚产出的雄成螨不离开母螨,群集在母螨生殖孔周围,等候雌成螨产出后陆续与之交配。1头雄成螨与若干雌成螨交配后,经1～2d即死亡。交配后雌成螨离开母体,找寻寄主寄生。当雌成螨找到适合的寄主后,以细针状螯肢刺入寄主体内吸取其血液,同时注入毒素,致使寄主中毒死亡。雌成螨吸收寄主的营养后发育成为大肚雌螨。大肚雌螨产完成螨,球形的末体段萎缩而死亡。在适宜的温湿度下,寄生在蚕蛹体上的雌成螨,可完成2个世代。

(二)病症

球腹蒲螨对家蚕的幼虫、蛹和蛾都能寄生危害,其中以1～2龄眠蚕和嫩蛹较为严重。受害蚕有吐液,头部突出,胸部膨大,左右摆动等症状,有时出现连珠状粪,体壁有黑斑,眠中被害的多成半蜕皮蚕而死亡,尸体不易腐烂。因蚕的发育阶段不同,病症略有差异。

1. 幼虫期病症

稚蚕被球腹蒲螨寄生,其病势急,常出现停止食桑、身体痉挛、排粪困难、头胸部突出、吐液等症状,有的呈体躯弯曲、静伏蚕座中、口器与胸足微微颤动等假死状,其后体色渐渐变黑并很快死亡,但尸体不腐烂。

壮蚕被球腹蒲螨寄生,死亡较慢,但病症更为明显。起蚕被害,身体缩短,体壁起皱,并有脱肛现象。盛食期蚕被害,体躯软化而伸长,头胸突出吐水,节间膜附近往往有黑色斑点,排不整形粪或连珠状粪,尾部常带有黑褐色或红褐色污液(图12-6)。

眠蚕被球腹蒲螨寄生,头胸左右摆动,呈不安状,有的不能蜕皮呈黑褐色而死亡;有的呈半蜕皮而死亡;有的虽能完全蜕皮,但体躯缩小,黑褐色,有粪黏结。

2. 蚕蛹病症

化蛹初期受害,蛹体常出现黑褐色病斑,并可在环节间见大肚雌螨,蛹体呈暗褐色不能羽化而死亡,尸体干瘪,不易腐烂(图12-6)。

3. 蚕蛾病症

球腹蒲螨多寄生在蛾体的环节处,受害蛾的腹部弹性减弱,雄蛾发病后性情狂躁,雌蛾受害后产卵极少,不受精卵和死卵增多。

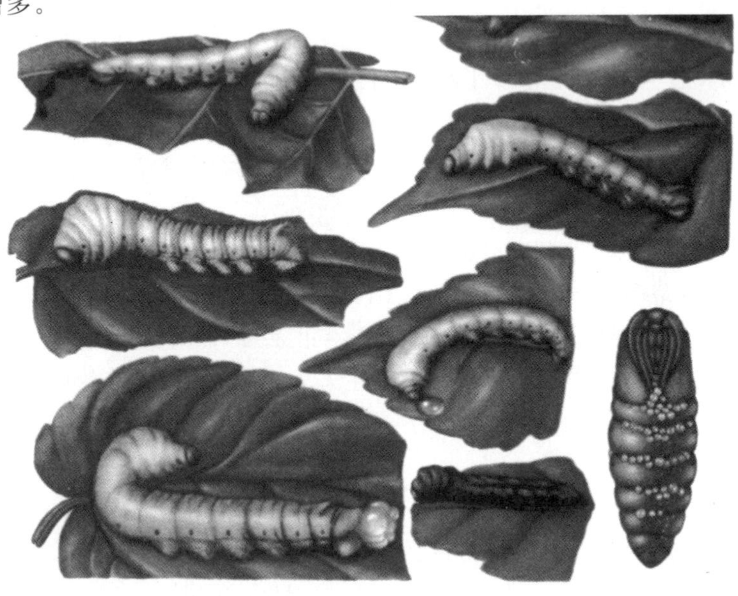

图12-6　蒲螨病蚕症状(引自浙江植保员手册编写组,1972)

（三）为害

球腹蒲螨对家蚕的为害，以棉、蚕混产地区最为普遍，粮、蚕混产地区亦时有发生。分析其原因为：①棉产区在棉花收获季节，常在蚕室堆放棉花或使用蚕具摊晒棉花，球腹蒲螨随寄主棉铃虫进入蚕室内，潜藏在蚕室和蚕具的缝隙中越冬。越冬后于次年春季温度上升，球腹蒲螨开始活动，通过各种途径进入蚕座，寄生为害蚕（图12-7）。②在非养蚕季节，蚕室常被用来堆放粮草麦秆，球腹蒲螨随同麦蛾、水稻二化螟、谷象、豆象等害虫进入蚕室，到养蚕时又通过各种途径进入蚕座为害蚕；另外，球腹蒲螨食性稍杂，除以寄生于昆虫体上营寄生生活为主外，作为仓储螨类，尚能以碎米、面粉、麸皮、玉米、玉米粉、椰子饼等为食料，所以用新盖的草房或用储放过陈粮的房子养蚕，蒲螨病往往发生较多。

球腹蒲螨对家蚕的为害程度以及蚕被寄生后死亡的快慢，因寄生蚕的发育阶段、寄生球腹蒲螨的数量和寄生时间的长短不同而异。在稚蚕期为害较大，以眠中为害更甚；寄生球腹蒲螨的数量愈多、被寄生蚕的龄期愈小以及寄生时间愈长，其死亡愈快。给每头1～2龄蚕体上，接上1头当日产出的雌成螨，在蚕身上叮刺2～5min后把蒲螨移开，蚕经过21h即死亡。若不把蒲螨从蚕身上移开，2h后蚕体表现出病症，7h后蚕即中毒死亡。

蚕蒲螨病发生与季节有关，在浙江蚕区以春、夏、中秋蚕期较多，晚秋蚕期较少，这与不同时期蚕室中球腹蒲螨的数量消长变化有关。

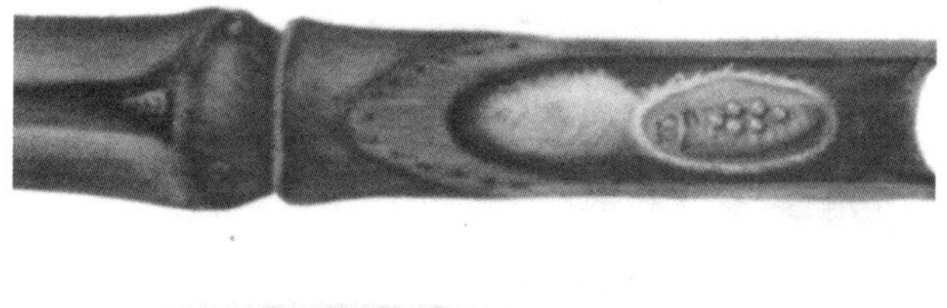

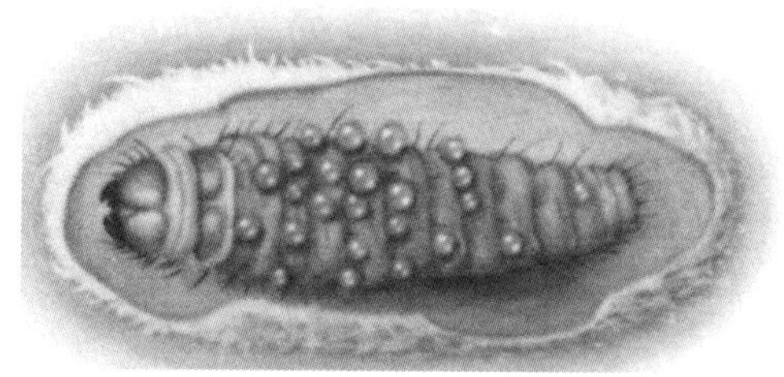

图12-7　球腹蒲螨寄生棉铃虫（引自浙江植保员手册编写组，1972）

（四）诊断

对蚕蒲螨病的诊断，第一，观察蚕、蛹、蛾有无出现如上所述的典型病症，如出现典型病症而疑为本病时，可进行下一步操作；第二，把蚕连同蔟沙或蚕蛹或蚕蛾等放在深色的光面纸上，轻轻振动数次，如有淡黄色针尖大小的螨在爬动，则用放大镜或低倍显微镜观察，若看到雌成螨或大肚雌螨，则可确诊为本病；第三，仔细检查蚕室、蚕具等缝隙，寻找雌螨潜藏的地方，以便进一步确诊和彻底防治。

（五）防治

蚕蒲螨病是一种急性蚕病，被球腹蒲螨寄生的蚕几乎全部死亡。目前对于蚕蒲螨病尚无治疗方法，只能采取综合预防措施。

1．严防寄主昆虫进入蚕室、蚕具

球腹蒲螨寄主范围广泛，常随寄主昆虫进入蚕室、蚕具潜藏，或当年加害于蚕体，或越冬后于来年危害。因此，蚕室、蚕具及其附近不要用来堆放和储藏棉花、粮草，以防球腹蒲螨随寄主昆虫进入蚕室危害。棉区曾堆放棉花、粮草的蚕室、蚕具，必须在养蚕前尽早清出，严格进行蚕室、蚕具消毒杀螨。用稻草、麦秆等作隔沙材料，必须经日光充分暴晒后使用。

2．养蚕前蚕室、蚕具消毒杀螨

对有球腹蒲螨潜藏的蚕具，用热水（75℃以上）烫1min，或浸没在水中2～3d，然后洗刷暴晒或进行蒸汽消毒杀螨。对有球腹蒲螨潜藏的蚕室，先认真清扫，修补缝隙，杀灭潜藏的雌螨；然后将经烫、浸、清洗的蚕具搬入蚕室内架空，用“毒消散”按常规方法进行熏烟消毒兼杀灭蒲螨，或用市售“杀虱灵”按 3～4g/m^3 药量进行熏烟杀螨，在球腹蒲螨为害严重的地方，还需用 500 倍三氯杀螨醇水稀释液喷洒蚕室、蚕具杀螨，但不能直接与蚕体接触，否则易发生蚕中毒。

3.养蚕中发现蒲螨为害的处理

在养蚕过程中若发现蚕蒲螨病，首先要查清蒲螨的来源，然后采用“杀虱灵”熏烟杀螨。操作时先把蚕座上的防干纸打开，按空间 3～4g/m^3 计算实际用药量，密闭熏烟 30min 后，开门窗排烟，正常饲育。一般每隔 2～3d 熏烟 1 次，熏烟 2～3 次即可消除蒲螨为害。

三、桑毛虫螫伤症

桑毛虫螫伤症是由于桑树害虫桑毛虫幼虫体上的毒毛螫伤蚕体而引起的一种毒害和机械损伤，在我国各养蚕地区全年都有发生，以夏秋蚕期桑园内多发桑毛虫时发生较多，给蚕茧生产造成一定的损失。

(一)病原

桑毛虫属毒蛾科、桑毛虫属，学名为 *Euprocti similis*，俗称金毛虫或毒毛虫，是桑园常见害虫之一。一年发生 3 代，以幼虫越冬，春蚕期越冬幼虫就开始活动，因此，春、夏、秋各期蚕都受其害。

桑毛虫末龄幼虫体长约 26nm，各环节生有红、黄、黑 3 种颜色和大小不等的许多突起，突起上生有很多形态、颜色不同的细毛，其中在虫体亚背线及气门上线的突起上着生的细毛对蚕有毒性，特称毒毛。通常 1 龄虫没有毒毛，以后逐渐长出；2～3 龄虫毒毛生在第 4 环节亚背线的 2 个突起上；4 龄虫毒毛生在第 4～5 环节亚背线 6 个突起上；以后陆续增多，到桑毛虫体型最大时，除第 1、第 12 环节以外，各环节亚背线及气门上线的突起上都已存在毒毛，1 条桑毛虫上有数万根毒毛。

毒毛极微细，单根肉眼看不见，数十根集合时呈褐色。在显微镜下观察，单根毒毛的形状如箭，长 60～170μm(图 12-8A)，中有空腔，内有从毒腺细胞分泌的毒汁，基部尖锐，上部略粗，很容易从虫体上脱落，其顶端有 2～3 个分叉，毛身周围生小刺 2～4 列。这种毒毛随风飞散或附着在桑叶上带进蚕室，蚕体表皮接触或随桑叶食下，就可引起螫伤。

(二)病症

家蚕受桑毛虫毒毛螫伤有 2 种方式。第一种是蚕体接触毒毛，毒毛基部刺伤蚕体体壁，使体壁组织中毒坏死，即出现大小不一的黑褐色针尖状小病斑(图 12-8B)，这种斑点往往多数密集，形成没有正形的大片病斑，病斑多出现在腹部节间膜处以形成带状略似缟蚕的斑纹，出现在腹足和尾足的先端以形成焦足蚕(图 12-8C)，病斑中央有毒毛，可与微粒子病相区别。第二种是蚕食下黏附大量毒毛的桑叶，毒毛基部刺伤中肠上皮细胞，影响蚕的消化和吸收机能，使蚕出现食欲减退、发育迟缓等症状，最终成为病小蚕。

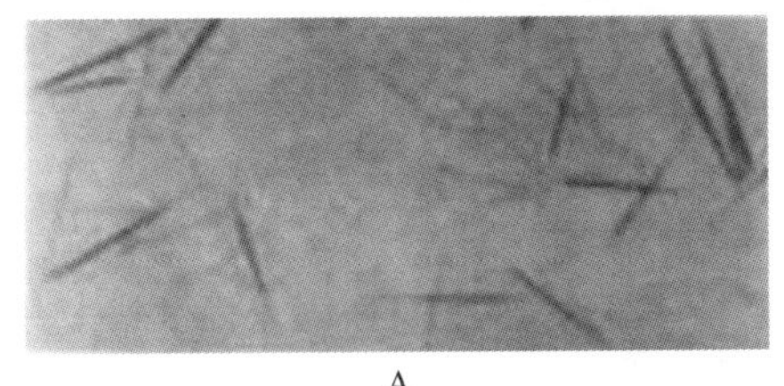
A

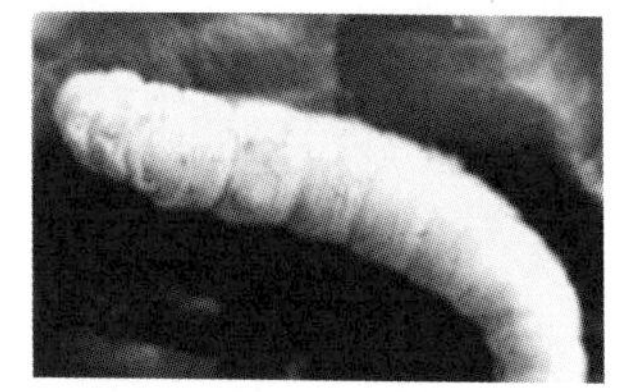
B

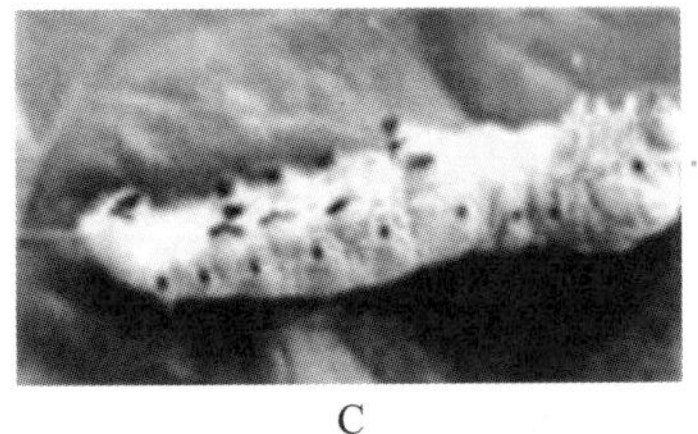
C

图 12-8　桑毛虫螫伤症蚕症状及其毒毛(引自华德公，1996)

A.桑毛虫毒毛；B.黑褐色针尖状小病斑；C.脚黑斑。

稚蚕被桑毛虫毒毛螫伤后，食桑锐减以至完全停食，发育停顿，躯体细小，体色加深。但蚕体不表现出空头及下痢症状，身体也不十分软弱。不久，蚕陆续死亡，尸体一般干涸而不腐烂。

壮蚕被桑毛虫毒毛螫伤后，最显著的特点是体壁上出现不规则的黑褐色针尖状小病斑，病斑密集成大片焦黑。严重时蚕也会完全停食，仰举前半身并左右摇摆，口吐消化液，弯曲缩小而死。多数病蚕能结茧化蛹，蛹体较小、较轻，并常遗留病斑，能化蛾产卵，但卵量较少。

(三)致病机制

蚕体体壁被桑毛虫毒毛螯伤后,不仅造成体壁的机械创伤,而且毒毛中的毒汁使螯伤部位的体壁周围组织中毒坏死,形成黑斑;同时毒毛中的毒汁渗入血液并循环到全身,也使蚕体各器官受到不同程度的中毒和损害,致使蚕体质衰弱。

蚕的口器被桑毛虫毒毛螯伤后,上颚向左右张开,妨碍食桑,严重时有吐液现象。蚕食下桑毛虫毒毛时,不但会刺伤中肠上皮细胞,而且毒毛中的毒汁使中肠上皮细胞中毒坏死,最终损伤蚕的消化和吸收机能,造成蚕食桑减少,发育停顿,躯体外观日渐缩小,最后死亡。

(四)诊断和预防

根据病斑特征和病斑中央毒毛进行诊断,再调查桑园中桑毛虫发生是否多,饲养员在采桑、给桑后是否有被桑毛虫毒毛螯伤而起疹。若同时有这些情况,即可确诊为本病。

预防方法,一是加强桑园防虫工作,消灭桑园内为害桑树的桑毛虫;二是防止桑毛虫直接随桑叶带入蚕室;三是稚蚕期采叶时注意不采虫口叶及有桑毛虫蜕皮附着的桑叶,蚕座内见到桑毛虫时立即拣出杀死。

第二节 有毒物质危害

在养蚕生产过程中,引起蚕中毒的物质很多,主要是农药和厂矿排出的废气,废气中以氟化物的危害最大。

一、农药中毒

(一)症状

蚕农药中毒的过程可划分为 5 个阶段:①潜伏期,接触农药后活动仍保持正常或接近正常;②兴奋期,活动异常,如拒食、乱爬、避忌等;③痉挛期,持续呈苦闷状,强烈痉挛、挣扎、吐液、排不正形粪等;④麻痹期,体躯收缩,失去把持力而倒卧于蚕座上,但尚有对刺激的反应,背血管搏动微弱;⑤死亡期,蚕体全无反应,背血管停止搏动。

蚕农药中毒的症状因农药的种类和进入蚕体内的药量以及蚕龄的大小等因素而不同,常见的蚕农药中毒症状有 3 种:①蚕呈不安、呕吐、痉挛和倒伏等症状;②蚕有举动不活泼、静止不动和麻痹等症状;③中毒当时无明显症状表现,但至上蔟、营茧时,表现出不结茧及营畸形茧等症状。不同种类和药量的农药,会引起特征性的蚕中毒症状。为此,仔细观察农药中毒蚕的症状,可作为早期诊断的依据,在防治上也能起一定的作用。

1. 有机磷农药中毒

有机磷农药有敌百虫、敌敌畏、甲基对硫磷(1605)、内吸磷(1059)、久效磷、甲胺磷等,对蚕有胃毒和触杀作用,中毒蚕的症状大体相似。中毒蚕很快停止食桑,向四周乱爬,不断翻滚,摆动剧烈,且不断吐液污染全身,腹部后端及尾部明显缩短,头部伸出,胸部膨大,不久倒毙而亡;尸体缩短,仅及原长的 1/2,并伴有较明显的脱肛现象(图 12-9)。

图 12-9 有机磷农药中毒蚕症状(引自中国农业科学院蚕业研究所,1991)

2.有机氮农药中毒

有机氮农药有杀虫脒、杀虫双等。

蚕受杀虫双中毒后，平卧、不吃叶、不摇摆、不吐水、不变色，呈麻痹瘫痪症状。将眠蚕中毒，虽已瘫痪，但仍能正常入眠，蜕皮后呈瘫痪状。中毒轻的蚕，瘫痪数小时或1～2d后复苏，恢复吃叶，随着吃叶量增加而恢复正常，仍能吐丝营茧。5龄后期蚕中毒，常有吐平板丝及不结茧的现象。中毒严重的蚕，瘫痪6～7d后干瘪而死(图12-10)。

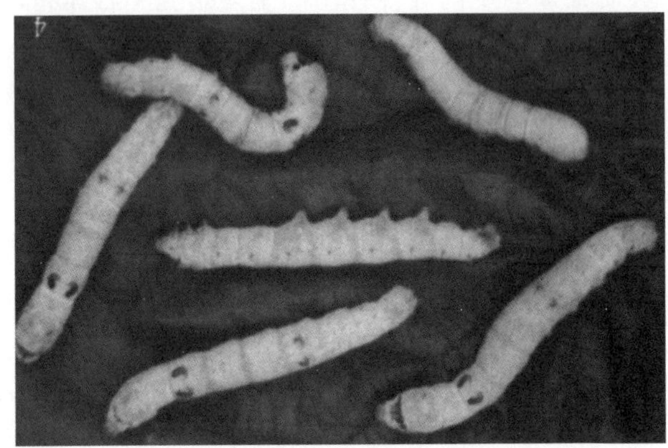

图12-10 杀虫双中毒蚕症状(引自中国农业科学院蚕业研究所，1991)

杀虫脒中毒蚕表现兴奋，拒避桑叶，四处乱爬并乱吐丝，经过一段时间爬行后慢慢死去。中毒轻的蚕，脱离毒物后仍能生存营茧，但有吐平板丝、结畸形茧和不结茧的现象。

3.有机氯农药中毒

有机氯农药有滴滴涕(DDT)、六六六(BHC)、氯丹(chlordane)、七氯(heptachlor)等。蚕食下或接触后都能引起中毒，中毒症状基本相似。

六六六对蚕有强烈的触杀、胃毒作用和明显的熏蒸作用，中毒初期忌避桑叶，向蚕座四周乱爬，口吐消化液。中毒轻的蚕爬几小时后才静止；中毒重的蚕爬几分钟后就静止，不再移动，开始痉挛，头胸抬起并左右摆动，有时忽将尾部上翘或将头部下弯，胸、腹环节渐渐缩短并不断吐消化液污染全身，环节间呈黄色或黄褐色。经一段时间痉挛后，麻痹倒卧于蚕座，腹部继续缩短，仅及原长的1/3～1/2。死后尸体大多成S形，若5龄第3天后轻度中毒，症状不明显或稍有表现，上蔟后多不结茧或结畸形茧。

4.拟除虫菊酯类农药中毒

拟除虫菊酯类农药有杀灭菊酯(亦名速灭杀丁)、溴氰菊酯、氯氰菊酯等，对蚕有强烈的触杀作用，并有一定的胃毒和拒食作用。

杀灭菊酯中毒蚕，表现为吐液，胸部膨大，尾部缩小，翻身打滚，头胸和尾向背面弯曲至几乎可以相碰，并卷曲为螺旋状，最后大量吐液及脱肛死亡(图12-11)。

图12-11 杀灭菊酯中毒蚕症状(引自中国农业科学院蚕业研究所，1991)

5.植物性杀虫剂中毒

植物性杀虫剂有鱼藤精、烟草等。

鱼藤精的主要成分是鱼藤酮，对蚕具有触杀和胃毒作用。急性中毒重的蚕，几分钟内就停止食桑，举动呆滞、完全停止活动、身体柔软，但胸部不膨大、体躯不缩短、不乱爬吐液，胸足向两侧展开，腹足失去把握力，蚕体逐渐倒伏在蚕座中呈假死状态，仅背血管微微搏动，经数小时后躯体伸直而死(图 12-12)。中毒轻的蚕，经 24h 以上才出现大致与急性中毒重相同的症状，但假死后将毒叶拿开，放置于通风环境中，经 1～3h 后能陆续复苏，恢复食桑，但发育不良。

图 12-12　鱼藤精中毒蚕症状

烟草中毒主要由烟碱引起，烟碱可以通过接触、胃毒及经气门等途径进入蚕体。中毒蚕潜伏期短，麻痹期长。初期胸部膨大，头部和第 1 胸节紧缩，前半身抬起并向后弯曲，大颚时开时合并吐液，排连珠状粪或软粪；后进入麻痹期，头胸部肌肉麻痹、松弛，吐出大量黄褐色肠液，腹足失去把持力而倒卧蚕座死亡，手触尸体有硬块(图 12-13)。中毒轻的蚕，如早发现立即除沙并移到通风处，喂以新鲜桑叶，经一定时间后，大部分可以复苏，复苏后的蚕对其体质和茧质无大影响，这是区别于其他蚕中毒症的地方。

图 12-13　烟草中毒蚕症状

(二)中毒机制

家蚕是对农药反应很敏感的昆虫,农药通过触杀、胃毒、内吸、熏蒸等4种不同方式使蚕中毒。农药进入蚕体后,由于蚕体的生理机能及酶系统的作用,产生增毒作用或减毒作用或排出体外。例如敌百虫随桑叶被蚕食下后,在消化道内经碱性消化液的作用,分解成为敌敌畏,毒力增强,加速蚕中毒死亡。又如乐果进入蚕消化道内经碱性消化液的作用,大部分被分解并迅速排出体外,吸收进入体内的会迅速被血液中的磷酸酶、酰胺酶等分解为无毒的磷酸酯和甲胺等,使蚕不呈现中毒症状,而表现为抗药性。

农药进入蚕体后造成蚕中毒,其机制因农药种类不同而有差异,主要有如下2个方面。

一是农药进入蚕体后,会抑制神经传导过程中胆碱酯酶的活性或乙酰胆碱的正常循环,从而使神经传导发生障碍,或表现异常冲动,或被抑制而呈麻痹瘫痪。有机磷农药的敌百虫,其结构与乙酰胆碱酯相似,能与乙酰胆碱酯酶反应,使乙酰胆碱酯酶磷酸化而失活,造成神经突触处释放的乙酰胆碱不被分解而积累,导致神经传导冲动而中毒。有机氮农药的杀虫双,进入蚕体后经代谢转化为沙蚕毒素,其主要作用靶标是乙酰胆碱受体,能使突触前膜上释放出的神经传递物质减少,同时使突触后膜对乙酰胆碱的敏感性降低,从而阻断乙酰胆碱作为递质的神经冲动的传导,使神经不产生兴奋而陷于瘫痪。有机氯农药的六六六,进入蚕体后抑制腺嘌呤核苷三磷酸(ATP)的供应,引起神经突触处乙酰胆碱积累,从而妨碍游离型乙酰胆碱转化为吸附型乙酰胆碱的进程。拟除虫菊酯类农药进入蚕体后,可阻碍神经轴的传导,使负后电位延长而造成重复放电,即引起神经细胞膜的改变,从而改变膜的渗透性。烟碱的中毒机制与沙蚕毒素的类似,主要作用于乙酰胆碱受体。

二是农药进入蚕体后,会破坏酶系统活性,从而造成呼吸等障碍而死亡。植物性杀虫剂的鱼藤精进入蚕体后,抑制L-谷氨酸脱氢酶的活性,从而抑制三羧酸循环及氧化磷酸化作用;同时可以抑制黄素单核苷酸和辅酶Q之间的电子传递,从而抑制呼吸链的进程,最终使中毒蚕的呼吸受到抑制,背血管搏动微弱,全身衰弱无力,缓慢死去。

(三)危害

由于农药的种类、剂型和使用方法的不同,蚕农药中毒发生的情况也各不相同。农药危害蚕的方式大致有如下3种:一是桑园附近农田喷洒农药防治作物害虫,其农药污染桑叶而引起蚕农药中毒,这最为常见;二是当桑园内喷洒农药防治桑树害虫,在农药残毒尚未消失前采叶喂蚕而引起蚕农药中毒,这也较为多见;三是蚕室内堆放农药或蚕具接触到农药,农药直接接触蚕体体壁或通过呼吸器官进入蚕体内或污染桑叶而引起蚕中毒。进入蚕体内的农药根据其作用特点,可以引起神经系统、呼吸系统、循环系统及其他组织的异常,影响生理机能。

农药对蚕的危害大小与农药种类及进入蚕体内的药量有直接关系。当毒性大、在最低致死剂量以上的农药量进入蚕体内时,表现为急性中毒,即蚕突然中毒,呈典型的中毒症状,在短时间内死亡。

当毒性较小的农药较少剂量地进入蚕体内时,表现为微量中毒,尽管这种蚕往往无明显的外部中毒症状,但对蚕会造成2个方面的危害:一是造成蚕体质下降、发育缓慢、眠起不齐,易诱发传染性蚕病;二是造成蚕结茧机能异常,发生不结茧、结畸形茧或吐平板丝。从蚕的整个发育阶段来看,壮蚕对农药的敏感性要比稚蚕的弱,但壮蚕期受到微量农药中毒的危害比稚蚕期的严重。因此,防止5龄中、后期微量农药中毒,是防止不结茧蚕与减少畸形茧的有效措施。

(四)诊断

1. 肉眼诊断

通常通过对中毒蚕症状的观察,再结合当时的农药使用情况进行诊断。如在一般情况下,蚕在上一次给桑时还很活泼健康,在下一次给桑时突然发现食桑停止,表现为乱爬、吐液、胸部膨大、痉挛、麻痹、倒伏或食桑减少,举动不活泼,进而变为静止、虚脱状态等,可疑为农药中毒。再综合分析当时、当地农药的使用情况以及蚕中毒的症状,判断引起蚕中毒的农药种类。

2. 检测分析

(1)定性定量检测

采用气相色谱、液相色谱等方法,对中毒蚕及污染桑叶等进行化学成分鉴定和含量分析,以确定农药中毒的种类和药量,这是最正确的农药中毒诊断方法。但实际生产上,极其微量的农药污染桑叶就能引起蚕中毒,目前还难以用仪器分析的方法快速从桑叶或蚕体中检测出此种微量级别的农药。

(2)简易定性检测

采用β-醋酸萘酯-固蓝β盐法测定中毒蚕血液中胆碱酯酶活力,如果胆碱酯酶活力大幅下降,则可诊断有机磷农药中毒蚕。其原理是血液中存在胆碱酯酶,能将β-醋酸萘酯分解,生成β-萘酚;β-萘酚与固蓝β盐反应,生成一种紫红色的偶氮盐。当蚕体受有机磷农药中毒后,其血液中的胆碱酯酶活力受抑制,滴上β-醋酸萘酯溶液后,β-醋酸萘酯被分解为β-萘酚的活性减弱甚至消失,再滴加固蓝β盐溶液后所生成的紫红色的偶氮盐就会减少,使中毒蚕检测液呈淡红色,而健康蚕检测液呈紫红色。

(五)防治措施

1. 严防农药污染,避免蚕中毒

桑园、大田施用农药要考虑风向和农药剂型,尽量避免在桑园的上风使用粉剂农药,以液剂低施泼浇为好。另外,不在桑园内配药,不要在养蚕用的水塘里洗涤农药用具。在蚕室内严禁堆放农药,蚕具不盛放农药,养蚕用品不接触农药,供销社供应的养蚕用品,要与农药仓库严格分开。养蚕期间饲养员不要接触农药,以防污染。

2. 正确选用农药,掌握农药的残效期

养蚕地区农田除虫时应选用对蚕毒性低、残效期短的农药,在蚕饲育即将开始或饲育过程中,应避免使用农药。桑园治虫后,在农药的残效期内不能采叶喂蚕。

3. 中毒蚕的处理

发现蚕中毒后,首先迅速查明毒源,然后切断毒源,以避免继续中毒。蚕室立即开窗换气,然后撒隔沙材料,及时加网除沙,喂以新鲜良桑。中毒蚕如发现得早,且处理及时,经过精心饲育,有些可以自然复苏,不要轻易倒掉。对有毒物附着的蚕匾、蚕网、零星小蚕具,用碱水洗涤,反复暴晒后才能使用。

二、氟化物中毒

(一)氟化物的污染源

工厂排出的废气中含有几百种有毒物质,其中对蚕桑生产危害最大的是氟化物,其次是二氧化硫、氯气等。氟化物主要来源于磷肥厂、制磷厂、砖瓦厂、金属冶炼厂、铸造厂、水泥厂、玻璃或陶瓷厂、火力发电厂等,由于这些工厂使用大理石、磷矿石、萤石、砖坯及其他含氟材料与药品,经高温处理或酸处理后,其中的氟化物就转化成氟化氢(HF)等气体或烟雾微粒发散出来,对桑树、蚕都会造成危害。

(二)氟化物的危害

1. 对桑的危害

由工厂排出的氟化物随风飞散污染桑叶。在桑叶氟污染的总量中,20%左右为尘态氟黏附在桑叶表面,80%左右为气态氟通过桑叶气孔渗入叶肉组织。黏附在桑叶表面的尘态氟中的氟化物,当遇潮湿就分解出气态氟,也可进入叶肉组织,使桑叶变质。气态氟(主要是HF)从桑叶表面的气孔进入后,向桑叶尖端、周缘移动,并在叶内累积起来,它与叶肉组织内的钙起反应,形成难溶性氟化物,局部沉淀下来。氟化物含量达到正常标准以上,就会破坏桑叶细胞的原生质和叶绿素等,并分解、结合体内某些成分,扰乱酶的作用,阻碍各种代谢,从而出现桑叶生长受阻、收叶量减少、叶质下降等危害。尘态氟黏附在桑叶表面,会阻挡阳光而减弱桑叶的光合作用,会阻塞气孔而降低桑叶的吸收作用,从而对桑叶的生长、产量和质量产生一定危害。一株桑树上桑叶受氟化物污染程度,是随叶位自上向下地逐渐增高,所以桑叶越嫩,氟化物含量越低,桑叶越老,氟化物含量越高。桑叶受氟化物危害的轻重与污染源之间的距离,以及当时的风向、气流、温湿度等天气情况有密切关系，一般大气中氟化氢浓度在 0.1～0.5ppb(1ppb＝1μg/L)范围以下，桑树上桑叶即使经过 1 个月以上，其叶质不受影响，喂饲蚕后不会引起氟化物中毒；超过这个标准，叶质及蚕作就受到影响。因此，0.1～0.5ppb 可看作不影响叶质及蚕作的大气含氟的临界浓度。

2. 对蚕的危害

氟化物对蚕的危害，主要是通过污染桑叶，经蚕食桑而进入蚕体内造成积累中毒。桑叶本身也含有微量的氟化物，当桑叶 HF 含量达 30ppm(干物重)以上时，就会对蚕产生危害。这是大致的标准，实际的危害程度还因蚕的品种、龄期、强健度、接触时间等的不同而异，一般对抗性蚕品种、龄期大、强健度高、接触时间短的蚕的危害，要比敏感性蚕品种、龄期小、体质虚弱、接触时间长的蚕的要弱。蚕食下氟化物污染桑叶后，经过消化液作用，部分随蚕粪排出体外，大部分进入肠壁细胞及穿过消化道进入血液、马氏管等组织细胞，导致蚕中毒。中毒机制主要是氟化物改变细胞质膜结构与功能，破坏线粒体的完整性，与蛋白质中酪氨酸的酚羟基形成氢键以破坏正常的蛋白质空间结构，与核酸共价结合以造成 DNA 或 RNA 的化学损伤，与所有金属离子构成复合物以影响金属离子代谢及抑制多种酶活力，从而导致蚕能量代谢、生理机能等多方面的障碍。氟化物中毒重的蚕很快陆续死亡；氟化物中毒轻的蚕发育缓慢，体质下降而易诱发传染性蚕病，使蚕茧产量和质量降低。

(三)症状

1. 氟化物污染桑叶的症状

症状轻重因受害程度而不同，一般叶尖和叶缘首先呈现浅褐色至红褐色的焦斑，然后逐渐向内部扩展，最后桑叶退绿、变黄、萎缩脱落。偶尔有污染叶面全部出现褐色斑点乃至黑褐色大小圆形斑点。当污染桑叶的氟化物含量在 30ppm 以上对蚕已有影响时，肉眼还无法观察到桑叶的外表症状，这需要用化学分析方法对污染桑叶中的氟化物含量进行定性和定量检测。

2. 氟化物中毒蚕的症状

氟化物中毒蚕的症状有慢性和急性 2 种。

急性中毒症状多表现在 4～5 龄，这是由于壮蚕喂饲的桑叶较成熟，食桑量又多，相对地食下氟化物的剂量也高。急性中毒发生在眠起时，饷食后数日，整批蚕仍食桑不旺，体色黄褐，不转青；急性中毒发生在盛食期，表现为食桑量突然减退，残桑很多，蚕体平伏，动作呆滞，行动不活泼。这种急性中毒蚕很快陆续死亡，临死前有吐液现象。

慢性中毒蚕症状一般最初表现为入眠推迟、发育缓慢、食桑不旺；尔后群体出现发育大小参差不齐，个体出现起缩、空头、半蜕皮蚕等症状；最后有的蚕的节间膜隆起形如竹节，有的蚕环节间出现带状或环状黑褐色病斑，也有的蚕甚至全身密布黑斑，隆起和黑斑处体壁易破，流出淡黄色血液(图 12-14、图 12-15)。

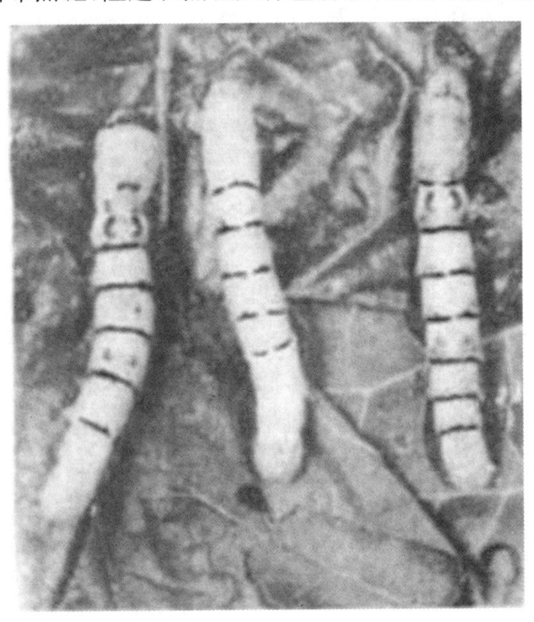

图 12-14　带状或环状黑褐色病斑(引自陆星恒，1987)

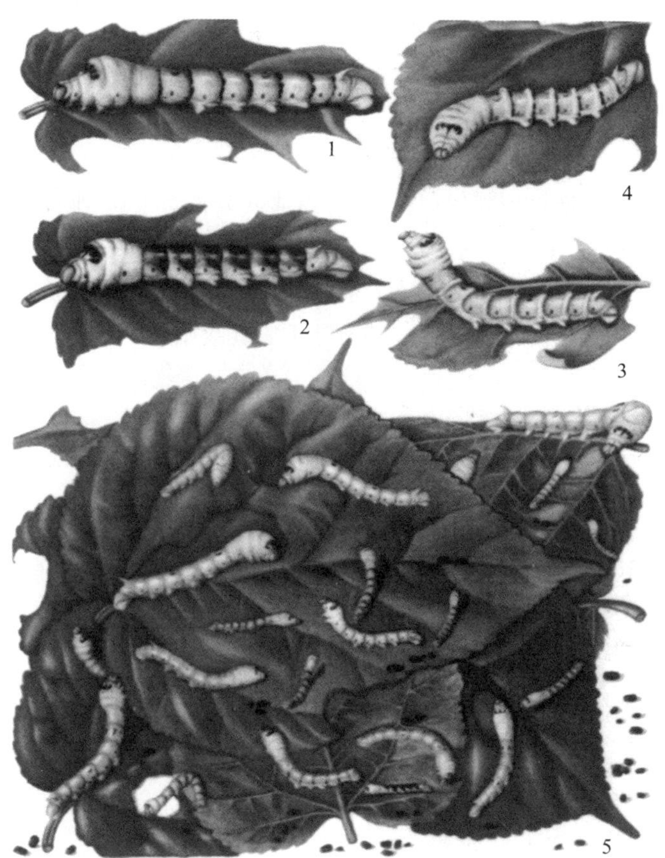

图 12-15　氟化物中毒蚕症状(引自浙江植保员手册编写组,1972)

1.环节间出现黑斑;2.环节背面出现黑斑;3.高节;4.高节并出现黑斑;5.群体发育不齐。

与蚕农药中毒比较,蚕氟化物中毒程度往往较轻,只要改喂优良桑叶,一般多能逆转,基本上恢复生机。即使出现病斑的蚕,亦能在蜕皮时消失,可减轻损失。若不改饲优良桑叶,长时间吃被氟化物污染的桑叶,则会引起蚕体质变弱,最终暴发传染性蚕病而造成重大损失。

(四)诊断

1.中毒蚕诊断

诊断本病可以根据上述急性与慢性的 2 种症状,即群体入眠推迟,龄期延长,发育显著不齐,蚕群体大小开差明显,表现出起缩、空头、半蜕皮蚕等症状;严重时出现环节间有带状或环状黑褐色病斑,节间膜隆起,皮肤易破,流出淡黄色血液等症状;但镜检血液和消化液,均没有特异性病原体。

2.污染桑叶诊断

第一,调查了解桑园周围数千米范围内有没有排出氟化物的厂矿。

第二,可用氟离子选择电极,通过电位法测定桑叶氟化物含量,若 1g 桑叶干物中能检出 30ppm 以上的氟化物,可确定为氟化物污染桑叶。

第三,可采用显微镜镜检,将较老叶片直接平摊在载物台上,在强光、低倍(30～60 倍)下镜检(透视),如观察到叶肉中有红褐色斑点及红褐色丝状物,严重的可至黑褐色,即可诊断为氟化物污染桑叶。

(五)防治措施

1.桑园周围要注意环境保护

新建桑园要远离工厂,新建工厂也要远离桑园,要求两者相距 1km 以上。同时工厂要做好废气回收综合利用,按照国家标准排放废气,以保护环境的清洁。在蚕桑生产重点地区,要建立大气、桑叶含氟量检测制度,及时了解大气污染和桑叶受害程度,必要时在养蚕季节对桑园周围的污染工厂采取短期熄火停产措施,以保障蚕作安全。

2. 根据季节划片采叶

总结历年来桑园受害情况，掌握本地区不同季节的气候特点和风向变化规律，灵活安排划片采叶，避免蚕氟化物中毒。

3. 中毒蚕饲以新鲜良桑

蚕发生氟化物中毒时，应立即更换新鲜良桑，轻者尚能恢复正常生理，上蔟结茧。

4. 桑园喷施石灰以减轻毒害

受氟化物轻度污染的桑园多施石灰，或在用叶前 1d 给叶面喷洒饱和石灰水，或桑叶采回后用饱和石灰澄清液或清水浸洗，可减轻氟化物的危害。但这种桑叶不宜连续喂饲，需与无害良桑间隔采用。

三、煤气中毒

煤气中毒是指蚕室加温用煤及煤球燃烧而产生的不良气体，通过蚕的呼吸作用而发生的中毒现象。

(一)中毒原因

由于煤的成分和质量不同，燃烧后所产生的气体成分也各不相同。一般煤燃烧，伴有二氧化碳、一氧化碳、二氧化硫、硫化氢等不良气体产生，其中引起蚕中毒的气体主要是二氧化硫和硫化氢。这些气体进入蚕体后，会破坏蚕体内的酶系统，致使蚕体新陈代谢发生障碍，中毒死亡。

(二)中毒蚕症状

煤气中毒常发生在第 1～2 龄或催青期，同一龄期内以起蚕、眠蚕受害较大，盛食期危害较轻。中毒轻的蚕仅食欲减退，举动不活泼，食桑缓慢，静伏于蚕座中。中毒重的蚕则马上停止食桑，吐出消化液，胸部膨大，尾部收缩而死。尸体有的呈 S 形，多数腐烂，稍振动，即流出黑褐色污液。眠蚕中毒，常成为半蜕皮蚕或不蜕皮蚕而死，尸体体壁紧张发亮。催青中发生中毒，多成为死卵，即使孵化也表现出孵化显著不齐。

(三)防治措施

1. 避免蚕、卵接触煤气

蚕室、催青室加温采用电器、炕床炕房等清洁的方式，避免在蚕室、催青室内燃烧煤球、煤屑的直接加温方式，从而减少蚕、卵直接接触煤气而中毒的机会。

2. 中毒蚕处理

发现蚕煤气中毒，应马上开窗门换气，或将蚕移至空气新鲜的地方，让蚕自然复苏，此后给予优质桑叶精心饲养，使蚕逐渐恢复正常。

第六篇

茧丝技术

第十三章　蚕茧收购

第一节　蚕茧分类

蚕茧因蚕品种、生产季节、品质、形状及色泽等不同，种类繁多。按照使用价值分类，其可以分为上茧、次茧和下茧三大类。

一、上茧

可以缫正品丝的茧为上车茧。上车茧又分为上茧和次茧两种。茧形、茧色、茧层厚薄和缩皱正常，表面无疵点或仅有较轻微疵点的蚕茧为上茧，也是缫丝的上等原料。

二、次茧

介于上茧与下茧之间，茧层表面有疵点，但程度较轻，不能缫高等级生丝，但可缫成低等级生丝的蚕茧称为次茧。如轻黄斑茧、轻畸形茧、轻柴印茧、轻内印茧、异色茧等均为次茧。次茧虽然能缫丝，但生丝等级低、利用率低。

三、下茧

有严重瑕疵、不能缫丝或者很难缫成正品丝的茧为下茧。下茧一般只能做普通丝绵的原料，常见的有如下几种。

(一)双宫茧

茧内有两粒或两粒以上蚕蛹的茧为双宫茧。双宫茧一般茧形特大，茧层特厚，缩皱粗乱，不能顺次离解，只能缫双宫丝。

(二)黄斑茧

茧层外部被污染而呈黄色斑渍的茧为黄斑茧。因污染处茧层已呈硬块，此处丝不能离解，所以落绪多，已不能缫丝。

(三)柴印茧

茧层外表有严重柴印痕的蚕茧称为柴印茧。因柴印部分茧丝胶着很紧密，丝胶不易溶解，所以缫丝时多跳动，落绪多。

(四)畸形茧

茧形特畸、多角或严重尖头等异于常态的蚕茧称为畸形茧。

(五)薄皮茧

茧层明显薄于正常茧并无弹性的蚕茧为薄皮茧。

(六)印头茧

污渍印出茧层并明显可见的蚕茧为印头茧。

(七)绵茧

茧层浮松、缩皱模糊、触摸软绵的蚕茧为绵茧。

(八)油茧

蛹油渗出茧层而局部产生黄色或黄褐色油斑的蚕茧为油茧。

(九)霉茧

茧层霉变的蚕茧为霉茧。霉茧具体分为两种:第一种是茧层表面发生霉变并且霉变总面积超过0.5cm²;第二种是茧层表面发生的霉变是由茧内部引起的。

(十)烂茧

污渍印出严重且面积超过0.5cm²,或外沾污渍严重且已深入茧层的蚕茧为烂茧。

(十一)瘪茧

茧层一侧压瘪且茧层沾有污物或蛹油,或两侧压瘪的蚕茧为瘪茧。

(十二)口茧

茧层有蚕蛾羽化口、老鼠咬口、削口、虫咬口等的蚕茧为口茧。

第二节 鲜茧的评价

一、干壳量评茧法

(一)评茧的主要依据

蚕茧由四个部分组成,分别是茧衣、茧层、蛹体和蜕皮。而用于缫丝的仅仅是茧层部分,所以评定蚕茧优劣的主要依据就是茧层的重量和质量。干壳(干茧层)越重,缫丝得到的丝量就越多,即缫取同样的丝量所用的原料茧就越少。现行最为主要的鲜上车茧评茧标准就是先依据鲜上车光茧的干壳量来确定鲜茧的基本等级,再以上车茧率、色泽、匀净度、茧层含水率、好蛹率等进行补正,同时以僵蚕(蛹)决定等级升降,评定出鲜茧等级。按照等级价格以及有关补贴规定,最终核定鲜茧的单价。

(二)评茧标准

各地的干壳量评茧的标准略有不同,但大致都包括以下几块。

1.干壳量确定鲜茧基本等级

将一定数量的鲜上车光茧的茧壳(全国多数省份用50g茧的茧壳,广东省用20粒茧的茧壳)烘至无水恒重时的重量(即干壳量),来确定鲜茧的基本等级。以50g鲜上车光茧的干壳量来确定基本等级的,质量指标的干壳量数值定为7g,干壳量以0.2g为一级,满0.1g的按0.2g计价,不满0.1g的尾数舍去。例如,干壳量8.3g按8.4g计价,干壳量8.29g则按8.2g计价,余类推(表13-1)。7g以下及10g以上的干壳量,也按0.2g为一级来推算。

广东省用20粒(二化性)或40粒(多化性)茧的干壳量定基本等级,并抽样实测解舒率进行等级补正升降。二化性茧的干壳量幅度分级的计数单位定为0.05g(表13-1)。

2.补正规定

(1)上车茧率

上车茧(包括茧衣)重量占受检蚕茧总重量的百分比称为上车茧率。上车茧率越高,则可以缫丝的蚕茧所占比例就越高,出丝量就越多。所以上车茧率可以作为反映茧壳质量的一个重要项目。以100%为基础,每降低5%降一级,满2.5%作5%计算,满7.5%作10%计算。

(2)色泽、匀净度

色泽是指蚕茧的颜色与光泽。以茧层外表洁白、光泽亮丽、茧衣蓬松者为好,茧层外表光泽度差、呈现浅黄色、茧衣干瘪者为差,介于这两者之间的为一般。

表 13-1　桑蚕茧干壳量分级标准表

等级	全国多数省份用 50g 茧茧壳的干壳量/g	广东省用 20 粒(二化性)茧茧壳的干壳量/g
特五	10.0	
特四	9.8	
特三	9.6	
特二	9.4	
特一	9.2	>6.85
一	9.0	6.30～6.80
二	8.8	5.70～6.25
三	8.6	5.05～5.65
四	8.4	4.45～5.00
五	8.2	3.80～4.40
六	8.0	<3.75
七	7.8	
八	7.6	
九	7.4	
十	7.2	
十一	7.0	

匀净度是指上茧重量占上车茧重量的百分比。以 85.00%及以上者为好,70.00%～84.99%者为一般,不满 70.00%者为差。

色泽和匀净度两项都好的升一级,两项都差的降一级,其余一般情况的不升不降。匀净度不满 50%者按次茧收购,每 500g 鲜茧有 400 粒及以上者也按次茧收购。

(3)茧层含水率

茧层含水率是指茧层所含水量占茧层原量的百分比,其计算公式如下:

$$茧层含水率(\%)=\frac{茧壳原量(g)-干壳量(g)}{茧壳原量(g)}\times 100\%$$

茧层含水率 12.99%及以下者升一级;13.00%～15.99%者不升不降;16.00%～21.00%者降一级;21.00%以上者应退回,待晾干后再收;在大气相对湿度 85%以上时,可以允许茧层含水率 16.00%～21.00%者不降级。

(4)好蛹率

化蛹正常、蛹体表皮无破损并呈黄褐色的蛹为好蛹。好蛹数占受检茧数的百分比即为好蛹率,其计算公式如下:

$$好蛹率(\%)=\frac{好蛹数}{受检茧数}\times 100\%$$

通过 50g 鲜茧削剖茧壳检验后进行升降,好蛹率 95.00%～100%者升一级;90.00%～94.99%者不升不降;80.00%～89.99%者降一级;70.00%～79.99%者降二级;余类推。

3. 僵蚕(蛹)升降

在检验蚕茧中,有僵蚕(蛹)者,好蛹率、色泽、匀净度不得升级,该降则降。僵蚕(蛹)数占受检茧数的百分比即为僵蚕(蛹)茧率,其值达 30%及以上者,按次茧收购。

(三)评茧方法

有了正确的评茧标准后,还需要有行之有效的评茧方法,才能合理定价。

以干壳量定蚕茧基本等级的方法称为干壳量检验法。国家规定检验用茧取样方法应以定粒定量为准。但在实际工作中又有简化方法,如定量不定粒或定粒不定量等方法。通常是取 500g 的 1/10 重量及粒数的办法,检验用的 50g 鲜光茧的茧壳烘至无水恒重,以此干壳量定基本等级。以浙江省为例,主要操作步骤分为以下五步。

1. 第一步:抽大样,评定色泽和匀净度

抽样需要具有代表性,在将蚕茧倒在评茧台的过程中,随时检查注意茧质变化。如发现有蚕茧茧壳受

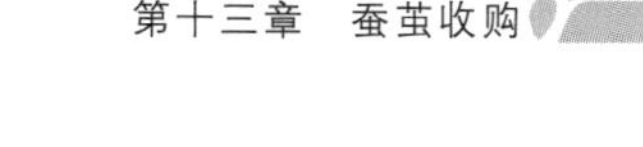

潮或者发霉迹象的，要分别处理；如发现有毛脚茧，应说服蚕农待化蛹后再出售。每倒一箭茧，先摊匀，根据标准细致观察全部蚕茧色泽、匀净度，决定等级的升或降；再随机抽取1～2把放入样茧篮，作为样茧并标记，抽样数量按茧量的多少来定，一般抽2kg左右即可。

2. 第二步：抽取小样，检验上车茧率

将抽取的大样茧篮中的样茧倒在评茧台上，轻轻拌匀，分成2～4区，由售茧人或评茧员任选一区。在选定的一区中称准小样茧250g(毛茧)，在划定方格内每格放10粒茧，并按顺序标明数码，数清总粒数。按标准选出下茧(双宫1粒作2粒)，称准下茧重量，得出下茧率，也算出了上车茧率：

$$\text{上车茧率}(\%)=\frac{250-\text{下茧重量(g)}}{250}\times 100\%$$

3. 第三步：抽取干壳量检验用茧

在选出下茧后的小样茧中，随机抽取250g毛茧总粒数的1/10粒数茧，零数按四舍五入计算。剥去茧衣，轧准50g上光茧量(如不准确，则用同粒数不同重量的茧调换，直到准确为止)。将此50g上光茧削开茧层，察看有无毛脚茧、内印茧、僵蚕(蛹)茧等。如发现粘住茧层的死笼茧和内印茧等，应用等粒等量的好茧调换；如发现僵蚕(蛹)茧，则按规定的办法作升降级处理。然后倒出蛹和蜕皮，复查无误后，称准鲜茧壳量并放入烘盘，同时计算出好蛹率。

4. 第四步：烘干鲜茧壳，得出干壳量

烘箱员接到样茧鲜茧壳后，经复验(茧壳粒数、茧壳内是否还有蛹体和蜕皮等)无误，再顺次在评茧仪中进行初烘和决烘，茧壳烘至无水衡量时，看准读数，读出干壳量，确定基本等级。同时根据干壳量和鲜壳量，计算茧层含水率，按标准规定确定等级升降。

5. 第五步，确定蚕茧的等级和价格

由干壳量确定基本等级，再根据茧的色泽、匀净度、上车茧率、好蛹率、茧层含水率等补正条件，以及僵蚕(蛹)等决定等级升降，得出最终的等级。最后按照等级价格以及有关补贴规定，核定出每50kg鲜上车茧结算价格。

二、肉眼评茧法

对照标准，以肉眼察看为主，结合手触、耳听、鼻嗅等来判别蚕茧质量优劣的方法，称为肉眼评茧法，一般用于量少、零星鲜茧的茧价评定。具体操作步骤如下。

1. 查

调查站区的生产和收购情况，弄清中心茧质和茧价，向售茧户问清饲育的蚕品种以及饲育情况等，做到心中有数。

2. 看

观察蚕茧的色泽、大小、匀净度等，同时查看下茧、次茧数量，估计上车茧率和好蛹率。

3. 摸

用手触摸蚕茧，估计茧层松紧和弹性程度，了解茧层厚薄和潮湿程度。

4. 摇

摇茧听声，了解蚕茧化蛹程度以及死笼、僵蚕(蛹)等的数量。

5. 嗅

鼻嗅茧味道以鉴别内印茧情况。

6. 定

根据查、看、摸、摇、嗅的情况，再与通过干壳量评茧法评定茧价的茧进行比较，按照茧级标准，最终核定蚕茧的等级和价格。

肉眼评估工作要认真细致，同时其评估正确程度应经常与干茧量检验进行校对，提高正确率。

三、茧层率评茧法

以鲜茧茧层率为主要条件确定基本等级，再根据茧的色泽、匀净度、上车茧率、好蛹率等补正条件以及僵蚕(蛹)等决定等级升降,核定出最终的茧价,此评茧方法为茧层率评茧法。鲜茧茧层率以及茧的色泽、匀净度、上车茧率、好蛹率等的调查方法,与干壳量评茧法的相似。在测定鲜茧茧层率时,应避免直接日晒,远离热源和强风源,称量必须准确。

四、组合售茧、缫丝计价法

把蚕茧质量相当的几户或十几户蚕农的蚕茧合并在一起集体售茧,先确定基本茧价,将预付款给售茧组合体;然后抽取样茧缫丝,以鲜茧出丝率定基价,以解舒丝长做补正,得出鲜茧的最终单价;根据缫丝最终单价与预付基本茧价的差数,计算出返还茧款,支付给售茧组合体。

组合售茧、缫丝计价法合理而全面地体现了优质优价的政策原则,保护了蚕农、丝厂、国家三者的经济利益,有利于养蚕技术的普及与推广,有利于提高出丝率。

五、双宫茧、次茧及下茧的评级方法

双宫茧、次茧及其他各类下茧的等级标准各省份不统一,一般都由目测评定。双宫茧以茧层厚薄、茧色好坏、印烂双宫的有无和多少等来分级。次茧依茧层厚薄、混入的下茧多少来分级。其他下茧以茧层厚薄、疵点程度与深浅、印烂茧多少等来分级。

对于削口茧,在目测评出等级单价的基础上,再抽取有代表性的茧壳 1.0～1.5kg,混匀,然后从中称取 12～13g,剔除杂物后烘干至无水恒量,得出结算价格。

第十四章　蚕茧干燥与检验

第一节　蚕茧干燥概述

一、蚕茧干燥的目的与要求

蚕茧干燥俗称烘茧，一般是指利用热能或其他能源，杀死鲜茧茧腔内的活蚕蛹和寄生蝇蛆，并且除去蛹体及茧层中的水分，使蚕茧水分达到规定程度的工艺过程。蚕茧干燥是缫丝工程的第一道工序，鲜茧必须经过干燥才能满足缫丝工业生产的需求。

(一)蚕茧干燥的目的

1. 杀死蚕蛹和寄生蝇蛆，避免出蛾、出蛆，保护茧层

家蚕的一生要经历卵、幼虫、蛹和成虫这四个阶段，蚕蛹羽化为蚕蛾后会穿破茧层，寻求交配产卵，此时茧壳即变成了蛾口茧。此外，家蚕在饲育过程中，受饲育条件影响而容易被多化性蝇蛆寄生，幼虫初期被寄生的在吐丝前即发生出蛆死亡，后期被寄生的在吐丝结茧后出蛆，由于蝇蛆破茧而出形成蛆孔茧。蛾口茧和蛆口茧这两类茧的茧丝已断，无法缫丝。因此，短期内收购大量鲜茧，必须及时将活蛹和寄生蝇蛆杀死，否则就会因发蛾、出蛆而不能缫丝。

2. 烘去适量水分，防止发热发霉，利于蚕茧储存

鲜茧含有大量水分，其中鲜茧茧层含水率为12%～17%，鲜茧蛹含水率为73%～78%，并且活蛹具有旺盛的呼吸作用。因此，短时间内收进大量鲜茧，放置一段时间后容易发生蒸热，造成蛹体死亡霉烂，或者因蚕茧自身蛋白质组分分解而发生细菌性霉烂，导致使用价值降低乃至无法用于缫丝生产。为此，鲜茧只有将其水分去除之后，才能防止发热发霉，有利于长期储存。干茧最利于储存的平衡水分率为11%左右。

3. 改善茧丝理化性能，促使茧层丝胶适当变性，增强抵抗煮茧能力，补正茧质，以利于缫丝生产

在缫丝过程中，煮茧可以使茧层丝胶充分膨润并部分溶解，当茧丝间胶着力小于茧丝湿强力时，茧丝才能顺利离解。因此，烘茧过程中茧层丝胶膨润溶解性的变化程度将很大程度上影响解舒率等茧质指标。一般来说，茧层丝胶膨润溶解性越好，其解舒率越高。鲜茧的丝胶没有发生变性，在热水中的溶解性良好，解舒较好，但是得到的丝条颣节多、洁净度差。所以丝胶发生适当的变性，可以减少丝条的毛羽，提高丝的品质。而烘茧过程中就可以通过加热使丝胶发生适当的变性，补正茧质。

(二)蚕茧干燥的要求

蚕茧干燥坚持质量第一，切实保护茧层，全面贯彻"优质、高产、低耗、安全"的总要求。

1. 优质

根据鲜茧的茧层率、含水率等，进行理论烘率的测定，拟定烘茧工艺方案；在茧处理过程中，注意防日晒雨淋，防止鲜茧、半干茧的发热、霉烂以及人为损伤茧质，同时要注意防止干茧湿热、瘪茧；正确认识蚕茧干燥的特殊性，及时烘干，避免发蛾出蛆，减少损失；在烘茧过程中要严格按照规程进行规范操作，控制温度适当，排湿合理，防止出现干燥程度偏老偏嫩等情况，做到适干均匀。

2. 高产

在保全茧质的前提下，妥善安排烘力(设备、人力等)，熟练烘茧操作，提高工效和设备利用率。

3. 低耗

根据不同的干燥设备以及茧性，制定科学的干燥工艺，在合理的温湿度条件下烘茧；引进先进烘茧设

备，或者根据条件进行技术革新，充分利用热能，降低能耗；严格规范操作流程，减少对设备的人为损伤，并且在烘茧作业间歇期注意对设备的维护和保养。

4.安全

建立科学严格的制度，落实岗位责任制，预防为主，提高警惕，加强检查，清除隐患，杜绝火灾等一切安全事故。

二、蚕茧干燥的原理

现行的蚕茧干燥都是以空气为介质，借助热能的作用，使原来具有一定湿度的空气变为干燥的空气，降低相对湿度，使蚕茧与空气之间、蚕茧内部茧层与蚕蛹之间形成温度梯度和湿度梯度，热空气由外而内进入蚕茧，蚕茧中的水分子由内而外蒸发到空气中，通过气流交换达到烘干蚕茧的目的。鲜茧干燥包括茧层和蚕蛹两部分的干燥。茧层为多孔性的纤维物质，其所含水分多为毛细管表面吸附的水分，含水量小，干燥较快。蚕蛹结构较为紧密，其所含水分大部分是细胞内结合较为牢固的生理水分，干燥较慢。因此，蚕茧干燥的主要对象是蛹体。

蚕茧在干燥过程中，热空气首先作用于蚕茧表面，使茧层温度逐渐升高，茧层表面的水分先被蒸发，茧层内部的水分向表面扩散，由表面再汽化蒸发。同时，热能通过茧层提高了茧腔内的温度，蛹体受热升温，蛹体内部水分扩散至蛹体表面蒸发，蛹体死后，活蛹抑制水分散发的能力丧失，蛹体水分扩散以及蒸发的速度加快，茧腔内的水蒸气又通过茧腔内外蒸气压差以及茧层的透气性不断向外扩散，随气流排出干燥室。在蚕茧干燥的过程中，蛹体内水分向外扩散的现象称为内部扩散，茧层表面水分蒸发到灶内干热空气中的现象称为表面蒸发。内部扩散和表面蒸发交替发挥作用，使鲜茧在干燥中达到含水量平衡。内部扩散和表面蒸发一般是同时进行的，但是两者的速度很少恰巧相等。在蚕茧干燥过程中，一旦两者速率不一致，不是茧层表面多湿就是茧层表面过干，使丝胶发生变性甚至是丝素结构发生改变，导致茧的解舒变差，进而使最终得到的生丝的强力下降。因此，烘茧不仅是把鲜茧烘成干茧，而且要根据蚕茧干燥的原理，制定科学合理的干燥工艺，从而达到干燥的目的和要求。

三、蚕茧干燥的规律

蚕茧干燥具有一定的规律，干燥的全过程可分为预热、等速干燥和减速干燥三个阶段，其中减速干燥阶段又分为减速干燥第一阶段和减速干燥第二阶段，如图 14-1 所示。

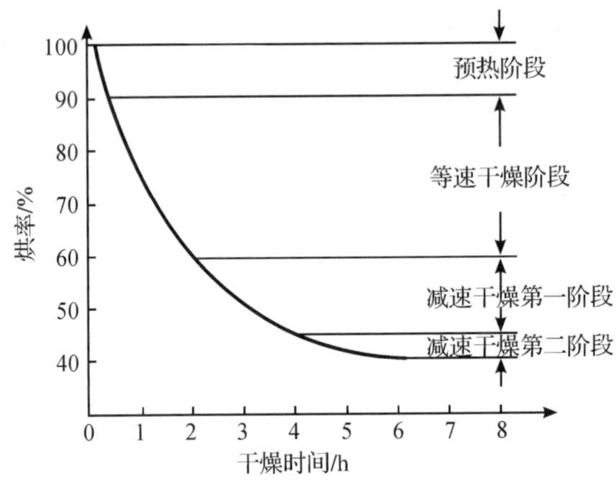

图 14-1　蚕茧干燥曲线（引自王榴兴，2008）

（一）预热阶段

鲜茧进灶后，茧体受热升温，茧层水分蒸发，热能透过茧层、茧腔传递给蛹体，杀死蛹体，破坏蛹体表面蜡质层，蛹体水分开始大量蒸发。

预热阶段的主要特征在于，此阶段热量主要用于鲜茧的加热和杀蛹，茧层的水分蒸发很快，而蛹体升温

较慢，这是因为活蛹能够抑制水分扩散，同时其表面的蜡质层也起着阻碍的作用，此时内部扩散处于被抑制的状态。因此，为了保护茧层，在此阶段不能使用过高的温度，不能排湿。当传给茧体的热能与用于其水分扩散、汽化的热量间达到平衡时，预热阶段结束。实际烘茧中，活蛹死亡需要20～30min。因此，预热阶段耗时也在30min左右，此时烘率约为97%。

（二）等速干燥阶段

蛹被杀死后，蛹体内水分很快开始汽化，并通过茧层向外蒸发，此时茧层与蛹体表面、蛹体内部存在湿度差，蛹体内部水分不断扩散到蛹体表面，并在蛹体表面汽化，转移到茧层；茧层内部的水分通过扩散作用不断向表面移动并汽化，使蚕茧得到干燥。在等速干燥阶段，受湿度梯度和温度梯度的影响，茧层表面形成湿膜层。茧层温度低于干燥室内空气的温度，蛹体温度又低于茧层温度，形成内低外高的温度梯度。此时茧层表面的蒸气压约等于液体的蒸气压，其蒸发速度与自由液面基本相似，而与蚕茧的含水率无关。由于此时蛹体的水分大量而快速地通过茧层，茧层成为水分蒸发通道，不会过干。与此同时，干燥室内热空气的热量几乎全部用于水分的蒸发上。热量流入速度、茧体温度和干燥速度大致保持一致，鲜茧含水率的减少与时间成正比，即单位时间内的水分蒸发量相等，所以此阶段称为等速干燥阶段。由等速干燥阶段转入减速干燥阶段的分界点出现在烘率为62%～65%范围内。

等速干燥阶段的主要特征在于，此阶段为蒸发水分的主要阶段，热量几乎全部用于水分的蒸发，蚕茧水分的蒸发处于表面汽化控制阶段，并且该阶段鲜茧含水量的减少与时间成正比。

（三）减速干燥阶段

随着鲜茧含水量的降低，蛹体水分越来越少，蛹体内部水分向蛹表面扩散的速度低于茧层表面的蒸发速度。干燥作用继续，水分扩散作用逐渐困难，水分蒸发量随着时间的推移逐渐降低，直到茧体含水量达到平衡为止。这一阶段由于单位时间的水分蒸发量逐渐减少，干燥速度逐渐降低，因此称为减速干燥阶段。如图14-1所示，减速干燥阶段又分为减速干燥第一阶段和减速干燥第二阶段，减速干燥第一阶段为不饱和表面干燥，减速干燥第二阶段为完全表面干燥，一般在蚕茧自由水分含量达到10%左右时，减速干燥即由第一阶段转入第二阶段。

减速干燥阶段的主要特征在于，水分蒸发量和用于水分蒸发的热量消耗逐渐减少，湿度梯度逐渐减弱，茧层表面附近的湿气膜逐渐消失，蚕茧含水率随时间经过减少。该阶段水分蒸发处于内部扩散控制阶段，在蚕茧水分达到平衡时，室温、茧层和蛹体温度趋于一致，干燥速度为零。

四、影响蚕茧干燥与茧质的因素

影响蚕茧干燥与茧质的主要因素包括温度、湿度和气流，一般称为烘茧三要素。根据蚕茧干燥的特殊性及原理，对干燥的控制原则一般考虑两个阶段：等速干燥阶段主要是蒸发水分；减速干燥阶段主要是保护茧质。对干燥条件的研究主要考虑两个问题：一是干燥速度，收烘茧具有明显的季节性，要将短期内大量收购进来且会发蛾出蛆、蒸热霉变的鲜茧干燥成适干茧，满足其长期储存的要求；二是补正茧质。

（一）温度

烘茧温度对蚕茧干燥速度和蚕茧质量有很大影响。在实际烘茧操作中，温度又可具体分为壁温、室温和感温这三种。壁温是内壁温度计感应壁附近的空气温度，烘茧时可以通过壁温及时了解灶内的温度情况。室温是蚕茧干燥室内空气各部位的平均温度或分段的平均温度，这个温度是烘茧时的供温，一般在茧灶热风气流进风口测定，代表了实际烘茧温度。感温是蚕茧感受到的温度，因为蚕茧在起烘、烘茧中途的水分散发最大，随着水分量变少、水分膜失去，蚕茧表面温度上升，因此感温是相对变化的，该温度对烘茧的实际操作具有重要的指导意义。

1.温度与干燥速度

在只考虑杀蛹、杀蝇蛆以及干燥效率的情况下，烘茧的温度越高，到达平衡水分的时间越短，干燥的速度越快，烘茧的效率越高。这是因为干燥时空气温度越高，空气中相对湿度越低，空气的吸湿性增强，同时蚕茧内的水分子动能也增强，扩散速度增大，由于水分的逸出而加快了蚕茧的干燥。大量的研究表明，二干法烘茧中，头冲的温度以105～110℃为宜，最好不要超过115℃；二冲温度以90～100℃为宜。

2.温度与茧质

干燥温度是影响茧质最重要的因素。茧丝受热温度的高低以及时间的长短决定了丝胶的变性程度。干燥过程中受热温度适当，则茧层丝胶变性适度，煮茧的抵抗力增强，溶解程度适中，具有补正茧质的作用。当受热温度越高，热的作用时间越长，丝胶变性就越大，导致溶解性、吸湿性降低，进而使蚕茧索绪率、解舒率等成绩变差。但是为了保护茧质而采取低温烘茧的方式也是不提倡的。蚕茧在干燥过程中，在大量水分逸出时，仍然采用低温，则会导致水分不能及时干燥排出，茧丝接触湿热时间过长，会使丝胶发生不可逆变性，造成茧质恶化，解舒不良。此外，低温长烘不仅影响茧质，而且会降低设备的利用率，导致缫丝效率降低，影响制丝生产。因此，按照蚕茧干燥原理、规律，按照实际情况合理配置烘茧温度，变温烘茧，才是烘茧的正确方法。

(二)湿度

在烘茧中，湿度也是影响蚕茧干燥速度和蚕茧质量的主要因素。

1.湿度与干燥速度

在蚕茧干燥过程中，当阶段、温度、风速均相同时，湿度是决定干燥速度的主要因素。如果用与蒸发温度相对应的饱和蒸气压 P_s 和干燥介质中水蒸气分压 P_d 的差值来表示蚕茧干燥速度 v 的话，则如下式：

$$v=K_p(P_s-P_d)$$

式中：K_p 为蒸发系数；P_s 为饱和蒸气压；P_d 为干燥介质中水蒸气分压。

由上式可知，当空气的温度一定时，改变相对湿度可以影响干燥的速度，若想提高蚕茧干燥速度，则必须降低干燥介质中水蒸气分压，即要排湿。预热阶段处于升温、杀蛹过程，此时虽然蚕茧含水量高，但是排湿量并不多，所以为了加快干燥室温度的提高，不需要进行排湿。在等速干燥阶段，蛹体水分蒸发旺盛，水分蒸发量大，因此通风排湿能较大地提高干燥速度。在减速干燥第一阶段，湿度的影响已经逐渐减小，到了减速干燥第二阶段，湿度对干燥速度的影响已经微乎其微。

2.湿度与茧质

在蚕茧干燥过程中，湿度对茧质造成的影响并不亚于温度。蚕茧处于多湿区，茧层丝胶变性程度比干热状态下大得多，这是因为在湿热的状态下，水分子动能增大，运动加快，导致丝胶大量吸水，从而改变了丝胶大分子的空间结构。即便是低温情况下，湿度较大也会让丝胶吸水，改变丝胶结构，使茧质受损，导致茧层手感变硬。蚕茧处于低湿区，高温低湿的条件使其干燥速度太快，在以内部扩散为主的减速干燥阶段，会增加温度对茧质的影响，出现茧层失水而过干的情况，并且浪费热量，增加成本。在低温低湿条件下，烘茧时间过长，容易导致温度、湿度难以控制，出现劣质茧的情况，并且花费时间较长，降低了设备的利用率。

3.控制湿度原则

在蚕茧干燥的实际操作中，要按照蚕茧干燥的原理和规律，做到"湿多多排，湿少少排"，排"湿"不排"热"。

在预热阶段，鲜茧进烘20～30min，茧层受热升温，水分逐渐蒸发。此时干燥室内湿度不高，所以为了保温、升温，应关闭排气孔来避免热量损失。

在等速干燥阶段，蚕茧水分大量蒸发，茧层含水率回升，并且受到湿气膜的影响，干燥室内相对湿度增加，此时应开大排气孔，充分排湿，如遇下雨天，则可短暂(1～2min)开灶门排湿。

在减速干燥阶段，干燥层增厚，水分蒸发缓慢，蛹体水分扩散慢于表面蒸发，特别是在减速干燥第二阶段，茧层易失水而过干。此时干燥室应降温保湿，关闭排气孔和进气孔，保持一定的湿度(20%～25%)，缓和干热对茧层茧丝(丝胶)的影响，保证茧质。

总体来说，在蛹体死亡、水分蒸发量最大的阶段，做到全排湿；在蚕茧水分逐步减少的阶段，要适当保持湿度，防止茧层表面水分蒸发太快而损伤茧质。

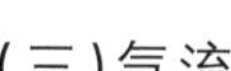

(三)气流

蚕茧干燥室内的气流可分为自然气流和强制气流。自然气流是由干燥室顶部和底部设置的排气口、给气口,依赖干、湿空气的湿度差、重量差、压力差以及密度差等形成的气流循环。强制气流是利用机械力(风机、风扇等),让气流按照规定的流程、速度和温度进行循环。

气流根据流动方向不同,可分为并流、错流和逆流。并流也叫顺流,是指热气流与被干燥物并列同方向流动,也称平行流动。逆流是指热气流与被干燥物以相对方向流动。错流也叫乱流,是指热气流相对于被干燥物的流动方向紊乱,既有斜侧方向、垂直方向,也有并流方向和逆流方向。

气流根据流动形式不同,又可分为层流和湍流。层流是指气流平行移动,层流有流动规律,也有主气流和支气流。湍流也叫涡流,是指气流回旋呈漩涡状,移动迅速,分布杂乱无序。

气流在蚕茧干燥中主要起着两方面的作用:一是吸入热量,促进干燥;二是拌和热量,使干燥均匀。

1.气流与干燥速度

蚕茧干燥过程中,随着气流速度增大,干、湿空气交换加快,热空气含湿量减小,因此其干燥作用增强。除此之外,增大的气流速度也使得接触蚕茧表面的空气量增加,单位时间内接触空气的蚕茧蒸发面积增加。对于同一重量的蚕茧,蒸发面积增加,干燥作用增强,干燥速度加快。但气流对蚕茧干燥速度的影响效果没有温湿度显著。这是因为在蚕茧干燥过程中,在水汽蒸发量最大的等速干燥阶段,水气膜最厚,此阶段气流影响较大,加大气流速度就会立即加大干燥效力;但是在水汽蒸发量较少、没有形成水气膜的减速干燥阶段,加大气流速度几乎无法令蚕茧干燥速度加快。

除了气流的速度会影响蚕茧干燥速度之外,气流的方向也会对蚕茧干燥速度造成一定的影响。在蚕茧干燥过程中,平行气流与蚕茧的接触面小于垂直气流,因此干燥速度较慢,而垂直气流下的蚕茧不仅干燥速度快,干燥程度也更加均匀。

2.气流与茧质

气流对茧质的影响小于温湿度对茧质的影响,发挥着辅助补正茧质的作用。在蚕茧干燥过程中,采用低风速的效果更好,不仅干燥速度快,而且茧层因高温高湿引起的丝胶变性作用较轻,同时干燥室内的热空气分布更加均匀,减少了局部高湿的危害,有利于均匀干燥,保证了蚕茧各部位和茧体间热处理的一致性,有助于保护茧质和解舒。除此之外,在有一定的对流时,传热作用加强,减少了辐射热对茧丝的影响,有利于保护茧质,减少干燥斑。但当气流速度过大时,特别是在减速干燥阶段,就容易导致茧层失水过度、温度上升,加重了丝胶的变性,损害了茧丝质量和重量。

除此之外,气流的方向对茧质也有直接的影响。风向保持不变时,茧堆两面和茧粒两端的吸热、排湿有明显的不同,导致干燥不均匀和热处理不一致,造成丝胶变性不均匀,在茧层上产生干燥斑;茧粒间的干燥也不均匀,从而令茧质下降。因此,定时改变气流的方向有助于保护茧质和均匀补正茧质。

第二节　蚕茧处理

蚕茧处理指的是蚕茧干燥前后一系列保护茧质的技术措施及操作过程,目前分为鲜茧处理、半干茧处理和全干茧处理。蚕茧处理的要求主要包括:以保护茧质为中心,合理安排烘力和堆放场地;不同蚕品种茧以及上茧、次茧、下茧要严格区分,分别处理;鲜茧、半干茧的堆放场所要阴凉通风,干茧堆放场所要干燥防潮。这些要求直接影响蚕茧、生丝的产量和质量。

一、鲜茧处理

鲜茧处理主要是指鲜茧运输以及堆放处理,包括堆场条件、堆放方法、堆放时间等。

(一)鲜茧的运输

在收茧后的运输过程中应当注意鲜茧的轻装、轻运、轻放,防止蛹体受伤,污染蚕茧,影响茧质。

(二)堆放条件

由于收茧时间短且量大,同时受到烘茧的烘力限制,鲜茧在烘茧前必须进行堆放处理。堆场必须具备面积充分、离烘房近、整洁通风、低温、避免阳光直射、不易受雨淋潮湿等条件。同时应当准备气笼、茧篮、竹席等工具,并在收烘前对其进行维护保养,确保光滑、干净,以免刮伤蚕茧外层丝缕或者污染蚕茧外层,影响丝量、丝质。

(三)堆放方法

1. 平摊法

地面铺竹席或芦席,然后将鲜茧平铺于席上。此方法单位面积容茧量少,同时由于底部蚕茧不透气,易发生蒸热。此方法适用于收茧量较小,而且地处气温较低、空气较为干燥地区的茧站。

2. 垄堆法

蚕茧堆积如垄,中间插上气笼。此方法在通风较好的区域不易发生蒸热,但容茧量较小并费人力,适用于收购茧量适中的茧站。

3. 山积法

将茧堆积成一大堆,中间多处插上气笼。此方法堆茧量大,但极易发生蒸热,损伤茧质,同时导致蛹体腐烂。为此,此方法一般只作为应急用并且需要及时进烘,适用于收茧量大、烘力足够的茧站。

4. 篮堆法

使用特制茧篮,每篮装 3～4kg 茧,装至八成满后,再将中间挖成凹形,或者在中间插上气笼,将茧篮叠放成“品”字形,高度不得超过 8 层。此方法装茧容量大,与空气接触面大而易保护茧质,但需要购置茧篮,增加成本(图 14-2)。

图 14-2　篮堆法堆放蚕茧

5. 架插法

将鲜茧平铺在茧箔内,每箔放约 4kg 茧,然后将铺好茧的茧箔插于架子上,最多不超过 10 层,也可以将铺好茧的茧箔以“品”字形叠放。此方法也称为立体堆茧法,由于与空气多接触而利于保护茧质,装茧容量也较大,还可以随时进烘,不用再次铺箔,但缺点主要是成本较高。

在堆放蚕茧时,装篮、倒茧等操作要轻缓,防止蛹体破损,污染茧层,影响茧质。同时经常检查,严防蒸热,发现问题及时处理。

(四)堆放时间

鲜茧的堆放时间应严格控制,一般堆放时间越短越好,春茧不超过 36h,夏秋茧不超过 24h,提倡尽快进烘,随收随烘。

二、半干茧处理

半干茧是指鲜茧经过一定时间干燥，散发了大部分水分后的蚕茧。半干茧的处理主要是散热、堆放装篮和还性。半干茧出灶后，首先必须散热至室温，然后再进行垄堆、篮堆、架插等堆放处理，使其还性，同时对头冲程度不同或分级茧做好标记，半干茧也应标记好其出灶时日、茧级、烘率等，为二冲提供参考。对堆放中的蚕茧要勤加检查，变换位置，篮堆的蚕茧要定期换篮翻茧，以利于均匀还性，绝对防止潮闷蒸热或还性过度。在堆放中如通风不良，而且茧堆感觉闷热，茧层柔软、无弹性，则可能是达到了蒸热边缘，要立即翻茧换篮，严重的必须立即复烘。

半干茧的堆放法与鲜茧堆放法相对应，可采用平摊法、垄堆法、篮堆法和架插法。在操作中遇落地鲜茧，应及时拣起放好，不允许随意踩踏蚕茧。堆放、装篮、铺箔中发现内印茧、双宫茧等下次茧要及时拿出，分别放好，做好标记，做到分级烘茧。在半干茧处理过程中，应当注意防止蒸热，消灭霉烂，保护茧质；保持适当还性，缩小蚕茧间含水率差异，以利于二冲干燥均匀；同时调节烘力，提高设备利用率，缩短半干茧堆放周期。

(一)散热

刚出灶的半干茧会散发热量和水汽，不能直接垄堆。早秋茧在冷却后装篮，其解舒率相比于直接垄堆6h后装篮的提升约10.79%；中秋茧在冷却后装篮，其解舒率相比于直接垄堆24h后装篮的提升约13.15%。

(二)堆放

1. 平摊法

将半干茧平摊在地面的竹席上，厚度不超过30cm，并在半干茧中插入气笼。此方法的占用面积较大，下层蚕茧容易发生蒸热，因此可存放蚕茧的时间较短。

2. 垄堆法

半干茧如垄状堆放在地面的竹席上，厚度不超过60cm，直径不超过100cm，并在半干茧中间插上气笼。此方法需要将蚕茧放置于通风较好的堆场，以避免发生蒸热，并且容茧量较小。

3. 篮堆法

用篮装九成满的半干茧，再将中间挖空成凹状或者插上气笼。茧篮成“品”字形堆放，底部垫上架子，堆放的高度不得超过10层，堆放的茧篮中间需要留出通道以便于检查，同时也需要确保空气流通以防止蒸热。此方法堆放半干茧的时间可较长，但在二冲前必须按照堆放蚕茧的潮湿程度，再陇堆6～12h，用于提高茧质。

4. 架插法

半干茧出灶后，直接将半干茧的茧箔插于架子上，架高不要超过10层，层距需控制在30cm以内，茧箔中间呈凹形，末层必须离地高60cm。除此之外，也可以将茧箔按照“品”字形叠放。此方法的装茧容量大，能充分利用场地设备，半干茧的堆放时间也可较长。但使用该方法需要在二冲前再进行一段时间的陇堆，使蚕茧潮湿程度均匀。

(三)还性

还性特指半干茧的茧粒间、茧层各部位间的感温和水分等趋向均匀一致的物理现象。半干茧在出灶后的堆放过程中，茧粒间、茧层各部位间发生吸湿、放湿作用，使含水量达到自然平衡、均匀。半干茧适当还性能缩小蛹体间含水量的差距，缓和二冲对茧层丝胶的影响。但半干茧还性过度，则会引起蛹体蒸热，使蛹体变黑且霉烂，茧质恶化，解舒率降低。

半干茧还性时间的检测主要有手感检测、剖茧检测、利用气候检测、利用季节检测等。手感检测时，手插茧堆如感到茧层柔软、弹性弱、触感阴凉，则还性适度；如感到茧层尚不柔软、富有弹性，则还性不足；如感到为热感，则还性过度。剖茧检测时，如蛹体色稍暗，则为还性适度；如蛹体色黑变，则为还性过度。利用气候检测时，如气候干燥，则需要堆篮 7～8d；如气候潮湿、阴雨天多，则需要堆篮 5～6d。利用季节检测时，春期需要堆篮 5～6d，夏秋期需要堆篮 4～5d。

半干茧的堆放还性时间，因半干程度、通风条件、气候和季节、堆放方法等不同而有所差异。一般烘率 60%左右出灶的半干茧，堆放还性时间约 5d；烘率 50%左右出灶的半干茧，堆放还性时间约 7d；通风好、气候干燥的地区和季节，可以多堆放还性一些时间；采用篮堆法、架插法堆放的，堆放还性时间可稍长；采用垄堆法、平铺法堆放的，堆放还性时间宜短。

三、干茧处理

干茧一般是指烘到适干的蚕茧。对干茧的处理是整个烘茧工艺的最后阶段，包括散堆、打包与仓储作业等，以散热、防潮、防踏、防压等为重点，各类茧分别处理。干茧出灶后，茧体会继续向外散热和散发水分。如果干茧出灶后不及时散热就打包，就会使茧体余热和茧腔内形成的饱和湿空气长时间无法向外扩散，形成湿热状态，使茧层丝胶继续变性，恶化茧的解舒。同时，干茧有吸湿性强的特点，空气中湿气会被茧体吸收，导致茧层、蛹体发生霉变，所以干茧冷却后要及时打包，以防止吸潮还潮，保护茧质和蚕茧的使用价值。另外，干茧在处理过程中，应当防止被踏或压瘪，因为强烈的机械压力会使蚕丝蛋白分子结构受到损伤，在缫丝中丝易切断，落绪茧增多。瘪茧的解舒率降低 6%～18%，其中机械损伤的热瘪茧的解舒率降低更大，比冷瘪茧的下降幅度达 50%左右。

(一)散堆

车灶蚕茧出灶后，直接在车上散热，当用手接触蚕茧感觉不热时，就可将干茧铺在干净干燥地面上 1～2h，在茧体热散失后便可装袋。其他方式的出灶干茧需要堆放在干燥通风的阁楼上，高度 60～70cm，堆放蚕茧的表面呈凹形或波浪形，有利于热量散发，待完全冷却后，再将蚕茧堆高，但不超过 1.7m，同时离墙 60～70cm，四周需要留有通道用于通风。

干茧散堆的时间不超过 24h。当用手插入茧堆中心，感觉中心蚕茧干燥、清爽，茧层富有弹性，应及时打包装袋。由于茧丝的热脆性，在处理干茧时都必须注意操作规范，动作要轻巧，避免蚕茧从高处跌落或对茧堆冲击造成伤害，同时避免出现被人为踩踏成瘪茧而影响茧质。

(二)打包

干茧冷却后，要及时灌袋打包，每袋茧量 20～25kg。不同干燥程度的蚕茧需要分别打包、标记、装运。如有过嫩干茧，需要在茧站低温复烘达到适干后再打包。在打包前必须剔除烂茧、双宫茧等次茧，防止次茧混入好茧之中而造成霉菌感染，从而影响整个庄口蚕茧的品质，造成蚕茧浪费。同时干茧必须分级装袋，分开放于仓库，并做好标记。

(三)仓储

成包后的干茧，应按计划及时发运到指定的茧库存储。如需要在茧站短暂存放的，应放于干茧堆场，四周离墙 66cm，中间留一通道，便于检查、管理。

茧库内要不受或极少受外界环境温湿度的影响，温度要求保持一定，相对湿度控制在 65%～70%。同时要做到合理堆放，防止霉变、虫鼠害，定时进行安全检查。

第三节　蚕茧干燥

一、蚕茧干燥方法

现行蚕茧干燥方法有两种，即一次干燥法和二次干燥法。

(一)一次干燥法

一次干燥法又称直干法，是将鲜茧一次烘成适干茧的干燥方法。其工艺流程为：鲜茧处理→蚕茧干燥→

干茧处理。

本干燥方法具有用热经济、节约人工以及茧质损伤较少等优点，但因为烘茧过程中蚕茧不翻动变位而存在蚕茧受热不均匀的问题，同时因每次烘茧时间延长而造成烘茧设备利用率低。

(二)二次干燥法

二次干燥法又称为再干法，是将鲜茧烘成半干茧，堆放一定时间适当还性后，再第二次进灶烘成适干茧的干燥方法。其工艺流程为：鲜茧处理→烘成半干茧→半干茧处理→烘成适干茧→干茧处理。第一次将鲜茧进灶烘成半干茧(鲜茧重量的 60%～65%)，然后出灶堆放还性一定时间；第二次将半干茧进灶烘成适干茧(全干茧)。

本干燥方法具有烘茧设备利用率高、蚕茧干燥较为均匀等优点，但存在劳动强度大、茧质受到的人为损伤较多等问题，同时由于鲜茧、半干茧、适干茧的特性各不相同，所以需要大面积的场地来合理堆放这三类蚕茧。

二、蚕茧干燥设备

我国目前采用的干燥技术是利用热空气介质干燥蚕茧，所以蚕茧干燥设备大体可以分成三大类，即静置式烘茧灶、推进式烘茧灶和循环式烘茧机。

(一)静置式烘茧灶

静置式烘茧灶是用泥砖和钢材建造并固定在某一位置不移动的蚕茧干燥灶型(图 14-3)，主要有浙 73-1 型车子风扇灶、江苏 83 型烘茧灶、四川 N82 型热风烘茧灶等。浙 73-1 型车子风扇灶以无烟煤为燃料，通过烟道气直接供热，具有升温快、热利用率高、耗煤低、干燥时间短、烘茧能力强等优点。江苏 83 型烘茧灶总体结构与浙 73-1 型车子风扇灶基本相同，但性能有所提高。四川 N82 型热风烘茧灶除了具有浙 73-1 型车子风扇灶的优点外，还能充分利用余热及可使用有烟煤，既降低了烘茧煤耗，又提高了解舒，使用、维修和管理都较为方便。

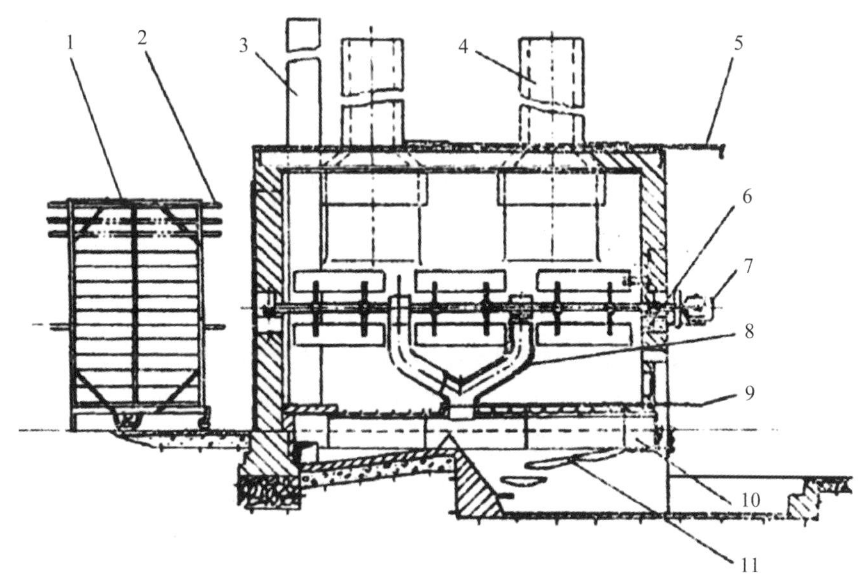

图 14-3　静置式烘茧灶(引自黄国瑞，1994)

1. 茧车；2. 茧格；3. 烟囱；4. 排气筒；5. 排气筒调节闸门及拉杆；6. 风扇轴；7. 电动机；8. 钳形导热管；9. 放热口调节闸门及拉杆；10. 铸铁鳍片炉；11. 炉栅。

静置式烘茧灶适合养蚕分散、收购批次多而蚕茧量少的蚕区茧站使用，具有投资少、结构简单、建造容易等优点，是目前我国蚕茧干燥使用最多的灶型。

(二)推进式烘茧灶

推进式烘茧灶是用砖砌成一长方形隧道,前、后端有进、出口门,中央设有铁轨和风扇,两侧装有排给气装置(图 14-4)。此长弄式大型蚕茧干燥室一般可以容纳 14 辆茧车,茧车按照一定的路线间歇前进,达到烘干蚕茧的目的。由于在茧车间歇前进的过程中,茧车内上下、左右的温度分布不均,容易导致蚕茧干燥程度不一,因此一般采用二次干燥法。推进式烘茧灶主要有 ZJT206-3 型热风推进式烘茧灶、浙江直接热推进式烘茧灶、四川 CZL84-1 型热风推进式烘茧灶等。此类设备适合收购茧量多的茧站使用。

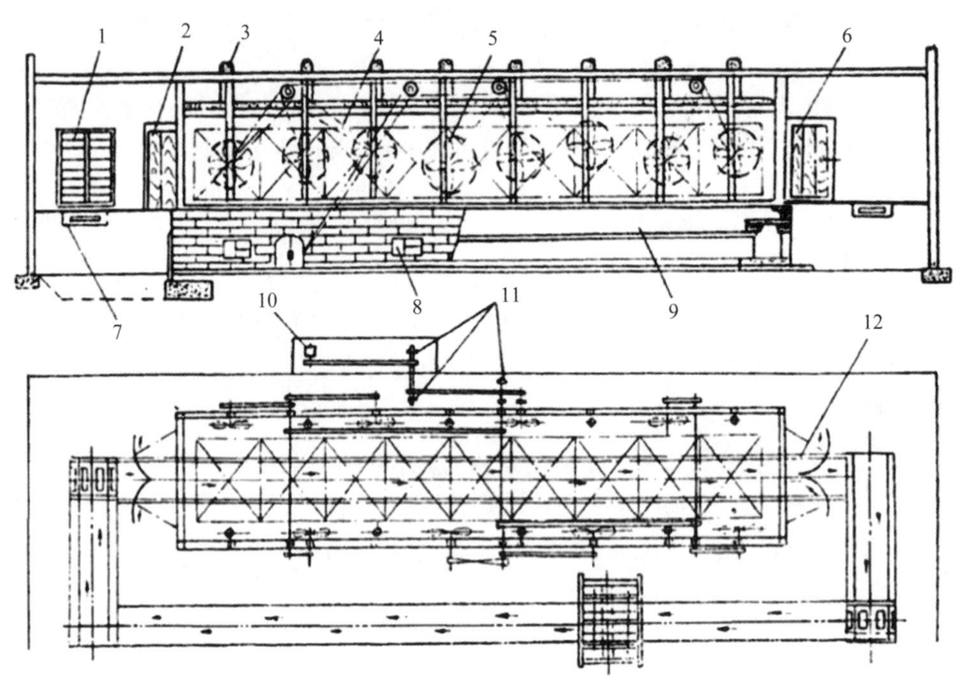

图 14-4　推进式烘茧机(引自黄国瑞,1994)

1. 茧架;2. 进口门;3. 排气口;4. 干燥室;5. 风扇;6. 出口门;7. 搬运车;8. 给气口;9. 加热室;10. 电动机;11. 传动装置;12. 轨道。

(三)循环式烘茧机

循环式烘茧机是一种机械化程度较高的蚕茧干燥设备,以履带式的钢丝网作为容茧系统,一般分为 6～8 层(图 14-5)。在蚕茧干燥过程中,蚕茧从前到后、从上到下运行干燥路线,并且烘茧机各层的干燥左右对称,所以蚕茧干燥的均匀度好,一般采用一次干燥法。但是循环式烘茧机设备的复杂程度远大于普通烘茧灶,一旦某一环节出现问题或者操作不当,整个设备就会运行不正常甚至出现瘫痪状态,所以对司炉工以及燃煤的质量具有较高的要求。循环式烘茧机主要有四川创艺系列自动循环热风烘茧机、川西 CL 型热风循环自动烘茧机、浙江 ZS85-Ⅱ型热风烘茧机、江苏 JFH 型系列热风循环自动烘茧机等,是目前最先进的蚕茧干燥设备,适用于蚕茧集中产区的大型茧站使用。

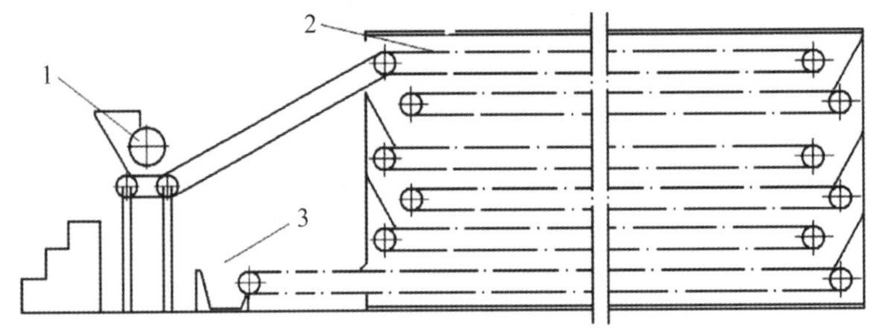

图 14-5　循环式烘茧机(引自陈锦祥,1992)

1. 自动铺茧装置;2. 茧网;3. 集茧装置。

三、蚕茧干燥工艺

蚕茧干燥工艺是指铺茧量、干燥程度、干燥温度、煤耗量及干燥时间等工艺条件，称为“五定烘茧”。在蚕茧干燥过程中，要尽量保持这5个主要工艺条件的稳定性，以保证不同设备之间或同一设备在不同时期蚕茧干燥质量的相对稳定。

(一)铺茧量

铺茧是正式烘茧的一项准备工作。均匀铺在茧格或茧网上的蚕茧数量即为铺茧量。其多少关系到蚕茧干燥均匀度和设备利用率的高低。铺茧量过多，因积叠太厚，造成表层、底层与中层茧的受热干燥不均匀；同时延长干燥时间，影响茧质。铺茧量过少，因蚕茧干燥时间短，易导致茧粒间、茧粒内的干燥不均匀程度更重，影响茧质；同时使设备利用率降低。为此，铺茧量除应视机型、灶型及受热形式而定外，还需要考虑干燥阶段、蚕茧情况、天气条件等因素。头冲可铺得薄些，二冲可铺得厚些；茧层厚、茧层率高的可铺得厚些；茧形大、蛹体大的可铺得薄些；阴雨天可铺得薄些，晴天可铺得厚些；蛹嫩的可铺得薄些，蛹老的可铺得厚些。一般1m^2茧箔面积铺茧4～5kg，统一定量，箔上铺茧应做到松而匀。

(二)干燥程度

半干茧与适干茧的干燥程度对茧质的影响较大。在同一批鲜茧中，半干茧几成干以及干燥程度是否一致决定了半干茧还性是否一致，最终关系到全干茧的质量。全干茧干燥程度的差异更是影响到了缫丝产量、质量、消耗以及仓储安全等。一般烘茧干燥程度应比标准烘率偏干些，给予茧层丝胶适当变性，使茧质稳定均匀。但烘得过干，特别二冲(二烘)后阶段温度高、相对湿度小时，会使茧质明显下降。

正如平常所说“蚕茧干燥的主体是蛹体的干燥”，蚕茧的干燥程度主要是通过控制蛹体的回潮率来实现的，只要蛹体达到需要的回潮率，就可出茧。

(三)干燥温度

蚕茧干燥通常分为预热阶段、等速干燥阶段、减速干燥第一阶段、减速干燥第二阶段四个阶段。这四个阶段对温度的要求有明显的不同。此外，在同一阶段，因传热方式不同，其要求的温度也有差异。

值得注意的是，每个阶段要解决的主要问题有所不同：预热阶段要快速升温杀蛹；等速干燥阶段要尽快除去蛹体内的水分；减速干燥阶段须防止茧层过干而造成丝胶干热变性，所以要适当保湿，以保护茧质。

(四)干燥时间

蚕茧干燥设备的换热形式可分为辐射热、对流热和复合热三大类。蚕茧干燥时间除因灶型结构和换热形式的不同而有所不同外，还受铺茧量、烘茧温度、换气等的影响。一般铺茧量多、烘茧温度低、换气作用弱时，干燥缓慢，则干燥时间延长；反之，铺茧量少、烘茧温度高、换气作用强时，干燥快，则干燥时间短。干燥时间过短易形成“高温急干”，干燥时间过长易形成“低温长烘”，都有害茧质。为此，从当前茧质和干燥设备来说，一般将鲜茧烘至适干，用煤灶(有风扇)需6.0～6.5h，用机灶需5.0～5.5h。对各干燥阶段的烘茧时间，只需要根据干燥工艺情况略做调整，掌握好达到出灶标准烘率的时间。

(五)耗煤量

我国干燥蚕茧的燃料主要是煤。煤的燃烧好坏，直接影响烘茧温度、时间、煤耗和烘茧质量。要使煤达到完全燃烧，必须要供给适量的空气，保持一定的温度，达到气体的着火温度，使空气与可燃物全面接触。烧煤要服从烘茧温度的需要，如需高温时，应加足煤量，延长旺盛燃烧阶段的时间，同时除尽积灰，供给足够的空气，疏松煤层，使空气与可燃煤全面接触；如需要低温时，可加一层煤，既可保持底火，又可以压火缩短旺盛燃烧阶段的时间，减弱火力，达到降温的目的。

在实际蚕茧干燥中，以上主要工艺条件之间是互相联系互相依存的，如干燥温度高，则可以缩短干燥时间；铺茧量厚，则往往会延长干燥时间。所以，蚕茧干燥的“五定烘茧”标准应该按照实际情况灵活掌握。

第四节　蚕茧干燥程度的检验

蚕茧的干燥程度是指蚕茧干燥一定时间后的水分量度值，对于蚕茧质量有很大影响。为了不影响蚕茧质量，需要对半干茧和适干茧的干燥程度进行检验：半干茧应当尽量减少蛹体之间的干燥程度差异；适干茧应当干燥均匀。

一、干燥程度与茧质关系

(一)半干茧干燥程度与茧质关系

半干茧的干燥程度很大程度上决定了适干茧的品质，干燥程度越均匀，二冲就越容易达到均匀干燥，有利于适干茧品质的提升。半干茧的干燥程度按照现行的标准规定，春夏茧大约 6.5 成干，秋茧大约 6 成干。在该标准下的半干茧干燥程度对蚕茧烘适干具备以下两个方面的优势。

1.含水量大的蛹体更易被烘干

在同等速度干燥的情况下，蛹体初始蒸发速度是一致的。当干燥到大约 6.5 成干时，蛹体之间存在的体型大小差异会影响蛹体水分的蒸发，进而导致干燥速度不一。如果此时继续使用高温干燥，可能会导致水分多的蚕茧继续干燥，但是水分少的蚕茧干燥速度减慢，而环境的水分仍然较高，此时高温还未达到破坏茧质的程度。因此，在烘干到 6.5 成干左右时，就可以当作半干茧出灶，有利于散失热量，平衡烘干蛹体水分，缩小半干茧间的干燥开差。

2.二冲可使用较低温度，有利于保护茧质

当半干茧的干燥程度大约在 6.5 成干时，经过堆放及还性等处理，蚕茧水分会进一步散失 2%～5%，导致在二冲前的蚕茧的干燥程度高过 6.5 成干。因此，二烘的时候就可以相应地调低温度，起到保护茧质的作用。

(二)适干茧干燥程度与茧质关系

1.嫩烘茧与茧质

蚕茧在烘干过程中，蛹体水分不断被蒸出，水分烘出率逐渐下降到零，茧层含水量也在不断下降。茧层含水率在蚕茧烘率 45%时是一个转折点。当烘率在 45%以下时，茧层含水率随着干燥程度的进展而急速下降，这时蚕茧丝胶的黏性、扩散与界面张力、水溶解性、色素附着性等变性现象明显起来。嫩烘茧是指蚕茧蛹体含有较多水分、并未断浆便出灶的蚕茧。由于嫩烘茧在出灶前水分仍在不断扩散、蒸发，能缓冲干热对茧层丝胶的刺激，丝胶变性较轻，所以蚕茧解舒较好。但是嫩烘茧在储藏中容易霉变，霉变会导致茧丝断裂，从而影响解舒；同时嫩烘茧茧层丝胶不稳定，缺乏煮茧抵抗力，缫丝时丝易生故障，生丝的洁净、清洁度差。因此，不建议使用嫩烘茧。

2.老烘茧与茧质

老烘茧是指蚕茧蛹体水分已经被完全烘干并且茧层处于过干状态而出灶的蚕茧。因为老烘茧茧层已经是过干，其丝胶变性程度增大，缫丝时落绪增多，从而影响茧的解舒；同时老烘茧容易产生油茧，影响茧质。但是老烘茧有减少丝条故障的倾向，也有利于储藏。

3.老嫩不匀茧与茧质

老嫩不匀茧是指在同一批蚕茧中，同时存在不同干燥程度的过嫩、偏嫩、适干、偏老、过老等蛹体的茧。不同种类茧的蛹体含水率差异较大，茧层受热后丝胶变性程度不同，导致后续煮茧、缫丝环节复杂并增加故障，最后得到的生丝质量差；同时嫩烘茧在储藏过程中容易发霉变质，最终影响全茧的茧质。为此，在烘茧时一定要杜绝老嫩不匀的情况，对于嫩烘茧，可以采取堆放复烘给予解决。

4.适干茧与茧质

适干茧是指蚕茧的蛹体与茧层都已经基本烘干，但又留有允许存在的少量水分而出灶的蚕茧。适干茧既有利于安全储藏，又能保护茧层，生丝质量上佳。

蚕茧干燥程度与茧质关系如表14-1所示。

表14-1　干燥程度对茧质的影响

项目	烘率/%	茧丝长/(m/粒)	解舒率/%	清洁/分	洁净/分
适干茧	41.7	1031.5	86.15	97.0	94.5
偏老茧	30.7	1026.5	84.25	98.0	94.5
偏嫩茧	44.0	1022.4	88.25	97.3	91.9

注：数据引自黄国瑞，1994；用平温101.7℃±1.5℃直干试验，风扇转速250～450r/min。

二、蚕茧干燥程度检验

蚕茧干燥程度的检验方法主要有蛹体检验法和重量检验法两种。

(一)半干茧干燥程度检验

1.蛹体检验法

蛹体检验法主要是运用嗅觉、触觉及听觉对蛹体进行检验，具体操作步骤如下。

在半干茧出灶前，选取代表性茧格抽取样茧；将抽取的样茧剖开茧层，取出内蛹体，细致观察蛹体形状，检定其干燥程度；半干茧的干燥程度以6成干为标准。如蛹体腹部稍有软性，初检厚浆，轻捻腹部不易滑动，则为8成干；若蛹体尾部收缩、腹部深凹呈“瓢羹形”，两翅初起边线，则为6成干；若蛹体腹部初起凹形、两翅深凹，翅梢已瘪，则为4成干(图14-6)。大面积抽样检验时一般剖茧100粒，小面积抽样检验时一般剖茧20～50粒，一灶抽样检验最多不超过10粒。

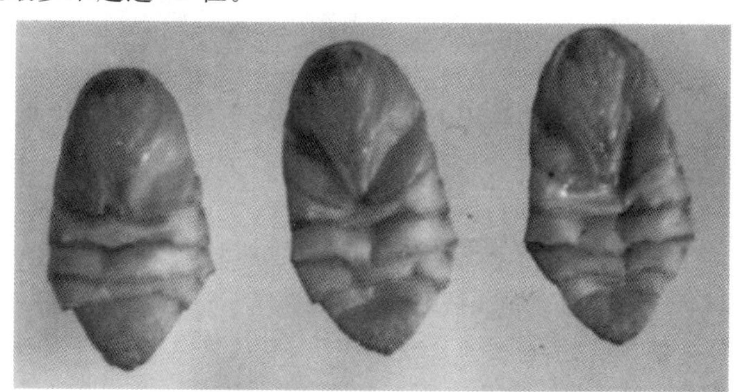

图14-6　半干茧蛹体干燥程度

注：从左至右依次为8成干、6成干、4成干。

2.重量检验法

重量检验法是指利用鲜茧进灶前称得的茧重以及出灶称得的半干茧茧重，计算出散发了多少水分，常用烘率、几成干等指标表示。

(1)烘率

烘率是干燥一定时间后的蚕茧重量与干燥前的鲜茧重量的百分比。其计算公式如下：

$$烘率(\%)=\frac{干燥后蚕茧重量(g)}{干燥前鲜茧重量(g)}\times 100\%$$

烘率受气候、蚕蛹雌雄比例、茧层厚薄等多种因素的影响。为了保护蚕茧解舒，半干茧的烘率应在60%～65%。

(2)几成干

几成干是蚕茧干燥一定时间后除去的水分量与达到适干时应除去水分量的比例。其计算公式如下：

$$几成干=\frac{鲜茧重量(g)-干燥后茧重量(g)}{鲜茧重量(g)-适干茧重量(g)}$$

半干茧以烘成6成干为标准。

(二)适干茧干燥程度检验

1.适干茧出灶时检验

通常采用感官的蛹体检验法。

(1)适干

鼻闻茧体因蛹体内蛹油挥发而呈清香。此气味用土灶烘的较浓,而用机灶烘的较淡。手触摸灶内蚕茧,量轻而微湿,摇茧时有清脆声;剖开茧体,揿捏蛹体已经断浆成小碎片,捻搓之后即成线香条,蛹体带重油而不腻。

(2)偏嫩和过嫩

鼻闻茧体有馊味。手触摸灶内蚕茧表面有水湿气,摇茧听其声音重浊、带闷声而不清脆;剖开茧体,捻搓蛹体成大片状并带油腻性。这属于偏嫩茧。

蛹体未断浆,破皮似牙膏状,可以将蛹体碾压成饼。这属于过嫩茧。

(3)偏老和过老

鼻闻茧体有浓香。手触摸灶内蚕茧,量轻而干爽,摇茧声音较尖利。剖开茧体,捻搓蛹体成粉末状,并略见油。这属于偏老茧。

鼻闻茧体香味浓。摇茧轻爽,声音尖脆。剖开茧体,捻搓蛹体成小硬粒或硬块,无油。这属于过老茧。

出烘检验适干茧的允许范围一般为:适干蛹率达85%以上,偏嫩和偏老蛹体的总数不超过15%,其中偏嫩蛹8%以内,偏老蛹7%以内,俗称“7老8嫩”,过嫩和过老蛹均以1粒作2粒偏嫩和偏老蛹计算。现行烘茧机(灶)及工艺,适干蛹率应达到95%为宜。

2.适干茧入库检验

适干茧入库检验一般是在出灶后2~20d进行,主要采用蛹体检验法和重量检验法。

(1)蛹体检验法

1)适干:蛹体碾压易碎,略油但不腻。稍用力揿捏成小片或粉粒状,捻之可以卷成线香条,手指上染油。如果蛹体用力碾压时手感轻、脆,不呈粉状,但是蛹体色泽黄亮,无油,也可以当作适干茧。如果蛹体本身油多但不腻,可以碾压成小片或酥粒,也可以当作适干茧。

2)偏老和过老:用手碾压蛹体,在手指上无油感,蛹体揿捏成粉状,但是捻之不能成线香条,这属于偏老茧。蛹体硬,断油,不易捏碎,用力重捏则碎成硬块或硬粒,这属于过老茧。

3)偏嫩和过嫩茧:蛹体重油,可以揿捏成薄片或软块状,带有腻性,这属于偏嫩茧。蛹体重油且油腻,手触摸较软,不断浆,揿捏成饼状,蛹体破皮即见有牙膏状浆体,这属于过嫩茧。

(2)重量检验法

1)烘率

烘成适干茧重量与干燥前鲜茧重量的百分比为适干茧烘率。为了利于适干茧储藏,蚕茧回潮率应维持10%~20%,如果鲜茧的茧层率为20%,那么适干茧的烘率约为40%,大于此烘率的蚕茧烘得较嫩,小于此烘率的蚕茧烘得较老。这个烘得嫩和老的标准也需要用蛹体检验法进行进一步检测鉴定。

2)烘折

烘折是指干燥前鲜茧重量与烘得的适干茧重量的百分比,习惯上指烘成100kg适干茧所需鲜茧的千克数。其计算公式如下:

$$\text{烘折}(\%)=\frac{\text{干燥前鲜茧重量(kg)}}{\text{适干茧重量(kg)}}\times 100\%$$

适干茧入库的标准烘折为250%。

第十五章　生丝缫制与检验

生丝缫制简称制丝，是指将作为原料的蚕茧加工成生丝的全过程。其主要工艺流程为：混茧→剥茧→选茧→煮茧→缫丝→复摇→整理→检验。前四道工序（混茧、剥茧、选茧、煮茧）是蚕茧的准备和加工，后四道工序（缫丝、复摇、整理、检验）是生丝的生产和检验。通过检验的生丝即可打包入库，等待销售。

第一节　混茧、剥茧、选茧

一、混茧

（一）混茧目的与要求

在制丝行业，茧站称为庄口，把同一茧站同一季节收烘的蚕茧称为庄口茧。不同庄口的蚕茧因品种、气候、饲育环境、饲育技术以及烘茧条件等不同，所产的蚕茧质量（如茧形大小、茧色泽、茧丝长短与纤度粗细、茧解舒好坏等）存在差异。为此，不同庄口茧需要采取不同的煮茧、缫丝工艺条件。如果单庄口茧进行单独煮茧、缫丝，则在实际制丝生产中因经常调换庄口茧而需要频繁地更换工艺设计，工人不易熟悉原料茧性能而影响操作，给制丝带来很多困难。因此，各厂均把两个或两个以上庄口的蚕茧按工艺要求的比例均匀混合在一起，此工序叫混茧，俗称“打官堆”。

1. 混茧的目的

第一，混茧能够扩大茧批，平衡茧质，缫制品质统一的批量生丝，提高生丝的质量和产量。将符合并庄条件的庄口茧按一定比例进行混合，以大庄口带动小庄口，较好茧带动较次茧，也能稳定缫丝生产。

第二，混茧也是解决尴尬纤度的方法之一。缫丝工艺要求纤度开差越小越好，但实际生产中由于蚕茧品种、批次繁多，往往会出现尴尬纤度（茧丝过粗或过细），给缫丝带来很大困难，此时可以通过并庄混茧来解决问题。例如要求生产目的纤度为 21Denier（23.33dtex）规格的生丝，而某庄口茧的单丝纤度大约为 3dtex，以 7 粒定粒缫丝偏细，以 8 粒定粒缫丝偏粗。此时可以将此庄口茧与另一单丝纤度较细的庄口茧按比例混合，使单丝平均纤度可按 8 粒定粒缫丝；也可将此庄口茧与另一单丝纤度较粗的庄口茧按比例混合，使茧丝平均纤度可按 7 粒定粒缫丝。

2. 混茧的要求

首先，要求混合均匀，尽量一次完成，不损伤茧层。

其次，生产效率要高，劳动强度要小。

再次，要注意各庄口的蚕茧条件。2 个庄口混茧要求：茧色、茧层率接近，茧层率差异不宜超过 2%；茧丝长度、纤度差异小，茧丝长度差异不超过 200m，单丝纤度差异在缫 4A 级、3A 级、2A 级生丝时分别不超过 0.33dtex、0.44dtex、0.55dtex；解舒率、洁净度、丝胶溶失率差距小，一般分别要求在 10%、2 分、1.5%以内；春秋茧不混，新陈茧不混。

（二）混茧方法及设备

1. 混茧方法

混茧方法根据所混蚕茧是否附带茧衣，可分为光茧（不带茧衣）混茧法与毛茧（带茧衣）混茧法。光茧混茧比较均匀，但容易损伤茧层；毛茧混茧不易均匀，但对茧层损伤较少。缫丝企业一般采用毛茧混茧并庄，以减少对茧层的损伤，但若要解决尴尬纤度问题，则多采用光茧混茧。

混茧方法根据所混蚕茧庄口数量，又可分为单庄混茧法和多庄混茧法。1个庄口的前后几批适干茧难免有差异，为了平衡茧质、稳定生产，需要将庄口前后几批适干茧按茧包数计算出的混茧比例进行混茧，这称为单庄混茧。多庄混茧是将2个及以上庄口的适干茧根据工艺设计所确定的比例进行混茧。

混茧操作可以由人工或机械来完成，还有采用风力输送混茧的。小型工厂多采用人工混茧，大工厂则多采用机械混茧。

2.机械混茧设备

常用的机械混茧设备有毛茧混茧机和光茧混茧机两种。

(1)毛茧混茧机

如WA212混茧机，在其1根垂直的主轴上装有一、二两级圆盘形混茧伞，毛茧从上口倒入后落在转动的第一级混茧伞上，在离心力作用下向四周抛撒，并被导入第二级混茧伞上，在第二级混茧伞上同样在离心力作用下向四周均匀抛撒，最终达到二级均匀混茧的目的。该混茧机的生产能力为800～1350kg/(台·h)。

(2)光茧混茧机

如SWD211型混茧机，有3只储茧箱，最多可混合5个庄口，箱底与前壁呈55°倾斜并开口于输送带，将混茧庄口的光茧按比例倒入储茧箱内，茧从箱底出口处自由落到输送带上，箱底出口处装有滚筒形茧量控制器，可以控制茧从箱底口落出的速度，这样就将各庄口的光茧在输送带上混合，送入集茧斗，进入上茧袋。该混茧机的生产能力为540～600kg/(台·h)。

二、剥茧

(一)剥茧目的和要求

蚕茧茧层最外面浮松的茧衣丝缕散乱，丝纤维细而脆弱，丝胶含量高，不能用于缫丝，必须将茧衣剥去，才能使后续的选茧、煮茧、缫丝顺利进行。一般春茧的茧衣量约占全茧量的2%，秋茧的茧衣量占全茧量的1.8%左右。

将茧衣剥除的工序称为剥茧。剥茧后茧层暴露，便于选茧操作和茧质的鉴别；称量更准确；煮熟较均匀，也易鉴别煮熟程度，有利于生丝质量的提高。

剥茧时需要注意：不宜剥得太光，以免损伤茧层、增大缫折、轧瘪蚕茧；但也不宜太毛，会影响茧质鉴别。

(二)剥茧方法和设备

为提高效率，剥茧一般在剥茧机上完成。剥茧机有D031A型、F223型、SS101型等多种型式，根据喂茧方式不同，可分为人工喂茧机和机械喂茧机两大类，其工作原理基本相同。

1.人工喂茧机

人工喂茧机仅是由毛茧箱、竹帘、剥茧刮刀、剥茧布带、辊筒、吸尘器等组成的剥茧部分，喂茧由人工完成。

剥茧时，毛茧箱内毛茧由人工控制，经竹帘铺平到剥茧布带上；茧衣被剥茧布带所黏附，待到剥茧刮刀处时，茧衣被钳口夹住，随着剥茧布带的回转而向下移动，蚕茧被阻挡在剥茧口处，使茧衣被剥茧刮刀剥取下来，被剥下的茧衣被卷绕在茧衣带上带走，附着在茧衣带上的茧衣积聚到一定厚度时即可取下；剥去茧衣的光茧落入输送装置，被送到光茧储茧箱内；扬起的毛茧中灰尘被吸尘器吸走，改善了劳动条件。

2.机械喂茧机

机械喂茧机由喂茧和剥茧两个部分组成：喂茧部分由毛茧斗、抓茧辊、调节闸门和毛茧输送带组成；剥茧部分与人工喂茧机相同。

剥茧时，抓茧辊将毛茧斗里的毛茧抓到毛茧输送带上，其抓毛茧的量由调节闸所控制；毛茧输送带上的毛茧随着输送带转动而被送到并平铺在剥茧布带上；后面过程同人工喂茧机。

剥茧布带的运转速度会影响剥茧产量和质量，过快、过慢都会降低剥光率、增加瘪茧率，一般春茧的速度为3.6m/s，夏秋茧的速度为4m/s。喂茧机的一般生产能力F223型为120～210kg/(台·h)；ZD102型为530～690kg/(台·h)。

三、选茧

(一)选茧目的和要求

在蚕茧生产中,由于蚕品种、饲育条件、上蔟环境等以及收烘、运输等因素的差异,运到缫丝厂的原料茧即使出自同一庄口,往往也存在茧形大小、茧层厚薄、色泽不同等质量差异,甚至在原料茧中还混有部分不能缫丝的下茧。因此,必须经过选茧,才能符合缫丝工艺的要求。

选茧是一项重要工序,要求操作正确,尽量避免误选。

(二)选茧方法和设备

蚕茧需要按照缫丝工艺设计要求进行选茧分类,有粗选和精选之分。剔除原料茧中不能缫丝的下茧,称为粗选。如生丝产品等级要求较高,在茧质不理想的情况下需要严格剔除次茧,并按大小等进行分型,称为精选。

1.选茧分类标准

(1)上车茧

可以缫制正品生丝的茧称为上车茧,可分为上茧和次茧两种。上茧和次茧的特征见表15-1。

表15-1 上车茧种类和特征

类别	特征
上茧	茧形、茧色、茧层厚薄及缩皱均正常,无疵点的茧
次茧	有少量疵点,但不属于下茧的茧

(2)下茧

有严重疵点、不能缫丝或很难缫正品生丝的茧,称为下茧。下茧有很多种类,其特征见表15-2。

表15-2 部分下茧种类和特征

类别	特征
双宫茧	茧内有2粒或2粒以上蚕蛹,茧形大,茧层特厚,缩皱特粗;能特制双宫丝
口茧	茧层有孔,包括蛾口、鼠口、削口、蛆孔等
黄斑茧	茧层有严重黄色斑渍,根据黄斑污染状况不同分为尿黄、夹黄、靠黄、老黄、硬块黄五种
柴印茧	茧层有严重蔟具印痕,分为单条柴印、多条柴印、钉点柴印、平板柴印四种
烂茧	茧内蚕体或蛹体腐烂,污物严重污染并浸出茧层;本身比较好的茧被污物严重污染
油茧	蛹油渗出茧层表面而呈黄色或淡黄色油斑污染
畸形茧	茧形特畸,包括多棱角、严重尖头、严重扁平等
绵茧	茧层浮松,缩皱模糊,手触绵软

2.原料茧粗选

粗选茧设备有板选和传送带选茧机两种。

板选是将光茧倒在一平板上,人工选出下茧。其效率较低。

传送带选茧机主要由储茧箱、调节闸门、选茧传送带、电动机、单机停车装置等组成(图15-1)。储茧箱中的光茧从出口落到选茧传送带上,送到选茧工作台,由工人进行人工选茧。有的工作台备有灯光选茧装置,以便选出内印茧。生产中一般采用单面传送带选茧,每台配4～6人。其平均生产能力为春茧50～60kg/(条·h),秋茧20～30kg/(条·h)。

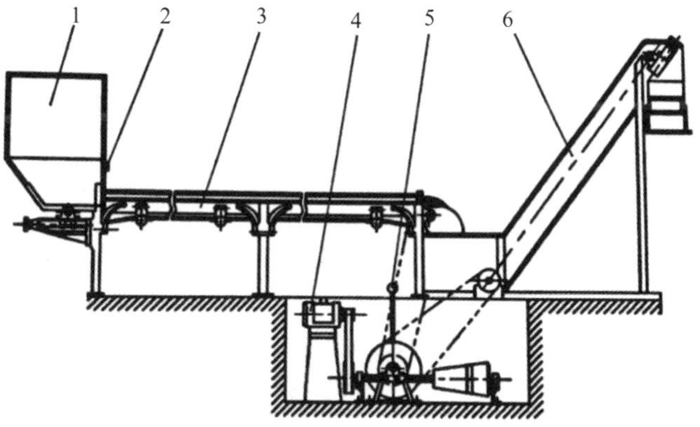

图15-1 传送带选茧机示意图(引自成都纺织工业学校,1986)

1.储茧箱;2.调节闸门;3.选茧传送带;4.电动机;5.单机停车装置;6.上袋机。

3.上车茧精选分型

(1)精选分型方法

精选分型是指在上车茧中进一步剔除次茧,并按照茧子大小、厚薄、色泽等进行分型,是解决尴尬纤度的一个方法，有人工和机械两种。人工精选分型是根据工艺设计，按分型标准与选茧结合进行。机械精选分型采用筛茧机，如嫌茧丝粗，可以筛去大型茧；如嫌茧丝细，可以筛去小型茧。为了避免工作盲目性，分型前应进行分型试验调查工作。分型一般以分 5 档为好，即先将 5kg 样茧分选为 5 档，每档比例均为 20%，然后对每型进行解舒调查，得出各型茧丝纤度，最后根据茧丝纤度情况，决定剔除蚕茧的比例。

(2)精选分型设备

精选分型选茧通常采用筛茧机，将上车茧通过机筛进行分型。筛茧机有滚筒式和平面式两种，一般都用平面式筛茧机(图 15-2)。该机筛条间距随茧形大小要求而不同，一般为 15.5～19.5mm，筛框摆动速度为 120 次/min，平均生产能力为 160kg/(台・h)。

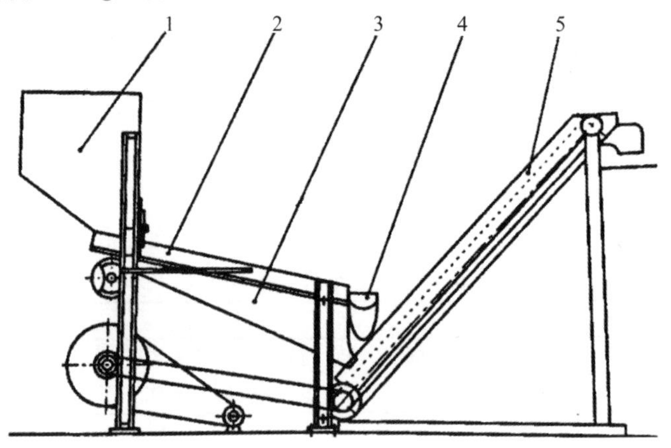

图 15-2　平面式筛茧机示意图(引自成都纺织工业学校，1986)

1. 储茧箱；2. 筛框；3. 小型集茧槽；4. 大型集茧槽；5. 上袋机。

四、混、剥、选茧连续化生产

为了简化混、剥、选茧工作，人们将带式输茧机和风力输茧装置相结合，形成一条混、剥、选茧连续化生产流水线(图 15-3)。大致操作流程如下：毛茧从混茧机下部的毛茧输送带输出，被毛茧进料器吸至毛茧沉降室，经毛茧卸料斗进入毛茧箱；抓茧辊将毛茧抓入铺茧带，喂入剥茧带进行剥茧；产生的光茧落入接茧板，被光茧进料器吸至光茧沉降室，经光茧卸料器进入光茧箱，然后被分送至各选茧台，选出次茧、下茧后，上茧由集茧输送带送到上袋机，通过自动计量器装入茧袋，或在自动计量器出口处安装风力输送机，将上茧直接送至煮茧机进行煮茧。

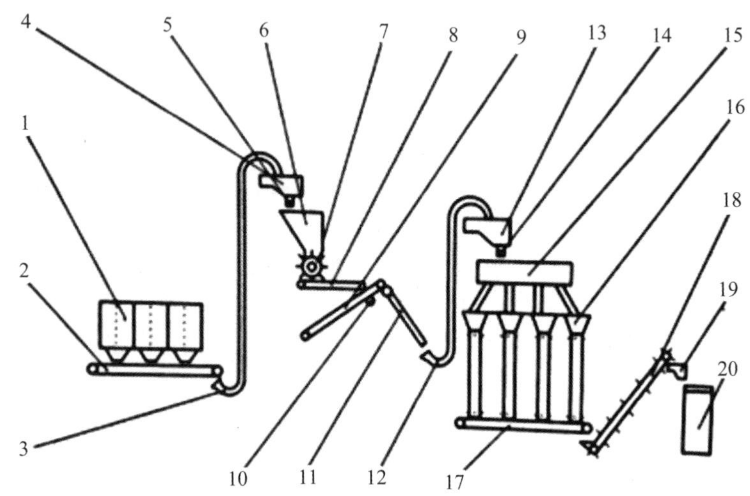

图 15-3　混、剥、选茧连续化生产流水线工艺流程(引自成都纺织工业学校，1986)

1. 混茧机；2. 毛茧输送带；3. 毛茧进料器；4. 毛茧沉降室；5. 毛茧卸料斗；6. 毛茧箱；7. 抓茧辊；8. 铺茧带；9. 剥茧带；10. 刮刀；11. 接茧板；12. 光茧进料器；13. 光茧沉降室；14. 光茧卸料器；15. 光茧箱；16. 选茧台；17. 集茧输送带；18. 上袋机；19. 自动计量器；20. 茧袋。

第二节　煮茧

一、煮茧目的和要求

(一)煮茧目的

干茧茧丝之间丝胶胶着力较大，难以分离，需要通过煮茧来减少茧丝间胶着力，以便顺利缫丝。煮茧是指利用水和热的作用(有时也添加化学助剂)，将茧丝外围的丝胶适当膨润溶解，减少茧丝间的胶着力，使茧丝间的胶着力小于茧丝的切断张力，缫丝时茧丝能连续不断地依次离解的工艺过程。它是缫丝生产的重要环节。

由于原料茧品质、性状之间存在差异，所以煮茧过程中需要进行适当处理，力求煮熟均匀，这样才能得到理想的缫丝效果。茧煮得适当与否，对缫丝的产量、质量、缫折都有非常大的影响。

(二)煮茧要求

第一，煮熟茧的浮沉适当，适应缫丝的要求。

第二，煮熟程度适当、均匀，以减少颣节，提高洁净，增强抱合，使生丝的色泽和手触感良好。

第三，防止瘪茧、白斑茧产生，以减少由此而产生的绵条颣节和蛹吊，避免丝条故障。

第四，缫丝时茧的解舒良好，索、理、绪效率高，缫丝时落绪茧少。

第五，减少煮茧缫丝中的绪丝、汤茧、蛹衣量、丝胶溶失量，缫折小。

二、煮茧的基本原理

(一)煮茧过程

煮茧一般可分为前处理、渗透、煮熟、调整、保护等过程。各个过程既各自独立，又相互制约。渗透是基础，煮熟是关键，调整、保护是保障。每个过程对缫丝效果均具有重要影响。

1.前处理

由于原料茧质的差异，许多蚕茧只经过渗透、煮熟、调整、保护四个过程难以达到缫丝要求，所以在煮茧前需要进行一定的前处理。煮茧前处理是指对渗透前的原料茧进行适当预处理，以改善和调整茧质差异。其方法主要有浸渍处理、湿热(触蒸)处理、喷雾给湿处理、干热处理、加压处理、减压处理等。目前比较常用的是浸渍处理和湿热(触蒸)处理。

2.渗透

(1)渗透目的和要求

渗透是指利用茧腔外部压力大于内部压力所形成的压力差，促使茧腔吸水，从而达到茧层渗润的过程。

渗透要求：第一，各茧粒间和茧粒内渗透均匀，春茧无白斑，秋茧无块斑；第二，渗透适当，不能有煮熟作用；第三，根据茧质、解舒好坏和缫丝工艺要求，茧层和茧腔内要有适当的吸水量。

(2)渗透方法

渗透方法通常有自然渗透、压力渗透、温差渗透、真空渗透四种。生产上为达到理想的渗透效果，有时会联合使用多种渗透方法。

1)自然渗透：自然渗透是利用茧层间隙和纤维的毛细管作用，让水自然渗入茧层。当前使用的主要有浸水法、浸汤法、喷雾法三种。

2)压力渗透：压力渗透是利用茧腔内外压力差的变化，使茧腔吸水。目前使用的有加压渗透法和减压渗透法二种，其中减压渗透法具有渗透均匀、吸水充分、渗透时无煮熟作用等优点。

3)温差渗透：温差渗透是利用温度高低变化形成茧腔内的压力小于茧腔外的压力，将低温汤压入茧腔，达到渗润茧层的目的。其按使用的热源不同，可分为热汤渗透、蒸汽渗透和干热渗透三种。热汤渗透是把茧放在茧笼内，先浸在约100℃高温汤中，使茧腔内大部分气体排出茧外，同时吸入水蒸气；然后将茧笼快速移入低温汤中,使茧腔内水蒸气和残留气体的体积缩小、压力降低,低温汤通过茧层进入茧腔并渗润茧层。蒸汽渗透和干热渗透是先让茧分别接触高温的水蒸气和干燥空气,然后迅速移入低温汤中,同样利用因温度变化而使茧腔内外产生的压力差,使低温汤通过茧层进入茧腔而达到渗润茧层的目的。蒸汽渗透的茧腔吸水量多,渗透效果好,在生产上广泛使用;而干热渗透使用较少。

4)真空渗透:真空渗透是先用真空泵将茧容器内的空气压强减小到低于1个大气压的状态,然后将低温汤灌入茧容器,同时通入空气,外界大气压与茧腔内负压所产生的压差将低温汤压入茧腔内,并渗润茧层。即使是低温煮茧,用这种渗透方法也可以实现膨润丝胶的目的。

3. 煮熟

(1)煮熟目的和作用

蚕茧经渗透吸水后,虽然茧层空隙内含有了一定水分,但茧丝间的胶着力基本上没有减弱,所以仍然难以缫丝。煮熟的目的就是对渗透吸水后的蚕茧给予一定热处理,以增大茧层中水分子的动能,使其进一步渗入丝胶胶粒内部,促使丝胶体积膨胀、黏度降低、分子间结合力减弱甚至拆散,使丝胶充分膨润软,以利于缫丝。渗透与煮熟的关系非常密切,只有渗透吸水良好的茧层才能发挥良好的煮熟作用。

(2)煮熟方法

蒸汽煮茧机的蒸煮区分为吐水段和蒸煮段。

1)吐水段:蚕茧经渗透吸水后,茧腔中含有大量水,需要尽快吐出。吐水有蒸汽吐水法和热汤吐水法,各自特点见表15-3。

表15-3 蒸煮区吐水段特点

吐水方法	具体内容	特点
蒸汽吐水法	通过喷射管或有孔管的蒸汽作用促使茧腔快速吐水	蒸汽动能大,吐水速度快、效能高
热汤吐水法	直接通过沸腾的热汤促使低温吸水后的茧吐水	有利于均匀煮熟,增加新茧有绪率和茧层含水率。但吐水速度较慢,蛹酸易浸出,丝胶溶失率易增加

2)蒸煮段:蒸煮有触蒸法和汤蒸法两种形式,各自特点见表15-4。目前除KC型煮茧机外,均采用触蒸法。

表15-4 蒸煮区蒸煮段特点

蒸煮方法	具体内容	特点
触蒸法	孔管直接喷射蒸汽(直接蒸汽)	温度易调节
汤蒸法	孔管加热,间接发生蒸汽(再生蒸汽)	蒸发面积大,蒸发量稳定,蒸汽作用比较缓和均匀

(3)影响煮熟的因素

影响煮熟的因素有煮茧温度和时间、煮茧压力、煮茧汤浓度等。

1)煮茧温度和时间:茧层丝胶的膨化度和溶解量随煮茧温度的升高而增大。当煮茧温度低时,煮茧时间虽长,但茧层丝胶的溶解量也小;当煮茧温度在100℃以上时,煮茧时间虽短,但茧层丝胶的溶解量大。为此,煮茧温度和时间应根据缫丝方法、原料茧性状等来确定,对于茧层薄、解舒好、洁净好的蚕茧,煮茧温度应偏低,煮茧时间应偏短,否则会使缫折增高;对于茧层厚、解舒差、洁净差的蚕茧,煮茧温度应偏高,煮茧时间应偏长,否则丝胶难以充分膨润软化,使缫丝困难。

2)煮茧压力:在相同煮茧温度下,煮茧中使用压力大,煮熟作用就强。为此,煮茧中使用压力的大小应视原料茧情况而定,丝胶膨润困难、解舒差的蚕茧,煮茧中使用压力可偏高些。煮茧中使用压力应保持稳定,如忽高忽低,会使煮熟程度变差。

3)煮茧汤浓度:煮茧汤浓度随煮茧次数增加而增浓。煮茧汤过浓,则酸度增加、pH值变小,使丝胶膨润溶解变慢,丝色变差;但煮茧汤过淡时,pH值随温度升高而增大,使丝胶易溶解,缫折增大,缫丝成本提高。为此,解舒好的蚕茧煮茧汤宜偏浓;反之,解舒差的蚕茧煮茧汤宜偏淡。

4. 调整作用

基本煮熟的蚕茧还要经过调整区的调整。其目的有:①使各部位茧层丝胶得到均匀的溶解,保护外层,

煮熟中内层，使茧的煮熟程度均匀一致；②除去茧层表面易凝固又易溶解的丝胶，避免缫丝时产生胶颣和丝条故障；③通过调整作用可引出绪丝，并使分散的绪丝趋于集中；④使茧腔内的气泡大小合格，茧腔吸水量适应缫丝浮沉程度的要求。

5.保护作用

蚕茧经调整作用后，已完成煮熟过程，但此时茧外层茧丝的离解抵抗过小，如果不及时处理，茧层茧丝易无序离解，使绪丝和颣节增加，加大缫折。因此，必须在出口部设保护区，给予茧层一定的低温汤处理，使外层丝胶得到适当的收敛、凝固和保护，降低茧腔中水和蛹酸的浸出，保持内层丝胶的膨润和软化度，提高茧内层的解舒。

三、煮茧设备与工艺

近代以来，中国的煮茧设备经历了木制煮茧机、水泥煮茧机、圆盘煮茧机、不锈钢煮茧机、V型煮茧机、减压煮茧机的发展历程。煮茧设备的发展极大地推动了缫丝品质的提升。缫丝厂目前采用的煮茧设备按渗透程序的差异，主要分为温差渗透煮茧机和真空渗透煮茧机，应用较广泛的是循环式蒸汽煮茧机和真空渗透煮茧机。

(一)循环式蒸汽煮茧机构造及其工艺

1.构造

循环式蒸汽煮茧机俗称长机，根据蒸煮区热源不同，分为蒸汽喷射式和汤蒸式，两者结构基本相同。前处理区包括加茧段及浸渍段。渗透区包括高温置换段及低温吸水段。蒸煮区由排酸槽和蒸汽发生槽两部分构成，为茧腔吐水和茧层煮熟的部位。调整区包括中水段、后动摇段和静煮段。保护出口区由保护段和出口段组成，为出茧部位。茧笼连接在链条上，随滚筒齿轮及茧笼换向轮循环运转(图15-4)。

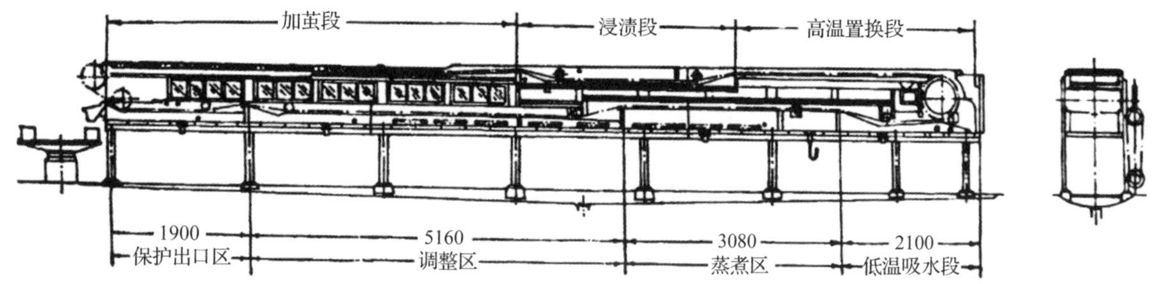

图15-4　循环式蒸煮茧机结构示意图(单位：mm)(引自苏州丝绸工学院，浙江丝绸工学院，1993)

2.煮茧工艺

(1)前处理区

在前处理区的加茧段中加入的蚕茧，进入50～70℃浸渍段，经浮压滚筒压入水中浸渍1.5～3min，对茧层起浸渍作用，并使茧层外层结有水膜，从而使外层的丝胶膨润受到一定的限制。对于茧层疏松、解舒好、抗煮力弱的蚕茧，浸渍水温可偏低；反之，对于解舒差的蚕茧，浸渍水温应偏高，有时可达80℃。

(2)渗透区

渗透区分高温置换和低温吸水两段，温差渗透在此进行。高温置换段的蒸汽压强约为4.91kPa(0.05 kg/cm^2)，温度约为100℃，作用时间为2.4～2.5min；低温吸水段的温度以65～80℃为宜。

渗透区温度应根据茧质和缫丝要求的不同有所不同。对茧层厚、中内层落绪多、解舒差的蚕茧，可提高高温置换段的温度，同时适当提高低温吸水段的温度或维持原温，这称为"上差"；对茧层极厚、解舒优良、缩皱紧密、不易渗透的蚕茧，可在限度范围内提高高温置换段的温度，同时降低低温吸水段的温度，这称为"大差"；对茧层薄、解舒好、缩皱松、薄头多的蚕茧，可降低高温置换段的温度和低温吸水段的温度，这称为"下差"，防止丝胶溶解过度及茧煮得过熟。

蚕茧渗透程度的掌握，在生产实践中是凭经验观察蚕茧在低温汤中所呈现的状态为依据，一般春茧要求以茧在茧笼中能多数直立且带倾斜动荡状态为好(秋茧渗透可适轻些)，如蚕茧浮而横卧、紧靠笼底，则为渗透程度不足;如茧沉于汤底并大部分集积在茧笼后面,则为渗透过度;如瘪茧过多,则说明渗透不良,需要降低高温,缩小温差;如同笼中茧有直立、有倾斜、有浮有沉,并各占相当比例,则说明渗透不匀,影响解舒。

(3)蒸煮区

采用蒸汽煮熟茧的叫蒸煮,采用热汤煮熟茧的称水煮,目前煮茧机均采用蒸煮。

蒸煮区是茧腔吐水和茧层煮熟的主要环节,也是决定蚕茧沉浮的关键。其长度占全机长度的11.92%~15.2%。此区的蒸汽压力一般为78.48~98.1kPa(0.8~1.0kg/cm^2),解舒好的茧用97~98℃,解舒差的茧用98~100℃。要求蚕茧进入该区的1/2或2/3处时即完成吐水和排气作用,在其后的1/2或1/3处保持丝胶加速膨润软化,时间约1.5min。

(4)调整区

调整区的作用是凭借较高温度的水(93~98℃)继续完成煮熟任务,并使各部位的茧层丝胶得到均匀溶解。调整区是煮茧机中最长的一区,茧笼在该区经过的时间为2.4~5.5min,占总时间的20%~24%。该区煮茧汤的pH保持6.6~7.2,中水、后动摇、静煮三段的温度逐渐降低,以前后段温差在10~12℃为宜,茧层厚的可大些,茧层薄的可小些,温差过大或过小均会产生瘪茧或浮茧。

(5)保护出口区

已完成煮熟作用的蚕茧,在保护段接触以60℃为中心的低温汤1~2.5min,使外层丝胶稍凝固定形,澄清的煮茧汤进入约97%的茧腔,茧层增重约5.5倍;茧随后进入出口段,洒冷水以降低出口段水温,使茧丝胶着力均匀;茧最后置于35~45℃汤温的茧桶中。

(二)真空渗透煮茧机构造及其工艺

1. 构造

真空渗透煮茧机主要有循环式真空渗透煮茧机和程控真空渗透圆盘煮茧机两种机型,其中循环式真空渗透煮茧机在生产上较为普遍。

循环式真空渗透煮茧机由真空渗透桶和63笼的煮茧机两部分组成。蚕茧先在真空渗透桶内进水抽气,通过真空渗透将温汤水压入茧腔内并渗润茧层;然后移入63笼煮茧机中进行煮熟,使丝胶膨润软化,充分煮熟中内层,引出茧绪丝(图15-5)。

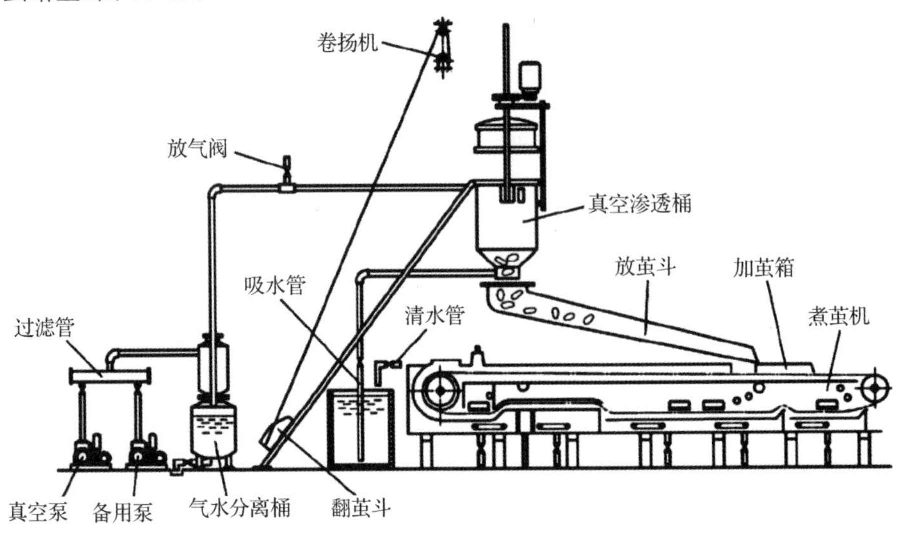

图15-5 循环式真空渗透煮茧机(引自苏州丝绸工学院,浙江丝绸工学院,1993)

近年,四川省丝绸科学研究院研制出了全新的减压煮茧设备——SR3020系列减压自动煮茧机(图15-6),将真空渗透桶和煮茧机合并成一体。减压煮茧机以罐盖可启闭的密闭式罐体为结构主体,利用真空、水、蒸汽复合管道系统,在机内完成真空渗透、减压吐水、减压双向蒸煮、煮熟调整、保护出茧等"五步"工艺,并采用PLC(可编程序控制器)控制技术,实现煮茧生产过程的全封闭、一体化、自动化,满足不同茧质、不同地域的煮茧生产需要,进一步提高了煮茧质量,并在全国推广。

图 15-6　SR3020 系列减压自动煮茧机

2. 煮茧工艺

真空渗透是利用外界大气压与茧腔内负压所产生的压差而将温汤水压入茧腔内，具有吸水充分、渗透均匀、内外层煮熟程度基本一致等优点。

蚕茧倒入真空渗透桶后，先进水，再抽气真空至 79.9～88.99kPa，然后一边进水一边继续抽气真空至16kPa，再放气排水，如此重复 3 次，使茧层得到充分并均匀渗透。

蚕茧进入煮茧机中进行煮熟，在准备区温度 60～70℃，在热汤吐水段温度 100～101℃，在蒸煮室温度100～102℃，在静煮段温度 90～94℃，在出口桶汤温度 38～42℃，煮茧一回转时间为 5～7min。

四、煮茧工艺管理

煮茧是影响煮熟茧的解舒率、有绪率、万米吊糙、洁净和缫折等缫丝指标的重要因素。因此，必须重视煮茧工艺管理，摸清原料茧性能，挖掘原料潜力，制定庄口煮茧质量指标和工艺技术措施，促进缫丝生产优质、高效和低耗。煮茧工艺管理内容见表 15-5。

表 15-5　煮茧工艺管理

煮茧工艺管理	具体内容
煮茧原则	渗透完全，煮熟均匀，适合缫丝
四高	提高解舒率，提高出丝率，提高索理绪效率，提高煮茧能力
四少	减少中内层落绪数，减少颣节个数，减少粒茧绪丝量，减少水、电和材料消耗量
二适	茧层丝胶溶失率适当，茧腔吸水量适当
三化	煮茧温度、气压、水压控制自动化；加、煮、接送茧连续化和自动化

（一）煮茧工艺标准

1. 茧渗透程度的鉴别

茧渗透程度的鉴别标准见表 15-6。

表 15-6　茧渗透程度的鉴别标准

判断标准	渗透程度	蚕茧状态
茧在低温汤中的状态	轻渗透	茧横浮于笼底，基本不动
	正常渗透	春茧多数直立略斜，处于动荡状态；秋茧渗透程度略小，略有动荡
	重渗透	茧沉卧于笼盖上，动荡微小，大部分集积在茧笼后部
	渗透不匀	浮沉斜立，差距明显，有花白斑

2. 茧煮熟程度的鉴定

茧的煮熟程度是否合适主要是看煮熟茧是否适宜缫丝，应在保证生丝质量的前提下，尽可能降低缫折，而茧层茧丝间的胶着状态决定这些指标的好坏。当前缫丝厂一般以解舒率高、丝胶溶失和万米糙颣少、经济效益好作为煮茧好的标准，其中用眼看和手摸茧外观形态、测定茧腔吸水量、技术鉴定三方面来综合判断茧的煮熟程度是否适当(表 15-7)。

表 15-7　茧煮熟程度的鉴定方法

鉴定项目			适熟	偏熟	偏生
外观形态	熟茧颜色		白色或带水玉色	水灰色或带微黄色	洁白，春茧有细白斑，秋茧有斑块
	茧层弹性和滑度		软滑，有弹性	软，缺乏弹性	粗糙，弹性较强
	绪丝牵引抵抗力		稍有，绪丝易引出	较小，绪丝增大	较大，绪丝不易引出
	茧层增重		5～6 倍	6 倍以上	4 倍及以下
	熟茧的蛹体硬度		带硬	膨大，绵软	硬性
茧腔吸水量	吸水率/%	自动缫	97～98	98 以上	97 以下
		立缫	95～97	97 以上	95 以下
	茧腔气泡直径/mm	自动缫	2.5～3	2.5 以下	3 以上
		立缫	5～8	5 以下	8 以上
技术鉴定	煮茧丝胶溶失率/%		4～6	6 以上	4 以下
	茧丝平均解舒/mN		1.96～2.94	1.96 以下	2.94 以上
	抵抗/g		0.2～0.3	0.2 以下	0.3 以上
	有绪茧绪丝量/(mg/粒)		16～22	22 以上	16 以下

注：数据引自黄国瑞，1994。

(二)煮茧用水和助剂

煮茧用水和助剂是煮茧工艺管理的重要内容之一，直接影响茧层丝胶膨润、溶解的程度。

1. 煮茧用水的要求

煮茧用水的碱度和硬度会影响煮茧丝胶的溶解性能，硬度大会抑制丝胶膨润、溶解，而碱度大能促进丝胶膨润、溶解，且碱度作用程度比硬度强。煮茧用水的碱度和硬度比值必须控制在适宜范围内，这样既有利于茧层的渗透和丝胶膨润均匀，又能避免丝胶溶失过多。煮茧用水应根据煮茧机的区段、茧质、缫丝生产工艺要求等来合理选择和配置。

2. 煮茧助剂

煮茧中使用化学助剂能有效促进各种茧质的蚕茧渗透完全、煮熟适当，有利于缫丝，尤其对一些特殊原料茧，利用助剂比调整煮茧工艺更容易取得成效。目前煮茧上常用的化学助剂主要有三类，分别是渗透剂(主要是表面活性剂类物质)、解舒剂(主要是弱碱性药剂和表面活性剂)和丝胶收敛凝固剂(主要是弱酸性药剂)。生产过程中也会组合使用煮茧助剂来达到最佳效果。

(三)适应自动缫的煮茧工艺

随着缫丝工业的发展，自动缫丝机在国内得到了广泛应用。由于自动缫对煮茧工艺的要求与立缫有所不同，所以煮茧工艺必须与其设备要求相适应，从而提高生丝产量和质量。

自动缫丝机对煮熟茧的要求如下。

第一，煮茧时的温差渗透要充分，发挥蒸煮作用，煮熟程度适熟或适熟偏生。

第二，调整区温差可以适当大一些，有利于茧腔吸水而使煮熟茧下沉，方能满足落绪茧捕集条件。

第三，出口保护区温度可以适当低一些，有利于保护茧层，使丝胶溶失适当(溶失率 3.0%～4.5%)，解舒良好。

第四，减少内层落绪，降低缫折，绪丝量少，索理绪效率高。

第五，茧丝颣吊少，丝条故障少，提高运转率。

第三节　缫丝

一、缫丝工艺流程及要求

(一)缫丝工艺流程

单根茧丝细而不匀以及强度与长度有限,不能直接用于纺织。将缫出的多根茧丝合并和连接起来,成为强度高、粗细均匀的丝条,称为生丝,以作为丝织物的原料。缫丝就是将煮熟的茧丝离解后理出正绪,利用丝胶的胶黏作用,根据生丝规格的要求集合若干根茧丝,制成生丝的生产过程。

现行的缫丝工艺流程一般采用图15-7所示的程序:索绪→理绪→添绪→集绪→捻鞘→卷绕→干燥。但在实际生产中,缫丝流程并不是一成不变的,如筒子缫丝是先干燥后卷绕的。

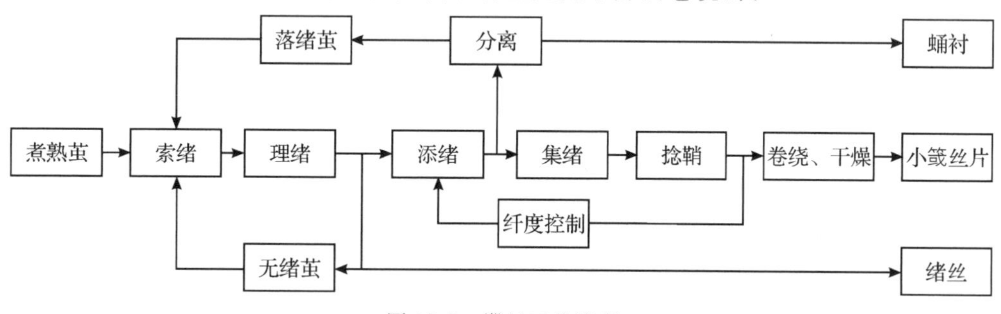

图15-7　缫丝工艺流程

(二)缫丝工艺要求

1. 纤度达标

生丝平均纤度必须在目的纤度规格范围内;纤度偏差小。

2. 性能优良

生丝均匀度好,洁净好,抱合好;色泽、强度、伸长度、弹性等优良。

3. 副产品少

绪丝和蛹衬量少;丝胶溶失率和缫折低。

4. 高产高效

台时产量高;劳动条件好,劳动强度低。

二、缫丝方法和缫丝设备

(一)缫丝方法

缫丝机经历了座缫机、立缫机、自动缫丝机的发展历程,缫丝方法也经历了一系列改变。根据蚕茧在缫丝汤中的沉浮状态不同,缫丝方法可分为浮缫法、半沉缫法和沉缫法等三种。三种缫丝方法的特性见表15-8。

表15-8　三种缫丝方法的特性

缫丝方法	蚕茧特点	适用情况
浮缫法	茧腔吸水率在95%以下,蚕茧浮在缫丝汤面上	蚕茧煮熟不够充分,中、内层落绪多,一般适用于座缫机
半沉缫法	茧腔吸水率95%~97%,蚕茧在缫丝汤中呈半沉状态	取茧操作便利,可少拉清丝,一般用于立缫机
沉缫法	茧腔吸水率达97%以上,蚕茧沉于缫丝槽底(注意区分“沉缫”和“沉茧”)	缫丝时蚕茧上升到汤面或滚动于汤中,落绪后蚕茧下沉,发出落绪信号,大量用于自动缫丝机

(二)缫丝设备

现代缫丝机可分为立缫机和自动缫丝机两大类,均采用小篗卷绕方式。

1. 立缫机

立缫机一般以20绪为一台,主要由缫丝台面、索理绪装置、接绪装置、丝鞘装置、卷绕装置、停篗装置和干燥装置等组成。立缫机为定粒缫丝,对原料茧的纤度要求较高,能够缫制各种纤度规格的高品位生丝,并且结构简单,工艺管理方便,但人工依赖度高,劳动强度大,机械化程度低,生产效率低,已基本被缫丝厂弃用。

2. 自动缫丝机

自动缫丝机是在立缫机的基础上发展起来的,两者加工原理和生产步骤基本相同,两者间的主要差别在于立缫机的手工操作环节(如索理绪、添绪、拾蛹衬、拾落绪茧等)在自动缫丝机上均由机械代替,节约了劳动成本,提高了生产效率,生丝质量也逐步提高。

自动缫丝机按感知的型式不同,可分为定纤式和定粒式2种,目前国内广泛应用的是定纤式。定纤式自动缫丝机采用纤度感知器,当生丝纤度细到一定限度时,纤度感知器会发出添绪信号。根据检测方法不同,定纤式自动缫丝机又可以分为长杆式定纤控制自动缫丝机(如D101、D301、SFD507等)和短杆式定纤控制自动缫丝机(如D301A、D301B、飞宇2000、飞宇2008等),目前我国生产上使用较多的机型为D301系列、飞宇2000、飞宇2008等。自动缫丝机组成和构造见图15-8。

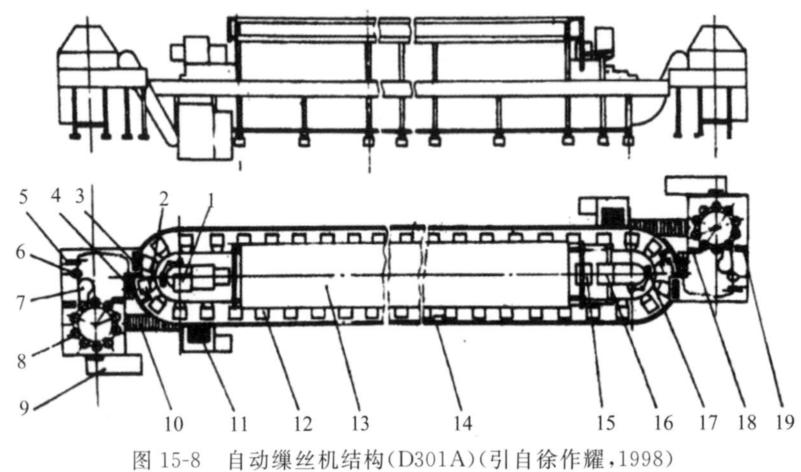

图15-8　自动缫丝机结构(D301A)(引自徐作耀,1998)

1. 电动机及主传动箱;2. 自动探量机构;3. 自动加茧机构;4. 丝辫及大篗;5. 捞针;6. 偏心盘精理机构;7. 锯齿片粗理机构;8. 索绪机构;9. 新茧补充装置;10. 落绪茧输送装置;11. 圆栅型分离机;12. 给茧机;13. 自动缫丝部;14. 摩擦板;15. 无级变速箱;16. 络交机构;17. 落茧捕集器;18. 无绪茧移送斗;19. 有绪茧移送斗。

三、缫丝装置及其作用

(一)索理绪装置

缫丝前必须将煮熟茧和落绪茧进行索理绪,使其成为一茧一丝的正绪茧。索绪和理绪工作均由缫丝机的索绪和理绪装置来完成。

1. 索绪作用和索绪装置

从无绪茧的茧层表面引出绪丝的工序称为索绪,当前都用索绪帚摩擦茧层表面来完成。索绪帚一般用软硬适中的稻草芯制作,保证既不损伤茧层,又能提高索绪能力。索绪时先将无绪茧倒入索绪锅内,索绪汤加热升温以减小茧丝间的胶着力,然后固定在索绪体上的索绪帚做匀速运动以摩擦茧层表面,从而引出绪丝。

自动缫丝机在每组的两端各设一套自动索绪装置,自动索绪装置有回转式索绪装置和往复式索绪装置2种类型。索绪帚入水深60～70mm,汤温86～92℃,pH值6.8～7.8。

2. 理绪作用和理绪装置

除去有绪茧表面杂乱的绪丝，加工成一茧一丝的正绪茧的过程称为理绪。生产上采取一边卷取、一边振动产生牵引加速度的方法来离解杂乱绪丝，得到正绪茧。

立缫机上的理绪完全靠手工操作，主要以指尖撮糙并配以手的抖动，使杂乱绪丝离解，操作时要求近水分理，不拉清丝，理清蓬糙茧，分清有绪茧，拾清无绪茧。

自动缫丝机的理绪机上设有理绪机构，具体形式有偏心盘理绪机构和三棱体理绪机构等。生产中选择理绪机构时，要求有较高的理绪效果；各种茧要分清，混入正绪茧中的无绪茧以及混入无绪茧中的正绪茧都要少；理绪能力与缫丝能力要相适应；理好的正绪茧要适当堆放；不拉或少拉清丝。

（二）添绪和接绪装置

在缫丝过程中，离解中的茧丝发生断头的现象称为落绪。自然落绪（缫至蛹衬而落绪）、中途落绪（缫的中途而落绪）以及茧丝缫至内层时变细这些情况都会使生丝纤度变细，当生丝纤度变细至必须添绪的纤度限值及以下时（称为“落细”），必须及时添上正绪茧，以保证生丝纤度达到目的纤度。

添绪是指把正绪茧送入缫丝槽，添至正在缫丝的绪下茧群体，将其绪丝交给发生落绪的绪头的过程。接绪是指将得到绪头的绪丝引入正在缫制的绪丝群中，使丝头黏附其上，成为组成生丝的茧丝之一的过程。立缫机上添绪由人工进行；自动缫丝机采用机械添绪。无论是立缫还是自动缫，接绪均由接绪器完成。

（三）纤度控制装置

缫丝过程中主要以添绪来控制生丝纤度，其原理见图 15-9。

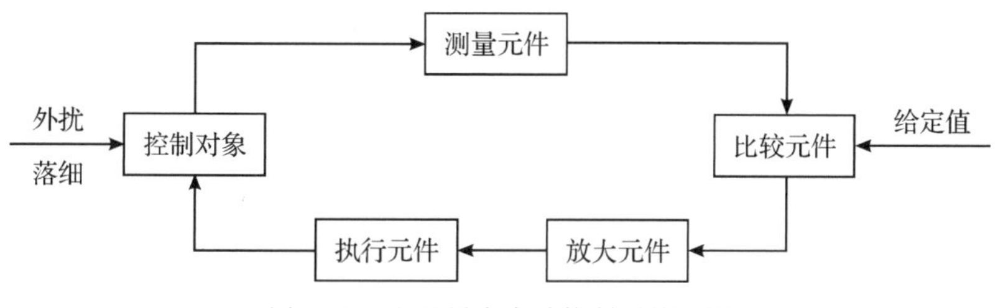

图 15-9 生丝纤度自动控制系统原理

1. 立缫机的纤度控制

立缫机由人工控制绪下茧的定粒数，即根据工艺设计指标，以茧粒数作为控制对象，根据茧的定粒数和厚薄搭配来控制生丝纤度，若发现缺粒，立即给茧添绪，达到控制纤度的目的。

2. 自动缫丝机的纤度控制装置

自动缫丝机的生丝纤度控制装置机构由感知器、探索机构和给茧机组成。

（1）感知器（测量元件和比较元件）

在纤度自动控制系统中，按选择的控制量不同，感知器可分为定粒式和定纤式两种，目前国内基本采用定纤式。目前生产上大多采用以摩擦力作为控制量的隔距式定纤感知器，当丝条通过隔距轮的隔距间隙时，丝条与隔距轮间隙产生摩擦，摩擦力大小控制感应杠杆上抬或下跌，发出要求添绪的信号。当生丝纤度细到一定给定值时，生丝直径变小，摩擦力也变小，感应杠杆下跌，通过探索机构发出添绪的信号，给茧机通过时就实现添绪；添绪后生丝纤度变粗，生丝直径变大，摩擦力就增大，感应杠杆上抬恢复原状，添绪信号消失。

（2）探索机构（放大元件）

探索机构有多种型式，其作用是放大并传递添绪信号，让给茧机进行添绪。探索机构要求有：第一，添绪信号传递要正确、及时；第二，对感知器和给茧机的作用力要小，不影响它们的正确性、及时性；第三，与给茧机的配合要协调，保证给茧机及时收到添绪信号。

（3）给茧机（执行元件）

给茧机接收探索机构来自感知器的添绪信号，从存放一定数量正绪茧的容器内捞出蚕茧放入缫丝槽中，将绪丝交给接绪器，完成给茧添绪工作。给茧机大致可分为移动给茧添绪、移动给茧固定添绪和固定给茧添绪等三类。

(四)集绪与丝鞘装置

经接绪装置后形成的丝条中含有大量水分,并且茧丝之间抱合松散、裂丝多、强力差、切断多,同时受原料茧本身的工艺性质及煮茧、索理绪、添接绪等工艺条件的影响,丝条上会出现各种颣节,影响生丝质量。因此,添接绪后形成的丝条不能直接卷绕在小籤上形成生丝,必须要经集绪器和丝鞘的处理,然后卷绕成形。

丝鞘装置一般由集绪器、鼓轮和丝鞘等组成。集绪器又称磁眼,是圆形的磁质材料,中心有一小孔,有集合绪丝、防止颣节、减少丝条水分和固定丝鞘位置等作用。集绪器孔径的大小及其光滑程度对操作和生丝质量均有影响。因此,在缫制不同规格生丝时,必须要选用适当孔径的集绪器,一般约为生丝直径的 3 倍。

鼓轮是呈鼓形的导向轮,其作用是改变丝条运动的方向,以形成丝鞘。

丝鞘的作用是散发水分、增强抱合以及去除部分颣节。丝鞘作用的强弱一般取决于丝鞘长度和捻数,但丝鞘过长、捻数过多,会使缫丝张力增大,甚至造成吊鞘,使缫丝无法顺利进行。

(五)卷绕和干燥装置

1. 卷绕装置

卷绕装置由小籤和络交机构组成。丝鞘引出的丝条,需要有规律地卷绕在小籤上,使丝条容易干燥,丝片成形正常,卷绕顺利,切断时寻找方便,复摇时退绕容易。

在小籤转动时,络交机构同时做复合运动,防止丝条重叠塌边,以符合缫丝工艺要求。络交运动需要有两种或两种以上运动的复合,复合络交运动使丝条按照螺旋线的形状有规律地卷绕在小籤上,呈现纹路清晰、厚薄均匀的网状组织。络交机构的作用是使被小籤卷取的丝条成形,快速干燥,以便后道工序加工。因此,小籤和络交机构是相辅相成的。

2. 干燥装置

经过集绪器,丝鞘的丝条已除去部分水分,但丝的回潮率还有 120%～160%,若直接卷绕在小籤上,丝条容易黏结,复摇时不易退绕,还会造成硬籤角等疵点,因此需迅速进行干燥,使生丝达到一定的回潮率(自动缫小籤丝片的回潮率控制在 20%～30%),确保生丝结构固定、抱合良好。但注意不要干燥过度,否则会引起丝条花纹紊乱、籤角松弛,影响强伸力和造成弃丝操作。干燥装置为装在小籤后下侧的蒸汽烘丝管,为了防止热量散发、尘埃附着和水珠滴落,在小籤上面还装有半圆形的保温罩板,保持小籤周围温度稳定在38～40℃。

(六)停籤装置

在缫丝过程中,当糙颣塞住磁眼时,会产生丝条故障,需要迅速停止小籤运转,并使绷紧的丝条放松。为此,在缫丝机中都装有停籤装置,以避免丝条因张力过大而切断。停籤装置可分为直接式和间接式两大类。直接式停籤装置主要对颣节做出反应;间接式停籤装置对集绪前后的故障(如颣节、吊鞘等)做出反应,并有松丝条的作用。停籤松丝,既有利于处理丝条故障,又不会因张力过大而使丝条过度变形,影响丝质。

立缫机上一般采用直接式停籤装置,装置结构简单,便于管理,但操作不便,可靠性差,容易发生不必要停籤。自动缫丝机多为间接式停籤装置,还有直接式和间接式相混合的停籤装置,当产生丝条故障时,集绪器上翘,牵引制动头上翘,阻止小籤回转,可靠性强。

(七)捕集器和分离机

缫丝生产过程中,不可避免会产生落绪茧和蛹衬,为了保持连续生产,必须及时将落绪茧和蛹衬排出缫丝槽外,并能正确地将落绪茧和蛹衬分离,使落绪茧经索理绪后能够回用。立缫机中这项工作全部由手工完成,自动缫丝机中这项工作则由捕集器和分离机完成。

1. 捕集器

捕集器是一只无底无前壁的小盒,四壁有小孔或条形缝道,可以减小水对捕集器的阻力和捕集器对水面波动的影响。捕集器挂在给茧机上,跟随给茧机在缫丝槽底部移动,或用链条单独拖动,收集缫丝槽中的落绪茧和蛹衬,将它们移出缫丝槽并自动落入分离机。

2. 分离机

落绪茧弹性好，茧层有一定的厚度，重心较高；蛹衬茧层薄，弹性差，重心低。分离机根据落绪茧和蛹衬的几何形状和物理性质的不同，将落在分离机上的落绪茧和蛹衬分离开来，然后落绪茧经输送带至索绪机，蛹衬则落到蛹衬盘内。要求分离效率高，落绪茧和蛹衬不混淆，不损伤茧层。

三、鲜茧缫丝

(一)鲜茧生丝特点

鲜茧生丝是鲜茧直接缫制而成的生丝。鲜茧缫丝无需烘茧，只对蚕茧进行简单的蒸汽渗透处理，简化了制丝环节，降低了制丝成本。鲜茧生丝因避免了烘茧、煮茧等热处理，所以保留了天然生丝独特的丝鸣、弹性、柔软、光泽等风格，但因鲜茧生丝抱合力差、生丝丝胶包覆性能差等而造成纺织品品质不高的弊端，也限制了鲜茧缫丝的发展。

近年来，蚕茧、人力、能源成本逐年上涨，耗能高、副产品价值低的干茧缫丝面临着一定挑战。鲜茧冷冻储藏、蚕茧品种改良及灭活保鲜等技术的发展解决了鲜茧储藏的技术问题，同时鲜蚕蛹具有更高的应用价值，这使得鲜茧缫丝在丝绸行业再次兴起。

(二)鲜茧缫丝工艺

鲜茧缫丝是指蚕茧不经过烘茧、煮茧工艺过程而缫制生丝。鲜茧缫丝的工艺流程为：鲜茧→冷藏冷冻→混茧、剥茧、选茧→真空渗透→低温缫丝→复摇整理→鲜茧生丝等；或者不经过冷藏冷冻，收购的鲜茧直接进行鲜茧缫丝。

1. 提高鲜茧生丝抱合性能的缫丝方法

解决生丝抱合性差、生丝耐摩擦性差等问题，可以提高鲜茧生丝等级。其步骤如下。

(1)鲜茧储存：将鲜茧堆放储存，按实际需要在 0～6℃下冷藏保鲜储存，或在 −20～−1℃下冷冻保鲜储存，可存放 1d 至数个月。

(2)鲜茧预处理：将堆放储存的鲜茧，按照工艺要求依次进行混茧、剥茧、选茧，得到缫丝用茧。

(3)渗透吸水：将缫丝用茧放入密闭水槽中，进行真空低温水抽吸渗透 4～8min，真空度为 0.08～0.1MPa，水温为 40～60℃，水面高出蚕茧 4～6cm。

(4)鲜茧缫丝：将经过真空低温水抽吸渗透后的渗透吸水蚕茧放在自动缫丝机上进行自动缫丝。索绪汤温度 60～80℃，缫丝汤温度 30～34℃，缫丝汤 pH6.8～7.7，缫丝汤需保持清汤，如发现变黄，要及时更换为清水。丝鞘长度 80～110mm，捻鞘数 90～120 个。40℃下用小箴卷绕成形，卷绕速度为 170～210r/min。

(5)小箴丝片处理：缫丝后把小箴丝片放入水槽中，先进行负压进水吸水，然后浸渍处理。

(6)复摇整理，绞丝打包。

2. 提高鲜茧生丝的丝胶包覆性能的方法

解决生丝丝胶包覆性差、生丝耐摩擦性差等问题，可以提高鲜茧生丝质量。其步骤如下。

(1)鲜茧储存：同上。

(2)鲜茧预处理：同上。

(3)渗透吸水：同上。

(4)鲜茧缫丝：将经过真空低温水抽吸渗透的渗透吸水蚕茧放在自动缫丝机上进行自动缫丝。索绪汤温度 60～80℃，缫丝汤温度 30～34℃，缫丝汤 pH6.8～7.7，缫丝汤需保持清汤，如发现变黄，要及时更换为清水。丝鞘长度 120～140mm，捻鞘数 120～140 个。40℃下用小箴卷绕成形，卷绕速度为 150～190r/min。

(5)小箴丝片处理：缫丝后把小箴丝片放入水槽中，先进行负压进水吸水，然后浸渍处理，并同时进行助剂处理。

(6)复摇整理，绞丝打包。

3. 提高鲜茧生丝白度和柔软性的方法

解决生丝手感不够柔软、生丝表面粗糙、丝色不统一等问题，提高鲜茧生丝质量。其步骤如下。

(1)鲜茧储存:同上。

(2)鲜茧预处理:同上。

(3)渗透吸水:同上。

(4)鲜茧缫丝:将经过真空低温水抽吸渗透后的渗透吸水蚕茧放在自动缫丝机上进行自动缫丝。索绪汤温度60～80℃,缫丝汤温度30～34℃,缫丝汤pH6.8～7.7,缫丝汤需保持清汤,如发现变黄,要及时更换为清水。丝鞘长度80～110mm,捻鞘数90～120个。40℃下用小簸卷绕成形,卷绕速度为180～230r/min。

(5)小籖丝片处理:缫丝后把小籖丝片放入水槽中,先进行负压进水吸水,然后浸渍处理。

(6)复摇整理,绞丝打包。

第四节　复摇整理

缫丝获得的小籖丝片还不是生丝成品,必须经复摇、整理等工序,变成一定的绞装或筒装形式,才能成件成批出厂销售。

一、复摇

复摇是指把小籖丝片返成规格统一的大籖丝片或筒装生丝,并除去缫丝过程中产生的部分疵点的生产过程,通常称为返丝。

(一)复摇目的与要求

1.使丝片达到一定的干燥程度和规格

干燥程度用回潮率表示,规格有长度、宽度、重量等,见表15-9。

表15-9　大籖丝片的规格

项目	绞装形式		
	小绞丝	大绞丝	长绞丝
重量/g	97	125	180
丝片宽度/mm	65～70	70～75	75～80
丝片长度/m		1.5	
平衡后回潮率/%		10～11	

2.除去部分疵点

在缫丝时产生的特粗特细生丝、大糙颣、双丝、不打结、落环丝等疵点,通过复摇可除去大部分。

3.保持丝片有适当的籖角

使丝片络交花纹平整或筒子成形良好、层次清楚,有利于织造时生丝按顺序退解,减少络丝时的切断率,保持生丝的优良特性。

4.在整理过程中不损伤生丝

复摇要尽可能保持生丝的弹性、强力、伸度等,从而保证整理过程中不损伤生丝。同时要提高生产效率,减少回丝。

(二)小籖丝片的验收及干燥平衡

1.验收

首先对小籖丝片进行外观质量和数量的验收,并计算产量。

2.干燥平衡

一般若小籖丝片回潮率过高,则大籖丝片容易产生硬籖角或籖角处丝条黏结现象,再缫时就会引起切断;若小籖丝片回潮率过低,则大籖丝片容易成松籖角,丝条相互纠缠,再缫时不能按顺序退绕。针对从缫丝车间落下的小籖丝片回潮率是否过高及其各层生丝回潮率差异是否过大等情况,需要对小籖丝片进行干燥平衡处理。

干燥平衡的方法是将小籤丝片置于专设的平衡室中进行平衡。平衡室中可以调节温湿度和热量交换，一般温度为20～35℃，相对湿度为45%～55%，平衡时间为0.25～1h，具体根据小籤丝片回潮率的高低和大气温湿度情况来掌握。通过干燥平衡后，小籤丝片的回潮率降低至不满25%。

(三)小籤丝片给湿

小籤丝片经干燥平衡后已适当干燥，但是丝条间仍有一定的胶着力，会影响丝条离解。为此，复摇前必须进行给湿，使丝条外围的丝胶得到适当的柔和，以减少丝条在复摇过程中的切断。给湿要求均匀、完全，并且操作简便，劳动强度低，效率高，不伤丝，不塌边。

小籤丝片给湿一般在真空给湿机(图15-10)中进行，利用真空减压将水压入丝层之间，达到给湿目的。具体操作流程为：将小籤丝片浸入盛有溶液(柔软剂或水)的密闭真空桶中，用真空泵抽去桶内空气以形成真空，使丝片中的空气不断以气泡的形态向液面逸散，当达平衡后，停止真空泵抽气并放空气进入真空桶，造成液面压力大于丝片中压力，两者间的压力差迫使水压入丝层之间，这样抽气进气反复几次，就完成了丝片均匀吸水。一般抽气进气反复2～3次，真空压强为53.32～66.65kPa，给湿水温20～30℃，给湿率80%～110%。给湿后用手捏丝片，若水成横流并稍有滴下，表明给湿适当；若水成横流但不下滴，表明给湿偏少；若丝片有白斑，表明给湿不足，须再次给湿。真空给湿具有给湿充分且均匀、丝片损伤小、操作简便、劳动强度低等优点。

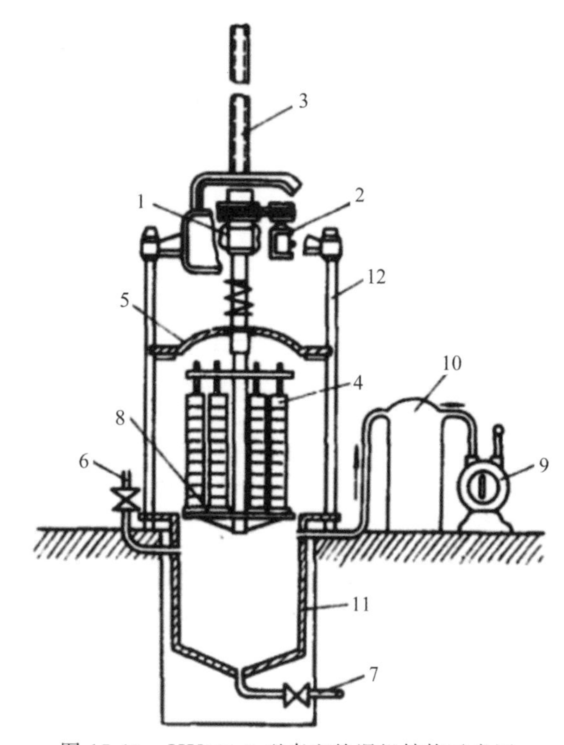

图15-10　HY511-6型真空给湿机结构示意图

(引自高振业，1997)

1.内螺纹槽轮；2.电动机；3.丝杆；4.小籤丝串；5.桶盖；6.进水管；7.排水管；8.铝盘；9.真空泵；10.气水分离器；11.真空桶；12.柱子。

给湿过程中使用柔软剂是为了获得手触柔软的丝片，使丝身光洁挺括，防止丝片固着，减少复摇断头，提高生丝的强伸度等。常在真空给湿筒中加入的柔软剂有柔软剂HC、水化白油、太古油等。

(四)复摇机

复摇机是将小籤丝片返制成规格统一的大籤丝片或筒装生丝的机器。我国最早的复摇机是20世纪20年代从日本引进的增译式，之后我国环球、万联等机械厂相继制造了复摇机。新中国成立后，各厂除了沿用旧机型，陆续研发了D112、SB522、ZF72、D112C、ZH77等多种型号的复摇机。各厂制造的复摇机虽然规格标准不统一，但其基本结构相似，均为铁木混制，主要由小籤浸水装置、导丝装置、络交装置、大籤、停籤装置和干燥装置等组成(图15-11)。

1.小籤浸水装置

在复摇过程中，当发现小籤丝片已经干燥，则扳动小籤浸水装置的升降杆，使小籤出入水面，达到给湿目的。

2.导丝装置

导丝装置包括导丝圈和玻璃杆。导丝圈可限制丝条抽出时气圈的大小，防止产生双丝。玻璃杆蓝色，可清楚地显示丝条，便于挡车工发现切断或双丝故障，同时增加丝条卷绕张力，使大籤丝片稳定成形。

3.络交装置

由于大籤丝片较薄而宽，所以用单偏心络交形式的络交装置来满足成形要求，并且结构简单、成本低、不易损坏。一般采用的络交齿数比为17∶26、17∶28、13∶24、16∶25等。每台复摇机装有单独的络交装置，便于在发现丝条故障时单独停车，不影响复摇产量。

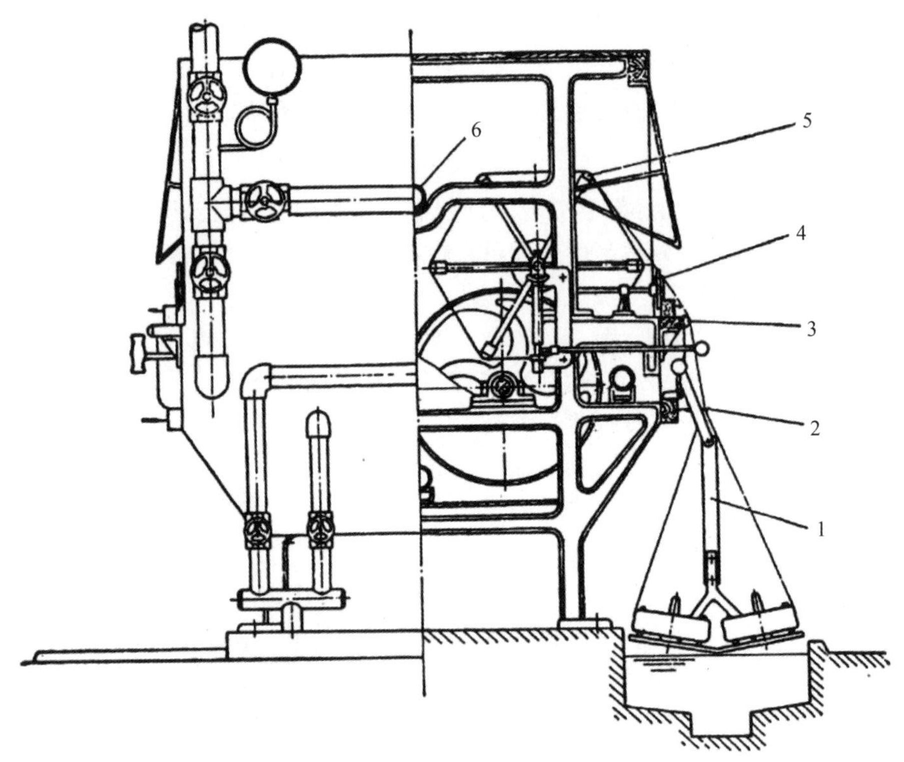

图 15-11　复摇机装置结构示意图(引自成都纺织工业学校，1986)

1. 小簸浸水装置;2. 导丝圈;3. 玻璃杆;4. 络交装置;5. 大簸;6. 干燥装置。

4. 大簸

大簸一般为六角形，周长 1.5m，有木制和铁木混制 2 种类型。每只大簸角的面板上都开有一条簸槽，以利于丝条通风干燥。每只大簸上都装有一只伸缩簸脚，以便于取下大簸丝片。

5. 停簸装置

复摇中为了上丝、落丝、寻绪接绪等，均需要停簸，此时就由停簸装置将大簸上的刹车轮抬起，使大、小擦轮脱离接触，从而使大簸迅速停转。

6. 干燥装置

在复摇机上装有保温罩，两侧为保温室;同时在车厢内的 2 排大簸中央上下、前后装有 4～6 根蒸汽烘管，并且使车厢内保持一定的温湿度。这样的干燥装置使丝片适当干燥。

(五)复摇工艺管理

1. 温湿度管理

温湿度管理是复摇的关键，决定了大簸丝片的回潮率，直接左右丝片状态。试验表明，大簸丝片的回潮率以 7.5%～9% 为宜。大簸丝片回潮率过高，则手触粗硬、色泽不良、簸角胶着、切断增加，从而造成络丝困难，甚至在储藏运输中有发霉变质的危险;大簸丝片回潮率过低，则丝质发脆、强伸力下降、簸角松劲、络绞紊乱，从而形成多层丝及切断增加。

此外，温湿度与气候相关，不同地区、不同季节应因地制宜。表 15-10 为不同季节复摇车间温湿度标准，在实际生产中还应根据原料茧、生丝纤度规格、缫丝机等的不同而做出相应的调整。

表 15-10　不同季节复摇车间温湿度标准

季度	车厢温度/℃	车厢相对湿度/%	车间温度/℃	车间相对湿度/%
一、四	36～42	30～40	20～38	60～75
二、三	38～44	37～44		

2. 复摇张力

复摇张力是指络交钩到大簸间一段丝条上所受的张力，对丝片整形和切断有影响。复摇张力较大时，络交花纹清晰，篗角处切断多，两侧松散丝较少；复摇张力小时，络交花纹变凌乱，篗角处切断减少，但两侧容易有松散丝。复摇张力一般在 20～30mN 为宜，保证生丝维持强伸力，不产生过多的塑性变形和切断。

3. 大篗速度

大篗速度是影响复摇产量的重要工艺参数之一。大篗速度过慢，不仅会降低生产效率，还会造成丝条张力变小、干燥时间变长、丝片松散、花纹凌乱、切断增加等；若大篗速度过快，则丝条干燥不充分，容易产生生硬篗角，对大篗丝片有损害。因此，大篗速度应根据复摇干燥的能力、生丝纤度的粗细、给湿程度、与前后工序的配合度等加以调节。大篗速度一般根据生丝纤度规格确定，纤度细的生丝容易产生塑性变形而影响强伸力，所以大篗速度不宜太快；随着生丝纤度变粗，大篗速度可加快，但生丝纤度超过一定范围而过粗，则因生丝不易干燥，所以大篗速度也不宜太快。不同生丝纤度的大篗速度范围见表 15-11。如 22.20/24.42dtex 的大篗速度为 180～250r/min，44.40/48.8dtex 的大篗速度为 150～170r/min。

表 15-11 不同生丝纤度的大篗速度范围

生丝纤度/Denier	生丝纤度/dtex	大篗速度/(r/min)	卷取丝速度/(m/min)
9/11、11/13、50/70	9.99/12.21、12.21/14.43、55.50/77.70	130～135	195～225
13/15、40/44	14.43/16.65、44.40/48.84	150～170	225～255
16/18、24/26、27/29、28/30	17.78/19.98、26.64/28.86、29.97/32.19、31.08/33.30	160～200	240～300
19/21、20/22、21/23	21.09/23.31、22.20/24.42、23.31/25.53	180～250	270～375

已知大篗速度后，可根据如下公式计算出复摇产量。

$$\text{复摇产量}[\mathrm{g}/(\text{台}\cdot\mathrm{h})]=\frac{\text{大篗速度}(\mathrm{r/min})\times\text{大篗周长}(\mathrm{m})\times\text{生丝纤度}(\mathrm{dtex})\times\text{每台绪数}\times 60(\mathrm{min})}{10000}\times\text{运转率}$$

二、整理

整理是指把复摇后的丝片进行平衡、编检、绞丝、称丝、配色、打包和成件的操作过程。整理的目的：一是使丝片保持一定的外形，便于运输和储藏；二是使丝色和品质统一，分类成批，合理搭配成包，利于丝织；三是检查和剔除疵点丝，保证生丝质量。

整理的工序可以分为以下几个步骤。

(一)大篗丝片平衡和编检

1. 大篗丝片平衡

复摇后的大篗丝片要进行吸湿平衡，使丝片湿度达到一定要求并且面、中、底吸湿均匀，同时篗角挺括，丝片韧性增加，从而使丝片不会因回潮率低而出现脆弱、切断现象。

大篗丝片平衡通常是采取在编检处旁边放 10～20 只大篗循序编检的方法，来达到大篗丝片吸湿平衡的目的。平衡时间根据编检室的温湿度条件而定，一般为 20～40min。编检室的温湿度规定见表 15-12。平衡后的丝片回潮率以 10%～11%为宜，不符合要求的还需再进行平衡。

表 15-12 编检室温湿度规定

季度	温度/℃	相对湿度/%
一、四	15 以上	75～85
二、三	25～35	70～80

注：数据引自苏州丝绸工学院，浙江丝绸工学院，1993。

2. 编检

编检包括留绪、编丝、疵点丝检查处理等操作。

将平衡后的丝片的里头和底头与棉线结在一起并固定在一定位置上，称为留绪。留绪是为了保持大篗丝片原有的整形，使落丝时寻绪容易、丝条不紊乱并减少切断。

留绪后进行编丝，就是用线固定在丝条间的相对位置，不使络交花纹紊乱。编丝有一定的规格要求：大绞丝和长绞丝为四档四孔；长绞丝也有编成四档三孔的；小绞丝为三档三孔。

编丝之后进行疵点丝检查，就是扳松大簸上的弹簧，查看丝片上有无断头、毛丝、双丝、横丝、油污等疵点，一旦发现，应及时处理。

(二)绞丝和称丝

绞丝是将编好的丝片按绞装形式逐片绞好，并检查丝片上有无疵点。绞装形式有：大绞丝绞 2.5～3 转，小绞丝绞 5.5～6 转，长绞丝绞 3～3.5 转。绞成的丝绞要求不紊乱，不松散，外观光洁，便于打包；丝绞的绞头结紧，绞尾圆整。绞丝时需要注意：将丝条拉直并捋齐抱紧，不能硬移硬绷。硬移易将丝片底层移松，硬绷会使整形的簸角变得杂乱，从而造成多层脱壳等现象。

称丝是将绞好的丝绞逐号称重，为计算缫折、产量提供依据。大绞丝和小绞丝是先绞丝后称重，而长绞丝是先称重后绞丝。

(三)配色、打包和成件

为了使每包生丝的色泽基本接近，在打包前必须逐绞进行配色，并检查其中有无夹花、污染丝等疵点丝，如发现疵点丝，则立即剔除。配色可选在北面有天然光线的肉眼检验室内进行，也可以在荧光灯检验台上进行。

配色完成后，将丝绞按照不同的绞装要求打成小包，成包的规格参见《生丝》(GB/T 1797—2008)。打包时，大绞丝和小绞丝要求绞头上下对齐，绞尾排列整齐，并尽量节省棉纱线；长绞丝要求推足铺平拉挺，两端头尾对正，纱绳不能抽移，拿出丝箱时动作要轻缓，拆下来的号带要及时清理，如发现遗缺，要及时补足。

为了便于运输和储藏，避免受潮、擦伤和虫蛀，小包生丝还需成件或成箱。成件或成箱有一定的规格要求，其规格参见《生丝》(GB/T 1797—2008)。

整理好的丝包和丝件应堆放在干燥整洁、相对湿度 60%～70%的丝库内，严防受潮和虫蛀。

三、复摇成筒

复摇成筒是将缫丝后的小簸丝片直接复摇成筒装丝，是缫丝工业中的新工艺，既减少了劳动力，又提高了生产效率。复摇成筒有干返成筒和湿返成筒二种。

(一)干返成筒

干返成筒是将缫丝后的小簸丝片在一定温湿度下自然平衡后，直接卷绕成筒装丝。该工艺对小簸丝片不进行给湿处理，成筒时也无需干燥设备，但对车间的温湿度要求严格。

(二)湿返成筒

湿返成筒是将缫丝后的小簸丝片经过真空给湿后，复摇成筒装丝，并在复摇过程中进行干燥。该工艺简单，筒子成型好，手感软硬均匀，强伸力等内在质量比较稳定；但卷绕速度慢，效率低，耗电量大。

(三)复摇成筒的设备

复摇成筒使用经过改进的络丝机。一般干返成筒使用的是改装的化纤 VC604 型往复式络丝机或 SGD0101 型精密络筒机，湿返成筒使用的是改装的化纤 R701A 型往复式络丝机。

(四)小簸丝片干燥平衡

由于缫丝车速、车厢温度、丝鞘长度等变化，丝片各层卷绕有先后次序，受烘时间也各不相同。因此，各片小簸丝片之间和每只小簸的内、中、外层丝片之间的回潮率存在较大差异，必须进行干燥平衡，否则会造成筒装生丝各层软硬不一，从而影响成形甚至塌边。经过干燥平衡的小簸丝片，回潮率应达到 10%～12%，则丝条退解顺利、张力均匀，复摇成筒丝成形良好、手感柔软、富有弹性。

小簸丝片干燥平衡的工艺条件因缫制生丝的目标纤度的不同而不同，具体见表 15-13。

表 15-13　小簸丝片干燥平衡的工艺条件

目标纤度/Denier	目标纤度/dtex	温度/℃	相对湿度/%	平衡时间/h
19/21、20/22	21.1/23.3、22.2/24.4	40～45	50±5	4～5
40/44	44.4/48.8	45～50	50±5	6～8

第五节　生丝检验

一、生丝检验目的

生丝是高档织物的原料，其质量直接影响织物的品质。为此，对生产的生丝一定要按一定的标准由法定机构进行专业检验，评定等级，以作为贸易上按质论价、按量计价的依据，又可及时反馈产品质量信息，促使生产企业不断提高生丝质量。各国采用的生丝标准不尽相同，目前我国采用中华人民共和国标准《生丝》(GB/T 1797—2008)；欧洲部分企业参照国际丝绸协会的《生丝便览 1995》，部分企业采用纱疵分级仪对生丝进行检验；日本、巴西、印度等国也都有各自的生丝标准。

生丝的质量可以根据检验性质上的重量检验和品质检验或者检验方法上的外观检验和器械品质检验的综合成绩，评定为 6A、5A、4A、3A、2A、A 级和级外品，同时确定生丝的公量。

二、生丝检验项目

(一)重量检验

生丝是吸湿性强的纤维，其含水率常受环境温湿度的影响，进而造成生丝重量的变化。为此，国际上规定生丝以公量为计价标准。公量是指生丝在公定回潮率为 11%时的重量，可根据每件生丝的净量和实际回潮率按以下公式进行计算。

$$公量(g)=净量(g)\times\frac{100+11}{100+平均回潮率(\%)}$$

1. 净量检验

一批生丝除去纱绳、包丝纸、布袋、商标等包装用品的重量，其生丝的净重称为净量。首先，从全批受验丝中抽样后，精确称重，得出毛重；然后，拆下包装用品，每批大绞丝、小绞丝中任选 5 把，每批长绞丝中任选 3 把，每批筒装丝中任选 5 只纸箱(包括箱中的定位纸板、防潮纸)以及不少于 2 只筒管及纱套，精确称重，得出包装用品的重量；最后，将全批丝的毛重减去全批丝包装用品的重量，得到全批丝的净量。

2. 平均回潮率检验

(1)称计湿重

抽取样丝(大绞丝、小绞丝为 20g 以内，长绞丝为 30g 以内，筒装丝为 50g 以内)，精确称取湿重。

(2)称计干重

将样丝放在烘丝篮内，以 140～145℃烘干至恒重，精确称取干重。

(3)计算

根据湿重和干重，按以下公式计算平均回潮率。

$$平均回潮率(\%)=\frac{样丝湿重(g)-样丝干重(g)}{样丝干重(g)}\times100\%$$

(二)品质检验

品质检验包括切断、匀度、纤度、清洁、洁净、强力、伸长度、抱合力等检验项目，有特殊要求时，还需要进行含胶检验和茸毛检验等。

1. 切断检验

切断检验也称再缫检验，是指生丝在标准条件(室温 20℃±2℃，相对湿度 65%±5%)下，按不同规格生丝规定的速度和时间，将样丝卷绕到切断机的丝锭上，测定一定长度的生丝在一定张力作用下发生的切断次数。通过切断检验，一可以了解生丝的断头情况，为确定生丝等级和用户选料提供数据；二可以为其他品质项目检验准备必要的试验材料。

切断检验的操作步骤：首先是取样，每批检验丝分别自面层、底层、面层的 1/4 处、底层的 1/4 处卷取样丝，自面层的1/4处、底层的1/4处卷取的样丝不计切断次数；然后是检验，分初期检验和正式检验，初期检验不计切断次数；最后记录切断次数。

切断检验的卷取速度、检验时间等工艺参数规定见表15-14。

表15-14　生丝切断检验的时间和卷取速度规定

生丝纤度/Denier	生丝纤度/dtex	卷取速度/(r/min)	初期检验时间/min	正式检验时间/min	
				大绞丝、长绞丝	小绞丝
≤12	≤12.3	110	5	120	60
13～18	14.4～20.0	140	5	120	60
19～33	21.1～36.6	165	5	120	60
34～69	37.7～76.6	165	5	60	30
≥70	≥77.7	165	5	60	20

2.纤度检验

纤度检验又称条分检验，是检验生丝粗细和粗细变化的程度，包括平均纤度、纤度偏差、纤度最大偏差、公量平均纤度等四项内容。

(1)平均纤度检验

1)用切断检验摇成的丝锭，在纤度机上摇取规定回数的小样丝(称纤度丝)，纤度丝长度以“回”为单位，每回为1.125m，受检生丝纤度<33Denier的取400回，受检生丝纤度≥34Denier的取100回。

2)检验时以50绞纤度丝为一组，先将逐绞纤度丝在纤度秤上称计，读出每绞纤度丝的纤度，算出一组50绞纤度丝的累计总纤度，然后将该组50绞纤度丝放在纤度秤上称计，读出它的总纤度，并与分称的累计总纤度相核对，当两者相差在规定范围之内的，称计合格，否则需重新进行称计。

3)按以下公式计算平均纤度。

$$\text{平均纤度 } \overline{D}(\text{Denier})=\frac{\text{各绞纤度丝的累计总纤度(Denier)}}{\text{被检验的总绞数}}$$

(2)纤度偏差检验

检验全批各绞纤度丝的纤度偏离平均纤度的离散程度，称为纤度偏差检验。纤度偏差小，表明生丝纤度分布集中，条干粗细均匀；纤度偏差大，表明生丝粗细不匀，这不仅影响后续整经、织造等生产效率，而且影响织物的品质。生丝纤度偏差是生丝分级中的主要指标之一，有平均偏差和均方差2种表示方法，其中使用均方差更切合实际。

按平均纤度检验的方法检验，纤度偏差的计算公式如下：

$$\sigma=\sqrt{\frac{\sum_{i=1}^{n} f_i(D_i-\overline{D})^2}{N}}$$

式中：σ为纤度偏差；$\overline{D}$为平均纤度；D_i为受验各绞纤度丝的纤度；f_i为受验各绞纤度丝的绞数；N为受验纤度丝总绞数。

(3)纤度最大偏差检验

检验生丝的“野纤度”，即生丝中最粗或最细的纤度偏离平均纤度的最大值，称为纤度最大偏差。纤度最大偏差越大，则后续织物上产生的疵点越突出。纤度最大偏差是34Denier(37.74dtex)及以上规格生丝分级的主要检验指标之一。

在全批纤度丝中，取总绞数2%的最细、最粗纤度丝，分别求其纤度平均值，再与平均纤度比较，取其最大差值为该批纤度丝的纤度最大偏差。其纤度的具体检验方法同平均纤度检验。

(4)公量平均纤度检验

在回潮率11%的公量状态下测得的平均纤度，称为公量平均纤度。尽管此指标不涉及生丝的品质，但它与丝织工艺设计以及织物的品质有密切关系，同时若公量平均纤度出格，则会被作为次品处理。

1)将上纤度偏差检验后的纤度丝烘至无水恒重时称出干重(方法同公量检验)，干重加上11%回潮率，

得出公量。

2)按以下公式计算公量平均纤度。

$$公量平均纤度(\text{Denier})=\frac{纤度丝总干量(\text{g})\times 1.11\times 9000}{纤度丝总绞数\times 每绞回数\times 1.125}$$

公量平均纤度如以 dtex 为单位,则再乘以 1.11。

3.匀度检验

匀度检验也叫均匀检验或丝条斑检验,是用一定长度(400～500m)的丝条,根据不同的纤度,按规定的排列距离和线数,连续、并列卷绕到黑板上,在暗室中特定照明度(20lx)的灯光下,在距离黑板 2m 处用目力观察评定生丝的粗细变化及丝条的透明度、圆整度等组织形态差异程度。匀度检验目的与纤度偏差检验的相同,都是检验生丝的纤度变化程度。但纤度偏差是以 450m 定长生丝的重量来测定纤度变化的程度,而这个范围内生丝粗细的变化就无法了解。而匀度检验是检验丝条 400～500m 范围内有无纤度变化,只要有 4～6m丝条发生 3Denier 左右的纤度变化,黑板上就会显示出丝条斑。因此,从某个角度来说,匀度检验比纤度偏差检验更为严格。

纤度不同的丝在黑板上呈现不同的颜色:纤度细的丝色发暗,粗的丝色较白,这种变化来自匀度的变化。匀度变化程度可以分为 V0、V1、V2、V3 四个等级。对照均匀标准照片,超过 V0、不到 V1 的为均匀1 度变化,按顺序分别是均匀 2 度变化和均匀 3 度变化。

4.清洁和洁净检验

(1)清洁检验

检定一定长度丝条上的特大糙疵、次要普通糙疵,以及大、中颣节的种类与数量,称为清洁检验,又称大中颣检验。丝条上出现的糙疵称为颣节,根据大小不同,分为特大、大、中、小四种。特大糙疵和次要普通糙疵为特大颣,大颣和中颣主要是操作不慎而产生的,称粗制颣。生丝的清洁不良,一会增加织造过程中络丝、捻丝、机织等工序的困难度,增加断头,降低工效,增加屑丝消耗;二会使织物表面产生突起、发毛、发皱等,减弱织物的平滑和光泽感;三会使织物染色不均匀,呈现色斑,损害外观;四会降低生丝的强力和伸度,影响织物的坚牢度。因此,清洁检验是生丝分级的主要评定项目之一。

清洁检验是利用匀度检验时黑板上的丝条进行的。检验员在距离黑板 0.5m 处,逐块检验黑板两面,对照清洁疵点的标准照片,分别记载其种类和数量,最后从 100 分中扣去应扣分数,评定清洁总分。

(2)洁净检验

检定一定长度丝条上的小颣的种类与数量,称为洁净检验,又称小颣检验或净度检验。洁净检验也是生丝分级的主要评定项目之一。

洁净检验与清洁检验同时进行,也是利用匀度检验时黑板上的丝条进行。检验员在距离黑板 0.5m 处,逐块检验黑板的任何一面,根据小颣的形态大小、数量多少、分布情况,对照标准照片逐一评分,最后以 100 分中扣去应扣分数,评定洁净总分。

5.强力和伸长度检验

以一定数量的生丝,逐渐增加牵引力量,到拉断为止时,其所需要的力量称为强力,生丝延伸的最大伸长长度称为伸长度。强力一般用相对强度表示,即丝条断裂时 1Denier 纤度所能承受的强力数(g/Denier)。伸长度一般用丝条断裂时伸长的长度占原丝条长度的百分比表示。若生丝的强力和伸长度不良,则在络丝、捻丝、织造加工中切断会增多,耗丝量会增加,织物的坚牢度和品质会变差。

将样丝放在温度 20℃±2℃、相对湿度 65%±5%的条件下平衡,使回潮率达到 11%;将样丝理直,平行、松紧适当地夹在强伸力机上,按规定的夹口距离及下降速度,用自动记录器记录丝条断裂时的拉力(kg)和伸长值(cm);根据记录纸记录的检验数据,按以下公式计算平均强力和平均伸长度。

$$平均强力(\text{g/Denier})=\frac{受验各绞小丝强力的总和(\text{g})}{受验各绞小丝纤度数总和(\text{Denier})\times 所摇回数}$$

$$平均伸长度(\%)=\frac{受验小丝伸长度的总和(\%)}{受验小丝绞数}$$

6. 抱合力检验

生丝由若干根茧丝相互抱合而成。检验组成生丝的茧丝之间相互抱合胶着的牢固程度，称为抱合力检验。若生丝抱合力不良，则丝条组织不紧密，裂丝多，强力差，不耐摩擦，在织造过程中容易切断，增大成本，且织物发毛不耐使用，染色后常会出现染斑和颜色不明快，品质差。

抱合力检验常用的仪器是杜普兰式抱合机。检验时将丝条缠绕在丝钩上，夹在摩擦板中间进行摩擦；每摩擦 10 次，松弛丝条，检验丝条是否裂开；如果有半数以上丝条已经裂开并且裂开长度在 6mm 以上，停止摩擦，从自动计数器上读出摩擦次数；最后按以下公式计算生丝的平均抱合力。

$$\text{平均抱合力(次)}=\frac{\text{受验生丝抱合力总和(次)}}{\text{受验生丝的条数}}$$

7. 除胶检验

通过煮炼除去生丝表面丝胶，以检定生丝的含胶率，称为除胶检验，也叫炼减检验。生丝含胶量的多少影响织物原料的重量和品质。

取样丝烘干至恒重，精确称取煮炼前干量；将样丝在中性皂液中煮炼，脱尽丝胶；清水洗净胶皂物质，烘干至恒重，精确称取煮炼后干量；按以下公式计算生丝含胶率。

$$\text{生丝含胶率(\%)}=\frac{\text{煮炼前干量(g)}-\text{煮炼后干量(g)}}{\text{煮炼前干量(g)}}\times 100\%$$

8. 茸毛检验

茸毛是生丝精炼后在丝条上出现的比小颣还小的疵点。检验一定长度精炼丝条上的茸毛的形状、大小及分布情况，称为茸毛检验。茸毛检验在高质量的名牌丝或客户提出要求时才进行，所以是指定检验项目。

茸毛检验的设备与匀度、清洁、洁净检验类同。检验员在丝框前 50cm 处，逐片观察丝片上显现的白色茸毛状的疵点，对照标准照片进行评分，并从 100 分中扣去应扣分数，评定茸毛平均分数。

(三)外观检验

在一定技术条件下，用肉眼观察和手抚摸，对全批生丝的颜色、光泽、光滑、柔软程度等性状以及整理成形状况、疵点丝有无与程度等进行检验，以评定生丝的外观质量，称为外观检验。生丝的外观质量是否优良，不仅关系到生丝外观，还与织造工效、原料消耗、生丝成本、产品外观质量等密切相关。

将全部生丝逐包拆除包丝纸后，排列在检验台上，在 500lx 灯光下逐把观察，评定整批生丝的外观质量，外观质量分良、普通、稍劣、级外品四级。

三、生丝分级

综合以上各项检验的成绩，根据规定的分级标准和分级方法，评定生丝的最终等级。生丝分级技术指标参见中华人民共和国标准《生丝》(GB/T 1797—2008)。

第十六章　蚕丝多元化利用

第一节　概述

一、蚕丝的结构

蚕丝呈扁平椭圆形，主要由丝素蛋白（又称丝心蛋白）和丝胶蛋白二种蛋白质组成，其中丝素蛋白占蚕丝总量的75%左右，丝胶蛋白占蚕丝总量的25%左右。丝胶由蚕的中部丝腺分泌，前、中、后三区又分别合成丝胶Ⅰ、Ⅱ、Ⅲ、Ⅳ。在蚕丝中，丝胶蛋白位于两根平行丝素蛋白纤维的表面，作为黏结剂把两条截面呈三角形、平均直径约为10μm的半结晶丝素包裹在一起，形成完整的丝纤维。丝素蛋白是一种纤维状蛋白质，具有半结晶结构，以保持硬度和强度；丝胶蛋白是一种类似胶水的无定形蛋白质，作为黏合剂来保持纤维的结构完整性。外部的丝胶基本没有力学性能，可以通过酸、碱、皂液、高温高压、酶处理等多种脱胶方式与丝素分离。

丝胶是一种具有较好亲水性的天然球状蛋白质，主要由丝氨酸、甘氨酸、谷氨酸、天冬氨酸等亲水性氨基酸组成。这些氨基酸侧链中含有大量的羟基、羰基和氨基等活性基团，使得丝胶易通过交联、共聚和混合等方式进行改良，提升其性能。小松计一在研究中指出，丝胶从外至内有Ⅰ、Ⅱ、Ⅲ、Ⅳ四种类型，该论断是根据丝胶在热水中的溶解特征得到的。用紫外吸光度进行定量分析，可以得出Ⅰ∶Ⅱ∶Ⅲ∶Ⅳ = 41.0∶38.6∶17.6∶3.1的结论。

丝素蛋白由重链（H链，分子质量约390 kDa）和轻链（L链，分子质量约26 kDa）组成，两者通过H链C端的一个二硫键连接在一起，形成H-L复合物。糖蛋白P25（分子质量约25 kDa）与H-L复合物以非共价链连接，H链、L链和P25以6∶6∶1的比例组装形成丝素。丝素的氨基酸组成主要为甘氨酸（Gly，43%）、丙氨酸（Ala，30%）和丝氨酸（Ser，12%）。H链的疏水结构域包含重复的Gly-Ala-Gly-Ala-Gly-Ser六肽序列和重复的Gly-Ala/Ser/Tyr二肽，它们可以形成稳定的反平行β-折叠微晶（图16-1）。L链的氨基酸序列是不重复的，因此L链更具亲水性和相对弹性。Silk Ⅰ是一种亚稳态结构，具有曲柄或S形结构的空间构象，属于正交晶系。Silk Ⅱ为反平行β-片层结构，属于单斜晶系。相邻链段之间的强氢键大大有助于Silk Ⅱ的稳定。丝素的主要晶体结构是Silk Ⅰ和Silk Ⅱ。Silk Ⅰ结构可以通过甲醇或磷酸钾处理容易地转化成Silk Ⅱ。在再生的丝素溶液中，空气和水界面上也存在少量不稳定的Silk Ⅲ结构。

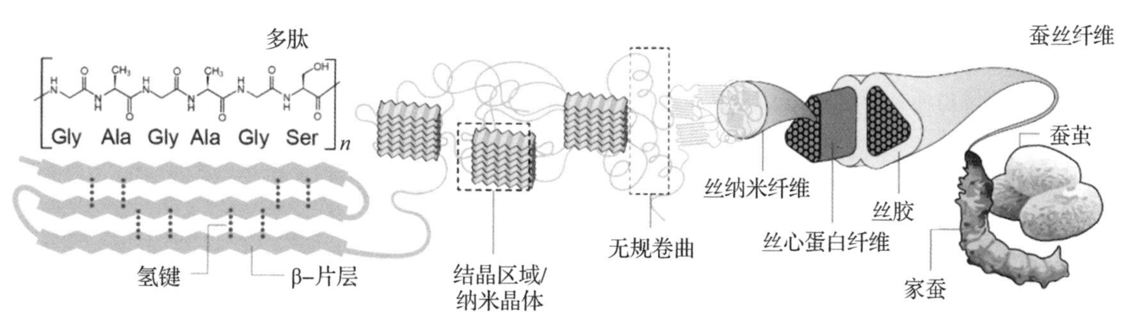

图16-1　蚕丝纤维的多级结构示意图（引自Volkov et al，2016）

二、蚕丝的优点及特色

(一)成本低、可再生

与其他纤维(塑料、玻璃)相比,天然纤维有着可再生且环境友好的优点。除家蚕以外,至少还有十几个目中存在可以泌丝的昆虫种类,如石蛃目、缨尾目等,其中被人们所熟知的包括蜘蛛、丝蚁、胡蜂等昆虫。但是,这些昆虫的成丝存在难以收集、无法大规模生产等缺点。因此,蚕丝是一种可再生且成本相对较低的天然丝纤维。

(二)力学性能强

从材料科学的角度来看,蜘蛛和家蚕吐出的丝是已知的最坚韧的天然纤维。蚕丝结晶区和非结晶区相互穿插的结构,赋予了蚕丝优异的力学性质,使蚕丝纤维具有较高的弹性模量、断裂强度和伸长率。其中,β-折叠结构的主要贡献在于提高蚕丝力学强度,使其强度高于玻璃纤维和其他合成纤维;β-片层之间的滑移和非结晶区的变形使蚕丝的伸长率较大,可达15%～25%。

(三)生物相容性好

据报道,丝素蛋白是生物相容的,在植入时诱导最小的炎症反应;而丝胶蛋白的存在会引起体内的炎症反应。通过脱胶过程,可以从茧丝中去除丝胶蛋白。方法包括在碱性溶液(即0.02mol/L碳酸钠溶液)中煮沸蚕茧。一旦除去丝胶蛋白,就可以将丝纤维溶解在9.3mol/L溴化锂水溶液中,然后通过透析除去盐来纯化,从而得到丝素蛋白。

(四)可降解性

根据美国药典的定义,蚕丝纤维被归类为不可降解的物质。但从已发表的文献报道来分析,可以认为蚕丝纤维是可降解的材料。异物反应介导的蚕丝降解行为也已被众多研究所证实。与合成材料不同,蚕丝纤维蛋白的可降解行为不会导致免疫反应。生物降解使聚合物材料分解成更小的化合物,其过程变化很大,机制也很复杂,通常包括物理、化学和生物因素。生物酶在蚕丝纤维蛋白的降解中起着重要的作用。蚕丝纤维蛋白可被酶降解的特性,使得蚕丝纤维蛋白独特的物理、化学、机械和生物学性质被广泛研究。蚕丝纤维蛋白等生物材料的酶降解过程一般包括两步反应:第一步是通过表面结合结构域,将酶吸附在底物表面;第二步是酯键的水解。

(五)可塑性

蚕丝纤维除了通过编织外,还可通过用溶解后得到的再生丝素溶液来制备其他形貌的材料。再生丝素蛋白水溶液或有机溶液,通过浇铸或旋涂的方法,可以成功制备丝素蛋白膜;通过乳化、自组装、离子凝聚、相分离、微制备以及研磨等方法,可以实现丝素蛋白微球的制备;通过有机溶剂沉淀、超声处理、酶促交联、化学改性等方法,可以制备丝素蛋白水凝胶;通过纤维黏结缠绕、冷冻干燥、盐粒洗脱、气体发泡、三维打印等方法,可以实现再生丝素蛋白多孔支架的制备。这些薄膜、微球、水凝胶以及支架的制备使得丝素蛋白在各种环境下的应用成为了可能。

三、蚕丝多元化利用及研究现状

随着对蚕丝结构研究的不断深入,蚕丝开发利用的研究领域也不断拓宽,逐渐延伸到组织工程材料、药物载体、化妆品、食品及保健品、环保材料、光电材料等领域。其中,丝素蛋白是研究最广泛且使用最普遍的,现在大多数功能化的先进丝材料是以丝素蛋白为基质进行研究与开发利用的。

丝胶蛋白具有良好的透氧性、水分调节能力、抗紫外线辐射能力、促进细胞生长能力、生物相容性和促进有丝分裂能力等重要的生物学特性,所有这些生物学特性使得丝胶蛋白变成可用于生物医学应用的一种有前途的聚合物。一些研究报道称,由于丝胶蛋白有着利于角质细胞和成纤维细胞生长的生物学特性,所以它有可能成为修复上皮组织的生物材料,目前主要用作伤口敷料。尽管丝胶蛋白具有多种特性和益处,但由于它的结构稳定性较弱、水溶性和易凝性较高,而难以实现真正的应用,所以它常常被认为是蚕茧脱胶

过程中的副产品，在纺织生产中被丢弃。目前，丝胶膜的力学性能仍是一大缺陷，使其难以满足实际需求。近年来，学者们采用不同来源的丝胶，展开了各种提升丝胶膜性能的相关工作，以期促进它的副价值利用。

随着蚕丝蛋白新功能和新用途的不断开发，丝肽的功能以及应用潜能也逐渐被挖掘出来。再生丝素蛋白是分子质量为 30～450kDa 的大分子蛋白，其结构致密、结晶度高、溶于水；而丝肽是分子质量为 300～20000Da 的小肽，因其分子质量小、色泽浅、水溶性好、蛋白含量高等特点，而被广泛应用于化妆品、食品、医药等领域。

(一)纺织品

蚕丝蛋白在纺织品中的应用十分广泛。由于丝素蛋白和丝胶蛋白在外观、溶解度、氨基酸组成和反应基团的数量等方面存在很大差异，因此在进一步加工前通常需要对其进行分离。在纺织领域，为了获得手感优良、光泽优雅、富有弹性的生丝，脱胶(也称为精炼)工艺是必要的。脱胶后，生丝可被染色、印花或整理而应用于纺织。蚕丝脱胶不仅在纺织领域，而且在非纺织领域都是重要和必要的。

(二)生物医用材料

蚕丝蛋白对人体的适应性很强，在医学方面最早是以缝合线的形式广泛应用于外科手术中。近二十年来，蚕丝蛋白在组织工程领域的研究也越来越多，已成为组织工程领域的主要研究焦点，为其在医学领域的应用拓展了空间。模拟天然细胞外基质(ECM)是一个关键的技术挑战。在不同形式的材料中，丝素蛋白越来越被认为是一种能模拟 ECM 结构以制造生物材料的原料。丝素蛋白的易加工性、优异的生物相容性、显著的机械性能和可控的降解性，已经被探索用于制造膜、多孔基质、水凝胶、无纺衬垫等制品，并且已经被研究应用于骨、腱、韧带、软骨、皮肤、肝脏、气管、神经、角膜、耳膜、牙齿、膀胱等各种组织工程。此外，丝素基质已被证明能成功递送蛋白质药物并保持其效力。丝素蛋白结晶度、浓度和结构的调整，递送系统的设计，以及包埋剂的分子质量和结构，是精确定制丝素基质载体释放动力学的重要变量。迄今为止，丝素药物递送系统的焦点是在组织再生中的应用，例如载有生长因子的丝素基药物载体被应用于骨和软骨组织工程中。另外，丝素蛋白作为基质也可被用于口服、经黏膜和眼部给药等。

(三)化妆品

蚕丝具有良好的保温性、保湿性等独特的优良性能，能帮助皮肤调节水分。蚕丝蛋白作为化妆品基材，其主要优点有：热稳定性好，防晒、保湿、营养等功能俱全，还具有吸收紫外线、防止日光辐射的作用；与其他化妆品原料有较好的配伍性，添加量较大，最多可达到 20%，使其功能性作用较明显，因此可广泛应用于化妆品领域。以蚕丝蛋白作为制造美容化妆品的添加剂，国内外已有较多报道。含有蚕丝蛋白的粉底、面油、口红、化妆水、雪花膏、整发用的染发液、发蜡等都已在市场上销售。

在日用化妆和护肤品领域，蚕丝蛋白由于功效明显并且安全、无副作用，可被用作具有优良物理性能的护肤、护发品及皮肤外用药等。例如早在 1958 年，就有以 0.1%～1%丝胶蛋白作为护发剂的主要成分的专利；日本已有以丝胶蛋白为主要添加剂的化妆品问世。

蚕丝蛋白在化妆品方面主要有两种应用形式：丝素粉和丝肽。丝素粉保持了蚕丝蛋白的原始结构和化学组成，仍然具有蚕丝蛋白特有的柔和光泽和吸收紫外线抵御日光辐射的作用；丝素粉光滑、细腻、透气性好、附着力强，能随环境温湿度的变化而吸收和释放水分，对皮肤角质层水分有较好的保持作用。因此，丝素粉是唇膏、粉饼、眼霜等美容类化妆品的基础材料。丝素蛋白经进一步处理，可得到小分子水解产物丝肽，可作为高级营养美容化妆品的添加剂。丝肽分子较小，渗透性强，可透过角质层与上皮细胞结合，参与和改善上皮细胞的代谢，营养细胞，使皮肤湿润、柔软、富有弹性和光泽。丝肽具有较好的成膜性，能在皮肤和毛发的表面形成具有良好柔韧性和弹性的保护膜，因此作为护肤护发和洗浴用品的基础材料是相当合适的。

(四)食品及保健品

在食品和保健品方面，丝素蛋白对人体有医疗保健作用，如促进胰岛素分泌和降低血糖等。利用丝素蛋白还可生产蚕丝蛋白果冻等新型保健食品，具有良好的应用前景和经济价值。丝素蛋白的氨基酸中，85%左右为甘氨酸、丙氨酸、丝氨酸和酪氨酸。甘氨酸、丝氨酸有减少血液中胆固醇含量的作用，酪氨酸有防止衰老的作用，并对痴呆症有预防效果，赖氨酸具有加速细胞新陈代谢、强神补脑的作用，因此丝素肽有降低血糖和胆固醇含量的作用。最新研究表明，许多种氨基酸组成大小不同的肽链，对于预防老年性中风、调节生理功能和免疫系统确有功效。由此可见，丝素蛋白可作为一种高级的有添加功能的食物。作为食品的丝素蛋白经过加水分解，变成由几个氨基酸结合成、有200～300个小肽键的形式而被利用。这种粉末有甜味、酸味和香味，还有很强的吸湿性。丝胶蛋白具有强保水性和抗氧化性，与荞麦蛋白的性质相类似，可以抗多种酶的分解。因此，丝胶蛋白、荞麦蛋白这类低消化率的蛋白质作为食物的添加剂，将有助于改善肠道的生理功能。

(五)环保材料

蚕丝还能作为环保新材料以及特殊涂层材料。丝素蛋白可吸附和去除水中的有毒重金属、染料，具有治理水污染的作用。蚕丝在自然环境中经紫外线照射、微生物降解而能很快分解，因此可作为塑料的替代品。蚕丝蛋白微粒还可作为增强/增韧性填料，用于提高其他材料(特别是蚕丝蛋白基材料)的宏观力学性能。

(六)光电材料

蚕丝材料的一个特性是能够储存功能性化合物，并具有便利性的材料属性，使其成为技术设备(如平面微电子结构)的理想成分。可通过纳米制造、衍射光学和生物掺杂的组合，产生“活光子”组件的技术设备以及与生物组件共存而制造的功能设备，这些功能设备用更传统的方法是不容易获得的。机械强度、透明度和表面平整度是光子学应用的重要特征。有报道称蚕丝可以作为低成本的电子纸设备。蚕丝可以被用来替代传统的无机氧化物层，例如 SiO_2 或聚甲基丙烯酸甲酯(PMMA)、有机薄膜晶体管(OTFT)中的栅极电介质、n 型和 p 型有机半导体、金栅电极和源电极。

第二节　蚕丝纺织品

一、中国丝绸发展历程

中国是蚕丝业的起源地，有“丝国”之称。从古至今，丝绸一直是中国的一张重要名片。出土的文物遗址证实，我国在新石器时代就已经开始生产蚕丝织品。三国时期，东吴开始提倡大范围种桑养蚕，并设立专门的管理机构，加速了蚕丝业的发展。江南地区的种桑养蚕与蚕丝织品制造技艺在宋代达到了顶峰。尽管在宋末元初，战乱引起的经济萧条以及“棉”等多种新织物的广泛传播而导致蚕丝业有所削弱，但随着明清时期政治、经济的稳定发展，上层社会对丝绸织物的需求逐渐增强，江南的蚕丝业也获得了新的发展机遇。当时，苏州本地人自诩丝绸为“转贸四方，吴之大资”也。

二、蚕丝织物产品

蚕丝织物具有光泽和谐、穿着舒适、华丽高贵、柔软光滑等特点，受到人们的青睐。目前，蚕丝织物产品已经包括丝绸服饰、蚕丝被等多种类型，其受欢迎程度和市场规模逐年提升。蚕丝的导热性小于多数纺织纤维，散热速度慢，对温度变化有良好的缓冲作用，因此穿着丝绸服饰常有冬暖夏凉之感。此外，蚕丝中甘氨酸的含量高达42.8%，而甘氨酸是一种能与紫外线进行光化作用的物质，因此丝绸服饰能阻止或减少太阳光中紫外线对人体的伤害，起到保护皮肤的作用。蚕丝被是通过将蚕茧丝纤维扯叠成丝绵，然后将这些丝绵制成被胎，从而形成以丝绵为胎芯的被子。根据所用蚕茧种类的不同，蚕丝被可分为桑蚕丝被和柞蚕丝被。近二十年来，蚕丝被已成为了丝绸最终产品中产量较大的一个门类，它所消耗的蚕茧量较大，产品持续热销，是蚕丝资源应用的良好案例。蚕丝的天然属性和健康理念，使蚕丝被在高端纺织品被类市场上长期占据重要地位。

三、蚕丝共混纺织物

尽管蚕丝织物具有众多优势，但其在纺织过程中仍存在一定的缺陷，如染色差、起皱、品种单一、易泛黄等。因此，如何改善蚕丝织物的缺点，以满足高档纺织品的生产要求，是蚕丝开发利用的一个重要发展方向。目前，已有部分研究开展此方面的探索，如开发含蚕丝蛋白的化纤新产品和生产再生蚕丝蛋白纤维等。杨敏华等(2009)制成的蚕丝蛋白/黏胶纤维，既保持了黏胶纤维良好的吸湿性，又有着真丝般柔和的光泽和滑爽柔软的手感，并具有一定的生物保健功能。有公司在涤纶或黏胶纤维中加入蚕丝蛋白，使其成为有光泽、保湿性好、手感光滑的舒适性材料(张雪娇等，2010)。

将蚕丝和其他纤维按适当比例混配生产纺织品，可以在降低成本的同时，又不失去原有的功效，是目前工艺研究的新方向。蚕丝和棉混纺的织物，已经成熟应用于市场，并在纺织领域取得了较好的口碑。马顺彬等(2020)用蚕丝、莱赛尔、棉、黏胶 4 种纤维合成了 1 种条纹织物，各成分优势互补，不仅保持蚕丝的亲肤性和棉的舒适性，而且赋予织物特定的色彩和功效。麻和蚕丝组合的复合物既拥有蚕丝的柔滑舒爽，又兼具麻纤维的保健功能。盛建祥等(2020)在大提花机上对蚕丝与麻赛尔纤维/氨纶功能性复合丝、麻赛尔纱线进行交织融合，发现合成的产品具有优良的弹性、抗皱性及垂悬性。研究发现，采用蚕丝和亚麻制作的实用性助眠被质地轻软、透气性好，改善睡眠质量，减小了亚麻材料不亲肤的影响，解决了蚕丝被单一化功效的瓶颈。近年来，将锦纶和蚕丝作为混合原料的纺织品引起了人们的关注，因为锦纶纤维的物化性质比蚕丝纤维要高得多，故 2 种纤维结合会有新效果。雷斌等(2019)对石墨烯-锦纶复合纤维与蚕丝进行研究，提出了一种交织面料的生产工艺，发现通过该工艺生产的面料具有印染质量高、不易变色的特点，并且对人体亲肤性优。涤纶纤维与天然蚕丝纤维混纺，已在民用织物及工业用织物中取得了广泛的应用，这种混纺保持了涤纶的一系列优点，也优化了其吸湿性。有研究发现，弹力涤纶仿蚕丝面料在外形和手感方面都接近天然蚕丝，可纺性强、弹力大、吸湿透气性好、易于染色，并且制备方法简单、工艺易操作、经济效益高，适合广泛推广生产(樊蓉等，2020)。袁玉林等(2020)用蚕丝和涤纶纤维研发了一种包括亲肤层、弹性层和尼龙纤维纱芯的再生涤纶环保纱弹力纱线，很好地解决了现有的再生涤纶纱弹性差而导致再生涤纶纱拉伸效果不佳的问题。

随着生物技术的发展、研究手段的进步，目前，国内外对蚕丝结构和性质的研究越来越深入，并取得很多有价值的成果。但很多工艺上的问题仍需改进，如在纺织工业上需要提高质量、改善泛黄、提高染色牢度、增加新品种等。而蚕丝与天然纤维结合可充分发挥自身优势，这也是重要的研究方向。我国有充足的下脚料茧和废丝原料，也有广阔的消费市场，因此蚕丝在纺织品领域的开发利用将有非常广阔的前景。

第三节　蚕丝在组织工程中的应用

受损和退化的组织以及器官衰竭，是人类医疗保健中最严重的问题之一，给现代医学带来了许多挑战。例如，肌肉、骨骼组织以及周围神经系统很容易受到创伤和退行性疾病(如骨关节炎)的损害。自体移植和同种异体移植是替换受损组织的常用临床技术，但受到各种因素的限制，例如缺乏可以从患者身上移除的健康区域组织，以及缺乏合适的供体。同种异体移植的成功率很低，因为可能具有免疫反应。在大面积损坏、大面积缺陷的情况下，很难及时找到合适的材料，导致手术成功率一直很低。

正是由于以上这些原因，组织工程(TE)技术作为生产用于修复和替换患者特异性组织的方法而受到越来越多的关注。TE 结合了多种原理和方法，通过恢复、维持或改善组织功能，以再生受损组织或器官。此外，TE 的基础依赖于生物相容性的支架，这些支架通常接种细胞并含有生长因子。无论组织类型如何，在设计支架时都应考虑几个关键因素，包括生物相容性、生物降解性、机械性能、结构和制造方法等。组织或器官分泌的细胞外基质(ECM)是作为 TE 支架材料的绝佳天然选择，并与常驻细胞保持一种“动态互惠”的状态，这是基于 ECM 的成分，如胶原蛋白、纤连蛋白、层粘连蛋白、弹性蛋白和糖胺聚糖等已被广泛用作支持组织再生的天然支架材料。尽管这些天然聚合物已显示出可喜的结果，但这些材料也存在许多缺点，例如成本高、机械性能差、批次间差异大、难以应用于临床等。此外，合成的聚合物，如聚乳酸(PLA)、聚氨酯(PU)、聚丙交酯-乙交酯(PLGA)和聚己内酯(PCL)由于其良好的机械性能和降解率而被广泛用于 TE。然而，这些聚合物的许多降解产物中包含对身体有害的酸性化合物，可能会引起免疫反应。由于大多数天然和合成的聚合物支架具有其固有的局限性，因此，寻找一种结合天然和合成聚合物材料优点的生物材料已成为过去几十年研究人员的愿望。最近有研究探索了蚕丝作为 TE 支架的优良生物材料的可能性。

蚕丝因具有光泽、质轻、柔韧、机械强度强等突出的物理特性，已有 5000 多年的应用历史。此外，蚕丝纤维已被用于制备手术缝合线，并应用于生物医学领域。从蚕丝中提取的丝素蛋白(SF)是一种独特的天然蛋白质，由于具有许多理想的物理化学性质，如优异的生物相容性、生物降解性、生物再吸收性、低免疫原性和可调节的机械性能等，已被用作 TE 的潜在生物聚合物。SF 还可以与其他聚合物协同组合以形成基于 SF 的复合支架，并可以进一步促进细胞分化、增殖和附着。此外，可以将 SF 制造成各种形式的材料，如薄膜、水凝胶、海绵、3D 结构和纳米颗粒(图 16-2)。这些材料的制备方法包含旋涂、静电纺丝、冷冻干燥、物理和化学交联技术等。最近已经有使用高精度技术(包括微图案和生物 3D 打印)探索制造更复杂的 SF 支架的报道。下面就蚕丝蛋白在组织工程领域中的应用进行详细阐述。

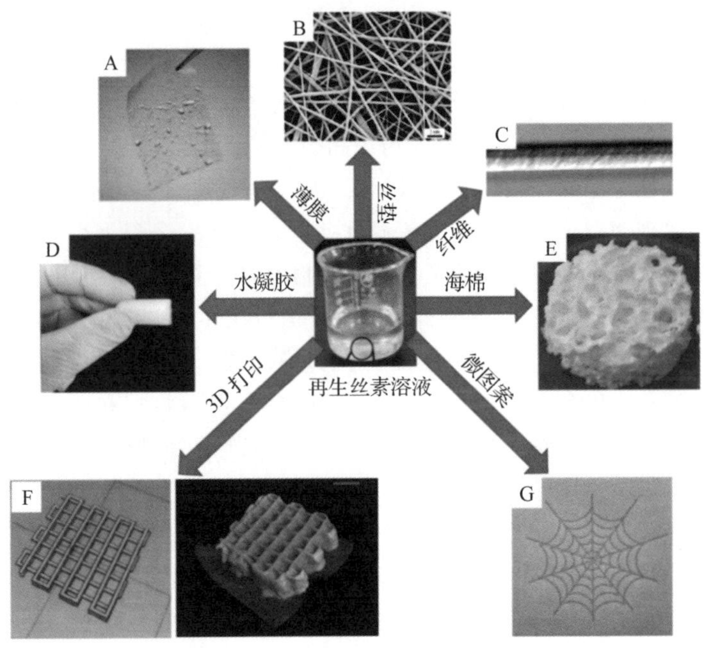

图 16-2　基于丝素蛋白的具有不同代表性的支架形式

A. 薄膜；B. 电纺丝；C. 人造纤维；D. 水凝胶；E. 海绵；F. 3D 打印支架；G. 丝网结构。

一、皮肤组织工程

皮肤是人体最大的器官，主要作为身体和外部环境之间的保护屏障。皮肤替代品和先进伤口敷料生物材料等的皮肤组织工程产品需要满足以下几个标准：首先，它们需要具有生物相容性，以克服免疫排斥和炎症；第二，组织和生物材料之间需要适当的亲水界面，能有效促进细胞黏附和增殖；第三，组织结构要重量轻，以最大限度地减少异物感，并且能够保水、输送养分、透气以及具有结构稳定性。

Guo 等(2021)利用 SF 浓缩自凝结的水凝胶溶液与 SF 溶液混合，在−7℃环境下，利用电场作用调整材料的力学性能，构建了具有血管化功能的 SF 支架，为快速创面修复提供了更多可能性；试验通过冻结温度和排列结构，对 SF 支架进行了力学调整和物理结构调整，制备出 5.9kPa 力学性能定向的 SF 支架；该 SF 支架具有促进干细胞向内皮细胞分化的能力，并表现出良好的血管生成能力，可促进新血管生成。Wang 等(2021)利用自组装肽 NapFFSV-VYGLR 触发 SF 凝胶化，通过非共价相互作用，组成了一种新的生物活性水凝胶(SV-SF)；该水凝胶具有良好的凝胶稳定性，还具有较高的诱导内皮细胞附着、生长和迁移的能力，能够在结构和功能上模拟自然细胞环境，具有支架模拟血管生成因子蛋白的生物功能，促进血管形成；将该水凝胶植入小鼠皮肤缺损区后，水凝胶能够刺激胶原沉积和血管生成相关基因表达，促进血管生成和表皮化，加速表皮修复。Ghosh 等(2018)使用 3D 生物打印技术制作了不同层的复杂几何形状，以复制天然皮肤基底膜中的起伏结构；他们基于质谱的蛋白质组学分析，揭示了参与细胞增殖、细胞运动和 ECM 重塑的几种

蛋白质的表达，这些蛋白质的表达模式与人体皮肤相似。Xiong 等(2017)制备了磺化明胶/丝素混合支架，并在该支架上结合了碱性成纤维细胞生长因子 2(FGF-2)；组织学结果显示，这种结合了 FGF-2 的 3D 打印支架可以诱导肉芽组织的形成，并显著促进大鼠皮肤组织的再生(图 16-3)。

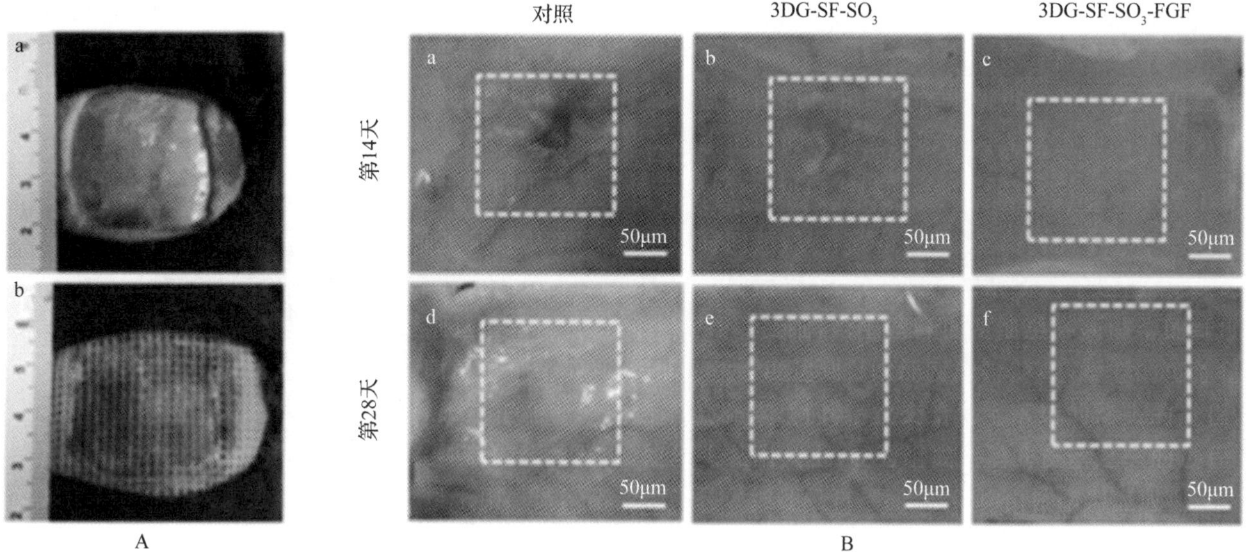

图 16-3　将 3D 打印支架应用于全层皮肤伤口，与石油纱布(对照)或 3DG-SF-SO$_3$ 支架处理的伤口进行比较(引自 Xiong et al,2017)

A. 动物手术的显微照片；B. 术后第 14 天、第 28 天伤口愈合和新形成组织内血管的照片。

二、骨组织工程

骨是一种特殊的结缔组织，由 35%有机部分和 60%无机基质组成。骨的 90%以上的有机细胞外基质由胶原蛋白组成，其余含有透明质酸、蛋白聚糖、骨唾液酸蛋白、骨桥蛋白、骨粘连蛋白和骨钙蛋白。SF 具有高的韧性、机械强度和生物相容性，其在骨 TE 中的应用得到广泛研究。例如，SF 支架已被证明可在体外促进人间充质干细胞(hMSC)的成骨分化，可以在裸鼠模型中治愈体内股骨缺损。为了促进骨的成功再生，有效的血管化是先决条件，因此血管生成生长因子(VEGF)及其受控递送在骨再生中起着至关重要的作用。据 Kanczler 等(2010)报道，VEGF 的持续递送可以促进新血管形成和成骨细胞分化，帮助骨再生。Farokhi 等(2014)在负载 VEGF 的冷冻干燥的 SF/磷酸钙基底表面上制造了电纺聚乳酸-乙醇酸共聚物纳米纤维；体外测量表明，VEGF 在 28d 的时间里能够持续释放，该递送系统在体外表现出良好的细胞相容性，其特点是改善了人成骨细胞的细胞黏附、增殖和碱性磷酸酶活力；体内实验表明，该电纺纳米纤维能够对兔长 8mm 颅骨缺损进行修复。

为了增强单一 SF 支架的力学性能，并提高其生物活性，常常需要在 SF 支架制备中引入其他物质作为改进剂。刘勇等(2019)先用冷冻干燥法制备 SF/羟基磷灰石支架，再浸泡入聚多巴胺溶液中，随后接枝骨形态发生蛋白，构建了一种 SF/羟基磷灰石/聚多巴胺/BMP-2 多孔支架；实验发现，该复合支架的亲水性能、粗糙度相对 SF/羟基磷灰石支架均有所增强，细胞在该支架上的增殖能力也相对更好。Shao 等(2016)制备了一种 SF/羟基磷灰石复合支架，并将其与纯 SF 支架对比，发现两者性能有所不同：在机械性能方面，纯 SF 支架比较柔韧，伸长率较大，加入了羟基磷灰石后的 SF/羟基磷灰石复合支架，其杨氏模量与断裂应力均大于纯 SF 支架；在细胞增殖方面，前期细胞在纯 SF 支架上生长较好，但后期细胞明显在 SF/羟基磷灰石复合支架上增殖更多；在生物矿化方面，SF/羟基磷灰石复合支架上的碱性磷酸酶活力、骨钙素含量以及矿物沉积物含量均大于纯 SF 支架。

三、软骨组织工程

传统软骨修复方法在模拟天然软骨组织的精细结构，特别是微纳米有序结构方面，仍然存在一些问题。

然而利用3D打印技术，可以制备微米级、高度复杂性的类ECM样的支架。Shi等(2017)采用3D打印技术，制备了丝素/明胶(SFG)支架，并将其用于兔软骨修复，丝素与明胶的组合极大地平衡了支架机械性能和降解率，用以匹配新形成的软骨，有效促进了兔膝关节软骨的修复(图16-4)。Singh等(2013)采用3D打印技术，制备了酶交联的多孔丝素半月板支架；将该支架经冷冻干燥处理成多孔结构后，显微CT图像显示其孔隙率约为59.2%，孔径约为224.4μm；将该支架移植到体内12周后，所有支架都被外周滑膜细胞包围形成半月板样组织。

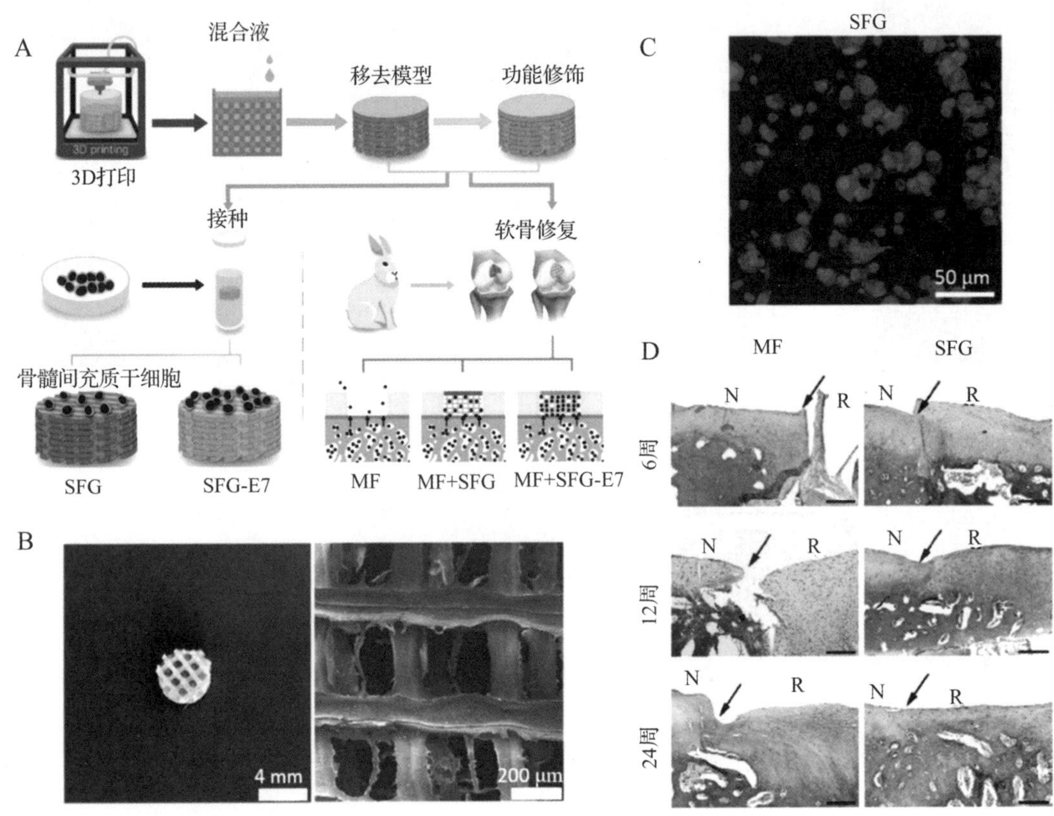

图16-4　通过生物打印制造的3D支架及在体内修复软骨的效果(引自Shi et al,2017)

A.生物3D打印过程示意图；B.SF-明胶支架的显微镜和SEM(扫描电子显微镜)图像；C.培养21d后，SFG支架上的软骨形成形态的鬼笔环肽/Hoechst测定；D.再生软骨的苏木精-伊红染色(比例尺：200μm)。

四、神经组织工程

神经系统是体内最复杂和最重要的生物系统，分为两个主要部分：中枢神经系统和周围神经系统。特定的脊髓和脑损伤、周围神经损伤、退行性神经系统疾病是临床上常见的严重疾病。利用基于SF的水凝胶、三维支架、导管等不同形态支架，可以促进损伤后神经组织、血管、细胞外基质的再生，有助于神经网络的重建以及脑功能的恢复。Xue等(2017)制造了复合壳聚糖/SF复合支架，并将其用于周围神经的修复，发现在这些支架上培养的间充质干细胞能产生细胞外基质的沉积，这些神经支架作为独特的神经移植物，可对狗的坐骨神经的神经间隙进行弥合。Qing等(2018)开发了一种蚕丝纳米纤维和还原石墨烯结构的复合支架，实验表明，该支架具有诱导细胞定向生长的能力，并表现出适当的神经元(SH-SY5Y细胞)分化能力，因此适用于治疗神经损伤的疾病。Jiang等(2021)设计制作了一种具有腔体结构的三维胶原-丝素水凝胶支架以模拟正常脊髓的解剖结构；实验结果显示，该支架的神经功能评分明显高于其他组；在运动诱发电位测试中，支架组潜伏期明显降低，振幅明显升高；核磁共振成像和弥散张量成像结果显示，支架组脊髓连续性和损伤腔填充效果最好，可促进损伤脊髓的修复，促进神经纤维再生，抑制胶质瘢痕的形成；该研究结果为脊髓白质神经网络重建提供了结构基础，也为脊髓损伤修复过程中轴突生长研究提供了良好的引导。

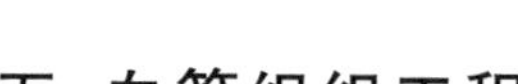

五、血管组织工程

组织或器官内的血管系统在运输氧气和营养物质方面至关重要。目前的旁路移植手术易形成血栓，使其临床应用范围缩小，并且自体健康血管来源有限。组织工程技术和原理研究的发展，促进了人工血管导管的产生。Kim 等(2018)通过 3D 打印技术构建了管状血管结构，并且其管状血管表现出优异的力学和流变性能，为后期体外培养高度血管化的器官(如大脑和耳朵)提供了多种可能性。

由 SF 与天然聚合物(如胶原蛋白、明胶等)以及 SF 与合成聚合物[如聚丙交酯(PLA)]复合而成的管状、电纺纳米纤维等支架形式的问世，极大地促进了血管组织工程的发展。Ding 等(2019)将用 PLA/SF-明胶复合材料制备的管状支架用于小直径人工血管的制备；该管状支架的外膜由 PLA 纤维制备，内层由 SF-明胶组成；该支架具有多孔结构(孔隙率 82%±2%)，并具有适当的柔韧性、断裂强度。

第四节　蚕丝蛋白药物载体

一、概述

药物递送是指将药物运输到其目标部位，以达到预期治疗效果所涉及的方法、配方与制造技术。药物载体是药物递送过程中的底物，其有助于提高药物施用的选择性、有效性和安全性。药物载体主要用于控制药物释放到体循环中，通过长时间缓慢释放特定药物或通过某些刺激(例如 pH 变化、光激活等)在药物靶标处触发来实现释放。

蚕丝蛋白作为一种天然生物大分子，具有生物相容性好、可生物降解、易于加工和化学修饰等特点，具备作为药物递送载体材料的条件。在药物递送系统中，载体材料的优劣将直接影响药效的发挥。除此之外，相比其他载体材料，蚕丝蛋白来源广泛、成本低廉，适于规模化生产，能产生高的经济效益。目前，蚕丝蛋白能够制备成不同形式以用于不同的药物载体体系，包括微纳米粒体系、凝胶体系以及其他新型递送体系，并且可以通过调控孔隙度和晶体结构以实现不同类型的需求。

二、微球

微球的尺寸通常限定在 1～1000μm。目前，可分别通过化学或物理的方法制备得到丝素微球。利用丝素蛋白的自组装特性制备微球是一种较为常用的方法。再生丝素蛋白溶液中的盐离子(Na^+ 和 K^+)与蛋白分子发生相互作用，降低了其分子链之间的静电斥力，随后当加入有机试剂(如聚乙二醇)与蚕丝蛋白混合时，亲水性聚乙二醇从周围环境中吸收水分子，也从蚕丝蛋白中吸收结合水分子，导致蚕丝蛋白疏水区域之间的相互作用增强，自发折叠聚集形成微米颗粒(图 16-5)。通过物理的高压电喷法和离子凝胶技术，则能够更快速地获得规则的丝素微球。

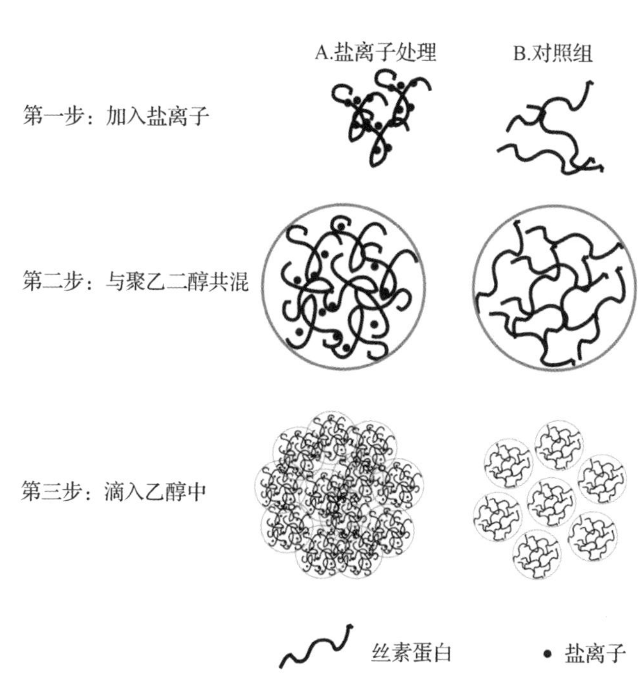

图 16-5　蚕丝蛋白组装形成微球的机制示意图(引自 Wu et al，2016)
A. 盐离子、聚乙二醇和乙醇调控；B. 不含盐离子。

Qu 等(2018)使用高压静电方法将碱性成纤维细胞生长因子(bFGF)封装在多孔丝素微球中，开发了含有 bFGF 的多孔丝素微球，bFGF 的生物利用度在 13d 内得以维持和释放。Wang 等(2010)提出了一种基于丝素蛋白/聚乙烯醇薄膜的水基制备方法，其中丝素蛋白和聚乙烯醇在成膜过程中混合并相分离，丝素蛋白通过 β-折叠交联稳定，随后将薄膜溶解在水中，去除聚乙烯醇后可获得丝素微球；该微球用于包封牛血清白蛋白，负载效率达到 51%，并实现有效缓释。将肽类药物奥曲肽封装在丝素微球中，在体外被证明具有超过 100d 的持续释放，明显长于基于聚乳酸的奥曲肽药物递送系统。

Aramwit 等(2015)通过与小分子抗衡离子(例如聚阴离子交联剂)进行离子交联，利用壳聚糖的凝胶化制备了丝胶/壳聚糖共混微球，高含量的带负电荷丝胶蛋白与带正电荷的壳聚糖发生强烈的相互作用，从而减慢了释放速度；同时，微球对成纤维细胞没有毒性，支持它们在掺入伤口敷料材料后加速伤口愈合。Freitas 等(2018)将布洛芬掺入丝胶和海藻酸盐混合物中，当含有布洛芬时，微球的表面比只含有丝胶/海藻酸盐的颗球的表面更粗糙，具有持续药物释放特性以及在胃液中保持较好的稳定性。

三、纳米颗粒

纳米颗粒在生物医学中可以通过 EPR 效应(即实体瘤的高通透性和滞留效应，相对于正常组织，某些尺寸的分子或颗粒更趋向于聚集在肿瘤组织)提高药物吸收率，可以促进药物在靶向含癌组织中的沉积，并通过外排泵介导降低耐药性。此外，小分子药物的半衰期和溶解度可以通过可控的释放作用以及纳米颗粒的封装来提高。由于使用温和的条件，去溶剂化是制备基于蛋白质的纳米颗粒最常用的技术。该方法将丙酮和乙醇等去溶剂化，作用于含有蛋白质的水基片段，这将导致蛋白质脱水，从而形成蛋白质卷曲构象。此外，蛋白质氨基可以交联，产生更致密和更稳定的纳米颗粒。丝素蛋白和丝胶蛋白纳米颗粒，均可通过此种方式获得。

使用带有异硫氰酸荧光素标记的牛血清白蛋白作为模型蛋白药物，通过丝素纳米颗粒提供生物黏附性(以丝为载体材料)和共渗透特性(超声辅助)，可以经巩膜将治疗药物输送到眼内(Huang et al,2014)。Gou 等(2019)开发了具有抗炎药姜黄素的多生物响应丝素纳米颗粒，用于治疗溃疡性结肠炎。硫酸软骨素的表面修饰使纳米颗粒能够通过内在刺激被激发(如酸度、活性氧和谷胱甘肽)，发挥生物反应性，并向巨噬细胞提供靶向药物递送。Chen 等(2021)将丝素纳米颗粒作为阿霉素的药物载体，并在表面原位生成 ZIF-8 金属有机框架，达到在肿瘤部分 pH 响应释放的效果，以此来治疗乳腺癌(图 16-6)。

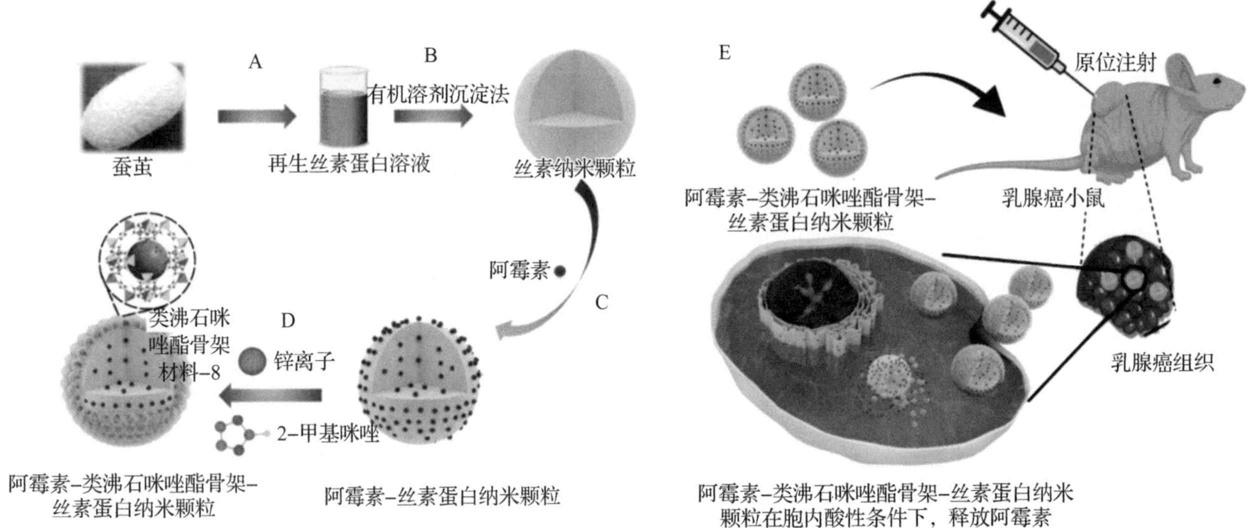

图 16-6　金属有机框架包覆丝素纳米颗粒的 pH 响应抗癌药物载体(引自 Chen et al,2021)

A. 丝素蛋白来源于家蚕茧；B. 通过有机溶剂沉淀法组装成丝素纳米颗粒(SF-NPs)；C. 阿霉素(DOX)被封装在 SF-NPs 中，通过将 DOX 和 SF-NPs 混合 24h 形成阿霉素-丝素蛋白纳米颗粒(DSF-NPs)；D. DSF-NPs 介导其表面形成类沸石咪唑酯骨架材料-8(ZIF-8)，以形成阿霉素-类沸石咪唑酯骨架-丝素蛋白纳米颗粒(DSF@Z-NPs)；E. 响应癌细胞中的酸性环境，DSF@Z-NPs 被溶解，因此，DOX 从 DSF@Z-NPs 到癌细胞中，导致癌细胞死亡。

Suktham 等(2018)通过无溶剂沉淀技术制备了负载白藜芦醇(RSV)的丝胶纳米颗粒，细胞活力测定显

示，这些负载RSV的丝胶纳米颗粒有效地抑制了结直肠腺癌细胞的生长，同时对皮肤的成纤维细胞表现出非细胞毒性。Gao等(2021)设计了将光敏剂Ce6通过简单的酰胺化反应与水溶性丝胶蛋白结合，在水溶液中自组装成纳米颗粒；与游离Ce6相比，所制备的纳米颗粒显示出增强细胞内摄取效率和对肿瘤球体渗透性的作用。

四、微胶囊

蚕丝蛋白微胶囊是指以蚕丝蛋白为材料构建的中空囊泡，具有较高的药物装载率，囊泡状结构也利于细胞摄入。层层自组装技术是目前制备丝素微胶囊最常用的方法。首先是选择合适的模板；然后利用丝素蛋白的自组装特性，在模板表面层层堆积；最后去除模板，就可以获得中空的丝素微胶囊。丝胶微胶囊的制备方法是在搅拌的同时改变钙离子的浓度，钙离子螯合搅拌产生的剪切力，引起丝胶蛋白的构象转变，导致自组装形成微胶囊。

Germershaus等(2014)以聚苯乙烯颗粒作为牺牲模板，丝素蛋白作为壳结构，通过逐层涂法制造微胶囊，将丝素蛋白层数控制在2～10层(图16-7)，随后，以此丝素微胶囊作为载体递送质粒DNA，结果表明，该递送系统具有低细胞毒性和高转染效率。Li等(2010)制造了丝素微胶囊，其中在壳表面附着有正十八烷和银纳米粒子，提供了改善的热稳定性，这些微胶囊对革兰氏阳性菌和革兰氏阴性菌均具有良好的抗菌活性。因此，丝素-银纳米粒子微胶囊提供了一个合适的平台，作为热调节的潜在载体，可应用于医疗。

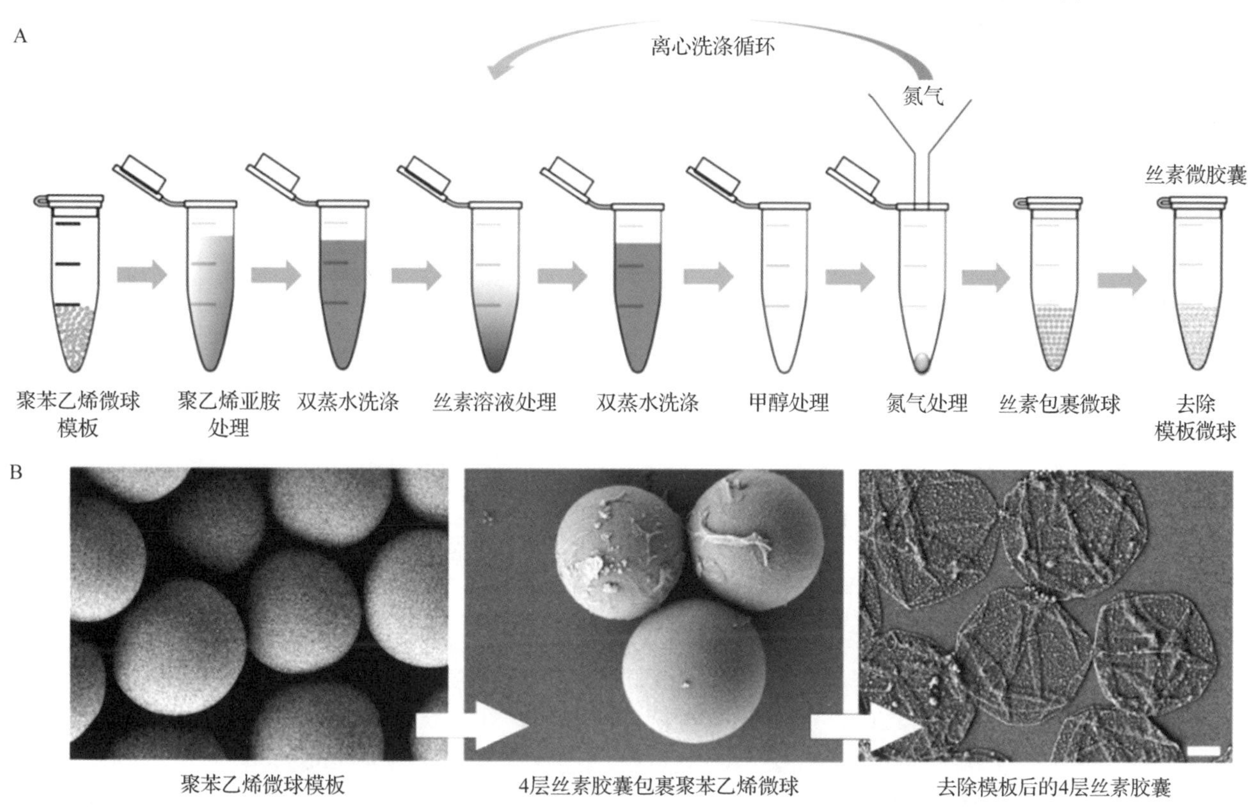

图16-7　丝素蛋白逐层微胶囊的制备(引自Germershaus et al，2014)

A. 以聚苯乙烯(PS)颗粒为模板制备丝素(SF)微胶囊的示意图，该过程包括将bPEI25(一种聚阳离子聚合物)涂覆到PS颗粒上，吸附SF，通过甲醇和氮气处理诱导SF的β-折叠形成，多次重复沉积循环，最后去除核心；B. 具有代表性的SEM图像，体现PS颗粒的形貌、经过4层SF涂层和去核后的干燥微胶囊(比例尺：1μm)。

Yang等(2019)添加氯化钙到丝胶水溶液中，制备了丝胶微胶囊，同时将亲水性阿霉素封装其中，微胶囊涂有二氧化硅，二氧化硅涂层抑制丝胶微胶囊内阿霉素的快速释放，从而使药物能够持续释放。Nayak等(2015)利用电喷射技术，制备了封装肝细胞的丝胶/海藻酸/壳聚糖微胶囊；利用高压将丝胶、海藻酸以及HepG2肝细胞悬液的混合物通过针头挤出，接着让形成的颗粒浸泡在壳聚糖溶液中，形成壳聚糖涂层，最后用京尼平交联，即得到复合球状的微胶囊。

五、微凝胶

微凝胶是通过物理或化学方法而稳定的具聚合物交联网络结构的凝胶。蚕丝微凝胶可通过涡旋、超声处理、酶促交联和改变 pH 等方法制备。蚕丝微凝胶载药可以通过将药物溶解在蚕丝蛋白溶液中或将药物与预先形成的蚕丝微凝胶孵育来实现。通过蚕丝蛋白溶液预加载并不总是最佳选择，因为所使用的凝胶化方法会由于机械力、pH 变化、超声处理和静电力等，对药物产生一定的影响。用蚕丝微凝胶的方法不需要使用某些合成聚合物系统所需的化学或光化学交联剂，避免了导致肽/蛋白质类药物活性降低的主要因素。

利用丝素蛋白微凝胶递送贝伐单抗等抗 VEGF（血管内皮生长因子）药物，每天释放率保持在治疗范围内的时间比当前市场所售产品长（＞1 个月）。丝素蛋白微凝胶为神经组织工程提供滋养因子-2（neorotrophin-2，NT-2），在 25d 内持续释放并保持生物利用度。使用核壳结构的丝素蛋白微凝胶递送白蛋白时，通过将微凝胶浸泡在甲醇中形成 200～850μm 厚的壳结构以减缓白蛋白的释放。Gong 等（2012）开发了一种混合触变微凝胶，包括再生丝素和羟丙基纤维素。细胞毒性药物阿霉素已通过触变性丝素基可注射微凝胶递送，用于乳腺癌的局部化学疗法，实现了 pH 响应的持续药物输送。

将丝胶（SS）与聚乙烯醇（PVA）混合，通过反复冻融制备 SS/PVA 微凝胶（图 16-8）。SS/PVA 微凝胶表现出装载、释放小分子药物和银纳米粒子的能力。负载庆大霉素的 SS/PVA 微凝胶对哺乳动物细胞具有优异的细胞相容性，同时可以有效抑制细菌生长，从而维持细胞活力。Yan 等（2021）将包含硫醇基团的还原型谷胱甘肽，通过碳二亚胺偶联反应接枝到丝胶蛋白上，以此制备丝胶衍生的微凝胶，加载小檗碱，并作为模型来研究制备的微凝胶的药物释放曲线，实验结果表明这种微凝胶符合长期释放小檗碱的条件。

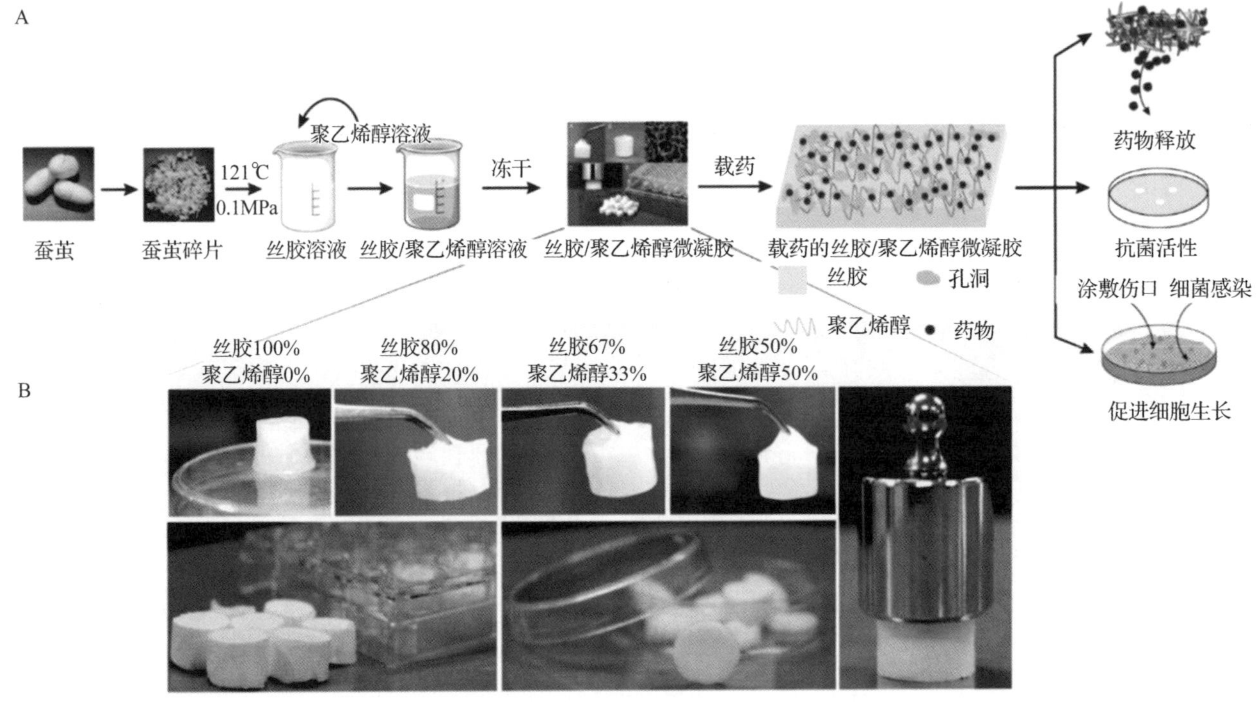

图 16-8　SS/PVA 微凝胶和载药 SS/PVA 微凝胶的制备及性能（引自 Tao et al，2019）

A. 丝胶提取、SS/PVA、载药 SS/PVA 微凝胶的制备和性能；B. 不同比例的丝胶和 PVA 的 SS/PVA 微凝胶图像。

六、微针

微针已用于药物的透皮给药。透皮途径提供了给药的便利性，并防止药物在胃肠道内降解。微针是无痛的，也是用于皮肤给药的皮下注射针的安全替代品。蚕丝作为一种合适的生物材料，由于其可生物降解性和生物相容性而被用于制造微针，它还提供了用于透皮给药的功能性微针装置所需的必要机械性能。

载药微针的加工步骤如下：①母模通过高速铣削和化学湿法蚀刻制成微针；②二甲基硅氧烷（PDMS）模具浇铸在母模上以产生负模；③干燥后从母模中取出 PDMS 模具；④将载药的蚕丝溶液浇注到 PDMS 模具中；⑤干燥溶液；⑥从 PDMS 模具中取出微针铸件。

该方法用于封装辣根过氧化物酶（HRP），可保持酶活力并持续释放。用同样的方法制备丝素微针系统负载缓释左炔诺孕酮，被证明能够持续释放至少 100d。Wang 等（2019）制备了载有胰岛素的蚕丝基微针系统，并实现了 60h 的缓释；在该系统中掺入脯氨酸可诱导蚕丝从无规卷曲转变为 β-折叠，从而提高微针的稳定性，加入的脯氨酸还有助于以受控方式降低胰岛素药物的释放速率。使用基于蚕丝的微针技术实现疫苗递送，艾滋病毒（HIV）包膜蛋白三聚体免疫原在皮肤中释放超过 2 周。使用丝素/聚丙烯酸复合微针装置成功递送蛋白质亚单位疫苗，与传统的基于注射针头的方法相比，抗原特异性 T 细胞和体液免疫反应数量增加了 10 倍以上。Wang 等（2022）开发了一种蚕丝微针贴片，这种贴片能够按需向大脑输送多种药物，并将多种药物与控释曲线相结合，以在手术过程中止血，抑制术后血管生成，促进胶质母细胞瘤细胞凋亡（图 16-9），蚕丝的生物相容性和可生物降解性保证了颅内植入的安全性，血管生成抑制剂和抗肿瘤药物联合给药有效调节了肿瘤细胞微环境，从而显著抑制肿瘤体积并提高小鼠的成活率。

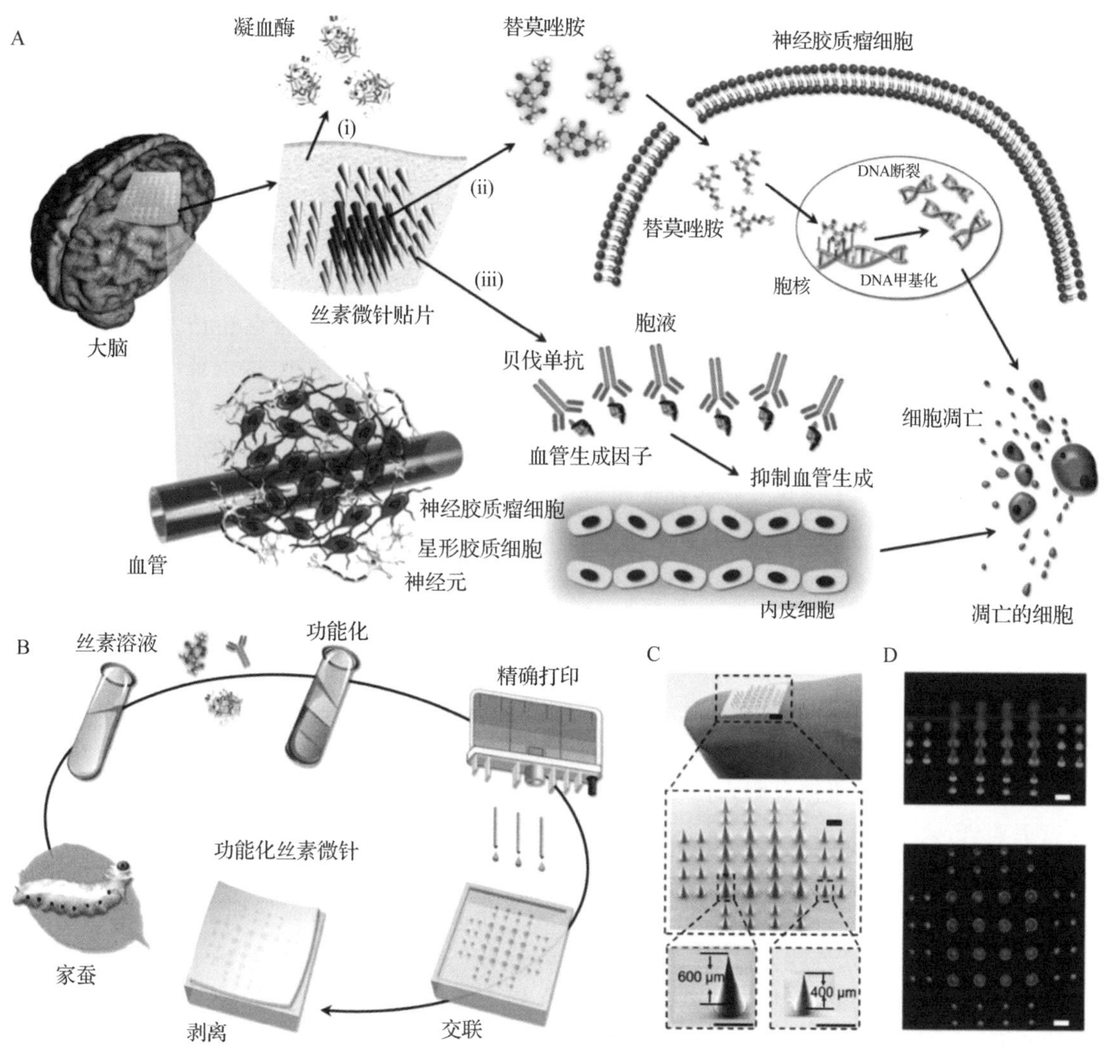

图 16-9　异质丝素蛋白微针贴片的设计和制造（引自 Wang et al，2022）

A. 用于原位治疗胶质母细胞瘤（GMB）的多药丝素微针（SMN）贴片示意图；B. 多药 SMN 贴片的制造过程示意图：功能性分子，包括抗癌药物、促进血液凝固的酶和血管生成抑制剂，很容易与丝蛋白溶液混合，形成生物活性墨水，生物活性墨水的精确分布和 SMN 的功能可以通过使用多个喷嘴的 3D 打印来实现；C. 制造的 SMN 的形态：光学显微镜图像（第一行，比例尺：1mm）和 SEM 图像（第二和第三行，比例尺：500μm）；D. SMNs 的荧光显微镜图像，显示加载了不同色素分子的微针（比例尺：500μm）。

第五节　蚕丝蛋白护肤应用

蚕丝的多元化应用中，以蚕丝蛋白活性成分作为护肤品原料也是十分重要的一环。从蚕丝中提取的丝素蛋白和丝胶蛋白对皮肤均有保湿、美白、抗氧化等功效，可直接作为原料进行添加生产。蚕丝蛋白的护肤研究最早开始于日本。在2002年，日本已经成功研发出以蚕丝蛋白为主要活性成分的美容药物与护肤产品，投入市场后产生了可观的收益，引起业界的广泛重视。近年来，我国也兴起了利用蚕丝蛋白制备护肤品乃至洗护用品的热潮。

一、丝胶蛋白的护肤应用

蚕丝的组成中，有一层被覆于丝素外围的丝胶层，质量约占茧层总质量的25%，主要对丝素起到保护和胶黏作用。丝胶层除了有少量蜡质、色素、碳水化合物和无机成分外，主要成分为丝胶蛋白。

丝胶蛋白是一种天然球蛋白物质，由18种氨基酸组成，其中丝氨酸、天冬氨酸、苏氨酸等极性氨基酸（富含羟基、氨基和羧基的氨基酸）的含量超过70%，这使其拥有了良好的亲水性和优良的吸湿效果。Padamwar等（2005）对丝胶蛋白保湿性的研究结果表明，丝胶蛋白对皮肤角质层具有高亲和性和保湿性，可以起到类似皮肤中NMF（天然保水因子）的作用，并延缓角质层中NMF的氧化和散失。同时，丝胶蛋白也具有很好的成膜性，在不使用交联剂的情况下，丝胶蛋白水溶液干燥后能形成透明的丝胶膜。在实际应用中，当将以丝胶蛋白为原料的护肤品涂覆在表层皮肤上时，可在短时间内形成一层极薄的膜，这层膜可以有效阻止皮肤表面的水分蒸发，实现长效锁水保湿的作用。此外，丝胶蛋白还具有抗氧化的功效，在自然条件下可以有效地抑制ROS（活性氧）的产生，并形成对空气中某些氧化性较强物质的抵御，从而使皮肤得到良好的保护，延缓皮肤衰老，减少角蛋白的产生和积累。与市面上常用的抗氧化剂维生素C相比，丝胶蛋白的抗氧化性能更强，对皮肤的抗氧化保护效果更好。在一些医学研究中，丝胶蛋白还被发现拥有低（无）免疫原性和良好的促细胞增殖能力，这些特性显示了丝胶蛋白良好的生物相容性，这也证明了丝胶蛋白在应用于护肤品原料时的生物安全性，无需担心其会对人体造成伤害。不仅如此，也有研究表明在皮肤炎症反应中，丝胶蛋白能够抑制促炎症细胞因子的释放。研究人员使用含有丝胶蛋白的乳膏，在治疗尿毒症引起的慢性皮肤炎症上取得了良好的效果。这些都证明丝胶蛋白在护肤品应用方面具有得天独厚的优异性能。

综上所述，丝胶蛋白在护肤品开发中是一种非常好的纯天然生物蛋白材料。然而在实际生产中，丝胶蛋白有容易分解氧化、不易保存的缺陷，导致其在应用时必须采用新鲜提取的丝胶蛋白，这造成了高昂的成本。因此，如何解决这个难题将是影响丝胶蛋白在护肤品领域大规模应用的关键。

二、丝素蛋白的护肤应用

丝素蛋白是蚕丝中的主要组成部分，约占蚕丝总重量的70%，可将蚕丝脱胶后通过溶解和透析加工得到。从桑蚕丝中提取的丝素蛋白含有人体必需的8种氨基酸，其中丝氨酸、谷氨酸、赖氨酸和天冬氨酸等均为皮肤的营养要素，这些营养物质有促进皮肤新陈代谢、增强细胞活力的作用，并赋予了丝素蛋白以下独特的护肤性能：①良好的保温性、保湿性，能帮助皮肤调节水分；②与皮肤中角朊细胞的氨基酸组成非常相似，可作为皮肤中天然保湿因子的填充物；③将其涂在头发上可以生成一层薄而透明的丝素蛋白保湿膜，起到很好的护发效果；④能吸收紫外线，可防止日光辐射；⑤具有一定的抑菌性，对霉菌、大肠杆菌、金黄色葡萄球菌等均具备很好的生长抑制效果，其中对大肠杆菌的生长抑制作用比对金黄色葡萄球菌的更强。

丝素蛋白作为护肤品原料，其主要优点一是热稳定性好；二是防晒、保湿、营养等功能俱全；三是与其他护肤品原料有较好的配伍性。这些优点使得丝素蛋白可广泛应用于护肤品领域。如今，利用丝素蛋白制备护肤品，逐渐成为一种热潮。

目前将丝素蛋白应用于护肤品时，较多采用丝素肽的形式，即将长链的丝素蛋白水解为较短的小肽再使用。这种方法可以使丝素蛋白更好地穿过皮肤的角质层屏障，进入深层细胞，滋养肌肤。国内外相关研究表明，分子质量为1000～5000Da的丝素肽在护肤应用时是一个较好的选择，这个大小的丝素肽更容易透

过细胞膜而被皮肤充分吸收，并且对减少皮肤局部细微皱纹的产生以及抑制黑色素生成等都有一定的作用。刘学勤(2015)用丝素肽与单硬脂酸甘油酯、矿物油、十六醇、甘油、十六烷基三甲基氯化铵和尿囊素等原料混合制成护发素，可滋润头皮，且具有明显的莹亮、顺滑头发的效果。金仲恩等(2017)将丝素肽与雪花膏、液体石蜡、食用醋精、硬脂酸单甘酯、羟苯甲酯、聚硅氧烷、扑尔敏片、油酸、氯化钠、绿茶、蜂蜡、芦荟提取物和香精等原料混合制成润肤露，其可为皮肤组织细胞提供营养，促进新陈代谢；能迅速渗透至皮肤深层，令肌肤润滑而富有光泽；能够有效去除自由基，收缩毛孔，抗衰老，去皱，软化角质；具有极好的保湿效果，能够加强肌肤的保水能力，使皮肤柔软、光泽、有弹性。

综上所述，蚕丝蛋白在护肤品方面具有广泛且优异的应用价值。近年来，研究人员也利用育种手段得到了含大量植物活性成分的天然彩色茧，这将使蚕丝蛋白在护肤品方面发挥出更大的作用。

第六节　蚕丝食品及保健品

我国原料蚕茧和蚕丝的产量、出口量常年占据世界首位。蚕丝除了制作丝绸外，也为食品工业提供了很多的原料。蚕丝富含 18 种氨基酸，其中丙氨酸、甘氨酸、丝氨酸和酪氨酸这 4 种氨基酸占比约 90%，并且脂肪和碳水化合物的含量极少，因此高度符合人们的营养需求。

有关蚕丝的食用化研究很早已有报道。如日本在 1983 年就将蚕丝脱胶后的丝素蛋白经过适当处理后，作为高级营养食品的添加剂或加工成丝素布丁。目前，已经用丝素蛋白粉成功研制出了丝素蛋糕、面条、糖果、饮料等一系列食品。2001 年，日本罗得公司使用蚕丝和黑醋开发出了新型健康减肥食品“福山绢黑醋”。据介绍，“福山绢黑醋”是一种胶囊，内含从蚕丝蛋白中提取的氨基酸和黑醋。这种食品中富含的多种氨基酸可促进人体内脂肪分解，而用稻米制作的黑醋可以阻止脂肪合成，两者混合在一起能够发挥更好的减肥效果。相关临床试验结果显示，服用这种胶囊 1 个月后，受试者与肥胖有关的总胆固醇值、中性脂肪值和血糖值等均降低大约 10%。因此，“福山绢黑醋”在起减肥瘦身作用的同时，还有助于治疗肝脏疾病。

我国也相继研制出蚕丝营养素和丝素肽等产品，展示出蚕丝在保健品领域中良好的开发前景。蚕丝的保健功能主要源于其所含的能与蛋、奶、肉相媲美的多种氨基酸。例如，丝素的解酒功能是由于丝素中含有较多丙氨酸，而丙氨酸有促进酒精分解的作用。也有实验表明，水溶性丝素蛋白的解酒作用明显强于单纯的丙氨酸，可能是因为丝素中的丙氨酸和其他氨基酸的协同作用产生更好的解酒效果。目前，已有以丝素肽为原料制成的具有醒酒护肝作用的功能性产品上市。此外，丝素中的甘氨酸和丝氨酸具有降低胆固醇、防治高血压等作用，可提高肌肉活力、防止胃酸过多以及治疗肺部疾病；丝素中的酪氨酸可以产生肾上腺素、甲状腺激素，进而调节新陈代谢、增进食欲、防治痴呆等。除了丝素蛋白，研究发现，丝胶蛋白也具有降低血糖、改善脂肪代谢、减轻肾脏损伤等功能。因此，丝素蛋白和丝胶蛋白均可以作为高级保健品的原料。

蚕丝还可以作为食品保鲜剂，而且具有取材容易、加工方便和符合食品卫生要求等优势。逯泽宇(2020)利用静电纺丝技术，将丝素蛋白以及聚乙烯醇、聚乳酸分别共混，得到纳米纤维，并研究了将其作为包装对奶豆腐品质的影响。结果表明，添加丝素蛋白的复合纳米纤维具有更好的柔韧性和致密性，不仅提升了包装的阻湿效果，还能有效抵挡外来微生物的入侵；作为一种安全无毒的天然材料，丝素蛋白的添加并未对奶豆腐中的营养成分产生不利影响。

对于鲜果储存，蚕丝也能发挥重要作用。这主要依赖于丝素蛋白和丝胶蛋白分子链中较多的极性基团，它们能够吸附新鲜果品产生的乙烯、二氧化碳等气体，从而抑制果品的衰老变质。章伯元(2007)通过试验比较了蚕丝和珍珠岩在常温(25℃±5℃)和控温(13℃±1℃)条件下对典型跃变型水果香蕉储藏环境中乙烯的影响，结果显示，以蚕丝作为固体吸附式保鲜剂处理香蕉，可显著减少储藏环境中乙烯的积累量，并且效果明显优于珍珠岩。另外，丝素蛋白具有抑菌作用，丝胶蛋白不仅具有保湿、抗菌功能，还具有抗冷抗冻、抗氧化、抗凝血等作用，这些特点使得蚕丝非常适合于食品保鲜领域应用。

综上所述，蚕丝作为一种新型的功能性食品，具有丰富的营养价值和良好的保健功能，其在食品和保健品等方面大有可为。我国有充足的蚕丝原料，也具备广阔的消费市场，蚕丝相关食品及保健品的成功研发将对我国功能性食品的发展具有积极意义。随着基础研究的不断深入和制造技术的不断进步，相信蚕丝的食用前景会更加广阔，并有望成为蚕丝多元化利用的新思路和新业态。

第七节　蚕丝蛋白在环保方面的应用

近年来，由重金属离子及染料等造成的环境污染问题日益严重。为了消除这些有毒污染物，同时避免二次污染，研究人员一直致力于开发可生物降解且具有良好生物相容性的吸附材料。其中，来源丰富、性能优异的蚕丝蛋白已被证实是一种理想的吸附材料。另外，通过将蚕丝蛋白功能化或与其他材料复合，能进一步提升其吸附能力，从而有效减少环境污染。

一、重金属离子吸附

重金属是具有高密度的金属元素，主要存在于地壳中且不可生物降解，摄入后会在生命系统中积累。重金属毒性表现为造成神经系统损伤和器官功能障碍等，最危险的重金属离子包括镉(Cd^{2+})、砷($As^{3+/5+}$)、汞(Hg^{2+})、铬(Cr^{6+})、铅(Pb^{2+})、铜(Cu^{2+})等。将蚕丝蛋白与羊毛角蛋白、壳聚糖、纤维素、淀粉等天然材料或与尼龙 6、氧化石墨烯、钛酸盐纳米片、聚乙烯亚胺等合成材料复合，均能大大提高材料对重金属离子的吸附能力。

(一)丝素蛋白与天然材料的复合材料

Ki 等(2001)制备了丝素蛋白/羊毛角蛋白复合膜；羊毛角蛋白具有大量的亲水性结合位点，使用过甲酸处理后可以提高羊毛角蛋白的溶解性，与丝素蛋白混合后形成的复合膜可用于吸附 Cu^{2+} 等。Prakash 等(2016)制备了壳聚糖/淀粉/丝素蛋白三元复合膜；该膜在 Cr^{3+} 溶液中浸泡 330min 后，可去除 84.4%的 Cr^{3+}。Ramya 等(2013)制备了能够有效吸附溶液中 Cd^{3+} 和 Cu^{2+} 的壳聚糖/丝素蛋白复合膜。

(二)丝素蛋白与合成材料的复合材料

Godiya 等(2015)制备的丝素蛋白/聚乙烯亚胺水凝胶可吸附多种重金属离子(包括 Cu^{2+}、Zn^{2+}、Cd^{2+}、Zn^{2+}、Ni^{2+} 和 Ag^{+})，这是由于聚乙烯亚胺骨架具有大量可有效捕获重金属离子的胺基，而丝素蛋白经聚乙烯亚胺功能化后吸附效率进一步增强。另外，与膜状材料相比，水凝胶的高含水量和完整的 3D 网络也有助于其吸附更多的重金属离子，因此是一种吸附效率更高的材料形式。

二、染料吸附

在丝绸纺织品的加工过程中，蚕丝纤维表现出良好的染料吸附能力。因此，可以借助蚕丝蛋白的这一性质来解决纺织和其他行业中产生的染料污染问题。目前，已有研究报道了几种蚕丝蛋白复合材料可有效吸附亚甲基蓝、酸性黄、萘酚橙、分散蓝、直接橙等染料(图 16-10)。

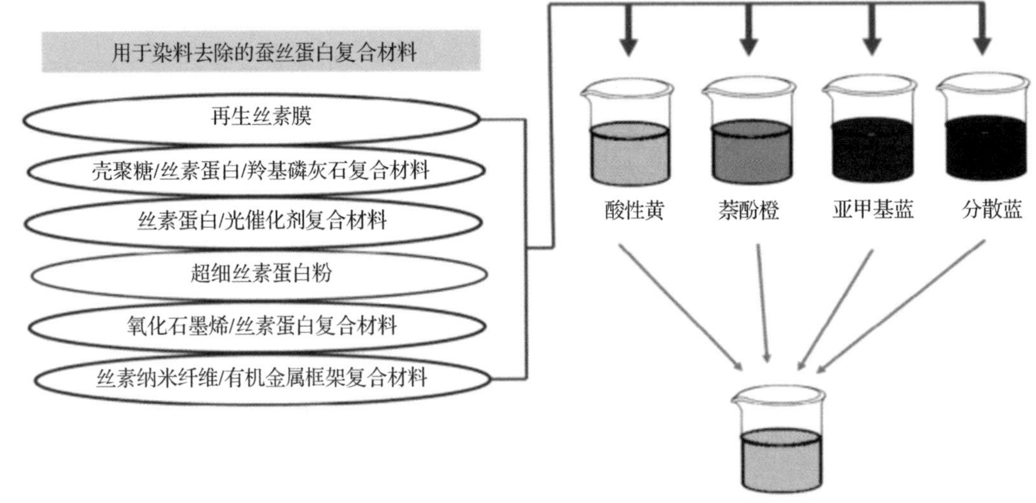

图 16-10　用于染料去除的蚕丝蛋白复合材料(引自 Rastogi et al.,2020)

(一)再生丝素蛋白膜

Song 等(2017)制备出了再生丝素蛋白膜,并测试了其对酸性黄、萘酚橙和直接橙三种偶氮染料的吸附;他们首先将脱胶蚕丝溶解在质量分数为 4% 的 HCOOH-$CaCl_2$ 溶剂中,经离心后,将其浇铸在聚乙烯模具上,然后将浇铸的薄膜浸没在蒸馏水中,取出薄膜并放置干燥,便得到再生丝素蛋白膜;吸附结果显示,丝素蛋白膜对染料的吸附相关系数符合 Langmuir 等温线模型,表明偶氮染料在其表面为均匀的单层吸附。

(二)壳聚糖/丝素蛋白/羟基磷灰石复合材料

Salama 等(2017)制备了壳聚糖/丝素蛋白/羟基磷灰石复合材料,并将其用于去除水溶液中的亚甲蓝染料;他们首先将壳聚糖溶液与盐析法得到的再生丝素蛋白溶液以 1:1 的重量比混合,并加入过量的乙醇,使其沉淀,然后冷冻干燥,再将冻干的壳聚糖/丝素蛋白复合物浸入模拟体液中 7d 以使其矿化,最终得到壳聚糖/丝素蛋白/羟基磷灰石复合材料;染料吸附实验表明,该三元复合材料对亚甲蓝的吸附能力随 pH 值的提高而增强。

(三)丝素蛋白/光催化剂复合材料

研究发现,将丝素蛋白与光催化剂[如氧化锡(SnO_2)、氧化钛(TiO_2)等]结合,能增强其对水溶液中染料的吸附和降解。SnO_2 作为一种高效的光催化剂,能够在紫外-可见光下对有机污染物进行光催化降解。Bhuvaneshwari 等(2018)合成了掺杂 Zn 和 Cd 的 SnO_2 纳米颗粒,并将其结合到丝素蛋白上,然后用于亚甲基蓝染料的吸附和光催化降解;丝素蛋白与掺杂 Zn 和 Cd 的 SnO_2 纳米颗粒的结合,造成微晶尺寸减小、表面积增大、颗粒分布收紧,导致 SnO_2 的带隙降低,使光电子和空穴的数量增加,从而提高了光催化活性。

(四)超细丝素蛋白粉

当将丝素蛋白制成较小尺寸(如丝素蛋白粉或丝素蛋白纳米颗粒)时,丝素蛋白的吸附能力将会提升,这是其比表面积增大所致。利用这一性质,Xiao 等(2014)制备出了超细丝素蛋白粉,并用于吸附直接橙、亚甲蓝、分散蓝这三种常用染料;他们首先用 Na_2CO_3 对蚕丝进行脱胶,经蒸馏水漂洗后干燥,然后将干燥的脱胶蚕丝切成小块(长约 3mm),最后研磨得到粉末;染料吸附实验表明,对于初始浓度为 20mg/mL 的直接橙、亚甲蓝和分散蓝三种染料,超细丝素蛋白粉的脱色效率分别可达 63%、36%和 96%。

(五)氧化石墨烯/丝素蛋白复合材料

Wang 等(2019)合成了氧化石墨烯/丝素蛋白复合气凝胶,并测试了其对亚甲基蓝的吸附性能;结果表明,制备的复合气凝胶的吸附能力随着亚甲基蓝初始浓度的增加而增加,最大吸附容量为 1322.71mg/g,并且吸附等温线符合 Langmuir 模型。

(六)丝素蛋白纳米纤维/有机金属框架复合材料

Li 等(2018)通过模拟生物矿化的方式,在由静电纺丝得到的再生丝素蛋白纳米纤维(ESF)膜上涂覆有机金属框架材料(MOF),制备出了用于高效水净化的 ESF/MOF 复合膜(图 16-11);MOF 对水中的污染物具有优异的吸附性,但需要合适的载体,而丝素蛋白纳米纤维正是一种理想的负载材料;与传统聚合物纤维膜相比,ESF/MOF 复合膜兼具大孔杂化膜的良好通透性以及多孔 MOFs 的超高负载能力,因此表现出优异的吸附性能;测试结果表明,该复合膜对重金属离子和有机染料的去除率接近 100%,而负载于膜上的 MOF 的吸收能力也达到了等量游离 MOF 粉末的最大值。

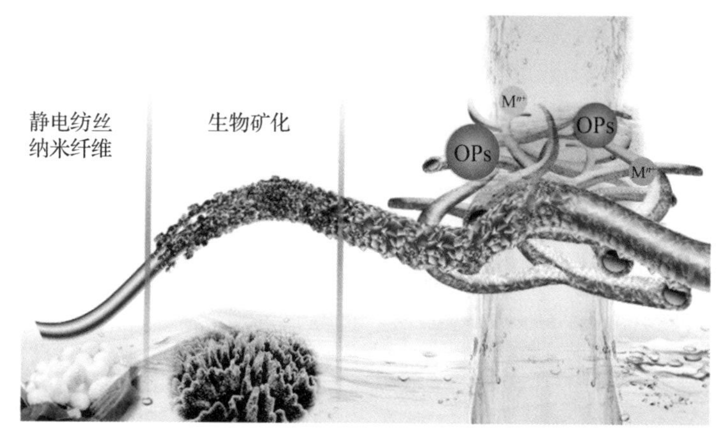

图 16-11 ESF/MOF 复合膜用于去除重金属离子和有机染料
(引自 Li et al,2018)

三、油水分离

Gore 等(2020)使用水和 Na_2CO_3 在 100℃下对生丝纤维进行脱胶,发现脱胶生丝纤维表现出超疏水性,对汽油、柴油和发动机油等表现出超亲油性。这表明脱胶生丝纤维可以有效地用于油水分离,而且它们具有良好的环境相容性和可生物降解性,能够显著减少二次污染问题。

四、其他

废弃的高分子塑料会造成严重的环境污染。蚕丝蛋白是天然材料,在紫外线、生物酶和微生物作用下能够被逐渐分解,因此蚕丝蛋白材料可作为高分子塑料的环保替代品。如用光硬化树脂涂覆蚕丝制成的钓鱼线,可取代用尼龙等合成纤维制作的钓鱼线。而掺入蚕丝粉的涂料目前已被广泛用于各种高档室内装潢。

第八节　蚕丝基光电材料

蚕丝及蚕丝蛋白具有良好的机械性能和生物相容性,随着学科间的深入交叉,人们还发现经改性或修饰后的蚕丝及蚕丝蛋白具备导电性、磁性、荧光特性。通过天然纤维纺织技术和再生蛋白加工技术,蚕丝及蚕丝蛋白在光电材料领域展现出独特的优势,并开发出多样化的功能及应用(图 16-12)。蚕丝基光电材料的发展不仅拓宽了动物丝的应用范围,而且赋予了传统光电器件更好的生物和环境安全性。

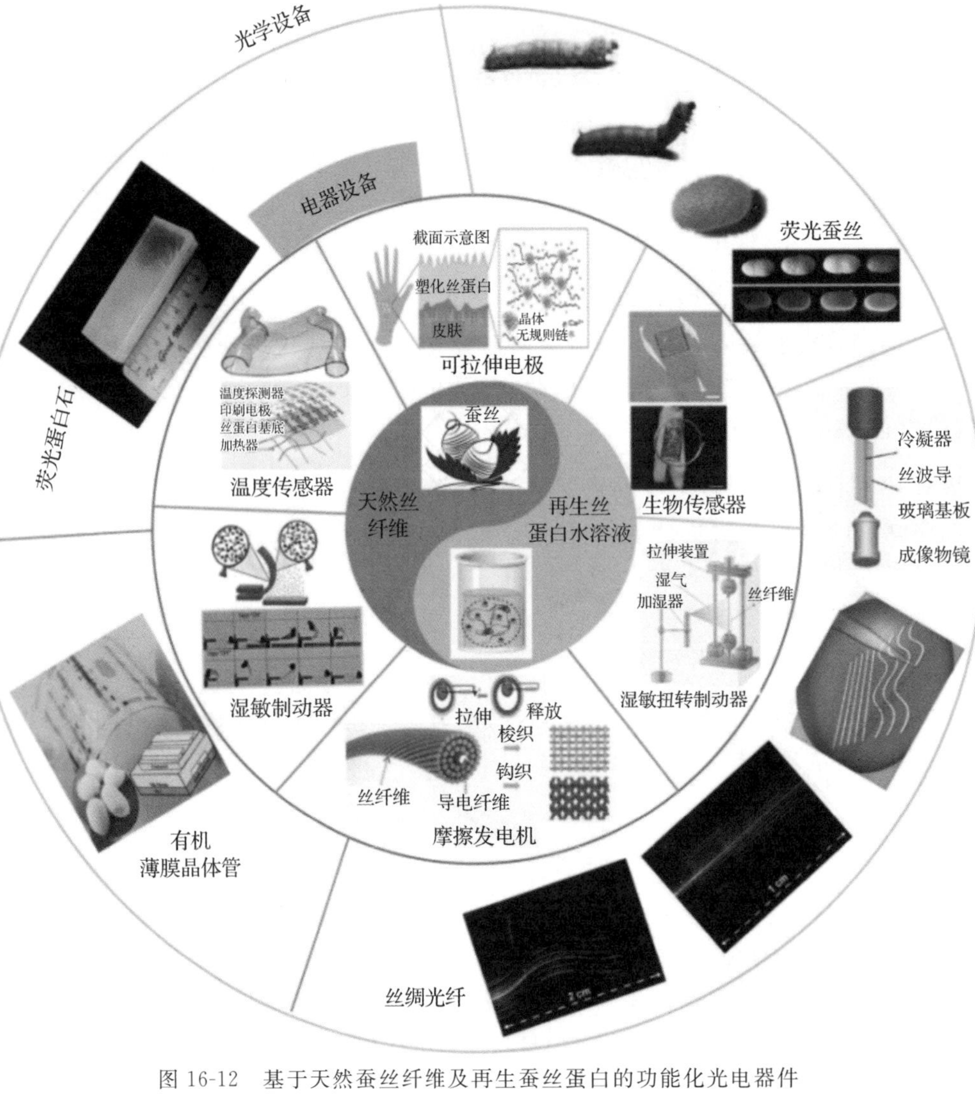

图 16-12　基于天然蚕丝纤维及再生蚕丝蛋白的功能化光电器件

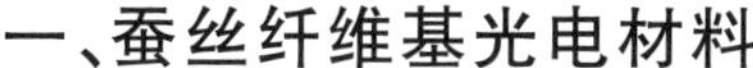

一、蚕丝纤维基光电材料

蚕丝纤维是制备智能和可穿戴电子器件的重要的基础材料之一。然而，天然蚕丝纤维的性能不能完全满足智能纺织品的要求，如对不同外部刺激的敏感性、响应性以及对环境的自适应性（如湿度和温度）等。因此，通过特殊的编织、涂层或热解等方式来增强蚕丝纤维的功能性将有助于扩大其应用范围。蚕丝纤维中含有两种蛋白质，即内层的丝素蛋白（SF）和外层的丝胶蛋白（SS），其中 SF 为蚕丝纤维的应用提供了大部分所需的性能。基于蚕丝纤维，目前已开发了具有特定功能的光电器件，如传感器、致动器、光学纤维、发光纤维和能量采集器等。

（一）传感器

蚕丝纤维具有良好的机械性能、电绝缘性、湿敏性、柔性和亲肤性，被广泛应用于压力和应变传感器、温度传感器、湿度传感器等的设计与开发中，在智能纺织品和可穿戴电子设备领域显示了广阔的应用前景。

压力和应变传感器是一种可以将外部机械信号转换为电信号的电子器件。蚕丝基压力/应变传感器主要包括电阻型和电容型两种。电阻型压力/应变传感器将机械力转化为电阻信号，通常是由拉伸和恢复过程中的电阻变化引起的。由于丝素蛋白独特的分子结构和较高的氮含量，通过简单的热解可将丝织物中的 N 元素转化为 N 取代基，从而将绝缘蚕丝材料转化为导电和压力/应变敏感材料，这个过程也叫碳化。碳化蚕丝织物因其良好的导电性、电化学稳定性和柔韧性，可以被设计成各种结构并广泛用于柔性电子器件。Zhang 等（2017）采用透明的碳化蚕丝纳米纤维膜制备柔性压力传感器，这种传感器不但能够在宽压力范围进行超快速响应（响应时间＜16.7ms），而且检测限低（0.8Pa），灵敏度高（34.47Pa/kPa），表明其在监测人体生理信号、感知细微触觉和检测压力空间分布等方面具有良好的应用前景。

电容型压力传感器的信号，来源于介电层和接触面积的变化。由于蚕丝纺织品的经纬交叉结构，每个交织点都可以作为传感单元，这种结构可控和性能稳定的优势使蚕丝基复合导电丝纱线传感器得到了广泛的应用。Wu 等（2019）将功能材料 Ecoflex 涂覆在蚕丝纤维纱线表面作为介电层，实现了高灵敏度（0.136Pa/kPa）、耐洗、稳定的可穿戴传感纺织品的设计（图 16-13A）。该纺织品不但能够进行人体微小运动变化和健康数据的检测，如利用智能手套传感器监视敲击或触摸信号以用于摩尔斯电码检测，也可以检测人的手腕脉冲、说话、关节弯曲和肌肉拉伸等状态（图 16-13B）。

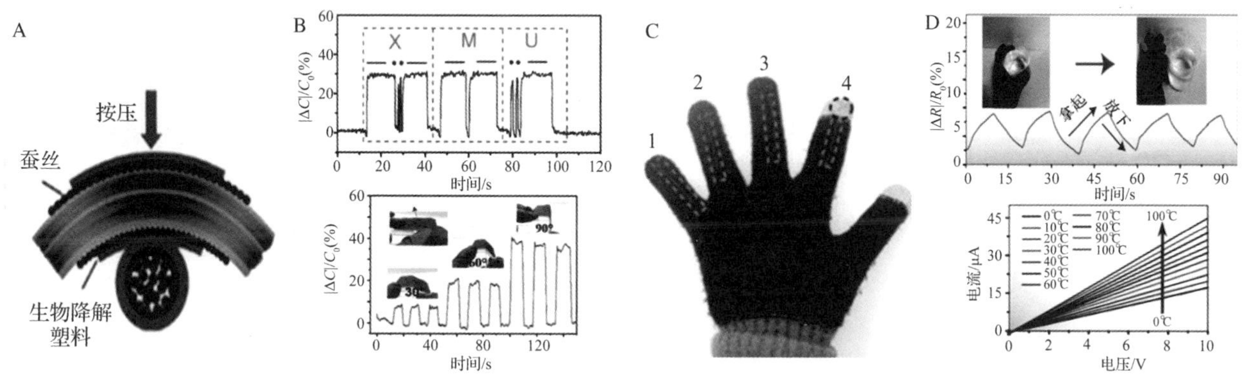

图 16-13　蚕丝纤维基压力和应变传感器（引自 Wu et al，2019；Zhang et al，2017）

A. 蚕丝基复合导电丝纱线压力传感器；B. 智能手套传感器检测信号；C. 智能手套温度传感器；D. 温度传感器的温度检测限。

此外，基于碳化蚕丝纤维，Zhang 等（2017）利用蚕丝纳米纤维衍生碳纤维膜制造多功能电子皮肤，通过组装温度传感器和应变传感器使集成的电子皮肤能够同时精确检测温度与压力（图 16-13C）。研究表明，多功能传感器可以检测和区分呼气、手指按压以及温度与压力的空间分布，应变传感器能够检测引起局部应变的细微压力刺激，实现双重人机交互功能（图 16-13D）。

蚕丝蛋白包含许多亲水域（无定形区域）和疏水域（结晶区域），并在湿度变化下显示内部应力响应。利用经湿法纺丝得到的再生蚕丝纤维制备的湿度传感器，可嵌入人体面罩用于人体呼吸监测。当佩戴者吸气和呼气时，口罩内的湿度会减少和增加，分别产生减少和增加的阻力信号，再将智能面罩收集的数据上传到云平台，以及在手机上实时显示人体呼吸信息。这种基于可穿戴丝绸传感器的平台，可以帮助加速远程医疗监测和诊断，为疾病研究中的大数据分析提供资源，并促进个性化医疗的发展。

(二)光学器件

在不使用任何染料的情况下，天然蚕丝纤维中的色氨酸等氨基酸会显示微弱的荧光。为了进一步提高蚕丝纤维的荧光性能，人们开发了基因修饰、添食和荧光材料介孔掺杂等方法。蚕丝纤维另一个在光学领域的独特应用是制备光纤，与传统玻璃纤维相比，蚕丝纤维具有优异的生物相容性、延展性和伸缩性，并且绿色、环保、可再生。Parker 等(2009)通过对高浓度的纯丝素蛋白水溶液的直接写入组装，制造出独立的丝绸光纤，该光纤可以自由绘制直形和波浪形结构，损耗分别为 0.25dB/cm 和 0.81dB/cm。在 633nm 的 He∶Ne 激光下的丝绸光纤图像显示，光被耦合到特定的丝绸光纤中，为新兴的生物光子学领域提供了一个新的平台。

(三)制动器

蚕丝蛋白具备吸湿性，通过模拟蜘蛛丝在干燥和潮湿环境下制备超收缩人工肌肉，其性能得到了大幅度提升。Jia 等(2019)通过在芯轴上卷绕扭曲的双层扭转蚕丝，制备了智能纤维纺织材料(图 16-14A)。Lin 等(2020)从实验和理论的角度系统地了解蚕丝与水的相互作用，得到了可重复 50 个周期运动的蚕丝纤维驱动器(图 16-14B)。

利用蚕丝纤维出色的力学性能和柔韧性，将其与商用碳纳米管形成自支撑膜制备的传感-应变系统，不但可以响应触摸交互，还能完成软体制动器的驱动作用。Zhou 等(2021)受含羞草启发，制备了基于蚕丝基的压力感知执行器。这种执行器由两部分组成：电热执行单元和压力传感单元，两者均由碳纳米管(CNT)-蚕丝复合材料和双向取向聚丙烯(BOPP)薄膜组成。基于 CNT 的执行单元在受到外部电刺激时能够变形，从而模拟肌肉的运动；压力传感单元则能有效响应压力并控制电路中的电流量，从而模拟生物组织对机械刺激的感知。这两个装置巧妙组合，允许通过机械刺激控制制动器的变形(图 16-14C)。该执行器可以通过压力传感单元来抓取和释放物体，并可由集成电池提供的低压驱动实现“触觉”信号到“视觉”信号的转换，为基于纳米材料的自主控制智能软机器人系统提供了新的思路。

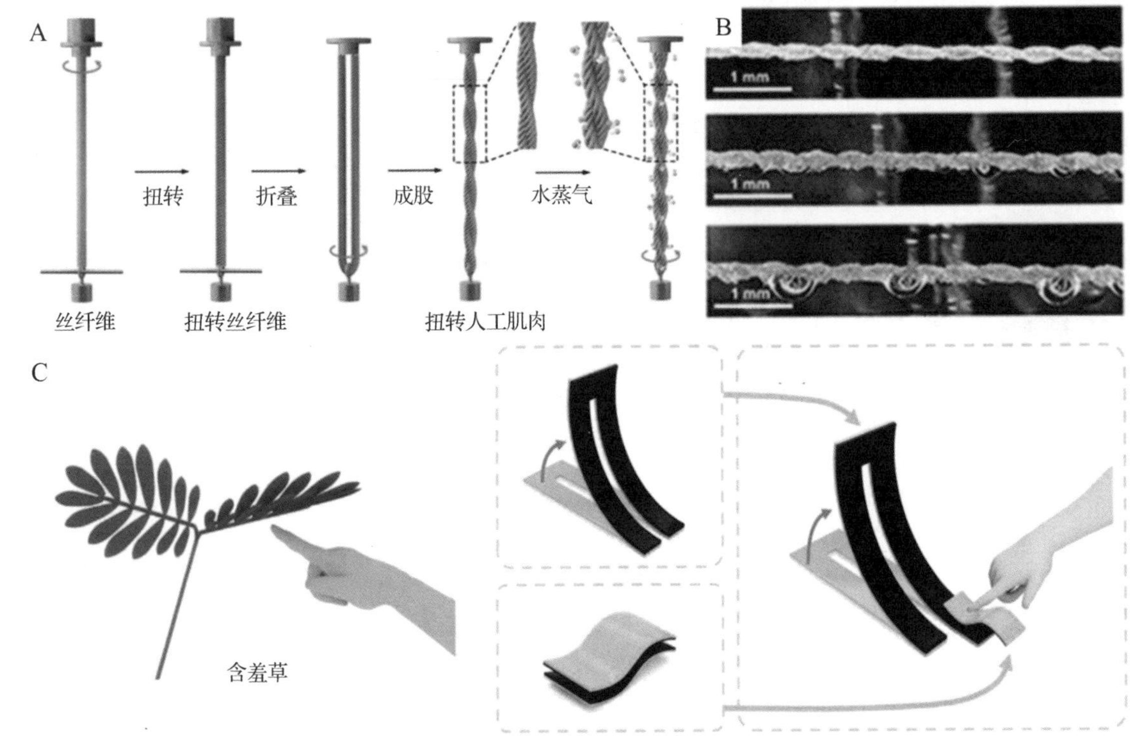

图 16-14　蚕丝纤维基柔性制动器(引自 Jia et al,2019；Lin et al,2020；Zhou et al,2021)

A. 双层扭转蚕丝纤维制动器；B. 湿敏蚕丝纤维驱动器；C. 蚕丝基压力感知执行器。

(四)蚕丝纤维能量采集装置

蚕丝因具有压电或摩擦电效应,能够被用于收集能量,是一种具有介电性能的纤维。根据摩擦学原理,蚕丝纤维比许多人造聚合物纤维,如聚酯(PET)、聚酰亚胺(PI)、聚四氟乙烯(PTFE)等具有更高的正电性能,在摩擦纳米发电机(TENG)的开发中具有更高的应用价值。因此,研究蚕丝纤维在能源收集方面的应用,对于开发可持续、可再生、可穿戴的能量采集装置具有重要意义。

蚕丝纤维能量采集装置主要采用芯-鞘和夹层结构。芯-鞘结构中,导电蚕丝和介电蚕丝纤维分别作为芯层和鞘层,芯-鞘丝线可以进一步编织成织物,从拉伸或与其他材料摩擦中获取能量。通过简单的共挤纺丝技术,可连续生产具有柔韧性、导电性、织造性和摩擦电功能的丝绸/不锈钢纱线。基于蚕丝纤维的可穿戴能量采集装置具有良好的灵活性、透气性、可弯曲性和可编织性,为可持续、便携式能量采集和自供电生理传感提供了一种新的绿色制造方法。更重要的是,蚕丝良好的生物相容性促进了能量装置在体内的潜在适用性。

二、再生蚕丝蛋白光/电功能材料

除了特种编织的途径,蚕丝纤维通常需要经过溶解才能制备其他形貌的材料,利用自组装、原位生长和人工纺丝技术可以制备不同形态的材料以用于柔性电子产品,如可拉伸 SF/$CaCl_2$ 电极、有机晶体管、生物检测器件传感器等。

(一)传感器

再生蚕丝蛋白溶液通过旋涂、逐步沉积、喷涂、纳米印刷等方法,得到的再生蚕丝蛋白薄膜在可见光下的透明性非常好,在有机溶剂处理后,其β-晶体网络结构得到重建。由此制备出的蚕丝蛋白自感应光流体器件不但能保持 50nm 以下的最小分辨率,而且克服了简单浇铸法在自然干燥过程中的一些缺陷,力学性能得到提升,并可以实现快速生产,在与生物相关的光电检测等领域显示出广阔的应用前景。

Zhang 等(2021)先将表面图案化再生蚕丝蛋白膜与另一导电层结合,再将制备的 SF 混合导电材料进一步制成电阻型压力传感器(图 16-15A),发现其对施加的压力表现出高敏感性(图 16-15B)。这种混合传感器可用于监测各种运动和生理信号,如声带振动、脉搏波动和关节运动等,并能够促进复杂的人机交互以实现个性化医疗,如评估血管弹性和预测基于脉搏波信号的动态血压。将纳米膜状的单晶硅晶体管或超薄的电极阵列转印到经旋涂或浇铸制备的蚕丝蛋白膜上,可得到柔韧且可调节降解速率的可植入型生物医用电子器械;与肌体表面接触后则能成为一种高性能的蚕丝蛋白基复合柔性电子器件,当将其植入动物大脑后,能对大脑神经信号进行监测,可用于疾病的临床诊断和治疗。将具有微纳米结构的金属图案或石墨烯结构通过打印、掩膜转移、浇铸以及直接转移等技术手段复制到蚕丝蛋白膜上,则可制成传感器,用于跟踪监测食品的质量,或贴附于牙齿上进行呼吸监测和细菌检测。

(二)光学器件

由于透光性和灵活性良好,丝素蛋白已被用作隐形眼镜材料、晶体管和光子器件。此外,在蚕丝蛋白基体中添加纳米无机物所制备的有机/无机杂化材料,可以进一步发掘其在与生物相关的光学领域中的特殊应用价值。如通过旋涂辅助的层层组装法所制备的蚕丝蛋白/蒙脱土复合膜具有很高的透明度,若将蒙脱土纳米片换成银纳米片密集排列的 Langmuir 单层膜,则可得到如同银镜般的高反射膜,而在蚕丝蛋白膜中"嵌入"绿色荧光蛋白,使之具有非线性的光学特征。这些薄膜不仅力学性能得到增强,而且被赋予了很多新的功能。

(三)制动器

利用蚕丝蛋白制备的湿敏智能材料逐渐应用于湿敏驱动器和动态光学电子材料中。虽然这些材料的超收缩性能得到了扩展,但是受湿度影响,会造成蚕丝蛋白的构象不可逆地转变,因此动物丝纤维及其蛋白湿度变化的周期性运动仍有待提升。

总之,随着对智能医疗领域中的功能纺织品和可穿戴电子设备的需求日益增长,蚕丝蛋白温和的加工条件、绿色环保可再生的特性将持续发挥优势，并赋予这些产品新的应用前景。同时，随着对蚕丝蛋白结构与性能关系的深入理解，更多以蚕丝及其蛋白为基础材料的高性能光电器件将被开发出来，而这将进一步提升蚕丝这一天然纤维的利用价值。

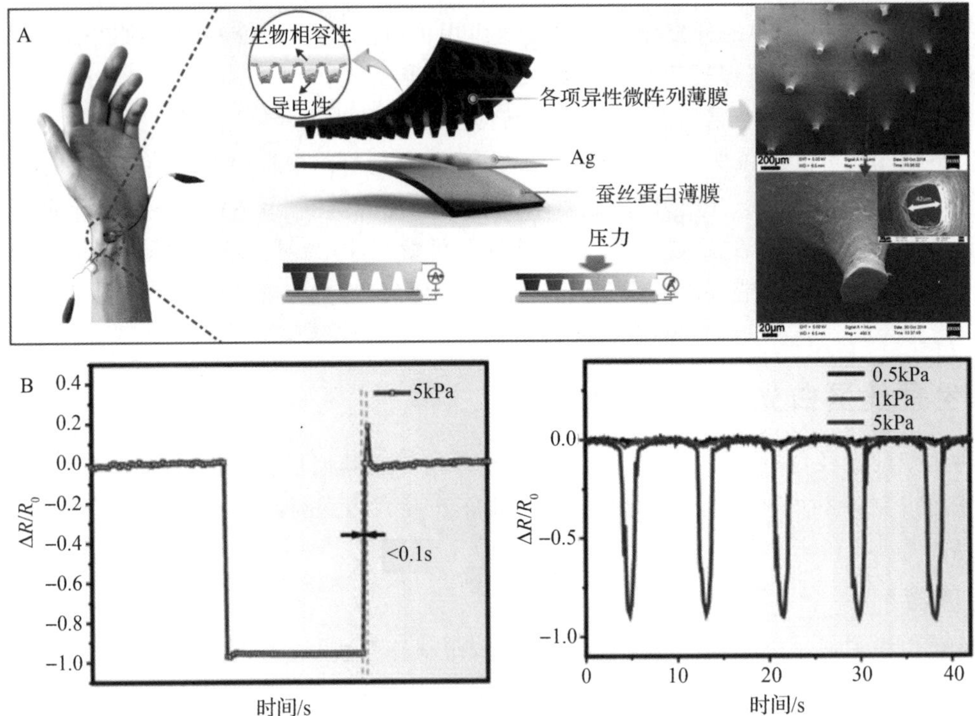

图 16-15　再生蚕丝蛋白电阻型压力传感器(引自 Zhang et al,2021)

A. 再生蚕丝蛋白膜柔性压力传感器示意图；B. 传感器检测限。

参考文献

[1]曹诒孙,李荣琪,陆雪芳,1965."毒消散"蚕室蚕具消毒法的研究[J].蚕业科学,3(1):1-8.

[2]陈锦祥,1992.蚕茧干燥设备的类型与结构特点[J].丝绸,29(12):57-58.

[3]陈树启,韩红发,1994.山西几个优良桑品种的叶质鉴定报告[J].陕西蚕业,(2):14-17.

[4]成都纺织工业学校,1986.制丝工艺学[M].北京:纺织工业出版社.

[5]樊蓉,陈慧,严普仁,等,2020.一种弹力涤纶仿蚕丝纺织面料及其制备方法:CN202010499680.1[P].2020-06-04.

[6]高振业,1997.复摇整理和生丝检验[M].2版.北京:中国纺织工业出版社.

[7]葛惠英,周双燕,1984.小蚕饲育适温标准的研究[J].蚕业科学,10(1):22-28.

[8]顾国达,楼成富,鲁兴萌,2002.简明养蚕手册[M].北京:中国农业大学出版社.

[9]华德公,1996.蚕桑病虫害原色图谱[M].济南:山东科学技术出版社.

[10]华德公,胡必利,2006.图说桑蚕病虫害防治[M].北京:金盾出版社.

[11]华南农学院,1979.蚕病学[M].北京:农业出版社.

[12]黄国瑞,1994.茧丝学[M].北京:农业出版社.

[13]黄可威,陆有华,覃光星,等,1992.全杀威对蚕的病原体消毒效果研究[J].蚕业科学,18(4):232-236.

[14]黄世群,白胜,1996.壮蚕期不同的给桑量对蚕茧产量和质量的影响[J].蚕学通讯,61(2):24-27.

[15]蒋猷龙,吴淑娇,杨品华,等,1963.家蚕变温饲育研究(初报)[J].蚕业科学,1(2):82-87.

[16]蒋猷龙,杨品华,吴淑娇,等,1964.家蚕变温饲育研究(第二报):变温条件下营养生理初探及变温饲育法农村生产鉴定[J].蚕业科学,2(2):129-136.

[17]焦锋,楼程富,张有做,等,2003.桑树叶片形态变异株mRNA的差异表达及差异片段J12的克隆[J].农业生物技术学报,11(4):375-378.

[18]金伟,陈难先,鲁兴萌,等,1990.新型蚕室蚕具消毒剂——消特灵[J].蚕桑通报,21(2):1-5.

[19]金琇钰,姚养安,1984.四、五龄低温对蚕的影响[J].江苏蚕业,(1):28-30.

[20]金仲恩,全春兰,张帆,2017.一种含有丝肽的润肤露的制备方法:CN201710468237.6[P].2017-06-20.

[21]柯益富,1997.桑树栽培及育种学[M].北京:中国农业出版社.

[22]雷斌,丁圆圆,林平,等,2019.一种石墨烯锦纶复合纤维与桑蚕丝交织面料的生产工艺:CN201910035293.X[P].2019-01-08.

[23]李军,赵爱春,王茜龄,等,2011.三个桑树肌动蛋白基因的克隆与组织表达分析[J].作物学报,37(4):641-649.

[24]李瑞,桑前,1984.家蚕壮蚕期所用桑叶品质与若干经济性状的关系[J].蚕业科学,10(4):197-201.

[25]李秀艳,朱俭勋,1986.蔟中管理技术的研究Ⅱ.蔟型及上蔟密度、蔟中环境对茧质的影响[J].蚕业科学,12(3):148-53.

[26]林天宝,刘岩,计东风,等,2018.一种注射桑树冬芽转化方法的初探[J].蚕桑通报,49(2):23-26.

[27]刘桂芬,杨大祯,沈以沧,等,1985.蚕室蚕具消毒剂"洁尔灭石灰浆"试验研究简报[J].蚕桑通报,16(2):33-35.

[28]刘学勤,2015.活细胞丝肽护发素:CN201510496687.7[P].2015-08-07.

[29]刘勇,张云庆,邬丹莲,2019.丝素蛋白/羟基磷灰石/聚多巴胺/BMP-2多孔支架的构建及促进BMSCs成骨分化的研究[J].中国骨科临床与基础研究杂志,11(4):235-242.

[30]陆小平,2007.桑树低温诱导基因 *Wap25* 的克隆及植株转化技术研究[D].杭州:浙江大学.
[31]陆小平,肖靓,陈正凯,等,2006.桑树多聚泛素基因的克隆及序列分析[J].蚕业科学,32(3):301-306.
[32]陆星恒,1987.中国农业百科全书・蚕业卷[M].北京:农业出版社.
[33]陆雪芳,李荣琪,马德和,1985."蚕康宁"蚕室蚕具消毒剂的研究[J].蚕业科学,11(1):36-37.
[34]逯泽宇,2020.仿生蚕茧壳包装的制备以及对奶豆腐品质的影响研究[D].呼和浩特:内蒙古农业大学.
[35]马顺彬,瞿建新,2020.棉粘胶莱赛尔蚕丝纬向条纹织物的研发[J].棉纺织技术,48(7):60-62.
[36]潘刚,楼程富,2007.ACC 氧化酶基因在桑树水分和盐胁迫条件下的表达研究[J].蚕业科学,33(4):625-628.
[37]钱元骏,陆雪芳,李荣琪,等,1985."优氯净"消毒试验[J].蚕业科学,11(3):157-162.
[38]沈国新,楼程富,裘晓云,等,2005.桑树中拟南芥同源基因 mNHX1 的克隆及其功能研究[J].蚕业科学,31(4):398-403.
[39]沈以沧,1983.蚕体蚕座消毒剂"402"剂型的研究[J].蚕业科学,9(3):172-176.
[40]盛建祥,周骏杰,马川,2019.弹力丝麻泡格绸:CN201922141207.1[P].2019-12-04.
[41]苏州丝绸工学院,浙江丝绸工学院,1993.制丝学[M].2 版.北京:中国纺织工业出版社.
[42]谭智达,李桂英,1979.蚕业用消毒药物——防消散的研究[J].蚕业科学,5(3):175-178.
[43]王安皆,冯爱丽,聂磊,等,2008.五龄期不同给桑量对家蚕生长发育的影响[J].北方蚕业,29(2):31-32.
[44]王榴兴,2008.烘茧温湿度测量及工艺研究[D].苏州:苏州大学.
[45]向仲怀,1995.中国蚕种学[M].成都:四川科学技术出版社.
[46]徐安英,李木旺,林昌麒,等,2002.家蚕品种资源对质型多角体病毒抵抗性的初步比较试验[J].蚕业科学,28(2):157-159.
[47]徐俊,桂干林,梁财,等,2012.不同蔟具对蚕茧质量影响的试验总结[J].蚕桑茶叶通讯,(6):5-6.
[48]徐作耀,1998.中国丝绸机械[M].北京:中国纺织工业出版社.
[49]杨大桢,夏如山,1992.实用蚕病学[M].成都:四川科学技术出版社.
[50]杨大祯,丁辉,周若梅,等,1988.新型蚕室蚕具烟雾消毒剂"蚕病净"简介[J].蚕桑通报,19(2):22-23.
[51]杨大祯,刘桂芬,1986.新型蚕室、蚕具消毒剂(蚕季安石灰浆)[J].四川蚕业,2:4-11.
[52]杨敏华,张顺花,2009.蚕丝蛋白/粘胶共混纺丝液的流变性能研究[J].浙江理工大学学报,26(1):34-37.
[53]余茂德,楼程富,2016.桑树学[M].北京:高等教育出版社.
[54]袁玉林,沈桥庆,高宝安,等,2019.一种再生涤纶环保纱弹力纱线:CN201922121881.3[P].2019-12-02.
[55]恽希群,谢世怀,1983.几个桑树品种产量与质量鉴定初报[J].蚕业科学,9(1):12-16.
[56]张雪娇,肖更生,廖森泰,2010.蚕丝蛋白的综合利用进展及发展趋势[J].广东蚕业,44(4):38-42.
[57]章伯元,2007.蚕茧制备的果品保鲜剂及应用研究[D].南京:南京农业大学.
[58]赵爱春,刘长英,余茂德,等,2015.基于农杆菌介导的冬芽注射的桑树转基因方法:CN201510307587.5[P].2015-06-08.
[59]赵卫国,李瑞雪,陈丹丹,等,2017.一种鉴定桑树 *MmPDS* 基因的 VIGS 沉默体系及其构建方法和应用:CN201710481375.8[P].2017-06-22.
[60]赵卫国,赵巧玲,张志芳,等,2001.桑树叶绿体基因组 DNA 的提取及部分序列分析[J].蚕业科学,27(4):303-305.
[61]浙江农业大学,1958.蚕病学[M].北京:农业出版社.
[62]浙江农业大学,1982.家蚕良种繁育与育种学[M].北京:农业出版社.
[63]浙江农业大学,1983.养蚕学[M].北京:农业出版社.
[64]浙江农业大学,1991.蚕体解剖与生理学[M].2 版.北京:农业出版社.
[65]浙江植保员手册编写组,1972.蚕桑病虫害防治手册[M].北京:农业出版社.

[66]中国农业科学院蚕业研究所,1991.中国养蚕学[M].上海:上海科技技术出版社.

[67]中国农业科学院蚕业研究所,江苏科技大学,2020a.中国桑树栽培学[M].上海:上海科学技术出版社.

[68]中国农业科学院蚕业研究所,江苏科技大学,2020b.中国养蚕学[M].上海:上海科学技术出版社.

[69]周若梅,谢德松,1982a.桑叶叶质对稚蚕的生理影响及用叶标准的研究[J].蚕业科学,8(2):87-93.

[70]周若梅,谢德松,1982b.按家蚕绝食生命时数的叶质鉴定[J].蚕业科学,8(4):186-192.

[71]朱良均,2020.蚕丝工程学[M].杭州:浙江大学出版社.

[72]朱至清,王敬驹,孙敬三,等,1975.通过氮源比较试验建立一种较好的水稻花药培养基[J].中国科学,(5):484-490.

[73] ARAMWIT P, EKASIT S, YAMDECH R, 2015. The development of non-toxic ionic-crosslinked chitosan-based microspheres as carriers for the controlled release of silk sericin [J]. Biomedical Microdevices,17(5):84.

[74]BHUVANESWARI K,BHARATHI R D,PAZHANIVEL T,2018. Silk fibroin linked Zn/Cd-doped SnO_2 nanoparticles to purify the organically polluted water[J]. Materials Research Express,5:024004.

[75]CHAWLA S,GHOSH S,2018. Regulation of fibrotic changes by the synergistic effects of cytokines, dimensionality and matrix: towards the development of an *in vitro* human dermal hypertrophic scar model[J]. Acta Biomaterialia,69:131-145.

[76]CHEN Y P,WU H S,YANG T,et al,2021. Biomimetic nucleation of metal-organic frameworks on silk fibroin nanoparticles for designing core-shell-structured pH-responsive anticancer drug carriers[J]. ACS Applied Materials & Interfaces,13(40):47371-47381.

[77]DING ZZ,ZHOU M L,ZHOU Z Y,et al,2019. Injectable silk nanofiber hydrogels for sustained release of small-molecule drugs and vascularization[J]. ACS Biomaterials Science & Engineering, 5(8): 4077-4088.

[78]FAROKHI M,MOTTAGHITALAB F,SHOKRGOZAR M A,et al,2014. Bio-hybrid silk fibroin/calcium phosphate/PLGA nanocomposite scaffold to control the delivery of vascular endothelial growth factor[J]. Materials Science and Engineering C-Materials for Biological Applications, 35: 401-410.

[79]FREDDI G,ARAI T,COLONNA G M,et al,2001. Binding of metal cations to chemically modified wool and antimicrobial properties of the wool-metal complexes[J]. Journal of Applied Polymer Science,82(14):3513-3519.

[80]FREITAS E D, VIDART J MM, SILVA E A, et al, 2018. Development of mucoadhesive sericin/alginate particles loaded with ibuprofen for sustained drug delivery[J]. Particuology,41:65-73.

[81]GAO Y E,HOU S X,CHENG J Q,et al,2021. Silk sericin-based nanoparticle as the photosensitizer chlorin e6 carrier for enhanced cancer photodynamic therapy[J]. ACS Sustainable Chemistry & Engineering,9(8):3213-3222.

[82]GONG Z G,YANG Y H,REN Q G,et al,2012. Injectable thixotropic hydrogel comprising regenerated silk fibroin and hydroxypropylcellulose[J]. Soft Matter,8(10):2875-2883.

[83]GORE P M, NAEBE M, WANG X, et al, 2020. Silk fibres exhibiting biodegradability & superhydrophobicity for recovery of petroleum oils from oily wastewater[J]. Journal of Hazardous Materials,389:121823.

[84]GOU S Q,HUANG Y M,WAN Y,et al,2019. Multi-bioresponsive silk fibroin-based nanoparticles with on-demand cytoplasmic drug release capacity for CD44-targeted alleviation of ulcerative colitis [J]. Biomaterials,212:39-54.

[85]GUO P,DU P,ZHAO P,et al,2021. Regulating the mechanics of silk fibroin scaffolds promotes

wound vascularization[J]. Biochemical and Biophysical Research Communications,574:78-84.

[86]HUANG D,WANG LL,DONG Y X,et al,2014. A novel technology using transscleral ultrasound to deliver protein loaded nanoparticles[J]. European Journal of Pharmaceutics and Biopharmaceutics,88(1):104-115.

[87]ISOBE R,KOJIMA K,QUAN G,2004. Use of RNAi technology to confer enhanced resistance to BmNPV on transgen ic silkworms[J]. Archives of Virology,149(10):1931-1940.

[88]JIA T J,WANG Y,DOU Y Y,et al,2019. Moisture sensitive smart yarns and textiles from self-balanced silk fiber muscles[J]. Advanced Functional Materials,29(18):1808241.

[89]KANCZLER J M,GINTY P J,WHITE L,et al,2010. The effect of the delivery of vascular endothelial growth factor and bone morphogenic protein-2 to osteoprogenitor cell populations on bone formation [J]. Biomaterials,31(6):1242-1250.

[90]LI L H,PUHL S,MEINEL L,et al,2014. Silk fibroin layer-by-layer microcapsules for localized gene delivery[J]. Biomaterials,35(27):7929-7939.

[91]LI Y,ZHAO L,WANG H,et al,2019. Fabrication and characterization of microencapsulated n-octadecane with silk fibroin-silver nanoparticles shell for thermal regulation[J]. Journal of Materials Research,34(12):2047-2056.

[92]LI Z S,ZHOU G S,DAI H,et al,2018. Biomineralization-mimetic preparation of hybrid membranes with ultra-high loading of pristine metal-organic frameworks grown on silk nanofibers for hazard collection in water[J]. Journal of Materials Chemistry A,6(8):3402-3413.

[93]LIN S H,WANG Z,CHEN X Y,et al,2020. Ultrastrong and highly sensitive fiber microactuators constructed by force-reeled silks[J]. Advanced Science,7(6):1902743.

[94]NAYAK S,DEY S,KUNDU S C,2014. Silksericin-alginate-chitosan microcapsules: hepatocytes encapsulation for enhanced cellular functions[J]. International Journal of Biological Macromolecules,65:258-266

[95]PADAMWAR M N,PAWAR A P,DAITHANKAR A V,et al,2005. Silk sericin as a moisturizer:an *in vivo* study[J]. Journal of Cosmetic Dermatology,4(4):250-257.

[96]PRAKASH N,VENDAN S A,SUDHA P N,et al,2016. Biodegradable polymer-based ternary blends for adsorption of heavy metal from simulated industrial wastewater[J]. Synthesis and Reactivity in Inorganic,Metal-Organic,and Nano-Metal Chemistry,46(11):1664-1674.

[97]QING H B,JIN G R,ZHAO G X,et al,2018. Heterostructured silk-nanofiber-reduced graphene oxide composite scaffold for SH-SY5Y cell alignment and differentiation[J]. ACS Applied Materials & Interfaces,10(45):39228-39237.

[98]QU J,WANG L,NIU L X,et al,2018. Porous silk fibroin microspheres sustainably releasing bioactive basic fibroblast growth factor[J]. Materials,11(8):1280.

[99]RAMYA R,SUDHA P H,2013. Adsorption of cadmium (Ⅱ) and copper (Ⅱ) ions from aqueous solution using chitosan composite[J]. Polymer Composites,34(2):233-240.

[100]RASTOGI S,KANDASUBRAMANIAN B,2020. Progressive trends in heavy metal ions anddyes adsorption using silk fibroin composites[J]. Environmental Science and Pollution Research,27(1):210-237.

[101]ROCA F G,PICAZO P L,PEREZ-RIGUEIRO J,et al,2020. Conduits based on the combination of hyaluronic acid and silk fibroin:characterization,*in vitro* studies and *in vivo* biocompatibility[J]. International Journal of Biological Macromolecules,148:378-390.

[102]SALAMA A,SHOUEIR K R,ALJOHANI H A,2017. Preparation of sustainablenanocomposite as

new adsorbent for dyes removal[J]. Fibers and Polymers, 18(9): 1825-1830.

[103] SHAO W L, HE J X, SANG F, et al, 2016. Coaxial electrospun aligned tussah silk fibroin nanostructured fiber scaffolds embedded with hydroxyapatite-tussah silk fibroin nanoparticles for bone tissue engineering[J]. Materials Science and Engineering C-Materials for Biological Applications, 58: 342-351.

[104] SHAO Y F, QING X C, PENG Y Z, et al, 2021. Enhancement of mechanical and biological performance on hydroxyapatite/silk fibroin scaffolds facilitated by microwave-assisted mineralization strategy[J]. Colloids and Surfaces B-Biointerfaces, 197: 111401.

[105] SHI W L, SUN M Y, HU X Q, et al, 2017. Structurally and functionally optimized silk-fibroin-gelatin scaffold using 3D printing to repair cartilage injury *in vitro* and *in vivo*[J]. Advanced Materials, 29 (29): 1701089.

[106] SINGH N, RAHATEKAR S S, KOZIOL K K K, et al, 2013. Directing chondrogenesis of stem cells with specific blends of cellulose and silk[J]. Biomacromolecules, 14(5): 1287-1298.

[107] SONG P, ZHANG D Y, YAO X H, et al, 2017. Preparation of a regenerated silk fibroin film and its adsorbability to azo dyes[J]. International Journal of Biological Macromolecules, 102: 1066-1072.

[108] SUKTHAM K, KOOBKOKKRUAD T, WUTIKHUN T, et al, 2018. Efficiency of resveratrol-loaded sericin nanoparticles: promising bionanocarriers for drug delivery[J]. International Journal of Pharmaceutics, 537(1-2): 48-56.

[109] TAO G, WANG Y J, CAI R, et al, 2019. Design and performance of sericin/poly (vinyl alcohol) hydrogel as a drug delivery carrier for potential wound dressing application[J]. Materials Science and Engineering C-Materials for Biological Applications, 101: 341-351.

[110] TAZIMA Y, SADO T, KONDO S, 1961. Two type of dose rate dependence of radiation induced mutation rates in spermatogonia and oogonia of the silkworm[J]. Genetics, 46(10): 1335-1345.

[111] VOLKOV V, FERREIRA A V, CAVACO-PAULO A, 2015. On the routines of wild-type silk fibroin processing toward silk-inspired materials: a review[J]. Macromolecular Materials and Engineering, 300(12): 1199-1216.

[112] WANG C Y, XIA K L, ZHANG M C, et al, 2017. An all-silk-derived dual-mode E-skin for simultaneous temperature-pressure detection[J]. ACS Applied Materials & Interfaces, 9(45): 39484-39492.

[113] WANG L L, CHEN Z J, YAN Y F, et al, 2021. Fabrication of injectable hydrogels from silk fibroin and angiogenic peptides for vascular growth and tissue regeneration[J]. Chemical Engineering Journal, 418: 129308.

[114] WANG Q, JIAN M Q, WANG C Y, et al, 2017. Carbonized silk nanofiber membrane for transparent and sensitive electronic skin[J]. Advanced Functional Materials, 27: 1605657.

[115] WANG S Y, ZHU M M, ZHAO L, et al, 2019. Insulin-loaded silk fibroin microneedles as sustained release system[J]. ACS Biomaterials Science & Engineering, 5(4): 1887-1894.

[116] WANG S, NING H M, HU N, et al, 2019. Preparation and characterization of graphene oxide/silk fibroin hybrid aerogel for dye and heavy metal adsorption[J]. Composites Part B: Engineering, 163: 716-722.

[117] WANG X Q, YUCEL T, LU Q, et al, 2010. Silk nanospheres and microspheres from silk/pva blend films for drug delivery[J]. Biomaterials, 31(6): 1025-1035.

[118] WANG Z J, YANG Z P, JIANG J J, et al, 2022. Silk microneedle patch capable of on-demand multidrug delivery to the brain for glioblastoma treatment[J]. Advanced Materials, 34(1): 2106606.

[119]WU J B, ZHENG Z Z, LI G, et al, 2016. Control of silk microsphere formation using polyethylene glycol (PEG)[J]. Acta Biomaterialia, 39: 156-168.

[120]WU R H, MA L Y, HOU C, et al, 2019. Silk composite electronic textile sensor for high space precision 2D combo temperature-pressure sensing[J]. Small, 15(31): 1901558.

[121]XIAO S L, WANG Z J, MA H, et al, 2014. Effective removal of dyes from aqueous solution using ultrafine silk fibroin powder[J]. Advanced Powder Technology, 25(2): 574-581.

[122]XIONG S, ZHANG X Z, LU P, et al, 2017. A gelatin-sulfonated silk composite scaffold based on 3D printing technology enhances skin regeneration by stimulating epidermal growth and dermal neovascularization[J]. Scientific Reports, 7: 4288.

[123]XUE C B, REN H C, ZHU H, et al, 2017. Bone marrow mesenchymal stem cell-derived acellular matrix-coated chitosan/silk scaffolds for neural tissue regeneration[J]. Journal of Materials Chemistry B, 5(6): 1246-1257.

[124]YAL N E, GEDIKLI S, CABUK A, et al, 2015. Silk fibroin/nylon-6 blend nanofilter matrix for copper removal from aqueous solution[J]. Clean Technologies and Environmental Policy, 17(4): 921-934.

[125]YAN C, LIANG J W, FANG H, et al, 2021. Fabrication and evaluation of silk sericin-derived hydrogel for the release of the model drug berberine[J]. Gels, 7(1): 23.

[126]YANG Y, CAI Y R, SUN N, et al, 2017. Biomimetic synthesis of sericin and silica hybrid colloidosomes for stimuli-responsive anti-cancer drug delivery systems[J]. Colloids and Surfaces B-Biointerfaces, 151: 102-111.

[127]ZHANG Y F, CHEN C F, QIU Y, et al, 2021. Meso-reconstruction of silk fibroin based on molecular and nano-templates for electronic skin in medical applications[J]. Advanced Functional Materials, 31(21): 2100150.

[128]ZHOU P D, LIN J, ZHANG W, et al, 2021. Pressure-perceptive actuators for tactile soft robots and visual logic devices[J]. Advanced Science, 9(5): 2104270.

[129]川瀬茂实, 1976. ウイルスと昆虫[M]. 东京:南江堂.

[130]柳川弘明, 渡边喜二郎, 鈴木清, 1991. 低コスト人工飼料の開発:線形計画法による広食性蚕用人工飼料の開発[J]. 蚕糸・昆虫农业技术研究所研究報告, (3): 57-75.

[131]木村敬助, 原田忠次, 青木秀夫, 1971. 限性黄繭における転座障害と転座染色体の大きさ[J]. 日本育種学雜誌, 21: 199-203.

[132]神田俊男, 田村俊树, 1991. 空气圧を利用したカイコ初期胚へのDNAの微量注射法[J]. 蚕糸・昆虫农业技术研究所研究報告, (2): 31-46.

[133]田島弥太郎, 1941. 蠶兒の斑紋利用による簡易なる雌雄鑑別法[J]. 日本蚕糸学雜誌, 12(3): 184-188.

[134]伊藤智夫, 堀江保宏, 渡边喜二郎, 等, 1974. 準合成飼料による家蚕の全齢飼育について[J]. 日本農芸化学会誌, 48(7): 403-407.